理工系の基礎

電気・電子工学

電磁気学から電子回路まで

兵庫 明／杉山 睦／藤代 博記／山本 隆彦／植田 譲／安藤 静敏
楳田 洋太郎／永田 肇／柴 建次／小泉 裕孝／西川 英一／星 伸一
増田 信之／河原 尊之／福地 裕 著

丸善出版

刊行にあたって

科学における発見は我々の知的好奇心の高揚に寄与し，また新たな技術開発は日々の生活の向上や目の前に山積するさまざまな課題解決への道筋を照らし出す．その活動の中心にいる科学者や技術者は，実験や分析，シミュレーションを重ね，仮説を組み立てては壊し，適切なモデルを構築しようと，日々研鑽を繰り返しながら，新たな課題に取り組んでいる．

彼らの研究や技術開発の支えとなっている武器の一つが，若いときに身に着けた基礎学力であることは間違いない．科学の世界に限らず，他の学問やスポーツの世界でも同様である．基礎なくして応用なし，である．

本シリーズでは，理工系の学生が，特に大学入学後 1，2 年の間に，身に着けておくべき基礎的な事項をまとめた．シリーズの編集方針は大きく三つあげられる．第一に掲げた方針は，「一生使える教科書」を目指したことである．この本の内容を習得していればさまざまな場面に応用が効くだけではなく，行き詰ったときの備忘録としても役立つような内容を随所にちりばめたことである．

第二の方針は，通常の教科書では複数冊の書籍に分かれてしまう分野においても，1 冊にまとめたところにある．教科書として使えるだけではなく，ハンドブックや便覧のような網羅性を併せ持つことを目指した．

また，高校の授業内容や入試科目によっては，前提とする基礎学力が習得されていない場合もある．そのため，第三の方針として，講義における学生の感想やアンケート，また既存の教科書の内容などと照らし合わせながら，高校との接続教育という視点にも十分に配慮した点にある．

本シリーズの編集・執筆は，東京理科大学の各学科において，該当の講義を受け持つ教員が行った．ただし，学内の学生のためだけの教科書ではなく，広く理工系の学生に資する教科書とは何かを常に念頭に置き，上記編集方針を達成するため，議論を重ねてきた．本シリーズが国内の理工系の教育現場にて活用され，多くの優秀な人材の育成・養成につながることを願う．

2015 年 4 月

東京理科大学　学長

藤　嶋　　昭

序　　文

現代を生活するうえで電気は必要不可欠な存在であり，電気のない生活は考えられません．さらに電気は水や空気のように身近すぎて通常はほとんど意識することがありません．朝は目覚まし時計のアラームで起き，テレビをつけ，トースターでパンを焼くか，IH（induction heating）炊飯器でご飯を炊くか，電子レンジで冷凍したご飯を温めるところから1日が始まる人も多いことでしょう．そして夜には蛍光灯やLED（light emitting diode）電球の明かりのもとで過ごされることでしょう．さらに，電車に乗った際には，携帯機器で音楽を聴き，メールやSNS（social networking service）をチェックしたり，電子書籍を読んだりして過ごす人も多いと思います．

一般に電気で動作する機器は電気機器とよばれますが，機器の基本機能としてマイクロコンピュータ（マイコン）やトランジスタを用いることで実現できる機器は特別に電子機器とよばれています．身近にあるものでこの両者を考えると，掃除機は電気機器，携帯電話は電子機器に分類されます．掃除機と携帯電話の共通点は何でしょうか？　いろいろありますが，基本的な動作を行う部分で考えると，モーターと通信で用いる電波に共通点があります．詳細は本文に譲るとして，モーターの動作と電波発生の原理はともに「電磁気学」で説明できます．電気機器の動作原理の根底には「電磁気学」が隠れているのです．このように「電磁気学」は電気・電子工学の基礎学問となっています．しかし，「電磁気学」はものごとの基礎にあたるため，実際の回路に流れる電流などを計算するには不便です．このために「電気回路理論」があり，これを身に付けることで回路の設計や解析が容易となります．しかし，「電気回路理論」は抵抗やコンデンサ（キャパシタ）などの線形素子のみを扱う学問であるため，トランジスタなどの非線形素子が入った電子機器の設計・解析を対象としていません．このような非線形素子を含めて扱うのが，「電子回路学」です．このように，「電子回路学」は「電気回路理論」を修得することで，「電気回路理論」は「電磁気学」を修得することで，その本質がより一層みえてきます．

以上のことより本書は，電気・電子工学分野の基礎学問である「電磁気学」，「電気回路理論」そして「電子回路学」の三つの分野を1冊にまとめることで全体を俯瞰できるようにした，他にはあまり類をみない書籍としました．1章を電磁気学，2章を電気回路，3章を電子回路とし，基礎理論となる電磁気学から，より具体的な電気回路へ，そしてそれらの応用となる電子回路へと読み進めることで，電気・電子工学の基礎体系を修得できるようにしています．各章は，それぞれが1冊の書籍になるくらいの濃い内容となっています．このため，授業の予習・復習はもちろん，各章の個別内容を確認するハンドブック的な使用にも十分耐えうる内容となっており，社会に出た後でも十分に利用できると確信しております．学生諸君だけでなく，電気・電子工学分野に携わる技術者諸氏にもご活用いただければ幸いです．そして読者の皆様にとって少しでもお役に立てれば望外の喜びです．

最後に，本書の作成にあたって，多くの方々のご協力をいただきました．この場をお借りして心より感謝の意を表します．また，丸善出版株式会社の方々，特に，安平 進氏，諏佐海香氏，木下岳士氏には大変お世話になりました．心より感謝申し上げます．

2018年5月

執筆者を代表して
兵　庫　　　明

目　次

1. 電磁気学

1.1 はじめに

人間は昔から，雷や静電気などの“電気”や，磁石などの“磁気”を身近に感じていた．電磁気学はこれら電気的・磁気的現象を，電荷を中心に電界・磁界との相互作用として説明する学問であり，1700年代後半から1800年代にかけて体系化された．電気分野・磁気分野をすべてカバーする学問であり，簡単なところでは中学校で扱うオームの法則から，高校で扱う右ねじの法則・フレミングの左手の法則・電磁誘導の法則など，これまで多くの式を学んできた．本書でも多くの式を扱っている．本節では，まず電磁気の全体像を眺め，身近な電気・電子・情報分野と電磁気との関わり合いを紹介する．

1.1.1 電磁気とは

電気・磁気分野で用いる多くの式は，複雑に相関関係をもっている．これら多岐にわたる電磁気現象は，マクスウェルがまとめ上げた，電磁気に関する基本的で最も重要な四つの**マクスウェル方程式**から導出することができる．詳細は後ほど1.1.3項で説明するが，∇，∂，div，rot はいずれも微分記号である．

・第1式：電界は電荷から湧き出す影響：**ガウスの法則（微分形）**

$$\nabla \cdot \boldsymbol{E} = \mathrm{div}\,\boldsymbol{E} = \frac{\rho}{\varepsilon_0} \qquad (1.1.1)$$

E は電界［V/m］，ρ は電荷密度，ε_0（≒ 8.854×10^{-12} F/m）は真空の誘電率

・第2式：磁界には源がなくループ状になっている：**磁束の保存則**（磁界のガウスの法則）

$$\nabla \cdot \boldsymbol{B} = \mathrm{div}\,\boldsymbol{B} = 0 \qquad (1.1.2)$$

B は磁束密度［Wb/m^2］

・第3式：電界は，磁界の時間変化によって生じる：**ファラデーの電磁誘導の法則**

$$\nabla \times \boldsymbol{E} = \mathrm{rot}\,\boldsymbol{E} = -\frac{\partial \boldsymbol{B}}{\partial t} \qquad (1.1.3)$$

t は時間［s］

・第4式：磁界は，電流と電界の時間変化によって生じる：**アンペール・マクスウェルの法則**

$$\nabla \times \boldsymbol{B} = \mathrm{rot}\,\boldsymbol{B} = \mu_0 \boldsymbol{J} + \mu_0 \varepsilon_0 \frac{\partial \boldsymbol{E}}{\partial t} \qquad (1.1.4)$$

J は電流密度，μ_0（$= 4\pi\times10^{-7}$ H/m）は真空の透磁率

すなわち，電界 E もしくは磁界（磁束密度 B）を微分することによって，さまざまな現象を説明できることになる．電磁気（および電気回路や電子回路）を理解することは，上記4式を微分積分して変形し，理解することにほかならない．高校生までに“暗記した”多くの式も，これらの式変形からできていることが多い．

とはいえ，単純で美しい式は，扱うときに計算が面倒だったりイメージをつかみにくかったりすることが多い．通常，これらの式から導出された多岐にわたる式をしっかり理解して，使いこなせるようになることの方が，意義があるであろう．なお，これら4式からなるマクスウェル方程式は，1.6.3項で詳細に扱う．

1.1.2 身のまわりの製品と電磁気

電磁気は抽象的で理解しにくい学問であるといわれている．電磁気の中心をなす電界や磁界が直接目に見えないため，イメージをつかみにくいのが一因かもしれない．電磁気の話を進める前に，身のまわりの電気部品や現象に，電磁気学がどのように関わっているかを整理してみよう．厳密な説明は割愛し，最低限の式だけを示すこととする．

a. 半導体：トランジスタやダイオードが動く原理

現代社会は**半導体**抜きでは成立しないといっても過言ではない．コンピュータや携帯電話を動作させるため，無数に使われているトランジスタやダイオードはもちろんのこと，発光ダイオード（LED）や太陽電池など，大きさや使用方法など多岐にわたる．

半導体素子の基本的な動作原理は，半導体中に存在する電子（負の電荷）と正孔（正の電荷と考える）からなるキャリアを，いかにして高速に移動させたり（トランジスタやダイオードなど），光エネルギーから

電子と正孔を作り出したり（太陽電池や光センサ），逆に電子と正孔を再結合させて光エネルギーに変換したり（LED や半導体レーザーなど）するかである（図 1.1.1）．正孔・電子はそれぞれ正電荷・負電荷であるから，半導体（誘電体）中に分布するキャリアに電位差（エネルギー差）を与え，電位と電荷の関係式，すなわちラプラス方程式を用いることで，キャリアの振る舞いを把握することができる．ラプラス方程式は，マクスウェル方程式の式（1.1.1：ガウスの法則）をベースに，以下のように式を変形することで，電位と電荷（キャリア）の関係を表現することができるため，すべての半導体素子の動作基本原理を説明する重要な式である．

$$\nabla \cdot \boldsymbol{E} = -\nabla^2 \cdot V = -\Delta \cdot V = \mathrm{div}(-\mathrm{grad}\ V) = \frac{\rho}{\varepsilon_0} \tag{1.1.5}$$

なお，∇ はナブラとよばれ 1 階微分を，Δ はラプラシアンとよばれ 2 階微分を表す記号（演算子）である．また，一般には式の右辺が 0 となる式をラプラス方程式，0 にならない式をポアソン方程式とよぶことが多い．

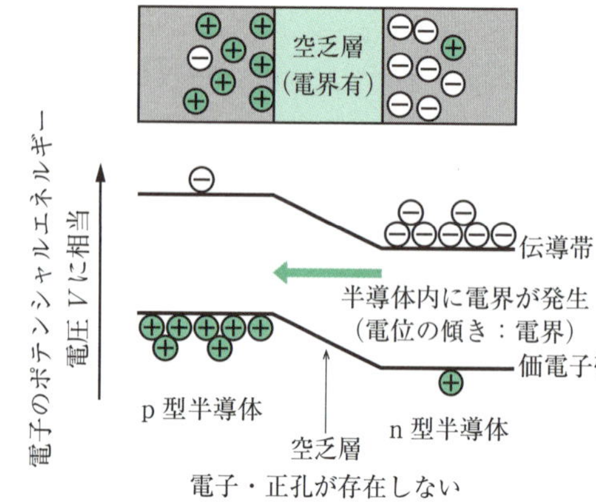

図 1.1.1　pn ダイオードのエネルギーバンド図

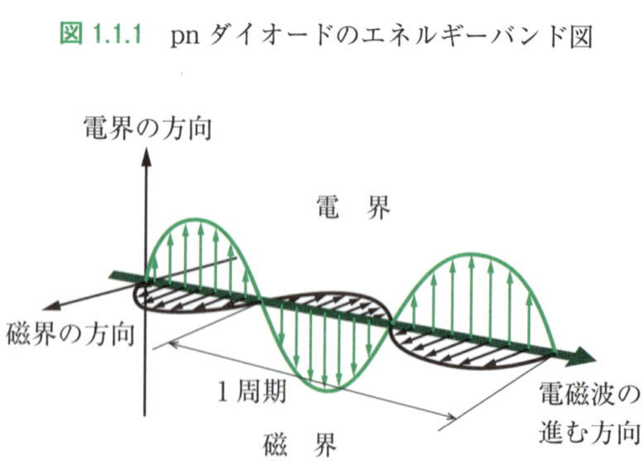

図 1.1.2　電磁波の原理

b. 電波：携帯電話やテレビなど，通信技術の礎

ラジオやテレビはもちろんのこと，携帯電話や Wi-Fi など，無線技術を使った通信技術は現代の情報通信網の礎となっているのはいうまでもない．無線通信は，さまざまな波長・振幅の波が空間中を伝搬しているイメージがある．この波を**電磁波**とよぶことからもわかるように，これを説明するには電磁気が必須である．実際には，空間中や媒質中を，電界や磁界が変化しながら進んでいくことで電波が発生する．このとき，電界と磁界はそれぞれ平面波で，互いに垂直の関係がある（図 1.1.2）．これらは，マクスウェル方程式を解くことで求められる．式(1.1.3)より，電界は，磁界を時間変化させることによって生じ，式(1.1.4)より，磁界は，電界を時間変化させることによって生じる．すなわち，これらが繰り返し生じることにより，電磁波が発生することになる．

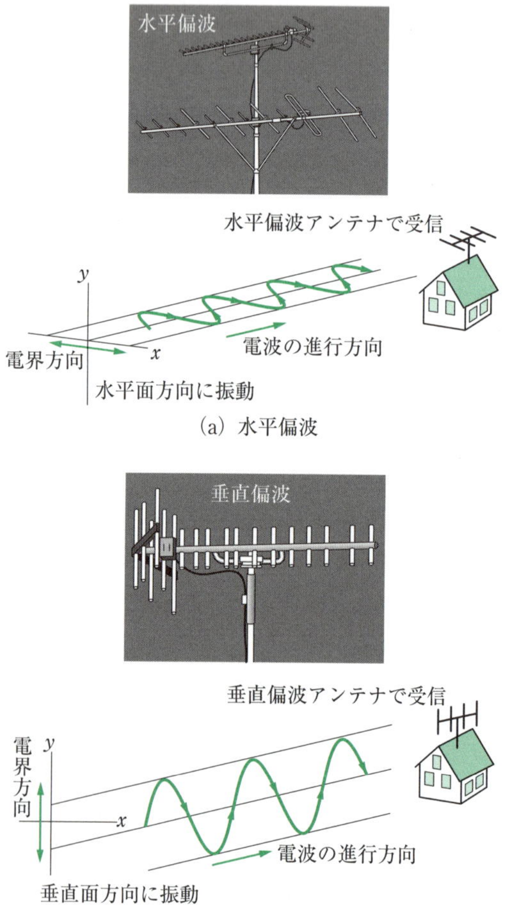

(a) 水平偏波

(b) 垂直偏波

図 1.1.3　八木アンテナの取付け方法と偏波のイメージ

また，空間を伝搬する平面波において，電界が地面に対して水平である場合を「水平偏波」，垂直である場合を「垂直偏波」，電界成分が波の伝搬方向に対し右ねじの方向に回転する「右旋偏波」，逆回転を「左旋偏波」とよぶ（図 1.1.3）．例えば，BS 衛星放送は右旋偏波，地上波デジタルテレビ放送（地デジ）は基本的には水平偏波（一部地域は垂直偏波），携帯電話などは垂直偏波となる．衛星放送用のアンテナが丸いパラボラ状，地デジ用アンテナは横に何本も金属棒が伸びた（八木アンテナ）形，携帯電話のアンテナは（現在は機器に内蔵されているが）利用時に地面に垂直になる向きに配置されるなど，マクスウェル方程式から，電波の送受信方法も決定される．電磁波は，通信だけでなく，例えば電子レンジの加熱機構や無接触給電機構など，身近に多く用いられている．

c. モーター・発電機：電気-力学エネルギー変換

電気エネルギーを運動エネルギーに変換する装置が**モーター**であり，鉄道やロボットなどの大型装置から，時計などの小型装置にまで用いられている．また逆に，運動エネルギーを電気エネルギーに変換する装置が発電機である．これらは，コイルに発生する起電圧は磁束の変化率に比例するというファラデーの法則で示すことができる．

ファラデーの法則は，一般的には先述したマクスウェル方程式の式(1.1.3)で表せられるが，式を変形することで，N 回巻きコイルを貫く磁束の時間変化 $(\partial\Phi/\partial t)$ によって，コイルに発生する電圧（**誘導起電力**）V は

$$V = -N\frac{\partial\Phi}{\partial t} \tag{1.1.6}$$

と表現することができる．この方程式は，コイルの中の磁界を変化させることで，起電力が生じることや，逆に電圧を与えたコイルに磁界を生じさせると，磁界が変化する方向にコイルが回転することを意味し，発電機やモーターはもとより，発電所で作られた高電圧を低電圧に変換する「変圧器」や，Suica などの非接触型 IC カードシステムなどの技術の礎にもなっている（図 1.1.4）．

d. マイク・スピーカー：電気-振動エネルギー変換

振動エネルギー（音）を電気エネルギーに変換するのがマイクである．マイクには，「ダイナミックマイク」，「コンデンサマイク」とよばれる 2 種類がある（図 1.1.5）．ダイナミックマイクは，コイルと磁石を用いたマイクで，先述したファラデーの法則によって発生した電気信号を取り出す．外部電源が不要で扱いやすいため，カラオケや携帯電話のマイクとして広く用いられる．一方，コンデンサマイクは，平行板コンデンサの一方の電極板を音で振動させることにより，電極間距離を変化させることで，静電容量が変化する特徴を利用したマイクである．平行板コンデンサの静電容量は

$$C = \frac{\varepsilon_0 S}{d} \tag{1.1.7}$$

と，電極間距離 d と電極面積 S で決まる単純な式で表すことができる．このマイクは電気信号を発生する

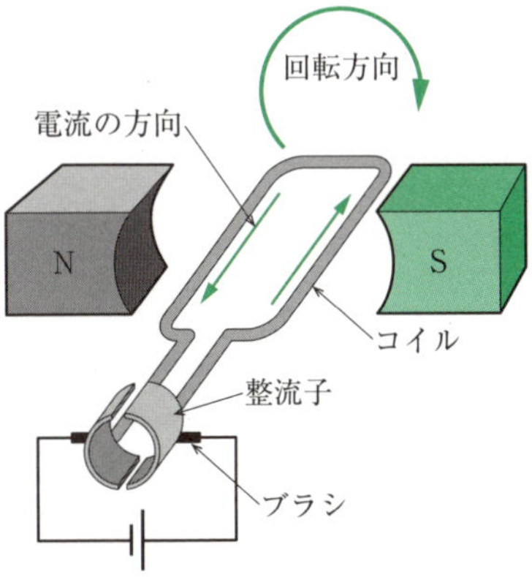

図 1.1.4 モーターの動作原理

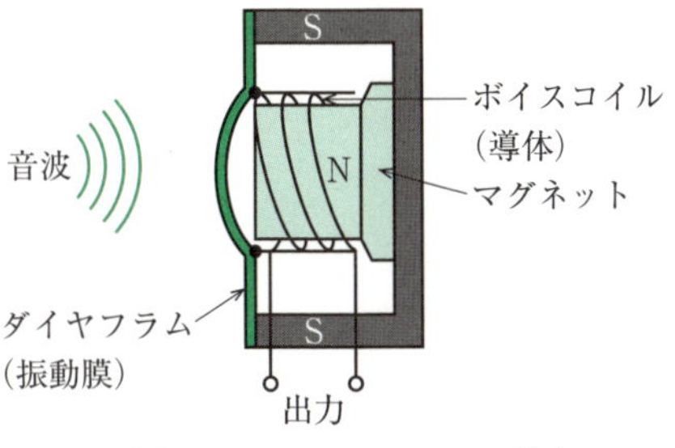

(a) ダイナミックマイクの構造

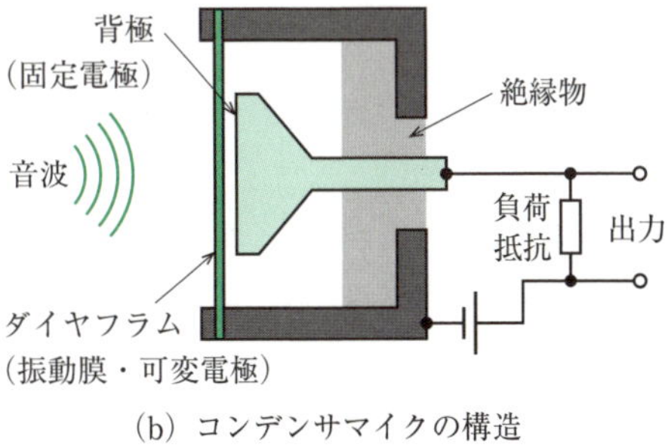

(b) コンデンサマイクの構造

図 1.1.5 各種マイクの動作原理

わけではないので，外部電源が必要であるが，微弱な音声に対しても反応性がよく感度が高いので，レコーディングなどに用いられる．また，ダイナミックマイクの原理を逆にしたものがスピーカーになる．このように，音声情報と電気信号とのやりとりはすべて電磁気の数式で表現できる．

e. その他：身のまわりの科学現象

電磁波というと，電気信号や電波のイメージが強いが，マクスウェルはマクスウェル方程式を発表した後，電磁波の存在を予言するとともに「光は波で，電磁波の一種である」と考えるようになった．これらは電磁気学とは別の「光学」という学問になってしまうが，虹が見えたり夕焼けが赤く見えたり，光が回折・屈折・干渉したりと，光に関するさまざまな説明もマクスウェル方程式から説明できる．さらには，短波長の電磁波としてX線やγ線なども，マクスウェル方程式で説明できる．

また，電気回路は，電磁気学のうち，電荷が移動して電流が発生しているときの考え方であり，電子回路は電気回路に半導体などの能動回路を組み込んだものである．電気・電子分野の多くの学問は，電磁気学に端を発して専門化・細分化されて現在に至っている．このように，身近な電化製品や電子部品，さらには大型機械まで，すべての動作はマクスウェル方程式で説明できるといっても過言ではない．

1.1.3 電磁気と微分積分

電磁気（に限らず物理学全般）を扱うことは，式を微分積分して変形していくことでもある．詳細な微分積分の解釈は専門書に譲るとして，ここでは電磁気学に必要な微分積分の「イメージ」を紹介したい．

◆三つの微分

・**勾配 grad（gradient）**：傾きを表す
・**発散 div（divergence）**：湧き出す量を表す
・**回転 rot（rotation）**：移動時の渦成分を表す

◆微分記号

∂（ラウンド）：偏微分（一つの変数のみに着目する微分）を表す演算子
∇（ナブラ）：1階微分を表す演算子
Δ（ラプラシアン）：2階微分を表す演算子

高校で扱う“傾き”を表現する微分のほかに，ある点（微小空間）からどれだけの量が湧き出して周囲に影響を与えているか（マイナスの場合は消滅するか）を表す状態も微分（div）であるし，ある点（微小空間）のまわりで，ぐるりと一周したときにどれだけの影響があるかを表す状態も微分（rot）である．これら三つの微分を区別して用いるが，一般的にはたんに“微分して”と説明されているだけのことが多い．また，grad，div，rot と記載されている場合はよいが，∇ や d/dx のように，微分記号で記載されている場合，これが何の微分かをよく考える習慣を付けたい．特に，高校まで扱っていない div や rot のイメージが，電磁気では非常に重要である．

◆色々な積分

・線積分　$\int$　もしくは　$\int_L$
　2点間を結ぶ曲線経路上の値の積分
・周回積分　$\oint$　もしくは　$\int_C$
　閉曲線（積分経路が一周している）の線積分
・面積分　$\iint$　もしくは　$\int_S$
　微小面積を考え，それを全曲面にわたり行う積分
・体積積分　$\iiint$　もしくは　$\int_V$
　微小体積を考え，それを全体積にわたり行う積分

微分記号と同様に積分記号も，きちんと積分の意味を意識して記載されている場合もあるが，単純に $\int$ 記号を一つ用いて面積分を表現することもある．積分をするとき，何をどこからどこまで積分するのかをよく考える習慣を付けることが大切である．

1.1 節のまとめ

- **電磁気学は，電気・電子・通信分野など，電気的・磁気的現象を説明する最も基礎となる考え方．**
- **マクスウェル方程式を起点とし，微分積分を行うことによって，さまざまな電磁気現象を説明可能．**

1.2 静 電 界

電磁気学における電気分野の最も基礎的な概念として，真空中に存在する電荷が周囲に与える影響（電界）や，電荷が作り出すエネルギーポテンシャル（電位）を理解することが重要である．本節では，これら電荷・電界・電位について，その概念が作り出すイメージを大切にし，互いが微分積分の関係で結ばれていることを紹介する．

1.2.1 電荷

電荷（charge, electric charge）は電子や陽子など，素粒子のもつ性質の一つである．電荷は正または負の値をとり，陽子は正電荷を，電子は負電荷をもつ．また，電子や陽子のもつ電荷量の絶対値を**電気素量（elementary charge）**といい

電気素量 $e = 1.602 \times 10^{-19}$ [C]

で表せる．電荷の単位は，C（クーロン）である．言い換えると，すべてのものがもつ電荷は電気素量の整数倍に正負の符号を加えたもので表現できることを意味している．電荷が移動すると電流に，停止していると静電気になるなど，“電気”の考え方の礎となる．

電荷が一点にのみ存在している場合を**点電荷（point charge）**といい q [C] で表現することが多い．一方，電荷がある線上に均等に存在する場合，点電荷の集合体と考えてもよいが，単位長さ（1 m）あたりの電荷量を定義しておいた方が計算しやすい．線状に分布した電荷について，単位長さあたりに存在する電荷を**線電荷密度（linear charge density）** λ [C/m] と表現する．同様に，ある面に均一に電荷が存在している場合，単位面積（1 m^2）あたりに存在する電荷を**面電荷密度（surface charge density）** σ [C/m^2] と表現する．また，ある立体に均一に電荷が存在している場合，単位体積（1 m^3）あたりに存在する電荷を**体積電荷密度（volume charge density）** ρ [C/m^3] と表現する．実際，電荷を考えるときは，点電荷が与える影響を考え，それを全体にわたって積分して考えてもよいし，線・面・体積電荷密度を有効に活用して，計算を簡単にしてもよい．

1.2.2 クーロン力

電荷に働く力のうち，最も単純なものは，真空中に存在する点電荷が他の点電荷に与える力である．イメージがつかみやすいと思うが，正電荷と正電荷（もしくは負電荷と負電荷）が存在する場合，両者は互いに反発し合い，正電荷と負電荷が存在する場合，両者は引き付け合う．また，二つの点電荷の距離が遠いと力が弱く，近付くにつれて働く力が大きくなる．さらに，点電荷の大きさが大きければ大きいほど，与える影響が大きい．これらの実験的にわかった経験則の概念を式にすると，以下のようになる．

$$\boldsymbol{F} = \frac{1}{\varepsilon_0}\frac{1}{4\pi r^2} q_1 q_2 \qquad (1.2.1)$$

このような，電荷間に働く力を**クーロン力（Coulomb force）**といい，この式(1.2.1)を**クーロンの法則（Coulomb's law）**とよぶ．クーロン力の単位は，[N]（ニュートン）であり，ベクトルなので大きさのほかに向きも考慮する必要がある．ここで，右辺分母の $4\pi r^2$ は，半径 r の球の表面積を意味しており，「電荷同士が近付けば近付くほど力が大きい」ことを表現している．これは立体角の概念である．また，分子の q_1 と q_2 の積が「点電荷の大きさが大きいほど力が大きい」ことを表現している．残りの ε_0 は**真空中の誘電率（dielectric constant）**であり，これら力のイメージを数式化した右辺と，力 F の左辺を関係付ける比例係数だと考えられる．なお，$\varepsilon_0 = 8.854 \times 10^{-12}$ [F/m] である．ちなみに，式の右辺分母に $4\pi r^2$ が使われる類似した式に万有引力の式があるが，万有引力の式は質量が正しかとりえないため常に引力のみになるのに対し，クーロンの法則は，電荷が正負両方をとりうるため，クーロン力は正も負も両方とりうる．

シャルル-オーギュスタン・ド・クーロン

フランスの物理学者，土木技術者．若い頃は軍人として石造建築や城塞の耐久性などに関する実験を行った．帯電した物体間に働く力を測定し，クーロンの法則を実験的に発見した．彼の功績に因み，電荷の単位がクーロンとなる．(1736-1806)

ヘンリー・キャヴェンディッシュ

英国の物理学者，化学者．多くの実験を独自に行った．死後，オームの法則（1781 年に実験的に発見，オームが発表したのは 1826 年）や，クーロン力（1773 年に実験的に発見，クーロンが発表したのは 1785 年）など，電磁気学に重要な未公開の実験記録が多く発見された．(1731-1810)

1.2.3 電界

先述したクーロン力の考え方は「引き付け合う・反発し合う」などイメージしやすく，電磁気の中心的な考え方としてもよいが，一つだけ面倒なのは，$q_1 \cdot q_2$ と二つの電荷が必要なことである．電荷一つが周囲にもたらす影響を表現する方が便利であり，さまざまな状況に応用できる．そこで，クーロン力を考える際，電荷の一つを単位正電荷（+1C）としたとき，r [m] だけ離れた位置に存在するもう一つの電荷 q [C] から受ける力は

$$\boldsymbol{F} = \frac{+1 \cdot q}{4\pi\varepsilon_0 r^2} \tag{1.2.2}$$

となる．これは，電荷 q が周囲に与える影響（場）と考えることができ，非常に便利である．この考え方を，**電界（electric field）**とよぶ．電界の大きさを E とすると

$$\boldsymbol{E} = \frac{q}{4\pi\varepsilon_0 r^2} \tag{1.2.3}$$

と，点電荷が作る電界を定義できる．電界とは，電気力の伝わる空間と表現できる．また，周囲に与える影響は向きによって異なることからもわかるように，電界はベクトルで表現される．なお，理学的には「電場」，工学的には「電界」と区別される傾向があるが，本書では表記を電界で統一する．電荷 q が存在すると空間に電界とよばれる影響が生じ，電界中のある点にほかの点電荷 q' を置くと，電界から電荷が直接，力を受けると考える．すなわち，クーロン力の式は

$$\boldsymbol{F} = \frac{qq'}{4\pi\varepsilon_0 r^2} = q'\boldsymbol{E} \tag{1.2.4}$$

と表現することができる．この式から，電界の単位を [N/C] と組み立てることもできるが，後述する電位の単位 [V]（ボルト）を基に組み立てた方が，電磁気や電気回路など電気分野全般の検討がしやすいので，単位は [V/m] を用いる．

1.2.4 電気力線

電荷が作り出す影響を数式化したのが電界だが，影響はイメージがつかみにくい．また，電界はベクトルなので，常に「大きさ」と「向き」を考える必要がある．そこで，電界の振る舞いを視覚的に表現した概念が**電気力線（electric line of force, electric field line）**である．電気力線には以下の四つの性質がある．

① 正の電荷（もしくは無限遠）から出て，負の電荷（もしくは無限遠）で終わる．
② 途中で分岐したり合流したりしない．
③ 電気力線の向き（その点における接線方向）が，電界の向きを示す．
④ 電気力線に垂直な単位面積の平面を貫く電気力線の本数が，電界の大きさを示す．

電気力線を正確に描けるようになることが，電磁気を理解するうえで大変重要である．

1.2.5 電位

力学的な力の概念（クーロン力）から電気分野の電界の概念が生まれたように，エネルギーの概念から電気的な概念を考えると，イメージしやすい．**電位（potential, electrical potential）**は力学における位置エネルギーの位置に相当する概念である．古典力学では，点Aから点Bまで，力を与えて物体を動かすと，$U = \int F ds$（ただし，F は与えた力学的な力）と位置エネルギー U が求められる．電位の考え方もほぼ一緒で，上式の F に対し単位正電荷に対するクーロン力を，点Aから点Bまで積分すれば，点Aを基準としたときの点Bの電位（または，AB間の電位差）が求まる．電位とは +1C の電荷の位置エネルギーであると考えるとわかりやすい．実際には，クーロン力を算出するときの電荷の一つを単位正電荷にすることは，電界を求めることになるから

$$V_{\mathrm{BA}} = -\int_{\mathrm{A}}^{\mathrm{B}} \boldsymbol{E}\,d\boldsymbol{s} \tag{1.2.5}$$

と定義される．なお，電位を求めるときは無限遠を基準点にとることが多い．また，電磁気や物理分野では電位，電気分野では電圧とよぶことが多い．電位の単位は [V]（ボルト）であるが，式の導出過程を見ればわかるように，電位はポテンシャルエネルギーの意味合いをもつ．電界や力がベクトルなのに対し，電位はスカラなので，向きを考える必要がなく，計算が簡単になる場合がある．例えば，電気回路で1Vの電池を二つ直列接続にすると2Vと求めることができるが，これは電位がスカラ量だからであり，クーロン力や電界はこのように簡単には求まらない．

1.2.6 電位・電界・電荷の関係

ここまで，電磁気で大切な電位・電界・電荷について，イメージを中心に説明してきたが，これら三つの概念は，図 1.2.1 にあるように，互いに微分積分の関係にある．

a. $\boldsymbol{E} = -\mathrm{grad}\ V$（電位→微分→電界）

もし任意の点における電位が既知であった場合，そ

の電位の微小変化分（微分）が電界を意味する．このときの変化は，「傾き」を意味する grad である．また，電位が高いところから低いところに向かう影響を正の電界とした方がイメージをつかみやすいが，図 1.2.2 を見るとわかるように，微分した結果がマイナスになってしまう．そこで，微分した結果にマイナスの符号を付けることで，電界がイメージどおりになるような工夫がされている．

b. $V = -\int E\,ds$（電界→積分→電位）

この式は，電位の定義の式そのものである．式の右辺にマイナスが付くのは $\boldsymbol{E} = -\mathrm{grad}\,V$ で説明したとおりである．

c. $\rho/\varepsilon_0 = \mathrm{div}\,E$（電界→微分→電荷）

この式は，マクスウェル方程式の第 1 式であり，電界は電荷から湧き出す影響（微分）を意味し，この場合の微分は grad ではなく div である．図 1.2.2 に示すように，中心に存在する電荷（電荷密度）から，放射状に影響（電界）が出てくるイメージを表現している．真空の誘電率 ε_0 は，このイメージを結び付けるための比例係数と考えればよい．また，この式は「微分形のガウスの法則」とよばれている．

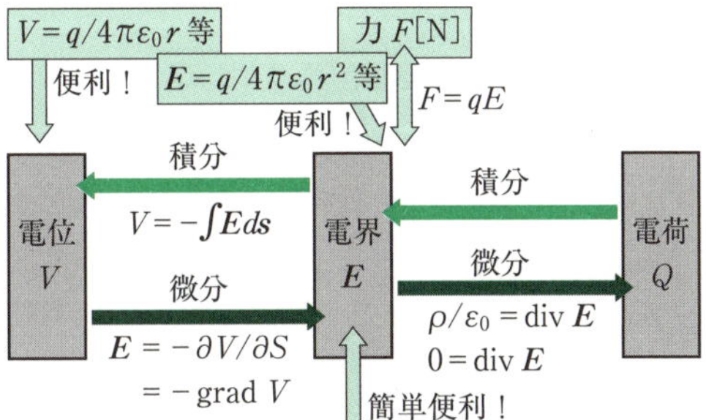

図 1.2.1　電荷・電界・電位の関係

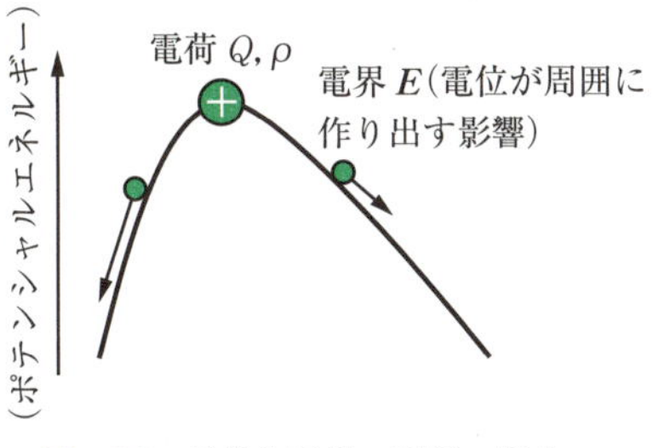

図 1.2.2　電位と電界の関係の概念

d. $\boldsymbol{E} = \int \rho\,ds$（電荷→積分→電界）

この式自体を見ることはあまりないが，電界の定義の式である．電荷 ρ を点電荷とみなした，半径 r の球殻でぐるりと取り囲むと，球殻の表面積は $4\pi r^2$ なので

$$\boldsymbol{E} = \int \rho\,ds = \rho \int d\boldsymbol{s} = \rho \frac{1}{4\pi r^2} \tag{1.2.6}$$

となり，球殻の位置に点電荷が作る電界の式になる．

たんに式を暗記することなく，電位・電界・電荷の関係をイメージできるようになることが，これ以降の電磁気の理解には重要である．

1.2.7　ラプラス方程式，ポアソン方程式

先述したように，電位・電界・電荷は，それぞれ微分積分の関係をもつ．これらの相関から，ある座標中の点における電位を 2 階微分すると，その位置に存在する電荷を求めることができる．あるいは，ある点に電荷が存在しない場合，その位置の電位を 2 階微分すると 0 になる．これらを式で表現すると以下のようになる．

ポアソン方程式（Poisson's equation）

$$\Delta \cdot V = \nabla^2 \cdot V = \mathrm{div}(-\mathrm{grad}\,V) = -\frac{\rho}{\varepsilon_0} \tag{1.2.7}$$

ラプラス方程式（Laplace's equation）

$$\Delta \cdot V = \nabla^2 \cdot V = \mathrm{div}(-\mathrm{grad}\,V) = 0 \tag{1.2.8}$$

シメオン・ドニ・ポアソン

フランスの数学者，物理学者，天文学者．確率論（ポアソン分布）や，物体のひずみ（ポアソン比）に関する研究など，幅広い分野で活躍した．ポアソンの法則は，電磁気だけでなく，重力ポテンシャルや熱伝導などにも用いられる式である．(1781-1840)

ピエール-シモン・ラプラス

フランスの数学者，物理学者，天文学者．ラプラス方程式は，電磁気学のみならず，天文学や流体力学など自然科学の多くの分野で重要である．また，制御工学などで重要なラプラス変換の礎を築いた．(1749-1827)

言い換えれば，電位・電界・電荷を求める問題は，ラプラス方程式あるいはポアソン方程式を用いれば必ず求まることになる．例えば3次元空間中に存在する電荷の計算は，カルテシアン座標軸を用いたとすると，以下のようになる．

$$\nabla^2 \cdot V = \frac{\partial^2 V}{\partial x^2} + \frac{\partial^2 V}{\partial y^2} + \frac{\partial^2 V}{\partial z^2} = -\frac{\rho}{\varepsilon_0} \qquad (1.2.9)$$

毎回3次元の偏微分を行うのは厄介だし，電荷が必ずしも均一に存在しているとも限らない．さらに，式を積分して解を求めるには，境界条件を求めることが必要であるなど，コンピュータを用いて計算する場合は便利だが，実際には煩雑になってしまうことも多い．そこで，この関係から導出されるいくつかの式を用いて電位・電界・電荷を求めた方が便利なことが多い．

1.2.8　電荷の求め方：ガウスの法則

先述したように，マクスウェル方程式の第1式は（微分形の）ガウスの法則とよばれている．この式は，電界のイメージがもつ本質を示しているが，実際計算には用いにくい．そこで，ベクトルの面積分に関して，ガウスの発散定理を用い，両辺を積分すると

$$\int_S \boldsymbol{E}\, d\boldsymbol{s} = \frac{Q}{\varepsilon_0} \qquad (1.2.10)$$

を導出できる．この式は，積分形のガウスの法則とよばれており，電界を簡単に求めることができる便利な式である．一般に**ガウスの法則（Gauss' law）**というときには，この積分形の式を示す．式左辺の面積分部分は，**ガウス面（Gaussian surface）**とよばれる任意の閉曲面である．一方，右辺の分子 Q は，ガウス面内に存在する全電荷を意味する．ε_0 は比例係数と考えればよい．この式は，どんな形状であれ閉曲面のガウス面でぐるりと囲んだ電荷が，ガウス面の位置に作る電界を求めることができ，非常にシンプルで使い勝手がよい．とはいえ，電界はベクトル量なので，ガウス面における電界は，大きさのほかに向きを考えなくてはならない．あるガウス面上の点の電界の向き（すなわち電気力線の向き）と，ガウス面の垂直方向とのなす角を θ とおくと，ガウスの法則は

$$\int_S E \cos\theta\, ds = \frac{Q}{\varepsilon_0} \qquad (1.2.11)$$

と表すことができる．ただし，毎回計算結果に角度 θ が入ってくると煩雑になるので，電荷から生じるすべての電気力線が垂直に交わるように（もしくは完全に交わらないように），ガウス面を設定すると，計算が非常に簡単になる．ガウスの法則を有効に活用するには，まず電荷からどのような電気力線が生じているかをイメージし，それらすべての電気力線と垂直に交わるガウス面を検討すればよい．

もし，すべての電気力線に垂直に交わるガウス面が設定できない場合には，電荷を点電荷の集合体と考えて，それぞれの点電荷が作るそれぞれの電界を求め，積分する形でベクトル和を求める．複数の電荷分布があるとき，それらが作る電界は単独で存在するときの電界の重ね合わせになる．このことを重ねの理（重ね合わせの理）という．重ねの理は電界を導出するときに説明した，ベクトル量のクーロン力にもあてはまる．

ヨハン・カール・フリードリヒ・ガウス

ドイツの数学者，物理学者，天文学者．近代数学の礎を築いた一人．ドイツを代表する科学者で，ユーロ紙幣が採用される前のドイツ10マルク紙幣の肖像であった．彼の功績に因み，磁束密度の単位がガウスとなる．（1777-1855）

例題 1-2-1

線電荷密度 λ [C/m] に帯電した，無限長さの直線導体がある．導体から r [m] だけ離れた点Pの電界を，以下の二つの方法で求めよ．

（1）微小長さの導線がPに作る電界を求め，全領域について積分

（2）ガウスの法則を利用

解答（1）

図 1.2.3 のように，点Pから導線に下ろした垂線との交点を原点とし，この垂線を x 軸とする．また，導線の方向を z 軸方向とする．導線上で原点から z だけ離れた点Qから，微小長さ dz だけの部分に存在す

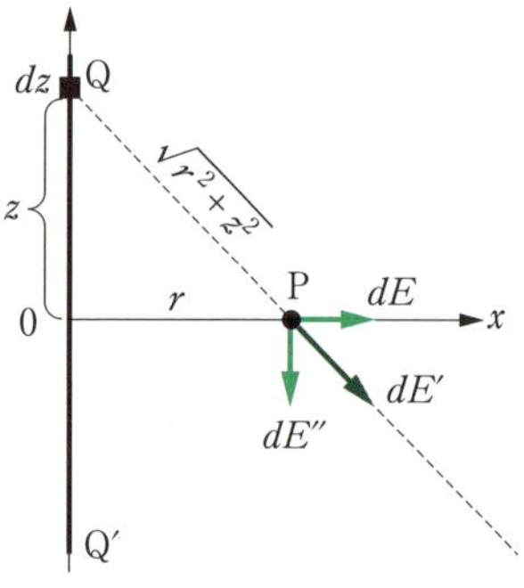

図 1.2.3　微小領域の設定の仕方

る電荷量は λdz である．したがって，この微小長さの電荷が点 P に作る電界の大きさ dE' は，PQ 間の距離が $\sqrt{r^2+z^2}$ であるので

$$dE' = \frac{(\lambda \cdot dz)}{4\pi\varepsilon_0(\sqrt{r^2+z^2})^2}$$

となる．この dE' の方向は，QP の延長線上である．

ここで，z 軸上の点 Q について，原点と点対称の z 軸上の点を Q′ とすると，点 Q′ が P に作る電界の大きさは，先述した dE' に等しい．また，方向は，Q′P の延長線上である．ここで，角 QPO = Q′PO = θ とし，各電界ベクトルの大きさを x 軸方向（dE）および z 軸方向（dE''）に分解すると，x 軸方向：$dE = dE' \cos\theta$，z 軸方向：$dE'' = dE' \sin\theta$ となる．各電界の z 軸方向成分について，点 Q の電荷が作る成分と点 Q′ の電荷が作る成分は，向きが正反対で大きさが等しいことから，必ず打ち消し合うことがわかる．ここで図より，$\cos\theta = r/\sqrt{r^2+z^2}$ であるので

$$dE = dE'\cos\theta = \frac{(\lambda \cdot dz)}{4\pi\varepsilon_0(\sqrt{r^2+z^2})^2} \cdot \frac{r}{\sqrt{r^2+z^2}}$$

$$= \frac{\lambda r}{4\pi\varepsilon_0(r^2+z^2)^{\frac{3}{2}}}dz$$

と，Q の電荷が P の x 軸方向成分に形成する電界の大きさを求められる．

実際に点 P における電界は，この点 Q の微小長さの電荷が無限遠（$z = -\infty$）から無限遠（$z = +\infty$）まで存在していると考える．このとき x 軸方向の電界 dE のみ考えればよいから，求める電界の大きさは，

$$E = \int dE = \int_{-\infty}^{\infty} \frac{\lambda r}{4\pi\varepsilon_0(r^2+z^2)^{3/2}}dz$$

となる．ここで図 1.2.3 より，$\tan\theta = z/r$ であるので，$dz = r\,d\theta/(\cos\theta)^2$ となる．したがって上式は

$$E = \int_{-\frac{\pi}{2}}^{\frac{\pi}{2}} \frac{\lambda r}{4\pi\varepsilon_0(r^2+z^2)^{\frac{3}{2}}} \cdot \frac{r}{(\cos\theta)^2}d\theta$$

$$= \frac{\lambda}{4\pi\varepsilon_0 r}\int_{-\frac{\pi}{2}}^{\frac{\pi}{2}} \frac{r^3}{\sqrt{(r^2+z^2)^3}} \cdot \frac{1}{(\cos\theta)^2}d\theta$$

$$= \frac{\lambda}{4\pi\varepsilon_0 r}\int_{-\frac{\pi}{2}}^{\frac{\pi}{2}} \cos\theta\,d\theta$$

$$= \frac{\lambda}{2\pi\varepsilon_0 r} \quad [\mathrm{V/m}]$$

と求められる．電界の向きは導線と垂直方向である．

初めに，微小領域が作る電界をていねいに求め，それを電荷が存在する全領域にわたって積分することで，どのような場合でも必ず電界を算出することができる．ただし，計算が複雑になることが多いのと，電界の方向を常に意識しなくてはならない．

解答（2）

図 1.2.4 のように，導線と同軸に，半径 r，高さ L の円筒をガウス面とすれば，導線から生じる電気力線は，ガウス面と必ず垂直に交わる（もしくは完全に交わらない）．このとき，電気力線が垂直に交わるガウス面の面積は，半径 r・高さ L の円筒側面なので，$2\pi rL$ であり，ガウス面内に存在する全電荷量は，$L\lambda$ である．したがって，ガウスの法則より，電界の大きさ E は

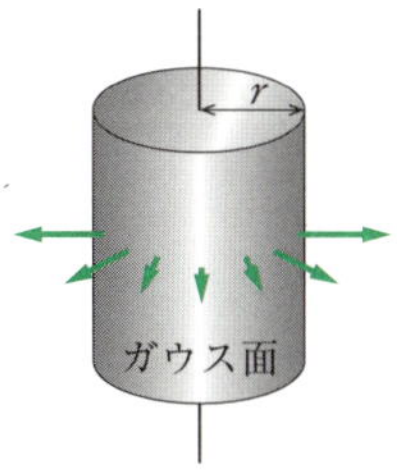

図 1.2.4　ガウス面の設定の仕方

$$E = \int_S E\,ds = E \cdot 2\pi rL = \frac{L\lambda}{\varepsilon_0}$$

となる．したがって

$$E = \frac{\lambda}{2\pi r\varepsilon_0} \quad [\mathrm{V/m}]$$

となる．向きは図 1.2.4 の電気力線の方向（導線から垂直な方向）である．

ガウス面を設定できる問題の場合，ガウスの法則を用いた方が簡単に計算できる．また，ガウス面を単位長さ（今回の場合だと，円筒の高さ = 1 m）とすると，さらに計算が簡単になる．

1.2.9　電位の求め方：特定の場合の電位

先述したように，電位の式は定義式なのでどんな問題でも解けるが，実際計算が煩雑になることがある．そこで，ある条件が満たされる場合，定義式から派生したシンプルな式を用いることが多い．これらの式は準公式として扱ってよい．

a. 均一な電界が生じている場合

電位は $V = -\int \boldsymbol{E}\,d\boldsymbol{s}$ の式で定義されているが，図 1.2.5 のように，もし電界が積分範囲（電位差を算出したい始点と終点の間）において一定であれば，$\boldsymbol{E}$ は積分式の前に出すことができ，$V = \boldsymbol{E}\left(-\int d\boldsymbol{s}\right)$ となる．電界はベクトルなので，積分範囲において大きさも向きも一定でなければならない．この場合の積分の結果を d とおくと，d は 2 点間の距離になり，電位の定義式は

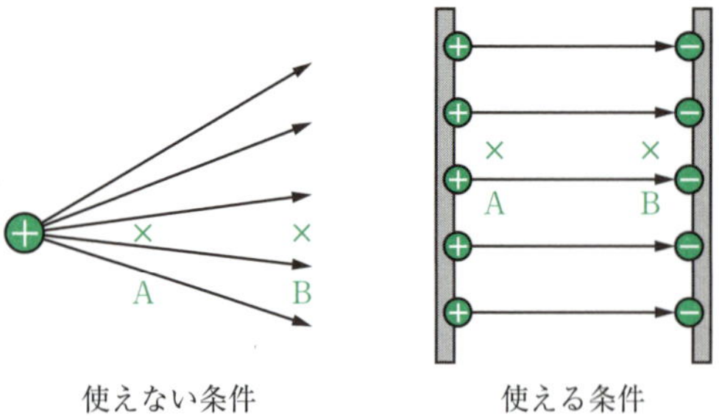

図 1.2.5　$V=Ed$ の式が使えるときと使えないときの電界の条件

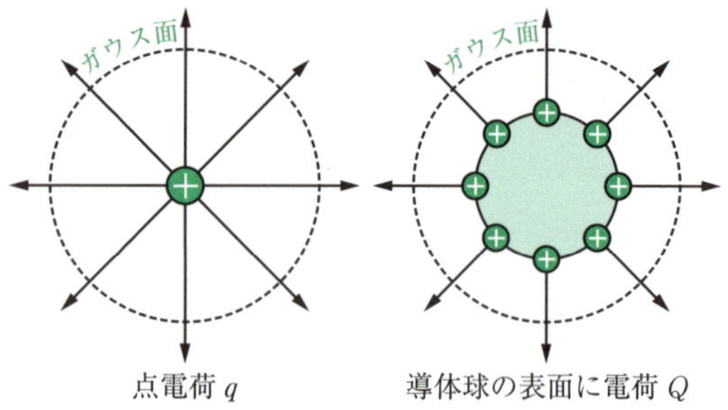

図 1.2.6　点電荷 q が作る電気力線と，半径 a の導体球に存在する電荷 Q が作る電気力線

$$V = Ed \tag{1.2.12}$$

と変形される．例えば平行板コンデンサの電極間の電位を求めるときなどに便利な式である．

b. 点電荷が作る電位

もし点電荷 q が一つだけ存在する場合，電気力線が点電荷から放射状に存在する．点電荷から r だけ離れた位置の電界は，その位置に単位正電荷が存在していると考えると

$$\boldsymbol{E} = \frac{q}{4\pi\varepsilon_0 r^2} \qquad (1.2.3，再掲)$$

となる．これを積分すると，電位は

$$V = \frac{q}{4\pi\varepsilon_0 r} \tag{1.2.13}$$

と求められる．この式は，点電荷から r だけ離れた点（すなわち，電荷の位置を中心に半径 r のガウス面を設定したときのガウス面の表面）の電位を表現している．例えば図 1.2.6 のように，ガウス面を通過する電気力線が，点電荷が作る電気力線と同じ振る舞いをしていれば，点電荷が作る電位とイメージが一緒なので，この式を用いることができる．例えば，半径 r_1 の球の表面に一様に電荷 Q が存在するとき，同心から半径 r（ただし $r_1 < r$）の任意の点の電位を求めるときなどにも応用できる．

c. 電気双極子

電気双極子（electric dipole）とは，大きさの等しい正負の電荷が対となって存在する状態のことである．電気的に中性であっても，分子・結晶レベルでは電荷の偏りが存在する．例えば塩化ナトリウムは，Na 原子と Cl 原子がイオン結合して結晶を形成しているが，電界を与えると電荷の位置がずれ，分極が生じる．このように，非常に接近している正負一対の電荷から，ある程度離れた点の電位を算出するとき，2 点間の距離を正確に設定して計算するのは煩雑になる．そこで，微小距離を δl だけ離れた 2 点に，$\pm q$ の電荷が存在し，その 2 点の中心から r だけ離れた点に電気双極子が作る電位 V は

$$V = \frac{\boldsymbol{p}\boldsymbol{i}_r}{4\pi\varepsilon_0 r^2} \tag{1.2.14}$$

と表すことができる．ただし，$\boldsymbol{i}_r$ は 2 点の中心から，電位を求めたい点へ向かう単位ベクトルである．またこのとき

$$\boldsymbol{p} = q\delta\boldsymbol{l} \tag{1.2.15}$$

を**電気双極子モーメント（electric dipole moment）**とよび，$-q$ から $+q$ に向かう大きさ $q\delta l$ のベクトルである．電気双極子は分子などさまざまな物質の特性を決める重要な現象である．

1.2 節のまとめ

- **電荷は電界や電位など，電気分野を考えるときの素となる素粒子．**
- **電界は，電荷がその周囲に作り出す影響を意味するベクトルであり，電気力線は電界を視覚的に表現したもの．**
- **電位は，電気分野のエネルギーポテンシャルを意味するスカラ量．**
- **電荷・電界・電位は，互いを微分積分することで求めることができる．**

1.3 導体と静電界

この世の物質は，物質中で電荷が自由に移動することのできる導体と自由に移動することのできない絶縁体に大きく分けることができる．電界中に置かれた振る舞いに着目すると，絶縁体は誘電体ともよばれる．この節では，静電界中に置かれた導体や電荷を与えられた導体の振る舞いについて考えることにする．

1.3.1 導体の静電的性質

a. 導体とは何か

導体（conductor）の代表的な物質は金属である．金属中には 1 cm^3 あたりおよそ 10^{23} 個の自由電子が存在し，金属原子の間を自由に移動している．ほかにもイオンが溶け込んだ液体や電離した気体なども導体である．物質中では，それを構成する原子や分子，イオンの位置に応じて，実際の微視的な電界が空間的に大きく変動していると考えられる．しかしながら，物質を扱う電磁気学においては，内部の電磁気的性質を記述する電界などは阻視化され，巨視的物理量として扱われる．つまり物質を連続媒体として捉えることにする．

b. 静電誘導

導体を電界中に置くと，導体中に存在する自由な電荷は電気力を受けて移動するが，有限の大きさをもつ孤立した導体では，緩和時間を経た後に電荷の移動が止まる．このように自由な電荷が静止した状態を**静電平衡（electrostatic balance）**とよぶ．本節では，金属のように緩和時間がきわめて短い物質を想定し，導体は常に静電平衡状態にあると考えることにする．導体中の自由な電荷は電界が存在するかぎり移動するため，移動しないということは導体中には電界が存在しないといえる．

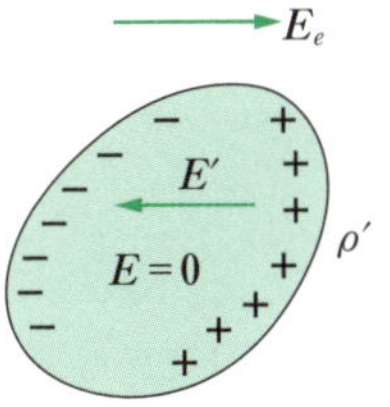

図 1.3.1

今，図 1.3.1 に示すように，金属を外部電荷 ρ_e が作る外部電界 $\boldsymbol{E}_e$ 中に置くと，金属中の自由電子は電気力を受けて移動し，導体の片方の面に集まる．一方反対の面には，電子が不足した分だけ正の電荷が現れることになる．このように導体に正負の電荷分布が誘導される現象を**静電誘導（electrostatic induction）**とよぶ．また集まった電荷を**誘導電荷（induced charge）** ρ' とよぶ．この ρ' によって電界 $\boldsymbol{E}'$ が作られる．これを**誘導電界（induced electric field）**とよぶ．したがって導体を置いた後の電界 $\boldsymbol{E}$ は

$$\boldsymbol{E} = \boldsymbol{E}_e + \boldsymbol{E}' \tag{1.3.1}$$

となり，導体を置く前と異なってくる．それに応じて ρ' がさらに変化する．つまり，互いが影響を与え合っている．このような電界と電荷は**つじつまが合っている（self-consistent）**という．静電平衡状態では，もう電荷の移動は起こらず，導体内部の電界 $\boldsymbol{E}$ は $\boldsymbol{0}$ である．したがって

$$\boldsymbol{E}' = -\boldsymbol{E}_e \tag{1.3.2}$$

となり，誘導電界は外部電界を完全に打ち消すように生じる．導体の内部だけでなく表面に沿った電荷の移動もないため，電界は表面に平行な成分をもたず，垂直成分しかない．これは導体表面が等電位であり，導体の電位が至るところで等しいことを示している．そのため，**導体の電位**という概念が成り立つ．

次の 1.3.1 項 c. で，ガウスの法則を用いてもう一度確かめるが，導体の内部には過剰な電荷が存在しえず，つまり無数の正の電荷と負の電荷が打ち消し合っている状態にある．もしバランスが崩れて過剰な電荷が生じると，電界が生じて電荷の移動が生じ，電界を打ち消してしまう．結果的に電荷は導体表面にのみ存在する．したがって，外部から電荷を与えたとしても，電荷は表面のみに分布し，導体内部には電荷も電界もない．導体表面は等電位であり，電界は導体表面

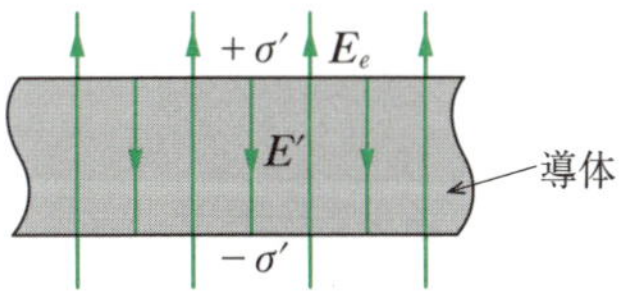

図 1.3.2

ゲオルク・ジーモン・オーム

ドイツの物理学者．高校教師として働きながら，ボルタ電池についての研究を行いオームの法則を発見した．これにより，電圧と電流と電気抵抗の基本的な関係が定義され，後の電気回路学の発展に繋がった．抵抗の単位オームは彼の業績に因んでいる．（1789-1854）

に垂直成分しかもたない．

例題 1-3-1

一様な外部電界 $\boldsymbol{E}_e$ の中に垂直に導体板を置いた．誘導電界と誘導電荷を求めよ（図 1.3.2）．

式(1.3.2)より，導体内部の誘導電界は $\boldsymbol{E}' = -\boldsymbol{E}_e$ である．したがって，誘導電界の電気力線は導体板の上面から始まり，導体板の下面で終わる．すなわち，導体板の上面には σ'，導体板の下面には $-\sigma'$ の面密度の誘導電荷が存在する．

一方，誘導電荷に着目すると，σ の面密度で一様に分布した平面状電荷から生じる電界の大きさは $E = \sigma/2\varepsilon_0$ である．また，$\pm\sigma$ の面密度の平面状電荷が距離を隔てて一様に分布すると，それらが作る電界の大きさは，平面状電荷の外側では互いに打ち消し合って 0 となり，平面状電荷の間では合成されて，$E = \sigma/\varepsilon_0$ となる．したがって，導体板の中の誘導電界の大きさが $|\boldsymbol{E}'| = |\boldsymbol{E}_e|$ であることから，誘導電荷の面密度は $\sigma' = \varepsilon_0|\boldsymbol{E}'| = \varepsilon_0|\boldsymbol{E}_e|$ と求まる．導体板の外は誘導電界が存在せず，外部電界のままである．

c. 導体と電荷

電荷は導体表面にしか存在しないといったが，それはガウスの法則によって確かめることができる．今，図 1.3.3 のように，導体内部に閉曲面 S_1 で囲まれた領域 V_1 を考え，ガウスの法則を適用する．導体内部の電界 $\boldsymbol{E}$ は 0 であるから

$$\varepsilon_0\int_{\mathrm{S}_1}\boldsymbol{E}\cdot d\boldsymbol{S} = \varepsilon_0\int_{\mathrm{V}_1}\mathrm{div}\,\boldsymbol{E}\,dV = \int_{\mathrm{V}_1}\rho\,dV = 0$$

となり，電荷密度 ρ が 0 であることが示される．したがって，電荷は導体表面にしか存在しえない．

次に，導体表面のある点に面密度 σ で電荷が存在するとし，その点を囲むように，閉曲面 S_2 で囲まれた微小面積 dS の円筒状領域 V_2 を考える．この V_2 に対してガウスの法則を適用する．導体内部の電界と，電界の導体表面に平行な成分は 0 であるため，この面の外向き単位法線ベクトルを $\boldsymbol{n}$ として，導体外部の電界の外向き法線成分を E_n とすると

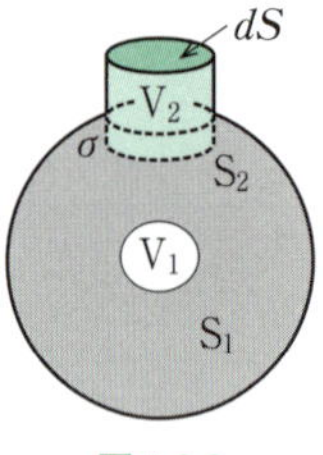

図 1.3.3

$$\varepsilon_0\int_{\mathrm{S}_2}\boldsymbol{E}\cdot d\boldsymbol{S} = \varepsilon_0\int_{\mathrm{S}_2}E_n\boldsymbol{n}\cdot dS = \varepsilon_0 E_n dS = \sigma dS \text{ より，}$$

$$E_n = \frac{\sigma}{\varepsilon_0} \qquad (1.3.3)$$

となる．ここで，導体外部の電界は，誘導電界と外部電界を合成した全体の電界である．

例題 1-3-2

半径 a の導体球に電荷 Q を与える．電界と導体球の電位を求めよ．

電荷は導体球の表面に，面密度 $\sigma = Q/4\pi a^2$ で，一様に分布する．系は球対称であるから，電界は r 方向にあって，極座標系を用いると，$\boldsymbol{E}(\boldsymbol{r}) = E_r(r)\boldsymbol{e}_r$ と表される．半径 r の同心球をガウス面 S に選んで，ガウスの法則を適用すると

$$\begin{aligned}\varepsilon_0\int_{\mathrm{S}}\boldsymbol{E}(\boldsymbol{r})\cdot d\boldsymbol{S} &= \varepsilon_0\int_{\mathrm{S}}E_r(r)\boldsymbol{e}_r\cdot\boldsymbol{e}_r dS = \varepsilon_0 E_r(r)\int_{\mathrm{S}}dS \\ &= \varepsilon_0 E_r(r)4\pi a^2 \\ &= \begin{cases}0 & (r < a) \\ Q & (r > a)\end{cases}\end{aligned}$$

となる．したがって

$$E_r(r) = \begin{cases}0 & (r < a) \\ \dfrac{Q}{4\pi\varepsilon_0 r^2} & (r > a)\end{cases}$$

である．

導体球の外の電位は，無限遠点を基準点とすると，電界を線積分することにより

$$\begin{aligned}V(r) &= \int_r^\infty \boldsymbol{E}(\boldsymbol{r})\cdot d\boldsymbol{S} = \int_r^\infty E_r(r)\boldsymbol{e}_r\cdot d\boldsymbol{S} = \int_r^\infty E_r(r)dr \\ &= \frac{Q}{4\pi\varepsilon_0 r}\end{aligned}$$

と求まる．よって，導体球の電位は，$V(a) = Q/4\pi\varepsilon_0 a$ である．

d. 静電遮蔽

導体球に電荷を与えると，電荷は導体球表面に一様に分布し，導体の内部には電界も電荷もないことを説明した．ここで，図 1.3.4 のように，導体球の内部に空洞を設けるとする．電界のない導体を取り除くのであるから，空洞面には電荷は現れない．したがって，初めの電荷分布は乱れることなく，空洞内の電界も 0 である．これは任意の形状の導体についても成り立つ．

次に，図 1.3.5 のような，外部電界 $\boldsymbol{E}_e$ の中にある導体を考える．1.3.1 項 b. で説明したように，導体の内部は誘導電界 $\boldsymbol{E}'$ が外部電界 $\boldsymbol{E}_e$ を打ち消しており，全体の電界 $\boldsymbol{E}$ は $\boldsymbol{0}$ である．ここで，導体内部に空洞を設けるとする．空洞内には外部電界 $\boldsymbol{E}_e$ が存在する

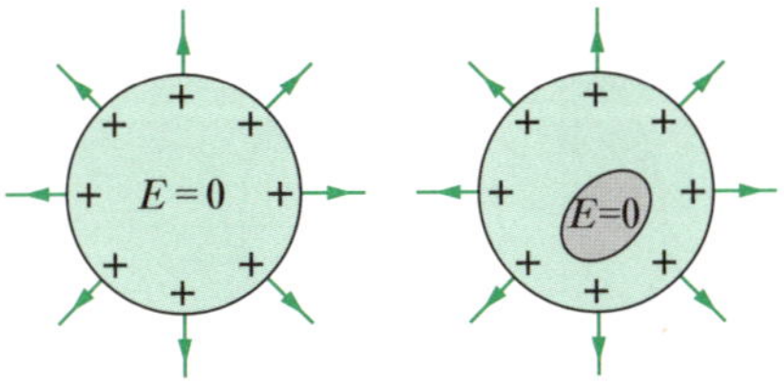

図 1.3.4

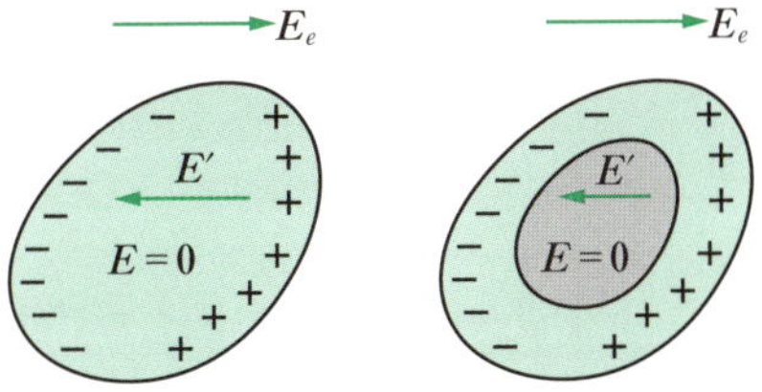

図 1.3.5

が，誘導電界 $\boldsymbol{E}'$ で常に打ち消されており，たとえ $\boldsymbol{E}_e$ が変化しても，空洞内の電界 $\boldsymbol{E}$ は常に $\mathbf{0}$ である．つまり，外部の静電的変化は空洞内には及ばない．このように導体に囲まれた内部の空間には，外部からの電界が一切侵入できない．このような導体の作用を**静電遮蔽（electrostatic shielding）**とよぶ．

例題 1-3-3

内半径 a，外半径 b の導体球殻の中心に，点電荷 Q_0 がある．導体球殻内外の電界と電位を求めよ（図 1.3.6）．

導体球殻の内面に $+q$，外面に $-q$ の誘導電荷があるとする．系は球対称であるから，電界は r 方向の成分 $E_r(r)$ のみを考えればよく，$\boldsymbol{E}(\boldsymbol{r}) = E_r(r)\boldsymbol{e}_r$ と表される．半径 r の同心球 S に対してガウスの法則を適用すると，電界は $E_r(r) = Q(r)/4\pi\varepsilon_0 r^2$ となる．ここで $Q(r)$ は半径 r の球面内にある電荷の量を表している．導体球殻内（$a < r < b$）は電界が 0 であるから，$Q(r) = Q_0 + q = 0$ である．したがって，$q = -Q_0$ となり，導体球殻の内面には $-Q_0$，外面には $+Q_0$ の誘導電荷が現れる．したがって電界は

$$E_r(r) = \begin{cases} \dfrac{Q_0}{4\pi\varepsilon_0 r^2} & (r < a) \\ 0 & (a < r < b) \\ \dfrac{Q_0}{4\pi\varepsilon_0 r^2} & (b < r) \end{cases}$$

である．

電位は，電界を線積分することにより

$$V(r) = \int_r^\infty E_r(r)dr = \frac{Q_0}{4\pi\varepsilon_0 r} \qquad (b < r)$$

$$V(r) = \int_r^b 0dr + \int_b^\infty E_r(r)dr$$
$$= \frac{Q_0}{4\pi\varepsilon_0 b} \qquad (a < r < b)$$

$$V(r) = \int_r^a E_r(r)dr + \int_a^b 0dr + \int_b^\infty E_r(r)dr$$
$$= \frac{Q_0}{4\pi\varepsilon_0}\left(\frac{1}{r} - \frac{1}{a}\right) + \frac{Q_0}{4\pi\varepsilon_0 b} \qquad (r < a)$$

と求まる．

この場合，Q_0 から始まる電気力線は，導体球殻でいったん途切れて，外でまた復活するように見える．しかし，Q_0 の位置を動かしても，内側の電荷と電界の分布は変わるが，外側の電荷と電界の分布は変わらない．つまり，導体で囲まれた中空領域と導体外の領域は，静電気的に独立である．これも静電遮蔽の一種である．

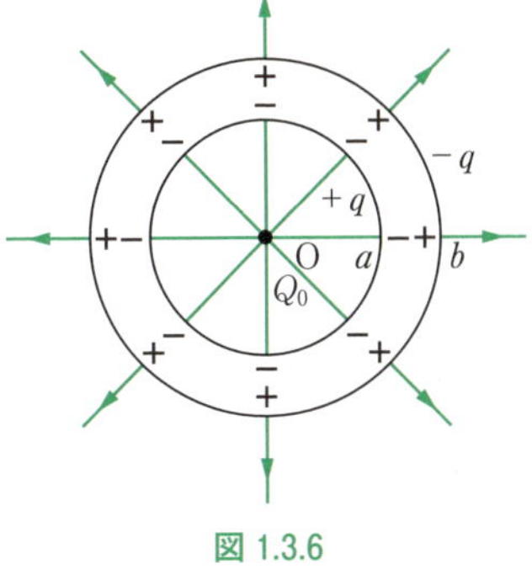

図 1.3.6

e. 接地

私たちがふつうに物体を考える場合，地球は一つの導体で静電的に等電位であるとみなすことができる．物体の帯電現象は地球全体からみればきわめて小規模に生じるため，それによる電界に注目するかぎり，地球は電界のない無限遠まで広がっているとみなすことができる．そのため，無限遠を電位の基準にとれば，地球の電位は 0 である．また地球と導体的に結ばれた導体の電位も 0 である．地球と導体的に結ぶことを**接地する（ground connection）**という．

例題 1-3-4

半径 a の導体球 A を，内半径 b，外半径 c（$a < b < c$）の導体球殻 B で包んだ．

（1） 導体球殻 B を接地し，導体球 A に Q_1 の電荷を与えたときの電界と電位を求めよ．

まず接地点より導体球殻に電荷 Q_2 が供給されたと仮定して，電界と電位を求めることにする．電荷はすべて球対称に分布する．よって電界も球対称であり，$\boldsymbol{E}(\boldsymbol{r}) = E_r(r)\boldsymbol{e}_r$ と表される．半径 r の同心球をガウ

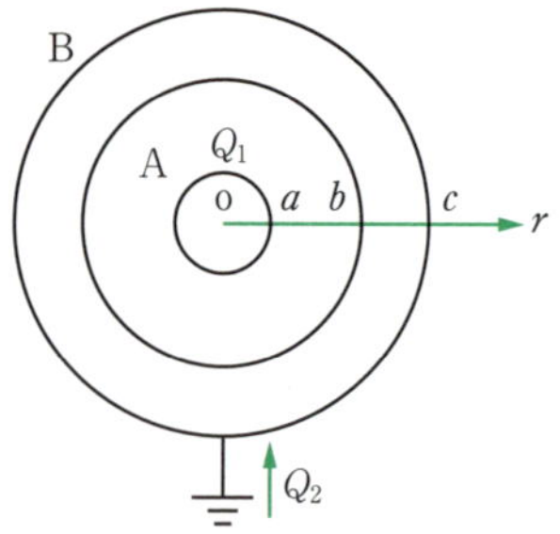

図 1.3.7

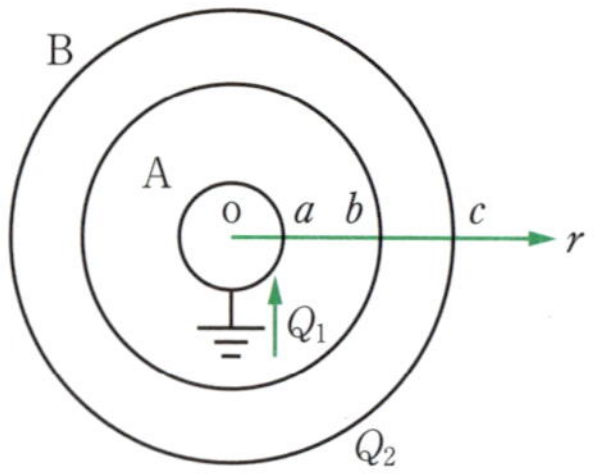

図 1.3.8

ス面 S に選ぶと，ガウスの法則により $E(r)=Q(r)/4\pi\varepsilon_0 r^2$ となる．ここで $Q(r)$ は半径 r 内にある電荷を表す．導体球殻内（$b<r<c$）は電界が 0 であるから，導体球殻の内面には $-Q_1$，外面には Q_1+Q_2 の電荷が現れる．したがって電界は

$$E_r(r)=\begin{cases}0 & (r<a)\\ \dfrac{Q_1}{4\pi\varepsilon_0 r^2} & (a<r<b)\\ 0 & (b<r<c)\\ \dfrac{Q_1+Q_2}{4\pi\varepsilon_0 r^2} & (c<r)\end{cases}$$

である．電位は

$$\begin{aligned}V(r)&=\int_a^b E_r(r)dr+\int_c^\infty E_r(r)dr\\&=\frac{Q_1}{4\pi\varepsilon_0}\left(\frac{1}{a}-\frac{1}{b}+\frac{1}{c}\right)+\frac{Q_2}{4\pi\varepsilon_0 c}\\&\equiv V_A\quad(r<a)\\V(r)&=\int_r^b E_r(r)dr+\int_c^\infty E_r(r)dr\\&=\frac{Q_1}{4\pi\varepsilon_0}\left(\frac{1}{r}-\frac{1}{b}+\frac{1}{c}\right)+\frac{Q_2}{4\pi\varepsilon_0 c}\quad(a<r<b)\\V(r)&=\int_c^\infty E_r(r)dr=\frac{Q_1+Q_2}{4\pi\varepsilon_0 c}\\&\equiv V_B\quad(b<r<c)\\V(r)&=\int_r^\infty E_r(r)dr=\frac{Q_1+Q_2}{4\pi\varepsilon_0 r}\quad(c<r)\end{aligned}$$

である．V_A，V_B はそれぞれ導体球と導体球殻の電位を表している．

導体球殻は接地されているから，導体球殻の電位 V_B は 0 である．したがって，導体球殻に供給される電荷は $Q_2=-Q_1$ と求まる．上の式に代入することにより，電界は

$$E_r(r)=\begin{cases}0 & (r<a)\\ \dfrac{Q_1}{4\pi\varepsilon_0 r^2} & (a<r<b)\\ 0 & (b<r)\end{cases}$$

電位は

$$V(r)=\begin{cases}\dfrac{Q_1}{4\pi\varepsilon_0}\left(\dfrac{1}{a}-\dfrac{1}{b}\right)\equiv V_A & (r<a)\\ \dfrac{Q_1}{4\pi\varepsilon_0}\left(\dfrac{1}{r}-\dfrac{1}{b}\right) & (a<r<b)\\ 0 & (b<r)\end{cases}$$

となる．

(2)　導体球 A を接地し，導体球殻 B に Q_2 の電荷を与えたときの電界と電位を求めよ．

接地点より導体球に電荷 Q_1 が供給され，導体球殻の内面に $-Q_1$，外面に Q_1+Q_2 の電荷が生じたとする．導体球は接地されているから，導体球の電位 V_A は 0 である．したがって，前問（1）より，導体球に供給される電荷は

$$Q_1=\frac{-Q_2}{\dfrac{c(b-a)}{ab}+1}$$

と求まり，これを前問（1）の式に代入して，電界は

$$E_r(r)=\begin{cases}0 & (r<a)\\ \dfrac{-Q_2}{4\pi\varepsilon_0\left\{\dfrac{c(b-a)}{ab}+1\right\}r^2} & (a<r<b)\\ 0 & (b<r<c)\\ \dfrac{cQ_2}{4\pi\varepsilon_0\left\{c+\dfrac{ab}{(b-a)}\right\}r^2} & (c<r)\end{cases}$$

電位は

$$V(r)=\begin{cases}0\equiv V_A & (r<a)\\ \dfrac{-Q_2}{4\pi\varepsilon_0\left\{\dfrac{c(b-a)}{ab}+1\right\}r}\left(\dfrac{1}{r}-\dfrac{1}{b}+\dfrac{1}{c}\right)+\dfrac{Q_2}{4\pi\varepsilon_0 c} & (a<r<b)\\ \dfrac{Q_2}{4\pi\varepsilon_0\left\{c+\dfrac{ab}{(b-a)}\right\}} & (b<r<c)\\ \dfrac{cQ_2}{4\pi\varepsilon_0\left\{c+\dfrac{ab}{(b-a)}\right\}r} & (c<r)\end{cases}$$

となる．

1.3.2　導体の電荷と電位

a. 静電容量

図 1.3.9 のように，孤立した導体に電荷 Q を与えることを考える．電荷 Q は導体表面に分布し，導体内の電界は 0 である．このとき，表面の電荷密度が σ で，無限遠に対する電位が V であったとする．ここで電荷 Q を λQ にすると，表面の電荷密度も $\lambda\sigma$ となり，**重ねの理（重ね合わせの理）（principle of superposition, superposition theorem）**により，電位も λV となる．つまり，孤立導体の電荷と電位は比例する．この比例係数を C とおけば

$$Q = CV \tag{1.3.4}$$

の関係が成り立つ．ここで C は孤立した導体の幾何学的条件で決まる定数で，孤立導体の**静電容量（キャパシタンス）（electrostatic capacity, capacitance）**とよばれる．静電容量 C の単位は［F］（ファラッド）である．

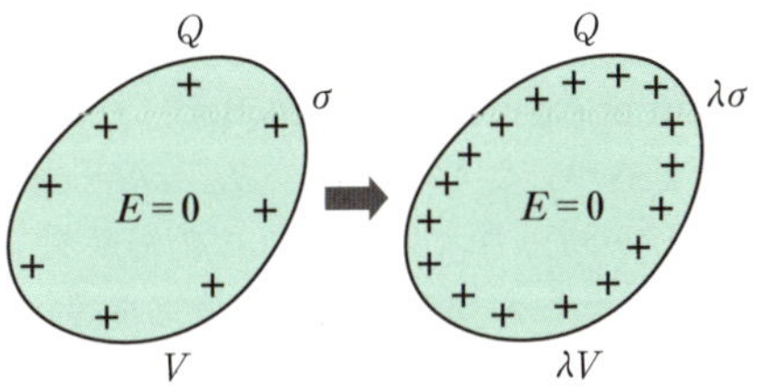

図 1.3.9

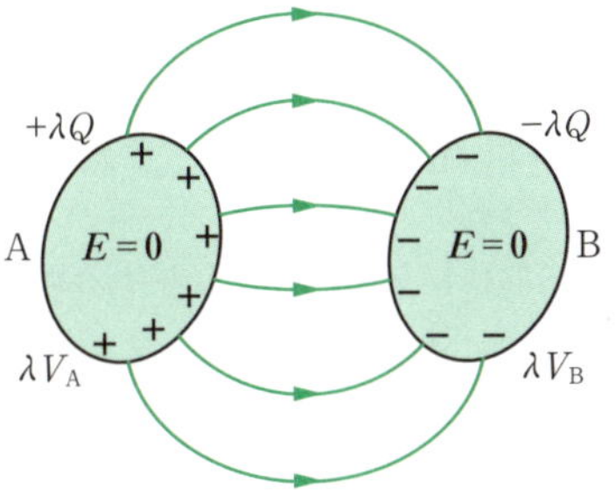

図 1.3.10

マイケル・ファラデー

英国の物理学者・化学者．科学史上最も影響を及ぼした科学者の一人．電磁場の基礎理論を確立し，反磁性，電気分解の法則，ベンゼン等を発見．電動機，ブンゼンバーナーも発明．ファラッド，ファラデー定数などその名に因んだ用語も多い．（1791-1867）

次に，図 1.3.10 のように，二つの導体 A と B を近い位置に置き，それぞれに大きさが同じで符号が反対の電荷 Q，$-Q$ を与えたとする．これらの電荷はそれぞれの導体表面に分布し，この系全体としては電気的に中性である．導体内部に電界はなく，導体 A の表面から始まった電気力線は導体 B の表面で終わる．このように等量で逆符号の電荷を蓄えるしくみを**コンデンサ（キャパシタ）（condenser, capacitor）**とよぶ．

今，導体 A の電位を V_A，導体 B の電位を V_B とすると，導体 A と導体 B の電位差は $V = V_A - V_B$ である．ここで Q と $-Q$ を λQ，$-\lambda Q$ とすると，V_A と V_B も λV_A，λV_B となり，したがって V も λV となる．つまり電位差 V と電荷 Q は比例する．この比例係数を C とすると

$$Q = CV \tag{1.3.5}$$

の関係が成り立つ．ここで C は導体 A と B の幾何学的条件で決まる定数で，コンデンサの静電容量とよばれる．

例題 1-3-5

（1）　孤立導体球

半径 a の導体球の静電容量を求めよ．

例題 1-3-2 より，電荷 Q が与えられた導体球の電位は $V(a) = Q/4\pi\varepsilon_0 a$ である．よって，式(1.3.4)より，静電容量は $C = 4\pi\varepsilon_0 a$ と求まる．

（2）　平行平板コンデンサ

距離 d だけ離れて平行に置かれた広い導体平板 A，B からなるコンデンサを考える．極板 A，B の面積を S として，このコンデンサの静電容量を求めよ（図 1.3.11）．

極板 A に Q，極板 B に $-Q$ の電荷を与えたとする．電界は極板に垂直で，極板の間のみに存在するの

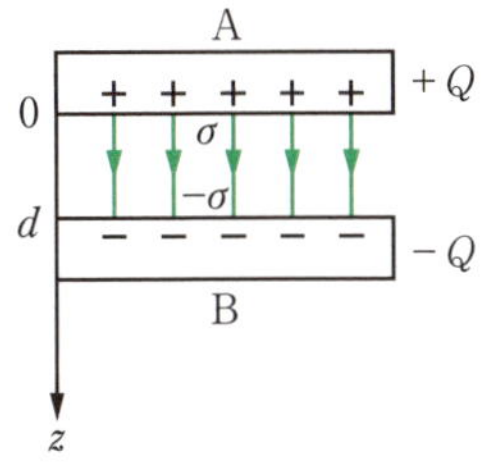

図 1.3.11

で，電荷は極板の向かい合った表面上にのみ一様に分布し，面密度は $\sigma = Q/S$ となる．電界の強さは，式(1.3.3)より，$E = \sigma/\varepsilon_0$ である．したがって，極板間の電位差は

$$V = V_A - V_B = \int_A^B E\boldsymbol{e}_z \cdot d\boldsymbol{s} = \int_0^d E\,dz = \frac{\sigma d}{\varepsilon_0} = \frac{d}{\varepsilon_0 S}Q$$

である．よって，式(1.3.5)より，静電容量は $C = \varepsilon_0 S/d$ と求まる．

(3)　同心球殻コンデンサ

半径 a の導体球 A を，内半径 b，外半径 c $(a < b < c)$ の導体球殻 B で包んだ同心球殻コンデンサを考える．コンデンサの静電容量を求めよ．

導体球 A に $+Q$，と導体球殻 B に $-Q$ の電荷を与えると，電荷と電界はすべて球対称に分布する．導体球殻の内面に $+q$，外面に $-q$ の誘導電荷があるとすると，導体球殻内の電界は 0 であるから，例題 1-3-3 の場合と同様に，導体球殻の内面には $q = -Q$ の電荷が誘導され，導体球から始まる電気力線を終端する．したがって，導体球殻の外面では，与えられた電荷 $-Q$ と外面に誘導される電荷 $+Q$ が打ち消し合って 0 となり，電荷は存在しない．よって，電界は導体球と導体球殻の間にのみ存在し，その大きさは

$$E_r(r) = \frac{Q}{4\pi\varepsilon_0 r^2} \qquad (a < r < b)$$

である．

導体球 A と導体球殻 B の間の電位差は

$$V = V_A - V_B = \int_A^B \frac{Q}{4\pi\varepsilon_0 r^2}\boldsymbol{e}_r \cdot d\boldsymbol{s} = \int_a^b \frac{Q}{4\pi\varepsilon_0 r^2}dr = \frac{1}{4\pi\varepsilon_0}\left(\frac{1}{a} - \frac{1}{b}\right)Q$$

となる．よって，静電容量は $C = 4\pi\varepsilon_0 ab/(b-a)$ である．

b. 導体系の静電容量係数と静電誘導係数

今，図 1.3.12 のように，導体 1 と導体 2 を近付けて置くことを考える．ここで導体 1 に電荷 Q_1 を与えると，帯電した導体 1 の電界による静電誘導で，導体 2 の表面に誘導電荷が現れる．つまり，導体 1 に近い表面には負の電荷，反対側には正の電荷が誘導される．導体 1 から始まる電気力線の一部は導体 2 に，残りは接地面に到達する．そのため導体 2 からも電気力線が発生し，導体 2 の電位 V_2 は 0 でなくなる．

導体 2 の電位 V_2 は導体 1 の電荷 Q_1 に比例するので，その比例係数を d_{21} とおくと，$V_2 = d_{21}Q_1$ である．一方，導体 1 の電位 V_1 も導体 1 の電荷 Q_1 に比例するので，その比例係数を d_{11} とおけば，$V_1 = d_{11}Q_1$ である．さらに導体 2 にも電荷 Q_2 を与えると，それにより導体 1 にも静電誘導が起こる．結局，導体 1 の電位 V_1 と導体 2 の電位 V_2 は，それぞれ

$$V_1 = d_{11}Q_1 + d_{12}Q_2 \tag{1.3.6}$$
$$V_2 = d_{21}Q_1 + d_{22}Q_2 \tag{1.3.7}$$

で表される．ここで d_{11}，d_{12}，d_{21}，d_{22} は導体 1 と導体 2 の幾何学的条件によって決まる量で，**電位係数 (coefficient of potential)** とよばれる．電位係数の単位は［V/C］である．

これを逆に解いて

$$Q_1 = c_{11}V_1 + c_{12}V_2 \tag{1.3.8}$$
$$Q_2 = c_{21}V_1 + c_{22}V_2 \tag{1.3.9}$$

が得られる．ここで c_{ij} は係数行列 d_{ij} の逆行列である．c_{ij} の対角項 c_{11}，c_{22} は**静電容量係数 (coefficient of electrostatic capacity)** とよばれ，常に正の値をもつ．一方，c_{ij} の非対角項 c_{12}，c_{21} は**静電誘導係数 (coefficient of electrostatic induction)** とよばれ，常に負の値をもつ．さらに，$d_{ij} = d_{ji}$，$c_{ij} = c_{ji}$ の関係があることが知られている．これを**相反性 (reciprocity)** という．静電容量係数と静電誘導係数の単位はともに［F］=［C/V］である．

今，導体 2 を接地すると $V_2 = 0$ である．このとき，導体 1 の電位 $V_1 = 1\,\mathrm{V}$ とすると，導体 2 に生じる誘導電荷は c_{21}［C］となる．逆に導体 1 を接地して導体 2 の電位 V_2 を 1 V としたときに，導体 1 に生じる誘導電荷は c_{12}［C］である．相反性により，この二つの値は等しい．

一般に，空間に複数の導体が存在する場合を**導体系**とよぶ．今，n 個の導体があり，その電位を $V_i\,(i = 1, \cdots, n)$，電荷を $Q_i\,(i = 1, \cdots, n)$ とすると，これらの間には

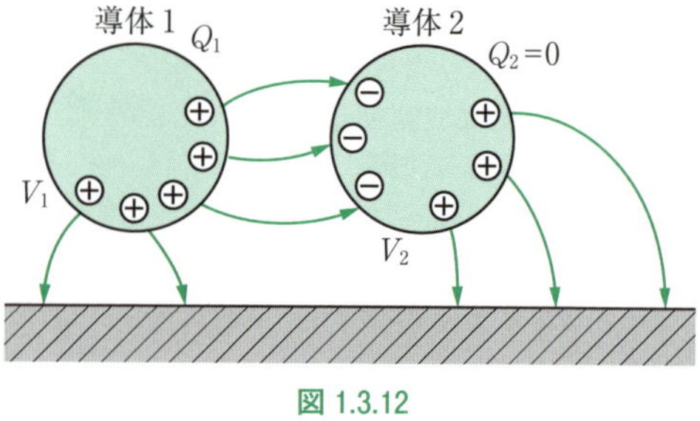

図 1.3.12

$$\begin{pmatrix} V_1 \\ \vdots \\ V_n \end{pmatrix} = \begin{pmatrix} d_{11} & d_{12} & \cdots d_{1n} \\ \vdots & \vdots & \vdots \\ d_{n1} & d_{n2} & \cdots d_{nn} \end{pmatrix} \begin{pmatrix} Q_1 \\ \vdots \\ Q_n \end{pmatrix} \qquad (1.3.10)$$

$$\begin{pmatrix} Q_1 \\ \vdots \\ Q_n \end{pmatrix} = \begin{pmatrix} c_{11} & c_{12} & \cdots c_{1n} \\ \vdots & \vdots & \vdots \\ c_{n1} & c_{n2} & \cdots c_{nn} \end{pmatrix} \begin{pmatrix} V_1 \\ \vdots \\ V_n \end{pmatrix} \qquad (1.3.11)$$

の関係が成り立つ．ここで $d_{ij}\,(i=1,\cdots,n, j=1,\cdots,n)$ は電位係数，$c_{ii}\,(i=1,\cdots,n)$ は静電容量係数，$c_{ij}\,(i \neq j)$ は静電誘導係数である．

例題 1-3-6

面積 S の極板 1，2 が距離 d だけ離れて平行に置かれた平行平板コンデンサがある．コンデンサの容量を静電容量係数および静電誘導係数を用いて表せ．

極板 1 に $+Q$，極板 2 に $-Q$ の電荷を与えたとすると，式(1.3.8)，(1.3.9) において，$Q_1=Q$，$Q_2=-Q$ である．また極板 1，2 は対称であるから，$c_{11}=c_{22}$ である．よって

$$Q = c_{11}V_1 + c_{12}V_2$$
$$-Q = c_{21}V_1 + c_{11}V_2$$

と表せられる．この 2 式から，$2Q=(c_{11}-c_{12})(V_1-V_2)$ となり，さらに極板間の電位差は $V=V_1-V_2$ であるから，$Q=(c_{11}-c_{12})V/2$ となる．よって，コンデンサの静電容量は

$$C = \frac{c_{11}-c_{12}}{2}$$

と表される．

例題 1-3-7

半径 a の導体球 1 と，それを同心状に包んだ内半径 b，外半径 c $(a<b<c)$ の導体球殻 2 がある．各導体の電位係数を求めよ．

導体球に電荷 Q_1 を与えたとする．例題 1-3-4 (1) において，$Q_2=0$ とすれば，導体球と導体球殻の電位は，それぞれ

$$V_1 = V(a) = \frac{Q_1}{4\pi\varepsilon_0}\left(\frac{1}{a}-\frac{1}{b}+\frac{1}{c}\right)$$

$$V_2 = V(c) = \frac{Q_1}{4\pi\varepsilon_0 c}$$

となる．よって，式(1.3.10) より，電位係数は

$$d_{11} = \frac{1}{4\pi\varepsilon_0}\left(\frac{1}{a}-\frac{1}{b}+\frac{1}{c}\right)$$

$$d_{21} = \frac{1}{4\pi\varepsilon_0 c}$$

である．

次に，導体球殻に電荷 Q_2 を与えたとする．例題 1-3-4 (1) において，$Q_1=0$ とすれば，導体球と導体球殻の電位は，それぞれ

$$V_1 = V(a) = \frac{Q_2}{4\pi\varepsilon_0 c}$$

$$V_2 = V(c) = \frac{Q_2}{4\pi\varepsilon_0 c}$$

となる．つまり，空洞内に電荷がなければ，内部は等電位である．よって，式(1.3.10) より，電位係数は

$$d_{12} = \frac{1}{4\pi\varepsilon_0 c}$$

$$d_{22} = \frac{1}{4\pi\varepsilon_0 c}$$

である．これより，$d_{12}=d_{21}$ であることが確認できる．

1.3.3 静電エネルギーと電界のエネルギー

a. コンデンサの静電エネルギー

コンデンサに $\pm Q$ の電荷を蓄えるには，はじめ 0 であった電荷を電界に逆らって Q に達するまで運ぶために，外部から仕事をしなければならない．この仕事がコンデンサに蓄えられる**静電エネルギー（electrostatic energy）**となる．

今，図 1.3.13 のような，静電容量 C の平行平板コンデンサを考える．電荷を電極 B から A まで運び，q まで帯電させたときの電位差は $V(q)=q/C$ である．ここでさらに電荷を dq だけ運ぶとすると，これに要する仕事は $dW=V(q)dq$ である．したがって，$q=Q$ に至るまでの仕事は

$$W = \int_0^Q V(q)dq = \int_0^Q \frac{q}{C}dq = \frac{Q^2}{2C} = \frac{1}{2}QV(Q)$$

となる．つまり，コンデンサに蓄えられる**静電エネルギー**は

$$U_e = \frac{1}{2}QV = \frac{Q^2}{2C} = \frac{1}{2}CV^2 \qquad (1.3.12)$$

である．

b. 導体系の静電エネルギー

今，図 1.3.14 のように，近付けて置かれた二つの導体 A と B を考える．それぞれに電荷 Q_A，Q_B を与え，無限遠を基準とした電位が V_A，V_B となったと

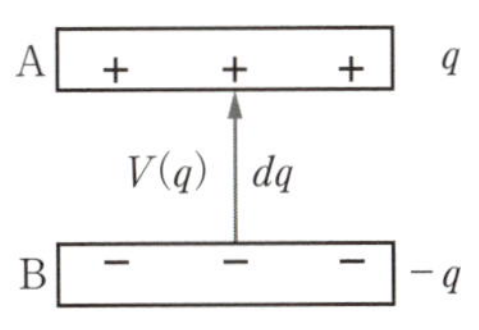

図 1.3.13

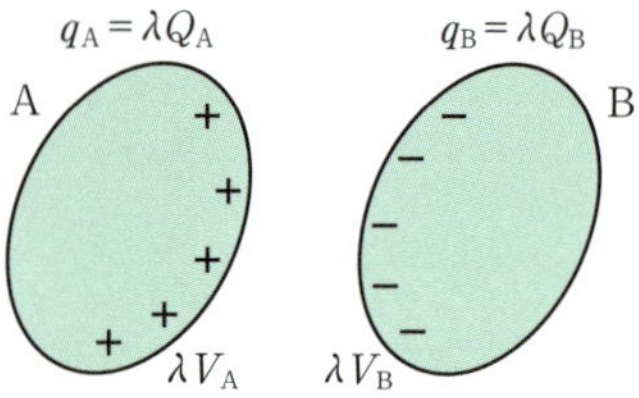

図 1.3.14

する．それに至るまでに必要な外部からの仕事を求めよう．その途中の状態において，導体 A と B の電荷を $q_A=\lambda Q_A$，$q_B=\lambda Q_B\,(0\le\lambda\le 1)$ とすると，導体 A，B の電位はそれぞれ λV_A と λV_B である．ここで無限遠からさらに $dq_A=Q_A d\lambda$，$dq_B=Q_B d\lambda$ の電荷を運ぶとすると，それに要する仕事は $\lambda V_A Q_A\,d\lambda$，$\lambda V_B Q_B\,d\lambda$ である．したがって，電荷 Q_A，Q_B に至るまでの仕事は

$$\int_0^1(\lambda V_A Q_A d\lambda+\lambda V_B Q_B d\lambda)$$
$$=(V_A Q_A+V_B Q_B)\int_0^1\lambda\,d\lambda$$
$$=\frac{1}{2}(V_A Q_A+V_B Q_B)$$

となる．外部からなされた仕事は，導体系にエネルギーとして蓄えられるため，導体系の静電エネルギーは

$$U_e=\frac{1}{2}(V_A Q_A+V_B Q_B) \qquad (1.3.13)$$

である．

一般に，n 個の導体があり，i 番目の導体のもつ電荷を Q_i，電位を V_i とすると，その導体系の静電エネルギーは

$$U_e=\frac{1}{2}\sum_{i=1}^{n}Q_iV_i \qquad (1.3.14)$$

となる．

例題 1-3-8

式(1.3.14)を用いて，図 1.3.13 の平行平板コンデンサの静電エネルギーを求めよ．

電極 A，B の電荷がそれぞれ $+Q$ と $-Q$，電位が V_A と V_B とすると，静電エネルギーは

$$U_e=\frac{1}{2}QV_A+\frac{1}{2}(-Q)V_B=\frac{1}{2}Q(V_A-V_B)=\frac{1}{2}QV$$

である．また，静電容量 $C=\dfrac{Q}{(V_A-V_B)}=\dfrac{Q}{V}$ より

$$U_e=\frac{Q^2}{2C}=\frac{1}{2}CV^2$$

である．これらは式(1.3.12)と一致する．

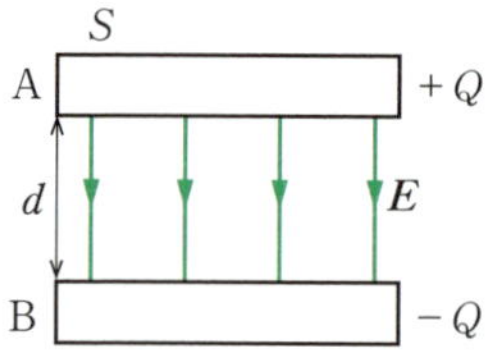

図 1.3.15

c. 電界のエネルギー

ここまで，導体系の静電エネルギーを無限遠から導体まで電荷を運ぶために必要なエネルギーとして定義した．しかし**近接論**の立場に立つと，電荷が作る電界がそのエネルギーを担っていると考えることができる．

簡単のため，図 1.3.15 の平行平板コンデンサを考える．電界 $\boldsymbol{E}$ は極板間に一様に分布するため，電界のエネルギーも極板間に一様に分布すると考えられる．コンデンサに蓄えられる静電エネルギーは，式(1.3.12)に静電容量を代入して変形すると

$$U_e=\frac{1}{2}CV^2=\frac{1}{2}\frac{\varepsilon_0 S}{d}(Ed)^2=\frac{1}{2}\varepsilon_0E^2Sd$$

となる．一方，電極間の体積は Sd である．したがって，電極間には，単位体積あたり

$$u_e=\frac{1}{2}\varepsilon_0E^2$$

の電界のエネルギーが分布している．

一般的に電界 $\boldsymbol{E}(\boldsymbol{r})$ の点の近傍には

$$u_e(r)=\frac{1}{2}\varepsilon_0\boldsymbol{E}(\boldsymbol{r})^2 \qquad (1.3.15)$$

の密度の電界のエネルギーが存在することが証明できる．

例題 1-3-9

半径 a の導体球に電荷 Q を蓄えた場合の電界のエネルギーを求めよ．

導体球のまわりの電界は，例題 1-3-2 より，$E_r(r)=Q/4\pi\varepsilon_0r^2$ である．したがって，そこでのエネルギー密度は

$$u_e(r)=\frac{1}{2}\varepsilon_0E_r(r)^2=\frac{Q^2}{32\pi^2\varepsilon_0r^4}$$

となる．これを体積積分することにより，電界のエネルギーは

$$U_e(r)=\int_a^\infty u_e(r)dV$$
$$=\int_a^\infty\frac{Q^2}{32\pi^2\varepsilon_0r^4}4\pi r^2dr=\int_a^\infty\frac{Q^2}{8\pi\varepsilon_0r^2}dr$$
$$=\frac{Q^2}{8\pi\varepsilon_0a}$$

と求まる．

一方，導体球の電位は，例題 1-3-2 より，$V = Q/4\pi\varepsilon_0 a$ である．また静電容量は，例題 1-3-5（1）より，$C = 4\pi\varepsilon_0 a$ である．よって

$$U_e = \frac{1}{2}QV = \frac{Q^2}{2C} = \frac{1}{2}CV^2$$

となり，式(1.3.12)と一致する．

1.3.4 導体に働く電気力

a. 仮想仕事の原理

静電エネルギーがわかると，これを用いて電気力を求めることができる．今，図 1.3.16 のような，電荷 $\pm Q$ が蓄えられた平行平板コンデンサを考える．電荷間の電気力により極板は引き付け合うため，距離 x を保つには電気力 F_x とつり合う外力 F_e が必要である．ここで距離を dx だけ増加させると，外力のした仕事は $dW = F_e\,dx$ である．これはエネルギー保存則により，コンデンサの静電エネルギー U_e の増加に等しい．したがって

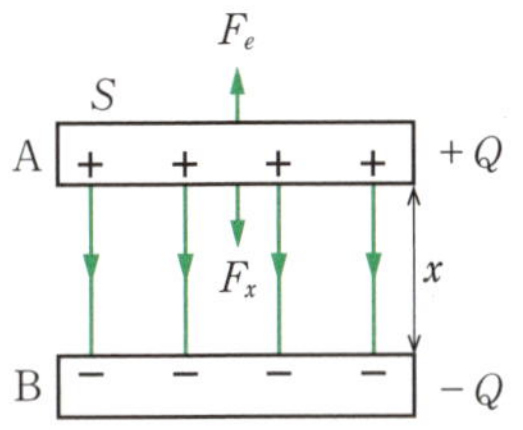

図 1.3.16

ジェームズ・プレスコット・ジュール

英国の物理学者．大学などの研究職に就くことなく，醸造業を営むかたわら精密な実験を行った．ジュールの法則を発見し，熱の仕事当量の値を明らかにするなど，熱力学の発展に寄与した．熱量の単位ジュールは彼の功績に因んでいる．（1818–1889）

ジェームズ・ワット

英国の発明家，機械技術者．トーマス・ニューコメンの蒸気機関を改良し，全世界の産業革命の進展に寄与した．これにより機関車・汽船といった輸送手段も大きく進歩した．仕事率の単位ワットは彼の功績に因んでいる．（1736–1819）

$$dW = F_e dx = dU_e = \frac{\partial U_e}{\partial x}dx$$

が成り立つ．電気力 F_x は F_e と同じ大きさで向きが異なるため，$F_x = -F_e$ である．したがって

$$F_x = -\frac{\partial U_e}{\partial x} = -\frac{\partial}{\partial x}\left(\frac{Q^2}{2C}\right) = -\frac{Q^2}{2}\frac{\partial}{\partial x}\left(\frac{x}{\varepsilon_0 S}\right)$$

$$= -\frac{Q^2}{2\varepsilon_0 S}$$

により，電気力を求めることができる．ここで負の符号は x が減少する向きの力であることを示している．

一般に，電気力 F_x が働いている電荷が微小な距離 dx だけ動いたとき，静電エネルギーが dU_e だけ変化すると

$$F_x = -\frac{\partial U_e}{\partial x} \tag{1.3.16}$$

が成り立つ．これを**仮想仕事の原理（仮想変位の原理）（principle of virtual work, principle of virtual displacement）**とよぶ．$\partial U_e/\partial x$ が正であれば，F_x は負である．つまり電気力 F_x は静電エネルギー U_e を減少させる方向に働く．

次に，図 1.3.17 のように，電極間に電源を繋いで，電極間の電位差 V を一定に保つ場合を考える．ここで外力 F_e により距離 x を dx だけ増加させると，電極間の電位差 V が一定であるため，電界の大きさが減少し，したがって極板に蓄えられた電荷 Q が減少する．この場合，電源がした仕事を加えて初めてエネルギーが保存される．外力のした仕事 $dW = F_e dx$ は，電源のした仕事 dW_s とコンデンサの静電エネルギーの変化 dU_e の和に等しく，$dW = dW_s + dU_e$ である．電源のした仕事は

$$dW_s = -VdQ = -Vd(CV) = -V^2 dC$$

である．一方，静電エネルギーの変化は

$$dU_e = \frac{\partial U_e}{\partial x}dx = d\left(\frac{CV^2}{2}\right) = \frac{V^2}{2}dC$$

である．したがって

$$dW = F_e dx = -V^2 dC + \frac{V^2}{2}dC$$

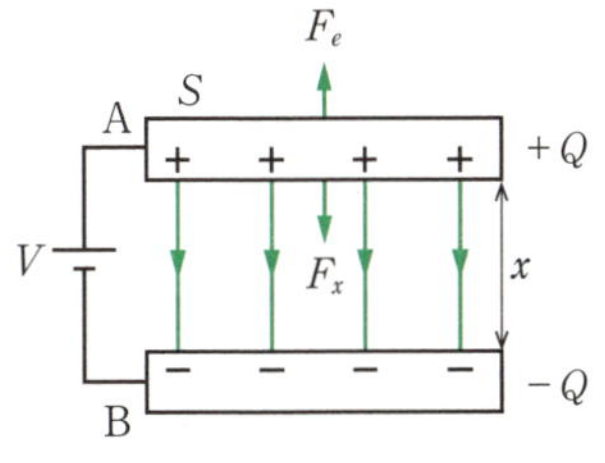

図 1.3.17

$$= -\frac{V^2}{2}dC = -dU_e$$
$$= -\frac{\partial U_e}{\partial x}dx$$

となる．これより

$$F_x = -F_e = \frac{\partial U_e}{\partial x} = \frac{V^2}{2}\frac{\partial C}{\partial x} = \frac{V^2}{2}\frac{\partial}{\partial x}\left(\frac{\varepsilon_0 S}{x}\right)$$
$$= -\frac{V^2\varepsilon_0 S}{2x^2}$$
$$= -\frac{Q^2}{2\varepsilon_0 S}$$

となる．

一般に，電圧 V を電源によって一定に保つ中で，電気力 F_x が働いている電荷が微小な距離 dx だけ動いたとき，静電エネルギーが dU_e だけ変化すると

$$F_x = +\frac{\partial U_e}{\partial x} \tag{1.3.17}$$

が成り立つ．つまりコンデンサの静電エネルギーのみに着目すると，式(1.3.16)と異なり，$\partial U_e/\partial x$ の符号が正になるのである．

例題 1-3-10

図 1.3.18 のように，長さ a，幅 b の極板からなる平行平板コンデンサの長さ x の部分まで電荷 $\pm Q$ が分布している．電荷は長さ方向に自由に移動できる．電荷に対して働く力を求めよ．

電荷 Q は一定であり，蓄えられている静電エネルギーは，$U_e = Q^2/2C = dQ^2/2\varepsilon_0 bx$ である．したがって，電荷に働く力は x が増加する向きを正にとると，式(1.3.16)より，

$$F_x = -\frac{\partial U_e}{\partial x} = \frac{dQ^2}{2\varepsilon_0 bx^2}$$

となる．つまり電荷はコンデンサの長さ方向に広がろうとする．

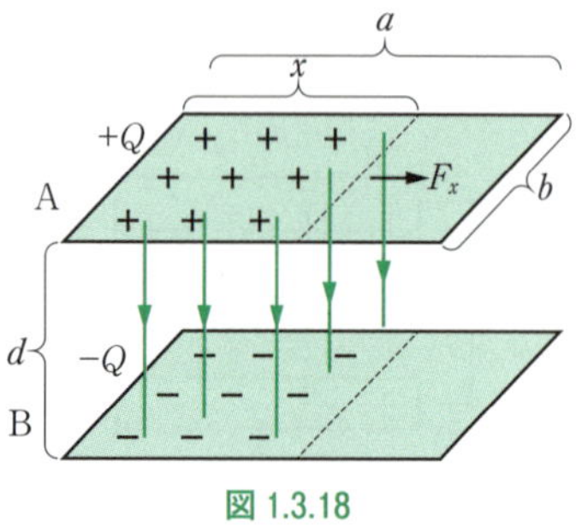

図 1.3.18

b. マクスウェルの応力

前項では，仮想仕事の原理により，平行平板コンデンサの極板間に働く電気力 F_x を求めた．ここで，電荷の面密度 $\sigma = Q/S$ と，電界の大きさ $E_n = \sigma/\varepsilon_0$ を用いると，電気力は $F_x = -\sigma E_n S/2 = -\varepsilon_0 E_n^2 S/2$ と変形できる．したがって単位面積あたり，$f_e = \sigma E_n/2 = \varepsilon_0 E_n^2/2$ の応力が導体面に外向きに働いている．これは平行平板コンデンサに限らず，一般の導体にも成り立つことがわかっている．遠隔論の立場では，この力は，導体表面の電荷に働く電気力と考えられる．一方，電界が静電エネルギーを担っていると考える近接論の立場では，電気力線の縦方向に沿って縮もうとする応力が働いており，この力が電気力線の端にある導体面を外向きに引張っていると考えられる．

次に電気力線の横方向に働く力を考える．例題 1-3-10 では，平行平板コンデンサの電荷が広がろうとする力を求めたが，これは電気力線が横方向に膨張しようとしていると考えられる．その応力は，力を側面の面積で割って，

$$f_x = \frac{F_x}{bd} = \frac{Q^2}{2\varepsilon_0 S^2} = \frac{1}{2}\varepsilon_0 E_n^2$$

となる．つまり電気力線は

$$f_x = \frac{1}{2}\varepsilon_0 E_n^2 \tag{1.3.18}$$

の大きさの応力で縦方向に縮もうとし，横方向に広がろうとするのである．このような電界と電気力線の力学的モデルを結び付ける考え方は**マクスウェルの応力 (Maxwell stress)** として知られている．

1.3.5 電気影像法

1.3.1 項で説明したように，導体表面は電位が一定あり，これと等価な現象として，電界 $\boldsymbol{E}$ は導体面に垂直に交わる．このような境界条件を満たす静電界の問題の解を求める方法として，**電気影像法 (method of images)**（鏡像法，映像法ともよぶ）という解析的な手法がある．ここでは，いくつかの例を用いてこの手法を説明することにする．

ジョージ・グリーン

英国の物理学者，数学者．グリーン関数やグリーンの定理で知られる．正規の教育をほとんど受けずに，風車での粉挽きの仕事をしながら独学でポテンシャル理論の論文を書いた．死去とともに，アイデアの革新性が再認識されるまでその業績はいったん忘れ去られ，肖像画なども残っていない．(1793-1841)

a. 半無限導体の前に点電荷がある場合

図 1.3.19 のように，接地された半無限導体板があり，そこから距離 a の点 P の位置に，点電荷 $+q$ が置かれている場合を考える．電荷分布と境界条件が与えられているから，ポアソン方程式を解けば原理的には電位を決定することができるが，正攻法で解くのは実はかなり難しい．しかし，電気影像法を用いれば簡単に解くことができる．

導体は等電位であるから，$+q$ から出る電気力線は導体表面と垂直に交わる．導体表面には負の電荷が誘導されて，外からの電界を遮蔽し，導体内は $\boldsymbol{E}=\boldsymbol{0}$ である．ここで，導体を取り去り，点 P の電荷に対して導体面の鏡像の位置 P′ に，$-q$ の電荷を置いたとする．このような仮想電荷を**鏡像電荷（image charge）**という．元の電荷 $+q$ と鏡像電荷 $-q$ による電位は，系の対称性から円筒座標系を用いて

$$V(r,z)=\frac{q}{4\pi\varepsilon_0}\left(\frac{1}{\sqrt{r^2+(z-a)^2}}-\frac{1}{\sqrt{r^2+(z+a)^2}}\right)$$

となる．したがって，導体表面のある位置 $z=0$ では，r の値によらずに $V(r,0)=0$ である．つまり導体表面の電位が 0 であるという境界条件に適合している．無限に広い面上の電位が 0 で，その右側に一つの点電荷が置かれた問題の解は一つしかない．つまり面が導体であろうが，面を取り去って負電荷を置こうが，$z=0$ の面の電位が 0 であるならば，$z>0$ の電位分布は一意的に決定される．これは静電界における**解の一意性（uniqueness of solutions）**として知られている．つまりこれら二つの系は等価であり，仮想電荷を用いて計算した解は，右半分の空間では，元の電荷と導体面に誘起された電荷の作る電位と同じものを与える．一方，左半分の導体内部の電位は 0 であるから，仮想電荷を用いて計算した電位とは異なる．

右半分の空間の電界は，電位の勾配として，

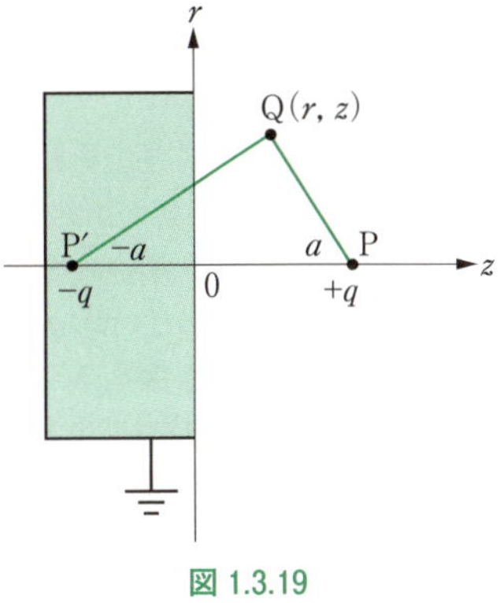

図 1.3.19

$\boldsymbol{E}(r,z)=-\nabla V(r,z)$ からただちに

$$E_r(r,z)=-\frac{\partial V}{\partial r}=\frac{q}{4\pi\varepsilon_0}\left[\frac{r}{\{r^2+(z-a)^2\}^{\frac{3}{2}}}-\frac{r}{\{r^2+(z+a)^2\}^{\frac{3}{2}}}\right]$$

$$E_z(r,z)=-\frac{\partial V}{\partial z}=\frac{q}{4\pi\varepsilon_0}\left[\frac{z-a}{\{r^2+(z-a)^2\}^{\frac{3}{2}}}-\frac{z+a}{\{r^2+(z+a)^2\}^{\frac{3}{2}}}\right]$$

と求まる．

例題 1-3-11

（1） 導体表面の誘導電荷の面密度と全電荷量を求めよ．

$z=0$ の導体表面では，$E_n=E_z(r,0)=-qa/\left(2\pi\varepsilon_0(r^2+a^2)^{\frac{3}{2}}\right)$ である．したがって，面密度 $\sigma(r)=\varepsilon_0E_n=-qa/2\pi(r^2+a^2)^{\frac{3}{2}}$ の電荷が誘導されている．全電荷量はこれを積分して

$$Q=\int_0^\infty\sigma(r)dS=-\frac{qa}{2\pi}\int_0^\infty\frac{1}{(r^2+a^2)^{\frac{3}{2}}}2\pi r dr=-q$$

と求まる．つまり，導体表面に誘導される全電荷は，鏡像電荷に等しい．

（2） 電荷 $+q$ に働く電気力を求めよ．

電荷 $+q$ は導体表面の負の誘導電荷により，導体の方に向かって引力を受ける．その力は，点 Q の位置の電荷 $+q$ 自身に由来する部分を除いた電場を用いて

$$F_z=q\times\frac{q}{4\pi\varepsilon_0}\left(\frac{-2a}{\{(2a)^2\}^{\frac{3}{2}}}\right)=-\frac{q^2}{4\pi\varepsilon_0(2a)^2}=-\frac{q^2}{16\pi\varepsilon_0a^2}$$

と求まる．この値は，鏡像電荷が及ぼす電気力に等しい．

b. 接地された導体球の前に点電荷がある場合

図 1.3.20 のように，接地された半径 R の導体球があり，その中心から距離 a の点 P の位置に，点電荷 $+q_1$ が置かれている場合を考える．この点電荷と導体球表面に誘起された負の誘導電荷による電界を再現するように，鏡像電荷の大きさと位置を決めよう．

今，導体球内にある中心から距離 b の点 P′ の位置に，鏡像電荷 $-q_2$ を置いたとすると，点 P と点 P′ か

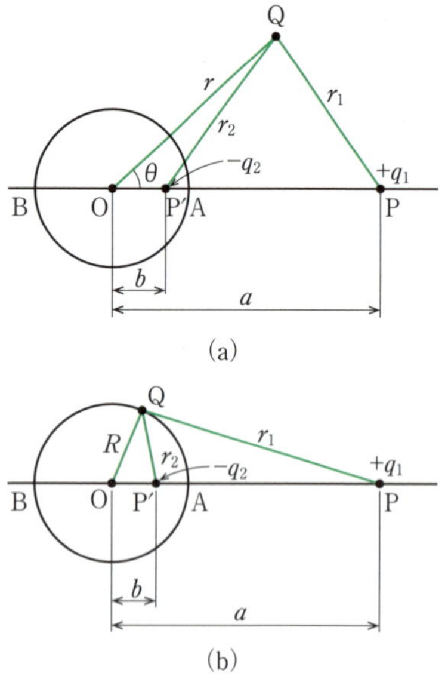

図 1.3.20

らの距離がそれぞれ r_1 と r_2 で，中心からの距離が r の位置にある点 Q における電位は，極座標系を用いて，

$$V(r)=\frac{1}{4\pi\varepsilon_0}\left(\frac{q_1}{r_1}-\frac{q_2}{r_2}\right)$$

である．ここで，点 Q が導体球表面にあるとき，導体球表面は $V=0$ の等電位面を形成するから，r_1 と r_2 は $r_2/r_1=q_2/q_1$ を満足しなければならない．この条件を満たすように鏡像電荷を定めれば，導体球表面は，点 P と点 P′ からの距離の比が一定の**アポロニウスの円（circles of Apollonius）**の軌跡上にある．

ここで点 P と点 P′ を結ぶ直線と導体表面の交点を点 A，点 P と点 P′ を結ぶ直線の延長線が導体表面の左側と交わる点を点 B とすれば，PB/P′B = PA/P′A $=q_1/q_2$ である．したがって $(R+a)/(R+b)=(a-R)/(R-b)$ より，$b=R^2/a$ と求まる．よって OQ/OP = OP′/OQ $=R/a$ となり，△OPQ と △OQP′ は相似であることがわかる．したがって，$r_2/r_1=R/a=q_2/q_1$ より，$q_2=(R/a)q_1$ と求まる．

以上より，中心から R^2/a の位置に鏡像電荷 $-(R/a)q_1$ をおけばよく，これにより導体球表面を含む導体球外の点 V の電位は

$$V(r)=\frac{1}{4\pi\varepsilon_0}\left\{\frac{q_1}{r_1}-\frac{1}{r_2}\left(\frac{R}{a}\right)q_1\right\}$$

となる．r_1，r_2 を r と θ で表すと

$$V(r,\theta)=\frac{1}{4\pi\varepsilon_0}\left\{\frac{q_1}{\sqrt{a^2+r^2-2ar\cos\theta}}-\frac{Rq_1}{\sqrt{R^4+a^2r^2-2arR^2\cos\theta}}\right\}$$

である．導体球の表面では，電位は $V(R,\theta)=0$ である．

導体球表面を含む導体球外の点 Q の電界は，電位の勾配として

$$E_r(r,\theta)=-\frac{\partial}{\partial r}V(r,\theta)$$
$$=\frac{q_1}{4\pi\varepsilon_0}\left\{\frac{r-a\cos\theta}{(a^2+r^2-2ar\cos\theta)^{\frac{3}{2}}}-\frac{(a^2r-aR^2\cos\theta)R}{(R^4+a^2r^2-2arR^2\cos\theta)^{\frac{3}{2}}}\right\}$$

$$E_\theta(r,\theta)=-\frac{\partial}{r\partial\theta}V(r,\theta)$$
$$=\frac{q_1}{4\pi\varepsilon_0}\left\{\frac{a\sin\theta}{(a^2+r^2-2ar\cos\theta)^{\frac{3}{2}}}-\frac{aR^3\sin\theta}{(R^4+a^2r^2-2arR^2\cos\theta)^{\frac{3}{2}}}\right\}$$

と求まる．

例題 1-3-12

電荷 $+q_1$ に働く電気力を求めよ．

点 P において，電荷 $+q_1$ 自身に由来する部分を除いた電界は

$$E_r(a,0)=\frac{q_1}{4\pi\varepsilon_0}\frac{aR}{(a^2-R^2)^2}$$
$$E_\theta(a,0)=0$$

である．したがって，電荷 $+q_1$ に働く電気力は

$$F=q_1\times\frac{q_1}{4\pi\varepsilon_0}\frac{aR}{(a^2-R^2)^2}=\frac{q_1^2}{4\pi\varepsilon_0}\frac{aR}{(a^2-R^2)^2}$$

である．この値は，鏡像電荷が及ぼす電気力に等しい．

例題 1-3-13

図 1.3.20 において，半径 R の導体球が絶縁されている場合の電位を求めよ．

点電荷 $+q_1$ が作る電場により，絶縁された導体球の表面には正負等量の誘導電荷が誘起される．また，導体球は等電位である．異符号の誘導電荷は，1.3.5 項 b. で求めたように，中心から R^2/a の位置の鏡像電荷 $-q_2=-(R/a)q_1$ で置き換えることができる．これにより，導体球表面の電位は 0 である．したがって，同符号の誘導電荷は，導体球表面の等電位が維持されるように，導体球の中心に，鏡像電荷として

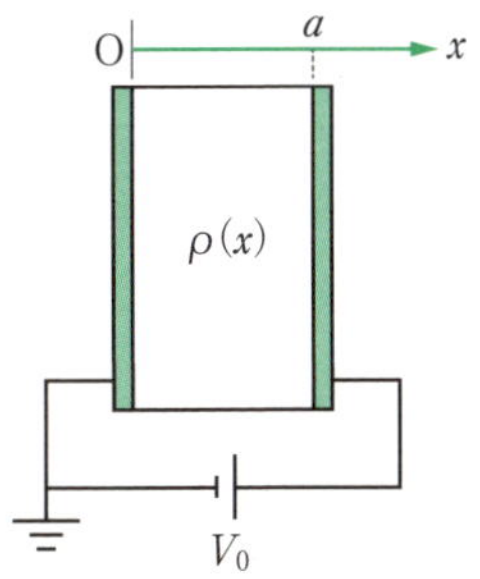

図 1.3.21

$q_2=(R/a)q_1$ をおけばよい．これにより，導体球表面を含む導体球外の電位は

$$V(r,\theta)=\frac{1}{4\pi\varepsilon_0}\left\{\frac{q_1}{\sqrt{a^2+r^2-2ar\cos\theta}}-\frac{Rq_1}{\sqrt{R^4+a^2r^2-2arR^2\cos\theta}}+\frac{Rq_1}{ar}\right\}$$

と求まり，導体球表面では，$V(R,\theta)=\dfrac{1}{4\pi\varepsilon_0}\dfrac{q_1}{a}$ となる．

1.3.6　ポアソン方程式・ラプラス方程式による解法

前項では鏡像法を用いて，静電界の問題を解析的に解くことを考えた．ここでは，より一般的な解法として，ポアソン方程式およびラプラス方程式を用いて，静電界の問題を解くことにする．

今，図 1.3.21 のように，距離 a だけ離れた十分に広い平行平板電極の一方が接地され，他方には V_0 の電源が接続されている．電極間に体積密度 $\rho(x)=\rho_0\sin(\pi x/a)$ で電荷が分布しているとき，電極間の電位と電界を求めよう．

空間に電荷が存在するため，ポアソン方程式を用いればよい．電極が十分に広いため，1 次元の方向だけを考えればよく，したがって解くべき微分方程式は

$$\Delta V(x)=\frac{\partial^2V(x)}{\partial x^2}=-\frac{\rho(x)}{\varepsilon_0}=-\frac{\rho_0\sin\left(\dfrac{\pi x}{a}\right)}{\varepsilon_0}$$

である．また満たすべき境界条件は，$x=0:V=0$，$x=a:V=V_0$ である．

これを解くために，両辺を x に関して 2 階不定積分して，$V(x)=(\rho_0/\pi^2\varepsilon_0)\sin(\pi x/a)+C_1x+C_2$ となる．C_1 と C_2 は積分定数である．ここで境界条件を適用すると，$V(0)=C_2=0$，$V(a)=C_1a=V_0$ より，積分定数が $C_2=0$，$C_1=V_0/a$ と決定される．したがって，電位は，

$$V(x)=\frac{\rho_0}{\pi^2\varepsilon_0}\sin\left(\frac{\pi x}{a}\right)+\frac{V_0}{a}x$$

と求まる．電界は

$$\boldsymbol{E}(x)=-\frac{\partial V(x)}{\partial x}\boldsymbol{e}_x=-\left(\frac{\rho_0}{a\pi\varepsilon_0}\cos\left(\frac{\pi x}{a}\right)+\frac{V_0}{a}\right)\boldsymbol{e}_x$$

と求まる．

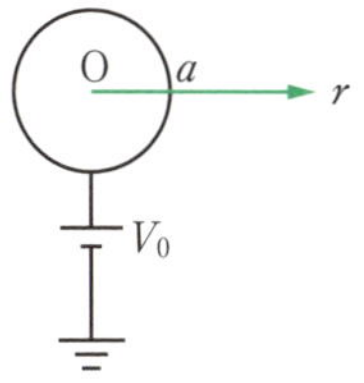

図 1.3.22

例題 1-3-14

半径 a の導体球に V_0 の電圧が印加されている．空間の電位と電界を求めよ（図 1.3.22）．

空間に電荷が存在しないため，ラプラス方程式を用いればよい．対称性から，電位と電界は r 方向だけを考えればよく，したがって解くべき微分方程式は，

$$\Delta V(r)=\frac{1}{r^2}\frac{\partial}{\partial r}\left(r^2\frac{\partial V(r)}{\partial r}\right)=0$$

である．また満たすべき境界条件は，$r=a:V=V_0$，$r=\infty:V=0$ である．

これを解くために，両辺に r^2 を掛けて，不定積分を行うと，

$$\int\frac{\partial}{\partial r}\left(r^2\frac{\partial V(r)}{\partial r}\right)dr=r^2\frac{\partial V(r)}{\partial r}=C_1$$

となる．さらに両辺を r^2 で割って，もう一度不定積分を行うと，

$$\int\frac{\partial V(r)}{\partial r}dr=V(r)=\int\frac{C_1}{r^2}dr=-\frac{C_1}{r}+C_2$$

となる．ここで境界条件を適用すると，$V(a)=-C_1/a+C_2=V_0$，$V(\infty)=C_2=0$ より，積分定数が $C_1=-aV_0$，$C_2=0$ と決定される．したがって，電位は

$$V(r)=\frac{a}{r}V_0$$

と求まる．また電界は

$$\boldsymbol{E}(r)=-\frac{\partial V(r)}{\partial r}\boldsymbol{e}_r=\frac{a}{r^2}V_0\,\boldsymbol{e}_r$$

と求まる．

1.3 節のまとめ

- **導体の内部には電界も電荷も存在しない．導体表面は等電位で，電場の外向き法線方向成分は** $E_n = \dfrac{\sigma}{\varepsilon_0}$ **である．**
- **コンデンサに蓄えられる電荷** Q **と電位差** V **の間には，** $Q = CV$ **の比例関係が成り立つ．比例係数** C **をコンデンサの静電容量とよぶ．**
- **コンデンサに蓄えられる静電エネルギーは，** $U_e = \dfrac{1}{2}QV = \dfrac{Q^2}{2C} = \dfrac{1}{2}CV^2$ **である．**
- **電界** $\boldsymbol{E}(\boldsymbol{r})$ **の点の近傍には，** $u_e(r) = \dfrac{1}{2}\varepsilon_0 \boldsymbol{E}(\boldsymbol{r})^2$ **の密度の電界のエネルギーが存在する．**
- **電気力線は** $f_x = \dfrac{1}{2}\varepsilon_0 E_n^2$ **の大きさの応力で縦方向に縮もうとし，横方向に広がろうとする．これをマクスウェルの応力とよぶ．**

1.4　誘電体中の静電界

ここまでは真空中に導体がある場合の静電界について述べてきた．本節では誘電体中での静電界について述べる．

1.4.1　誘電体とは

導体中では電荷は自由に移動することができる．このため，導体内で電界を加えようとすると導体内に存在する自由電子は力を受け運動をすることから，電流が流れる．これに対して，外部からの電界によって内部の電荷はわずかに動くことができるものの，自由に動けない物質もある．このような物質を**誘電体（絶縁体，dielectric）**という．誘電体中では外部からの電界で電荷分布がわずかにずれ，異符号の電荷が現れる．これを**誘電分極**といい，両端に現れる電荷を**分極電荷（polarization charge）**という．こうして生じた電荷は，導体の静電誘導とは異なり，外部へ取り出すことはできない．

ここでは，簡単な例として，平行平板コンデンサの内部に誘電体が存在する場合を考える．図 1.4.1 のように，外部電界 $\boldsymbol{E}_0$ を加えることにより，電極板 A，B にはそれぞれ $\pm\sigma$ の電荷が分布したとする．このとき，誘電体内部では分極電荷 $\pm\sigma_p$ が生じ，これにより電界 $\boldsymbol{E}'$ が発生する．外部からの電界 $\boldsymbol{E}_0$ との合成により

$$\boldsymbol{E} = \boldsymbol{E}_0 - \boldsymbol{E}' \tag{1.4.1}$$

の電界が分布することになる．

1.3 節で述べたように，導体に対して外部から電界を加えた場合には，静電誘導により生じた電荷によって導体内の電界は完全に打ち消された．これに対し，誘電体においては，電界は完全には打ち消されないことが特徴である．

次に分極を定量化する．分極は電荷の移動量により決めるのがよい．誘電体中に体積密度 ρ で電荷が分布しているとき，誘電体中の電界が $\boldsymbol{E}$ になったとする．誘電分極により電荷が微小距離 δ だけ移動したとき

$$|\boldsymbol{P}| = P = \rho\delta \ \ [\mathrm{C/m^2}] \tag{1.4.2}$$

ここで，$\boldsymbol{P}$ を正電荷が動いた方向を合わせて**分極ベクトル（polarization vector）**と定義する．なお，δ は微小であるため，分極電荷は誘電体表面にのみ存在すると考えてよい．このため

$$P = \sigma_p \tag{1.4.3}$$

とすることができる．このことから，誘電体内部の電界は

$$E = \frac{\sigma - \sigma_p}{\varepsilon_0} = \frac{\sigma - P}{\varepsilon_0} \tag{1.4.4}$$

とすることができる．

以上より，誘電体内部の電界は元の外部電界 E_0 よりも弱まることになる．ここでは，

$$E = \frac{E_0}{\varepsilon_s} \tag{1.4.5}$$

になったと仮定する．ここで，ε_s を**比誘電率（relative permittivity）**，

$$\varepsilon = \varepsilon_s \varepsilon_0 \ \ [\mathrm{F/m}] \tag{1.4.6}$$

を**誘電率（permittivity）**という．さらに，式(1.3.3) と式(1.4.4)，(1.4.5)から，

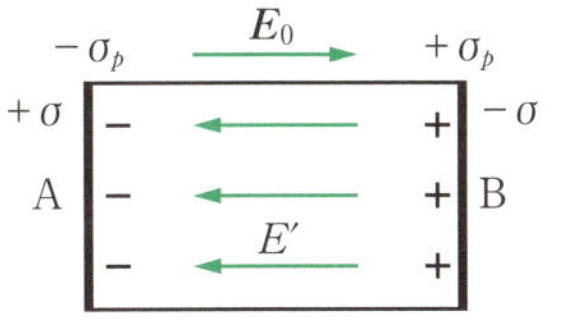

図 1.4.1　平行平板コンデンサ内部の誘電体

表 1.4.1　誘電体の比誘電率

物質	比誘電率
空気	1.000 586
水素	1.000 264
酸素	1.000 547
シリコーンオイル	2.2
水	80.7
紙	3
雲母	6.8～8
石英ガラス	3.4～4.5
木	2～3
チタン酸バリウム	1000～3000
木	2～3
こはく	2.8

$$\boldsymbol{P} = \varepsilon_0(\varepsilon_S - 1)\boldsymbol{E} \tag{1.4.7}$$

が得られる．各物質は異なる誘電率をもっており，表 1.4.1 はいくつかの物質の比誘電率を示したものである．一般に，比誘電率は 1 より大きいことがわかる．また，詳細は 1.4.2 項で述べるが，比誘電率 ε_S の物質をコンデンサ内部に充填することにより，静電容量は ε_S 倍となる．したがって，同一寸法のコンデンサであっても静電容量を増加させることができる．これは，同一静電容量であれば，誘電体を用いることにより物理寸法を小型化できることを意味している．

例題 1-4-1

電極間の距離 1 mm の平行板空気コンデンサがある．電極間をある誘電体で満たしたら，静電容量は 10 倍になった．この誘電体の誘電率はいくらか．次に，コンデンサに 100 kV を掛けたときの誘電体中の電界の強さ，分極はいくらか．

題意より誘電体の比誘電率は $\varepsilon_S = 10$．誘電率は

$$\varepsilon = \varepsilon_S \varepsilon_0 = 8.854 \times 10^{-11}\ \mathrm{F/m}$$

100 kV の電圧を加えたとき，誘電体内部には一様な電界が分布していることに留意して

$$E = \frac{V}{d} = \frac{10^5}{10^{-3}} = 10^8\ \mathrm{V/m}$$

分極は

$$\begin{aligned} P &= \varepsilon_0(\varepsilon_S - 1) \\ &= 8.854 \times 10^{-12} \times (10 - 1) \\ &= 7.969 \times 10^{-11}\ \mathrm{F/m} \end{aligned}$$

アレッサンドロ・ボルタ

イタリアの物理学者．異種金属の接続点に電位差が生じることを発見．世界で初めての電池であるボルタ電池を開発，一定の電流を連続的に得ることに成功．電圧の単位にその名をとどめる．(1745-1827)

1.4.2　電束密度とガウスの法則

誘電体が存在する場合，分極が発生することから，1.2.8 項では真空中におけるガウスの法則について述べたが，本項では誘電体が存在する場合のガウスの法則について述べる．ここでは，平行平板電極の間を誘電体で満たしたモデルを例に，新たな物理量である**電束密度（electric flux density）$\boldsymbol{D}$** を導入する．図 1.4.2 に示すように面積 S の平行平板電極に電荷密度 $\pm\sigma$ の真電荷を与えたとする．これによって誘電体では分極が生じ，$+\sigma$ に帯電した電極側には分極電荷 $-\sigma_p$ が現れ，$-\sigma$ に帯電した電極側には分極電荷 $+\sigma_p$ が現れる．図 1.4.2 のようにガウス面（閉曲面）をとることによって

$$\int_S \boldsymbol{E}\,d\boldsymbol{s} = \int_S \frac{\sigma dS - \sigma_p dS}{\varepsilon_0} = \frac{Q - Q_p}{\varepsilon_0}$$

となることから，誘電体中の電界 E は

$$E = \frac{\sigma - \sigma_p}{\varepsilon_0} = \frac{\sigma - P}{\varepsilon_0}$$

となる．ここで Q は閉曲面内の真電荷である．

これより，真空中であれば σ/ε_0 である電界が分極電荷によって $\sigma_p/\varepsilon_0 = P/\varepsilon_0$ だけ減少していることがわかる．これは，真電荷 Q が存在することで電界が生じるが，これによって分極が発生し，閉曲面内に分極電荷 $-Q_p$ が現れることによって内部の電界が減少することを意味している．

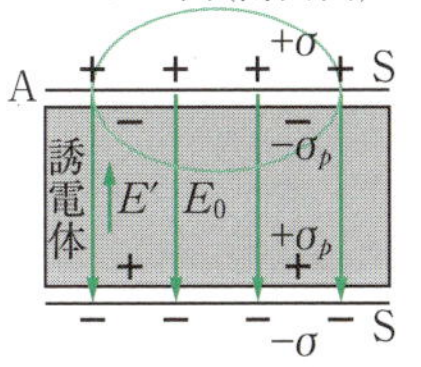

図 1.4.2　平行平板コンデンサとガウス面

誘電体が存在する場合の静電界を考えるためには分極電荷を考慮しなくてはならないものの，一般的には分極電荷 Q_p を測定することは難しい．このため，分極電荷に依存しない，すなわち誘電体の性質に無関係で真電荷にのみ依存する物理量として，電束密度 $\boldsymbol{D}$ を

$$\boldsymbol{D} = \varepsilon_0 \boldsymbol{E} + \boldsymbol{P} \tag{1.4.8}$$

と定義する．式(1.4.7)から

$$\boldsymbol{D} = \varepsilon \boldsymbol{E} = \varepsilon_0 \varepsilon_S \boldsymbol{E} \tag{1.4.9}$$

と書ける．これによって内部の電界が変化することを意味している．

$$Q = \int_S \boldsymbol{D} \cdot d\boldsymbol{S} \tag{1.4.10}$$

これが**電束密度に関するガウスの法則**である．この式は真電荷と電束密度の関係を表している．電束密度は分極電荷に依存しないことがわかる．すなわち，電束密度に関するガウスの法則を用いることにより，分極電荷を特に意識することなく電界を求めることができる．

また，真空中のガウスの法則に微分形が存在していたのと同様に，誘電体中においてもガウスの法則に微分形が成立する．

$$\mathrm{div}\,\boldsymbol{D} = \mathrm{div}\,\varepsilon \boldsymbol{E} = \rho \tag{1.4.11}$$

特に一様な誘電体中においては，ε は定数とみなせるので，

$$\mathrm{div}\,\boldsymbol{E} = \frac{\rho}{\varepsilon} \tag{1.4.12}$$

と書ける．

さらに，電界と電位の関係式 $V = -\mathrm{grad}\,\boldsymbol{E}$ を用いると

$$\mathrm{div}(-\mathrm{grad}\,V) = -\frac{\rho}{\varepsilon}$$

$$\nabla^2 \cdot V = -\frac{\rho}{\varepsilon} \tag{1.4.13}$$

となる．誘電体が存在する場合のポアソン方程式が成立する．特に，$\rho = 0$ すなわち電荷が存在しない場合，ラプラス方程式，

$$\nabla^2 \cdot V = 0 \tag{1.4.14}$$

が成立する．

例題 1-4-2

図 1.4.3 に示すように $\pm Q$ [C] の電荷をもって絶縁された平行平板コンデンサの極板（対向面積 S [m^2]，間隔 d [m]）の間に，比誘電率 ε_s の誘電体平板（面積 S [m^2]，厚さ t [m]）を極板に平行に置いたとき（$t < d$），電束密度 $\boldsymbol{D}$，電界 $\boldsymbol{E}$，および分極ベクトル $\boldsymbol{P}$ を求めよ．また，誘電体の表面に現れる分極電荷密度 σ_p はいくらか（ただし，極板間距離は対向面積に対して十分短いと考えてよい）．

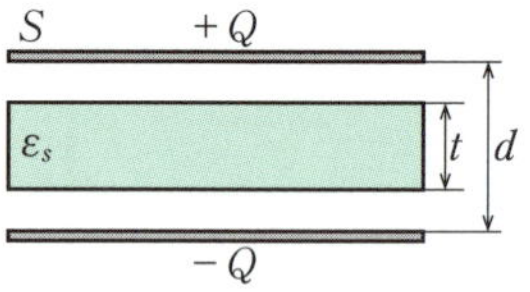

図 1.4.3　誘電体が挿入された平行平板コンデンサ

上側の極板，下側の極板にはそれぞれ真電荷密度

$$+\frac{Q}{S},\quad -\frac{Q}{S}\ \ [\mathrm{C/m^2}]$$

が分布している．

電気力線は一方の極板から他方の極板へ垂直かつ一様に分布していると考える．極板間の電束密度は誘電体の有無に関わらず一定となる．

$$D = \sigma = \frac{Q}{S}\ \ [\mathrm{C/m^2}]$$

電界の大きさは

$$E = \frac{D}{\varepsilon_0} = \frac{Q}{\varepsilon_0 S}\ \ [\mathrm{V/m}]\ （真空中）$$

$$E = \frac{D}{\varepsilon_S \varepsilon_0} = \frac{Q}{\varepsilon_S \varepsilon_0 S}\ \ [\mathrm{V/m}]\ （誘電体中）$$

となる．このとき，分極 $P = D - \varepsilon_0 E$ は

$$P = \left(1 - \frac{\varepsilon_0}{\varepsilon_S \varepsilon_0}\right) D = \left(1 - \frac{1}{\varepsilon_S}\right) \frac{Q}{S}\ \ [\mathrm{C/m^2}]$$

となる．なお，$\boldsymbol{D}$，$\boldsymbol{E}$ の向きは上側の極板から下側の極板への向き，$\boldsymbol{P}$ の向きはその逆向きとなる．

誘電体表面に現れる分極電荷密度 σ_p は

$$\sigma_p = -P = -\left(1 - \frac{1}{\varepsilon_s}\right) \frac{Q}{S}\ \ [\mathrm{C/m^2}]$$

（誘電体平板上側）

$$\sigma_p = P = \left(1 - \frac{1}{\varepsilon_s}\right) \frac{Q}{S}\ \ [\mathrm{C/m^2}]\ （誘電体平板下側）$$

となる．

例題 1-4-3

図 1.4.4 のように，中心を同じくする半径 a [m] の導体球と半径 b [m] の導体球殻（$a < b$）があり，その間には誘電率 ε の誘電体が充塡されている．この

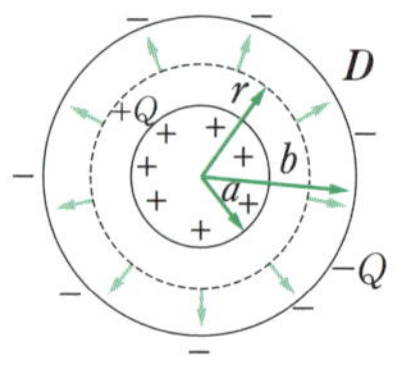

図 1.4.4　同心球コンデンサ

ときの２導体間の静電容量を求めよ.

導体球の中心を中心とする半径 r［m］$(a \leq r \leq b)$ の球面をガウス面にとり，2 導体間の電束密度，電界を求める.

電束の分布はガウス面に対して垂直かつ一様であることから，電束密度に関するガウスの法則は

$$\int_s \boldsymbol{D} \cdot d\boldsymbol{s} = 4\pi r^2 D = Q$$

$$D = \frac{Q}{4\pi r^2} \ [\mathrm{C/m^2}]$$

と書ける．$\boldsymbol{D} = \varepsilon \boldsymbol{E}$ より誘電体内部の電界の大きさは

$$E = \frac{Q}{4\pi \varepsilon r^2} \ [\mathrm{V/m}]$$

次に，2 電極間の電位差を求めると

$$V = -\int_b^a E\,dr = -\frac{Q}{4\pi\varepsilon}\left[-\frac{1}{r}\right]_b^a = \frac{Q}{4\pi\varepsilon}\left(\frac{1}{a} - \frac{1}{b}\right) \ [\mathrm{V}]$$

電荷と電位差の関係は静電容量 C を用いて $Q = CV$ と書けるので

$$C = \frac{4\pi\varepsilon}{1/a - 1/b} \ [\mathrm{F}]$$

と書ける.

例題 1-4-4

一様な電界 E_0 の中に半径 a の誘電体球がある．このとき，誘電体球内部には一様な分極ベクトル P が E_0 と同じ方向に生じることが知られている.

（1）　表面に生じた分極電荷の面密度 σ_P を求めよ.

（2）　σ_P によって生じた電界 E_P，全体の電界 $E = E_0 + E_P$，および電束密度 D の様子を示す力線を描け.

解答（1）

誘電体表面に生じる分極電荷は $\sigma_P = \boldsymbol{n} \cdot \boldsymbol{P}$.

解答（2）

生じた分極電荷により E_P は図 1.4.5 のように分布する.

特に，誘電体内部においては P と E_P は逆向きであることに注意したい．これに外部からの電界を加えることにより，系全体では図 1.4.6 のような電界分布となる．電界は誘電体球の内外において不連続となる．これに対して，電束密度の分布は図 1.4.7 のように連続になることに注意したい.

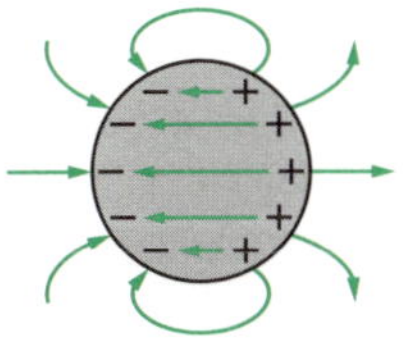

図 1.4.5　分極電荷により生じる電界

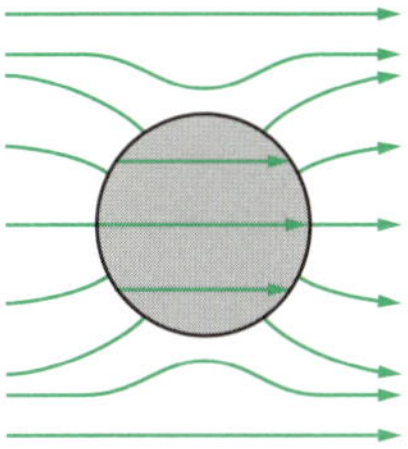

図 1.4.6　電界分布

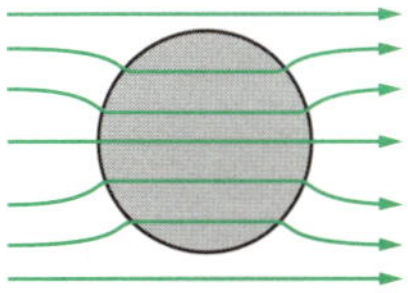

図 1.4.7　電束密度

1.4.3　誘電体境界における境界条件

異なる誘電率 I，II をもつ誘電体が接している境界面では電界や電束密度が変化する．ここでは，境界面を簡単のために平面とみなして，これらの振る舞いについて考えることにする.

ここでは，図 1.4.8 のように誘電体中の電束密度および電界をそれぞれ $\boldsymbol{D}_1$，$\boldsymbol{D}_2$，$\boldsymbol{E}_1$，$\boldsymbol{E}_2$ と定義し，その**接線（tangent line）**方向成分を添え字 t，**法線（normal line）**方向成分を添え字 n で表すこととする．このとき，これらの関係を求める.

a．境界面に垂直な方向

図 1.4.9 に示すように境界面の両側に平行な面積 $S_1 = S_2 = S$ および側面積 S_3 をもつ微小円筒状閉曲面をガウス面に考える．誘電体に関するガウスの法則

アンドレ=マリ・アンペール

フランスの物理学者，数学者．電流とその周囲に発生する磁界の関係（アンペールの法則）を確立した．2 本の平行導線に電流を流すと，電線間に力が働くことを示すなど，19 世紀の物理学に大きな影響を与えた．電流の単位にその名をとどめる.（1775-1836）

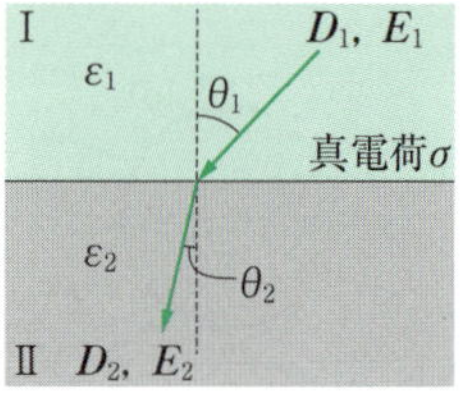

図 1.4.8　異なる誘電体の境界面

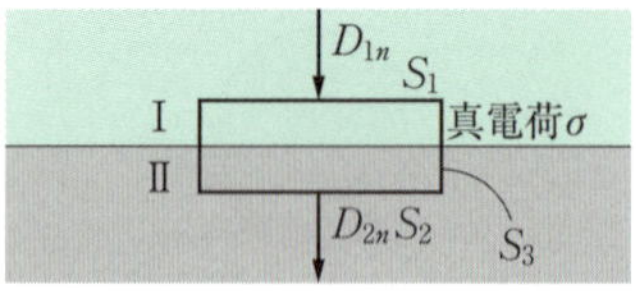

図 1.4.9　境界面を含むガウス面

から

$$\sigma S = \int_S \boldsymbol{D}\cdot d\boldsymbol{s}$$
$$= \int_{S_1}(-D_{1n}ds) + \int_{S_2} D_{2n}ds + \int_{S_3} \boldsymbol{D}_{3n}\cdot d\boldsymbol{s} \quad (1.4.15)$$

ここで，境界付近の円筒面を考えることから，側面から出る電束線はわずかである．したがって，第 3 項 $\int_{S_3} \boldsymbol{D}_{3n}\cdot d\boldsymbol{s}$ は無視できる．このとき

$$D_{2n} - D_{1n} = \sigma \quad (1.4.16)$$

特に，境界面に真電荷が分布していないときは $\sigma = 0$ として

$$D_{1n} = D_{2n} \quad (1.4.17)$$

となり，電束密度の法線方向成分は連続となる．このとき，

$$\varepsilon_1 E_{1n} = \varepsilon_2 E_{2n} \quad (1.4.18)$$

となる．電界の法線方向成分は連続とならないので注意すること．

b. 境界面に平行な方向について

図 1.4.10 のように，境界面に平行な微小長 l_t をもつ長方形周回路を考える．A→B→C→D→A を考えたときの電位差は，同一点間の電位差であることから 0 になるはずである．境界面付近を考えることから，AB 間および CD 間の電位差は微小であり，無視することができる．

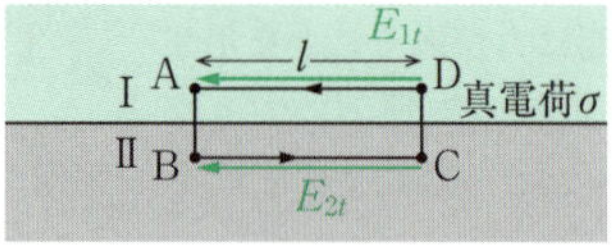

図 1.4.10　境界面を含む電界の積分路

$$-\int_{ABCDA} \boldsymbol{E}\cdot d\boldsymbol{r} = -\int_{AB} E_n d\boldsymbol{r} - \int_{BC}(-E_{2t})d\boldsymbol{r}$$
$$-\int_{CD}(-E_n)d\boldsymbol{r} - \int_{DA} E_{1t}d\boldsymbol{r}$$
$$= E_{2t}l - E_{1t}l$$
$$= 0$$

よって

$$E_{1t} = E_{2t} \quad (1.4.19)$$

電界の接線方向成分は真電荷の有無に依存せずに連続であることがわかる．また，

$$\frac{D_{1t}}{\varepsilon_1} = \frac{D_{2t}}{\varepsilon_2} \quad (1.4.20)$$

となり，電束密度の接線方向成分は連続とならないことに注意すること．

次に，境界面に真電荷が存在しないとき，境界面との法線と電界，電束密度のなす角 θ_1，θ_2 の関係を考える．式(1.4.17)から

$$D_1 \cos\theta_1 = D_2 \cos\theta_2$$
$$\varepsilon_1 E_1 \cos\theta_1 = \varepsilon_2 E_2 \cos\theta_2$$

式(1.4.19)から

$$E_1 \cos\theta_1 = E_2 \cos\theta_2 \quad (1.4.21)$$

となり

$$\frac{\tan\theta_1}{\varepsilon_1} = \frac{\tan\theta_2}{\varepsilon_2} \quad (1.4.22)$$

が得られる．

例題 1-4-5

図 1.4.11 のように，誘電率 ε_1 [F/m] の誘電体中に置かれた平板の誘電体（誘電率 ε_2 [F/m]）に対し，電界 $\boldsymbol{E}_1$ [V/m] が境界面に立てた法線 $\boldsymbol{n}$ となす角度 θ_1 で入射している．このときの θ_2 および θ_3 を，θ_1 を用いて表せ．ただし，境界面には真電荷はないものとする．

θ_1 と θ_2 の関係を考える．式(1.4.22)の結果を利用して

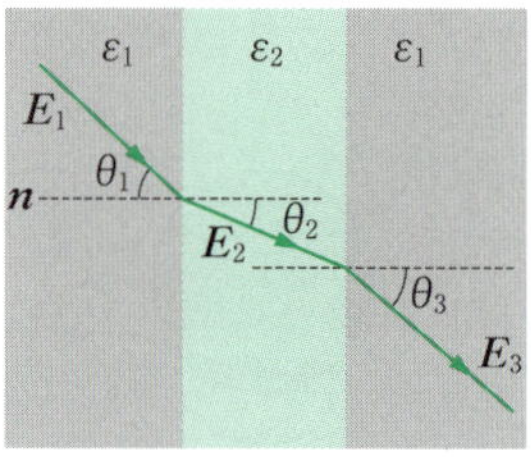

図 1.4.11　斜めに入射する電界と誘電体

$$\frac{\tan\theta_1}{\varepsilon_1} = \frac{\tan\theta_2}{\varepsilon_2}$$

よって

$$\theta_2 = \tan^{-1}\left(\frac{\varepsilon_2}{\varepsilon_1}\tan\theta_1\right)$$

θ_2 と θ_3 の関係を考える．同様に

$$\frac{\tan\theta_2}{\varepsilon_2} = \frac{\tan\theta_3}{\varepsilon_1} = \frac{\tan\theta_1}{\varepsilon_1}$$

より

$$\theta_3 = \theta_1$$

例題 1-4-6

厚さ d［m］の寸法の等しい２枚の誘電体（誘電率 ε_1，ε_2［F/m］）を図 1.4.12(a)および(b)のように置いた．それぞれの場合の平行平板コンデンサ（対向面積を S［m^2］とする）の静電容量を求めよ．

(a)　図 1.4.13 のように考える．境界面での電界の接線方向成分は連続であることから

$$E = E_1 = E_2 = \frac{V}{d}\ [\mathrm{V/m}]$$

電束密度はそれぞれの誘電体中で異なる．

$$D_1 = \varepsilon_1 E = \varepsilon_1\frac{V}{d} = \sigma_1\ [\mathrm{C/m^2}]$$

$$D_2 = \varepsilon_2 E = \varepsilon_2\frac{V}{d} = \sigma_2\ [\mathrm{C/m^2}]$$

（ただし，σ_1，σ_2 はそれぞれの誘電体部分の極板上の電荷密度）

上部極板に分布する全電荷は

$$Q = \frac{\sigma_1 S}{2} + \frac{\sigma_2 S}{2} = \frac{SV}{2d}(\varepsilon_1+\varepsilon_2)\ [\mathrm{C}]$$

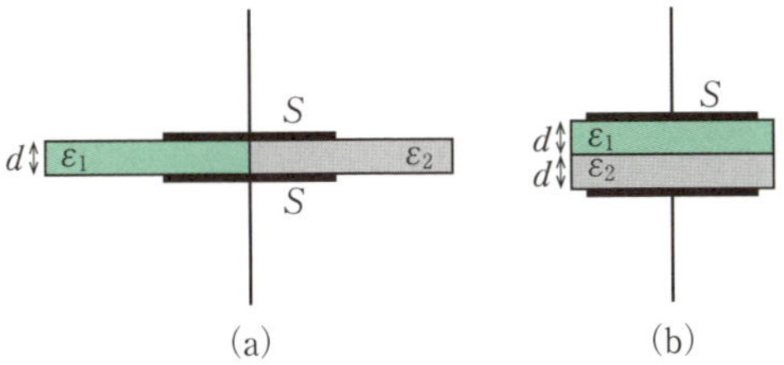

図 1.4.12　誘電体挿入方法を変えたコンデンサ

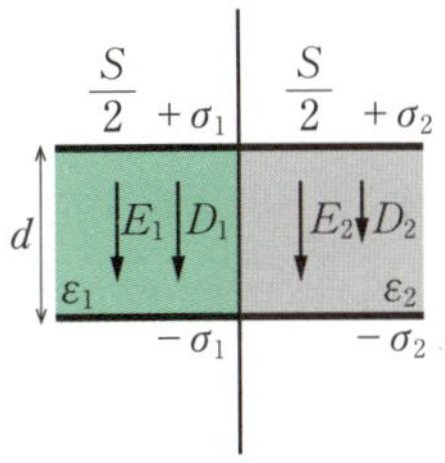

図 1.4.13　誘電体を並列に挿入したコンデンサ

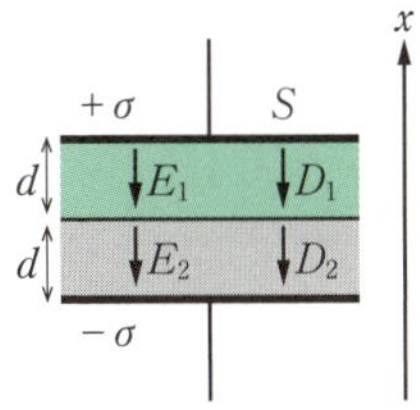

図 1.4.14　誘電体を直列に挿入したコンデンサ

静電容量は $Q = CV$ より

$$C = \frac{Q}{V} = \frac{S}{2d}(\varepsilon_1+\varepsilon_2)\ [\mathrm{F}]$$

(b)　図 1.4.14 のように考える．境界面での電束密度の法線方向成分は連続であることから

$$D = D_1 = D_2 = \sigma = \frac{Q}{S}\ [\mathrm{C/m^2}]$$

電界はそれぞれ

$$E_1 = \frac{D_1}{\varepsilon_1} = \frac{Q}{\varepsilon_1 S}\ [\mathrm{V/m}]$$

$$E_2 = \frac{D_2}{\varepsilon_2} = \frac{Q}{\varepsilon_2 S}\ [\mathrm{V/m}]$$

電極間の電位差は

$$\begin{aligned} V &= -\int_0^d(-E_1)dx - \int_d^{2d}(-E_2)dx \\ &= \int_0^d E_1 dx + \int_d^{2d} E_2 dx \\ &= E_1 d + E_2 d \\ &= \frac{Qd}{S}\left(\frac{1}{\varepsilon_1}+\frac{1}{\varepsilon_2}\right)\ [\mathrm{V}] \end{aligned}$$

静電容量は $Q = CV$ より

$$C = \frac{Q}{V} = \frac{S}{d}\frac{\varepsilon_1\varepsilon_2}{\varepsilon_1+\varepsilon_2}\ [\mathrm{F}]$$

1.4.4　誘電体に働く力と静電エネルギー

コンデンサの二つの電極に正の電荷，負の電荷を与えると極板間には引力が働く．このため，一般には誘電体を挿入することにより，二つの極板の接触を防ぐ．1.3 節では真空中での電荷や導体に働く力につい

アイザック・ニュートン

英国の物理学者，数学者，自然哲学者，天文学者．いわゆるニュートン力学とよばれる古典力学の礎を築き，近代科学文明に多大なる影響を与えた．微分積分学の創出，万有引力の発見など数多くの業績をもつ．力の単位にその名をとどめる．(1642-1727)

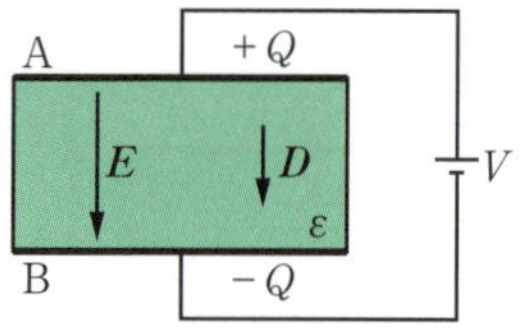

図 1.4.15　コンデンサに蓄えられる静電エネルギー

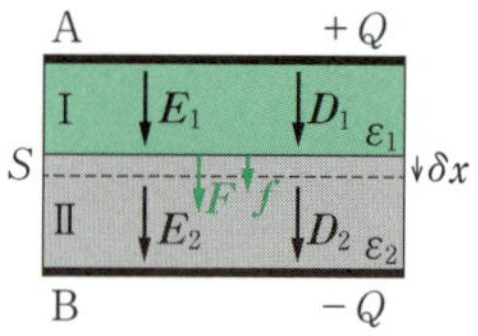

図 1.4.16　誘電体中の仮想変位

て述べたが，ここではより実際の世の中に近い現象として，誘電体が存在する場合の誘電体や電極板に働く力，そのときの静電エネルギーについて述べる．

図 1.4.15 のように，面積 S，距離 d の極板 A，B の間に誘電率 ε の誘電体が挿入された平行平板コンデンサがある．A，B には電荷が蓄えられていない状態から $\pm Q_0$ まで充電するのに必要なエネルギーを考える．

極板 A，B に $\pm Q$ の電荷が蓄えられているとき，極板に分布する電荷密度は

$$\sigma = \frac{Q}{S}$$

となり，このときの誘電体中の電界は

$$E = \frac{\sigma}{\varepsilon}$$

と求まる．この電界中で dQ が受ける力 $\boldsymbol{F}$ の大きさは

$$F = dQE = \frac{Q}{\varepsilon S}dQ$$

電荷 dQ を B から A まで移動させるとき，外力がした仕事 dU は

$$dU = Fd = \frac{d}{\varepsilon S}QdQ$$

$\pm Q_0$ まで充電するのに必要な仕事 U は

$$U = \int_0^{Q_0} \frac{d}{\varepsilon S}QdQ = \frac{d}{2\varepsilon S}{Q_0}^2$$

$$= \frac{1}{2}\sigma_0 S\frac{\sigma_0}{\varepsilon}d = \frac{1}{2}Q_0V_0 \qquad (1.4.23)$$

となる．ただし，$\sigma_0 = Q_0/S$，V_0 は充電完了時の電圧である．$Q = CV$ より

$$U = \frac{1}{2}QV = \frac{1}{2}CV^2 = \frac{Q^2}{2C} \qquad (1.4.24)$$

となり，極板間が真空のときと同様に考えればよいことがわかる．

また，平行平板コンデンサ内部の電界は一様であることから，静電エネルギーは極板間に一様に分布する．単位体積あたりのエネルギーを考えると

$$\frac{U}{Sd} = \frac{1}{2}\frac{V}{d}\frac{Q}{S} = \frac{1}{2}E\sigma = \frac{1}{2}ED = \frac{1}{2}\varepsilon E^2 = \frac{1}{2}\frac{D^2}{\varepsilon} \qquad (1.4.25)$$

となり，真空中の静電エネルギーに対して誘電率を ε_0 から ε とするだけで求められることがわかる．

次に誘電体に働く力について考える．図 1.4.16 のように面積 S の極板 A，B の間に誘電率 ε_1，ε_2 の誘電体 I，II を挟んだ平行平板コンデンサがあり，かつ誘電体 I，II の境界面には電極板があったとする．A，B に $\pm Q$ の電荷を与えたとき，それぞれの電界が E_1，E_2，電束密度が $D = D_1 = D_2 = Q/S = \sigma$ であったとする．

境界面に力 F が加わり，電極板が δx だけ下方向に変位したとすると，体積 $S\delta x$ の領域におけるエネルギーは

$$\delta U = \frac{1}{2}(E_1D_1 - E_2D_2)S\delta x$$

$$= \frac{1}{2}\left(\frac{1}{\varepsilon_1} - \frac{1}{\varepsilon_2}\right)D^2S\delta x \qquad (1.4.26)$$

増加する．電荷の出入りがない場合，F がした仕事は内部エネルギーの減少を意味するので

$$F = -\left(\frac{\partial U}{\partial x}\right)_{Q=\text{const.}} = \frac{1}{2}\left(\frac{1}{\varepsilon_2} - \frac{1}{\varepsilon_1}\right)D^2S$$

$$= \frac{1}{2}\left(\frac{1}{\varepsilon_2} - \frac{1}{\varepsilon_1}\right)\sigma^2S \ \text{[N]} \qquad (1.4.27)$$

単位面積あたりに働く力は

$$f = \frac{F}{S} = \frac{1}{2}\left(\frac{1}{\varepsilon_2} - \frac{1}{\varepsilon_1}\right)\sigma^2 \ [\text{N/m}^2] \qquad (1.4.28)$$

$\varepsilon_1 > \varepsilon_2$ のとき $F > 0$ となり，図の δx が増加する方向に力が発生する．また，$\varepsilon_1 < \varepsilon_2$ のときは，逆向きの力が働く．

なお，誘電体 I が導体である場合では $\varepsilon_1 \to \infty$，誘電体 II が真空である場合では $\varepsilon_2 = \varepsilon_0$ とし，$E = \sigma/\varepsilon_0$ に留意すると，導体に働く力式(1.3.20)と一致することがわかる．

例題 1-4-7

図 1.4.17 のように 2 辺の長さが a，b であるような長方形の電極板 A，B が距離 d だけ隔てて存在する平行平板コンデンサの中に，厚さ d，誘電率 ε の誘電体を長さ $x(< a)$ だけ入れた．(a) 電極板上の電荷 Q 一定の場合，(b) 両電極間に電圧 V の定電圧電源を取り付けた場合について，この誘電体に働く力を求め

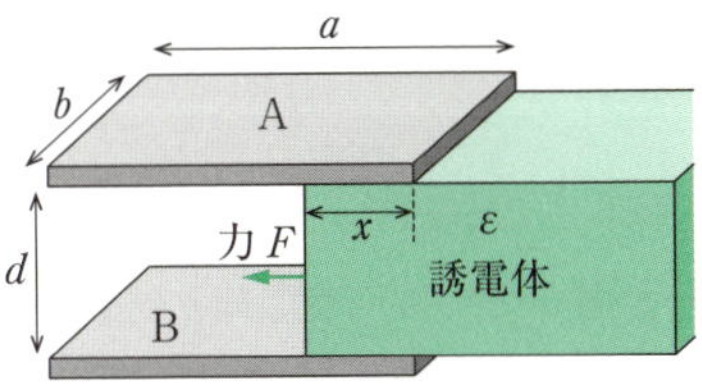

図 1.4.17 平行平板コンデンサへの誘電体の挿入

よ.

コンデンサの容量 C は

$$C = \frac{\varepsilon bx}{d} + \frac{\varepsilon_0 b(a-x)}{d}$$
$$= \frac{b}{d}\{\varepsilon x + \varepsilon_0(a-x)\} \ [\mathrm{F}]$$

静電エネルギー U は

$$U = \frac{1}{2}QV = \frac{1}{2}CV^2 = \frac{Q^2}{2C} \ [\mathrm{J}]$$

誘電体に力 F が働き x がわずかに増加（仮想変位）したとする.

(a) 電極板上の電荷 Q が一定のとき

エネルギーの出入りはない. したがって F がした仕事は静電エネルギー U の減少分に等しい.

$$F = -\left(\frac{\partial U}{\partial x}\right)_{Q=\mathrm{const.}} = -\left[\frac{\partial}{\partial x}\left(\frac{Q^2}{2C}\right)\right]_{Q=\mathrm{const.}}$$
$$= -\frac{Q^2}{2}\frac{\partial}{\partial x}\left(\frac{1}{C}\right) = \frac{Q^2}{2C^2}\frac{b}{d}(\varepsilon-\varepsilon_0)$$
$$= \frac{Q^2 d(\varepsilon-\varepsilon_0)}{2b\{(\varepsilon-\varepsilon_0)x+\varepsilon_0 a\}^2} \ [\mathrm{N}]$$

(b) 電源電圧 V が一定のとき

仮想変位に伴って電源から供給したエネルギーは

$$\delta QV = \delta CV^2$$

これは, 静電エネルギーの増加と力 F がした仕事の和であるから

$$\delta CV^2 = \frac{1}{2}\delta CV^2 + F\delta x$$

したがって,

$$F\delta x = \frac{1}{2}\delta CV^2 = \delta U$$

以上より, 求める力は

$$F = \left(\frac{\partial U}{\partial x}\right)_{V=\mathrm{const.}}$$
$$= \frac{V^2}{2}\frac{\partial C}{\partial x} = \frac{1}{2}V^2(\varepsilon-\varepsilon_0)\frac{b}{d} \ [\mathrm{N}]$$

1.4.5 誘電体系の電気影像法

電気影像法は, クーロンの法則やガウスの法則を適用して電界分布を求めるのが困難な場合に, 影像電荷をおくことによって平易に電界分布を求める方法として有用である. 1.3.5 項において真空中に導体が存在する場合の電気影像法について述べたが, 誘電体が存在する場合も同様に考えるとよい.

図 1.4.18 のように, 誘電率 ε_1, ε_2 の誘電体 I, II が接しており, 誘電体 I 側で境界面から距離 d 離れた位置に真電荷 q が存在するときの電界および電位の分布を考える. ただし, 境界面に真電荷は存在しないものとする.

異なる誘導体 I, II の境界における電界, 電束密度は, 1.4.3 項において述べたとおり

・電界の接線方向成分は連続（$E_{1t} = E_{2t}$）

・電束密度の法線方向成分は連続（$D_{1n} = D_{2n}$）

となる. この条件に合致する影像電荷を考える.

a. 領域 I

領域 I を考えるときは, 図 1.4.19 のような影像電荷 q' を考え, 領域 II も含めて全領域にわたって誘電率 ε_1 の誘電体が分布しているとみなす. 境界面の点

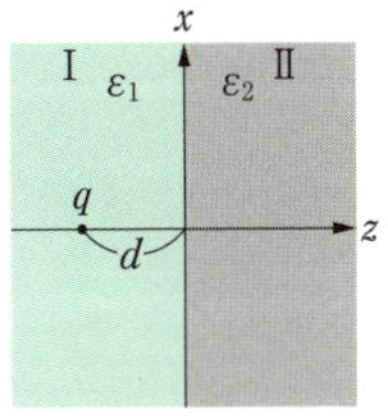

図 1.4.18 異なる誘電体と点電荷

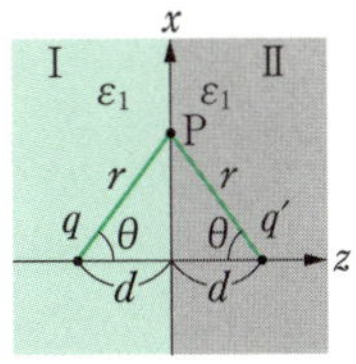

図 1.4.19 領域 I 側からみた影像電荷

ジョセフ・ヘンリー

米国の物理学者. マイケル・ファラデーとほぼ同時期に電磁誘導を発見. これらは電動機の基礎になっている. ヘンリーが発明したリレーは電信機の発明の基礎となった. インダクタンスの単位にその名をとどめる.（1797-1878）

P における電界および電束密度は，
電界の接線方向：

$$E_{1t} = \frac{q}{4\pi\varepsilon_1 r^2}\sin\theta + \frac{q'}{4\pi\varepsilon_1 r^2}\sin\theta$$
$$= \frac{(q+q')}{4\pi\varepsilon_1 r^2}\sin\theta \qquad (1.4.29)$$

電束密度の垂直方向：

$$D_{1n} = \frac{q}{4\pi r^2}\cos\theta - \frac{q'}{4\pi r^2}\cos\theta$$
$$= \frac{(q-q')}{4\pi r^2}\cos\theta \qquad (1.4.30)$$

となる．

b. 領域 II

図 1.4.20 のように影像電荷と真電荷を合わせた電荷 q'' を考える．このとき，領域 I も含めて全領域にわたって誘電率 ε_2 の誘電体が分布しているとみなす．境界面の点 P における電界および電束密度は，
電界の接線方向成分：

$$E_{2t} = \frac{q''}{4\pi\varepsilon_2 r^2}\sin\theta \qquad (1.4.31)$$

電束密度の垂直方向成分：

$$D_{2n} = \frac{q''}{4\pi r^2}\cos\theta \qquad (1.4.32)$$

となる．

ここで，$E_{1t} = E_{2t}$，$D_{1n} = D_{2n}$ の条件から q'，q'' を求めて

$$q' = \frac{\varepsilon_1 - \varepsilon_2}{\varepsilon_1 + \varepsilon_2}q,\quad q'' = \frac{2\varepsilon_2}{\varepsilon_1 + \varepsilon_2}q \qquad (1.4.33)$$

が得られる．

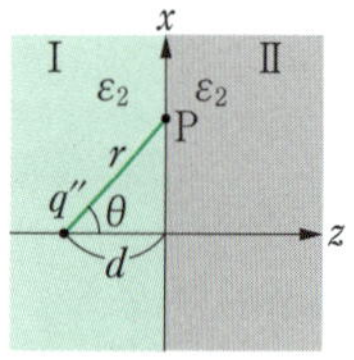

図 1.4.20　領域 II 側からみた影像電荷

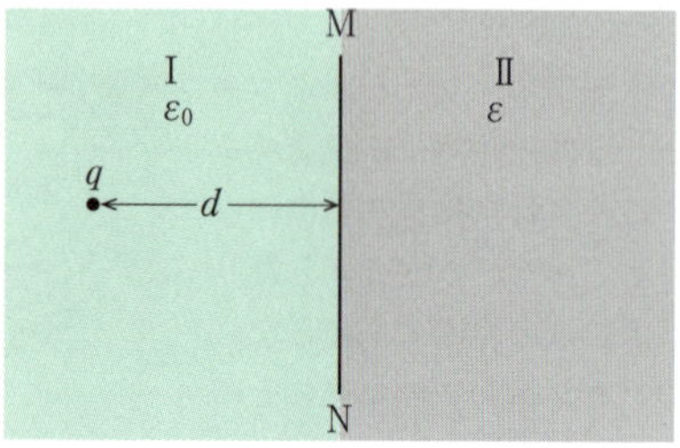

図 1.4.21　誘電体と真空中の点電荷

例題 1-4-8

図 1.4.21 のように，真空の領域 I と誘電体（誘電率 ε）の領域 II が平面 MN で接し，真空側には平面 MN から距離 d の位置に点電荷 q がある．影像電荷を見つけ出し，電束密度 $\boldsymbol{D}$ の力線分布の特徴的な様子を描画せよ．

式(1.4.33)の結果に $\varepsilon_1 = \varepsilon_0$，$\varepsilon_2 = \varepsilon$ を代入して考える．影像電荷は

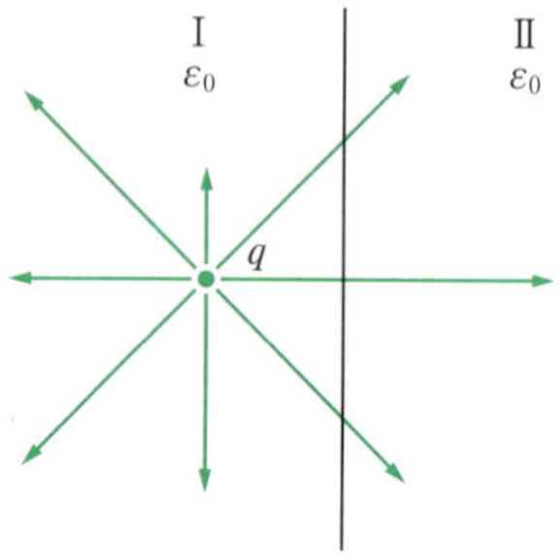

図 1.4.22　全空間真空の場合の電束密度分布

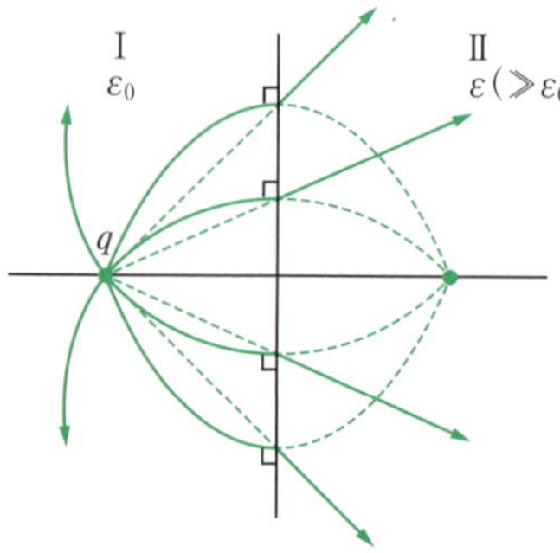

図 1.4.23　$\varepsilon \gg \varepsilon_0$ の場合の電束密度分布

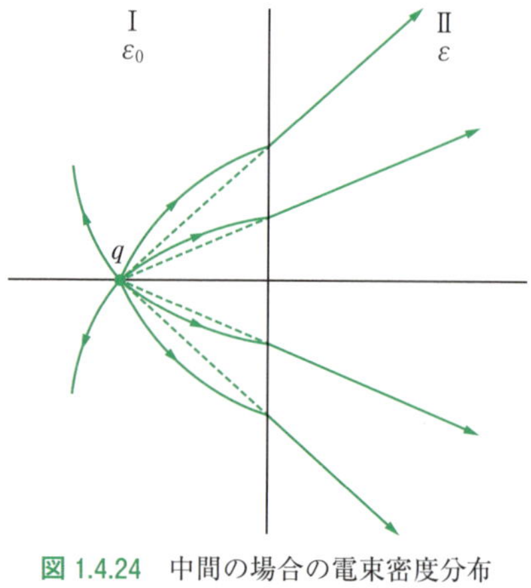

図 1.4.24　中間の場合の電束密度分布

$$q' = \frac{\varepsilon_0 - \varepsilon}{\varepsilon_0 + \varepsilon} q,\quad q'' = \frac{2\varepsilon}{\varepsilon_0 + \varepsilon} q$$

とすることができる．一例として，$\varepsilon = \varepsilon_0$（全空間真空），$\varepsilon \gg \varepsilon_0$（半無限導体平面に近いもの）の電束密度の力線分布を図 1.4.22，図 1.4.23 に示す．

これより，これらの中間の誘電率の場合の力線分布は図 1.4.24 と考えることができる．

例題 1-4-9

変圧器の絶縁油の中に気泡があると，この部分から絶縁破壊が起こりやすい．絶縁耐力 12 kV/mm，比誘電率 $\varepsilon_s = 2.5$ の絶縁油の中に直径 0.1 mm の気泡があるとき，気泡中で絶縁破壊を起こすときの絶縁油中の電界を求めよ．ただし，空気の絶縁耐力は 3 kV/mm とする．

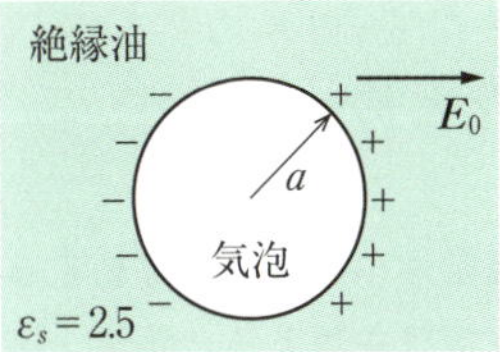

図 1.4.25　絶縁油中の気泡と分極電荷

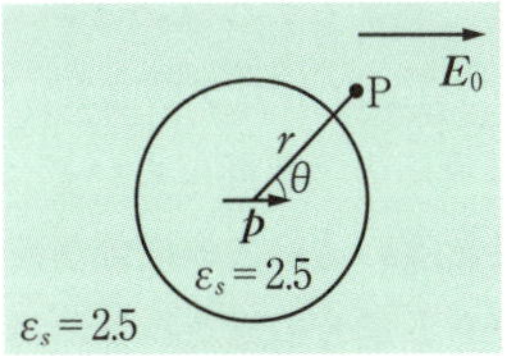

図 1.4.26

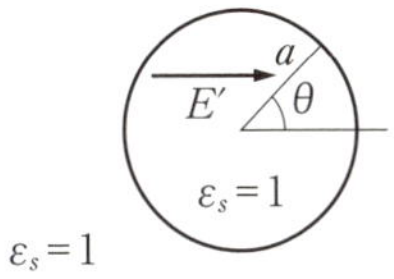

図 1.4.27

誘電分極が発生することから，図 1.4.25 のように分極電荷が生じる．気泡の半径を a としこれが小さいとみなすと，絶縁油中の点 P の電界は図 1.4.26 に示すような電気双極子モーメント $\boldsymbol{p}$ の電気双極子を形成した影像電荷を用いて考えるとよい．また，気泡中は図 1.4.27 に示すように一様な電界が分布する．

気泡の表面には真電荷は存在しない．したがって，空気と絶縁油の境界面においては電界の接線成分および電束密度の法線方向成分が連続となる．

境界面における油側の電界，電束密度は，双極子モーメントの大きさ p を用いて

電界の法線方向成分：

$$E_r(r,\theta) = E_0 \cos\theta + \frac{2p\cos\theta}{4\pi\varepsilon_s\varepsilon_0 a^3}$$

これより電束密度の法線方向成分：

$$D_r(r,\theta) = \varepsilon_s\varepsilon_0 E_0 \cos\theta + \frac{2p\cos\theta}{4\pi a^3} \qquad (1.4.34)$$

また，電界の接線方向成分：

$$E_\theta(r,\theta) = -E_0 \sin\theta + \frac{p\sin\theta}{4\pi\varepsilon_s\varepsilon_0 a^3} \qquad (1.4.35)$$

気泡中の電界の大きさを E' とすると，境界面における気泡側の電界，電束密度は

電界の法線方向成分：

$$E_r(r,\theta) = E'\cos\theta$$

これより電束密度の法線方向成分：

$$D_r(r,\theta) = \varepsilon_0 E'\cos\theta \qquad (1.4.36)$$

また，電界の接線方向成分：

$$E_\theta(r,\theta) = -E'\sin\theta \qquad (1.4.37)$$

式(1.4.34)から式(1.4.37)より

$$\varepsilon_s\varepsilon_0 E_0\cos\theta + \frac{2p\cos\theta}{4\pi a^3} = \varepsilon_0 E'\cos\theta$$

$$-E_0\sin\theta + \frac{p\sin\theta}{4\pi\varepsilon_s\varepsilon_0 a^3} = -E'\sin\theta$$

これより

$$E' = \frac{3\varepsilon_s\varepsilon_0}{2\varepsilon_s\varepsilon_0 + \varepsilon_0} E_0 = \frac{3\varepsilon_s}{2\varepsilon_s + 1} E_0$$

を得る．$\varepsilon_s = 2.5$ を代入して

$$E' = 1.25 E_0$$

気泡中において絶縁破壊を起こす電界は

$$E_0 = \frac{E'}{1.25} = \frac{3.0\times10^3}{1.25} = 2.4\ \mathrm{kV/mm}$$

と求まる．絶縁油の絶縁耐力は 12 kV/mm であるので，気泡中では絶縁油中の 1/5 で絶縁破壊が発生することがわかる．

ヴェルナー・フォン・ジーメンス

ドイツの電気工学者，発明家．電磁式指針電信機をはじめとする数多くの発明，電気機関車の実用化などを行った．電機・通信の大手企業シーメンスの創業者でもある．コンダクタンスの単位に名を残す．（1816-1892）

1.4 節のまとめ

- 電荷は誘電体中を自由に移動することができない．
- 誘電体に電界を与えると誘電分極により表面に分極電荷が現れる．
- 誘電体中の電界は真空中の $1/\varepsilon_s$ 倍となる．
- 電界と電束密度の関係は $\boldsymbol{D} = \varepsilon \boldsymbol{E}$ である．
- 電束密度に関するガウスの法則を用いることによって，分極電荷を意識することなく電界を求めることができる．$\mathrm{div}\,\boldsymbol{D} = \rho$ が成立し，特に，一様誘電体中においては $\mathrm{div}\,\boldsymbol{E} = \rho/\varepsilon$ となる．
- 異なる誘電体の境界面においては電界の接線方向が連続となる．また，境界面に真電荷が存在しない場合，電束密度の法線方向成分が連続となる．
- 誘電体がある場合の電気影像法は上述の境界条件に合致するように影像電荷を決定する．
- 誘電体はその内部に単位体積あたり $\boldsymbol{E}\cdot\boldsymbol{D}/2$ ［J/m^3］のエネルギーを蓄えている．

1.5　磁界と静磁界

静電界が電荷によって作られるのに対し，静磁界は電流によっても磁石によっても作られる．しかし，電荷に相当するような磁荷というものは現実には存在せず，電流においても磁石においても磁界を作る源は電荷の移動やスピンである．本節では，磁界が時間的に変化しない場合，すなわち静磁界について学ぶ．

1.5.1　電荷の保存則と電流連続の式

a. 電流

初めに，静磁界を作る電荷の移動として，導体中を流れる時間的に変化しない定常電流を考える．電流 I［A］は単位時間［s］にある面積 S［m^2］を通過する電荷量［C］として定義され，一般に大きさと向きをもったベクトルとなる．その大きさは，ごく短い時間 dt の間に電荷 dQ が通過したとすると

$$I = \frac{dQ}{dt} \qquad (1.5.1)$$

となる．

b. 電流密度

電流密度ベクトル $\boldsymbol{J}$ は導体中の任意の点 P において，P を含んで電流 $\boldsymbol{I}$ の向きに垂直な微小面積 dS を考えたとき，次式のように表される．

$$\boldsymbol{J} = \frac{d\boldsymbol{I}}{dS} \qquad (1.5.2)$$

c. 電荷の保存則

今，図 1.5.1 のように電流が流れている導体内に任意の閉曲面 S を考え，その面上の微小面積を dS とする．この微小面積における電流密度ベクトルを $\boldsymbol{J}$ とし，外向き（同図では右向き）の dS の法線方向の単位ベクトルを $\boldsymbol{n}$ とすると，$\boldsymbol{J}$ の微小面積に垂直な成分の大きさ J_n は

$$J_n = \boldsymbol{J}\cdot\boldsymbol{n} \qquad (1.5.3)$$

となる．微小面積 dS を通って内側から外側に通過する電荷量は電流密度と微小面積の積，すなわち $J_n dS$ となることから，閉曲面 S の内側から外側に流れ出る全電荷量（すなわち電流）は $\int_S J_n dS$ となる．閉曲面 S 内にある全電荷を Q とし，電荷が閉曲面 S 内で発生することも消滅することもないと考えると，これは Q の単位時間あたりの減少量に等しいと考えられることから

$$\int_S J_n dS = -\frac{dQ}{dt} \qquad (1.5.4)$$

となる．この関係を**電荷の保存則**とよぶ．

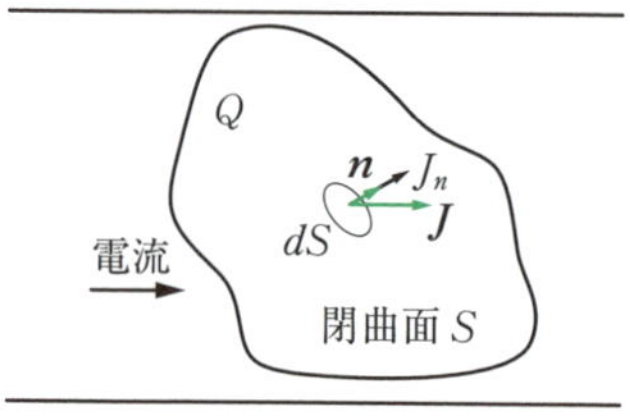

図 1.5.1　電流が流れている導体内の任意の閉曲面 S と微小面積 dS

d. 電流連続の式

先ほどの閉曲面 S 内の電荷 Q が体積密度 ρ [C/m^3] で領域 V（体積 V [m^3]）に均一に分布していたとすると，微小体積を dv として，式(1.5.4)は

$$\int_S J_n dS = -\frac{\partial}{\partial t}\left(\int_V \rho\, dv\right) \tag{1.5.5}$$

と表すことができる．ガウスの発散定理より，左辺は

$$\int_S J_n dS = \int_V (\mathrm{div}\,\boldsymbol{J}) dv \tag{1.5.6}$$

であるから，これらの式は

$$\int_V (\mathrm{div}\,\boldsymbol{J}) dv = \int_V \left(-\frac{\partial \rho}{\partial t}\right) dv \tag{1.5.7}$$

すなわち

$$\mathrm{div}\,\boldsymbol{J} + \frac{\partial \rho}{\partial t} = 0 \tag{1.5.8}$$

が得られる．これは，先の電荷の保存則の微分形であり，**電流連続の式**とよばれる．

今，時間的に変化しない直流の定常電流が流れる導体内，または電荷の蓄積のない領域を考えると，電荷の時間的変化がないため，$\partial\rho/\partial t = 0$ である．したがって，式(1.5.8)は

$$\mathrm{div}\,\boldsymbol{J} = 0 \tag{1.5.9}$$

とも書ける．これは，一つの閉曲面に流れ込む全電流は常に 0 であるということであり，キルヒホッフの第 1 法則と同じ内容を意味する．

1.5.2 磁束密度

a. 電流に働く力

電流が方位磁石のような磁針に影響を及ぼすことを発見したのは**エルステッド（Hans Christian Ørsted）**であり，1820 年のことである．この現象はその後，**アンペール（André-Marie Ampère）**や**ビオ（Jean-Baptiste Biot）**，**サバール（Félix Savart）**らにより解析され，磁気学における基本法則となった．

図 1.5.2 のように，アンペールは距離 r だけ離れた 2 本の平行な導線にそれぞれ I_1，I_2 の電流を流すと，I_1，I_2 に比例し r に反比例する力が働くことを発見した．この力は，電流の向きが同じときは引力となり，逆方向のときは斥力となる．単位長あたりの力の大きさを F とすると，比例定数を μ_0 として

$$F = \frac{\mu_0}{2\pi}\frac{I_1 I_2}{r} \tag{1.5.10}$$

の関係となる．

グスタフ・ロベルト・キルヒホッフ

ドイツの物理学者．電気回路に関するキルヒホッフの法則のほか，反応熱や黒体放射におけるキルヒホッフの法則の発見者である．ブンゼンとともに分光器を用いたスペクトル線観察により，セシウムなどの新元素を発見した．（1824-1887）

b. 真空の透磁率

先の式(1.5.10)における比例定数 μ_0 は真空の**透磁率（permeability of free space）**とよばれ，その値は SI 単位系におけるアンペアの定義により，以下となる．

$$\mu_0 = 4\pi \times 10^{-7}\ [\mathrm{N/A^2}] \tag{1.5.11}$$

c. 磁束密度

電流間に働く力について，一方の電流が何らかの**場（field）**を他方の電流の位置に生じ，その場が他方の電流に作用を及ぼしたと考えてみる．このような磁気的な作用が働く場を**磁界（magnetic field）**と定義する．

電流とは電荷の運動であるから，今，正の電荷 q を考え，q が速度ベクトル $\boldsymbol{v}$ をもって運動するときに，図 1.5.3 に示すような力が q に働くとする．このとき，図に示した $\boldsymbol{B}$ が磁気的な作用を及ぼす場の強さと向きを表し，これを**磁束密度（magnetic flux density）**と名付ける．

SI 単位系においては，$q = 1\,\mathrm{C}$，$v = 1\,\mathrm{m/s}$，$\theta = \pi/2$ で，$F = 1\,\mathrm{N}$ のときの磁束密度を単位にとり，これを 1 T（**テスラ**）という．したがって，磁束密度と

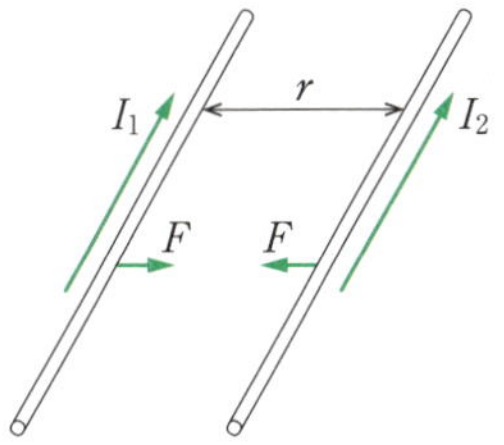

図 1.5.2 平行導線に流した電流間に働く力

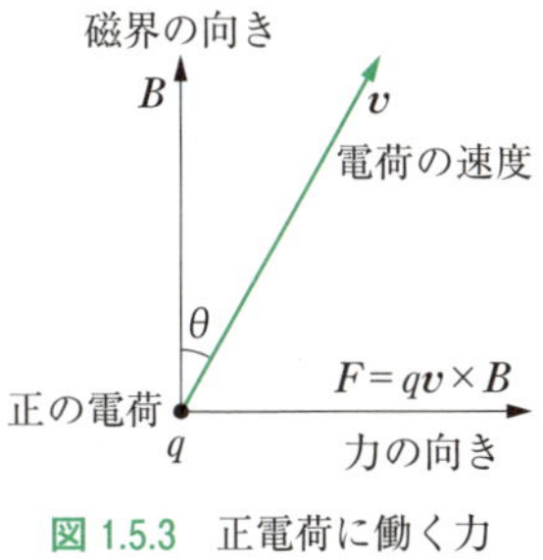

図 1.5.3 正電荷に働く力

力の関係は

$$F = qvB\sin\theta \qquad (1.5.12)$$

となる．

d. ローレンツ力

電荷の運動と磁束密度および力の関係をそれぞれベクトルで考えるにあたり，電界 $\boldsymbol{E}$ [V/m] の存在も考慮すると，移動する電荷が受ける力は以下のようになる．この力を**ローレンツ力（Lorentz force）**とよぶ．

$$\boldsymbol{F} = q(\boldsymbol{E}+\boldsymbol{v}\times\boldsymbol{B}) \qquad (1.5.13)$$

例題 1-5-1

図 1.5.4 に示すように紙面上向きの z 軸方向を向いた一様な磁束密度 $\boldsymbol{B}$ があるとする．今，電荷量 $q = 1\,\mathrm{C}$，質量 $m = 1\,\mathrm{kg}$ の荷電粒子が xy 平面上の原点 O を中心として半径 $r = 2\,\mathrm{m}$ の円運動をしているとする．荷電粒子の速さが $\boldsymbol{v} = 4\,\mathrm{m/s}$ であるときの磁束密度の大きさを求めよ．ただし，電界はないものとする．

荷電粒子に働くローレンツ力は式(1.5.13)より，電界 $\boldsymbol{E} = 0$ として，$\boldsymbol{F} = q\boldsymbol{v}\times\boldsymbol{B}$ である．また，荷電粒子は xy 平面上で円運動をしているため，ローレンツ力は遠心力 $= m\times(v^2/r)$ とつり合っていると考えることができる．$\boldsymbol{v}$ と $\boldsymbol{B}$ のなす角は常に $\pi/2$ なので，力の大きさは qvB となる．ここで，$v = |\boldsymbol{v}|$，$B = |\boldsymbol{B}|$ である．したがって，$qvB = m\times(v^2/r)$ より，$B = m\times(v^2/r)/qv$ となることから，磁束密度の大きさは 2 T となる．

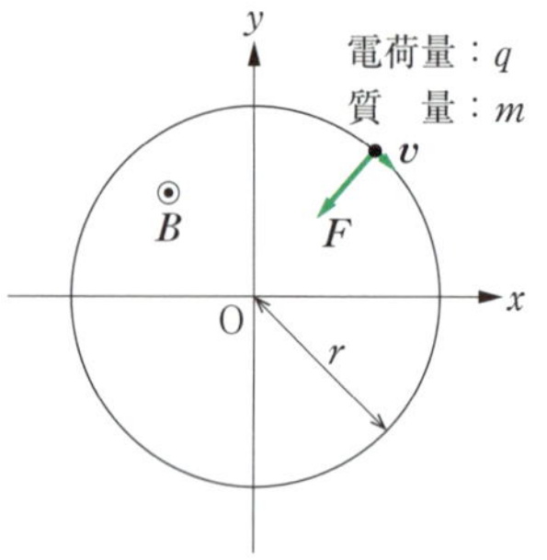

図 1.5.4　一様な磁束密度中を回転運動する荷電粒子

ヘンドリク・アントーン・ローレンツ

オランダの理論物理学者．弟子のゼーマンが発見したゼーマン効果の理論的説明を行い，ゼーマンとともにノーベル物理学賞を受賞．物質は荷電粒子（電子）からなること，電磁場の中で運動する荷電粒子に働く力（ローレンツ力）を提唱した．(1853-1928)

e. ホール効果

今，**図 1.5.5** に示すように一様な z 軸上向きの磁束密度 $\boldsymbol{B}$ の中に導体板が置かれているとする．y 軸の + 方向に電流 I が流れているとき，速度 $\boldsymbol{v}$ で導体中を移動する正電荷 q はローレンツ力により x 軸の + 方向に力を受け，$+x$ 軸方向の速度成分をもつ．同様に，電荷が電子のような負電荷であった場合は $-x$ 方向の速度成分をもつことになる．正電荷や電子がこれらの速度成分により次々と導体のいずれかの表面に移動すると，導体表面の電荷密度が大きくなり，導体板の右側は正に，左側は負に帯電し，電位差が生じる．したがって，この電位差により電荷が受ける力とローレンツ力がつり合った状態において定常電流が $+y$ 方向に流れていることになる．このような，導体の内部で磁束と電流に垂直な向きに起電力が生じる現象を**ホール効果**とよぶ．

ホール効果による起電力（ホール起電力）$\boldsymbol{E}_{\mathrm{H}}$ は，電流密度を $\boldsymbol{J}$ として

$$\boldsymbol{E}_{\mathrm{H}} = R_{\mathrm{H}}(\boldsymbol{J}\times\boldsymbol{B}) \qquad (1.5.14)$$

と表され，R_{H} を**ホール定数**という．導体，または半導体中の電荷の担い手を**キャリア（carrier）**とよび，ホール定数はキャリア密度に依存する．

f. 磁束

電界に対して電気力線を考えたように，磁束密度に対しても**磁束線（magnetic flux line）**という力線を考えることができる．磁束線の密度は電気力線と同様，単位面積を通過する磁束線の数がその面における磁束

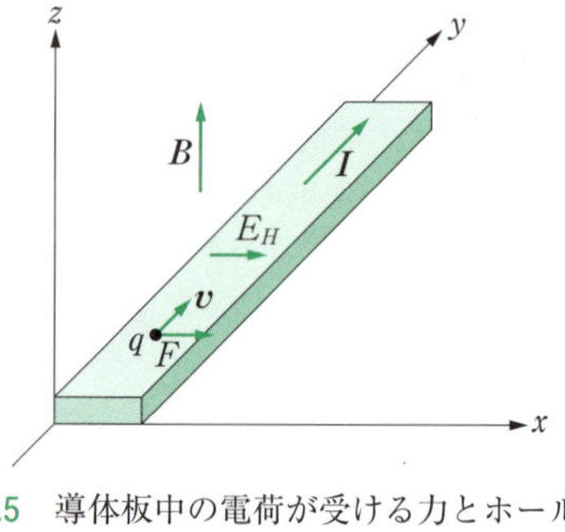

図 1.5.5　導体板中の電荷が受ける力とホール効果

密度と比例し，その向きは磁束線の任意の点における接線が，その場所での磁束密度の方向に一致するように描く．

今，磁束密度 $\boldsymbol{B}$ に垂直な微小面積 dS を通り抜ける磁束線の数を $d\boldsymbol{\Phi}$ とすると

$$\boldsymbol{B} = \frac{d\boldsymbol{\Phi}}{dS} \qquad (1.5.15)$$

となる．したがって

$$\boldsymbol{\Phi} = \int_S \boldsymbol{B}\cdot dS \qquad (1.5.16)$$

が得られ，$\boldsymbol{\Phi}$ を**磁束（magnetic flux）**とよぶ．磁束の単位は［Wb］（**ウェーバ**）であり，1 Wb = 1 T m^2 = 1 J/A である．磁界を表現する際，主に「磁束密度」を用いるのは，これらの式に起因している．

1.5.3　ビオ・サバールの法則

a.　ビオ・サバールの法則

真空中において電流 I の流れる長さ ds の部分が距離 r だけ離れた点 P に生じる磁束密度 $d\boldsymbol{B}$ の大きさは

$$d\boldsymbol{B} = \frac{\mu_0}{4\pi}\frac{I}{r^2}ds\sin\theta \qquad (1.5.17)$$

となり，その方向は図 1.5.6 に示したとおり，P と $\boldsymbol{ds}$ とを含む面に垂直であり，その向きはいわゆる右ねじの法則（図 1.5.7）に従う．つまり，電流に沿って右ねじを置き，ねじを電流の方向に進む向きに回転させたとき，この回転の向きが磁界の向きである．ここで，θ は $\boldsymbol{ds}$ の部分の電流の方向と点 P への方向との間の角，μ_0 は真空の透磁率である．これを，**ビオ・サバールの法則**とよぶ．

r の大きさをもったベクトル $\boldsymbol{r}$ を用いると，式(1.5.17)は

$$d\boldsymbol{B} = \frac{\mu_0 I}{4\pi}\frac{\boldsymbol{ds}\times\boldsymbol{r}}{r^3} \qquad (1.5.18)$$

のようにベクトルを用いて表現できる．

ビオ・サバールの法則は，先に述べた平行導線に流した電流間に働く力の計算において，一方の電流に対して線要素ベクトル（これを電流要素または電流素片とよぶ）を考え，これが他方の電流に及ぼす力を計算し，導線方向にその長さだけ積分することで導出可能であるが，その詳細はここでは省略する．

b.　直線電流の作る磁束密度

真空中にある無限に長い直線電流の作る磁束密度を，ビオ・サバールの法則より求める．図 1.5.8 のように点 P における磁束密度 B は，直線電流 $\boldsymbol{I}$ の微小な長さ dx の部分が $|r| = r$ だけ離れた点 P に生じる磁束密度 $d\boldsymbol{B}$ を全電流に対して積分した値に等しく，式(1.5.17)より

$$B = \int_{-\infty}^{+\infty}\frac{\mu_0}{4\pi}\frac{I}{r^2}\sin\theta\,dx \qquad (1.5.19)$$

となる．点 P と電流の距離を a とし，I と r のなす角 θ を図 1.5.8 のようにとると

$$a = r\sin(\pi-\theta) = r\sin\theta \qquad (1.5.20)$$

$$x = r\cos(\pi-\theta) = -r\cos\theta \qquad (1.5.21)$$

であるから

$$B = \int_0^{\pi}\frac{\mu_0}{4\pi}I\frac{\sin^2\theta}{a^2}\sin\theta(a\,\mathrm{cosec}^2\theta)\,d\theta$$

$$= \int_0^{\pi}\frac{\mu_0}{4\pi}\frac{I}{a}\sin\theta\,d\theta$$

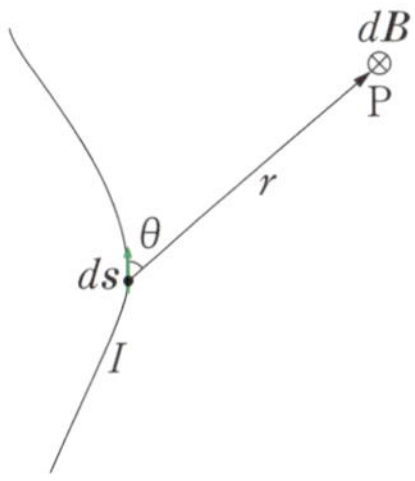

図 1.5.6　ビオ・サバールの法則

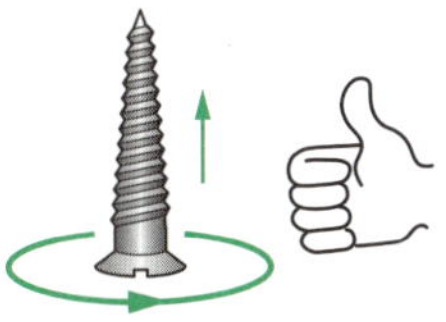

図 1.5.7　右ねじの法則

ジャン=バティスト・ビオ

フランスの物理学者，数学者，天文学者．フェリックス・サバールとともに電流と磁場の関係を研究し，ビオ・サバールの法則を発見した．偏光の研究で光学の発展にも貢献した．（1774-1862）

フェリックス・サバール

フランスの物理学者，外科医．ジャン=バティスト・ビオとともに，ビオ・サバールの法則を発見した．可聴周波数の精密測定のためのサバールの車輪や光学素子のサバール板を発明（1791-1841）．

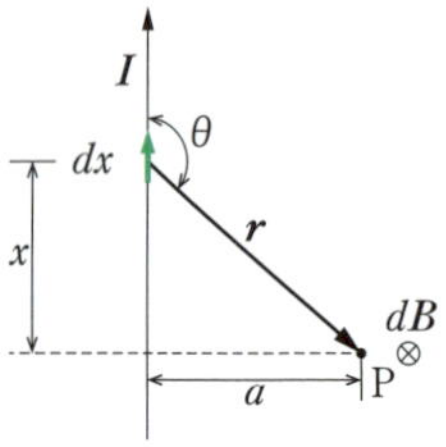

図 1.5.8　無限に長い直線電流が作る磁束密度

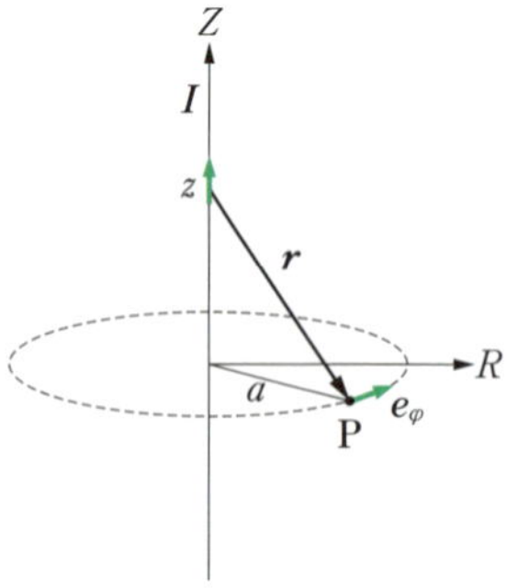

図 1.5.9　直線電流が作る磁束密度の円柱座標を用いたベクトル表現

$$= \frac{\mu_0}{2\pi}\frac{I}{a} \tag{1.5.22}$$

となり，向きは右ねじの法則に従う．磁束密度の大きさは電流からの距離 a に反比例することがわかる．

同じ計算をベクトルで考える際には，円柱座標を用いると便利である．図 1.5.9 のように円柱座標系（R, Φ, Z）をとり，点 P を（a, φ, 0），電流の微小部分を（0, 0, z）として，ベクトル $\boldsymbol{r}$ を考える．$\boldsymbol{e}_\varphi$ は点 P における Φ 方向の単位ベクトルである．$\cot\alpha = z/a$ であるから，式(1.5.18)より

$$\begin{aligned}\boldsymbol{B} &= \frac{\mu_0}{4\pi}I\int\frac{dz}{r^2}\times\frac{\boldsymbol{r}}{r} = \frac{\mu_0}{4\pi}I\int_{-\infty}^{+\infty}\frac{dz}{r^2}\frac{a}{r}\boldsymbol{e}_\varphi \\ &= \frac{\mu_0}{2\pi}I\boldsymbol{e}_\varphi\int_0^{+\infty}\frac{a\,dz}{(z^2+a^2)^{\frac{3}{2}}} \\ &= \frac{\mu_0}{2\pi}\frac{I}{a}\boldsymbol{e}_\varphi\int_0^{\frac{\pi}{2}}\sin\alpha\,d\alpha = \boldsymbol{e}_\varphi\frac{\mu_0}{2\pi}\frac{I}{a}\end{aligned} \tag{1.5.23}$$

となる．磁束の向きは右ねじの法則と同じ向きとなる．

c. 円電流が中心軸上に作る磁束密度

次に，図 1.5.10 に示すように，真空中にある半径 a の円電流 I が中心軸上に作る磁界を考える．電流の微小部分 $\boldsymbol{ds}$ が，Z 軸上のある点 P に作る磁束密度 $d\boldsymbol{B}$ は，式(1.5.18)より

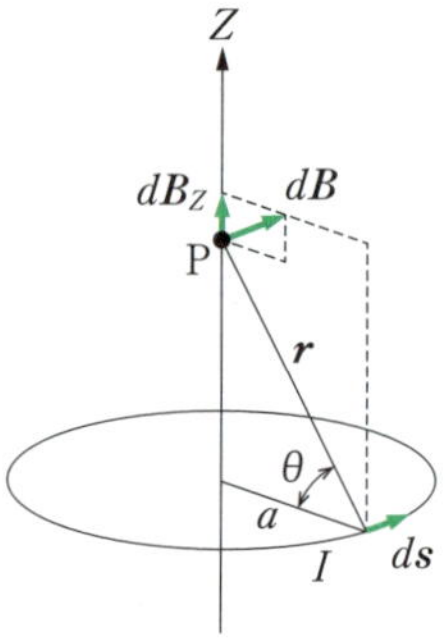

図 1.5.10　円電流が中心軸上に作る磁束密度

$$d\boldsymbol{B} = \frac{\mu_0}{4\pi}\left(\frac{I\,\boldsymbol{ds}}{r^2}\times\frac{\boldsymbol{r}}{r}\right) \tag{1.5.24}$$

である．電流を円に沿って一周積分すると，対称性により磁界 $\boldsymbol{B}$ は Z 成分だけが残るので

$$\begin{aligned}\boldsymbol{B} = \boldsymbol{B}_Z &= \boldsymbol{e}_Z\frac{\mu_0}{4\pi}\oint\frac{I\,ds}{r^2}\cos\theta \\ &= \boldsymbol{e}_Z\frac{\mu_0}{4\pi}\frac{Ia}{r^3}\oint ds \\ &= \boldsymbol{e}_Z\frac{\mu_0\,Ia^2}{2(z^2+a^2)^{\frac{3}{2}}}\end{aligned} \tag{1.5.25}$$

となる．ここで，$\boldsymbol{e}_Z$ は点 P における Z 方向の単位ベクトルである．

特に，円電流の中心（$Z=0$）の場所では

$$\boldsymbol{B}_0 = \boldsymbol{e}_Z\frac{\mu_0\,I}{2a} \tag{1.5.26}$$

となる．

d. 磁束の連続性

これまでみてきた直線電流，ならびに円電流が作る磁界を磁束線を用いて表すと，その概略は図 1.5.11，図 1.5.12 のようになる．この図から明らかなように，電流の作る磁束線は閉じたループ状となる．また，電荷に相当する磁荷は存在しないため，空間中で磁束線が湧き出す点も消滅する点も存在しない．したがって，ベクトルである磁束密度 $\boldsymbol{B}$ に対して，その発散

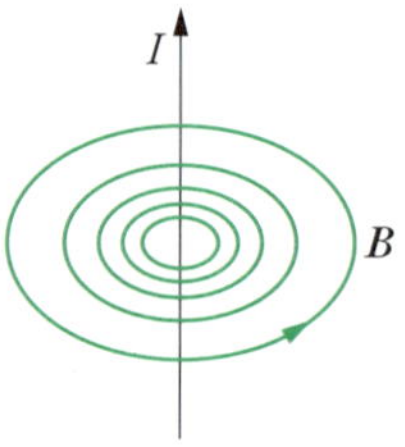

図 1.5.11　直線電流が作る磁界の磁束線

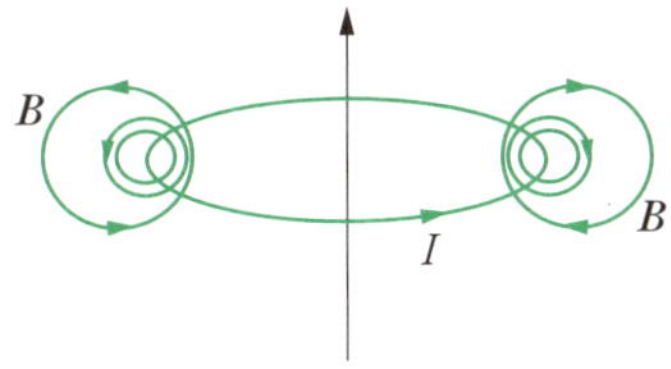

図 1.5.12 円電流が作る磁界の磁束線

をとると

$$\mathrm{div}\,\boldsymbol{B} = 0 \qquad (1.5.27)$$

となる．すなわち，磁束線はある点で消えたり発生したりすることなく，常に連続である．

1.5.4 アンペールの（周回積分の）法則

a. スカラ場とベクトル場

ある空間に何らかの場が存在し，その場を物理的に表現することを考える．最も簡単な例はスカラ場である．例えば，温度分布をもった物質中における任意の点 P は直交座標系では x，y，z の関数として表され，それぞれの点において温度という値をもつ．しかし，この温度に向きはない．

一方，川の中のある空間における水流を考えると，同じく任意の点 P は直交座標系で x，y，z の関数となり，水の速度というベクトルをもつ．このような場をベクトル場という．当然のことながら，電界 $\boldsymbol{E}$ も磁界（磁束密度）$\boldsymbol{B}$ もベクトル場である．

b. ベクトルの回転

次に，場の微分について考えてみる．スカラ場において先ほどの例を用いると，場所とともに変わる温度の変化をその点における温度 T の**勾配（gradient）**として表現することになる．つまり，ある点 P における温度 T $(x,\ y,\ z)$ を x，y，z のそれぞれの方向に微分したベクトル，すなわち

$$\left(\frac{\partial T}{\partial x}, \frac{\partial T}{\partial y}, \frac{\partial T}{\partial z}\right) = \boldsymbol{i}\frac{\partial T}{\partial x} + \boldsymbol{j}\frac{\partial T}{\partial y} + \boldsymbol{k}\frac{\partial T}{\partial z} \qquad (1.5.28)$$

が，点 P における温度の勾配である．ここで，$\boldsymbol{i}$，$\boldsymbol{j}$，$\boldsymbol{k}$ はそれぞれ，x，y，z 座標軸に対する基準ベクトルである．

ここで，**微分演算子 ∇（ナブラ，nabla）**

$$\nabla = \boldsymbol{i}\frac{\partial}{\partial x} + \boldsymbol{j}\frac{\partial}{\partial y} + \boldsymbol{k}\frac{\partial}{\partial z} \qquad (1.5.29)$$

を導入すると，先の温度勾配は

$$\nabla T = \mathrm{grad}\ T \qquad (1.5.30)$$

と表現できる．微分演算子 ∇ は**ベクトル演算子**である．

では，微分演算子 ∇ をベクトル場に対して用いるとどうなるだろうか．ある電界 $\boldsymbol{E}$ に対して

$$\nabla \cdot \boldsymbol{E} = \mathrm{div}\ \boldsymbol{E} \qquad (1.5.31)$$

と表現できることは，電界のところで学んだとおりである．これを電界 $\boldsymbol{E}$ の**発散（divergence）**という．

次にベクトル積を考えてみる．微分演算子 ∇ と磁束密度 $\boldsymbol{B}$ との外積は

$$\nabla \times \boldsymbol{B} = \mathrm{rot}\ \boldsymbol{B} = \begin{pmatrix} \dfrac{\partial}{\partial x} \\ \dfrac{\partial}{\partial y} \\ \dfrac{\partial}{\partial z} \end{pmatrix} \times \begin{pmatrix} B_x \\ B_y \\ B_z \end{pmatrix}$$

$$= \begin{pmatrix} \dfrac{\partial B_z}{\partial y} - \dfrac{\partial B_y}{\partial z} \\ \dfrac{\partial B_x}{\partial z} - \dfrac{\partial B_z}{\partial x} \\ \dfrac{\partial B_y}{\partial x} - \dfrac{\partial B_x}{\partial y} \end{pmatrix} \qquad (1.5.32)$$

となり，これを磁束密度 $\boldsymbol{B}$ の**回転（rotation または curl）**とよぶ．

ベクトル場における回転についてそのイメージを理解するには，図 1.5.13 に示すように，電界が電荷から力線が湧き出すような場であるのに対し，磁界は電流のまわりに磁束線が渦をまくような場である，と考えるとわかりやすい．一例として，力線を水の流れと置き換え，そこにある大きさをもった船を浮かべてみる．電荷の図では船は中心の電荷から遠ざかるように流されていくのに対し，磁界の図では船が中心にない

ジェームズ・クラーク・マクスウェル

英国の物理学者．ファラデーによる電気力線および磁力線の概念を数学的に表し，電気と磁気の作用を統一して表すマクスウェル方程式を導出して，古典電磁気学を確立した．また，電磁波の伝搬速度が光の速度に等しいことを証明した．(1831-1879)

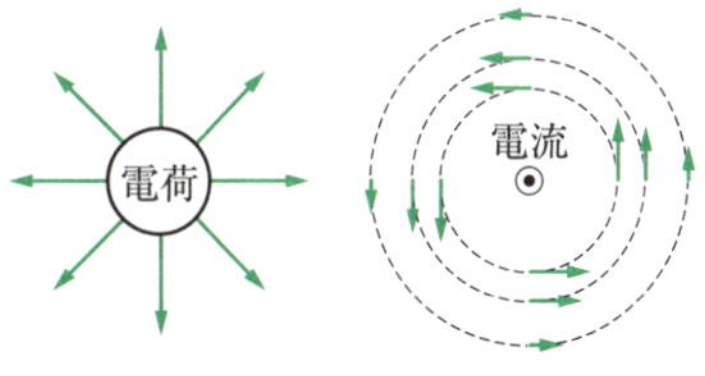

図 1.5.13 力線の湧き出しと渦のイメージ

限り，ある方向に微小な距離だけ流されるときに，その場のわずかな流れの差により回転することがわかる．このような場を渦のある場，回転のある場と考える．スカラ場における勾配が傾きを表すのに対して，ベクトル場における回転は，場の渦の様子をベクトルで表すものである．

c. ストークスの定理

今，ベクトル $\boldsymbol{A}$ が位置の関数であるようなベクトル場を考える．そして，図 1.5.14 に示すようにある閉曲線 C をとり，その微小区間 ds における $\boldsymbol{A}$ を，C に沿って積分することを考える．ここで，C を周辺とする面 S に対し，これを分割した多数の微小面積 dS の集まりを考え，この小さな領域 dS の周辺を C' とすると，C' の周回積分の和は，それぞれ隣り合う辺が打ち消し合うことから，元の閉曲線 C の周回積分と同じになる．つまり

$$\Sigma \oint_{C'} \boldsymbol{A}\cdot d\boldsymbol{s} = \oint_C \boldsymbol{A}\cdot d\boldsymbol{s} \tag{1.5.33}$$

となる．

一方，微小面積 dS（周辺は C'）の法線方向の単位ベクトルを $\boldsymbol{n}$ とすると

$$\oint_{C'} \boldsymbol{A}\cdot d\boldsymbol{s} = (\mathrm{rot}\,\boldsymbol{A})\cdot\boldsymbol{n}\,dS \tag{1.5.34}$$

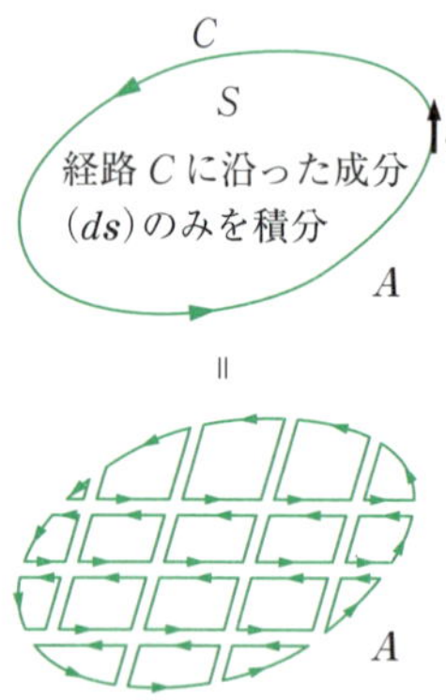

図 1.5.14　ストークスの定理

ジョージ・ガブリエル・ストークス

英国の数学者，物理学者．流体力学，光学，数学の分野において数多くの定理や関係式を発見した．ベクトル解析の基本定理の一つであるストークスの定理は，ケンブリッジ大学の数学試験に出題したのが初出といわれている．(1819-1903)

となるため，$\boldsymbol{n}\,dS = d\boldsymbol{S}$ とすると

$$\oint_C \boldsymbol{A}\cdot d\boldsymbol{s} = \int_S \nabla\times\boldsymbol{A}\cdot\boldsymbol{n}\,dS = \int_S (\mathrm{rot}\,\boldsymbol{A})\cdot\boldsymbol{n}\,dS = \int_S \mathrm{rot}\,\boldsymbol{A}\cdot d\boldsymbol{S} \tag{1.5.35}$$

が成り立つ．つまり，dS を十分に小さくとれば，ベクトル場において閉曲面 $\boldsymbol{S}$ 上で回転を面積分したものが，閉曲面 S の周辺 C に沿って線積分（周回積分）したものと一致することを示す．これを**ストークスの定理**という．

d. ベクトルポテンシャル

静電界 $\boldsymbol{E}$ 中の電位（静電ポテンシャル）V はスカラポテンシャルであり，スカラ場で表現できる．そして，V に電荷 q を掛けると静電エネルギー U となり，V の勾配が（負号が付くが）$\boldsymbol{E}$ であった．では，静磁界（磁束密度）$\boldsymbol{B}$ においてそのポテンシャルはどのように表現できるだろうか．

今，磁束密度 $\boldsymbol{B}$ に対して

$$\boldsymbol{B} = \mathrm{rot}\,\boldsymbol{A} \tag{1.5.36}$$

を満足するようなベクトル $\boldsymbol{A}$ を考える．すると

$$\mathrm{div}\,\boldsymbol{B} = \mathrm{div}\,\mathrm{rot}\,\boldsymbol{A} = 0 \tag{1.5.37}$$

であるから，このような $\boldsymbol{A}$ を用いると，磁束の連続性を示す $\mathrm{div}\,\boldsymbol{B} = 0$（式(1.5.27)）は常に満たされる．この $\boldsymbol{A}$ を $\boldsymbol{B}$ の**ベクトルポテンシャル（vector potential）**と名付ける．名前からもわかるとおり，これはベクトルである．

静電界においては静電ポテンシャル V を与えると，その勾配として電界 $\boldsymbol{E}$ が決まったが，逆に $\boldsymbol{E}$ を与えたときの V は一義的には定まらず，定数の不定性があった．そして，一般には無限遠で V が 0 となるように定数を定めていた．

同様に，ベクトルポテンシャル $\boldsymbol{A}$ を与えると $\boldsymbol{B}$ が定まるが，ある $\boldsymbol{B}$ に対するベクトルポテンシャル $\boldsymbol{A}$ は不定性をもつ．今，スカラ関数 u を用いて，$\boldsymbol{A}' = \boldsymbol{A} + \nabla u$ となる新しいベクトルポテンシャルを定義する．ストークスの定理より

$$\mathrm{rot}\,\mathrm{grad}\,u = \nabla\times(\nabla u) = 0 \tag{1.5.38}$$

が成り立つため

$$\boldsymbol{B} = \nabla\times\boldsymbol{A} = \nabla\times(\boldsymbol{A}+\nabla u) = \nabla\times\boldsymbol{A}' \tag{1.5.39}$$

となり，ベクトルポテンシャルは任意のスカラ関数 u を用いて，∇u だけの不定性がある．これを**ゲージ自由度**（または**ゲージ問題**）とよぶ．

e. アンペールの（周回積分の）法則

磁束密度 $\boldsymbol{B}$ の中に図 1.5.15 のように閉曲線 C をと

り，その微小部分 $d\boldsymbol{s}$ を考える．$\boldsymbol{B}$ を C に沿って積分すると，その値は C を通り抜ける**電流の総和**に真空の透磁率を掛けた値となる．つまり

$$\oint_C \boldsymbol{B}\cdot d\boldsymbol{s} = \mu_0 \int_S \boldsymbol{J}\cdot\boldsymbol{n}\,dS = \mu_0 I \tag{1.5.40}$$

となり，これを，**アンペールの（周回積分の）法則**とよぶ．ストークスの定理より

$$\oint_C \boldsymbol{B}\cdot d\boldsymbol{s} = \int_S \nabla\times\boldsymbol{B}\cdot\boldsymbol{n}\,dS = \int_S \mathrm{rot}\,\boldsymbol{B}\cdot d\boldsymbol{S} \tag{1.5.41}$$

となることから

$$\mathrm{rot}\,\boldsymbol{B} = \mu_0 \boldsymbol{J} \tag{1.5.42}$$

が得られる．つまり磁束密度 $\boldsymbol{B}$ の中の閉曲線 C を考えるとき，磁束密度の回転がその C を通る電流密度に比例する（比例定数は真空の透磁率 μ_0）．

アンペールの法則において閉曲線 C に対して電流が流れる閉曲線（閉回路）C' を考えると，C' と C がからみ合っているかどうか（図 1.5.16）によって，式(1.5.40)は以下のように書き分けることができる．

$$\oint_C \boldsymbol{B}\cdot d\boldsymbol{s} = \begin{cases} \mu_0 I & (C\text{ と }C'\text{がからむ場合}) \\ 0 & (C\text{ と }C'\text{ がからまない場合}) \end{cases} \tag{1.5.43}$$

このからみ合っていることを向きまで考慮して**鎖交**とよぶ．向きについては，右ねじの関係になっている場合を正，逆の場合を負として，鎖交数を数える．（図 1.5.15(a)の鎖交数は +1 である．）

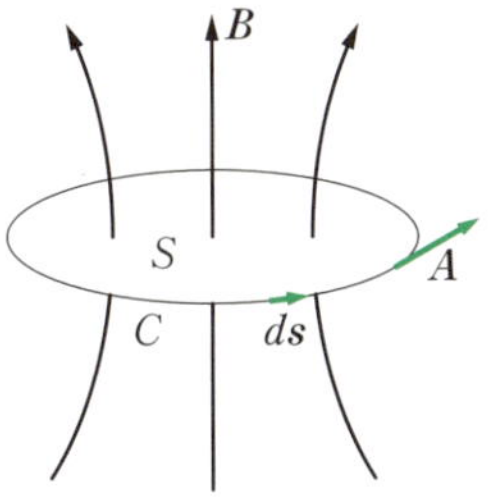

図 1.5.15　磁束密度の積分とベクトルポテンシャルの積分

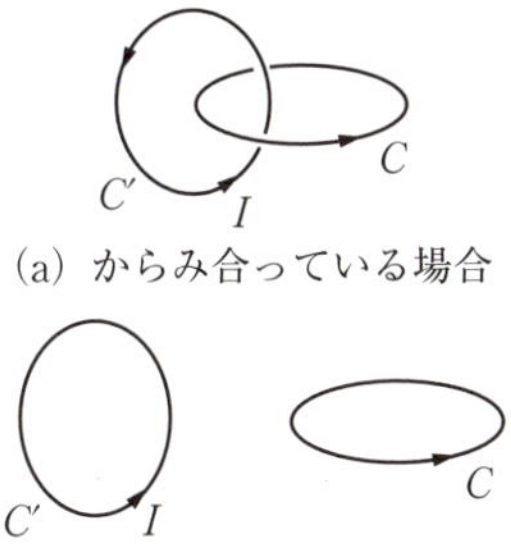

図 1.5.16　電流の流れる閉回路 C' と閉曲線 C

次に，磁束密度 $\boldsymbol{B}$ の中に閉曲線 C をとり，$\boldsymbol{B}$ のベクトルポテンシャル $\boldsymbol{A}$ を C に沿って積分することを考える．この計算は C を周辺とする面 S に対して，ストークスの定理とベクトルポテンシャルの定義から

$$\oint_C \boldsymbol{A}\cdot d\boldsymbol{s} = \int_S \mathrm{rot}\,\boldsymbol{A}\cdot d\boldsymbol{S} = \int_S \boldsymbol{B}\cdot d\boldsymbol{S} \tag{1.5.44}$$

となる．すなわちベクトルポテンシャルの回転は磁束である．

f. 電荷の作るポテンシャルと電流の作るポテンシャル

静電界においては，電荷がそのまわりに電界を作ると考えてもよいが，電荷がそのまわりにポテンシャル（電位 V = スカラポテンシャル）を作ると考えることもできる．そして，V の勾配（∇V）が（負号が付くが）電界 $\boldsymbol{E}$ であった．同様に，静磁界では電流がそのまわりに磁束を作ると考えてもよいが，電流がそのまわりにベクトルポテンシャルを作ると考えることもできる．そして，ベクトルポテンシャル $\boldsymbol{A}$ の回転（$\nabla\times\boldsymbol{A}$）が磁束 $\boldsymbol{B}$ となる．同じ ∇ を使った微分であるが，どのくらい傾いているか（勾配）ではなく，どのくらい渦があるか（回転）で表される．

g. アンペールの（周回積分の）法則による磁束分布の計算例

電流が作る磁界において，アンペールの法則を用いた磁束密度の計算例をいくつか示す．

例題 1-5-2　無限長線状電流による磁束密度

図 1.5.17 に示すように無限に長い線状の導体に電流 I が流れているときの磁束分布を，アンペールの法則を用いて求めよ．

アンペールの法則より

$$\oint_C \boldsymbol{B}\cdot d\boldsymbol{s} = \mu_0 I \tag{1.5.45}$$

積分経路 C において

$$\oint_C \boldsymbol{B}\cdot d\boldsymbol{s} = 2\pi rB \tag{1.5.46}$$

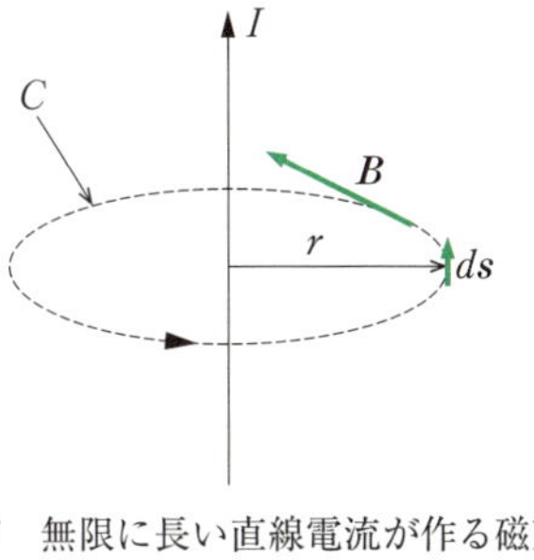

図 1.5.17　無限に長い直線電流が作る磁束密度

したがって

$$B = \frac{\mu_0 I}{2\pi r} \qquad (1.5.47)$$

例題 1-5-3　無限長ソレノイドの作る磁束密度

図 1.5.18 に示すように中空円筒に長さ 1 m あたりの巻数 n で導線をらせん状に巻き付けた無限長ソレノイドに電流 I が流れている．このときのソレノイド内部と外部の磁束密度を求めよ．

円電流が作る磁束は円筒の中心軸上では軸に平行であるが，無限長ソレノイドは無限に長いと考えているため，その内部に生じる磁束は円筒の中心に限らず円筒内では平行と考えられる．今，アンペールの法則を適用する積分経路として，図 1.5.18 の ABCD を考えると，積分に寄与する経路は軸に平行な辺 AB，CD のみであるから，$\overline{\mathrm{AB}} = \overline{\mathrm{CD}} = l$ として

$$\oint_C \boldsymbol{B} \cdot d\boldsymbol{s} = B_{\mathrm{AB}} l - B_{\mathrm{CD}} l \qquad (1.5.48)$$

となる．ここで，ABCD は電流と鎖交していないため

$$B_{\mathrm{AB}} l - B_{\mathrm{CD}} l = 0 \qquad (1.5.49)$$

すなわち

$$B_{\mathrm{AB}} = B_{\mathrm{CD}} \qquad (1.5.50)$$

が成り立つ．すなわち，ソレノイドの内部の磁束密度は一様である．

次に，積分経路として ABEF を考えると，アンペールの法則より

$$B_{\mathrm{AB}} l - B_{\mathrm{EF}} l = \mu_0 n I l \qquad (1.5.51)$$

となる．ところで，この積分経路において，線分 BE や FA の長さを変えても，式(1.5.51)の右辺は変わらないことがわかる．ということは，ソレノイドの外部も磁束密度は一様であって，式(1.5.51)は内部と外部との差を示している，と考えることができる．一方，ソレノイドから十分遠方では，ソレノイドに流れる電流 I が作る磁束は 0 となるはずである．したがって，ソレノイド外部の磁束は一様に 0 と考えられる．

ゆえに，ソレノイド内部の磁束密度は

$$\oint_C \boldsymbol{B} \cdot d\boldsymbol{s} = B_{\mathrm{AB}} l - B_{\mathrm{EF}} l = \mu_0 n I l \qquad (1.5.52)$$

より

$$B = \mu_0 n I \qquad (1.5.53)$$

となる．

例題 1-5-4　円環状ソレノイドによる磁束密度

図 1.5.19 に示すような巻数 N で電流 I が流れる無端の円環状ソレノイドの内部と外部の磁束密度を求めよ．

電流 I により生じる磁束は O を中心とする同心円状になるため，半径 r の円を積分経路とすると

$$\oint_C \boldsymbol{B} \cdot d\boldsymbol{s} = 2\pi r B \qquad (1.5.54)$$

となる．この積分経路である円がソレノイドの内部にあるとき（例えば図中の C），電流との鎖交数は N となることから

$$2\pi r B = \mu_0 N I \qquad (1.5.55)$$

したがって

$$B = \frac{\mu_0 N I}{2\pi r} \qquad (1.5.56)$$

となる．

ソレノイドの外部では，鎖交数は 0 であるから

$$B = 0 \qquad (1.5.57)$$

となる．つまり，円環状ソレノイドにおいても，磁束はソレノイド内部にしか生じない．

1.5.5　磁性体

これまで，電流の作る磁界（磁束）について述べてきたが，ここでは磁石について考える．磁石によって生じる磁界（磁束）は，電子のもつスピン磁気モーメントに由来する．

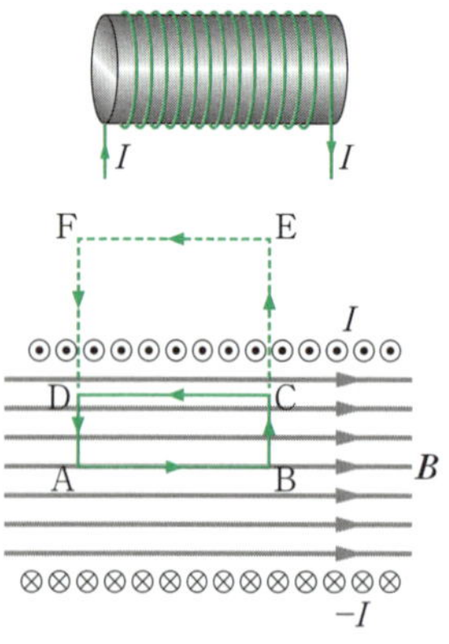

図 1.5.18　無限に長いソレノイドが作る磁束密度

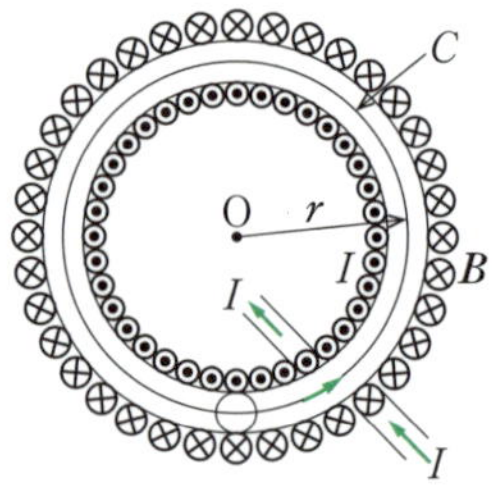

図 1.5.19　円環状ソレノイドが作る磁束密度

a. 磁気モーメント

電子，陽子，中性子など素粒子の中には**磁気双極子モーメント（magnetic dipole moment）**（または，たんに**磁気モーメント**）をもつものがある（電荷の移動ではなく，静止している素粒子がその固有の性質としてももっているものは，スピン磁気モーメントともよばれる）.

磁気モーメントによる磁界を求めるにあたり，初めにループ電流による磁気モーメント $\boldsymbol{m}$ を図 1.5.20 のように定義する．すなわち，xy 面上の面積 dS の微小電流ループ（中心は原点）に図のような向きに電流 I が流れているとして

$$m = I\,dS \tag{1.5.58}$$

なる大きさをもち，その向きは図に示したように電流の向きに対して右ねじの方向とする．この向きの dS の法線方向の単位ベクトルを $\boldsymbol{n}$ とすると

$$\boldsymbol{m} = I\,\boldsymbol{n}\,dS \tag{1.5.59}$$

となる．つまり，ループ電流が作る磁気双極子モーメントは微小面積をもつループ電流に垂直で，大きさは電流と面積の積に等しい．単位は［A m^2］である.

位置 P（$\boldsymbol{r}$ は原点から点 P に向かうベクトル）にこの微小電流ループが作る磁束密度 $\boldsymbol{B}$ のベクトルポテンシャル $\boldsymbol{A}$ は

$$\boldsymbol{A} = \frac{\mu_0}{4\pi}\frac{\boldsymbol{m}\times\boldsymbol{r}}{r^3} \tag{1.5.60}$$

となる．ここで，$|\boldsymbol{r}| = r$ である.

図 1.5.20 において同じく原点に電気双極子をおいたときの点 P における電位 V（すなわち静電ポテンシャル）が電気双極子モーメント $\boldsymbol{P}$（原点から P′ に向かう線上にあるとする）を用いて

$$V = \frac{1}{4\pi\varepsilon_0}\frac{\boldsymbol{P}\cdot\boldsymbol{r}}{r^3} \tag{1.5.61}$$

となることと比較するとわかりやすい.

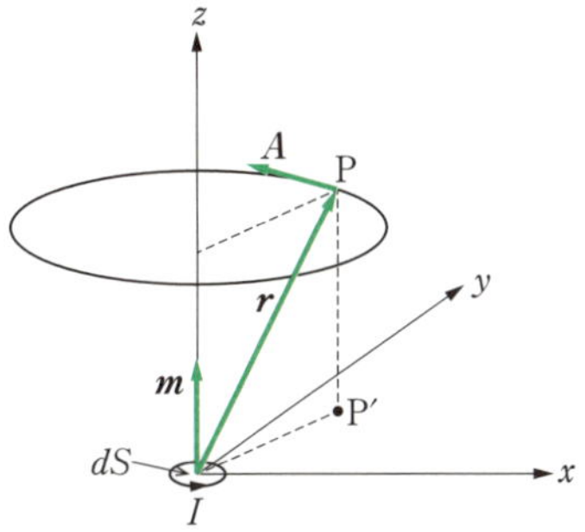

図 1.5.20　磁気モーメントの定義

b. 磁化と磁化電流

磁界の中に置かれた物質は，程度の差はあるが，何らかの反応をする．物質の磁気的性質に着目するとき，その物質を**磁性体（magnetic material）**とよぶ.

磁界の中に置かれた物質に磁束を作る性質が生じることを，物質が**磁化する（magnetize）**とよぶ．図 1.5.21 に示すように，(a) の向きに磁化される物質を**常磁性体**，(b) の向きに磁化される物質を**反磁性体**とよぶ．常磁性体は磁界の中に置かれたときに，物質内部の磁束密度が上昇する物質であり，反磁性体は逆に磁束密度が減少する物質である．常磁性体の中でも特に強く磁化する物質を**強磁性体**とよび，外部の磁束密度が 0 の場合でも磁化した状態にある物質を**磁石**とよぶ.

磁化については，物質が磁界の中に置かれたときにマクロな磁気モーメントをもつようになることで説明できる．常磁性とは最初ランダムであった物質内の磁気モーメントが外部の磁束の影響で磁性体内部の磁束密度を強める方向にそろうことであり，一方の反磁性とは，外部の磁束の向きとは反対方向に磁気モーメントが強まることをいう．電子は軌道運動やスピンとよばれるさまざまな回転運動をしており，この運動する電子が外部の磁界から受けるローレンツ力により反磁性を示す．反磁性は常磁性体を含め，すべての原子や分子がもっている特徴である.

磁化の強さを考えるとき，物質内の 1 点に微小体積 dv をとり，この dv 内にある原子の平均的な磁気モーメントを $d\boldsymbol{m}$ とするとき

$$\boldsymbol{M} = \frac{d\boldsymbol{m}}{dv} \tag{1.5.62}$$

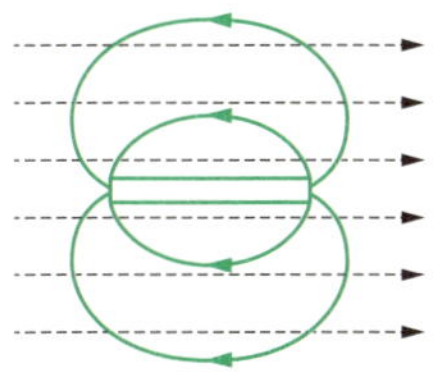

(a) 常磁性体

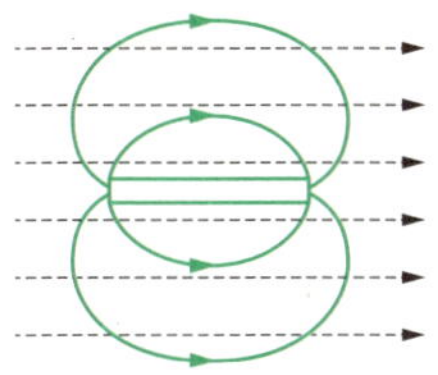

(b) 反磁性体

図 1.5.21　物質の磁化

で表される単位体積あたりの磁気モーメント $\boldsymbol{M}$（すなわち磁気モーメント密度）を**磁化の強さ**，または**磁化（magnetization）**と名付ける．常磁性体や強磁性体は $\boldsymbol{M}$ が物質内の外部磁束と同じ向きをもつものであり，反磁性体は $\boldsymbol{M}$ が反対向きとなる．磁化 $\boldsymbol{M}$ の単位は磁気モーメントの単位より，［A/m］となる．

磁気モーメントの起源は微小な電流ループであるため，磁性体内部のある体積において，これをその内部および表面を流れる分布電流として考えることができる．このような電流を**磁化電流**と名付ける．

今，一様に磁化した磁性体内部に任意の閉経路 C（面積 dS）をとると，これと鎖交する電流 I_m［A］は C 上の微小線分 $\boldsymbol{ds}$ を用いて

$$I_m = \oint_C \boldsymbol{M}\cdot\boldsymbol{ds} \qquad (1.5.63)$$

となる．ストークスの定理より，

$$\oint_C \boldsymbol{M}\cdot\boldsymbol{ds} = \int_S (\mathrm{rot}\,\boldsymbol{M})\cdot\boldsymbol{n}\,dS \qquad (1.5.64)$$

であるから，磁化電流密度ベクトル $\boldsymbol{J}_m$［A/m²］は

$$\boldsymbol{J}_m = \mathrm{rot}\,\boldsymbol{M} \qquad (1.5.65)$$

となる．

次に，一様に磁化した磁性体内部の微小立方体 dv を考える（dv の底面積を dS，高さを dz とする）．ある立方体の表面に流れる磁化電流と隣接する立方体の表面に流れる磁化電流は逆向きとなることから，磁化電流は相殺され，磁性体内部では正味の電流は発生せず，$\boldsymbol{J}_m = 0$ となる．しかし，磁性体表面ではそのような打ち消し合いが起こらないため，表面磁化電流が流れることになる．式(1.5.62)より

$$\boldsymbol{dm} = \boldsymbol{M}\,dv = \boldsymbol{M}\,dS\,dz \qquad (1.5.66)$$

であるから，$\boldsymbol{m} = I\,\boldsymbol{n}\,dS$（式(1.5.59)）より，この表面磁化電流の大きさは $|\boldsymbol{M}|$ となることがわかる．（今，dz と n は同じ向きである．）

この関係をベクトルで表すと，表面磁化電流密度ベクトルを $\boldsymbol{k}_m$［A/m］として

$$\boldsymbol{k}_m = \boldsymbol{M}\times\boldsymbol{n} \qquad (1.5.67)$$

となる．

例題 1-5-5　一様に磁化された円筒形磁性体の磁化電流

図 1.5.22 に示す半径 a，長さ l の円筒形磁性体が円筒軸方向に一様な強さ $\boldsymbol{M}$ で磁化されている．このときの磁化電流を求めよ．

円筒内部，円筒端面，円筒側面に分けて考える．円筒内部は，式(1.5.65)より

$$\mathrm{rot}\,\boldsymbol{M} = 0 \qquad (1.5.68)$$

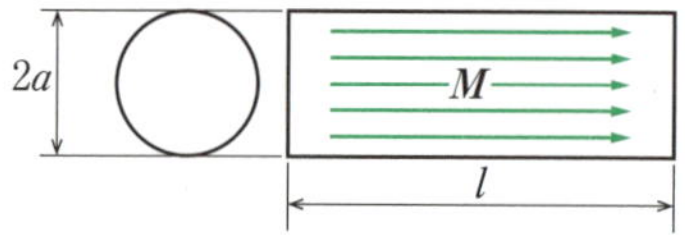

図 1.5.22　一様に磁化された円筒形磁性体

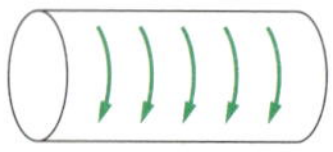
図 1.5.23　一様に磁化された円筒形磁性体側面の表面磁化電流の向き

円形の端面では $\boldsymbol{M}$ と $\boldsymbol{n}$ が同じ向きであるため，式(1.5.67)より

$$\boldsymbol{M}\times\boldsymbol{n} = 0 \qquad (1.5.69)$$

したがって，側面の磁化電流のみを考えればよい．$\boldsymbol{M}$ と $\boldsymbol{n}$ が垂直であるため

$$\boldsymbol{M}\times\boldsymbol{n} = M \qquad (1.5.70)$$

となり，その向きは，図 1.5.23 に示す向きとなる．

c. 磁界の強さと磁性体のある場合の磁束密度

磁性体の内部で磁化電流があるとき，この磁性体を流れる電流密度 $\boldsymbol{J}$ は，自由電子の移動に起因する電流密度 $\boldsymbol{J}_f$ と磁化電流密度 $\boldsymbol{J}_m$ に分けて，次式のように書くことができる．

$$\boldsymbol{J} = \boldsymbol{J}_f + \boldsymbol{J}_m \qquad (1.5.71)$$

これを，アンペールの法則（式(1.5.42)）に代入すると

$$\mathrm{rot}\,\boldsymbol{B} = \mu_0\boldsymbol{J} = \mu_0(\boldsymbol{J}_f + \boldsymbol{J}_m) = \mu_0(\boldsymbol{J}_f + \mathrm{rot}\,\boldsymbol{M}) \qquad (1.5.72)$$

したがって

$$\mathrm{rot}\left(\frac{\boldsymbol{B}}{\mu_0} - \boldsymbol{M}\right) = \boldsymbol{J}_f \qquad (1.5.73)$$

が得られる．

ここで，**磁界の強さ** $\boldsymbol{H}$［A/m］を

$$\boldsymbol{H} = \frac{\boldsymbol{B}}{\mu_0} - \boldsymbol{M} \qquad (1.5.74)$$

と定義すると

ハンス・クリスティアン・エルステッド

デンマークの物理学者，化学者．電気と磁気の相互作用を確認し，電磁気学の基礎を築いた．コペンハーゲン大学の教授を歴任．CGS 単位系における磁界の強さの単位に名を残す．（1777-1851）

$$\mathrm{rot}\,\boldsymbol{H} = \boldsymbol{J}_f \qquad (1.5.75)$$

となる．積分形は，同じく自由電子の移動に起因する電流を $\boldsymbol{I}_f$ として

$$\oint_C \boldsymbol{H}\cdot d\boldsymbol{s} = \boldsymbol{I}_f \qquad (1.5.76)$$

である．$\boldsymbol{H}$ を導入することで磁化電流密度を考慮することなく，自由電子の移動に起因する電流のみを表すことができる．このときの $\boldsymbol{I}_f$ を**真電流**という．

磁性体において $\boldsymbol{M}$ と $\boldsymbol{H}$ の関係を

$$\boldsymbol{M} = \chi_m \boldsymbol{H} \qquad (1.5.77)$$

と表し，このときの χ_m を**磁化率**とよぶ．常磁性体では正の値を，反磁性体では負の値をとる．

式(1.5.74)より

$$\boldsymbol{B} = \mu_0(\boldsymbol{H}+\boldsymbol{M}) = \mu_0(1+\chi_m)\boldsymbol{H} \qquad (1.5.78)$$

であり

$$\mu_0(1+\chi_m) = \mu \qquad (1.5.79)$$

とおくと

$$\boldsymbol{B} = \mu_r\mu_0\boldsymbol{H} = \mu\boldsymbol{H} \qquad (1.5.80)$$

となる．ここで，μ_r を**比透磁率**，μ を**透磁率**とよぶ．

表 1.5.1 には，種々の物質の磁化率を示す．なお，強磁性体では後に述べる磁化曲線の影響で，M と H の関係が単純な比例関係にはない．同表に示した χ_m^a は飽和磁化率，χ_m(max) は磁化曲線の傾きの最大値である．

表 1.5.1 種々の物質の磁化率 [1]

分類	物質	磁化率 χ_m（20℃）
反磁性体	ビスマス	-1.6×10^{-4}
	銀	-2.4×10^{-5}
	銅	-9.7×10^{-6}
	水	-9.0×10^{-6}
常磁性体	酸素	1.9×10^{-6}
	アルミニウム	2.1×10^{-5}
	タングステン	7.8×10^{-5}
	プラチナ	2.8×10^{-4}
強磁性体	軟鉄	2.5×10^{2}*，5.5×10^{3}**
	パーマロイ	8×10^{3}*，1×10^{5}**
	ミューメタル	2×10^{4}*，1×10^{5}**

*χ_m^a，**χ_m（max）

d. *EH* 対応と磁気分極

これまで，電流の作る磁界について学んできたが，真空中において真電流がない場合については，電界 $\boldsymbol{E}$ と磁界 $\boldsymbol{H}$，電束密度 $\boldsymbol{D}$ と磁束密度 $\boldsymbol{B}$ を対応させ，電荷におけるクーロンの法則やこれらに関する考え方を流用し，**磁気クーロンの法則**に基づいて磁界を表すことが可能である．今，**磁気分極** $\boldsymbol{P}_m$ を，

$$\mu_0\boldsymbol{M} = \boldsymbol{P}_m \qquad (1.5.81)$$

と定義する．電荷に相当する**磁荷** q_m と，その体積密度 ρ_m を考えると

$$\rho_m = -\mathrm{div}\,\boldsymbol{P}_m \qquad (1.5.82)$$

$$dH = \frac{1}{4\pi\mu_0}\frac{\rho_m}{r^2}dv \qquad (1.5.83)$$

$$\boldsymbol{H} = \frac{1}{4\pi\mu_0}\frac{q_m}{r^2}\frac{\boldsymbol{r}}{r} \qquad (1.5.84)$$

$$\boldsymbol{F} = q_m\boldsymbol{H} \qquad (1.5.85)$$

などが成り立つ．

e. ヒステリシス

磁性体では，外部から与えられた磁界 H_0 に対して，磁性体内部の磁界 H は弱まることが知られている．これを**減磁力** H_d とよび

$$H_d = H_0 - H \qquad (1.5.86)$$

の関係となる．これは，先に述べた磁気分極モデルで考えるとわかりやすい．磁界中に置かれた磁性体の両端に現れた磁荷が，磁性体内部の磁界を弱めるためである．

また，永久磁石となるような強磁性体などでは，外部から磁界 H を与えた際に，磁化の強さ M が**図 1.5.24** に示すような関係となる．このような曲線を**磁化曲線**（または**ヒステリシス**）という．通常，M と磁束密度 B は磁界 H に対して同じような変化を示すため，M-H 曲線の代わりに B-H 曲線が用いられることも多い．

初めに磁化されていない強磁性体に正の磁界を与えると，OP_1 のように M が増加するが，ある値で飽和する．このときの磁化を**飽和磁化**とよぶ．次に H を減少させると，P_1P_2 のように M が減少する．外部か

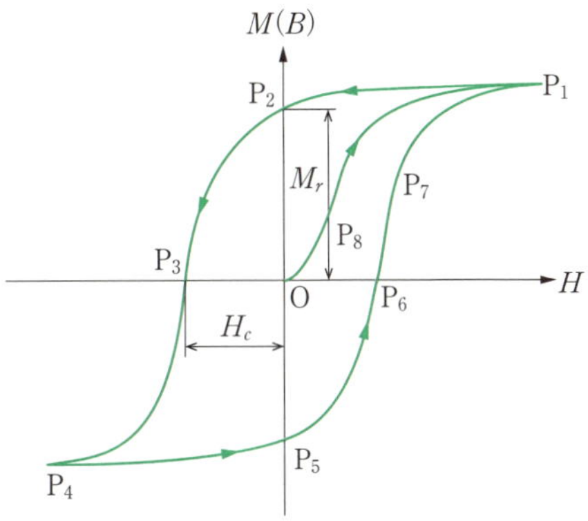

図 1.5.24 強磁性体の磁化曲線（ヒステリシス）

ら与えた H が 0 となったときに残る磁化 M_r を**残留磁化**とよぶ．永久磁石はこの残留磁化を利用している．次に，負の磁界を与えると，P_2P_3 のように M がさらに減少する．M が 0 となったときの磁界 H_c を**保持力**とよぶ．さらに負の方向に H を強くしていくと，M は再びある値で飽和する．そして，磁界を徐々に正の方向に強くしていくと，M は $P_5P_6P_7$ を経由し，再び P_1 となる．

このようなヒステリシスについては，以下のように説明できる．強磁性体は，磁気モーメントの向きがそろった大きさ約 10 µm 程度の**磁区**とよばれる領域からできており，この磁区相互の間の作用によって，磁化の現状を維持している．そのため，最初に磁化されていない場合は，ある点まではその状態を維持するため，磁化されにくい．ここに外部から磁界が与えられると，一部の磁区の領域が広がったり，磁区の磁気モーメントの向きが外部から与えられた磁束の向きに向いたりして強く磁化される．しかし，全部の磁区がすべて与えられた磁束の方向に磁化されると，それ以上は磁化の強さは増加せず，飽和する．このような性質が磁化曲線として現れる．

f. 磁気回路と起磁力

真空中など真電流のない場合には先に述べた EH 対応によって比較的簡単に磁束分布を求めることができるが，強磁性体などが存在している空間においては，透磁率が一定ではなく，必ずしも電界との類似性を利用できない．そこで，ここでは磁束の通路（**磁気回路**または**磁路**）を電流の通路と類似的に取り扱う方法について述べる．

電気回路における電流密度 $\boldsymbol{J}$ を磁気回路における磁束密度 $\boldsymbol{B}$ と考え，電界 $\boldsymbol{E}$ の強さを磁界 $\boldsymbol{H}$ の強さと考えると，起電力に相当する**起磁力** U_H は磁気回路において一つの閉路 C と鎖交する電流 I_i および鎖交数 n_i を用いて

$$U_H = \oint_C \boldsymbol{H}\cdot d\boldsymbol{s} = \sum n_i I_i \qquad (1.5.87)$$

と表される．単位は［A］である．

次に，電気抵抗に対する磁気抵抗 R_H を考えると，起磁力と磁束におけるオームの法則より，磁気回路の長さ l，面積 S を用いて

$$R_H = \frac{l}{\mu S} \qquad (1.5.88)$$

が得られる．単位は［A/Wb］となる．

電気回路では一般に電気抵抗は電流に関係しない値として扱っているが，磁気回路においては，特に強磁性体では磁束と磁界の関係が先にみた B-H 曲線のように複雑である．そのため，一般には，磁気抵抗は磁束や磁界の影響を受ける非線形抵抗として取り扱うべきものである．電気回路においては，導体の導電率と絶縁物の導電率の比は 10^{10} を超えるような非常に大きな値となるため，絶縁物で囲むことにより電流の流れる回路を導体に限定することが可能である．一方，磁気回路においては，導体に相当するのが透磁率の高い強磁性体であり，絶縁物に相当するものは透磁率の低い磁性体である．しかし，これらの比透磁率はせいぜい 10^5 程度であるため，電気回路における絶縁物に相当するとはいえず，磁気回路においては，磁束の通路を限定することは困難である．したがって，磁気回路においては磁束が外に漏れ出してくる．これを**漏れ磁束**とよぶ．

例題 1-5-6

透磁率 μ が一定，すなわち磁気抵抗 R_H が一定の磁気回路を考える．図 1.5.25 に示すように，長さ（平均磁路長）l，断面積 S の鉄心に N 巻のコイルが巻いてあり，電流 I が流れているときの鉄心を通る磁束 ϕ を磁気回路におけるオームの法則を用いて求めよ．

オームの法則を磁気回路に適用し

$$\phi = \frac{U_H}{R_H} = \frac{NI}{l/\mu S} = \frac{\mu SN}{l} I \qquad (1.5.89)$$

となる．

例題 1-5-7

透磁率 μ が一定の鉄心を用いた．図 1.5.26 に示すようなギャップ l_2 のあるソレノイドの作る磁束と各部の磁界の強さを求めよ．

鉄心の部分の磁気抵抗 R_{H1} は

$$R_{H1} = \frac{l_1}{\mu S} \qquad (1.5.90)$$

ギャップの部分でも磁束が同じ面積 S の断面を通るとすると，ギャップの磁気抵抗 R_{H2} は

$$R_{H2} = \frac{l_2}{\mu_0 S} \qquad (1.5.91)$$

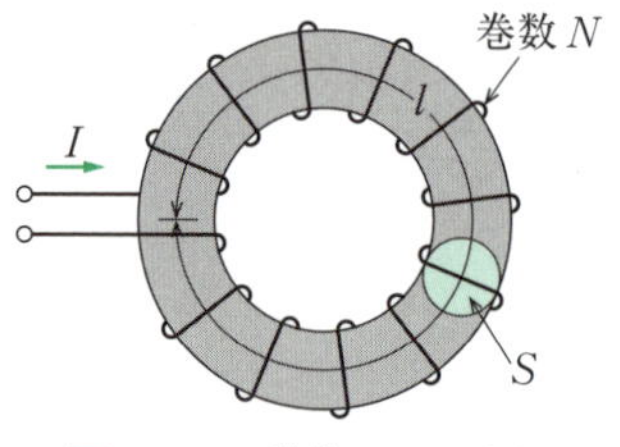

図 1.5.25　環状ソレノイド

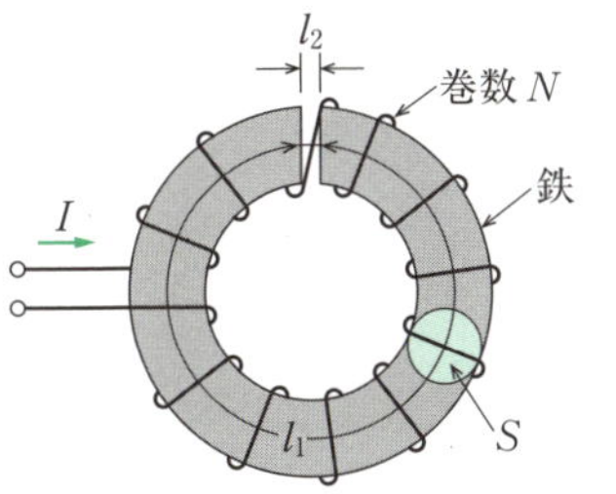

図 1.5.26　ギャップのある鉄心ソレノイド

したがって，合成磁気抵抗 R_H は

$$R_H = \frac{l_1}{\mu S} + \frac{l_2}{\mu_0 S} = \frac{l_1}{\mu S}\left(1 + \frac{l_2}{l_1}\frac{\mu}{\mu_0}\right) \qquad (1.5.92)$$

したがって，ソレノイドの巻数 N，電流 I，比透磁率 μ_r を用いて

$$\phi = \frac{U_H}{R_H} = \frac{NI}{\dfrac{l_1}{\mu S}\left(1 + \dfrac{l_2}{l_1}\mu_r\right)} \qquad (1.5.93)$$

となる．

一例として，$l_1 : l_2 = 1000 : 1$ のようなわずかなギャップを考えてみる．鉄の比透磁率を 10^3 程度とすると，合成磁気抵抗 R_H はすべてが鉄心だった場合と比べて約 2 倍となることがわかる．

1.5 節のまとめ

- **電流連続の式**　$\mathrm{div}\,\boldsymbol{J} + \dfrac{\partial \rho}{\partial t} = 0$　(1.5.8)
- **真空の透磁率**　$\mu_0 = 4\pi \times 10^{-7}$ [N/A^2]　(1.5.11)
- **ローレンツ力**　$\boldsymbol{F} = q(\boldsymbol{E} + \boldsymbol{v} \times \boldsymbol{B})$　(1.5.13)
- **ビオ・サバールの法則**　$dB = \dfrac{\mu_0}{4\pi}\dfrac{I}{r^2} ds \sin\theta$　(1.5.17)
- **ビオ・サバールの法則のベクトル表現**　$d\boldsymbol{B} = \dfrac{\mu_0 I}{4\pi}\dfrac{d\boldsymbol{s} \times \boldsymbol{r}}{r^3}$　(1.5.18)
- **磁束密度の発散**　$\mathrm{div}\,\boldsymbol{B} = 0$　(1.5.27)
- **ストークスの定理**　$\oint_C \boldsymbol{A} \cdot d\boldsymbol{s} = \int_S \nabla \times \boldsymbol{A} \cdot \boldsymbol{n}\, dS = \int_S (\mathrm{rot}\,\boldsymbol{A}) \cdot \boldsymbol{n}\, dS = \int_S \mathrm{rot}\,\boldsymbol{A} \cdot d\boldsymbol{S}$　(1.5.35)
- **ベクトルポテンシャルの定義**　$\boldsymbol{B} = \mathrm{rot}\,\boldsymbol{A}$　(1.5.36)
- **アンペールの法則**　$\oint_C \boldsymbol{B} \cdot d\boldsymbol{s} = \begin{cases} \mu_0 I & (C \text{ と } C' \text{ がからむ場合}) \\ 0 & (C \text{ と } C' \text{ がからまない場合}) \end{cases}$　(1.5.43)
- **磁気モーメント**　$m = I\,dS$　**(向きは電流の向きに対して右ねじの方向)**　(1.5.58)
- **磁化の強さ**　$\boldsymbol{M} = \dfrac{d\boldsymbol{m}}{dv}$　(1.5.62)
- **磁界の強さ**　$\boldsymbol{H} = \dfrac{\boldsymbol{B}}{\mu_0} - \boldsymbol{M}$　(1.5.74)

1.6　電磁誘導と電磁波

1.6.1　電磁誘導

図 1.6.1(a)に示すように，検流計を接続したコイルに磁石を急速に近付けたり遠ざけたりすると，検流計の指針が振れ起電力が発生することが観察できる．また，図 1.6.1(b)のように電流源とスイッチが接続された別のコイル A を用意し，スイッチを入れたり切ったりする瞬間にコイルに発生する磁束が変化し，他方のコイルに貫く磁束も変化して検流計が振れ，コイル内に起電力の発生を確認できる．これは時間的に変動する磁場（磁束）によってコイル内に起電力が生じていることになる．このような現象を**電磁誘導（electromagnetic induction）**，発生した起電力を**誘導起電力（induced electromotive force）**，流れる電流を**誘導電流（induced current）**という．

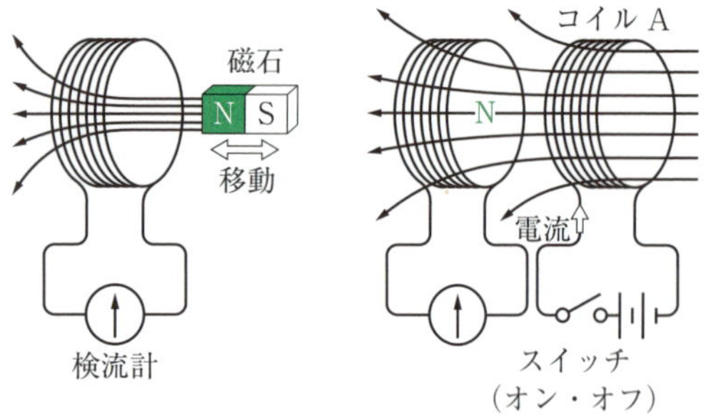

(a) 磁石による磁束の変化　(b) 電流コイルによる磁束の変化

図 1.6.1　電磁誘導

a. レンツの法則

電磁誘導によってコイルに生じる誘導起電力の向きは，コイル内の元の磁束変化を妨げる誘導電流を流す方向に生じる．これを**レンツの法則（Lentz's law）**という．

図 1.6.2(a)に示すように，磁石をコイルに近付けると，コイル内の磁束は増加（図中の灰色矢印）し，磁束を減ずる向き（図中の緑色矢印）にコイルに誘導電流が流れる方向に起電力が生じる．一方，図 1.6.2(b)のように磁石をコイルから遠ざけると，コイル内の磁束は減少し，コイル内の磁束を増加させる向きに誘導電流が流れる方向に起電力が生じる．

b. ファラデーの法則

電磁誘導によって誘導される起電力の大きさは，そのコイル（または閉曲線 C）に鎖交する全磁束 Φ [Wb] の時間的変化率に比例し，次のようになる．

$$e = -\frac{d\Phi}{dt} \tag{1.6.1}$$

これを**電磁誘導に関するファラデーの法則（Faraday's law of electromagnetic induction）**という．また，巻数 N 回のコイルに磁束 Φ が鎖交する場合，N と Φ の積 $N\Phi$ を**鎖交磁束数（number of flux interlinkage）**といい，誘導起電力の大きさ e [V] は

$$e = -N\frac{d\Phi}{dt} \tag{1.6.2}$$

となる．この式より，大きな誘導起電力を発生させるには，コイルの巻数を多くするか，または鎖交する磁束を急速に変化させることが必須である．

次に，磁界（磁束）と電界に関するファラデーの法則を導く．図 1.6.3 に示すように，任意の閉曲線 C を縁とする．閉曲線 C によって囲まれる閉曲面 S を貫く磁束 Φ と磁束密度 B の関係は

$$\Phi = \int_S \boldsymbol{B}\cdot\boldsymbol{n}_0\, dS = \int_S B_n\, dS \tag{1.6.3}$$

となり，面に垂直な磁束密度成分を面積分すると閉曲面を通る磁束となる．磁力線の向きは閉曲面 S を電界の向きに回転させたとき，ねじが進む向きと等しい．このときの誘導起電力 e と電界 $\boldsymbol{E}$ の関係は

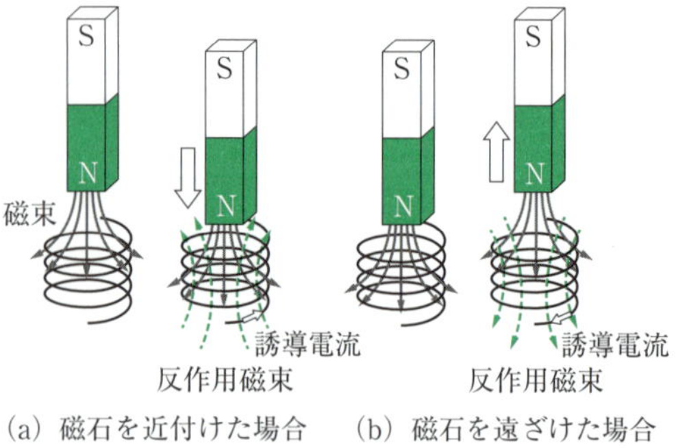

(a) 磁石を近付けた場合　(b) 磁石を遠ざけた場合

図 1.6.2　レンツの法則

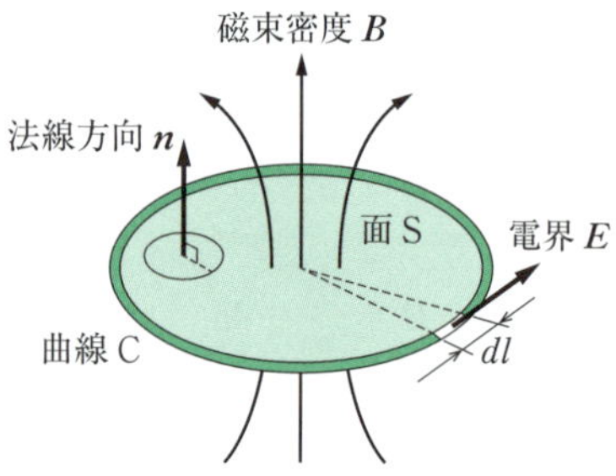

図 1.6.3　磁束密度の変化による電界

ハインリヒ・レンツ

エストニアの物理学者．電磁誘導に関するレンツの法則を発見．サンクトペテルブルク大学で数学と物理学の学部長を歴任．(1804-1864)

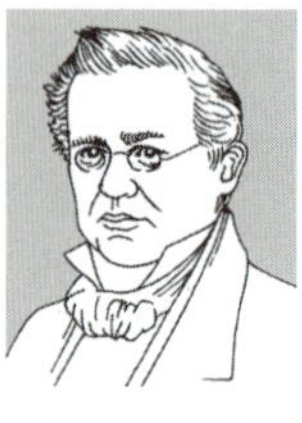

ヴィルヘルム・エドゥアルト・ヴェーバー

ドイツの物理学者．ガウスとともに地磁気や電磁気の単位系の研究を行い，電磁気の単位系の統一に努力した．荷電粒子の運動に関するヴェーバーの法則を発見．磁束の単位ウェーバー [Wb] に名を残す．(1804-1891)

$$e = \oint_C \boldsymbol{E}\cdot d\boldsymbol{l} = \oint_C E_l\, dl \qquad (1.6.4)$$

となり，l 方向（C の接線成分）の電界を曲線 C に沿って線積分すると誘導起電力の大きさになる．このような性質の電界を**誘導電界（induced electric field）**という．式(1.6.1)，式(1.6.3)および式(1.6.4)より

$$\oint_C \boldsymbol{E}\cdot d\boldsymbol{l} = -\frac{d}{dt}\int_S \boldsymbol{B}\cdot \boldsymbol{n}_0\, dS \qquad \text{（ベクトル表示）}$$

$$\oint_C E_l\, dl = -\frac{d}{dt}\int_S B_n\, dS \qquad \text{（成分表示）} \qquad (1.6.5)$$

が見出され，**ファラデーの法則の積分形**となる．ここでベクトル解析のストークスの定理より

$$\int_S (\nabla\times\boldsymbol{E})\cdot\boldsymbol{n}_0\, dS = -\frac{d}{dt}\int_S \boldsymbol{B}\cdot\boldsymbol{n}_0\, dS$$

$$\therefore \quad \nabla\times\boldsymbol{E} = \mathrm{rot}\,\boldsymbol{E} = -\frac{\partial \boldsymbol{B}}{\partial t} \qquad (1.6.6)$$

が成立し，**ファラデーの法則の微分形**となる．また，ベクトルポテンシャルを用いて $\boldsymbol{B} = \mathrm{rot}\,\boldsymbol{A}$ の関係を代入すると次のようになる．

$$\boldsymbol{E} = -\frac{\partial \boldsymbol{A}}{\partial t} \qquad (1.6.7)$$

したがって，磁束密度 $\boldsymbol{B}$ が時間的に変化すると，その変化を妨げる向きにうず状の電界 $\boldsymbol{E}$ が生じる．

例題 1-6-1

巻数 50 のコイルを貫通している磁束が 0.2 秒間に 2 Wb の割合で変化するとき，コイルに発生する誘導起電力の大きさを求めよ．

巻数 N のコイルに時間 dt［s］間で磁束が $d\Phi$［Wb］変化したとき，コイルに誘導される起電力の大きさはファラデーの法則より次のように表される．

$$e = N\frac{d\Phi}{dt}$$

題意より，$N = 50$，$dt = 0.2$ s，$d\Phi = 2$ Wb であるから，起電力の大きさは次のように求まる．

$$e = N\frac{d\Phi}{dt} = 50\times\frac{2}{0.2} = 500 \text{ V}$$

c. 導体の運動による誘導起電力

(i) 磁界中での直線導体の運動による誘導起電力

電界 $\boldsymbol{E}$ および磁束密度 $\boldsymbol{B}$ の領域を通過する電荷 q［C］の荷電粒子には

$$\boldsymbol{F} = q(\boldsymbol{E}+\boldsymbol{v}\times\boldsymbol{B}) \qquad (1.6.8)$$

のローレンツ力を受ける．

図 1.6.4 に示すように，z 方向に磁束密度 B_z［T］が存在し，x 軸上に置かれた直線導体 C が磁界中を x 方向に速度 v［m/s］で移動している．このとき，導体中の電荷 q［C］の荷電粒子（自由電子）は

$$\boldsymbol{F} = q\boldsymbol{v}\times\boldsymbol{B} \quad \rightarrow \quad F = qvB_zC_y \qquad (1.6.9)$$

の力を受け，y 方向に

$$\boldsymbol{E} = \boldsymbol{v}\times\boldsymbol{B} \quad \rightarrow \quad E_y = vB_z \qquad (1.6.10)$$

の電界が生じ，ホール効果が観測される．

この直線導体 C を図 1.6.5 に示すように，磁束密度 $\boldsymbol{B}$ の鉛直上向きの一様な磁場の中に，l［m］離れた 2 本の平行導体上に置き $\boldsymbol{B}$ に垂直な方向（x 方向）に速度 v［m/s］で運動させる．2 本の平行導体の終端には抵抗 R［Ω］が接続されている．直線導体 C 中の電荷 q は $F_L = qvB$ のローレンツ力と，抵抗 R に流れる電流によって生じた電位差による $F_E = qE$ の静電気力を受け，この二つの力がつり合って等速運動をする．したがって，この二つの力のつり合いより

$$F_L = F_E \quad \rightarrow \quad qvB = qE$$

$$\therefore \quad E = vB \quad \rightarrow \quad \boldsymbol{E} = \boldsymbol{v}\times\boldsymbol{B} \qquad (1.6.11)$$

となり，磁束密度 $\boldsymbol{B}$ の磁場の中で導体を $\boldsymbol{v}$ で移動すると導体内部に $\boldsymbol{E} = \boldsymbol{v}\times\boldsymbol{B}$ の電界が生じ，発生する起電力は直線導体 C に沿って線積分すると

$$\boldsymbol{e} = \oint_C (\boldsymbol{v}\times\boldsymbol{B})\cdot d\boldsymbol{l} \qquad (1.6.12)$$

となる．長さ l の直線導体の場合の起電力の大きさは

$$e = vBl \qquad (1.6.13)$$

となり，このような起電力を**速度起電力（motional electromotive force）**という．また，直線導体の移動方向と一様な磁界方向とのなす角を θ とすると，発生する起電力は次のようになる．

$$e = vBl\sin\theta \qquad (1.6.14)$$

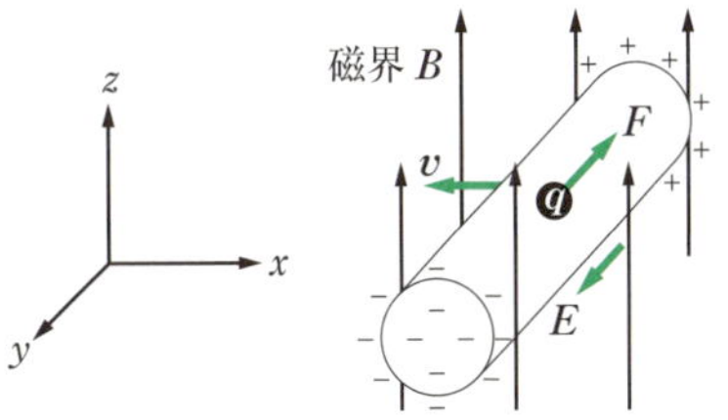

図 1.6.4　磁界中に置かれた直線導体の移動

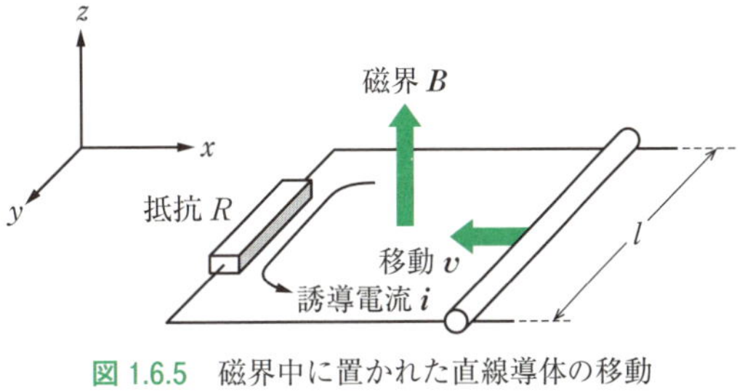

図 1.6.5　磁界中に置かれた直線導体の移動

したがって，起電力 e の大きさは磁束密度 B の方向に対して，直線導体が垂直に移動するとき（$\boldsymbol{v} \perp \boldsymbol{B}$, $\theta = 90°$）最大となり，式(1.6.12)と同様である．

また，この直線導体に流れる誘導電流 I は

$$I = \frac{e}{R} = \frac{vBl}{R} \tag{1.6.15}$$

となり，閉回路内に外部磁界より磁束の増加を妨げる方向に流れる．さらに，この導体に働く力は

$$\boldsymbol{F} = (\boldsymbol{I} \times \boldsymbol{B})l \tag{1.6.16}$$

となり，この力の大きさは

$$F = IBl = \frac{B^2 l^2 v}{R} \tag{1.6.17}$$

となり，直線導体の運動を妨げる方向に働く．

(ii) フレミングの右手の法則

図 1.6.6 に示すように，直線導体が速度 $\boldsymbol{v}$ で平等磁界中 $\boldsymbol{B}$ を移動すると，その導体には式(1.6.14)で示される起電力 e が生じ誘導電流が流れる．このとき，$\theta = 90°$ とすると $\boldsymbol{B}$, $\boldsymbol{v}$ および $\boldsymbol{e}$ は互いに直角の関係となる．

このとき，右手の親指，人差し指，中指を立てて互いに直角の関係にしたとき，親指を「導体の移動 v」の方向，人差し指を「磁界 B」の方向に一致させると，中指の方向は「起電力 e（誘導電流）」の方向に一致する．これを**フレミングの右手の法則（Fleming's right hand rule）**といい，磁界内を運動する導体内に発生する起電力（誘導電流）の向きを示すものである．

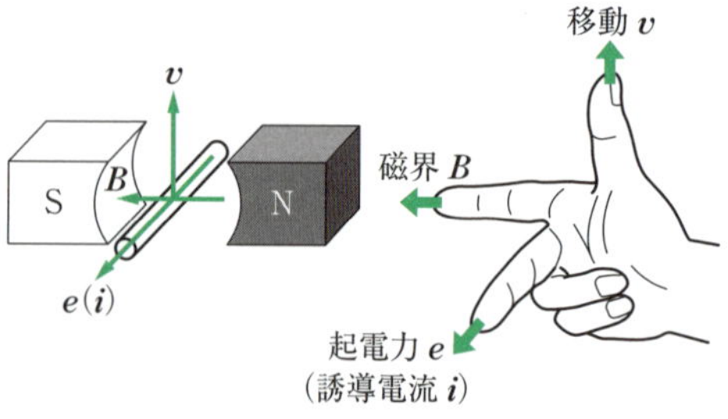

図 1.6.6　フレミングの右手の法則

ジョン・アンブローズ・フレミング

英国の物理学者，電気工学者．電磁誘導の方向およびローレンツ力の方向をわかりやすく示すフレミングの右手および左手の法則を考案した．熱電子放出の研究を行い，二極真空管を発明した．(1849-1945)

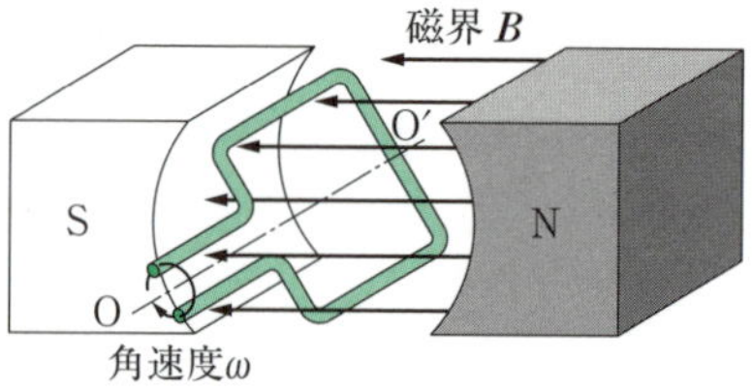

図 1.6.7　磁束密度 B の大きさの磁界中に置かれた回転コイル

(iii) 回転コイルに生じる誘導起電力

図 1.6.7 に示すように，一様な磁束密度 B の大きさの磁界中に断面積 S の 1 回巻きの長方形コイルが置かれている．このコイルは B と垂直な回転軸 O-O′ のまわりに角速度 ω [rad/s] で回転させる．t 秒後，このコイルが回転角 θ $(= \omega t)$ だけ回転したとき，コイル面を鎖交する磁束 Φ は次のようになる．

$$\Phi = \int_S \boldsymbol{B} \cdot \boldsymbol{n}\, dS = BS \cos \omega t \tag{1.6.18}$$

このとき，コイルに発生する誘導起電力 e はファラデーの電磁誘導の法則より

$$e = -\frac{d\Phi}{dt} = -BS\frac{d}{dt}\cos \omega t = BS\omega \sin \omega t \tag{1.6.19}$$

となり，N 回巻きのコイルの場合

$$e = NBS\omega \sin \omega t \tag{1.6.20}$$

となり，交流の起電力となる．また，この巻数 N 回の長方形コイルが抵抗 R と接続されているとき，回路に流れる電流 i および抵抗 R に消費される電力 p は次のようになる．

$$i = \frac{e}{R} = \frac{NBS\omega}{R} \sin \omega t \tag{1.6.21}$$

$$p = ie = \frac{N^2 S^2 \omega^2}{R} \sin^2 \omega t \tag{1.6.22}$$

ニコラ・テスラ

米国の電気技術者．交流電磁誘導の原理を発見．1884 年渡米，無線トランスミッターおよびテスラコイルなどの多数を発明．IEEE のエジソン勲章を受章．磁束密度の単位に名を残している．(1856-1943)

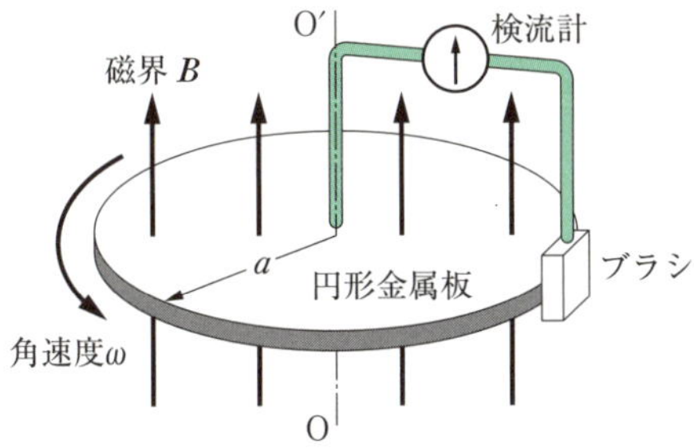

図 1.6.8　磁界中で回転する円形金属板

例題 1-6-2

図 1.6.8 に示すように，磁束密度 B［T］の平等磁界中に，磁界と同方向に軸とする半径 a［m］の円形金属板が軸 O-O′ を中心に一定の角速度 ω［rad/s］で回転している．この円形金属板に発生する誘導起電力の大きさを求めよ．

発生する起電力 e の大きさは，式(1.6.12)を適用して求められる．ここで，円形金属板中の半径 r（$r < a$）の位置に着目する．この点で微小長さ dr の部分は，$v = r\omega$［rad/s］の速度で移動している．したがって，式(1.6.12)は

$$e = \oint_C (\boldsymbol{v} \times \boldsymbol{B}) \cdot d\boldsymbol{l} = \int r\omega B dr$$

となり，円板の周辺部と中心軸との間に発生する起電力は，上の式を r について 0 から a まで積分すると求められる．

$$\therefore \quad e = \int_0^a r\omega B dr = \left[\frac{1}{2} r^2 \omega B\right]_0^a = \frac{1}{2} a^2 \omega B$$

この現象を**単極誘導（unipolar induction）**という．

1.6.2　インダクタンス

a. 自己誘導と自己インダクタンス

図 1.6.9 に示すように，コイルに電流が流れると，この電流に比例した磁束 Φ は自身のコイルと鎖交する．したがって，この電流が変化するとコイルに鎖交する磁束も変化し，電磁誘導によってコイル内には磁束の変化を妨げる向きに誘導起電力 e を生じる．このように，自身のコイルに流れる電流によって誘導起電力が生じる作用を**自己誘導（self-induction）**，発生した起電力を**自己誘導起電力（self-induced electromotive force）**という．

コイルを鎖交する磁束 Φ は，そのコイルに流れる電流 I の大きさに比例することから

$$\Phi \propto I \Rightarrow \Phi = LI \qquad (L：比例定数) \qquad (1.6.23)$$

となる．したがって，コイルの巻数を N とすると自己誘導起電力 e の大きさはファラデーの法則より

$$e = -N\frac{d\Phi}{dt} = -L\frac{dI}{dt} \qquad (1.6.24)$$

となる．ここで，比例定数 L を**自己インダクタンス（self-inductance）**という．

b. 相互誘導と相互インダクタンス

図 1.6.10 に示すように，二つのコイルが接近して置かれている．コイル 1 に電流 I_1 を流すと磁束 Φ_1 が生じ，コイル 2 と鎖交する磁束を Φ_{12} とする．コイル 1 に流れる電流が Δt 秒間に ΔI_1 だけ変化すると，コイル 2 に鎖交する磁束も $\Delta\Phi_{12}$ だけ増加し，コイル 2 にはこの磁束の変化を妨げるように起電力 e_2 が生じる．

このように，一方のコイルに流れる電流が変化すると，他方のコイルを貫く磁束も変化し，他方のコイルに一方の電流変化率に比例した誘導起電力が生じる作用を**相互誘導（mutual induction）**といい，発生した起電力を**相互誘導起電力（mutual induced electromotive force）**という．

コイル 2 に鎖交する磁束 Φ_{12} は，コイル 1 に流れる電流 I_1 に比例するので

$$\Phi_{12} \propto I_1 \Rightarrow \Phi_{12} = MI_1 \qquad (M：比例定数) \qquad (1.6.25)$$

となる．コイル 2 の巻数を N_2 とすると，相互誘導起電力 e_2 の大きさは

$$e_2 = -N_2\frac{d\Phi_{12}}{dt} = -M\frac{dI_1}{dt} \qquad (1.6.26)$$

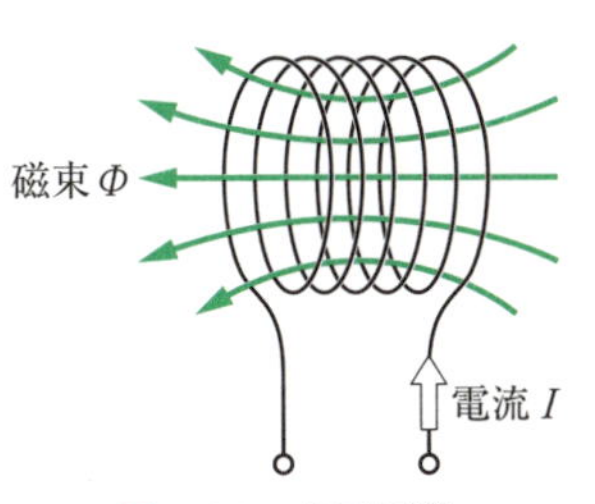

図 1.6.9　自己誘導

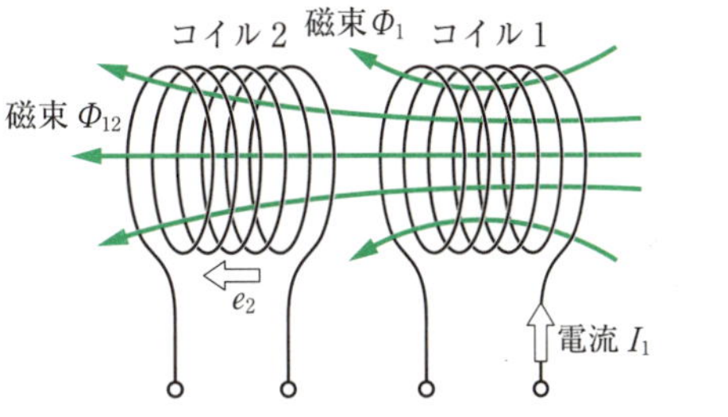

図 1.6.10　相互誘導

となる．ここで，比例定数 M を**相互インダクタンス (mutual inductance)** という．

c. 自己インダクタンスと相互インダクタンスの関係

図 1.6.11 に示すように，巻数 N_1 の一次コイルと巻数 N_2 の二次コイルが接近して固定され，それぞれの自己インダクタンスを L_1 および L_2，コイル間の相互インダクタンスを M とする．一次コイルおよび二次コイルに電流 I_1 および I_2 を流したとき，それぞれのコイルの作る磁束を Φ_1 および Φ_2 とすると，自身のコイルに鎖交する磁束 φ_1 および φ_2 は次のようになる．

$$\varphi_1 = N_1\Phi_1 = L_1I_1,\ \ \varphi_2 = N_2\Phi_2 = L_2I_2 \quad (1.6.27)$$

また，二つのコイルが接近し互いにすべての磁束が鎖交したとき，一次コイルおよび二次コイルに鎖交する磁束 φ_{12} および φ_{21} は次のようになる．

$$\varphi_{12} = N_1\Phi_2 = MI_2,\ \ \varphi_{21} = N_2\Phi_1 = MI_1 \quad (1.6.28)$$

よって，式(1.6.27)および式(1.6.28)より L_1，L_2 および M は

$$L_1 = \frac{N_1\Phi_1}{I_1},\qquad L_2 = \frac{N_2\Phi_2}{I_2},$$

$$M = \frac{N_2\Phi_1}{I_1} = \frac{N_1\Phi_2}{I_2} \quad (1.6.29)$$

となり，二つの自己インダクタンスと相互インダクタンスとの間には次のような関係を得る．

$$L_1L_2 = \frac{N_1\Phi_1}{I_1}\cdot\frac{N_2\Phi_2}{I_2} = \frac{N_2\Phi_1}{I_1}\cdot\frac{N_1\Phi_2}{I_2} = M^2$$

$$\therefore\quad M = \pm\sqrt{L_1L_2} \quad (1.6.30)$$

しかしながら，二つのコイルが離れていると，一方のコイルで生じる磁束は他のコイルにすべて鎖交せず，同図の破線に示すような**漏れ磁束 (leakage flux)** がある．この漏れ磁束により，M は $\sqrt{L_1L_2}$ より小さくなり，この係数を k とおくと，式(1.6.30)は一般的に

$$M = \pm k\sqrt{L_1L_2} \quad (1.6.31)$$

と表される．ここで，k は**結合係数 (coupling coefficient)** とよばれ，$0 \leq k \leq 1$ の値となる．一方のコイルの作る磁束が他のコイルにすべて鎖交し，漏れ磁束がない場合は，$k = 1$ である．また，漏れ磁束が大きいほど k の値は小さくなり，磁束がまったく鎖交していない場合は，$k = 0$ である．$k \to 1$ を**密結合**，$k \to 0$ を**疎結合**という．式(1.6.31)の符号は，二つのコイルに流れる電流によって生じる磁束の向きが同方向の場合は正（＋），逆方向の場合は負（－）である．

d. ノイマンの公式とインダクタンス

任意の二つの閉回路間の相互インダクタンスを考える．図 1.6.12 に示すように，一様な透磁率の自由空間に二つの電流ループ C_1 および C_2 が置かれている．C_1 および C_2 は，極小の断面積を有する線状導体である．C_2 に電流 I_2 を流したとき，C_2 内に磁束密度 $\boldsymbol{B}$ が生じ，C_1（電流 I_1 の回路）と鎖交する磁束 Φ_{12} は

$$\Phi_{12} = \int_{S_1} \boldsymbol{B}\cdot\boldsymbol{n}dS_1 \quad (1.6.32)$$

となる．S_1 は C_1 を縁とする閉曲面である．I_2 によって生じる磁束密度 $\boldsymbol{B}$ のベクトルポテンシャルを $\boldsymbol{A}_2$，空間の透磁率を μ すると

$$\boldsymbol{B} = \mathrm{rot}\,\boldsymbol{A}_2 = \nabla\times\boldsymbol{A}_2 = \frac{\mu}{4\pi}\oint_{C_2}\frac{I_2}{r}d\boldsymbol{s}_2 \quad (1.6.33)$$

となり，式(1.6.26)に代入しストークスの定理を適用すると次のようになる．

$$\Phi_{12} = \int_{S_1}(\mathrm{rot}\,\boldsymbol{A}_2)\cdot\boldsymbol{n}dS = \oint_{C_1}\boldsymbol{A}_2\cdot d\boldsymbol{s}_1$$

$$= \frac{\mu}{4\pi}\oint_{C_1}\oint_{C_2}\frac{I_2}{r}d\boldsymbol{s}_1\cdot d\boldsymbol{s}_2 \quad (1.6.34)$$

ここで，r は ds_1 と ds_2 との距離である．よって，相互インダクタンス M_{12} は

$$M_{12} = \frac{\Phi_{12}}{I_2} = \frac{\mu}{4\pi}\oint_{C_1}\oint_{C_2}\frac{d\boldsymbol{s}_1\cdot d\boldsymbol{s}_2}{r}$$

$$= \frac{\mu}{4\pi}\oint_{C_1}\oint_{C_2}\frac{\cos\theta\, ds_1ds_2}{r} \quad (1.6.35)$$

となり，θ は ds_1 と ds_2 とのなす角である．式(1.6.35)を**ノイマンの公式 (Neumann's formula)** という．

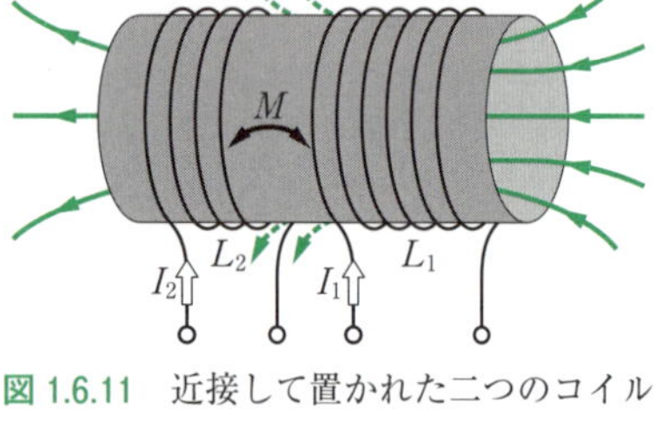

図 1.6.11　近接して置かれた二つのコイル

フランツ・エルンスト・ノイマン

ドイツの物理学者．ファラデーによって発見された電磁誘導の現象を数学的に定量化し，ノイマンの法則（ファラデーの誘導則）を導いた．ケーニヒスベルク大学に数理物理学講座を開設し，キルヒホッフをはじめ多くの後進を育てた．(1798-1895)

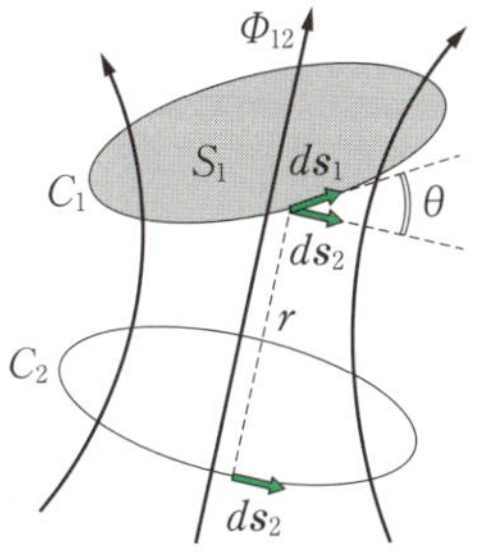

図 1.6.12 ノイマンの公式によるインダクタンス

e. 合成インダクタンス

(i) 結合のないコイルの接続(直列接続・並列接続)

互いに結合のない二つのコイルを直列および並列に接続するとき,それぞれの合成インダクタンスを求める.

図 1.6.13(a)に示すように,自己インダクタンス L_1 および L_2 のコイルを直列に接続し電流 I を流す.このとき,それぞれのコイルに発生する誘導起電力 e_1 および e_2 の和は,コイルの直列接続に供給する電源電圧 e に等しい.両端の合成インダクタンスを L とすると

$$e = e_1 + e_2 \quad \Rightarrow \quad L\frac{dI}{dt} = L_1\frac{dI}{dt} + L_2\frac{dI}{dt} \qquad (1.6.36)$$

が成り立つ.したがって,合成インダクタンス L は次のようになる.

$$L = L_1 + L_2 \qquad (1.6.37)$$

$$\left(\text{一般式}\,;L = \sum_{i=1}^{N} L_i\right)$$

また,図 1.6.13(b)に示すように並列に接続する.この接続回路に電流 I を流すと,L_1 および L_2 に流れる電流は I_1 および I_2 となり,それぞれのコイルに発生する誘導起電力 e_1 および e_2 はコイルの並列接続回路に供給する電源電圧 e に等しい.両端の合成インダクタンスを L とすると

$$e = e_1 = e_2 \quad \Rightarrow \quad L\frac{dI}{dt} = L_1\frac{dI_1}{dt} = L_2\frac{dI_2}{dt} \qquad (1.6.38)$$

が成り立つ.この回路に流れる全電流 I は $I = I_1 + I_2$ であり,式(1.6.38)より

$$I = \frac{1}{L}\int e\,dt,\ \ I_1 = \frac{1}{L_1}\int e_1\,dt,\ \ I_2 = \frac{1}{L_2}\int e_2\,dt$$

$$\frac{1}{L}\int e\,dt = \frac{1}{L_1}\int e_1\,dt + \frac{1}{L_2}\int e_2\,dt$$

$$= \left(\frac{1}{L_1} + \frac{1}{L_2}\right)\int e\,dt \qquad (1.6.39)$$

となる.したがって,合成インダクタンス L は次のようになる.

$$\frac{1}{L} = \frac{1}{L_1} + \frac{1}{L_2} \qquad (1.6.40)$$

$$\left(\text{一般式}\,;\frac{1}{L} = \sum_{i=1}^{N}\frac{1}{L_i}\right)$$

(ii) 結合のあるコイルの接続(和動接続・差動接続)

二つのコイルを直列に接続したとき,それぞれのコイルの巻数を N_1,N_2,自己インダクタンスを L_1,L_2,両コイル間の相互インダクタンスを M とする.

図 1.6.14(a)に示すように,端子 b と c が接続されたコイルに電流 I を流し,コイル 1 およびコイル 2 の作る磁束 Φ_1 および Φ_2 が同方向になる接続方法を**和動接続(cumulative connection)**という.このとき,コイル間の漏れ磁束がないとすると,それぞれのコイルに鎖交する磁束は $\Phi_1 + \Phi_2$ となり,端子 a-d 間に生じる逆誘導起電力 $e_{\text{a-d}}$ は

$$e_{\text{a-d}} = N_1\frac{d}{dt}(\Phi_1 + \Phi_2) + N_2\frac{d}{dt}(\Phi_1 + \Phi_2)$$

$$= L_1\frac{dI}{dt} + L_2\frac{dI}{dt} + 2M\frac{dI}{dt}$$

$$= (L_1 + L_2 + 2M)\frac{dI}{dt} \qquad (1.6.41)$$

となる.このときの合成インダクタンスを L とする

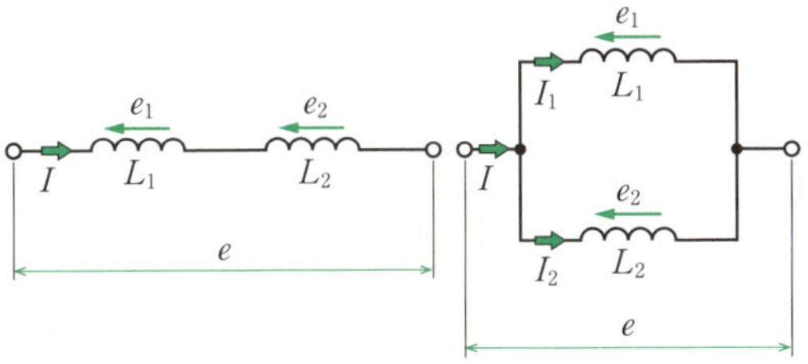

(a) 直列接続 (b) 並列接続

図 1.6.13 インダクタンスの接続

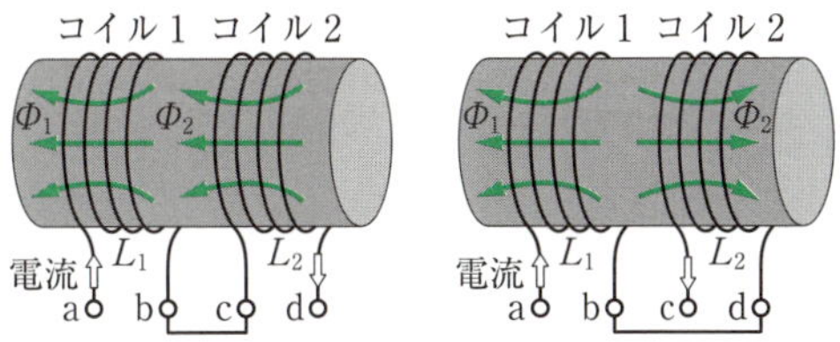

(a) 和動接続 (b) 差動接続

図 1.6.14 結合のあるコイルの接続

と

$$e_{\text{a-d}} = L\frac{dI}{dt} = (L_1+L_2+2M)\frac{dI}{dt}$$

$$\therefore \quad L = L_1+L_2+2M \qquad (1.6.42)$$

となる．

一方，図 1.6.14(b)に示すように，端子 b と d が接続されたコイルに電流を流すと，$\varPhi_1$ と $\varPhi_2$ の向きが逆方向になる接続方法を**差動接続（differential connection）**という．このとき，端子 a-c 間に生じる逆誘導起電力 $e_{\text{a-c}}$ は

$$e_{\text{a-c}} = N_1\frac{d}{dt}(\varPhi_1-\varPhi_2)+N_2\frac{d}{dt}(\varPhi_2-\varPhi_1)$$

$$= (L_1+L_2-2M)\frac{dI}{dt} \qquad (1.6.43)$$

となり，合成インダクタンス L は次のようになる．

$$L = L_1+L_2-2M \qquad (1.6.44)$$

f. インダクタンスに蓄えられる磁気エネルギー

図 1.6.15(a)に示すように，電圧 v の電源に自己インダクタンス L のコイルが接続されている．この回路に電流 i が流れ，dt 秒間に電流が di だけ変化すると，この間に電源からコイルに供給される電力 P は

$$P = vi = \left(L\frac{di}{dt}\right)i \qquad (1.6.45)$$

となり，L が dt 秒間に電源から供給されるエネルギー dW [J] は次のようになる．

$$dW = Pdt = Lidi \qquad (1.6.46)$$

したがって，電流 i を 0 から I [A] まで増加させ，磁束鎖交数を φ $(= LI)$ とすると，電源から供給され自己インダクタンス L に蓄えられる磁気エネルギー W は次のようになる．

$$W = \int_{i=0}^{I} dW = \int_{i=0}^{I} Lidi = L\left[\frac{i^2}{2}\right]_0^I$$

$$= \frac{1}{2}LI^2 = \frac{1}{2}\varphi I \qquad (1.6.47)$$

また，図 1.6.15(b)に示すように二つのコイルに結合があるとき，自己インダクタンス L_1 と L_2，両コイル間の相互インダクタンス M の回路がある．コイル 1 およびコイル 2 に蓄えられる磁気エネルギー W_1 および W_2 は

$$W_1 = \frac{1}{2}\varphi_1 I_1 = \frac{1}{2}(\varPhi_1+\varPhi_{12})I_1 = \frac{1}{2}(L_1I_1+M_{12}I_2)I_1$$

$$= \frac{1}{2}(L_1I_1^2+M_{12}I_1I_2) \qquad (1.6.48)$$

$$W_2 = \frac{1}{2}\varphi_2 I_2 = \frac{1}{2}(\varPhi_2+\varPhi_{21})I_2 = \frac{1}{2}(L_2I_2+M_{21}I_1)I_2$$

$$= \frac{1}{2}(L_2I_2^2+M_{21}I_2I_1) \qquad (1.6.49)$$

となる．したがって，二つのコイル（回路）全体に蓄えられる磁気エネルギー W は次のようになる．

$$W = W_1+W_2$$

$$= \frac{1}{2}(L_1I_1^2+M_{12}I_1I_2)+\frac{1}{2}(L_2I_2^2+M_{21}I_2I_1)$$

$$= \frac{1}{2}L_1I_1^2+\frac{1}{2}L_2I_2^2+MI_1I_2 \qquad (1.6.50)$$

$(\because \ M_{12} = M_{21} = M$；**インダクタンスの相反定理**)

g. インダクタンスの計算例

(i) 環状ソレノイド

図 1.6.16(a)に示すように，透磁率 μ の環状鉄心に一様に導線を巻いた環状ソレノイドがある．環状鉄心の断面積を S，平均の長さを l，コイルの巻数を N とする．コイルに電流 I を流したとき，鉄心内の磁束密

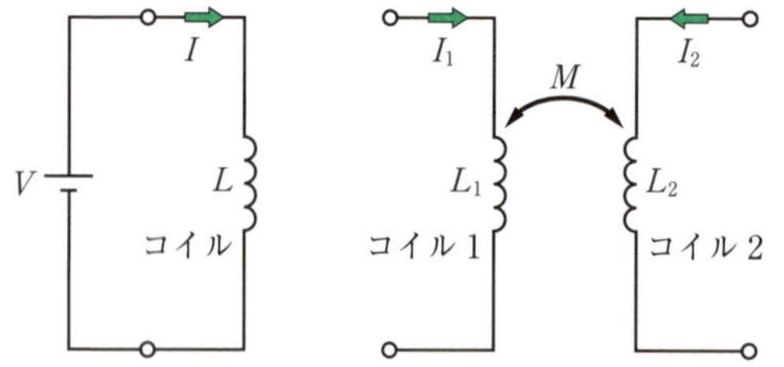

(a) 自己インダクタンス　(b) 相互インダクタンス

図 1.6.15　インダクタンス回路の磁気エネルギー

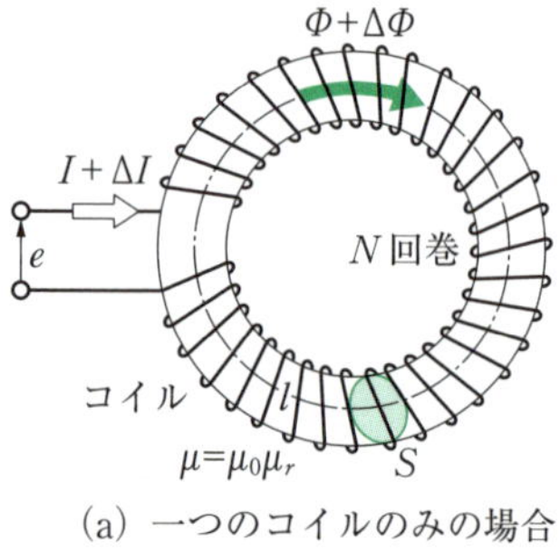

(a) 一つのコイルのみの場合

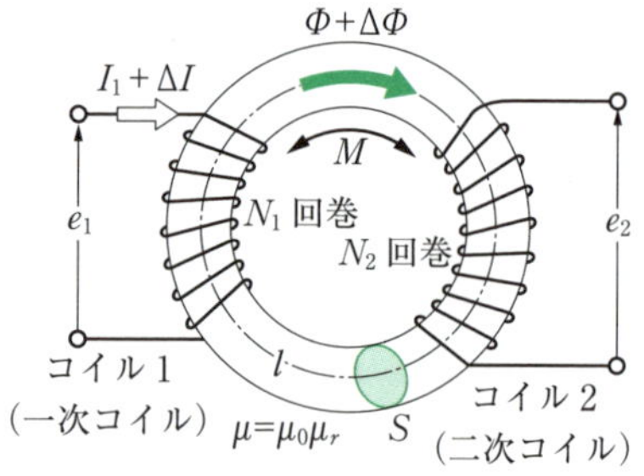

(b) 二次コイルがある場合

図 1.6.16　環状ソレノイドのインダクタンス

度を B とすると，アンペールの周回積分の法則より，磁気回路の生じる磁束 Φ は次のようになる．

$$\oint \boldsymbol{B}\cdot d\boldsymbol{s} = \mu IN \Rightarrow lB = \mu IN \Rightarrow B = \frac{\mu IN}{l}$$

$$\Phi = BS = \frac{\mu INS}{l} \qquad (1.6.51)$$

コイルに鎖交する磁束数 φ は

$$\varphi = N\Phi = \frac{\mu IN^2S}{l} \qquad (1.6.52)$$

となる．鉄心の比透磁率を μ_r とすると，環状ソレノイドの自己インダクタンス L は次の式で求まる．

$$L = \frac{\varphi}{I} = \frac{\mu N^2S}{l} = \frac{4\pi\mu_r N^2S}{l}\times 10^{-7} \qquad (1.6.53)$$

次に，図 1.6.16(b)に示すように，同様の環状鉄心に巻数 N_1 のコイル 1（一次コイル）と巻数 N_2 のコイル 2（二次コイル）の環状ソレノイドがある．コイル 1 に電流 I_1 を流したとき，コイル 1 に生じる磁束 Φ_1 は式(1.6.51)より

$$\Phi_1 = \frac{\mu I_1N_1S}{l} \qquad (1.6.54)$$

となる．漏れ磁束がなく，コイル 1 およびコイル 2 を鎖交する全磁束数 φ_{11}，φ_{21} は

$$\varphi_{11} = N_1\Phi_1 = \frac{\mu I_1N_1^2S}{l} \qquad (1.6.55)$$

$$\varphi_{21} = N_2\Phi_1 = \frac{\mu I_1N_1N_2S}{l} \qquad (1.6.56)$$

となる．したがって，コイル 1 の自己インダクタンス L_1 および二つコイル間の相互インダクタンス M は次のようになる．

$$L_1 = \frac{\varphi_{11}}{I_1} = \frac{\mu N_1^2S}{l} = \frac{4\pi\mu_r N_1^2S}{l}\times 10^{-7} \qquad (1.6.57)$$

$$M = \frac{\varphi_{21}}{I_1} = \frac{\mu N_1N_2S}{l} = \frac{4\pi\mu_r N_1N_2S}{l}\times 10^{-7} \qquad (1.6.58)$$

同様に，コイル 2 の自己インダクタンス L_2 は

$$L_2 = \frac{\varphi_{22}}{I_1} = \frac{\mu N_2^2S}{l} = \frac{4\pi\mu_r N_2^2S}{l}\times 10^{-7} \qquad (1.6.59)$$

となる．

(ii) 無限長ソレノイド

透磁率 μ の媒質中に，図 1.6.17 に示すような半径 a，断面積 S（$= \pi a^2$）の無限長ソレノイドがある．単位長さあたりのコイルの巻数を n とし，コイルに流れる電流を I とすると，ソレノイド内部に生じる磁束密度 B は

$$B = \mu nI \qquad (1.6.60)$$

となり，コイルの単位長さあたりの磁束鎖交数 φ は次のようになる．

$$\varphi = nBS = \mu\pi a^2n^2I \qquad (1.6.61)$$

したがって，単位長さあたりの自己インダクタンス L_0［H/m］は

$$L_0 = \frac{\varphi}{I} = \mu\pi a^2n^2 = 4\pi^2\mu_s a^2n^2\times 10^{-7} \qquad (1.6.62)$$

となる．

また，図 1.6.17(b)に示すように，この無限長ソレノイドの長さ l の部分のインダクタンスを考える．この部分の巻数は nl であり，鎖交磁束数 φ_l は

$$\varphi_l = nlBS = nlB\pi a^2 = \mu\pi a^2n^2Il \qquad (1.6.63)$$

となる．長さ l の部分の巻数を N（$= nl$）とすると，自己インダクタンス L_l［H］は次のようになる．

$$L_l = \frac{\varphi_l}{I} = \mu\pi a^2\frac{N^2}{l} = 4\pi^2\mu_s a^2\frac{N^2}{l}\times 10^{-7} \qquad (1.6.64)$$

(iii) 有限長ソレノイド

図 1.6.18 に示すように，長さ l，直径 D（$= 2a$），単位長さあたりのコイルの巻数 n の有限長ソレノイドの場合，ソレノイド内は平等磁界でなく，磁束密度 B は式(1.6.60)より減少する．したがって，自己インダクタンスの値も減少し，有限長ソレノイドの自己インダクタンス L［H］は次のようになる．

$$L_l = K\mu\pi a^2n^2l = K\mu\pi\left(\frac{D^2}{4}\right)n^2l$$

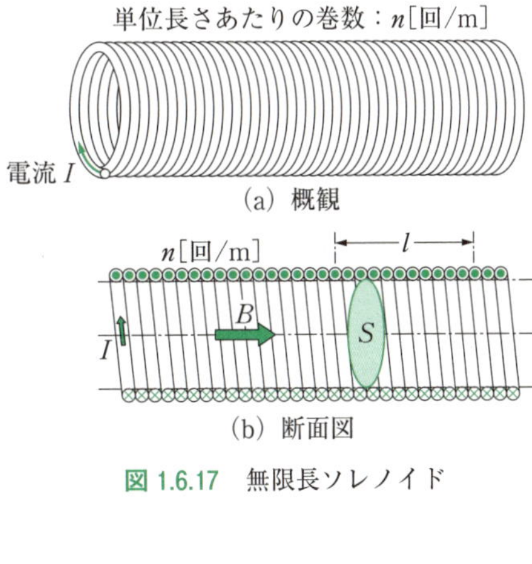

図 1.6.17 無限長ソレノイド

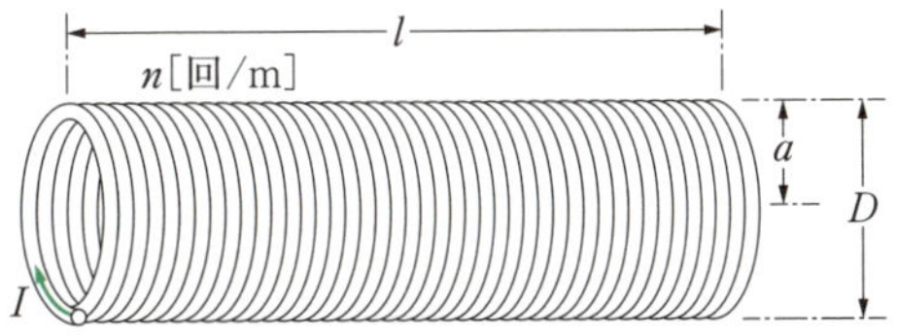

図 1.6.18 有限長ソレノイド

表 1.6.1　長岡係数

$\frac{D}{l}$	K	$\frac{D}{l}$	K	$\frac{D}{l}$	K	$\frac{D}{l}$	K
0	1.000	0.5	0.818	1.0	0.688	6.0	0.285
0.1	0.959	0.6	0.789	2.0	0.526	7.0	0.258
0.2	0.920	0.7	0.761	3.0	0.429	8.0	0.237
0.3	0.884	0.8	0.735	4.0	0.365	9.0	0.219
0.4	0.850	0.9	0.711	5.0	0.320	10.0	0.203

$$= K\pi^2\mu_s D^2 n^2 l \times 10^{-7} \qquad (1.6.65)$$

ここで，K はソレノイドの直径 D と長さ l の比（D/L）によって決まる係数で，**長岡係数（Nagaoka coefficient）**とよばれ，その関係を表 1.6.1 に示す．ソレノイドの断面積が同一の場合，ソレノイドの長さが短くなるほど長岡係数は減少し，インダクタンスも減少するとともに，漏れ磁束が多くなる．

例題 1-6-3

図 1.6.19 に示すように，単位長さあたりの巻数が N 回の無限長ソレノイド（コイル 1）内に，半径 b，n 回巻きの小コイル（コイル 2）がある．両コイル間の相互インダクタンス M を求めよ．

コイル 1 に電流 I を流したとき，コイル 1 内には $B = \mu n I$ の磁束密度が生じる．

よって，コイル 1 内にあるコイル 2 との鎖交磁束数 φ_{21} は

$$\varphi_{21} = NBS = N\mu n I(\pi b^2)\cos\theta$$

となる．したがって，求める相互インダクタンス M は

$$M = \frac{\varphi_{21}}{I} = N\mu n(\pi b^2)\cos\theta$$
$$= 4\pi^2\mu_s b^2 Nn\cos\theta \times 10^{-7}$$

となる．

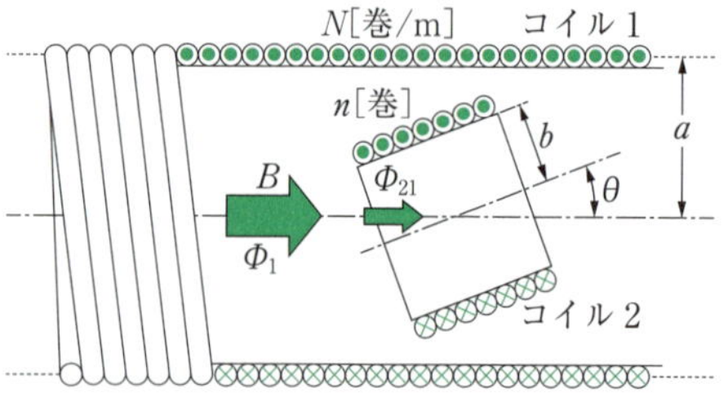

図 1.6.19　無限長ソレノイド内にある円形コイル

(iv) 平行往復線路の自己インダクタンス

図 1.6.20 に示すように，導線の半径 a，線路の間隔 d の無限長の平行往復線路がある．往復電流 I が流れると一つの閉回路となり，自身による磁束と鎖交するため自己インダクタンスを有する．往復電流 I が流れているとき，図に示すように導線 1 の中心軸から距離 x［m］離れた点の磁束密度は

$$B = \frac{\mu_0 I}{2\pi x} + \frac{\mu_0 I}{2\pi(d-x)} \qquad (1.6.66)$$

となる．導体 1 から x の点に微小幅 dx，導線の長さ 1 m（$l = 1$ m）の微小面積 dS（$= 1 \times dx$）とし，dS を通る磁束 $d\Phi$ は

$$d\Phi = BdS = Bdx = \frac{\mu_0 I}{2\pi}\left(\frac{1}{x} + \frac{1}{d-x}\right)dx \qquad (1.6.67)$$

となり，両導体間を通る単位長さあたりの鎖交磁束数 φ は

$$\varphi = \int d\Phi = \int_{x=a}^{x=d-a} \frac{\mu_0 I}{2\pi}\left(\frac{1}{x} + \frac{1}{d-x}\right)dx$$
$$= \frac{\mu_0 I}{2\pi}|\ln x - \ln(d-x)|_a^{d-a} = \frac{\mu_0 I}{\pi}\ln\frac{d-a}{a} \qquad (1.6.68)$$

となる．平行往復線路の導線間の単位長さあたりの外部の自己インダクタンス L_e［H/m］は，次のように求められる．

$$L_e = \frac{\varphi}{I} = \frac{\mu_0}{\pi}\ln\frac{d-a}{a} \qquad (1.6.69)$$

また，式(1.6.69)で求めた自己インダクタンスのほかに，導線中を流れる電流が導体中の磁束とも鎖交するため，導体内部の自己インダクタンスを考慮しなければならない．半径 a，透磁率 μ の導体に電流 I が一様に流れているとき，導体断面の中心から距離 r（$r < a$）の導体内部の磁束密度は

$$B = \frac{\mu I r}{2\pi a^2} \qquad (1.6.70)$$

となる．幅 dr の円筒導体内部に蓄えられる単位長さあたりの磁気エネルギー dW は

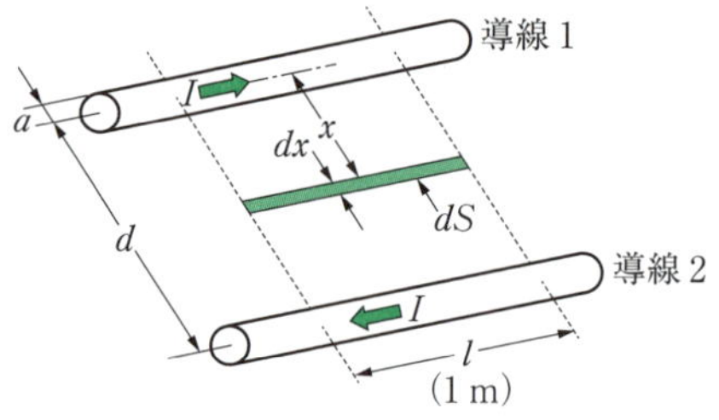

図 1.6.20　2 本の平行導体間の自己インダクタンス

$$dW = \frac{1}{2}\frac{B^2}{\mu}2\pi r\,dr = \frac{\mu I^2 r^3}{4\pi a^4}dr \qquad (1.6.71)$$

となり，単位長さあたりの導体内部に蓄えられる全磁気エネルギー W は

$$W = \int_{r=0}^{r=a} dW = \frac{\mu I^2}{4\pi a^4}\int_0^a r^3\,dr = \frac{\mu I^2}{16\pi} \qquad (1.6.72)$$

となる．単位長さあたりの導体の自己インダクタンスを L_i とすると，導体内部に蓄えられる磁気エネルギーは式(1.6.47)より

$$W = \frac{1}{2}L_i I^2 \qquad (1.6.73)$$

となり，式(1.6.72)および(1.6.73)より平行往復線路の導線の単位長さあたりの内部インダクタンス L_i は

$$L_i = \frac{2W}{I^2}\times 2 = \frac{2}{I^2}\frac{\mu I^2}{16\pi}\times 2 = \frac{\mu}{4\pi} \qquad (1.6.74)$$

となる．したがって，平行往復線路の導線の自己インダクタンス L［H/m］は，$a \ll d$ とすると次のようになる．

$$L = L_e + L_i = \frac{\mu_0}{\pi}\ln\frac{d}{a} + \frac{\mu}{4\pi} \qquad (1.6.75)$$

(v) 2本の平行導線間の相互インダクタンス

図 1.6.21 に示すように，長さ l，線路間隔 d の平行導線がある．この平行導線間の相互インダクタンスは，式(1.6.35)のノイマンの公式より求める．図 1.6.12 より，電流ループ C_1 および C_2 を平行にして，ループ半径を大きくすると $d\boldsymbol{s}_1$ と $d\boldsymbol{s}_2$ は平行（$\theta = 0$）で同方向であり $\cos\theta = 1$ となる．また，$d\boldsymbol{s}_1$ と $d\boldsymbol{s}_2$ の距離 r は，$r = \sqrt{(s_1 - s_2)^2 + d^2}$ となるので，式(1.6.35)より相互インダクタンス M は

$$M = \frac{\mu}{4\pi}\int_{s_1=0}^{l}\int_{s_2=0}^{l}\frac{ds_1 ds_2}{\sqrt{(s_1-s_2)^2+d^2}} \qquad (1.6.76)$$

となり，ds_2 について積分をすると

$$\int_{s_2=0}^{l}\frac{ds_2}{\sqrt{(s_1-s_2)^2+d^2}}$$

$$= \left[-\log\left\{s_1 - s_2 + \sqrt{(s_1-s_2)^2+d^2}\right\}\right]_{s_2=0}^{l}$$

$$= \log\left(s_1 + \sqrt{s_1{}^2+d^2}\right) - \log\left(s_1 - l + \sqrt{(s_1-l)^2+d^2}\right) \qquad (1.6.77)$$

となり，式(1.6.77)を ds_1 について積分をすると

$$\int_{s_1=0}^{l}\log\left(s_1+\sqrt{s_1{}^2+d^2}\right)ds_1$$

$$= \left[s_1\log\left(s_1+\sqrt{s_1{}^2+d^2}\right) - \sqrt{s_1{}^2+d^2}\right]_{s_1=0}^{l}$$

$$= l\log\left(l+\sqrt{l^2+d^2}\right) - \sqrt{l^2+d^2} + d \qquad (1.6.78)$$

$$\int_{s_1=0}^{l}\log\left(s_1 - l + \sqrt{(s_1-l)^2+d^2}\right)ds_1$$

$$= \left[(s_1-l)\log\left\{(s_1-l)+\sqrt{(s_1-l)^2+d^2}\right\} - \sqrt{(s_1-l)^2+d^2}\right]_{s_1=0}^{l}$$

$$= l\log\left(-l+\sqrt{l^2+d^2}\right) + \sqrt{l^2+d^2} - d \qquad (1.6.79)$$

となる．したがって，平行導線間の相互インダクタンス M は，式(1.6.78)および(1.6.79)より次のように求められる．

$$M = \frac{\mu}{4\pi}\left\{l\log\frac{l+\sqrt{l^2+d^2}}{\sqrt{l^2+d^2}-l} - 2\sqrt{l^2+d^2} + 2d\right\}$$

$$= \frac{\mu}{4\pi}\left\{l\log\frac{l+\sqrt{l^2+d^2}}{d} - 2\sqrt{1+\left(\frac{d}{l}\right)^2} + \frac{d}{l}\right\}$$

$$= 2\mu_s l\left\{l\log\frac{l+\sqrt{l^2+d^2}}{d} - 2\sqrt{1+\left(\frac{d}{l}\right)^2} + \frac{d}{l}\right\}\times 10^{-7} \qquad (1.6.80)$$

また，平行導線の長さ l が，導体間距離 d より非常に大きい場合（$l \gg d$）は，相互インダクタンスは次のように近似できる．

$$M \fallingdotseq 2\mu_s l\left(\log\frac{2l}{d} - 1\right)\times 10^{-7} \qquad (1.6.81)$$

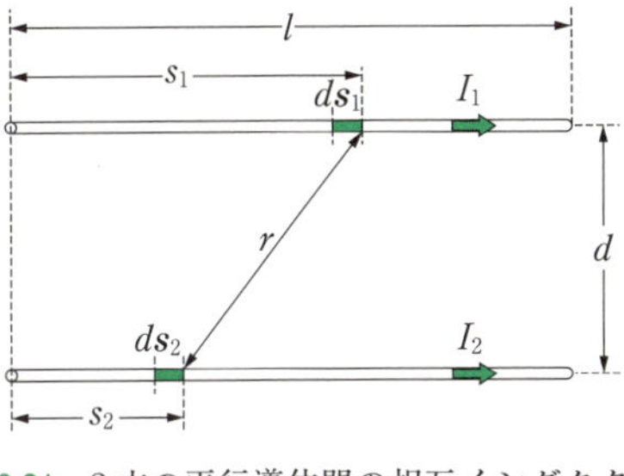

図 1.6.21 2本の平行導体間の相互インダクタンス

1.6.3 マクスウェル方程式と電磁波

a. 変位電流

図 1.6.22(a)に示すように，交流回路に直列にコンデンサ C が接続され，導線には（伝導）電流 I，電流密度 $\boldsymbol{j}$ が流れている．コンデンサ以外の部分において，導線を取り囲む一つの閉曲線①についてアンペールの周回積分の法則を適用させると

$$\oint_{C'}\boldsymbol{B}\cdot d\boldsymbol{s} = \mu_0\int_{S'}\boldsymbol{j}\cdot\boldsymbol{n}dS = \mu_0 I \qquad (1.6.82)$$

が成立する．次に，コンデンサの極板間に曲面 S′ を通るような閉曲線②をとる．しかしながら，コンデンサの極板間には伝導電流が流れておらず，S′ を貫く電流がないので，アンペールの周回積分の法則は成立せず，次のようになる．

$$\oint_{C'}\boldsymbol{B}\cdot d\boldsymbol{s} = \mu_0\int_{S'}\boldsymbol{j}\cdot\boldsymbol{n}dS = 0 \qquad (1.6.83)$$

曲面S′のとり方によってアンペールの周回積分の法則はどの場合にも成立しない．したがって，この回路のどの部分でも周回積分の法則を成り立たせるには，コンデンサの極板間にも伝導電流と同等の仮想的な電流を考え，閉回路の電流の連続性を成り立たせなければならない．

閉曲線②の曲面 S' には伝導電流 I は鎖交しないが，コンデンサの極板間には電界 E が生じ，コンデンサの面積を S，蓄積される電荷を Q とすると

$$E = \frac{Q}{\varepsilon_0 S} \qquad (1.6.84)$$

となる．伝導電流は $I = dQ/dt$ であり，電界 E の時間的変化は

$$\frac{d}{dt}E = \frac{1}{\varepsilon_0 S}\cdot\frac{d}{dt}Q = \frac{1}{\varepsilon_0 S}\cdot I \qquad (1.6.85)$$

となり，電流 I は次のようになる．

$$I = \varepsilon_0 S\cdot\frac{\partial E}{\partial t} = I_d \qquad (1.6.86)$$

ここで，E は多数関数とみて偏微分として示した．式(1.6.86)は伝導電流ではなく，コンデンサの極板間で仮想的に生じる電流なので，左辺を I_d とし，これを**変位電流（displacement current）**という．

また，式(1.6.86)の両辺をコンデンサの極板の面積 S で割ると

$$\frac{I_d}{S} = \frac{\varepsilon_0 S}{S}\cdot\frac{\partial E}{\partial t} = \varepsilon_0\frac{\partial E}{\partial t} = \frac{\partial D}{\partial t}$$

$$\therefore\quad \boldsymbol{j}_d = \frac{\partial \boldsymbol{D}}{\partial t} \qquad (1.6.87)$$

$$(\because\quad \boldsymbol{D} = \varepsilon_0 \boldsymbol{E})$$

となる．この $\boldsymbol{j}_d$ は，伝導電流の電流密度 $\boldsymbol{J}$ と同様の単位［$\mathrm{A/m^2}$］を有し，**変位電流密度（displacement current density）**という．変位電流（密度）は誘電体の内部（あるいは空間）を流れる電流として扱える．

よって，図1.6.22の回路において，導線部分には伝導電流（密度）$\boldsymbol{I}$（$\boldsymbol{j}$），コンデンサの極板間には変位電流（密度）$\boldsymbol{I}_\mathrm{D}$（$\boldsymbol{j}_\mathrm{D}$）が流れ，電流の連続性が成立する．マクスウェルは，変位電流をアンペールの周回積分の法則に付加し，導体のみならずあらゆる空間で成立するように，次のように修正した．

$$\oint_C \boldsymbol{B}\cdot d\boldsymbol{s} = \mu_0\int_S\left(\boldsymbol{j}+\frac{\partial \boldsymbol{D}}{\partial t}\right)\cdot\boldsymbol{n}dS \qquad (1.6.88)$$

これを**マクスウェル・アンペールの法則（Maxwell-Ampere's low）**という．

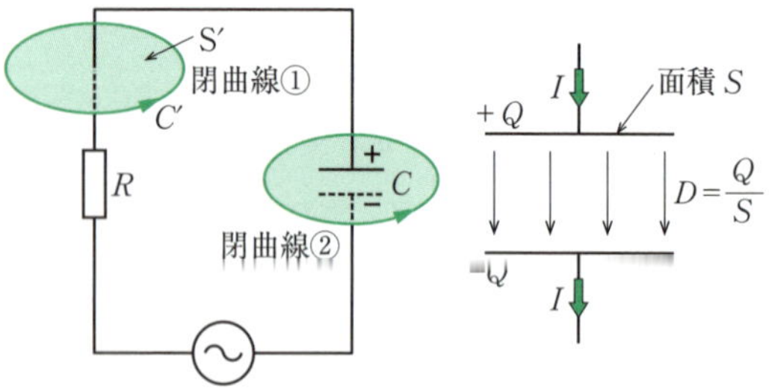

（a）コンデンサのある回路　（b）コンデンサ内の電束密度

図1.6.22　コンデンサにおける伝導電流と変位電流

b. マクスウェル方程式

（ⅰ）積分形のマクスウェル方程式

これまでに，静電界，静磁界，および電磁誘導の法則より，電荷によって生じる電界，電荷の移動による電流によって生じる磁界の方程式，時間変動する電界と磁界に関する方程式を導いてきた．それらの関係式は，次の四つの法則となる．

(1)　マクスウェル・アンペールの法則：

$$\oint_C \boldsymbol{B}\cdot d\boldsymbol{s} = \mu_0\int_S\left(\boldsymbol{j}+\frac{\partial \boldsymbol{D}}{\partial t}\right)\cdot\boldsymbol{n}dS \qquad (1.6.89)$$

(2)　ファラデーの電磁誘導の法則：

$$\oint_C \boldsymbol{E}\cdot d\boldsymbol{s} = -\frac{\partial}{\partial t}\int_S \boldsymbol{B}\cdot\boldsymbol{n}dS \qquad (1.6.90)$$

(3)　電束密度（電界）に関するガウスの法則：

$$\int_S \boldsymbol{D}\cdot\boldsymbol{n}dS = \sum_{i=0}^{n} Q_i = \int_v \rho dv \qquad (1.6.91)$$

(4)　磁束密度（磁界）に関するガウスの法則（磁束の保存則）：

$$\int_S \boldsymbol{B}\cdot\boldsymbol{n}dS = 0 \qquad (1.6.92)$$

式(1.6.89)～(1.6.92)の四つの式を積分形の**マクスウェル方程式（Maxwell's equations）**といい，図1.6.23～1.6.25のように表される．

（ⅱ）微分形のマクスウェル方程式

式(1.6.89)および式(1.6.90)の左辺にストークスの定理を，式(1.6.91)および式(1.6.92)の左辺にガウスの発散定理を適用させると，次のような式に変換される．

(1)　マクスウェル・アンペールの法則：

$$\mathrm{rot}\,\boldsymbol{H} = \nabla\times\boldsymbol{H} = \boldsymbol{j}+\frac{\partial \boldsymbol{D}}{\partial t} \qquad (1.6.93)$$

(2)　ファラデーの電磁誘導の法則：

$$\mathrm{rot}\,\boldsymbol{E} = \nabla\times\boldsymbol{E} = -\frac{\partial \boldsymbol{B}}{\partial t} \qquad (1.6.94)$$

(3)　電束密度（電界）に関するガウスの法則：

$$\mathrm{div}\,\boldsymbol{D} = \nabla\cdot\boldsymbol{D} = \rho \qquad (1.6.95)$$

(4)　磁束密度（磁界）に関するガウスの法則：

$$\mathrm{div}\,\boldsymbol{B} = \nabla\cdot\boldsymbol{B} = 0 \qquad (1.6.96)$$

式(1.6.93)～(1.6.96)の四つの式を微分形のマクスウ

ェル方程式という．ここで，諸物理量の関係式として，$\boldsymbol{D} = \varepsilon \boldsymbol{E}$，$\boldsymbol{B} = \mu \boldsymbol{H}$ および $\boldsymbol{J} = \sigma \boldsymbol{E}$（$\varepsilon$：誘電率，$\mu$：透磁率，$\sigma$：導電率）となる．

c. 電磁波

マクスウェルによってアンペールの周回積分の法則に変位電流を導入した結果，電界と磁界が互いに時間的変化により誘起され空間を伝搬していく波（波動）を**電磁波（electromagnetic wave）**という．

誘電率 ε および透磁率 μ が一様な真空または絶縁体の空間において，電荷 ρ がない媒質の場合，マクスウェル方程式は以下のようになる．

$$\mathrm{rot}\,\boldsymbol{H} = \nabla\times\boldsymbol{H} = \nabla\times\frac{\boldsymbol{B}}{\mu} = \frac{\partial \boldsymbol{D}}{\partial t} = \varepsilon\frac{\partial \boldsymbol{E}}{\partial t}$$

$$\Rightarrow \therefore \quad \nabla\times\boldsymbol{B} = \varepsilon\mu\frac{\partial \boldsymbol{E}}{\partial t} \qquad (1.6.97)$$

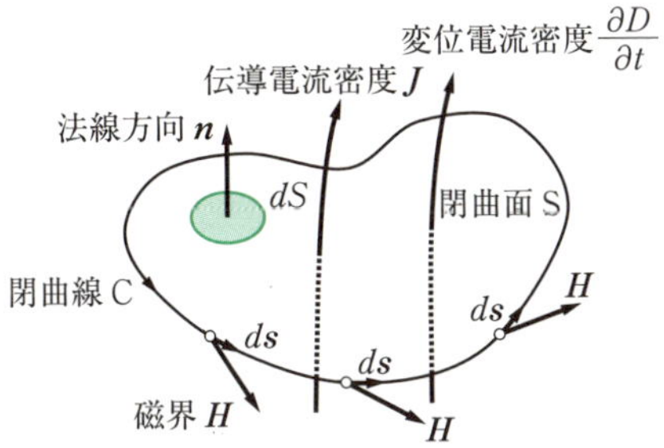

図 1.6.23 拡張されたアンペールの周回積分の法則

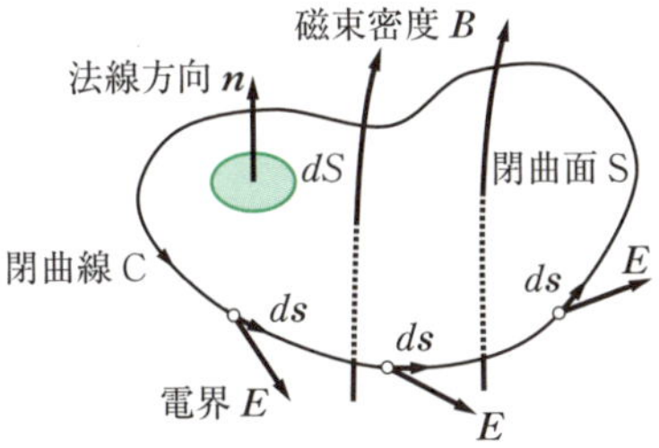

図 1.6.24 電磁誘導（ファラデー）の法則

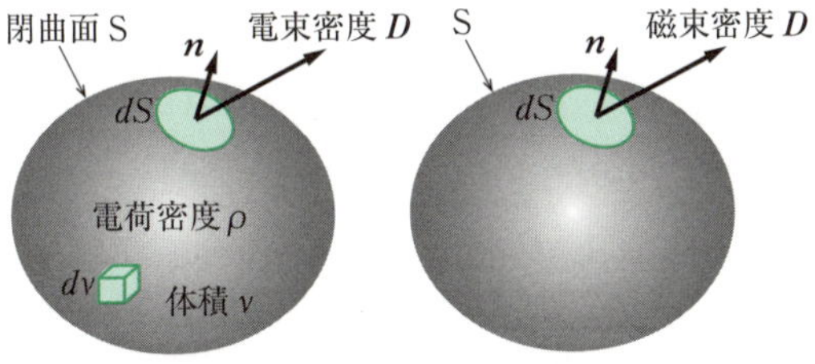

(a) 電束密度に関する法則　(b) 磁束密度に関する法則

図 1.6.25 ガウスの法則

$$\mathrm{rot}\,\boldsymbol{E} = \nabla\times\boldsymbol{E} = -\frac{\partial \boldsymbol{B}}{\partial t} \qquad (1.6.98)$$

$$\mathrm{div}\,\boldsymbol{D} = \nabla\cdot\boldsymbol{D} = \nabla\cdot\varepsilon\boldsymbol{E} = \rho = 0 \qquad (1.6.99)$$

$$\mathrm{div}\,\boldsymbol{B} = \nabla\cdot\boldsymbol{B} = 0 \qquad (1.6.100)$$

式(1.6.97)および(1.6.98)の両辺に ∇ を掛けると

$$\nabla\times\nabla\times\boldsymbol{B} = \varepsilon\mu\frac{\partial}{\partial t}(\nabla\times\boldsymbol{E}) = \varepsilon\mu\frac{\partial}{\partial t}\left(-\frac{\partial \boldsymbol{B}}{\partial t}\right)$$

$$= -\varepsilon\mu\frac{\partial^2 \boldsymbol{B}}{\partial t^2} \qquad (1.6.101)$$

$$\nabla\times\nabla\times\boldsymbol{E} = -\frac{\partial}{\partial t}(\nabla\times\boldsymbol{B}) = -\frac{\partial}{\partial t}\left(\varepsilon\mu\frac{\partial \boldsymbol{E}}{\partial t}\right)$$

$$= -\varepsilon\mu\frac{\partial^2 \boldsymbol{E}}{\partial t^2} \qquad (1.6.102)$$

となる．式(1.6.101)および(1.6.102)の左辺にベクトル解析の公式 $\nabla\times\nabla\times\boldsymbol{A} = -\nabla^2\boldsymbol{A} + \nabla(\nabla\cdot\boldsymbol{A})$ を適用させると，次のようになる．

$$\nabla^2\boldsymbol{B} = \varepsilon\mu\frac{\partial^2 \boldsymbol{B}}{\partial t^2} = \frac{1}{c^2}\cdot\frac{\partial^2 \boldsymbol{B}}{\partial t^2} \qquad (1.6.103)$$

$$\nabla^2\boldsymbol{E} = \varepsilon\mu\frac{\partial^2 \boldsymbol{E}}{\partial t^2} = \frac{1}{c^2}\cdot\frac{\partial^2 \boldsymbol{E}}{\partial t^2} \qquad (1.6.104)$$

このような 2 階の偏微分方程式を**波動方程式（wave equation）**という．ここで

$$c = \frac{1}{\sqrt{\varepsilon\mu}} \qquad (1.6.105)$$

であり，媒質中の電磁波の速さを示し，電界と磁界は速度 c［m/s］で伝搬する電磁波として表される．真空中を伝わる速度は，透磁率 $\mu_0 = 4\pi\times10^{-7}$［H/m］および誘電率 $\varepsilon_0 = 8.854\times10^{-12}$［F/m］とすると

$$c = \frac{1}{\sqrt{\varepsilon_0\mu_0}} = \frac{1}{\sqrt{8.854\times10^{-12}\times4\pi\times10^{-7}}}$$

$$\fallingdotseq 2.998\times10^{8}\ \mathrm{m/s} \qquad (1.6.106)$$

となり，光速度と一致する．

d. 平面波

電界と磁界が x，y 座標には依存せず，z 軸方向に伝搬する電磁波を**平面波（plane wave）**という．

平面波が z 軸方向に伝搬する場合，$\partial/\partial x = \partial/\partial y = 0$ であり

$$\frac{\partial E_z}{\partial z} = \frac{\partial H_z}{\partial z} = 0, \qquad \frac{\partial E_z}{\partial t} = \frac{\partial H_z}{\partial t} = 0 \qquad (1.6.107)$$

が得られ，電界および磁界の伝搬方向の振動成分は $E_z = H_z = 0$ となり，0 である．

電界が x および y 軸方向の成分 E_x および E_y のみとすると，平面波の波動方程式は

$$\frac{\partial^2 E_x}{\partial z^2} = \frac{1}{c^2}\cdot\frac{\partial^2 E_x}{\partial t^2}, \qquad \frac{\partial^2 E_y}{\partial z^2} = \frac{1}{c^2}\cdot\frac{\partial^2 E_y}{\partial t^2}$$

(1.6.108)

となる．これらの解は次のようになる．

$$\begin{aligned} E_x &= F_x(z-ct)+f_x(z+ct) \\ E_y &= F_y(z-ct)+f_y(z+ct) \end{aligned} \tag{1.6.109}$$

また，磁界の成分 H_x および H_y は次のように求められる．

$$\begin{aligned} H_x &= -\sqrt{\frac{\varepsilon}{\mu}}F_y(z-ct)+f_y(z+ct) \\ H_y &= \sqrt{\frac{\varepsilon}{\mu}}F_x(z-ct)-f_x(z+ct) \end{aligned} \tag{1.6.110}$$

$F_{x,y}$ および $f_{x,y}$ は任意関数である．

電界の x 成分が波として z 軸方向に伝搬すると，磁界の y 成分の波が電界と同一波形，同一位相で z 軸方向に伝搬する．電界と磁界は互いに伝搬方向（z 軸）に垂直な方向に振動する**横波（transverse wave）**である．

電界と磁界の大きさの比は

$$Z = \frac{E_x}{H_y} = -\frac{E_y}{H_x} = \sqrt{\frac{\mu}{\varepsilon}} \tag{1.6.111}$$

となり，これを**固有インピーダンス（intrinsic impedance）**といい，媒質が真空の場合は次のようになる．

$$Z_0 = \sqrt{\frac{\mu_0}{\varepsilon_0}} = \sqrt{\frac{4\pi\times10^{-7}}{8.854\times10^{-12}}} \fallingdotseq 377\ \Omega \tag{1.6.112}$$

電界と磁界が正弦波状に振動している正弦状平面波の場合，電界が x 軸方向に偏波している正弦状平面波の瞬時値は，式(1.6.108)の波動方程式の解として

$$E_x = \sqrt{2}E_0\sin(\omega t-kz) \tag{1.6.113}$$

$$H_y = \sqrt{2}\frac{E_0}{Z}\sin(\omega t-kz) \tag{1.6.114}$$

となる．ここで E_0 は電界の実効値，Z は固有インピーダンス，ω は角周波数，k は**位相定数（phase constant）**で $k=\omega\sqrt{\varepsilon\mu}$［rad/m］である．$z$ 軸の正の方向に伝搬している正弦波状平面電磁波を図 1.6.26 に示す．

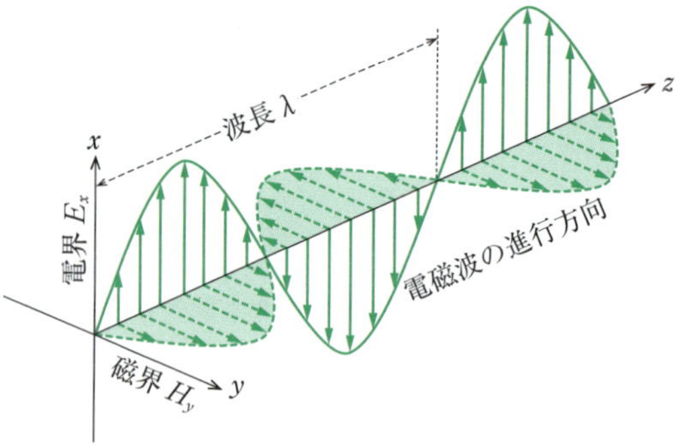

図 1.6.26　平面電磁波

e. ポインティングベクトル

電界と磁界の積を考える．これらのベクトルは互いに直交する関係にあるので，この外積は次のようになる．

$$\boldsymbol{E}\times\boldsymbol{H} = \boldsymbol{S} \tag{1.6.115}$$

単位は，

$$[\mathrm{V/m}]\times[\mathrm{A/m}] = [\mathrm{V\cdot A/m^2}] = [\mathrm{W/m^2}] \tag{1.6.116}$$

となり，電力の単位になる．このとき $\boldsymbol{S}$ を**ポインティングベクトル（poynting vector）**といい，式(1.6.115)は電磁波が波の進行方向に電力を伝搬していることを表している．

式(1.6.115)の両辺の発散をとると

$$\begin{aligned} \nabla\cdot\boldsymbol{S} &= \nabla\cdot(\boldsymbol{E}\times\boldsymbol{H}) = \boldsymbol{H}\cdot(\nabla\times\boldsymbol{E})-\boldsymbol{E}\cdot(\nabla\times\boldsymbol{H}) \\ &= \boldsymbol{H}\cdot\left(-\frac{\partial\boldsymbol{B}}{\partial t}\right)-\boldsymbol{E}\cdot\left(\boldsymbol{j}+\frac{\partial\boldsymbol{D}}{\partial t}\right) \\ &= -\left(\boldsymbol{H}\cdot\frac{\partial\boldsymbol{B}}{\partial t}+\boldsymbol{E}\cdot\frac{\partial\boldsymbol{D}}{\partial t}+\boldsymbol{E}\cdot\boldsymbol{j}\right) \end{aligned} \tag{1.6.117}$$

となる．式(1.6.117)をある領域内で積分し，これにガウスの定理を適用させて積分形で表すと，次のようになる．

$$\int_s \boldsymbol{E}\times\boldsymbol{H}dS = -\int_v\left(\boldsymbol{H}\cdot\frac{\partial\boldsymbol{B}}{\partial t}+\boldsymbol{E}\cdot\frac{\partial\boldsymbol{D}}{\partial t}+\boldsymbol{E}\cdot\boldsymbol{j}\right)dv \tag{1.6.118}$$

式(1.6.118)の右辺のそれぞれの項は

- $\boldsymbol{H}\cdot\dfrac{\partial\boldsymbol{B}}{\partial t}$：磁界に蓄えられるエネルギー密度の時間変化
- $\boldsymbol{E}\cdot\dfrac{\partial\boldsymbol{D}}{\partial t}$：電界に蓄えられるエネルギー密度の時間変化
- $\boldsymbol{E}\cdot\boldsymbol{j}$：ジュール熱

を表している．したがって，空間のある体積内に送られた電力は，単位時間あたり電界と磁界のエネルギーとして蓄えられるとともに，ジュール熱として消費される．

1.6 節のまとめ

- 電磁誘導現象よりコイル（または回路）に生じる誘導起電力（または誘導電流）の向きはレンツの法則によって示され，このとき発生する誘導起電力の大きさはファラデーの法則によって求められる．
- インダクタンスは，コイルを流れる電流が変化したとき電磁誘導により自身のコイル，あるいは他のコイルに発生する起電力の大きさを示す量であり，自己インダクタンスおよび相互インダクタンスとよぶ．
- マクスウェル方程式は，電磁界のふるまいを記述する古典電磁気学の基礎方程式であり，以下の四つの法則に基づく方程式である．

  ① マクスウェル・アンペールの法則（電流・電界と磁界）

  ② ファラデーの電磁誘導の法則（変化する磁界と電界）

  ③ 電束密度（電界）に関するガウスの法則（電荷密度と電界）

  ④ 磁束密度（磁界）に関するガウスの法則（磁束保存の法則）
- 電磁波は，電界と磁界が時間的・空間的に変化しながら形成される波（波動）である．

参考文献

[1] 安達三郎，大貫繁雄，電気磁気学（第 2 版・新装版），森北出版，(2012)

[2] 生駒英明，小越澄雄，村田雄司，工科の電磁気学，培風館 (2000)．

[3] 太田浩一，電磁気学の基礎 I，東京大学出版会 (2012)．

[4] 小野靖，電気磁気学—いかに使いこなすか（新・電気システム工学），数理工学社，(2013)

[5] 小塚洋司，電気磁気学 新装版—その物理像と詳論，森北出版，(2012)

[6] 中村哲，須藤彰三，現代物理学［基礎シリーズ］電磁気学，朝倉書店 (2010)．

[7] 中山正敏，電気磁気学，裳華房 (1986)．

[8] ファインマン，レイトン，サンズ 著，宮島龍興 訳，ファインマン物理学Ⅲ 電磁気学，岩波書店 (1986)．

[9] 前野昌弘，よくわかる電磁気学，東京図書，(2010)

[10] 松本聡，工学の基礎 電気磁気学（修訂版），裳華房，(2017)

[11] 山田直平，桂井誠，電気磁気学（電気学会大学講座）(3 版改訂)，電気学会，(2002)

[12] 湯本雅恵，電気磁気学の基礎（電気・電子工学ライブラリ），数理工学社，(2012)

2. 電気回路

2.1 はじめに

電気回路理論は，電磁気学とともに大学における電気・電子・情報分野の学習を行うための最基礎科目として位置付けられる．電気回路理論では，電磁気学で導入された抵抗，コイル，コンデンサなどの線形回路素子に適宜，電源を接続することにより構成した線形回路を扱う．この回路にキルヒホッフの電圧則および電流則を適用して回路方程式を立て，これを解くことにより回路各部の電圧，電流などの回路特性を求める．

本章では，これらの回路方程式を立式し，それを解くことにより，回路特性を求める際に役立つ各種の技法について学ぶ．まず 2.2 節では，線形回路解析に必要な基本事項について説明する．具体的には，基本回路素子および電源について説明する．また，キルヒホッフの法則について述べ，回路方程式立式方法の基本についても述べる．2.3 節では，複素数を用いて交流電圧・電流を表現し，これを用いて正弦波交流の定常状態の回路解析方法の基本について述べる．2.4 節では，回路解析を行うために役立つ諸定理および回路網解析法について述べる．2.5 節では，回路網をブラックボックス化し，入出力特性のみにより特徴付ける二端子対回路を用いた回路解析法について述べる．2.6 節では，交流電力および最大電力供給条件について述べ，2.7 節では，抵抗，コイル，コンデンサおよび結合回路からなる各種の交流回路の解析法について述べる．さらに，2.8 節では対称および非対称の三相交流回路の解析法および電力について述べ，2.9 節では過渡状態の解析法に関し，常微分方程式を用いる方法とラプラス変換を用いる方法の二つについて述べる．最後に，2.10 節では，高調波を含むひずみ波交流回路のフーリエ級数を用いた解析法，および線形回路についての伝達関数を用いた回路解析の技法について述べる．

電気回路理論は，直接的には，発電機，変電器，電動機などの電気機器に適用される．一方，線形回路のみを扱う電気回路理論は電子回路理論において，トランジスタ，ダイオードなどの非線形素子を一つ以上含む非線形回路に拡張される．これらの非線形回路についても，小信号を扱う場合は，線形近似により線形回路理論を適用することが可能である．また，ラプラス変換を用いた解析法は制御理論に発展する．さらに，回路網により所望の伝達関数を得るための技法は，通信に使用されるフィルタの理論に発展する．以上のように，電気回路理論で学ぶ多くの回路解析法は，電気・電子・情報工学各分野の基礎理論として役立つ．

2.2 電気回路の基礎

2.2.1 基本回路素子

回路素子（**circuit element**）や**電源**（**power supply**）が相互に接続されたものを**電気回路**（**electrical circuit**）とよぶ．基本回路素子として，本節では**抵抗**（**resistance**）**素子**，**インダクタンス**（**inductance**）**素子**，および**キャパシタンス**（**capacitance**）**素子**を扱う．これらの素子は，しばしば「素子」を省略してよばれる．また，抵抗素子はたんに**抵抗**（**resistor**），インダクタンス素子は**コイル**（**coil**）あるいは**インダクタ**（**inductor**），キャパシタンス素子は**コンデンサ**（**condenser**）あるいは**キャパシタ**（**capacitor**）ともよばれる．

本書で用いるこれらの基本素子の回路記号を**図 2.2.1** に示す．**図 2.2.2** に示すように，素子の端子**電圧**（**voltage**）v と**電流**（**electric current**，またはたんに **current**）i の正の向きは互いに逆向きとなる．この電流 i と逆向きにとった電圧 v のことを電圧降下または逆起電力とよぶ．

微小時間 dt の間に端子電圧 v の回路素子に**電荷**（**charge**，単位は**クーロン**（**coulomb**，**[C]**）q を微小量 dq だけ流入させるのに必要な**仕事**（**work**，すなわち，**エネルギー**（**energy**）の増加分，単位は**ジュール**（**joule**，**[J]**）dW は

$$dW = vdq \tag{2.2.1}$$

と表される．単位時間あたりの仕事が**電力**（**electric**

power，またはたんに power，すなわち仕事率のこと）p であるから，

$$i = \frac{dq}{dt} \tag{2.2.2}$$

を用いると

$$p = \frac{dW}{dt} = \frac{v\,dq}{dt} = vi \tag{2.2.3}$$

となる．また

$$W = \int p\,dt = \int vi\,dt \tag{2.2.4}$$

とも書ける．電力の単位はワット（watt，[W]）である．

a．抵抗

抵抗の端子電圧 v が電流 i に比例することを，オームの法則（Ohm's law）とよぶ．このときの比例定数を抵抗 R と定義する．すなわち，次式が成り立つ．

$$v = Ri \tag{2.2.5}$$

電圧の単位はボルト（volt，[V]）であり，電流の単位はアンペア（ampeare，[A]），抵抗の単位はオーム（ohm，[Ω]）である．

また，抵抗の逆数をコンダクタンス（conductance）G と定義すると，次式が成り立つ．

$$G = 1/R \tag{2.2.6}$$

$$i = Gv \tag{2.2.7}$$

コンダクタンスの単位はジーメンス（siemens，[S]）である．

抵抗で消費される電力は，式(2.2.3)および(2.2.5)より

$$p = vi = Ri^2 \tag{2.2.8}$$

と書ける．

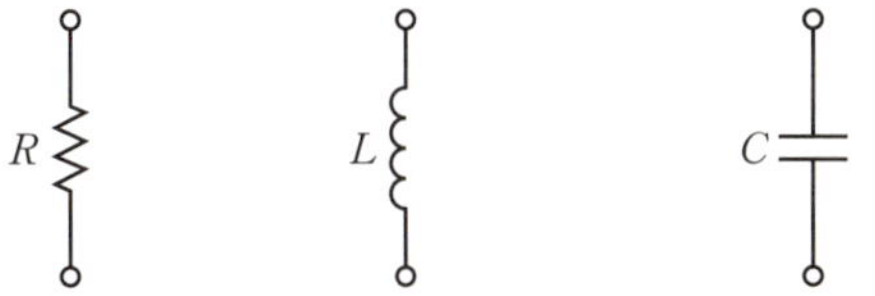

(a) 抵抗　(b) コイル　(c) コンデンサ

図 2.2.1　基本回路素子の記号

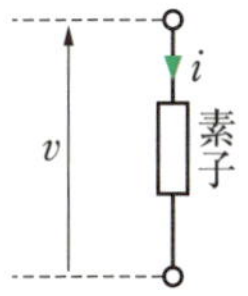

図 2.2.2　回路素子における電圧降下 v と電流 i の関係

b．インダクタンス

1回巻きのコイルでは，コイルを貫く磁束 ϕ が変化したとき1巻きのコイルに発生する電圧 v の大きさは

$$v = \frac{d\phi}{dt} \tag{2.2.9}$$

である．ただし，v の向きは電流の変化を妨げる方向である（レンツの法則（Lenz's law））ため，v は逆起電力とよばれる．

さらに，n 巻きのコイルを貫く鎖交磁束は $\Phi = n\phi$ であるので，n 巻きのコイルに発生する逆起電力 v の大きさは

$$v = \frac{d\Phi}{dt}$$

と書ける．以上をファラデーの電磁誘導の法則（Faraday's law of induction）とよぶ．

ϕ はコイルを流れる電流 i に比例するから，Φ も i に比例する．この比例定数をインダクタンス L と定義すると

$$\Phi = Li \tag{2.2.10}$$

式(2.2.9)に代入すると

$$v - L\frac{di}{dt} \quad （微分形） \tag{2.2.11}$$

または

$$i = \frac{1}{L}\int v\,dt \quad （積分形） \tag{2.2.12}$$

となる．インダクタンスの単位はヘンリー（henry，[H]）である．

なお，式(2.2.12)の積分形においては，直流分を考える場合，適宜，定数項（積分定数）を付け加えるか，または定積分を用いることが必要になるが，正弦波交流など，直流分をもたない場合には積分定数は0でよい．

コイル L の蓄えるエネルギー W_L を求める．時刻 $t=0$ における電流 $i(0)=0$ とすると，時刻0から t までの間に L に流れる電力の総和（積分）が L に蓄えられるエネルギーであるから，式(2.2.11)より

$$W_L = \int_0^t vi\,dt = \int_0^t L\frac{di}{dt}i\,dt \tag{2.2.13}$$

積分変数を t から i に変換すると，t が0から t まで変化するとき $i(t)$ は $i(0)$ から $i(t)$ まで変化する．さらに，$di = (di/dt)dt$ より

$$W_L = \int_{i(0)}^{i(t)} Li\,di = \left[\frac{1}{2}Li^2\right]_{i(0)}^{i(t)}$$

$$= \frac{1}{2}Li^2(t) - \frac{1}{2}Li^2(0) \tag{2.2.14}$$

よって，次式が成り立つ．

$$W_L = \frac{1}{2}Li^2 \tag{2.2.15}$$

c. キャパシタンス

コンデンサに蓄えられる電荷 q は印加電圧 v に比例する．その比例定数をキャパシタンス（静電容量）C と定義する．すなわち

$$q = Cv \tag{2.2.16}$$

$i = dq/dt$ であるから

$$i = C\frac{dv}{dt} \quad （微分形） \tag{2.2.17}$$

または

$$v = \frac{1}{C}\int i\,dt \quad （積分形） \tag{2.2.18}$$

となる．キャパシタンスの単位は**ファラド（farad [F]）**である．

コンデンサ C の蓄えるエネルギー W_C を求める．時刻 $t=0$ における電荷 $q(0)=0$ とすると，時刻 0 から t までの間に C に流れる電力の総和（積分）が C に蓄えられるエネルギーであるから，式(2.2.17)より

$$W_C = \int_0^t vi\,dt = \int_0^t vC\frac{dv}{dt}dt \tag{2.2.19}$$

積分変数を t から v に変換すると，t が 0 から t まで変化するとき $v(t)$ は $v(0)$ から $v(t)$ まで変化する．さらに，$dv=(dv/dt)dt$ より

$$\begin{aligned} W_C &= \int_{v(0)}^{v(t)} Cv\,dv = \left[\frac{1}{2}Cv^2\right]_{v(0)}^{v(t)} \\ &= \frac{1}{2}Cv^2(t) - \frac{1}{2}Cv^2(0) \end{aligned} \tag{2.2.20}$$

よって，次式が成り立つ．

$$W_C = \frac{1}{2}Cv^2 \tag{2.2.21}$$

d. 線形素子と線形回路

二つの量の間で，一方の量の和が他方の和に対応し，一方の定数倍が他方の同じ定数倍に対応することを**線形性（linearity）**という．回路素子の電圧と電流の関係において，線形性が成り立つ素子を**線形素子（linear element）**という．一方，線形性が成り立たない素子を**非線形素子（nonlinear element）**という．素子の線形性が成り立つ条件は，素子の値が電圧，電流によらず定数であることである．したがって，素子の値が定数である抵抗，コイル，コンデンサは線形素子である．回路に含まれる素子がすべて線形素子である回路を**線形回路（linear circuit）**とよび，非線形素子を含む回路を**非線形回路（nonlinear circuit）**という．

電圧と電流の関係が線形であるとき，線形性の定義から 2.4 節で詳述する**重ねの理（重ね合わせの理）（principle of superposition, superposition theorem）**が成り立つ．これにより，2.4 節で扱う諸定理や 2.5 節で扱う二端子対回路，2.9 節で扱う線形微分方程式，2.10 節で扱うフーリエ解析やラプラス解析などの技法が適用可能になる．一方，非線形回路では重ねの理が成り立たないことから，これらの技法が適用できず，回路解析は難しいものになる．2 章では，線形回路の回路解析法について述べる．

なお，現実の回路素子は厳密には非線形性をもつが，線形素子として扱って差し支えない場合が多い．また，3 章で詳述するように，半導体素子のように強い非線形性をもつ場合でも，電圧および電流の変化する範囲を小さくとる（小信号近似）ことにより近似的に線形素子として扱うことができ，線形回路理論を適用することができる．

例題 2-2-1　加える電圧が変化したときの抵抗，コイル，コンデンサに流れる電流の変化

図 2.2.3(a)に示す回路について，電源電圧 e を図 2.2.3(b)のように変化させたとき，抵抗 R，コイル L，コンデンサ C に流れる電流 i_R，i_L，i_C を求めよ．ただし，時刻 $t=0$ において $i_L(0)=0$ とする．

図 2.2.3(b)より，e は次式で表される．

$$e(t) = \begin{cases} \dfrac{E}{T}t & (0 \le t \le T) \\ E & (T \le t \le 2T) \end{cases} \tag{2.2.22}$$

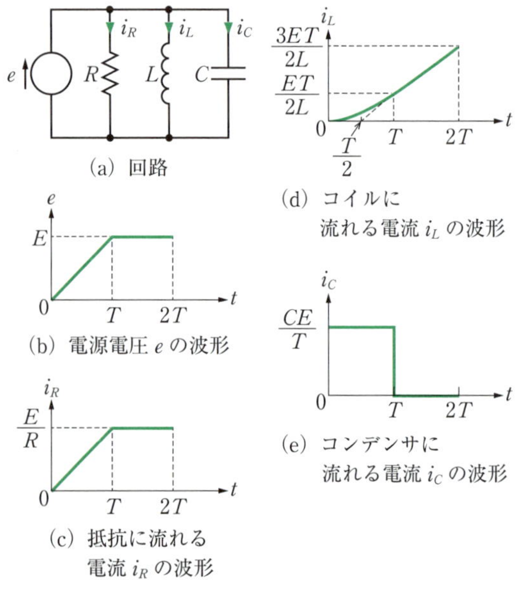

図 2.2.3　加える電圧が変化したときの抵抗，コイル，コンデンサに流れる電流の変化

よって，i_R は，次式で表される．

$$i_R(t) = \frac{e(t)}{R} = \begin{cases} \dfrac{E}{RT}t & (0 \le t \le T) \\ \dfrac{E}{R} & (T \le t \le 2T) \end{cases} \quad (2.2.23)$$

i_R のグラフを図 2.2.3(c) に示す．

i_L については，次式で表される．

$$i_L(t) = \frac{1}{L}\int e(t)dt \quad (2.2.24)$$

不定積分を時刻 t_1 から t_2 までの定積分の形に書き直すと

$$i_L(t_2) = i_L(t_1) + \frac{1}{L}\int_{t_1}^{t_2} e(t)dt \quad (2.2.25)$$

$0 \le t \le T$ の場合，式(2.2.25)において $t_1 = 0$，$t_2 = t$ とし，$i_L(0) = 0$ を用いることにより

$$i_L(t) = \frac{1}{L}\int_0^t e(t)dt \quad (2.2.26)$$

式(2.2.21)を代入して計算すると

$$i_L(t) = \frac{1}{L}\int_0^t \frac{E}{T}tdt = \frac{E}{2LT}t^2 \quad (2.2.27)$$

$T \le t \le 2T$ の場合，式(2.2.25)において $t_1 = T$，$t_2 = t$ とし

$$i_L(T) = \frac{ET}{2L} \quad (2.2.28)$$

を用いることにより

$$\begin{aligned} i_L(t) &= i_L(T) + \frac{1}{L}\int_T^t e(t)dt \\ &= \frac{ET}{2L} + \frac{1}{L}\int_T^t Edt \\ &= \frac{E}{L}\left(t - \frac{T}{2}\right) \end{aligned} \quad (2.2.29)$$

i_L のグラフを図 2.2.3(d) に示す．

i_C については，次式で表される．

$$i_C(t) = C\frac{de(t)}{dt} = \begin{cases} \dfrac{CE}{T} & (0 \le t \le T) \\ 0 & (T \le t \le 2T) \end{cases} \quad (2.2.30)$$

i_C のグラフを図 2.2.3(e) に示す．

2.2.2 電圧源，電流源と，その等価変換

a. 電圧源

電圧源（voltage source）とは，端子電圧が接続される回路によらない理想電源のことである．端子電圧が供給する電流によらないことから，内部の寄生素子による電圧降下はない．このため，端子電圧が 0 の電圧源は端子間の短絡と等価である．電圧源の記号を図 2.2.4 に示す．電流の正の向きは任意にとることができるが，電圧と同じ向きを正とすると電流も正となることが多く，わかりやすい．

直流回路における現実の電圧源（実電圧源）は，図 2.2.5 のように端子電圧 E の理想電圧源に直列に内部抵抗 R_i が挿入された等価回路で表され，実電源の端子電圧を v，供給する電流を i とすると

$$v = E - R_i i \quad (2.2.31)$$

と表される．

正弦波交流回路では，式(2.2.31)において，直流電圧 v および E がそれぞれ，2.2.3 項で説明される交流電圧の複素数表示 $\boldsymbol{V}$，$\boldsymbol{E}$ に，内部抵抗 R_i が内部インピーダンス $\boldsymbol{Z}_i$ に拡張された形で同様の式が成り立つ．

b. 電流源

電流源（current source）とは，供給電流が接続される回路によらない理想電源のことである．直流回路における電流源は，無限に高い端子電圧の理想電圧源 E に無限に高い抵抗 R_i が直列接続され，端子間を短絡したときの電流が J となっているものと考えられる．すなわち

$$\lim_{E, R_i \to \infty} \frac{E}{R_i} = J \quad (2.2.32)$$

この電源は，端子間にどのような有限な抵抗 R を接続しても流れる電流は J となる．

$$\lim_{E, R_i \to \infty} \frac{E}{R_i + R} = J \quad (2.2.33)$$

そのため，電流源として働くことがわかる．この電源

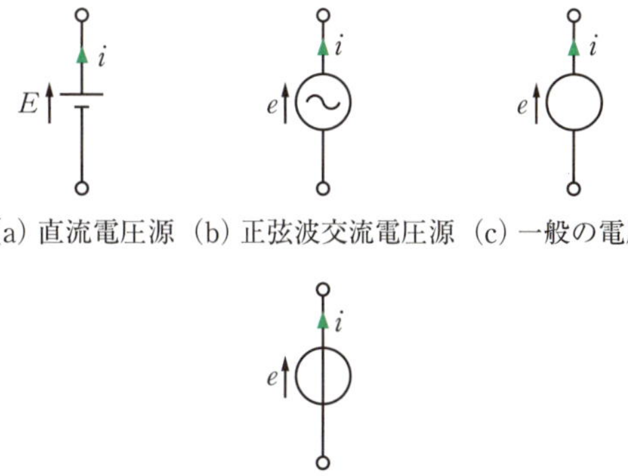

(a) 直流電圧源 (b) 正弦波交流電圧源 (c) 一般の電圧源

(d) 一般の電圧源(IEC 規格)

図 2.2.4 電圧源の記号

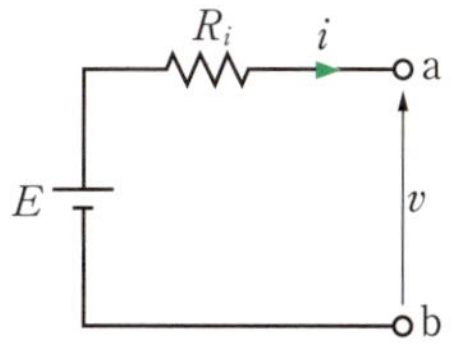

図 2.2.5 実電圧源の等価回路

では，内部抵抗 R_i が無限大であることから，出力電流 0 の電流源は端子間開放と等価である．電流源の記号を図 2.2.6 に示す．電圧の正の向きは任意にとることができるが，電流と同じ向きを正とすると電圧も正となることが多く，わかりやすい．

直流回路における現実の電流源（実電流源）は，図 2.2.7 のように供給電流 J の理想電流源に並列にコンダクタンス $G_i = 1/R_i$ が挿入された等価回路で表され，実電源の端子電圧を v'，供給する電流を i' とすると

$$i' = J - G_i v' \tag{2.2.34}$$

と表される．

以上の直流回路に関する説明は，正弦波交流回路における電流源では，電圧および電流を複素数表示とし，抵抗をインピーダンスに，コンダクタンスをアドミタンスに拡張することにより同様の関係が成り立つ．

c. 実電圧源と実電流源の等価変換

二つの回路が等価であるとは，それぞれの回路の対応する端子に同一回路を接続したときに，両回路の対応する各部の電圧または電流が等しいことをいう．

直流回路について，図 2.2.5 に示す実電圧源と図 2.2.7 に示す実電流源の等価条件を求める．両電源の端子間に任意の同一の抵抗 R を接続したときに電流 $i = i'$ となることが等価条件である（$i = i'$ であれば，$v = v'$ となる）．まず

$$i = \frac{E}{R_i + R},\quad i' = \frac{E}{1/G_i + R} \tag{2.2.35}$$

であるから，$i = i'$ は

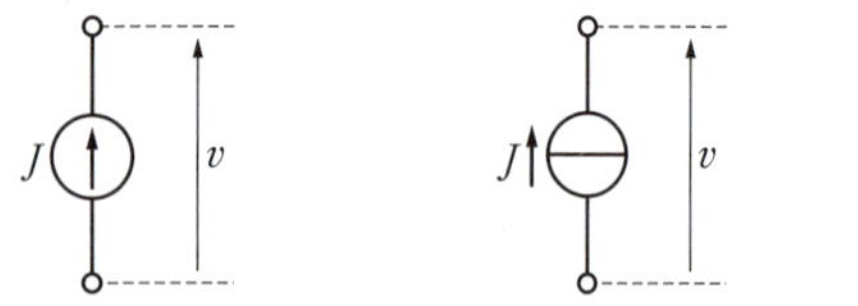

(a) 一般の電流源　(b) 一般の電流源（IEC 規格）

図 2.2.6　電流源の記号

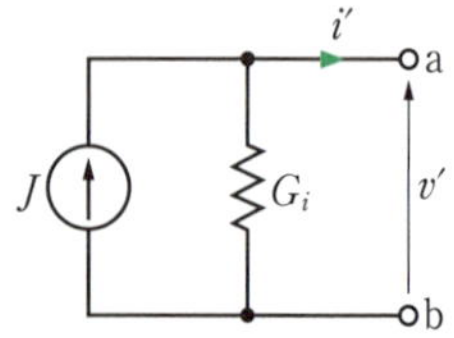

図 2.2.7　実電流源の等価回路

$$\left(E - \frac{J}{G_i}\right)R + \frac{E - R_i J}{G_i} = 0 \tag{2.2.36}$$

この式が，任意の R に対して成り立つ（恒等式となる）条件は

$$E - \frac{J}{G_i} = 0 \quad \text{かつ} \quad E - R_i J = 0 \tag{2.2.37}$$

すなわち，次式が等価条件となる．

$$G_i = \frac{1}{R_i} \quad \text{かつ} \quad E = R_i J = \frac{J}{G_i} \tag{2.2.38}$$

したがって，電圧源から電流源に変換する場合は

$$G_i = \frac{1}{R_i} \quad \text{かつ} \quad J = \frac{E}{R_i} \tag{2.2.39}$$

電流源から電圧源に変換する場合は

$$R_i = \frac{1}{G_i} \quad \text{かつ} \quad E = \frac{J}{G_i} \tag{2.2.40}$$

とすればよい．

正弦波交流回路の場合には，直流電源電圧 E および直流電源電流 J をそれぞれ交流電源電圧および電流の複素数表示 $\boldsymbol{E}$，$\boldsymbol{J}$ に，R_i，G_i をインピーダンス $\boldsymbol{Z}_i$ およびアドミタンス $\boldsymbol{Y}_i$ に置き換えることにより，同様の等価変換が可能である．

なお，理想電圧源と理想電流源の間では等価変換を行うことができないため，実電圧源と実電流源の等価変換をたんに電圧源と電流源の等価変換ということがある．

例題 2-2-2　複数の電源と素子を含む回路の等価電源

図 2.2.8(a)に示す複数の電源と素子を含む回路と等価な電圧源図 2.2.8(b)，および電流源図 2.2.8(c)を求めよ．

まず，図 2.2.8(a)中の R_2 は無視することができる．この理由は，理想電圧源 E の端子電圧は，並列に挿入されている R_2 の有無によらず常に一定値 E だからである．同様に，電流源 J に直列に挿入されている R_3 は無視することができる．この理由は，理想電流源 J から流れ出る電流は，R_3 の有無によらず常に一定値 J だからである．その結果，図 2.2.8(a)は図 2.2.8(d)のように簡略化される．

次に，図 2.2.8(d)に対して電圧源を電流源に変換することにより，図 2.2.8(e)が得られる．さらに，図 2.2.8(e)の電流源を並列合成（電源電流を総和）することにより，図 2.2.8(c)の等価電流源が得られる．このとき，図 2.2.8(c)の電源電流 J'' および内部抵抗 R_i'' は次式のように求まる．

$$J'' = \frac{E}{R_1} + J \tag{2.2.41}$$

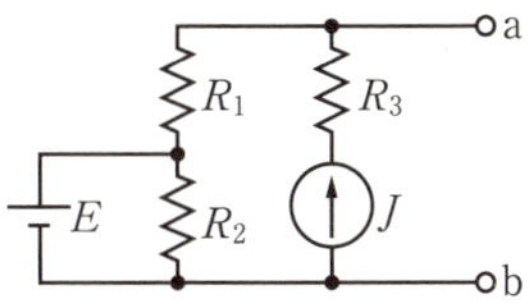

（a）複数の電源と素子を含む回路

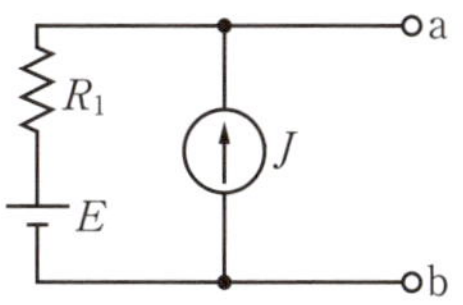

（d）（a）の R_2，R_3 を無視した等価回路

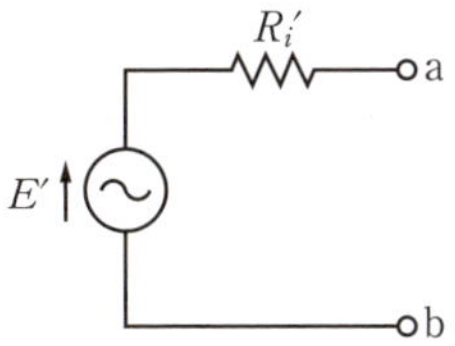

（b）（a）を等価変換して得られた電圧源

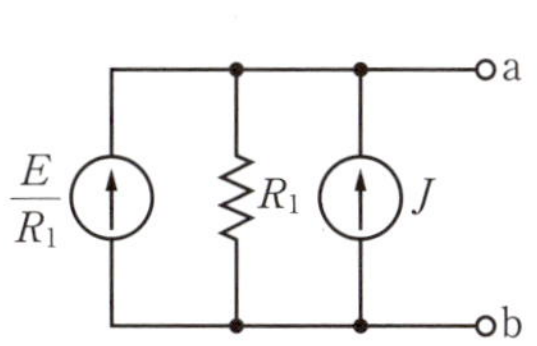

（e）（d）の電圧源を電流源に等価変換した回路

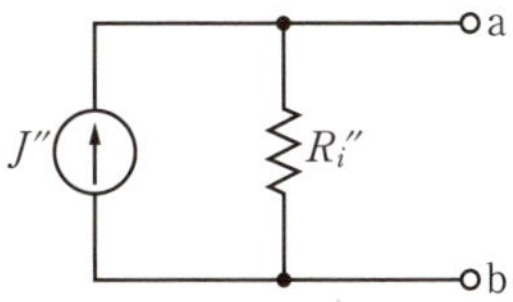

（c）（a）を等価変換して得られた電流源

図 2.2.8　複数の電源と素子を含む回路の等価電源

$$R_i'' = R_1 \tag{2.2.42}$$

図 2.2.8（b）の等価電圧源は，図 2.2.8（c）の等価電流源を電圧源に等価変換することにより求まる．

$$E' = E + R_1 J \tag{2.2.43}$$

$$R_i' = R_1 \tag{2.2.44}$$

2.2.3　キルヒホッフの法則

キルヒホッフの法則（Kirchhoff's law）はキルヒホッフの電圧則（Kirchhoff's voltage law：KVL）とキルヒホッフの電流則（Kirchhoff's current law：KCL）からなる．

a.　キルヒホッフの電圧則

回路中の任意の閉路に含まれる電圧源や素子の端子電圧の総和は 0 である（キルヒホッフの電圧則）．このことは，閉路において周回したとき，電位は元に戻ることから明らかである．電圧則を適用する場合，図 2.2.9 に示すように，電圧は方向により正負の向きを定義するとよい．この図の場合，右回りの閉路 l における電圧則の式は

$$e_1 - v_1 + v_2 - e_2 - v_3 = 0 \tag{2.2.45}$$

となる．この式は，電圧降下の総和が電源電圧の総和に等しいという形に書くこともできる．

$$v_1 - v_2 + v_3 = e_1 - e_2 \tag{2.2.46}$$

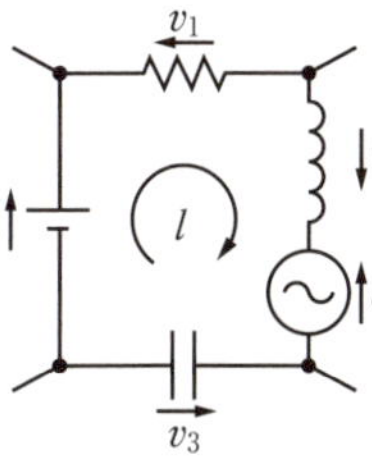

図 2.2.9　キルヒホッフの電圧則

b.　キルヒホッフの電流則

回路中の任意の接続点（節点）に流入する電流の総和は 0 である（キルヒホッフの電流則）．このことは，節点に電荷が蓄積されないことから明らかである．電流則を適用する場合，図 2.2.10 に示すように，電流は方向により正負の向きを定義するとよい．この図の場合，節点 a における電流則は

$$i_1 + j_1 - j_2 - i_2 = 0 \tag{2.2.47}$$

となる．この式は，節点から流出する電流の総和が流入する電源電流の総和に等しいという形に書くこともできる．

$$-i_1 + i_2 = j_1 - j_2 \tag{2.2.48}$$

2.2.4　定常状態と過渡状態

一般に回路解析においては，キルヒホッフの電圧則および電流則を用いて回路方程式を立式し，その解を求めることにより回路の特性を求める．回路から回路方程式を立て，その解を求める場合の一例として，直列に接続された抵抗 R，インダクタンス L，キャパシ

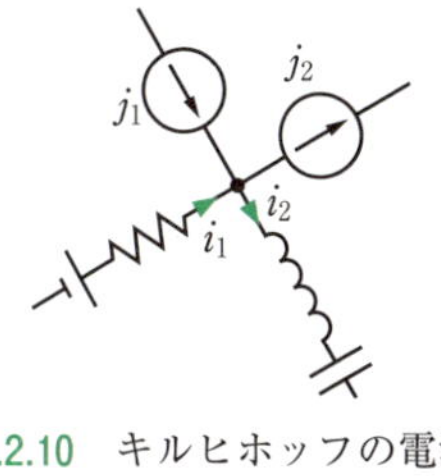

図 2.2.10　キルヒホッフの電流則

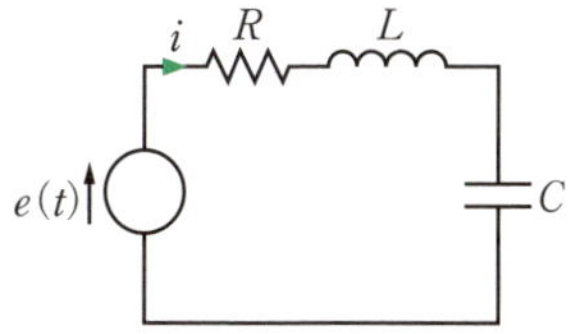

図 2.2.11　RLC 直列回路

タンス C，および電圧源 e からなる RLC 直列回路を図 2.2.11 に示す．この回路に対し，キルヒホッフの電圧則を用いて回路方程式を立てると

$$L\frac{di}{dt}+Ri+\frac{1}{C}\int idt = e \qquad (2.2.49)$$

となる．この回路方程式は電流 i について時間 t の微積分方程式であるため，一般的にはその解は容易には求まらない．しかし，回路素子のパラメータが変化せず，電源が直流または正弦波交流の場合には解を求めることができる．

回路の状態には**定常状態（steady state）**と**過渡状態（transient state）**がある．回路各部の電圧，電流が一定または周期的な変化をする状態を定常状態とよび，そのときの回路方程式の解を定常解とよぶ．一方，ある定常状態から回路のパラメータが変化した後，次の定常状態になるまでの過渡的な状態を過渡状態とよぶ．過渡状態における回路方程式の解は，定常状態を表す定常解と，定常状態からの過渡的な変化を表す過渡解の和として表される．以後，2.3 節では正弦波交流回路について定常解の求め方を学ぶ．また，過渡状態を含む回路方程式の一般的な解の求め方を 2.9 節で学ぶ．

2.2 節のまとめ

- **基本回路素子には抵抗，コイル，およびコンデンサがある．**
- **本章では素子の値が電流・電圧によらず一定の線形素子のみからなる線形回路のみを扱う．**
- **電源には電圧源と電流源がある．**
- **内部抵抗を含む実電圧源と実電流源は，互いに等価変換が可能である．**
- **キルヒホッフの電圧則・電流則を用いて回路方程式を立てて解くことにより，回路解析を行うことができる．**

2.3　交流回路の定常状態解析

2.3.1　正弦波関数

a. 瞬時値

正弦波交流電圧および電流について述べる．正弦波交流電圧の時刻 t［s］における**瞬時値（instantaneous value）** $e(t)$［V］は次式のように表される．

$$e(t) = E_m \sin(\omega t+\theta) \qquad (2.3.1)$$

ここで，E_m（>0）を**最大値（maximum value）**または**振幅（amplitude）**，ω を**角周波数（angular frequency）**，θ を**位相角（phase angle）**または**位相（phase）**とよぶ．ω，θ の単位はそれぞれ，ラジアン / 秒［rad/s］，ラジアン［rad］である．

式(2.3.1)で表される正弦波交流電圧の瞬時値の波形を図 2.3.1 に示す．ここで，正弦波交流電圧の周期を T とすると

$$\omega T = 2\pi \qquad (2.3.2)$$

が成り立つ．この関係は

$$T = \frac{2\pi}{\omega} \quad または \quad \omega = \frac{2\pi}{T} \qquad (2.3.3)$$

とも書ける．

単位時間あたりの周期数を周波数 f とよび，次式で表される．

$$f = \frac{1}{T} \qquad (2.3.4)$$

単位はヘルツ［Hz］である．ここで，式(2.3.3)より

$$f = \frac{\omega}{2\pi} \qquad (2.3.5)$$

と表せる．

正弦波交流電流の瞬時値 $i(t)$［A］は次式で表され

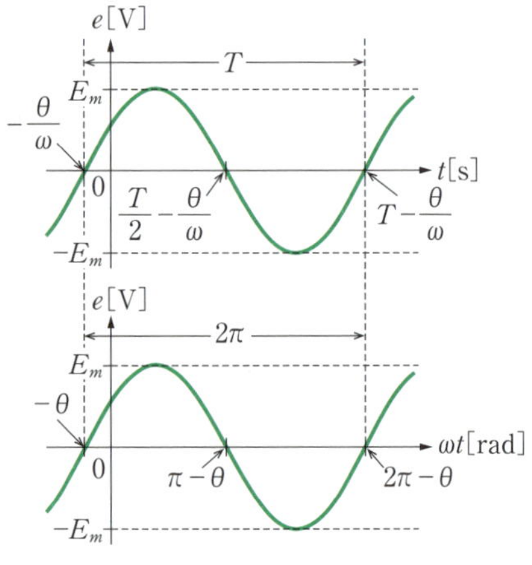

図 2.3.1　正弦波交流電圧の瞬時値波形

る．

$$i(t) = I_m \sin(\omega t + \varphi) \qquad (2.3.6)$$

ここで，I_m は正弦波交流電流の最大値または振幅，φ は位相角または位相である．

正弦波交流電圧の位相を基準とした電流の位相の進み δ を位相差と定義する．すなわち

$$\delta = \varphi - \theta \qquad (2.3.7)$$

ただし，電圧の位相を基準にした電流の遅れを位相差と定義する流儀もある．すなわち

$$\delta = \theta - \varphi \qquad (2.3.8)$$

本章では，位相差を式(2.3.7)により定義する．

ここで，$\delta > 0$ であれば，i が e より δ だけ位相が進んで（lead）いる，または e が i より δ だけ位相が遅れて（lag）いるという．また，$\delta = 0$ であれば，e と i が**同位相**または**同相（in-phase）**といい，$\delta = \pi$ であれば，e と i が**逆位相（anti-phase）**という．

なお，本章では正弦波関数を式(2.3.1)および(2.3.6)のように**正弦（sine）**を用いて表したが，**余弦（cosine）**を用いる流儀もある．すなわち

$$e(t) = E_m \cos(\omega t + \theta') \qquad (2.3.9)$$

$$i(t) = I_m \cos(\omega t + \varphi') \qquad (2.3.10)$$

正弦と余弦を用いる式の間では

$$\theta' = \theta - \frac{\pi}{2}, \qquad \varphi' = \varphi - \frac{\pi}{2} \qquad (2.3.11)$$

とすれば互いに変換が可能であるので，両者は本質的には同じものである．本章では，式(2.3.1)および(2.3.6)のように，正弦を用いて表す流儀を採用する．

正弦波関数の大きさを表す尺度としては，最大値のほかに，以下で述べる**平均値（average value）**および**実効値（effective value）**がある．

b. 平均値

周期的な関数に対し，平均値とは瞬時値の1周期にわたる時間平均のことである．周期 T をもつ電圧の瞬時値 $e(t)$ に対し，平均値 E_a は次式で定義される．

$$E_a = \frac{1}{T}\int_0^T e(t)dt \qquad (2.3.12)$$

また，電流の瞬時値 $i(t)$ に対して，平均値 I_a は次式で表される．

$$I_a = \frac{1}{T}\int_0^T i(t)dt \qquad (2.3.13)$$

平均値は正弦波関数の直流成分に相当する．

例題 2-3-1　のこぎり波の平均値

のこぎり波電圧の瞬時値 $e(t)$ が図 2.3.2 のように

$$e(t) = \frac{A}{T}(t - nT) \quad (nT \leq t \leq (n+1)T) \qquad (2.3.14)$$

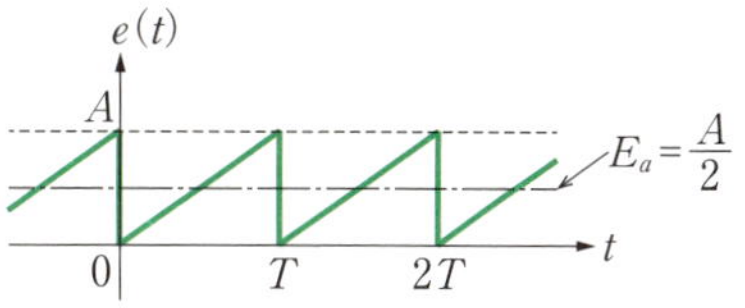

図 2.3.2　のこぎり波電圧の瞬時値波形

で表される（n は整数）とき，その平均値 E_a は

$$E_a = \frac{1}{T}\int_0^T \frac{A}{T} t\,dt = \frac{A}{T^2}\left[\frac{t^2}{2}\right]_0^T = \frac{A}{2} \qquad (2.3.15)$$

となる．

次の例に述べる正弦波交流電圧・電流などのように，式(2.3.12)または(2.3.13)により求めた1周期にわたる直流成分が0の場合には，平均値として正の半波の平均をとるとの慣例がある．$0 \leq t \leq T/2$ のとき $e(t) \geq 0$，$T/2 \leq t \leq T$ のとき $e(t) \leq 0$ である場合，E_a は次式で表される．

$$E_a = \frac{1}{T/2}\int_0^{\frac{T}{2}} e(t)dt = \frac{1}{T}\int_0^T |e(t)|dt \qquad (2.3.16)$$

絶対値の1周期にわたる平均とも解釈できるため，この E_a を**絶対平均値（average absolute value）**とよぶことがある．

例題 2-3-2　正弦波交流電圧の平均値

正弦波交流電圧の瞬時値 $e(t)$ が

$$e(t) = E_m \sin \omega t \qquad (2.3.17)$$

と表されるとき，正弦波交流電圧の平均値を求めよ．

式(2.3.12)により求めた平均値は0となる．この場合は，平均値 E_a は，式(2.3.16)により求める．すなわち

$$E_a = \frac{1}{T/2}\int_0^{\frac{T}{2}} E_m \sin \omega t\,dt = \frac{2E_m}{T}\left[-\frac{\cos \omega t}{\omega}\right]_0^{\frac{T}{2}} \qquad (2.3.18)$$

ここで，式(2.3.2)を用いると

$$\therefore \quad E_a = \frac{2E_m}{\pi} (\fallingdotseq 0.637 E_m) \qquad (2.3.19)$$

正弦波交流電圧の場合と同様に，正弦波交流電流の平均値 I_a と最大値 I_m の関係は次式で表される．

$$I_a = \frac{2I_m}{\pi} \qquad (2.3.20)$$

c. 実効値

一般に，周期的な関数に対し，実効値は瞬時値の1周期にわたる**2乗の平均の平方根（root mean square：RMS）**として定義される．周期 T をもつ電

圧の瞬時値 $e(t)$ に対し，実効値 E_e は次式で表される．

$$E_e = \sqrt{\frac{1}{T}\int_0^T e^2(t)dt}\,(\geq 0) \tag{2.3.21}$$

また，電流の瞬時値 $i(t)$ に対し，実効値 I_e は

$$I_e = \sqrt{\frac{1}{T}\int_0^T i^2(t)dt} \tag{2.3.22}$$

となる．

例題 2-3-3　正弦波交流電圧の実効値

正弦波交流電圧が式(2.3.17)により表されるとき正弦波交流電圧の実効値を求めよ．

$$\begin{aligned} E_e &= \sqrt{\frac{1}{T}\int_0^T (E_m \sin \omega t)^2 dt} \\ &= E_m\sqrt{\frac{1}{T}\int_0^T \frac{1-\cos 2\omega t}{2}dt} \\ &= E_m\sqrt{\frac{1}{T}\left[\frac{t}{2}-\frac{1}{4\omega}\sin 2\omega t\right]_0^T} \\ &= E_m\sqrt{\frac{1}{T}\left\{\left(\frac{T}{2}-\frac{1}{4\omega}\sin 2\omega T\right)-\left(\frac{0}{2}-\frac{1}{4\omega}\sin 0\right)\right\}} \end{aligned} \tag{2.3.23}$$

式(2.3.2)を用いて

$$E_e = \frac{E_m}{\sqrt{2}}\,(\fallingdotseq 0.707E_m) \tag{2.3.24}$$

周期 T をもつ電流の瞬時値 $i(t)$ に対しても，実効値 I_e は電圧の場合と同様に定義される．正弦波交流電流の場合，電圧と同様に，I_e と I_m の関係は次式で表される．

$$I_e = \frac{I_m}{\sqrt{2}} \tag{2.3.25}$$

一般に，**瞬時電力（instantaneous power）** p および**平均電力（average power）** P は次式で定義される．

$$p = ei \tag{2.3.26}$$

$$P = \frac{1}{T}\int_0^T p\,dt \tag{2.3.27}$$

正弦波交流電圧 e が式(2.3.17)，電流 i が式(2.3.6)で表されるとき，抵抗 R に対して，オームの法則により

$$e = Ri \tag{2.3.28}$$

が成り立つから

$$P = \frac{1}{T}\int_0^T ei\,dt = \frac{1}{T}\int_0^T Ri^2 dt = \frac{1}{T}\int_0^T \frac{e^2}{R}dt \tag{2.3.29}$$

$$\therefore\quad P = R\left(\frac{1}{T}\int_0^T i^2 dt\right) = \frac{1}{R}\left(\frac{1}{T}\int_0^T e^2 dt\right) \tag{2.3.30}$$

よって，式(2.3.21)および(2.3.22)より，次式が成り立つ．

$$P = RI_e{}^2 = \frac{E_e{}^2}{R} \tag{2.3.31}$$

正弦波電圧・電流を表すのには実効値がよく用いられる．この理由は，式(2.3.31)からわかるように，実効値を用いると抵抗回路で消費される正弦波交流の電力（有効電力）の式の形が直流の場合と同じになるためである．

2.3.2　複素平面

a. 複素数と複素平面

複素数 $\boldsymbol{z}$ は，二つの実数 x，y に対し

$$\boldsymbol{z} = x + jy \tag{2.3.32}$$

により表される．ここで，j は虚数単位であり

$$j^2 = -1 \quad \text{または} \quad j = \sqrt{-1} \tag{2.3.33}$$

である．x は複素数 $\boldsymbol{z}$ の実部，y は虚部とよばれ

$$\mathrm{Re}\,[\boldsymbol{z}] = x \quad \text{および} \quad \mathrm{Im}\,[\boldsymbol{z}] = y \tag{2.3.34}$$

と表される．

なお，数学では虚数単位には i を用いるが，電気回路では，電流の記号 i との混同を避けるため，虚数単位に j を用いる．

複素数 $\boldsymbol{z}$ の実部 x を水平軸に，虚部 y を垂直軸にとり，2次元平面上に表すとき，この平面を複素平面とよぶ．複素平面上に表した複素数 $\boldsymbol{z}$ の一例を図2.3.3に示す．

b. オイラーの公式

複素数 $\boldsymbol{z}$ を変数とする複素関数 $\boldsymbol{f}(\boldsymbol{z})$ の $\boldsymbol{z} = \boldsymbol{a}$ のまわりのテーラー展開は

$$\boldsymbol{f}(\boldsymbol{z}) = \sum_{n=0}^{\infty} \frac{\boldsymbol{f}^{(n)}(\boldsymbol{a})}{n!}(\boldsymbol{z}-\boldsymbol{a})^n \tag{2.3.35}$$

ここで，$\boldsymbol{f}^{(n)}(\boldsymbol{a})$ は $\boldsymbol{f}(\boldsymbol{z})$ の $\boldsymbol{z} = \boldsymbol{a}$ における n 階微分係数である．ここで，$\boldsymbol{a} = 0$ とすると

$$\boldsymbol{f}(\boldsymbol{z}) = \sum_{n=0}^{\infty} \frac{\boldsymbol{f}^{(n)}(\boldsymbol{0})}{n!}\boldsymbol{z}^n \tag{2.3.36}$$

さらに，$\boldsymbol{f}(\boldsymbol{z}) = e^{\boldsymbol{z}}$ とすると

$$e^{\boldsymbol{z}} = 1 + \boldsymbol{z} + \frac{1}{2!}\boldsymbol{z}^2 + \frac{1}{3!}\boldsymbol{z}^3 + \frac{1}{4!}\boldsymbol{z}^4 + \frac{1}{5!}\boldsymbol{z}^5 + \cdots \tag{2.3.37}$$

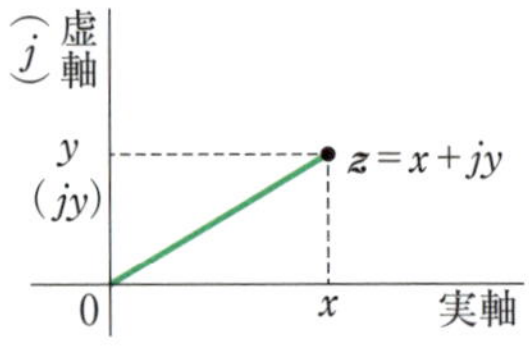

図2.3.3　複素平面上の複素数

ここで，$\boldsymbol{z} = j\theta$ とすると

$$e^{j\theta} = 1 + j\theta - \frac{1}{2!}\theta^2 - j\frac{1}{3!}\theta^3 + \frac{1}{4!}\theta^4 + j\frac{1}{5!}\theta + \cdots \tag{2.3.38}$$

一方，式(2.3.36)で $\boldsymbol{f}(\boldsymbol{z}) = \cos\theta$ とすると

$$\cos\theta = 1 - \frac{1}{2!}\theta^2 + \frac{1}{4!}\theta^4 + \cdots \tag{2.3.39}$$

また，$\boldsymbol{f}(\boldsymbol{z}) = \sin\theta$ とすると

$$\sin\theta = \theta - \frac{1}{3!}\theta^3 + \frac{1}{5!}\theta^5 + \cdots \tag{2.3.40}$$

$$\therefore\quad j\sin\theta = j\theta - j\frac{1}{3!}\theta^3 + j\frac{1}{5!}\theta^5 + \cdots \tag{2.3.41}$$

式(2.3.38)，(2.3.39)，(2.3.41)を見比べることにより

$$e^{j\theta} = \cos\theta + j\sin\theta \tag{2.3.42}$$

が成り立つ．この複素指数関数と三角関数の関係式をオイラーの公式という．オイラーの公式より

$$\begin{cases} \mathrm{Re}[e^{j\theta}] = \cos\theta \\ \mathrm{Im}[e^{j\theta}] = \sin\theta \end{cases} \tag{2.3.43}$$

この関係式より

$$|e^{j\theta}| = \sqrt{\cos^2\theta + \sin^2\theta} = 1 \tag{2.3.44}$$

であることから，$e^{j\theta}$ を複素平面上に表すと，図 2.3.4 に示すように，$e^{j\theta}$ の絶対値は 1，すなわち $e^{j\theta}$ は単位円上の点を表すことがわかる．また，式(2.3.43)より，$e^{j\theta}$ の偏角は θ であることがわかる．

c．複素数の表示形式

複素数の表示形式として，（ i ）**直交座標形式**，直交形式，または**直角座標形式（rectangular form）**，（ ii ）**指数関数形式（exponential form）**，（ iii ）**極座標形式**または**極形式（polar form）**の 3 種類がある．なお，上記（ i ）～（ iii ）で，form を表示と訳す場合もある．

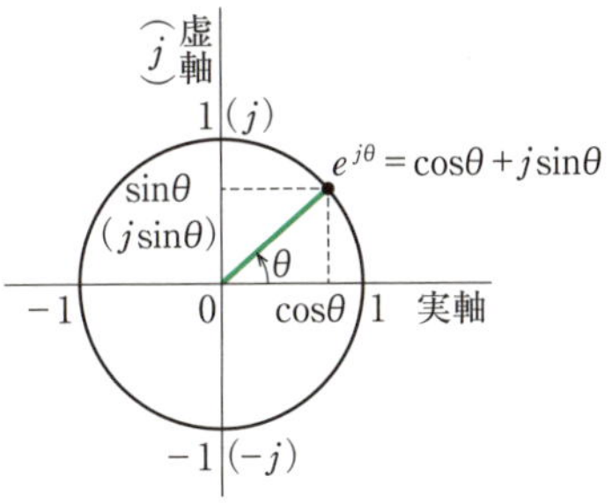

図 2.3.4　複素指数関数と三角関数の関係（オイラーの公式）

（ i ）　直交座標形式

複素数 $\boldsymbol{z}$ は，実部 x と虚部 y（ともに実数）を用いて

$$\boldsymbol{z} = x + jy \tag{2.3.45}$$

と表すことができる．

（ ii ）　指数関数形式

複素数 $\boldsymbol{z}$ は，絶対値（大きさ）

$$|\boldsymbol{z}| = r(\geq 0) \tag{2.3.46}$$

と偏角（位相）

$$\arg\boldsymbol{z} = \theta \tag{2.3.47}$$

（r，θ はともに実数）を用いて

$$\boldsymbol{z} = |\boldsymbol{z}|e^{j\theta} = re^{j\theta} \tag{2.3.48}$$

と表すことができる．

（ iii ）　極座標形式

指数関数形式と同様に

$$\boldsymbol{z} = |\boldsymbol{z}|\angle\theta = r\angle\theta \tag{2.3.49}$$

と表すことができる．

極座標形式は指数関数形式を，大きさと位相のみを用いて記号的に表したものと考えられる．したがって，r と θ が同一のとき，指数関数形式と極座標形式の表す複素数は等しい．すなわち

$$re^{j\theta} = r\angle\theta \tag{2.3.50}$$

極座標形式は指数関数形式と本質的には同じであるが，表記の簡易性によりよく用いられる．

（ iv ）　各表示間の変換

複素数 $\boldsymbol{z}$ に対する x，y，r，および θ の関係を図 2.3.5 の図中に示す．図より，x，y を r，θ を用いて表すと，次式となる．

$$\begin{cases} r = |\boldsymbol{z}| = \sqrt{x^2 + y^2} \\ \theta = \tan^{-1}\dfrac{y}{x} \end{cases} \tag{2.3.51}$$

この式は，複素数 $\boldsymbol{z}$ を直交座標形式から指数関数形式または極座標形式に変換する場合に用いる．

ただし，$\tan\theta$ は周期が π の関数であるため，θ が $-\pi < \theta \leq \pi$ の範囲では同じ値を 2 回とる．その結

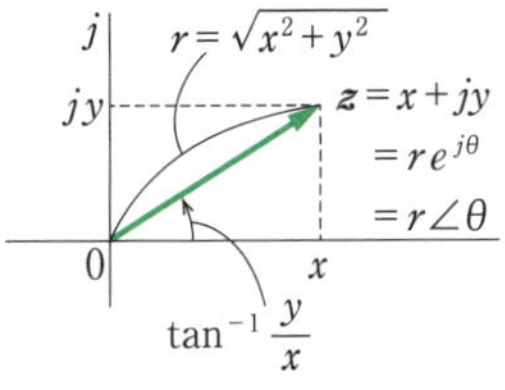

図 2.3.5　複素数のベクトルとベクトル図

果，逆関数である $\theta = \tan^{-1}(y/x)$ は θ の同じ範囲に対し 2 価関数となる．したがって，一般的には，θ の範囲を複素平面上の $\boldsymbol{z}$ の象限から限定して θ の値を決める必要がある．このためには，x，y の正負から $\boldsymbol{z}$ の象限を考えるとよい．

一方，指数関数形式または極座標形式から直交座標形式に変換する場合には次式を用いる．この式が成り立つことも，図 2.3.5 より図形的に明らかである．

$$\begin{cases} x = r\cos\theta \\ y = r\sin\theta \end{cases} \tag{2.3.52}$$

(v) ベクトル図

複素平面上に表示された複素数は大きさ（絶対値）と向き（偏角）をもつ．このような，大きさと向きをもつ量のことを，一般にベクトルとよぶ．ベクトルは，大きさを長さで表し，向きを矢印で表した有向線分で複素平面上に表現する．このような複素数を表すベクトルを，複素平面上に図示したものを，ベクトル図という．図 2.3.5 はベクトル図の一例である．

偏角が 0 のベクトルを基準ベクトルという．基準ベクトルは実軸の正方向と向きが一致する．

d. 共役複素数

直交座標形式で表された複素数 $\boldsymbol{z} = x + jy$ に対して，虚部の符号を正負反転させた $\boldsymbol{z} = x - jy$ を共役複素数とよび，$\bar{\boldsymbol{z}}$ で表す．すなわち

$$\bar{\boldsymbol{z}} = x - jy \tag{2.3.53}$$

複素平面上では，図 2.3.6 に示すように，$\boldsymbol{z}$ と $\bar{\boldsymbol{z}}$ は実軸に対して対称な関係にある．

指数関数形式および極座標形式の場合は，複素数 $\boldsymbol{z} = re^{\theta} = r\angle\theta$ に対して，オイラーの公式により

$$\boldsymbol{z} = r\cos\theta + jr\sin\theta \tag{2.3.54}$$

であるから，式(2.3.53)より

$$\bar{\boldsymbol{z}} = r\cos\theta - jr\sin\theta \tag{2.3.55}$$

よって

$$\bar{\boldsymbol{z}} = re^{-\theta} = r\angle(-\theta) \tag{2.3.56}$$

となる．すなわち，指数関数形式および極座標形式では位相の符号が反転する．

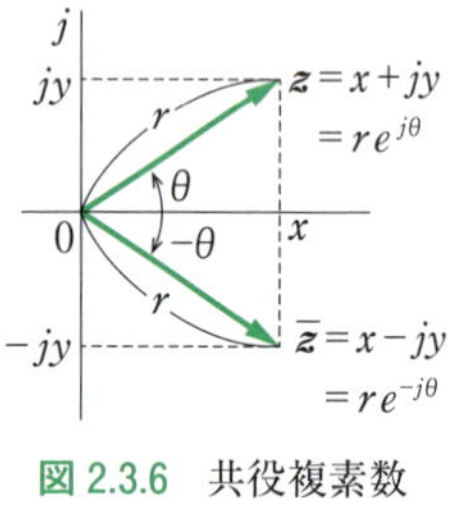

図 2.3.6　共役複素数

e. 複素数の四則計算

下記の二つの複素数 $\boldsymbol{z}_1$，$\boldsymbol{z}_2$ に対する四則計算について述べる．

$$\boldsymbol{z}_1 = x_1 + jy_1 = r_1 e^{j\theta_1} = r_1\angle\theta_1 \tag{2.3.57}$$

$$\boldsymbol{z}_2 = x_2 + jy_2 = r_2 e^{j\theta_2} = r_2\angle\theta_2 \tag{2.3.58}$$

(i) 加算および減算

直交座標形式の場合，$\boldsymbol{z}_1$，$\boldsymbol{z}_2$ の和・差は，実部と虚部それぞれの和・差となる．

$$\boldsymbol{z}_1 \pm \boldsymbol{z}_2 = (x_1 \pm x_2) + j(y_1 \pm y_2) \quad \text{（複号同順）} \tag{2.3.59}$$

指数関数形式および極座標形式の場合は，直交座標形式に変換してから，式(2.3.59)を用いて加・減算を行う．

(ii) 乗算

直交座標形式の場合，$\boldsymbol{z}_1$，$\boldsymbol{z}_2$ の積は次式で表される．

$$\boldsymbol{z}_1\boldsymbol{z}_2 = x_1x_2 + jx_1y_2 + jx_2y_1 + j^2y_1y_2 \tag{2.3.60}$$

ここで，$j^2 = -1$ に注意すると

$$\boldsymbol{z}_1\boldsymbol{z}_2 = (x_1x_2 - y_1y_2) + j(x_1y_2 + x_2y_1) \tag{2.3.61}$$

指数関数形式および極座標形式の場合，$\boldsymbol{z}_1$，$\boldsymbol{z}_2$ の積は次式となる．

$$\boldsymbol{z}_1\boldsymbol{z}_2 = r_1e^{j\theta_1}\cdot r_2e^{j\theta_2} = r_1r_2e^{j\theta_1}e^{j\theta_2} \tag{2.3.62}$$

ここで，指数関数の性質により

$$\boldsymbol{z}_1\boldsymbol{z}_2 = r_1r_2e^{j(\theta_1+\theta_2)} = r_1r_2\angle(\theta_1+\theta_2) \tag{2.3.63}$$

乗算は直交座標形式でも行うことができるが，指数関数形式または極座標形式の方が計算が容易である．

(iii) 逆数と除算

直交座標形式の場合，$\boldsymbol{z}$ の逆数は

$$\frac{1}{\boldsymbol{z}} = \frac{1}{x+jy} = \frac{\overline{(x+jy)}}{(x+jy)\overline{(x+jy)}} \tag{2.3.64}$$

ここで，式(2.3.53)より

$$\frac{1}{\boldsymbol{z}} = \frac{x-jy}{(x+jy)(x-jy)} = \frac{x-jy}{x^2+y^2} \tag{2.3.65}$$

一方，$\boldsymbol{z}_1$，$\boldsymbol{z}_2$ の商は

$$\frac{\boldsymbol{z}_2}{\boldsymbol{z}_1} = \frac{x_2+jy_2}{x_1+jy_1} = \frac{(x_2+jy_2)\overline{(x_1+jy_1)}}{(x_1+jy_1)\overline{(x_1+jy_1)}} \tag{2.3.66}$$

逆数の場合と同様に

$$\frac{\boldsymbol{z}_2}{\boldsymbol{z}_1} = \frac{(x_2+jy_2)(x_1-jy_1)}{(x_1+jy_1)(x_1-jy_1)}$$

$$= \frac{x_1x_2 + j(x_1y_2 - x_2y_1) - j^2y_1y_2}{{x_1}^2 + {y_1}^2} \tag{2.3.67}$$

さらに，$j^2 = -1$ より

$$\frac{\boldsymbol{z}_2}{\boldsymbol{z}_1} = \frac{(x_1x_2+y_1y_2)+j(x_1y_2-x_2y_1)}{{x_1}^2+{y_1}^2} \quad (2.3.68)$$

指数関数形式および極座標形式の場合，$\boldsymbol{z}$ の逆数は

$$\frac{1}{\boldsymbol{z}} = \frac{1}{re^{j\theta}} \quad (2.3.69)$$

ここで，指数関数の性質により

$$\frac{1}{\boldsymbol{z}} = \frac{1}{r}e^{-j\theta} \quad (2.3.70)$$

この式より，図 2.3.7 に示すように，逆数では位相が正負反転することがわかる．

一方，$\boldsymbol{z}_1$，$\boldsymbol{z}_2$ の商は

$$\frac{\boldsymbol{z}_2}{\boldsymbol{z}_1} = \frac{r_2e^{j\theta_2}}{r_1e^{j\theta_1}} = \frac{r_2}{r_1}\cdot\frac{e^{j\theta_2}}{e^{j\theta_1}} \quad (2.3.71)$$

ここで，指数関数の性質により

$$\frac{\boldsymbol{z}_2}{\boldsymbol{z}_1} = \frac{r_2}{r_1}e^{j(\theta_2-\theta_1)} = \frac{r_2}{r_1}\angle(\theta_2-\theta_1) \quad (2.3.72)$$

除算は直交座標形式でも行うことができるが，指数関数形式または極座標形式の方が計算が容易である．

(iv)　位相回転

複素数 $\boldsymbol{z} = re^{j\theta}$ に $e^{j\phi}$ を掛けると

$$e^{j\phi}\boldsymbol{z} = e^{j\phi}\cdot re^{j\theta} = re^{j(\theta+\phi)} \quad (2.3.73)$$

であるから，e^{ϕ} の乗算は $\boldsymbol{z}$ の位相を ϕ だけ回転させる演算であることがわかる．特に，$\phi = \pm\pi/2$ のときは，オイラーの公式より

$$e^{\pm j\frac{\pi}{2}} = \pm j \quad (複号同順) \quad (2.3.74)$$

であるから，$\pm j$ を掛けることは，それぞれ $\pm\pi/2$ だけ回転させることに相当する．

f. 和・差・積・商の共役複素数

二つの複素数 $\boldsymbol{z}_1$，$\boldsymbol{z}_2$ を式(2.3.57)および(2.3.58)により表すときの，和・差・積・商の共役複素数について述べる．

(i)　和・差の共役複素数

式(2.3.59)より

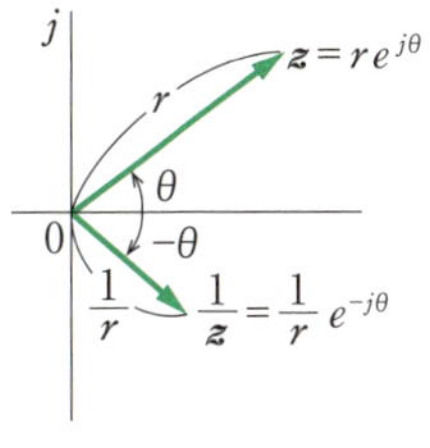

図 2.3.7　複素数の逆数

$$\overline{\boldsymbol{z}_1 \pm \boldsymbol{z}_2} = \overline{(x_1\pm x_2)+j(y_1\pm y_2)} \quad (複号同順) \quad (2.3.75)$$

ここで，式(2.3.53)より

$$\overline{\boldsymbol{z}_1 \pm \boldsymbol{z}_2} = (x_1\pm x_2)-j(y_1\pm y_2)$$
$$= (x_1-jy_1)\pm(x_2-jy_2) \quad (複号同順) \quad (2.3.76)$$

$$\therefore \quad \overline{\boldsymbol{z}_1 \pm \boldsymbol{z}_2} = \overline{\boldsymbol{z}_1} \pm \overline{\boldsymbol{z}_2} \quad (複号同順) \quad (2.3.77)$$

(ii)　積の共役複素数

式(2.3.63)より

$$\overline{\boldsymbol{z}_1\boldsymbol{z}_2} = \overline{r_1r_2e^{j(\theta_1+\theta_2)}} \quad (2.3.78)$$

ここで，式(2.3.56)より

$$\overline{\boldsymbol{z}_1\boldsymbol{z}_2} = r_1r_2e^{-j(\theta_1+\theta_2)} = r_1e^{-j\theta_1}\cdot r_2e^{-j\theta_2} \quad (2.3.79)$$

$$\therefore \quad \overline{\boldsymbol{z}_1\boldsymbol{z}_2} = \overline{\boldsymbol{z}_1}\cdot\overline{\boldsymbol{z}_2} \quad (2.3.80)$$

(iii)　商の共役複素数

式(2.3.72)より

$$\overline{\left(\frac{\boldsymbol{z}_2}{\boldsymbol{z}_1}\right)} = \overline{\frac{r_2}{r_1}e^{j(\theta_2-\theta_1)}} \quad (2.3.81)$$

ここで，式(2.3.56)より

$$\overline{\left(\frac{\boldsymbol{z}_2}{\boldsymbol{z}_1}\right)} = \frac{r_2}{r_1}e^{-j(\theta_2-\theta_1)} = \frac{r_2e^{-j\theta_2}}{r_1e^{-j\theta_1}} \quad (2.3.82)$$

$$\therefore \quad \overline{\left(\frac{\boldsymbol{z}_2}{\boldsymbol{z}_1}\right)} = \frac{\overline{\boldsymbol{z}_2}}{\overline{\boldsymbol{z}_1}} \quad (2.3.83)$$

g. 絶対値に関する演算

(i)　積・商の絶対値

式(2.3.63)より

$$|\boldsymbol{z}_1\boldsymbol{z}_2| = |r_1r_2e^{j(\theta_1+\theta_2)}| = r_1r_2 \quad (2.3.84)$$

一方，$|\boldsymbol{z}_1| = r_1$，$|\boldsymbol{z}_2| = r_2$

であるから

$$|\boldsymbol{z}_1\boldsymbol{z}_2| = |\boldsymbol{z}_1||\boldsymbol{z}_2| \quad (2.3.85)$$

商についても，同様に次式が成り立つ．

$$\left|\frac{\boldsymbol{z}_2}{\boldsymbol{z}_1}\right| = \frac{|\boldsymbol{z}_2|}{|\boldsymbol{z}_1|} \quad (2.3.86)$$

(ii)　共役複素数と絶対値

式(2.3.56)と指数関数の性質により

$$\boldsymbol{z}\overline{\boldsymbol{z}} = re^{j\theta}\cdot\overline{re^{j\theta}} = re^{j\theta}\cdot re^{-j\theta} = r^2 \quad (2.3.87)$$

$$\therefore \quad \boldsymbol{z}\overline{\boldsymbol{z}} = |\boldsymbol{z}|^2 \quad (2.3.88)$$

h. 実部・虚部に関する演算

(i)　複素数の和・差と実数倍

$$\mathrm{Im}[\boldsymbol{z}_1\pm\boldsymbol{z}_2] = \mathrm{Im}[(x_1+jy_1)\pm(x_2+jy_2)] = y_1\pm y_2 \quad (2.3.89)$$

$$\therefore \quad \mathrm{Im}[\boldsymbol{z}_1\pm\boldsymbol{z}_2] = \mathrm{Im}[\boldsymbol{z}_1]\pm\mathrm{Im}[\boldsymbol{z}_2] \quad (2.3.90)$$

a が実数のとき

$$\mathrm{Im}[a\boldsymbol{z}]=\mathrm{Im}[a(x+jy)]=\mathrm{Im}[ax+jay]=ay \quad (2.3.91)$$

$$\therefore\quad \mathrm{Im}[a\boldsymbol{z}]=a\mathrm{Im}[\boldsymbol{z}] \quad (2.3.92)$$

実部についても，同様の関係が成り立つ．すなわち

$$\mathrm{Re}[\boldsymbol{z}_1\pm\boldsymbol{z}_2]=\mathrm{Re}[\boldsymbol{z}_1]\pm\mathrm{Re}[\boldsymbol{z}_2] \quad (2.3.93)$$

$$\mathrm{Re}[a\boldsymbol{z}]=a\mathrm{Re}[\boldsymbol{z}] \quad (2.3.94)$$

（ii） 微・積分との順序の入替え

微・積分と実部または虚部をとる操作の順序が入替え可能であることを示す．まず，虚部について示す．

$$\mathrm{Im}\left[\frac{d}{dt}\boldsymbol{f}(t)\right]=\mathrm{Im}\left[\lim_{\Delta t\to 0}\frac{\boldsymbol{f}(t+\Delta t)-\boldsymbol{f}(t)}{\Delta t}\right]=\lim_{\Delta t\to 0}\mathrm{Im}\left[\frac{\boldsymbol{f}(t+\Delta t)-\boldsymbol{f}(t)}{\Delta t}\right] \quad (2.3.95)$$

ここで，式(2.3.92)および式(2.3.90)より

$$\mathrm{Im}\left[\frac{d}{dt}\boldsymbol{f}(t)\right]=\lim_{\Delta t\to 0}\left[\frac{\mathrm{Im}[\boldsymbol{f}(t+\Delta t)]-\mathrm{Im}[\boldsymbol{f}(t)]}{\Delta t}\right]$$

$$\therefore\quad \mathrm{Im}\left[\frac{d}{dt}\boldsymbol{f}(t)\right]=\frac{d}{dt}\mathrm{Im}[\boldsymbol{f}(t)] \quad (2.3.96)$$

したがって，微分と虚部をとる操作は順序の入替えが可能である．さらに

$$\frac{d}{dt}\boldsymbol{f}(t)=\boldsymbol{g}(t) \quad (2.3.97)$$

とおけば

$$\boldsymbol{f}(t)=\int\boldsymbol{g}(t)dt \quad (2.3.98)$$

よって，式(2.3.93)より

$$\mathrm{Im}[\boldsymbol{g}(t)]=\frac{d}{dt}\mathrm{Im}\left[\int\boldsymbol{g}(t)dt\right] \quad (2.3.99)$$

両辺を t で積分した後，$\boldsymbol{g}(t)$ を $\boldsymbol{f}(t)$ と書き直すと

$$\int\mathrm{Im}[\boldsymbol{f}(t)]dt=\mathrm{Im}\left[\int\boldsymbol{f}(t)dt\right] \quad (2.3.100)$$

したがって，積分と虚部をとる操作も入替えが可能である．微・積分と実部をとる操作が入替え可能であることも同様に示される．

$$\mathrm{Re}\left[\frac{d}{dt}\boldsymbol{f}(t)\right]=\frac{d}{dt}\mathrm{Re}[\boldsymbol{f}(t)] \quad (2.3.101)$$

$$\int\mathrm{Re}[\boldsymbol{f}(t)]dt=\mathrm{Re}\left[\int\boldsymbol{f}(t)dt\right] \quad (2.3.102)$$

2.3.3 正弦波電圧・電流の複素数表示

a. 正弦波交流回路の定常状態

直列に接続された抵抗 R，コイル L，コンデンサ C，および一般の電圧源 e からなる，図 2.2.11 に示した RLC 直列回路の回路方程式は式(2.2.49)により表される．

$$L\frac{di}{dt}+Ri+\frac{1}{C}\int idt=e \quad (2.2.49,\ \text{再掲})$$

ここで，電圧源 $e(t)$ が正弦波

$$e(t)=E_m\sin(\omega t+\theta) \quad (2.3.1,\ \text{再掲})$$

で表される場合，回路方程式の定常解 $i(t)$ は周波数が同じで位相が異なる正弦波交流電流となる．すなわち

$$i(t)=I_m\sin(\omega t+\varphi) \quad (2.3.6,\ \text{再掲})$$

b. 複素数表示を用いた交流定常状態解析

式(2.3.43)の第 2 式の関係を用いて，電圧および電流の正弦波関数を複素数の虚部を用いて表すことを考える．すなわち

$$\begin{cases} e(t)=E_m\mathrm{Im}[e^{j(\omega t+\theta)}]=\mathrm{Im}[E_me^{j(\omega t+\theta)}] \\ i(t)=I_m\mathrm{Im}[e^{j(\omega t+\varphi)}]=\mathrm{Im}[I_me^{j(\omega t+\varphi)}] \end{cases} \quad (2.3.103)$$

ここで，式(2.3.92)を用いた．

式(2.3.103)で虚部をとる理由は，本章では，式(2.3.1)および(2.3.6)のように，正弦波交流電圧および電流を表すのに**正弦（sine）**を用いる流儀を採用したためである．一方，**余弦（cosine）**を用いて表す流儀の場合は，実部をとる．すなわち，電流および電圧がそれぞれ，式(2.3.9)および(2.3.10)で表されるときは，次式を用いる．

$$\begin{cases} e(t)=E_m\mathrm{Re}[e^{j(\omega t+\theta')}]=\mathrm{Re}[E_me^{j(\omega t+\theta')}] \\ i(t)=I_m\mathrm{Re}[e^{j(\omega t+\varphi')}]=\mathrm{Re}[I_me^{j(\omega t+\varphi')}] \end{cases} \quad (2.3.104)$$

式(2.3.103)を式(2.2.49)に代入すると

$$L\frac{d}{dt}\mathrm{Im}[I_me^{j(\omega t+\varphi)}]+R\mathrm{Im}[I_me^{j(\omega t+\varphi)}]+\frac{1}{C}\int\mathrm{Im}[I_me^{j(\omega t+\varphi)}]dt=\mathrm{Im}[E_me^{j(\omega t+\theta)}] \quad (2.3.105)$$

ここで，式(2.3.96)および式(2.3.100)を用いて，微・積分と虚部をとる操作の順序を入れ替えると

$$\mathrm{Im}\left[L\frac{d}{dt}\{I_me^{j(\omega t+\varphi)}\}\right]+\mathrm{Im}[RI_me^{j(\omega t+\varphi)}]+\mathrm{Im}\left[\frac{1}{C}\int I_me^{j(\omega t+\varphi)}dt\right]=\mathrm{Im}[E_me^{j(\omega t+\theta)}] \quad (2.3.106)$$

t に関する微・積分の演算は $e^{j(\omega t+\varphi)}$ のみに作用するから

$$\mathrm{Im}\left[LI_m\frac{d}{dt}\{e^{j(\omega t+\varphi)}\}\right]+\mathrm{Im}[RI_me^{j(\omega t+\varphi)}]+\mathrm{Im}\left[\frac{1}{C}I_m\int e^{j(\omega t+\varphi)}dt\right]=\mathrm{Im}[E_me^{j(\omega t+\theta)}] \quad (2.3.107)$$

$e^{j(\omega t+\varphi)}$ に対する微・積分を実行すると

$$\frac{d}{dt}e^{j(\omega t+\varphi)}=j\omega e^{j(\omega t+\varphi)} \quad (2.3.108)$$

および

$$\int e^{j(\omega t+\varphi)}dt = \frac{1}{j\omega}e^{j(\omega t+\varphi)} \tag{2.3.109}$$

より

$$\mathrm{Im}[LI_m\cdot j\omega e^{j(\omega t+\varphi)}]+\mathrm{Im}[RI_m e^{j(\omega t+\varphi)}] + \mathrm{Im}\left[\frac{1}{C}I_m\cdot\frac{1}{j\omega}e^{j(\omega t+\varphi)}\right] = \mathrm{Im}[E_m e^{j(\omega t+\theta)}] \tag{2.3.110}$$

ここで，式(2.3.90)より

$$\mathrm{Im}\left[LI_m\cdot j\omega e^{j(\omega t+\varphi)}+RI_m e^{j(\omega t+\varphi)} + \frac{1}{C}I_m\cdot\frac{1}{j\omega}e^{j(\omega t+\varphi)}-E_m e^{j(\omega t+\theta)}\right] = 0 \tag{2.3.111}$$

$$\therefore\quad \mathrm{Im}\left[\left\{j\omega LI_m e^{j\varphi}+RI_m e^{j\varphi} + \frac{1}{j\omega C}I_m e^{j\varphi}-E_m e^{j\theta}\right\}e^{j\omega t}\right] = 0 \tag{2.3.112}$$

この式は，時刻 t に対する恒等式である．任意の t に対し，$e^{j\omega t}$ は単位円上の任意の点を表す．よって，任意の t に対し式(2.3.112)が成り立つ必要十分条件は次式となる．

$$j\omega LI_m e^{j\varphi}+RI_m e^{j\varphi}+\frac{1}{j\omega C}I_m e^{j\varphi} = E_m e^{j\theta} \tag{2.3.113}$$

さらに，式(2.3.24)および(2.3.25)を用いて，最大値 E_m, I_m を実効値 E_e, I_e で書き換えると

$$j\omega L\cdot\sqrt{2}I_e e^{j\varphi}+R\cdot\sqrt{2}I_e e^{j\varphi}+\frac{1}{j\omega C}\cdot\sqrt{2}I_e e^{j\varphi} = \sqrt{2}E_e e^{j\theta} \tag{2.3.114}$$

$$\therefore\quad j\omega L\cdot I_e e^{j\varphi}+R\cdot I_e e^{j\varphi}+\frac{1}{j\omega C}\cdot I_e e^{j\varphi} = E_e e^{j\theta} \tag{2.3.115}$$

ここで，正弦波交流電圧および電流の複素数表示を，それぞれ $\boldsymbol{E}$, $\boldsymbol{I}$ で表し，次式により定義する．

$$\boldsymbol{E} = E_e e^{j\theta} \tag{2.3.116}$$

$$\boldsymbol{I} = I_e e^{j\varphi} \tag{2.3.117}$$

一方，複素数表示された電圧 $\boldsymbol{E}$ の絶対値は，式(2.3.85)より

$$|\boldsymbol{E}| = |E_e e^{j\theta}| = |E_e||e^{j\theta}| \tag{2.3.118}$$

ここで，式(2.3.44)を用いると

$$|\boldsymbol{E}| = E_e \tag{2.3.119}$$

このとき，式(2.3.116)は

$$\boldsymbol{E} = |\boldsymbol{E}|e^{j\theta} \tag{2.3.120}$$

と書ける．I についても，同様に

$$|\boldsymbol{I}| = I_e \tag{2.3.121}$$

$$\boldsymbol{I} = |\boldsymbol{I}|e^{j\theta} \tag{2.3.122}$$

となる．式(2.3.119)および(2.3.121)より，電圧，電流とも複素数表示の絶対値は実効値を表すことがわかる．式(2.3.120)および(2.3.122)も，複素数表示の式としてしばしば用いられる．

複素数表示を用いると，式(2.3.115)は

$$j\omega L\boldsymbol{I}+R\boldsymbol{I}+\frac{1}{j\omega C}\boldsymbol{I} = \boldsymbol{E} \tag{2.3.123}$$

と書ける．一方，式(2.3.103)と(2.3.24)より，正弦波交流電圧の瞬時値は下記のように表される．

$$e(t) = \mathrm{Im}[E_m e^{j(\omega t+\theta)}] = \mathrm{Im}[\sqrt{2}e^{j\omega t}\cdot E_e e^{j\theta}] \tag{2.3.124}$$

ここで，電圧の複素数表示(2.3.116)を用いると

$$e(t) = \mathrm{Im}[\sqrt{2}e^{j\omega t}\boldsymbol{E}] \tag{2.3.125}$$

電流の瞬時値 $i(t)$ についても同様に，次式で表される．

$$i(t) = \mathrm{Im}[\sqrt{2}e^{j\omega t}\boldsymbol{I}] \tag{2.3.126}$$

式(2.3.123)で表される，複素数表示による回路方程式は，電圧と電流の瞬時値 e, i と複素数表示 $\boldsymbol{E}$, $\boldsymbol{I}$ の関係が式(2.3.125)および(2.3.126)で表されるとき，式(2.2.49)の瞬時値による回路方程式と等価である．

以下，式(2.2.49)の解 i を求める．まず，式(2.2.49)を解く代わりに，式(2.3.123)を解くことにより

$$\boldsymbol{I} = \frac{\boldsymbol{E}}{j\omega L+R+\frac{1}{j\omega C}} \tag{2.3.127}$$

と $\boldsymbol{I}$ が求まる．ここで

$$\boldsymbol{Z} = j\omega L+R+\frac{1}{j\omega C} = R+j\left(\omega L-\frac{1}{\omega C}\right) \tag{2.3.128}$$

とおくと，図 2.3.8 よりわかるように

$$\begin{cases} |\boldsymbol{Z}| = \sqrt{R^2+\left(\omega L-\frac{1}{\omega C}\right)^2} \\ \varphi = \arg\boldsymbol{Z} = \tan^{-1}\dfrac{\omega L-\frac{1}{\omega C}}{R} \end{cases} \tag{2.3.129}$$

ここで，$\mathrm{Re}[\boldsymbol{Z}] = R > 0$ であることから，$\boldsymbol{Z}$ は第 1 象限または第 4 象限，すなわち $-\pi/2 < \varphi < \pi/2$ で

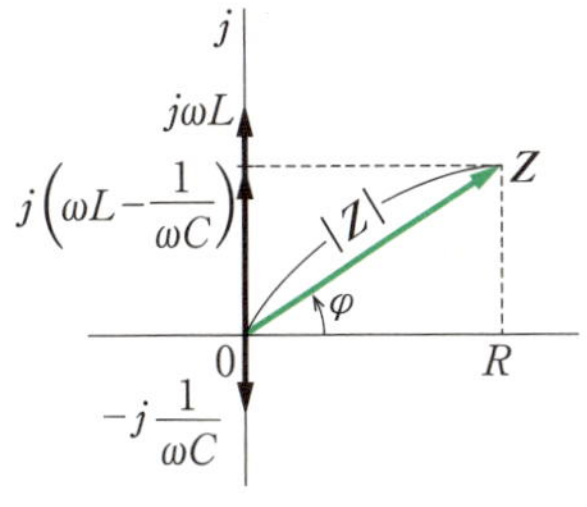

図 2.3.8 RLC 直列回路のインピーダンス

ある．また

$$I=\frac{E}{Z}=\frac{|E|e^{j\theta}}{|Z|e^{j\varphi}}=\frac{|E|}{|Z|}e^{j(\theta-\varphi)} \qquad (2.3.130)$$

と書けるので，Iの偏角（位相）をϕとすると

$$\begin{cases}|I|=\dfrac{|E|}{|Z|}\\ \phi=\arg I=\theta-\varphi\end{cases} \qquad (2.3.131)$$

となる．これを用いて，瞬時値iは次式により表される．

$$i(t)=I_m\sin(\omega t+\phi)=\sqrt{2}\frac{|E|}{|Z|}\sin(\omega t+\theta-\varphi) \qquad (2.3.132)$$

式(2.2.49)は微積分方程式であるため，解くのは一般的に容易でないが，式(2.3.123)は代数方程式であるため，容易に解ける．このような，正弦波交流回路の電圧・電流の瞬時値に対する微積分方程式を解く代わりに，電圧・電流の複素数表示を用いた代数方程式を解くことにより各部の電圧・電流を求める回路解析法を，複素計算法とよぶ．なお，他書では，複素数を用いた回路解析法を**フェーザ法（phasor method）**という場合がある．

複素計算法では，式(2.3.108)および(2.3.109)により，複素指数関数に対する時間微分および積分の計算が，それぞれ代数的な$j\omega$の乗算および除算に置き換えられている．その結果，電圧または電流の瞬時値に対する微・積分は，それぞれ複素数表示に対する$j\omega$の乗・除算となる．

c. 複素数表示の表記と表示形式

複素数表示に大文字のE，Iを使用し，小文字で表された瞬時値のe，iと区別することが慣例となっている．

また，複素数表示はベクトルの一種であるが，空間ベクトルとは異なるため，特に区別して**フェーザ（phasor）**と称する場合がある．

式(2.3.116)および(2.3.117)では，正弦波電圧・電流の複素数表示を指数関数形式により表したが，一般の複素数の場合と同様に，直交座標形式，指数関数形式，極座標形式の3種類がある．

2.3.4 複素計算法とインピーダンス・アドミタンス

a. インピーダンス

(i) 定義

複素数表示によるRLC直列回路の回路方程式(2.3.123)より，図2.3.9に示すように，$j\omega L$および$1/j\omega C$を，それぞれコイルLおよびコンデンサCに対する抵抗のようなものと考えると，直流回路と同様に扱えることがわかる．この直流回路の抵抗に相当するものを，交流回路では**複素インピーダンス（complex impedance）**または**インピーダンス（impedance）**とよび，電圧と電流の複素数表示V，Iを用いて次式のZにより定義する．すなわち

$$Z=\frac{V}{I} \qquad (2.3.133)$$

インピーダンスの単位は抵抗と同じく，オーム［Ω］である．

(ii) 抵抗

抵抗Rに対しては，瞬時値による電圧vと電流iの関係式（オームの法則）

$$v=Ri \qquad (2.2.5,\ 再掲)$$

を複素数表示V，Iを用いて書き直すと

$$V=RI \qquad (2.3.134)$$

となる．この式を式(2.3.133)に代入すると

$$Z=R \qquad (2.3.135)$$

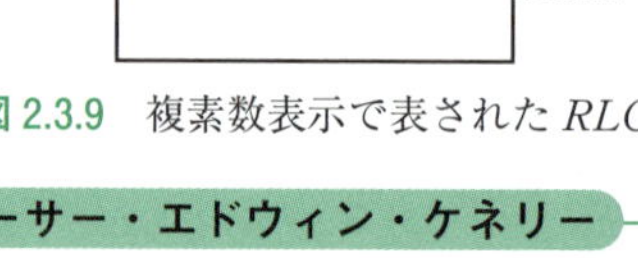

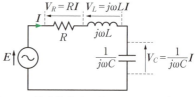

図2.3.9　複素数表示で表されたRLC直列回路

チャールズ・プロテウス・スタインメッツ

ドイツ生まれで，米国で活躍した電気工学者．1889年に渡米し，1891年にヒステリシス現象を解明，1893年に交流回路のフェーザ解析法を体系化し完成させた．また，高電圧送電用の避雷器を発明した．(1865–1923)

アーサー・エドウィン・ケネリー

インド生まれで，米国で活躍した電気工学者．1887年に渡米し，エジソンの助手となり，交流回路の研究を行った．1893年に発表した論文で複素インピーダンスの概念を提案した．(1861–1939)

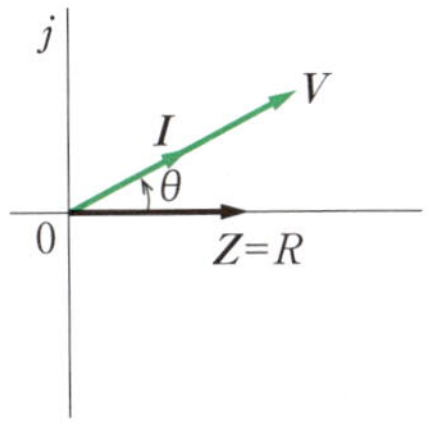

図 2.3.10 抵抗のベクトル図

となる．また，式(2.3.134)より

$$I = \frac{V}{R} \qquad (2.3.136)$$

この式で，抵抗 R は正の実数であるから，図 2.3.10 に示すように，V と I は同位相となることがわかる．

(iii) コイル

コイル L に対しては，瞬時値による電圧 v と電流 i の関係式

$$v = L\frac{di}{dt} \qquad (2.3.137)$$

を複素数表示 $\boldsymbol{V}$, $\boldsymbol{I}$ を用いて書き直すと，正弦波電圧・電流の時間微分は $j\omega$ の乗算に対応することから

$$\boldsymbol{V} = j\omega L\boldsymbol{I} \qquad (2.3.138)$$

となる．これを式(2.3.133)に代入すると

$$\boldsymbol{Z} = j\omega L \qquad (2.3.139)$$

また，式(2.3.138)より

$$\boldsymbol{I} = \frac{\boldsymbol{V}}{j\omega L} = -j\frac{\boldsymbol{V}}{\omega L} \qquad (2.3.140)$$

ここで，ω, L は正の実数であるから，図 2.3.11 に示すように，$\boldsymbol{I}$ は $\boldsymbol{V}$ より位相が $\pi/2$ 遅れることがわかる．

(iv) コンデンサ

コンデンサ C に対しては

$$v = \frac{1}{C}\int idt \qquad (2.3.141)$$

において，正弦波電圧・電流の時間積分は $j\omega$ の除算に対応することから

$$\boldsymbol{V} = \frac{1}{j\omega C}\boldsymbol{I} \qquad (2.3.142)$$

となる．これを式(2.3.133)に代入すると

$$\boldsymbol{Z} = \frac{1}{j\omega C} \qquad (2.3.143)$$

また，式(2.3.142)より

$$\boldsymbol{I} = j\omega C\boldsymbol{V} \qquad (2.3.144)$$

これより，図 2.3.12 に示すように，$\boldsymbol{I}$ は $\boldsymbol{V}$ より位相が $\pi/2$ 進むことがわかる．

(v) 抵抗分とリアクタンス分

インピーダンス $\boldsymbol{Z}$ の実部を**抵抗（分）(resistance (component))** R，虚部を**リアクタンス（分）(reactance (component))** X という．すなわち

$$\begin{cases} R = \mathrm{Re}[\boldsymbol{Z}] \\ X = \mathrm{Im}[\boldsymbol{Z}] \end{cases} \qquad (2.3.145)$$

よって，$\boldsymbol{Z}$ は，R, X を用いて次のように表される．

$$\boldsymbol{Z} = R + jX \qquad (2.3.146)$$

抵抗およびリアクタンスの単位はインピーダンスと同じで，オーム［Ω］である．

式(2.3.139)および(2.3.143)と式(2.3.146)を比べると，コイルに対しては $X > 0$，コンデンサに対しては $X < 0$ である．これにならい，一般に回路のインピーダンス $\boldsymbol{Z}$ に対して $X > 0$ となるとき，回路を**誘導性 (inductive)**，X を**誘導性リアクタンス (inductive reactance)** という．また，$X < 0$ となるとき，回路を**容量性 (capacitive)**，X を**容量性リアクタンス (capacitive reactance)** という．

b. アドミタンス

(i) 定義

アドミタンス (admittance) $\boldsymbol{Y}$ を，インピーダンス $\boldsymbol{Z}$ の逆数として定義する．すなわち

$$\boldsymbol{Y} = \frac{1}{\boldsymbol{Z}} \qquad (2.3.147)$$

ここで，インピーダンスの定義式(2.3.133)より，次式

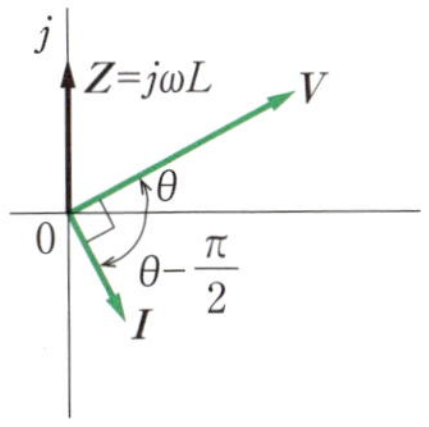

図 2.3.11 コイルのベクトル図

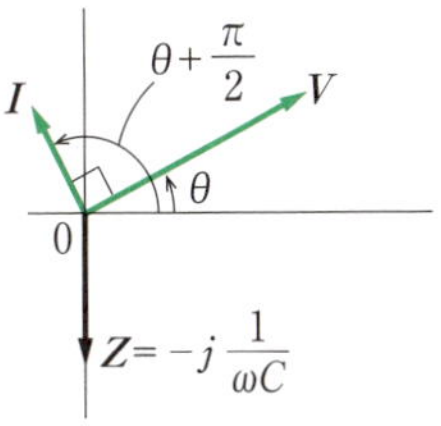

図 2.3.12 コンデンサのベクトル図

が成り立つ．

$$\boldsymbol{Y} = \frac{\boldsymbol{I}}{\boldsymbol{V}} \tag{2.3.148}$$

したがって，アドミタンスは，インピーダンスに対し電圧と電流が入れ替わったものである．アドミタンスは，直流回路におけるコンダクタンスを正弦波交流回路に拡張したものである．アドミタンスの単位はコンダクタンスと同じく，ジーメンス［S］である．

インピーダンスとアドミタンスは互いに逆数の関係にある．このため，相互の変換には，式(2.3.65)または(2.3.70)を用いればよい．

抵抗，コイル，およびコンデンサのアドミタンスの表式は，それぞれのインピーダンスの表式(2.3.135)，(2.3.139)，(2.3.143)をアドミタンスの定義式(2.3.147)に代入することにより，以下のように求まる．

(ii) 抵抗

$$\boldsymbol{Y} = \frac{1}{R} = G \tag{2.3.149}$$

ここで，Gはコンダクタンスである．

(iii) コイル

$$\boldsymbol{Y} = \frac{1}{j\omega L} \tag{2.3.150}$$

(iv) コンデンサ

$$\boldsymbol{Y} = j\omega C \tag{2.3.151}$$

(v) コンダクタンス分とサセプタンス分

アドミタンス$\boldsymbol{Y}$の実部を**コンダクタンス（分）(conductance (component))** G，虚部を**サセプタンス（分）(susceptance (component))** Bという．すなわち

$$\begin{cases} G = \mathrm{Re}[\boldsymbol{Y}] \\ B = \mathrm{Im}[\boldsymbol{Y}] \end{cases} \tag{2.3.152}$$

よって，$\boldsymbol{Y}$は，G，Bを用いて次のように表される．

$$\boldsymbol{Y} = G + jB \tag{2.3.153}$$

コンダクタンスおよびサセプタンスの単位はアドミタンスと同じで，ジーメンス［S］である．

式(2.3.150)および(2.3.151)より，コイルに対しては$B < 0$，コンデンサに対しては$B > 0$である．したがって，$B < 0$のときは誘導性，$B > 0$のときは容量性である．

c. 直列回路と並列回路

(i) 直列回路

N個のインピーダンスを直列接続した図2.3.13の回路において，電流$\boldsymbol{I}$は各インピーダンスに共通であるから

$$\boldsymbol{V}_1 = \boldsymbol{Z}_1\boldsymbol{I},\ \boldsymbol{V}_2 = \boldsymbol{Z}_2\boldsymbol{I},\ \cdots,\ \boldsymbol{V}_N = \boldsymbol{Z}_N\boldsymbol{I} \tag{2.3.154}$$

$$\begin{aligned} \therefore\quad \boldsymbol{V} &= \boldsymbol{V}_1 + \boldsymbol{V}_2 + \cdots + \boldsymbol{V}_N \\ &= \boldsymbol{Z}_1\boldsymbol{I} + \boldsymbol{Z}_2\boldsymbol{I} + \cdots + \boldsymbol{Z}_N\boldsymbol{I} \\ &= (\boldsymbol{Z}_1 + \boldsymbol{Z}_2 + \cdots + \boldsymbol{Z}_N)\boldsymbol{I} \end{aligned} \tag{2.3.155}$$

よって，式(2.3.133)より，合成インピーダンス$\boldsymbol{Z}$は

$$\boldsymbol{Z} = \boldsymbol{Z}_1 + \boldsymbol{Z}_2 + \cdots + \boldsymbol{Z}_N \tag{2.3.156}$$

直列回路の合成インピーダンスは，各素子のインピーダンスの和になる．また

$$\boldsymbol{I} = \frac{\boldsymbol{V}}{\boldsymbol{Z}} \tag{2.3.157}$$

を式(2.3.154)に代入すると

$$\boldsymbol{V}_1 = \frac{\boldsymbol{Z}_1}{\boldsymbol{Z}}\boldsymbol{V},\ \boldsymbol{V}_2 = \frac{\boldsymbol{Z}_2}{\boldsymbol{Z}}\boldsymbol{V},\ \cdots,\ \boldsymbol{V}_N = \frac{\boldsymbol{Z}_N}{\boldsymbol{Z}}\boldsymbol{V} \tag{2.3.158}$$

となる．これより，直列回路全体に加えられた電圧$\boldsymbol{V}$が各インピーダンスに比例して配分されることがわかる．

式(2.3.156)をアドミタンスを用いて表すと

$$\frac{1}{\boldsymbol{Y}} = \frac{1}{\boldsymbol{Y}_1} + \frac{1}{\boldsymbol{Y}_2} + \cdots + \frac{1}{\boldsymbol{Y}_N} \tag{2.3.159}$$

よって，直列回路ではインピーダンスで表した方が式が簡単になる．

(ii) 並列回路

N個のアドミタンスを並列接続した図2.3.14の回路において，電圧$\boldsymbol{V}$は各アドミタンスに共通であるから

$$\boldsymbol{I}_1 = \boldsymbol{Y}_1\boldsymbol{V},\ \boldsymbol{I}_2 = \boldsymbol{Y}_2\boldsymbol{V},\ \cdots,\ \boldsymbol{I}_N = \boldsymbol{Y}_N\boldsymbol{V} \tag{2.3.160}$$

$$\begin{aligned} \therefore\quad \boldsymbol{I} &= \boldsymbol{I}_1 + \boldsymbol{I}_2 + \cdots + \boldsymbol{I}_N \\ &= \boldsymbol{Y}_1\boldsymbol{V} + \boldsymbol{Y}_2\boldsymbol{V} + \cdots + \boldsymbol{Y}_N\boldsymbol{V} \end{aligned}$$

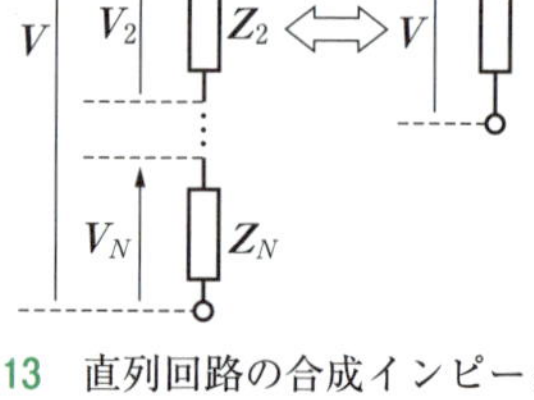

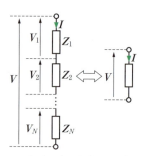

図2.3.13　直列回路の合成インピーダンス

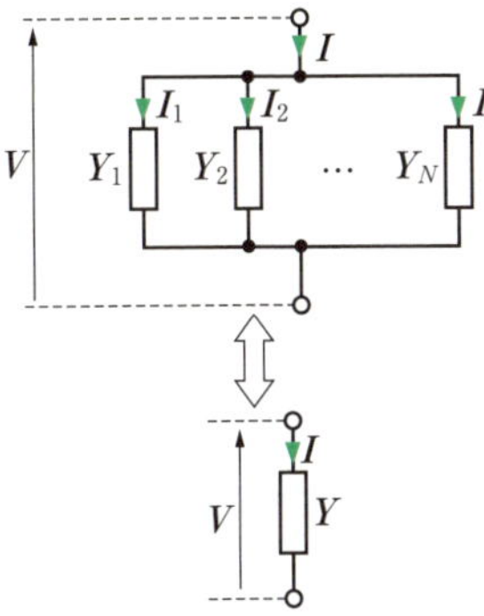

図 2.3.14　並列回路の合成アドミタンス

$$= (\boldsymbol{Y}_1 + \boldsymbol{Y}_2 + \cdots + \boldsymbol{Y}_N)\boldsymbol{V} \qquad (2.3.161)$$

よって，式(2.3.148)より，合成アドミタンス $\boldsymbol{Y}$ は

$$\boldsymbol{Y} = \boldsymbol{Y}_1 + \boldsymbol{Y}_2 + \cdots + \boldsymbol{Y}_N \qquad (2.3.162)$$

並列回路の合成アドミタンスは，各素子のアドミタンスの和になる．また

$$\boldsymbol{V} = \frac{\boldsymbol{I}}{\boldsymbol{Y}} \qquad (2.3.163)$$

を式(2.3.160)に代入すると

$$\boldsymbol{I}_1 = \frac{\boldsymbol{Y}_1}{\boldsymbol{Y}}\boldsymbol{I},\ \boldsymbol{I}_2 = \frac{\boldsymbol{Y}_2}{\boldsymbol{Y}}\boldsymbol{I},\ \cdots,\ \boldsymbol{I}_N = \frac{\boldsymbol{Y}_N}{\boldsymbol{Y}}\boldsymbol{I} \qquad (2.3.164)$$

すなわち，並列回路全体の電流 $\boldsymbol{I}$ は各アドミタンスに比例して配分される．

式(2.3.162)をインピーダンスを用いて表すと

$$\frac{1}{\boldsymbol{Z}} = \frac{1}{\boldsymbol{Z}_1} + \frac{1}{\boldsymbol{Z}_2} + \cdots + \frac{1}{\boldsymbol{Z}_N} \qquad (2.3.165)$$

よって，並列回路ではアドミタンスで表した方が式が簡単になる．

例題 2-3-4　直並列回路

図 2.3.15 に示す回路に正弦波交流電圧

$$e = 100\sqrt{2}\sin(t + 90°)\ [\mathrm{V}] \qquad (2.3.166)$$

を加えたとき，流れる電流 i を求めよ．

まず

$$e = \sqrt{2}|\boldsymbol{E}|\sin(\omega t + \theta) \qquad (2.3.167)$$

と書くと，式(2.3.166)より，$|\boldsymbol{E}| = 100$ V，$\omega = 1$ rad/s，$\theta = 90°$．よって，複素数表示（極座標形式）は

$$\boldsymbol{E} = |\boldsymbol{E}|\angle\theta = 100\angle 90°\ \mathrm{V} \qquad (2.3.168)$$

一方，インダクタンス L とキャパシタンス C の合成アドミタンス $\boldsymbol{Y}_{LC}$ は

$$\boldsymbol{Y}_{LC} = \frac{1}{j\omega L} + j\omega C = \frac{1}{j\times 1\times 1} + j\times 1\times\frac{2}{3}$$
$$= -j\frac{1}{3}\ \Omega \qquad (2.3.169)$$

回路全体の合成インピーダンス $\boldsymbol{Z}$ は

$$\boldsymbol{Z} = R + \frac{1}{\boldsymbol{Y}_{LC}} = 4 + \frac{1}{-j/3} = 4 + j3\ \Omega \qquad (2.3.170)$$

図 2.3.16 を参照しながら極座標表示に変換すると

$$\boldsymbol{Z} = 5\angle\left(\tan^{-1}\frac{3}{4}\right) = 5\angle 36.9°\ \Omega \qquad (2.3.171)$$

ただし，$\tan^{-1}(3/4) \fallingdotseq 36.9°$ を用いた．これより

$$\boldsymbol{I} = \frac{\boldsymbol{E}}{\boldsymbol{Z}} = \frac{100\angle 90°}{5\angle 36.9°} = 20\angle 53.1°\ \mathrm{A} \qquad (2.3.172)$$

$$\therefore\ i = \sqrt{2}|\boldsymbol{I}|\sin(\omega t + \arg\boldsymbol{I})$$
$$= 20\sqrt{2}\sin(t + 53.1°)\ \mathrm{A} \qquad (2.3.173)$$

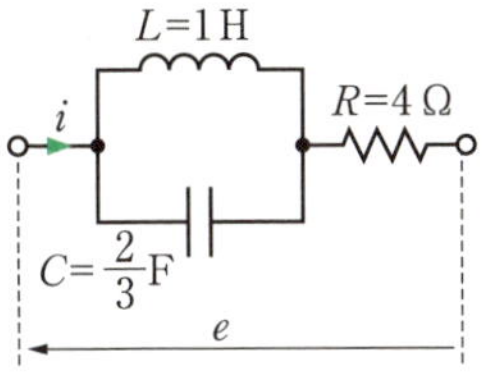

図 2.3.15　直並列回路

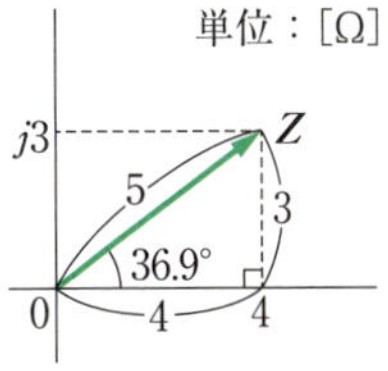

図 2.3.16　合成インピーダンス $\boldsymbol{Z}$ のベクトル図（三辺の長さが 3：4：5 の直角三角形）

2.3 節のまとめ

- 正弦波交流電圧・電流は正弦波関数を用いて表される．
- 正弦波交流電圧・電流の大きさを表す尺度として，最大値，平均値，および実効値がある．
- 実効値を用いると，抵抗で消費される交流電力の式の形が直流の場合と同じになる．
- 正弦波交流電圧・電流を複素数表示することにより，瞬時値の微積分を含む回路方程式が代数方程式となり，容易に解くことができる．
- インピーダンスとアドミタンスを用いることにより，電圧・電流関係が直流回路と同じ形になる．
- 直列回路はインピーダンスを，並列回路はアドミタンスを用いると，式が簡単になる．

2.4　回路解析の技法

2.4.1　回路解析の諸定理

a. 重ねの理

複数個の電源を含む線形回路各部の電圧／電流分布は，個々の電源が単独で作用したときの電圧／電流分布の総和に等しい．この定理を**重ねの理**，または，**重ね合わせの理（principle of superposition, superposition theorem）**という．ただし，単独で作用する電源以外の電源は 0 にする必要があるが，このとき電圧源は短絡，電流源は開放とする．

例えば，図 2.4.1(a)に示した回路において，インピーダンス $\boldsymbol{Z}_1$ を流れる電流 $\boldsymbol{I}_1$ とインピーダンス $\boldsymbol{Z}_2$ の端子間の電圧 $\boldsymbol{V}_2$ について考えてみる．まず，電圧源 $\boldsymbol{E}$ と電流源 $\boldsymbol{J}$ が同時に作用した場合について，2.2.2 節で述べた電源の等価変換を用いて解答してみよう．電流源 $\boldsymbol{J}$ を電圧源に等価変換した回路は図 2.4.1(b)の回路のようになるので，電流 $\boldsymbol{I}_1$ は，以下のように求まる．

$$\boldsymbol{I}_1=\frac{\boldsymbol{E}-\boldsymbol{Z}_2\boldsymbol{J}}{\boldsymbol{Z}_1+\boldsymbol{Z}_2} \tag{2.4.1}$$

また，電圧源 $\boldsymbol{E}$ を電流源に等価変換した回路は図 2.4.1(c)の回路のようになるので，電圧 $\boldsymbol{V}_2$ は，以下のように求まる．

$$\boldsymbol{V}_2=\frac{\boldsymbol{Z}_1\boldsymbol{Z}_2}{\boldsymbol{Z}_1+\boldsymbol{Z}_2}\left(\frac{\boldsymbol{E}}{\boldsymbol{Z}_1}+\boldsymbol{J}\right)=\frac{\boldsymbol{Z}_2\boldsymbol{E}+\boldsymbol{Z}_1\boldsymbol{Z}_2\boldsymbol{J}}{\boldsymbol{Z}_1+\boldsymbol{Z}_2} \tag{2.4.2}$$

次に，重ねの理を用いて $\boldsymbol{I}_1$ と $\boldsymbol{V}_2$ を求める．まず，電圧源 E のみが作用した場合の $\boldsymbol{I}_1'$ と $\boldsymbol{V}_2'$ について考える．E 以外の電源である電流源 $\boldsymbol{J}$ は開放となるので，回路は図 2.4.1(d)のようになる．これより，$\boldsymbol{I}_1'$ と $\boldsymbol{V}_2'$ は次のようになる．

$$\boldsymbol{I}_1'=\frac{\boldsymbol{E}}{\boldsymbol{Z}_1+\boldsymbol{Z}_2},\qquad \boldsymbol{V}_2'=\frac{\boldsymbol{Z}_2\boldsymbol{E}}{\boldsymbol{Z}_1+\boldsymbol{Z}_2} \tag{2.4.3}$$

続いて，電流源 $\boldsymbol{J}$ のみが作用した場合の電流 $\boldsymbol{I}_1''$ と $\boldsymbol{V}_2''$ について考える．$\boldsymbol{J}$ 以外の電源である電圧源 $\boldsymbol{E}$ は短絡となるので，回路は図 2.4.1(e)のようになる．これより，$\boldsymbol{I}_1''$ と $\boldsymbol{V}_2''$ は次のようになる．

$$\boldsymbol{I}_1''=\frac{-\boldsymbol{Z}_2\boldsymbol{J}}{\boldsymbol{Z}_1+\boldsymbol{Z}_2},\qquad \boldsymbol{V}_2''=\frac{\boldsymbol{Z}_1\boldsymbol{Z}_2\boldsymbol{J}}{\boldsymbol{Z}_1+\boldsymbol{Z}_2} \tag{2.4.4}$$

重ねの理によれば，複数個の電源を含む線形回路各部の電圧／電流分布は，個々の電源が単独で作用したときの電圧／電流分布の総和に等しいので，$\boldsymbol{I}_1$ と $\boldsymbol{V}_2$ は以下のように求められる．

$$\boldsymbol{I}_1=\boldsymbol{I}_1'+\boldsymbol{I}_1''=\frac{\boldsymbol{E}}{\boldsymbol{Z}_1+\boldsymbol{Z}_2}+\frac{-\boldsymbol{Z}_2\boldsymbol{J}}{\boldsymbol{Z}_1+\boldsymbol{Z}_2}=\frac{\boldsymbol{E}-\boldsymbol{Z}_2\boldsymbol{J}}{\boldsymbol{Z}_1+\boldsymbol{Z}_2} \tag{2.4.5}$$

$$\begin{aligned}\boldsymbol{V}_2=\boldsymbol{V}_2'+\boldsymbol{V}_2''&=\frac{\boldsymbol{Z}_2\boldsymbol{E}}{\boldsymbol{Z}_1+\boldsymbol{Z}_2}+\frac{\boldsymbol{Z}_1\boldsymbol{Z}_2\boldsymbol{J}}{\boldsymbol{Z}_1+\boldsymbol{Z}_2}\\&=\frac{\boldsymbol{Z}_2\boldsymbol{E}+\boldsymbol{Z}_1\boldsymbol{Z}_2\boldsymbol{J}}{\boldsymbol{Z}_1+\boldsymbol{Z}_2}\end{aligned} \tag{2.4.6}$$

この結果は，電圧源 $\boldsymbol{E}$ と電流源 $\boldsymbol{J}$ が同時に作用した場合について求めた $\boldsymbol{I}_1$ と $\boldsymbol{V}_2$ に一致していることがわかる．

ここで，重ねの理の適用手順をまとめると，以下のようになる．

① 一つの電源のみを残して，残りの電源の電圧または電流を 0 とする．そのとき，電圧源は短絡し，電流源は開放する．

② ① で得られた回路の解析を行い，各部ごとの電圧／電流分布を求める．

③ すべての電源に対して，①，② の操作を行う．

④ 得られた各部ごとの電圧／電流分布の総和を求めると，全電源が同時に作用したときの電圧／電流分布が求められる．

b. 相反の定理

電源を含まない線形回路において，各閉路に電圧源

$\boldsymbol{E}_1$, $\boldsymbol{E}_2$, …, $\boldsymbol{E}_n$ が存在するときに，電流が $\boldsymbol{I}_1$, $\boldsymbol{I}_2$, …, $\boldsymbol{I}_n$ であったとする．今，同一の線形回路に対して，その電圧源が $\boldsymbol{E}_1'$, $\boldsymbol{E}_2'$, …, $\boldsymbol{E}_n'$ に変化したとき，電流が $\boldsymbol{I}_1'$, $\boldsymbol{I}_2'$, …, $\boldsymbol{I}_n'$ に変化したとする．このとき，これらの電圧・電流の間には

$$\boldsymbol{E}_1\boldsymbol{I}_1'+\boldsymbol{E}_2\boldsymbol{I}_2'+\cdots+\boldsymbol{E}_n\boldsymbol{I}_n' = \boldsymbol{E}_1'\boldsymbol{I}_1+\boldsymbol{E}_2'\boldsymbol{I}_2+\cdots+\boldsymbol{E}_n'\boldsymbol{I}_n \qquad (2.4.7)$$

の関係が成り立つ．これを**相反の定理（reciprocity theorem）**という．また，この定理が成り立つ回路を**相反回路（reciprocity circuit）**という．

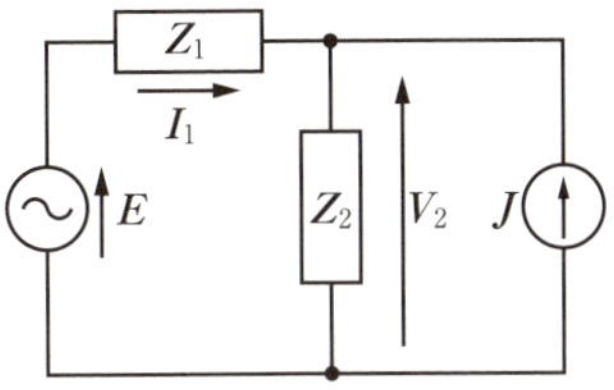

(a) 原回路

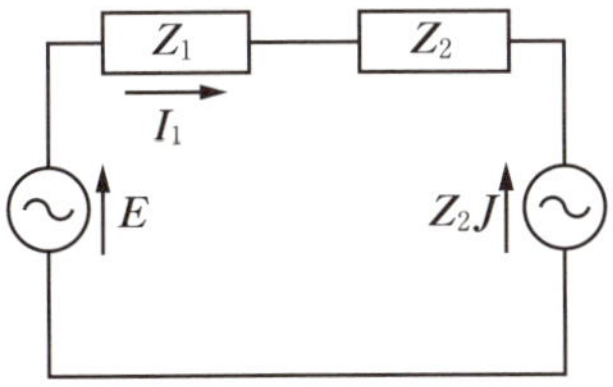

(b) 電圧源回路

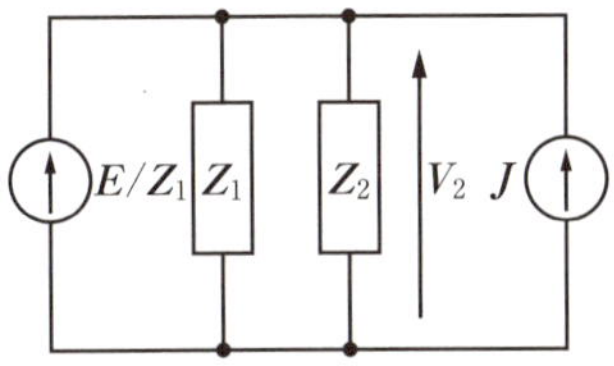

(c) 電流源回路

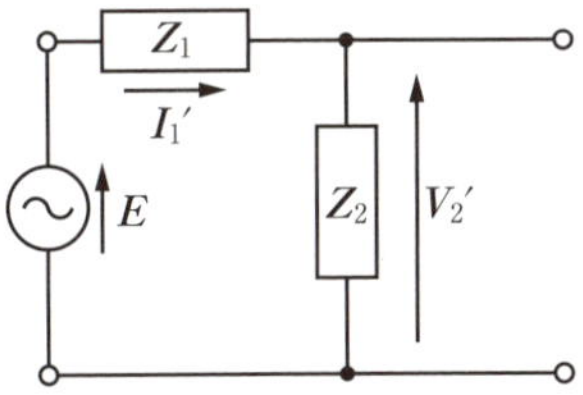

(d) E のみ作用した場合

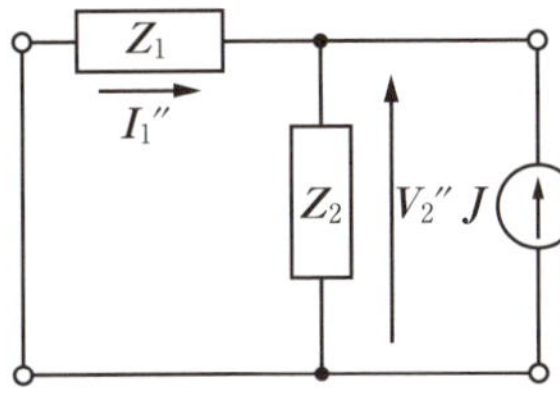

(e) J のみ作用した場合

図 2.4.1　重ねの理を示す回路例

ここでは，相反の定理を証明する．**図 2.4.2**(a)では，各閉路に電圧源 $\boldsymbol{E}_1$, $\boldsymbol{E}_2$, …, $\boldsymbol{E}_n$ が存在するとき，各閉路の電流が $\boldsymbol{I}_1$, $\boldsymbol{I}_2$, …, $\boldsymbol{I}_n$ となっている様子を模式的に示している．この回路について，閉路解析法（次項参照）を用いて回路方程式（閉路方程式）を立式し，行列形式で示すと，以下のように表すことができる．

$$\begin{bmatrix}\boldsymbol{E}_1\\ \boldsymbol{E}_2\\ \vdots\\ \boldsymbol{E}_n\end{bmatrix} = \begin{bmatrix}\boldsymbol{Z}_{11}\boldsymbol{Z}_{12}\cdots\boldsymbol{Z}_{1n}\\ \boldsymbol{Z}_{21}\boldsymbol{Z}_{22}\cdots\boldsymbol{Z}_{2n}\\ \vdots\quad\vdots\quad\ddots\quad\vdots\\ \boldsymbol{Z}_{n1}\boldsymbol{Z}_{n2}\cdots\boldsymbol{Z}_{nn}\end{bmatrix}\begin{bmatrix}\boldsymbol{I}_1\\ \boldsymbol{I}_2\\ \vdots\\ \boldsymbol{I}_n\end{bmatrix} \qquad (2.4.8)$$

ここで，$\boldsymbol{Z}_{ij}$ は $\boldsymbol{E}_i$ を要素とする電圧行列と $\boldsymbol{I}_j$ を要素とする電流行列をつなぐインピーダンス行列の ij 要素である．回路が線形であれば，インピーダンス行列は電流の大きさに関わらず不変で，RLC 素子で構成される線形受動回路（結合回路を含む）では $\boldsymbol{Z}_{ij}=\boldsymbol{Z}_{ji}$（対称行列）である．また，**図 2.4.2**(b)は，(a)と同じ線形回路をもっており，各閉路に電圧源 $\boldsymbol{E}_1'$, $\boldsymbol{E}_2'$, …, $\boldsymbol{E}_n'$ が存在するとき，各閉路の電流は $\boldsymbol{I}_1'$, $\boldsymbol{I}_2'$, …, $\boldsymbol{I}_n'$ となっているから，回路方程式は次のようになる．

$$\begin{bmatrix}\boldsymbol{E}_1'\\ \boldsymbol{E}_2'\\ \vdots\\ \boldsymbol{E}_n'\end{bmatrix} = \begin{bmatrix}\boldsymbol{Z}_{11}\boldsymbol{Z}_{12}\cdots\boldsymbol{Z}_{1n}\\ \boldsymbol{Z}_{21}\boldsymbol{Z}_{22}\cdots\boldsymbol{Z}_{2n}\\ \vdots\quad\vdots\quad\ddots\quad\vdots\\ \boldsymbol{Z}_{n1}\boldsymbol{Z}_{n2}\cdots\boldsymbol{Z}_{nn}\end{bmatrix}\begin{bmatrix}\boldsymbol{I}_1'\\ \boldsymbol{I}_2'\\ \vdots\\ \boldsymbol{I}_n'\end{bmatrix} \qquad (2.4.9)$$

式(2.4.8)は，転置行列の公式およびインピーダンス行列が対称行列であることを用いて，次のように変形される．

$${}^t\!\begin{bmatrix}\boldsymbol{E}_1\\ \boldsymbol{E}_2\\ \vdots\\ \boldsymbol{E}_n\end{bmatrix} = {}^t\!\begin{bmatrix}\boldsymbol{I}_1\\ \boldsymbol{I}_2\\ \vdots\\ \boldsymbol{I}_n\end{bmatrix}{}^t\!\begin{bmatrix}\boldsymbol{Z}_{11}\boldsymbol{Z}_{12}\cdots\boldsymbol{Z}_{1n}\\ \boldsymbol{Z}_{21}\boldsymbol{Z}_{22}\cdots\boldsymbol{Z}_{2n}\\ \vdots\quad\vdots\quad\ddots\quad\vdots\\ \boldsymbol{Z}_{n1}\boldsymbol{Z}_{n2}\cdots\boldsymbol{Z}_{nn}\end{bmatrix} = {}^t\!\begin{bmatrix}\boldsymbol{I}_1\\ \boldsymbol{I}_2\\ \vdots\\ \boldsymbol{I}_n\end{bmatrix}\begin{bmatrix}\boldsymbol{Z}_{11}\boldsymbol{Z}_{12}\cdots\boldsymbol{Z}_{1n}\\ \boldsymbol{Z}_{21}\boldsymbol{Z}_{22}\cdots\boldsymbol{Z}_{2n}\\ \vdots\quad\vdots\quad\ddots\quad\vdots\\ \boldsymbol{Z}_{n1}\boldsymbol{Z}_{n2}\cdots\boldsymbol{Z}_{nn}\end{bmatrix} \qquad (2.4.10)$$

この式の両辺に右から ${}^t[\boldsymbol{I}_1'\boldsymbol{I}_2'\cdots\boldsymbol{I}_n']$ を掛ける．

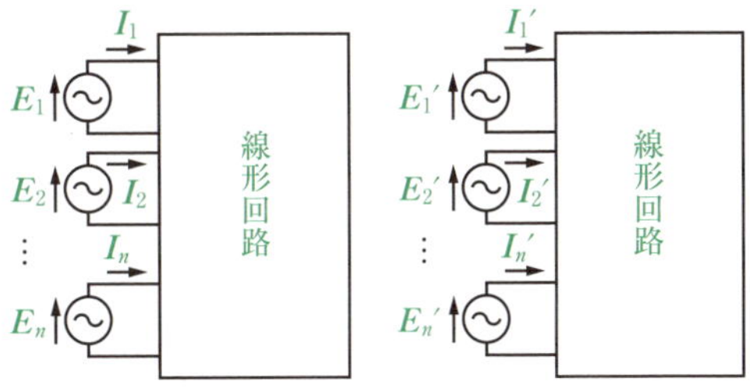

(a)　(b)

図 2.4.2　相反の定理を示す線形回路網

$$
{}^t\begin{bmatrix} \boldsymbol{E}_1 \\ \boldsymbol{E}_2 \\ \vdots \\ \boldsymbol{E}_n \end{bmatrix}\begin{bmatrix} \boldsymbol{I}_1' \\ \boldsymbol{I}_2' \\ \vdots \\ \boldsymbol{I}_n' \end{bmatrix} = {}^t\begin{bmatrix} \boldsymbol{I}_1 \\ \boldsymbol{I}_2 \\ \vdots \\ \boldsymbol{I}_n \end{bmatrix}\begin{bmatrix} \boldsymbol{Z}_{11} & \boldsymbol{Z}_{12} & \cdots & \boldsymbol{Z}_{1n} \\ \boldsymbol{Z}_{21} & \boldsymbol{Z}_{22} & \cdots & \boldsymbol{Z}_{2n} \\ \vdots & \vdots & \ddots & \vdots \\ \boldsymbol{Z}_{n1} & \boldsymbol{Z}_{n2} & \cdots & \boldsymbol{Z}_{nn} \end{bmatrix}\begin{bmatrix} \boldsymbol{I}_1' \\ \boldsymbol{I}_2' \\ \vdots \\ \boldsymbol{I}_n' \end{bmatrix} \tag{2.4.11}
$$

式(2.4.9)より

$$
{}^t\begin{bmatrix} \boldsymbol{E}_1 \\ \boldsymbol{E}_2 \\ \vdots \\ \boldsymbol{E}_n \end{bmatrix}\begin{bmatrix} \boldsymbol{I}_1' \\ \boldsymbol{I}_2' \\ \vdots \\ \boldsymbol{I}_n' \end{bmatrix} = {}^t\begin{bmatrix} \boldsymbol{I}_1 \\ \boldsymbol{I}_2 \\ \vdots \\ \boldsymbol{I}_n \end{bmatrix}\begin{bmatrix} \boldsymbol{E}_1' \\ \boldsymbol{E}_2' \\ \vdots \\ \boldsymbol{E}_n' \end{bmatrix} \tag{2.4.12}
$$

以上より

$$
\begin{aligned}
&\boldsymbol{E}_1\boldsymbol{I}_1' + \boldsymbol{E}_2\boldsymbol{I}_2' + \cdots + \boldsymbol{E}_n\boldsymbol{I}_n' \\
&\quad = \boldsymbol{E}_1'\boldsymbol{I}_1 + \boldsymbol{E}_2'\boldsymbol{I}_2 + \cdots + \boldsymbol{E}_n'\boldsymbol{I}_n
\end{aligned} \tag{2.4.13}
$$

の関係が成り立つ．

この特別の場合として，例えば1番目の端子対にのみ電圧源 $\boldsymbol{E}_1$ を接続し，それ以外の端子対を短絡したとき，2番目の端子に電流 $\boldsymbol{I}_2$ が流れたとする（図2.4.3(a)）．次に2番目の端子対にのみ電圧源 $\boldsymbol{E}_2$ を接続し，それ以外の端子対を短絡したとき，1番目の端子に電流 $\boldsymbol{I}_1$ が流れたとする（図2.4.3(a)）と，$\boldsymbol{E}_1\boldsymbol{I}_1 = \boldsymbol{E}_2\boldsymbol{I}_2$ となる．さらに，$\boldsymbol{E}_1 = \boldsymbol{E}_2$ の場合には，$\boldsymbol{I}_1 = \boldsymbol{I}_2$ が成り立ち，狭い意味での相反の定理とよばれることがある．ここで例として，図2.4.3(a)，(b)中の線形回路として(c)の回路を使用し，$\boldsymbol{E}_1 = \boldsymbol{E}_2 = \boldsymbol{E}$ とした場合について考えてみよう．図2.4.3(a)に使用した場合の $\boldsymbol{I}_2$ は

$$
\boldsymbol{I}_2 = -\frac{\boldsymbol{Z}_3}{\boldsymbol{Z}_2+\boldsymbol{Z}_3}\frac{\boldsymbol{E}}{\boldsymbol{Z}_1+\dfrac{\boldsymbol{Z}_2\boldsymbol{Z}_3}{\boldsymbol{Z}_2+\boldsymbol{Z}_3}}
$$

$$
= \frac{-\boldsymbol{Z}_3\boldsymbol{E}}{\boldsymbol{Z}_1\boldsymbol{Z}_2+\boldsymbol{Z}_2\boldsymbol{Z}_3+\boldsymbol{Z}_3\boldsymbol{Z}_1}
$$

同様に，図2.4.3(b)に使用した場合の $\boldsymbol{I}_1$ は

$$
\boldsymbol{I}_1 = -\frac{\boldsymbol{Z}_3}{\boldsymbol{Z}_1+\boldsymbol{Z}_3}\frac{\boldsymbol{E}}{\boldsymbol{Z}_2+\dfrac{\boldsymbol{Z}_1\boldsymbol{Z}_3}{\boldsymbol{Z}_1+\boldsymbol{Z}_3}}
$$

$$
= \frac{-\boldsymbol{Z}_3\boldsymbol{E}}{\boldsymbol{Z}_1\boldsymbol{Z}_2+\boldsymbol{Z}_2\boldsymbol{Z}_3+\boldsymbol{Z}_3\boldsymbol{Z}_1}
$$

である．ゆえに $\boldsymbol{I}_1 = \boldsymbol{I}_2$ で，相反の定理が成り立っている．

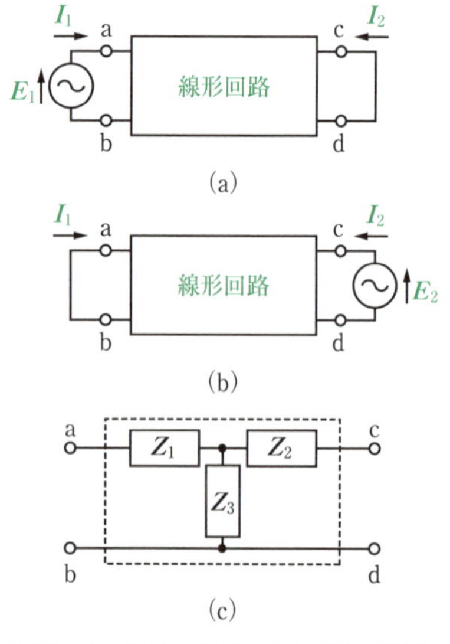

図2.4.3　相反の定理を示す線形回路例

c. テブナンの定理

図2.4.4(a)に示すような電源を含む線形回路において，$\boldsymbol{Z}$ を接続する前に端子対 ab 間に現れていた開放電圧を $\boldsymbol{E}_0$，図2.4.4(b)のように端子対 ab からみた開放インピーダンスを $\boldsymbol{Z}_0$ とすれば，端子対 ab にインピーダンス $\boldsymbol{Z}$ を接続したとき，この $\boldsymbol{Z}$ に流れる電流 $\boldsymbol{I}$ は

$$
\boldsymbol{I} = \frac{\boldsymbol{E}_0}{\boldsymbol{Z}_0+\boldsymbol{Z}} \tag{2.4.14}
$$

で与えられる．これを**テブナンの定理（Thevenin's theorem）**という．式(2.4.14)より，図2.4.4(a)の回路の等価回路として図2.4.4(c)の回路が得られることになる．点線部分の回路はテブナンの等価電圧源ともよばれる．このことは，どのように複雑な回路網でも任意の2端子からみて一つの電圧源と一つの内部インピーダンスに等価的に置き換えられることを意味しており，回路解析上たいへん有用である．

この定理は重ねの理を用いると簡単に証明することができる．図2.4.5に示すように開放電圧 $\boldsymbol{E}_0$ に等し

レオン・シャルル・テブナン

フランスの郵政・電気系技術者．テブナンの定理は，1883年にパリ科学アカデミーの論文で発表された．また，交流電源の場合にも成立することを1922年に鳳秀太郎が発表し，鳳-テブナンの定理ともよばれている．(1857-1926)

鳳　秀太郎

東京帝国大学工学部の教授で，電気学会の会長も務めた．テブナンの定理を独自に発見するとともに，交流電源の場合にも成立することを1922年に発表したことから，鳳-テブナンの定理とも呼ばれている．歌人・与謝野晶子の実兄．(1872-1931)

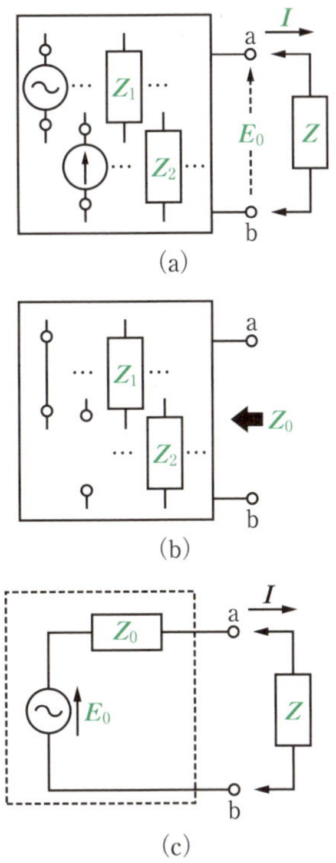

図 2.4.4　テブナンの定理

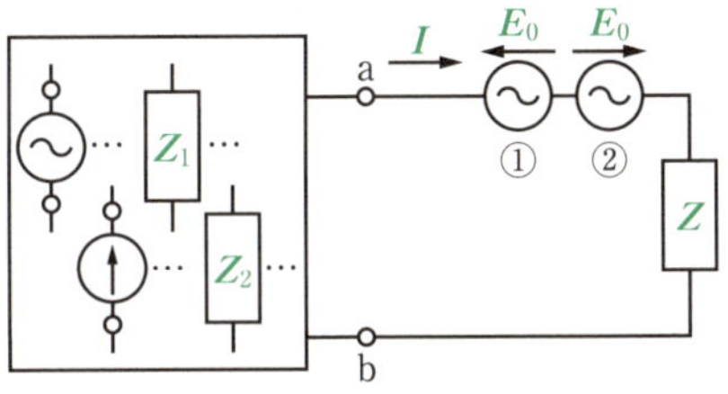

図 2.4.5　テブナンの定理の証明に用いる回路

い電源①($\boldsymbol{E}_0$)と②($-\boldsymbol{E}_0$)を挿入しても，端子対 ab にインピーダンス $\boldsymbol{Z}$ を接続したときに流れる電流 $\boldsymbol{I}$ は変化しない．今，端子対 ab より左側の回路中のすべての電源と($-\boldsymbol{E}_0$)のみが働いた場合の電流 $\boldsymbol{I}$ ($=\boldsymbol{I}_1$ とする) について考えると，端子対 ab は平衡を保っているから，$\boldsymbol{Z}$ の大きさに関わらず電流は流れず，$\boldsymbol{I}_1=0$ となる．次に，電源②($-\boldsymbol{E}_0$)と端子対 ab より左側の回路中のすべての電源を 0 とし（電圧源は短絡，電流源は開放），電源①($\boldsymbol{E}_0$)のみが働いた場合の電流 $\boldsymbol{I}$ ($=\boldsymbol{I}_2$ とする) について考える．このとき，開放インピーダンスは $\boldsymbol{Z}_0$ であるから，$\boldsymbol{I}_2$ は $\boldsymbol{I}_2=\boldsymbol{E}_0/(\boldsymbol{Z}_0+\boldsymbol{Z})$ となる．したがって，重ねの理より次式が得られる．

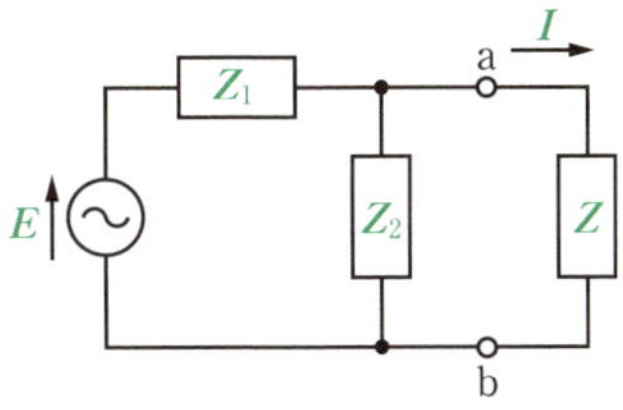

図 2.4.6　テブナンの定理の適用例

$$\boldsymbol{I}=\boldsymbol{I}_1+\boldsymbol{I}_2=\frac{\boldsymbol{E}_0}{\boldsymbol{Z}_0+\boldsymbol{Z}} \tag{2.4.15}$$

ここで，テブナンの定理の適用手順をまとめておく．

1) 所望のインピーダンス $\boldsymbol{Z}$ を取り除いて端子間を開放したとき，その端子間に現れる開放電圧 $\boldsymbol{E}_0$ を求める．
2) 回路中のすべての電源の電圧または電流を 0 としたとき（電圧源は短絡，電流源は開放としたとき），1)で開放した端子間から回路をみたときのインピーダンス $\boldsymbol{Z}_0$ を求める．
3) 求めた $\boldsymbol{E}_0$ と $\boldsymbol{Z}_0$ を用いてテブナンの等価電圧源が得られ，所望のインピーダンス $\boldsymbol{Z}$ を流れる電流 $\boldsymbol{I}$ は式(2.4.14)より求められる．

また，この適用手順とは別に，2.2.2 項で示した電源の等価変換を用いて，一つの電圧源と一つの内部インピーダンスに変換することでテブナンの等価電圧源を導くこともできる．

図 2.4.6 の回路を例に，テブナンの定理を適用してみよう．インピーダンス $\boldsymbol{Z}$ を接続する前に，端子 ab 間に現れていた開放電圧 $\boldsymbol{E}_0$ と，電圧源 $\boldsymbol{E}$ を短絡し端子 ab から左の回路をみたときのインピーダンス $\boldsymbol{Z}_0$ は，それぞれ次のようになる．

$$\boldsymbol{E}_0=\frac{\boldsymbol{Z}_2\boldsymbol{E}}{\boldsymbol{Z}_1+\boldsymbol{Z}_2},\qquad \boldsymbol{Z}_0=\frac{\boldsymbol{Z}_1\boldsymbol{Z}_2}{\boldsymbol{Z}_1+\boldsymbol{Z}_2} \tag{2.4.16}$$

端子 ab 間に $\boldsymbol{Z}$ を接続すれば，電流 $\boldsymbol{I}$ はテブナンの定理より次のように求められる．

$$\begin{aligned}\boldsymbol{I}&=\frac{\boldsymbol{E}_0}{\boldsymbol{Z}_0+\boldsymbol{Z}}=\frac{\boldsymbol{Z}_2\boldsymbol{E}}{\boldsymbol{Z}_1+\boldsymbol{Z}_2}\frac{1}{\dfrac{\boldsymbol{Z}_1\boldsymbol{Z}_2}{\boldsymbol{Z}_1+\boldsymbol{Z}_2}+\boldsymbol{Z}}\\&=\frac{\boldsymbol{Z}_2\boldsymbol{E}}{\boldsymbol{Z}_1\boldsymbol{Z}_2+\boldsymbol{Z}_1\boldsymbol{Z}+\boldsymbol{Z}_2\boldsymbol{Z}}\end{aligned} \tag{2.4.17}$$

d. ノルトンの定理

図 2.4.7(a)に示すような電源を含む線形回路において，図 2.4.7(b)のように端子対 ab 間を短絡したときに流れる電流を $\boldsymbol{I}_0$，図 2.4.4(c)のように端子対 ab からみた開放アドミタンスを $\boldsymbol{Y}_0$ とすれば，端子対 ab

にアドミタンス $\boldsymbol{Y}$ を接続したとき，端子対 ab に現れる電圧 $\boldsymbol{V}$ は

$$\boldsymbol{V}=\frac{\boldsymbol{I}_0}{\boldsymbol{Y}_0+\boldsymbol{Y}} \tag{2.4.18}$$

で与えられる．これを**ノルトンの定理（Norton's theorem）**という．すなわち，図 2.4.7(a)の回路の等価回路として図 2.4.7(d)の回路が得られることになる．点線部分の回路はノルトンの等価電流源ともよばれる．

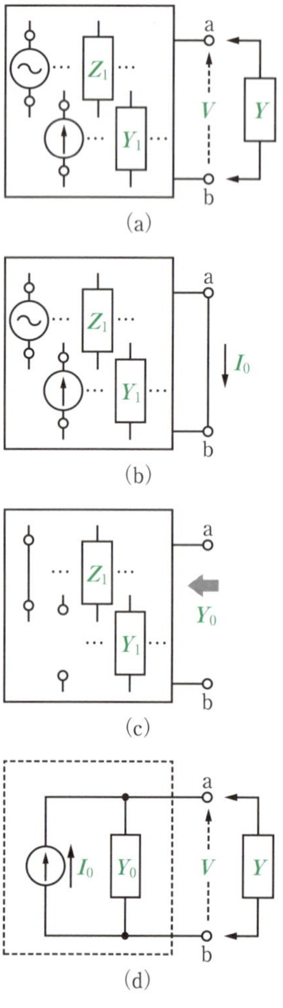

図 2.4.7　ノルトンの定理

エドワード・ローリー・ノルトン

米国の電気技術者．1922 年に MIT で電気工学の学位を取得後，ベル研究所で勤務．あまり多くの論文や特許などを書かなかったようで，本定理は 1926 年の所内の技術メモ中の一節にひっそりと記載されている．(1898-1983)

2.4.2　回路網解析法

a. 独立な節点と独立な閉路

2.2.3 項においてすでに，節点におけるキルヒホッフの電流則や閉路における電圧則について学んだが，回路が複雑になってくると，もう少し一般的な考え方をする必要がある．すなわち，複数の節点や閉路を含む回路網においては，“独立な節点”や“独立な閉路”を考えるのが便利である．

ある回路網における“独立な節点”とは，任意の一つの節点で得られるキルヒホッフの電流則の 1 式がほかの節点の式から導けないような節点の組ということである．節点の場合には，回路網中に含まれる節点がそれぞれ節点電圧をもつが，そのうち一つの節点は電圧の基準点（通常は接地点，グラウンド）となるので，その節点を除く節点が独立な節点となる．すなわち，回路網中の全節点数が n 個であるとすると，基準となる 1 個を除く $n-1$ 個が独立な節点となる．また，ある回路網における“独立な閉路”とは，任意の一つの閉路で得られるキルヒホッフの電圧則の 1 式がほかの閉路の式から導けないような閉路の組ということである．つまり，独立な閉路は，ある回路網中に複数ある閉路のうち，回路網解析に最低限必要な閉路を与える．また，独立な閉路をより詳しく考えるには，回路のグラフ理論を導入するのが有用であるが，詳しくは他書に譲ることにする．

b. 枝電流解析法

キルヒホッフの法則を適用して回路方程式を解く方法として，ここでは枝電流解析法を説明する．図 2.4.8 に示すような回路を例にして，電源電圧 $\boldsymbol{E}_1$，$\boldsymbol{E}_2$ およびインピーダンス $\boldsymbol{Z}_1\sim\boldsymbol{Z}_5$ の値は既知であるとき，回路中の各枝の枝電流 $\boldsymbol{I}_1\sim\boldsymbol{I}_5$ を求める．まず，各枝の電流 $\boldsymbol{I}_1\sim\boldsymbol{I}_5$ とその方向，独立な閉路と独立な節点を定める．次に，独立な閉路に対してキルヒホッフの電圧則を，独立な節点に対してはキルヒホッフの電流則を適用して方程式を立てる．図 2.4.8 の回路例では，独立な閉路として l_1，l_2，l_3 を，独立な節点として a，b を選んでいる．これらの閉路に対してキルヒホッフの電圧則とオームの法則を適用すると，次の三つの式が得られる．

$$\begin{aligned}
&\text{閉路 } l_1：\boldsymbol{Z}_1\boldsymbol{I}_1+\boldsymbol{Z}_4\boldsymbol{I}_4=\boldsymbol{E}_1\\
&\text{閉路 } l_2：\boldsymbol{Z}_2\boldsymbol{I}_2+\boldsymbol{Z}_5\boldsymbol{I}_5=\boldsymbol{E}_2\\
&\text{閉路 } l_3：\boldsymbol{Z}_3\boldsymbol{I}_3-\boldsymbol{Z}_4\boldsymbol{I}_4+\boldsymbol{Z}_5\boldsymbol{I}_5=0
\end{aligned} \tag{2.4.19}$$

次に，節点 a，b に対してキルヒホッフの電流則を適用すると，次の二つの式が得られる．

$$\begin{aligned}&\text{節点 a}: \boldsymbol{I}_1-\boldsymbol{I}_3-\boldsymbol{I}_4=0\\&\text{節点 b}: \boldsymbol{I}_2+\boldsymbol{I}_3-\boldsymbol{I}_5=0\end{aligned} \tag{2.4.20}$$

以上により，五つの未知数 $\boldsymbol{I}_1$〜$\boldsymbol{I}_5$ に対して，5 個の方程式が得られたので，これらの連立方程式を解くことにより，すべての枝電流 $\boldsymbol{I}_1$〜$\boldsymbol{I}_5$ を求めることができる．

c. 閉路解析法

図 2.4.8 に示した回路において，図中に示した独立な閉路 l_1，l_2，l_3 の矢印と同じ方向に閉路電流 $\boldsymbol{I}_{l_1}$，$\boldsymbol{I}_{l_2}$，$\boldsymbol{I}_{l_3}$ を定める．このとき，これらの閉路電流と枝電流 $\boldsymbol{I}_1$〜$\boldsymbol{I}_5$ の関係は次のようになる．

$$\begin{aligned}&\boldsymbol{I}_1=\boldsymbol{I}_{l_1},\quad \boldsymbol{I}_2=\boldsymbol{I}_{l_2},\quad \boldsymbol{I}_3=\boldsymbol{I}_{l_3}\\&\boldsymbol{I}_4=\boldsymbol{I}_{l_1}-\boldsymbol{I}_{l_3},\quad \boldsymbol{I}_5=\boldsymbol{I}_{l_2}+\boldsymbol{I}_{l_3}\end{aligned} \tag{2.4.21}$$

これより，閉路電流 $\boldsymbol{I}_{l_1}$，$\boldsymbol{I}_{l_2}$，$\boldsymbol{I}_{l_3}$ が求められれば，各枝電流を求められる．そこで，各閉路についてキルヒホッフの電圧則を適用して方程式を作る．すなわち，枝電流解析法で示した閉路に関する式(2.4.19)の $\boldsymbol{I}_1$〜$\boldsymbol{I}_5$ に式(2.4.21)を代入すればよいから

$$\begin{aligned}&\text{閉路 } l_1: \boldsymbol{Z}_1\boldsymbol{I}_{l_1}+\boldsymbol{Z}_4(\boldsymbol{I}_{l_1}-\boldsymbol{I}_{l_3})=\boldsymbol{E}_1\\&\text{閉路 } l_2: \boldsymbol{Z}_2\boldsymbol{I}_{l_2}+\boldsymbol{Z}_5(\boldsymbol{I}_{l_2}+\boldsymbol{I}_{l_3})=\boldsymbol{E}_2\\&\text{閉路 } l_3: \boldsymbol{Z}_3\boldsymbol{I}_{l_3}-\boldsymbol{Z}_4(\boldsymbol{I}_{l_1}-\boldsymbol{I}_{l_3})+\boldsymbol{Z}_5(\boldsymbol{I}_{l_2}+\boldsymbol{I}_{l_3})=0\end{aligned} \tag{2.4.22}$$

となる．このように，閉路電流を変数としてキルヒホッフの電圧則を適用して立式した方程式を閉路方程式という．この連立一次方程式を解くことにより閉路電流 $\boldsymbol{I}_{l_1}$，$\boldsymbol{I}_{l_2}$，$\boldsymbol{I}_{l_3}$ が得られ，結果として枝電流 $\boldsymbol{I}_1$〜$\boldsymbol{I}_5$ も求まることになる．式(2.4.22)の連立方程式を変数である閉路電流 $\boldsymbol{I}_{l_1}$，$\boldsymbol{I}_{l_2}$，$\boldsymbol{I}_{l_3}$ でくくり出して整理すると，次のようになる．

$$\begin{aligned}&\text{閉路 } l_1: (\boldsymbol{Z}_1+\boldsymbol{Z}_4)\boldsymbol{I}_{l_1}-\boldsymbol{Z}_4\boldsymbol{I}_{l_3}=\boldsymbol{E}_1\\&\text{閉路 } l_2: (\boldsymbol{Z}_2+\boldsymbol{Z}_5)\boldsymbol{I}_{l_2}+\boldsymbol{Z}_5\boldsymbol{I}_{l_3}=\boldsymbol{E}_2\\&\text{閉路 } l_3: -\boldsymbol{Z}_4\boldsymbol{I}_{l_1}+\boldsymbol{Z}_5\boldsymbol{I}_{l_2}+(\boldsymbol{Z}_3+\boldsymbol{Z}_4+\boldsymbol{Z}_5)\boldsymbol{I}_{l_3}=0\end{aligned} \tag{2.4.23}$$

また，この連立一次方程式を行列形式で表すと，次にようになる．

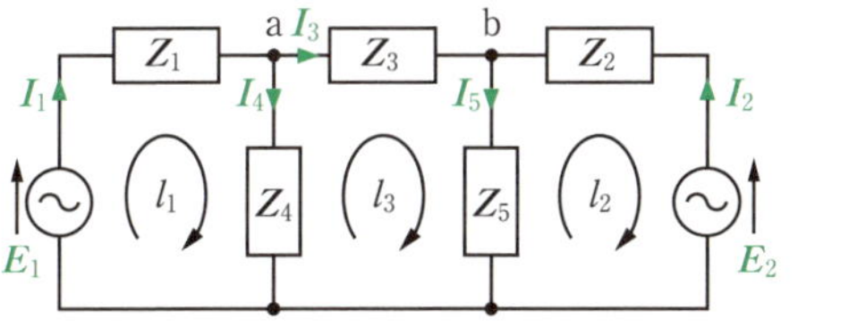

図 2.4.8 枝電流解析法の回路例

$$\begin{bmatrix}(\boldsymbol{Z}_1+\boldsymbol{Z}_4) & 0 & -\boldsymbol{Z}_4\\ 0 & (\boldsymbol{Z}_2+\boldsymbol{Z}_5) & \boldsymbol{Z}_5\\ -\boldsymbol{Z}_4 & \boldsymbol{Z}_5 & (\boldsymbol{Z}_3+\boldsymbol{Z}_4+\boldsymbol{Z}_5)\end{bmatrix}\begin{bmatrix}\boldsymbol{I}_{l_1}\\ \boldsymbol{I}_{l_2}\\ \boldsymbol{I}_{l_3}\end{bmatrix}=\begin{bmatrix}\boldsymbol{E}_1\\ \boldsymbol{E}_2\\ 0\end{bmatrix} \tag{2.4.24}$$

これより，行列演算（例えばクラメールの公式）を用いて $\boldsymbol{I}_{l1}$，$\boldsymbol{I}_{l2}$，$\boldsymbol{I}_{l3}$ を求めてやればよい．

図 2.4.8 に示した回路例では，三つの独立な閉路であったが，一般に n 個の独立な閉路をもち，その閉回路に含まれる起電力を $\boldsymbol{E}_1$，$\boldsymbol{E}_2$，…，$\boldsymbol{E}_n$ とすると

$$\begin{bmatrix}\boldsymbol{Z}_{11}\boldsymbol{Z}_{12}\cdots\boldsymbol{Z}_{1n}\\ \boldsymbol{Z}_{21}\boldsymbol{Z}_{22}\cdots\boldsymbol{Z}_{2n}\\ \vdots\quad\vdots\quad\ddots\quad\vdots\\ \boldsymbol{Z}_{n1}\boldsymbol{Z}_{n2}\cdots\boldsymbol{Z}_{nn}\end{bmatrix}\begin{bmatrix}\boldsymbol{I}_1\\ \boldsymbol{I}_2\\ \vdots\\ \boldsymbol{I}_n\end{bmatrix}=\begin{bmatrix}\boldsymbol{E}_1\\ \boldsymbol{E}_2\\ \vdots\\ \boldsymbol{E}_n\end{bmatrix} \tag{2.4.25}$$

と書ける．ここで，左辺のインピーダンス $\boldsymbol{Z}_{ij}$ を成分とするインピーダンス行列の特徴をまとめておこう．

① 対角要素に対して対称すなわち対称行列である．（$\boldsymbol{Z}_{ij}=\boldsymbol{Z}_{ji}$）

② 各対角要素（$\boldsymbol{Z}_{ii}$，$i=j$）は，閉路 l_i に含まれる全インピーダンスの和である．

③ 非対角要素（$\boldsymbol{Z}_{ij}$，$i\neq j$）は，閉路 l_i と閉路 l_j とが共通の枝をもっていれば，その枝のインピーダンスである．ただし，その枝において設定した両閉路電流の向きが互いに逆向きの場合には負号を付ける．なお，両閉路に共通の枝がなければ，その要素は 0 となる．

次に右辺の電圧行列の要素について示す．

④ その閉路に存在する電圧源の起電力の和である．ただし，閉路電流の方向と逆向きの起電力の場合には負号を付ける．

閉路解析にあたっては，以上の ①〜④ のルールに従って回路方程式を導くとよい．閉路解析法は，先の枝電流解析法に比べて，未知数の数が少なく，方程式の導出手順も簡便であるので，よく用いられている．

d. 節点解析法

節点解析法はキルヒホッフの電流則を基本としているので，回路に電圧源を含む場合には電流源に変換した方が扱いやすい．したがって，図 2.4.8 に示した回路の電圧源を電流源に等価変換した回路（図 2.4.9）を例に，節点解析法を考えてみよう．ただし，電源の等価変換をした際の電流源は $\boldsymbol{J}_1(=\boldsymbol{E}_1/\boldsymbol{Z}_1)$，$\boldsymbol{J}_2=(=\boldsymbol{E}_2/\boldsymbol{Z}_2)$ とし，インピーダンス $\boldsymbol{Z}_i$（$i=1$〜5）はアドミタンス $\boldsymbol{Y}_i$（$=1/\boldsymbol{Z}_i$，$i=1$〜5）とする．

節点解析法では，任意の一つの節点を接地点に選び，これに対する節点電圧を未知数に定める．ここでは，c 点を接地点に選び，c 点に対する a，b 点の電

圧をそれぞれ $\boldsymbol{V}_1$，$\boldsymbol{V}_2$ とする．このとき，これらの節点電圧と枝電流 $\boldsymbol{I}_1$～$\boldsymbol{I}_5$ の関係は次のようになる．

$$\boldsymbol{I}_1=\boldsymbol{Y}_1\boldsymbol{V}_1,\quad \boldsymbol{I}_2=\boldsymbol{Y}_2\boldsymbol{V}_2,\quad \boldsymbol{I}_4=\boldsymbol{Y}_4\boldsymbol{V}_1,\quad \boldsymbol{I}_5=\boldsymbol{Y}_5\boldsymbol{V}_2$$
$$\boldsymbol{I}_3=\boldsymbol{Y}_3(\boldsymbol{V}_1-\boldsymbol{V}_2) \tag{2.4.26}$$

これより，節点電圧 $\boldsymbol{V}_1$，$\boldsymbol{V}_2$ が求められれば，各枝電流を求められる．そこで，各節点 a，b についてキルヒホッフの電流則を適用して方程式を作ると，次のようになる．

$$\begin{aligned}&\text{節点 a}:\boldsymbol{I}_1+\boldsymbol{I}_3+\boldsymbol{I}_4=\boldsymbol{J}_1\\&\text{節点 b}:\boldsymbol{I}_2-\boldsymbol{I}_3+\boldsymbol{I}_5=\boldsymbol{J}_2\end{aligned} \tag{2.4.27}$$

この式に，式(2.4.26)を代入して整理すると次の方程式が求まる．

$$\begin{aligned}&\text{節点 a}:(\boldsymbol{Y}_1+\boldsymbol{Y}_3+\boldsymbol{Y}_4)\boldsymbol{V}_1-\boldsymbol{Y}_3\boldsymbol{V}_2=\boldsymbol{J}_1\\&\text{節点 b}:-\boldsymbol{Y}_3\boldsymbol{V}_1+(\boldsymbol{Y}_2+\boldsymbol{Y}_3+\boldsymbol{Y}_5)\boldsymbol{V}_2=\boldsymbol{J}_2\end{aligned} \tag{2.4.28}$$

このように，節点電圧を変数としてキルヒホッフの電流則を適用して立式した方程式を節点方程式という．また，この連立一次方程式を行列形式で表すと，次にようになる．

$$\begin{bmatrix}(\boldsymbol{Y}_1+\boldsymbol{Y}_3+\boldsymbol{Y}_4) & -\boldsymbol{Y}_3\\ -\boldsymbol{Y}_3 & (\boldsymbol{Y}_2+\boldsymbol{Y}_3+\boldsymbol{Y}_5)\end{bmatrix}\begin{bmatrix}\boldsymbol{V}_1\\ \boldsymbol{V}_2\end{bmatrix}=\begin{bmatrix}\boldsymbol{J}_1\\ \boldsymbol{J}_2\end{bmatrix} \tag{2.4.29}$$

これより，行列演算（例えばクラメールの公式）を用いて $\boldsymbol{V}_1$，$\boldsymbol{V}_2$ を求めてやればよい．

図 2.4.9 に示した回路例では，二つの独立な節点であったが，一般に n 個の独立な節点をもち，その節点に電流源からそれぞれ $\boldsymbol{J}_1$，$\boldsymbol{J}_2$，…，$\boldsymbol{J}_n$ の電流が流入するとき

$$\begin{bmatrix}\boldsymbol{Y}_{11} & \boldsymbol{Y}_{12} & \cdots & \boldsymbol{Y}_{1n}\\ \boldsymbol{Y}_{21} & \boldsymbol{Y}_{22} & \cdots & \boldsymbol{Y}_{2n}\\ \vdots & \vdots & \ddots & \vdots\\ \boldsymbol{Y}_{n1} & \boldsymbol{Y}_{n2} & \cdots & \boldsymbol{Y}_{nn}\end{bmatrix}\begin{bmatrix}\boldsymbol{V}_1\\ \boldsymbol{V}_2\\ \vdots\\ \boldsymbol{V}_n\end{bmatrix}=\begin{bmatrix}\boldsymbol{J}_1\\ \boldsymbol{J}_2\\ \vdots\\ \boldsymbol{J}_n\end{bmatrix} \tag{2.4.30}$$

と書ける．ここで，左辺のアドミタンス $\boldsymbol{Y}_{ij}$ を成分とするアドミタンス行列の特徴をまとめておこう．

① 対角要素に対して対称，すなわち対称行列である．

② 各対角要素は，その節点につながる枝の全アドミタンスの和である．

③ 非対角要素（例えば ij 要素）は節点 i と節点 j とを直接結ぶ枝のアドミタンスに負号を付けたものである．なお，両節点を直接接続する枝がなければ，その要素は 0 となる．

次に，右辺の電流行列の要素について示す．

④ その節点に流入する電流源電流で，電流源がなければ 0 となる．なお，電流が流出する場合には負号を付ける．

節点解析にあたっては，以上の ①～④ のルールに従って回路方程式を導くとよい．

例題 2-4-1

図 2.4.10 に示した直流回路の電流 I_1，I_2，I_3 を，(1) 枝電流解析法，(2) 閉路解析法，(3) 節点解析法の三つの方法で求めよ．また，$E_1=20\,\mathrm{V}$，$E_2=10\,\mathrm{V}$，$R_1=4\,\Omega$，$R_2=2\,\Omega$，$R_3=2\,\Omega$ とする．

(1)　枝電流解析法

独立な閉路として l_1，l_2 を，独立な節点として節点 a を選び，これらの閉路と節点に対してキルヒホッフの法則を適用すると，次の三つの式が得られる．

$$\begin{aligned}&\text{閉路 } l_1:4I_1+2I_3=20\\&\text{閉路 } l_2:2I_2+2I_3=10\\&\text{節点 a}:I_1+I_2-I_3=0\end{aligned} \tag{2.4.31}$$

以上より，$I_1=3\,\mathrm{A}$，$I_2=1\,\mathrm{A}$，$I_3=4\,\mathrm{A}$ が得られる．

(2)　閉路解析法

独立な閉路 l_1，l_2 と同じ方向に閉路電流 I_{l1}，I_{l2} を選び，上述のルールに従って行列形式で書き下すと

$$\begin{bmatrix}6 & 2\\ 2 & 4\end{bmatrix}\begin{bmatrix}I_{l1}\\ I_{l2}\end{bmatrix}=\begin{bmatrix}20\\ 10\end{bmatrix} \tag{2.4.32}$$

となる．これを解くと，$I_{l1}=3\,\mathrm{A}$，$I_{l2}=1\,\mathrm{A}$ である．したがって，I_1 ～ I_3 は，$I_1=I_{l1}=3\,\mathrm{A}$，$I_2=I_{l2}=1\,\mathrm{A}$，$I_3=I_{l1}+I_{l2}=4\,\mathrm{A}$ が得られる．枝電流解析法で求めた結果と一致している．

(3)　節点解析法

E_1 と R_1 部および E_2 と R_2 部の電圧源を電流源に変換すると，それぞれ $J_1=E_1/R_1=5\,\mathrm{A}$，$J_2=E_2/$

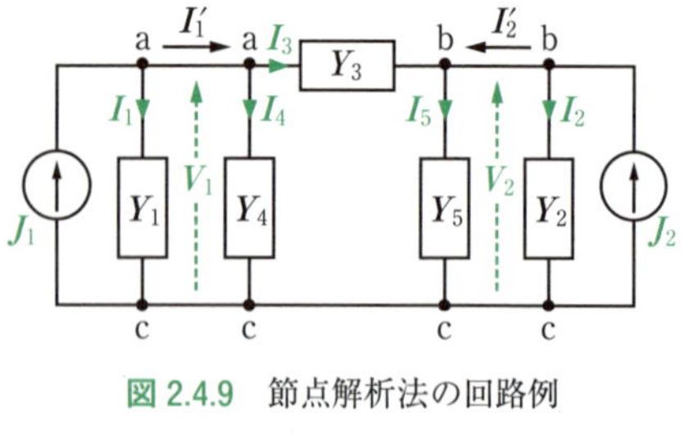

図 2.4.9　節点解析法の回路例

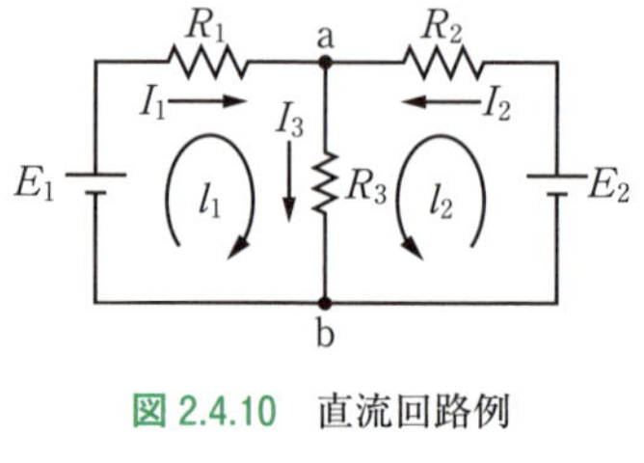

図 2.4.10　直流回路例

$R_2 = 5\,\mathrm{A}$ となる．節点 a における節点電圧を V_a とし，節点 a においてキルヒホッフの電流則を適用すると，次のようになる．

$$\text{節点 a}:\left(\frac{1}{4}+\frac{1}{2}+\frac{1}{2}\right)V_a = 5+5 \tag{2.4.33}$$

これより，$V_a = 8\,\mathrm{V}$ が得られる．図 2.4.10 で $V_a = 8\,\mathrm{V}$ より

$$I_1 = \left(\frac{E_1 - V_a}{4}\right) = 3\,\mathrm{A},\quad I_2 = \left(\frac{E_2 - V_a}{2}\right) = 1\,\mathrm{A},$$

$$I_3 = \left(\frac{V_a}{2}\right) = 4\,\mathrm{A}$$

となり，ほかの結果と一致する．

2.4 節のまとめ

- **回路解析の代表的な定理として，「重ねの理」，「相反の定理」，「テブナンの定理」と「ノルトンの定理」について示した．いずれの定理も回路解析においてたいへん有用である．**
- **「枝電流解析法」は，各枝電流に着目して回路方程式を立式した解析法である．**
- **「閉路解析法」は，独立な閉路電流を未知数として，キルヒホッフの電圧則に基づいて立式した解析法である．**
- **「節点解析法」は，独立な節点電圧を未知数として，キルヒホッフの電流則に基づいて立式した解析法である．**
- **いずれの回路解析法も行列形式で未知数の解を求めることができ，たいへん有用である．**

2.5 二端子対回路

図 2.5.1 のように，回路網が一対の入力端子 1-1′ と一対の出力端子 2-2′ を持ち，端子 1-1′ および 2-2′ の電圧，電流に着目して回路網を扱うとき，これを**二端子対回路（two-terminal pair network）**という．四端子回路（four-terminal network）とよぶこともある．この場合，回路網の端子 1 から流れ込む電流は端子 1′ へ流れ出る電流に等しく，端子 2，2′ についても同様でなければならない．ここでは，内部に電流源を含まない場合について取り扱う．

図 2.5.1 の端子対 1-1′ における電圧 $\boldsymbol{V}_1$，電流 $\boldsymbol{I}_1$，端子対 2-2′ における電圧 $\boldsymbol{V}_2$，電流 $\boldsymbol{I}_2$ の合わせて 4 変数の関数を求めるが，任意の 2 変数は残りの 2 変数の線形な関係で表される．ここでは，このうちよく用いる 4 通りについて説明する．

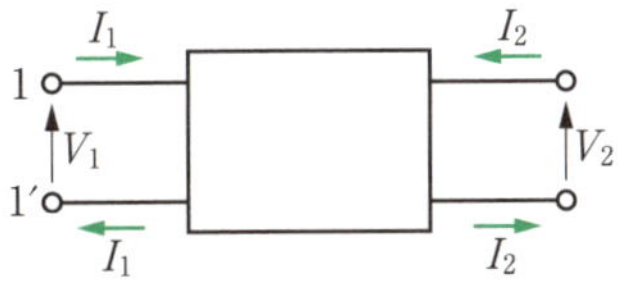

図 2.5.1 二端子対回路

2.5.1 各種二端子対パラメータ

a. アドミタンスパラメータ

端子対 1-1′ の電圧 $\boldsymbol{V}_1$，電流 $\boldsymbol{I}_1$，端子対 2-2′ の電圧 $\boldsymbol{V}_2$，電流 $\boldsymbol{I}_2$ の間の関係が

$$\begin{bmatrix} I_1 \\ I_2 \end{bmatrix} = \begin{bmatrix} Y_{11} & Y_{12} \\ Y_{21} & Y_{22} \end{bmatrix}\begin{bmatrix} V_1 \\ V_2 \end{bmatrix} \tag{2.5.1}$$

と表されるものとする．このとき，アドミタンス Y からなる係数行列を**アドミタンス行列（admittance matrix）**といい，Y_{11}，Y_{12}，Y_{21}，Y_{22} をアドミタンスパラメータという．行列を展開して表すと

$$\begin{aligned} I_1 &= Y_{11}V_1 + Y_{12}V_2 \\ I_2 &= Y_{21}V_1 + Y_{22}V_2 \end{aligned} \tag{2.5.2}$$

と表される．今，図 2.5.2 のように端子対 2-2′ を短絡すれば，端子対 2-2′ 間の電位差はなくなり $\boldsymbol{V}_2 = 0$ となるから，式(2.5.2)は

$$I_1 = Y_{11}V_1,\qquad I_2 = Y_{21}V_1 \tag{2.5.3}$$

となり，式(2.5.3)より

$$Y_{11} = \frac{I_1}{V_1},\qquad Y_{21} = \frac{I_2}{V_1} \tag{2.5.4}$$

と表される．次に，図 2.5.3 のように端子対 1-1′ を短絡すれば，端子対 1-1′ 間の電位差はなくなり，$\boldsymbol{V}_1 = 0$ となるから，式(2.5.2)は

$$I_1 = Y_{12}V_2,\qquad I_2 = Y_{22}V_2 \tag{2.5.5}$$

となり，式(2.5.5)より

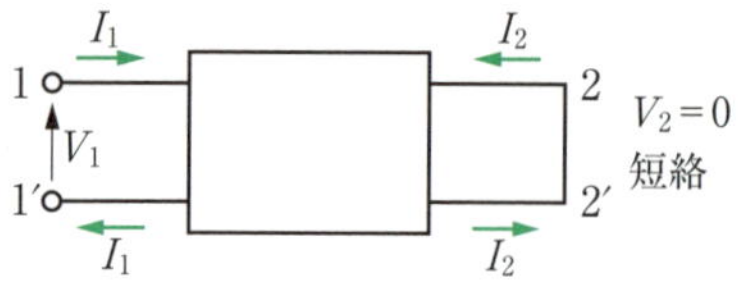

図 2.5.2　$V_2=0$ の場合の等価回路

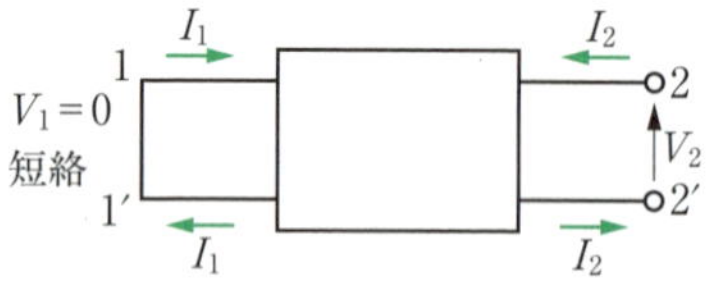

図 2.5.3　$V_1=0$ の場合の等価回路

$$Y_{12}=\frac{I_1}{V_2},\qquad Y_{22}=\frac{I_2}{V_2} \tag{2.5.6}$$

と表される．ここから各アドミタンスパラメータは次のように定義できる．

$$Y_{11}=\left.\frac{I_1}{V_1}\right|_{V_2=0},\qquad Y_{12}=\left.\frac{I_1}{V_2}\right|_{V_1=0}$$
$$Y_{21}=\left.\frac{I_2}{V_1}\right|_{V_2=0},\qquad Y_{22}=\left.\frac{I_2}{V_2}\right|_{V_1=0} \tag{2.5.7}$$

ここで，Y_{11}，Y_{22} は短絡駆動点アドミタンス，Y_{12}，Y_{21} は短絡伝達アドミタンスとよばれる．また，端子対 1-1′ と端子対 2-2′ からみた電気的特性が等しい回路（対称回路）では $Y_{11}=Y_{22}$ となる．さらに，二端子対回路が相反回路であるとき，$Y_{12}=Y_{21}$ となる．

b. インピーダンスパラメータ

端子対 1-1′ の電圧 $\boldsymbol{V}_1$，電流 $\boldsymbol{I}_1$，端子対 2-2′ の電圧 $\boldsymbol{V}_2$，電流 $\boldsymbol{I}_2$ の間の関係が

$$\begin{aligned}V_1&=Z_{11}I_1+Z_{12}I_2\\V_2&=Z_{21}I_1+Z_{22}I_2\end{aligned} \tag{2.5.8}$$

$$\begin{bmatrix}V_1\\V_2\end{bmatrix}=\begin{bmatrix}Z_{11}&Z_{12}\\Z_{21}&Z_{22}\end{bmatrix}\begin{bmatrix}I_1\\I_2\end{bmatrix} \tag{2.5.9}$$

と表されるとき，Z からなる係数行列を**インピーダンス行列（impedance matrix）**といい，Z_{11}，Z_{12}，Z_{21}，Z_{22} をインピーダンスパラメータという．

図 2.5.4 のように端子対 2-2′ を開放（$\boldsymbol{I}_2=0$）すれば Z_{11}，Z_{21} が求まり，図 2.5.5 のように端子対 1-1′ を開放（$\boldsymbol{I}_1=0$）すれば Z_{12}，Z_{22} が求まる．

各インピーダンスパラメータは

$$Z_{11}=\left.\frac{V_1}{I_1}\right|_{I_2=0},\qquad Z_{12}=\left.\frac{V_1}{I_2}\right|_{I_1=0}$$
$$Z_{21}=\left.\frac{V_2}{I_1}\right|_{I_2=0},\qquad Z_{22}=\left.\frac{V_2}{I_2}\right|_{I_1=0} \tag{2.5.10}$$

と定義できる．ここで Z_{11}，Z_{22} は開放駆動点インピーダンス，Z_{12}，Z_{21} は開放伝達インピーダンスとよばれる．対称回路では $Z_{11}=Z_{22}$ となる．さらに二端子対回路が相反回路のとき，$Z_{12}=Z_{21}$ となる．

c. ハイブリッドパラメータ

端子対 1-1′ の電圧 $\boldsymbol{V}_1$，電流 $\boldsymbol{I}_1$，端子対 2-2′ の電圧 $\boldsymbol{V}_2$，電流 $\boldsymbol{I}_2$ の間の関係が，

$$\begin{aligned}V_1&=H_{11}I_1+H_{12}V_2\\I_2&=H_{21}I_1+H_{22}V_2\end{aligned} \tag{2.5.11}$$

$$\begin{bmatrix}V_1\\I_2\end{bmatrix}=\begin{bmatrix}H_{11}&H_{12}\\H_{21}&H_{22}\end{bmatrix}\begin{bmatrix}I_1\\V_2\end{bmatrix} \tag{2.5.12}$$

と表されるものとする．このとき，H の係数行列を H 行列といい，H_{11}，H_{12}，H_{21}，H_{22} を**ハイブリッドパラメータ（hybrid parameter）**という．

図 2.5.5 のように端子対 1-1′ を開放（$\boldsymbol{I}_1=0$）すれば，H_{12}，H_{22} が求まり，図 2.5.2 のように端子対 2-2′ を短絡（$\boldsymbol{V}_2=0$）すれば H_{11}，H_{21} が求まる．各ハイブリッドパラメータは

$$H_{11}=\left.\frac{V_1}{I_1}\right|_{V_2=0},\qquad H_{12}=\left.\frac{V_1}{V_2}\right|_{I_1=0}$$
$$H_{21}=\left.\frac{I_2}{I_1}\right|_{V_2=0},\qquad H_{22}=\left.\frac{I_2}{V_2}\right|_{I_1=0} \tag{2.5.13}$$

と定義できる．ここで，H_{11} は短絡駆動点インピーダンス，H_{12} は開放電圧比，H_{21} は短絡電流比，H_{22} は開放駆動点アドミタンスである．相反回路においては，$H_{21}=-H_{12}$ が成り立つ．

d. 縦続パラメータ

端子対 2-2′ の電流 $\boldsymbol{I}_2$ の向きを他のパラメータとは逆向きとして図 2.5.6 のように定義する．端子対 1-1′

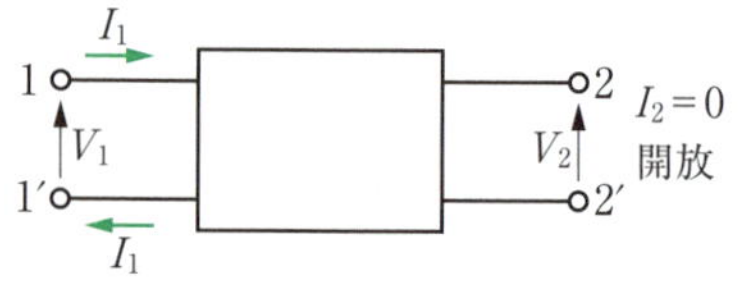

図 2.5.4　$I_2=0$ の場合の等価回路

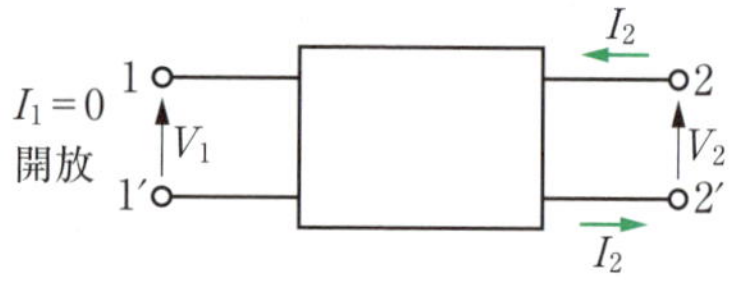

図 2.5.5　$I_1=0$ の場合の等価回路

表 2.5.1 二端子対パラメータの相互変換表

		変換先			
		$\boldsymbol{Y}$	$\boldsymbol{Z}$	$\boldsymbol{H}$	$\boldsymbol{F}$
変換元	$\boldsymbol{Y}$	$\begin{bmatrix} Y_{11} & Y_{12} \\ Y_{21} & Y_{22} \end{bmatrix}$	$\frac{1}{\lvert Y\rvert}\begin{bmatrix} Y_{12} & -Y_{12} \\ -Y_{21} & Y_{11} \end{bmatrix}$	$\frac{1}{Y_{11}}\begin{bmatrix} 1 & -Y_{12} \\ Y_{21} & \lvert Y\rvert \end{bmatrix}$	$\frac{-1}{Y_{21}}\begin{bmatrix} Y_{22} & 1 \\ \lvert Y\rvert & Y_{11} \end{bmatrix}$
	$\boldsymbol{Z}$	$\frac{1}{\lvert Z\rvert}\begin{bmatrix} Z_{22} & -Z_{12} \\ -Z_{21} & Z_{11} \end{bmatrix}$	$\begin{bmatrix} Z_{11} & Z_{12} \\ Z_{21} & Z_{22} \end{bmatrix}$	$\frac{1}{Z_{22}}\begin{bmatrix} \lvert Z\rvert & Z_{12} \\ -Z_{21} & 1 \end{bmatrix}$	$\frac{1}{Z_{21}}\begin{bmatrix} Z_{11} & \lvert Z\rvert \\ 1 & Z_{22} \end{bmatrix}$
	$\boldsymbol{H}$	$\frac{1}{H_{11}}\begin{bmatrix} 1 & -H_{12} \\ H_{21} & \lvert H\rvert \end{bmatrix}$	$\frac{1}{H_{22}}\begin{bmatrix} \lvert H\rvert & H_{12} \\ -H_{21} & 1 \end{bmatrix}$	$\begin{bmatrix} H_{11} & H_{12} \\ H_{21} & H_{22} \end{bmatrix}$	$\frac{-1}{H_{21}}\begin{bmatrix} \lvert H\rvert & H_{11} \\ H_{22} & 1 \end{bmatrix}$
	$\boldsymbol{F}$	$\frac{1}{B}\begin{bmatrix} D & -\lvert F\rvert \\ -1 & A \end{bmatrix}$	$\frac{1}{C}\begin{bmatrix} A & \lvert F\rvert \\ 1 & D \end{bmatrix}$	$\frac{1}{D}\begin{bmatrix} B & \lvert F\rvert \\ -1 & C \end{bmatrix}$	$\begin{bmatrix} A & B \\ C & D \end{bmatrix}$

の電圧 $\boldsymbol{V}_1$，電流 $\boldsymbol{I}_1$，端子対 2-2′ の電圧 $\boldsymbol{V}_2$，電流 $\boldsymbol{I}_2$ の間の関係が

$$\begin{aligned} V_1 &= AV_2 + BI_2 \\ I_1 &= CV_2 + DI_2 \end{aligned} \tag{2.5.14}$$

$$\begin{bmatrix} V_1 \\ I_1 \end{bmatrix} = \begin{bmatrix} A & B \\ C & D \end{bmatrix}\begin{bmatrix} V_2 \\ I_2 \end{bmatrix} \tag{2.5.15}$$

と表されるものとする．このとき，A，B，C，D からなる係数行列を**縦続行列（cascade matrix）**，F 行列（fundamental matrix），**四端子行列（four-terminal matrix）**といい，A～D を縦続パラメータまたは F パラメータ，四端子パラメータという．端子対 2-2′ を短絡（$\boldsymbol{V}_2 = 0$）すれば A，C が求まり，端子対 2-2′ を開放すれば B，D が求まる．

各縦続パラメータは

$$\begin{aligned} A &= \left.\frac{V_1}{V_2}\right|_{I_2=0}, \quad B = \left.\frac{V_1}{I_2}\right|_{V_2=0} \\ C &= \left.\frac{I_1}{V_2}\right|_{I_2=0}, \quad D = \left.\frac{I_1}{I_2}\right|_{V_2=0} \end{aligned} \tag{2.5.16}$$

と定義される．A は開放電圧比，B は短絡伝達インピーダンス，C は開放伝達アドミタンス，D は短絡電流比である．対称回路では $A = D$ である．

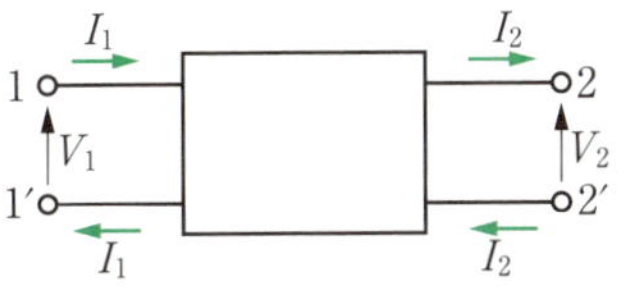

図 2.5.6 縦続パラメータの定義

e. 相互変換

4 種類の二端子対パラメータは，相互に変換することができる．この公式を表 2.5.1 に示す．例えば，アドミタンスパラメータをインピーダンス行列 $\boldsymbol{Z}$ に変換したい場合は

$$\boldsymbol{Z} = \boldsymbol{Y}^{-1} = \frac{1}{|Y|}\begin{bmatrix} Y_{12} & -Y_{12} \\ -Y_{21} & Y_{11} \end{bmatrix} \tag{2.5.17}$$

によって求めることができる．

f. 二端子対回路の直列，並列，縦続接続

二つの二端子対回路 N_1，N_2 を図 2.5.7(a)～(c)のように接続して，新しい二端子対回路 N を作る．

直列接続ではインピーダンス行列が，並列接続ではアドミタンス行列が，縦続接続では縦続行列が用いられる．この際，二端子対回路 N における各端子対において流入する電流と流出する電流が等しいという条件が成立しなければならない．

(i) 直列接続

図 2.5.7(a)に示すように直列接続においては，二端子対回路 N_1 のインピーダンス行列を $\boldsymbol{Z}'$，二端子対回路 N_2 のインピーダンス行列を $\boldsymbol{Z}''$ とすれば，二端子対回路 N の合成インピーダンス行列 $\boldsymbol{Z}$ は

$$\begin{bmatrix} Z_{11}'+Z_{11}'' & Z_{12}'+Z_{12}'' \\ Z_{21}'+Z_{21}'' & Z_{22}'+Z_{22}'' \end{bmatrix} \tag{2.5.18}$$

と表される．

V_1，V_2，I_1，I_2 との関係式は

$$\begin{bmatrix} V_1 \\ V_2 \end{bmatrix} = \begin{bmatrix} Z_{11}'+Z_{11}'' & Z_{12}'+Z_{12}'' \\ Z_{21}'+Z_{21}'' & Z_{22}'+Z_{22}'' \end{bmatrix}\begin{bmatrix} I_1 \\ I_2 \end{bmatrix} \tag{2.5.19}$$

と書ける．

(ii) 並列接続

図 2.5.7(b)に示すように並列接続においては，二端子対回路 N_1 のアドミタンス行列を $\boldsymbol{Y}'$，二端子対回路 N_2 のアドミタンス行列を $\boldsymbol{Y}''$ とすれば，二端子対回路 N の合成アドミタンス行列 $\boldsymbol{Y}$ は

$$\begin{bmatrix} Y_{11}'+Y_{11}'' & Y_{12}'+Y_{12}'' \\ Y_{21}'+Y_{21}'' & Y_{22}'+Y_{22}'' \end{bmatrix} \tag{2.5.20}$$

で表される．I_1，I_2，V_1，V_2 との関係は

$$\begin{bmatrix} I_1 \\ I_2 \end{bmatrix} = \begin{bmatrix} Y_{11}'+Y_{11}'' & Y_{12}'+Y_{12}'' \\ Y_{21}'+Y_{21}'' & Y_{22}'+Y_{22}'' \end{bmatrix} \begin{bmatrix} V_1 \\ V_2 \end{bmatrix} \tag{2.5.21}$$

と書ける．

（iii） 縦続接続

図 2.5.7(c)に示すように縦続接続においては，二端子対回路 N_1 の縦続行列を $\boldsymbol{F}'$，二端子対回路 N_2 の縦続行列を $\boldsymbol{F}''$ とすれば，二端子対回路 N の合成縦続行列 $\boldsymbol{F}$ は

$$\begin{bmatrix} A' & B' \\ C' & D' \end{bmatrix} \begin{bmatrix} A'' & B'' \\ C'' & D'' \end{bmatrix} = \begin{bmatrix} A'A''+B'C'' & A'B''+B'D'' \\ C'A''+D'C'' & C'B''+D'D'' \end{bmatrix} \tag{2.5.22}$$

と表される．

V_1，I_1，V_3，I_3 との関係は

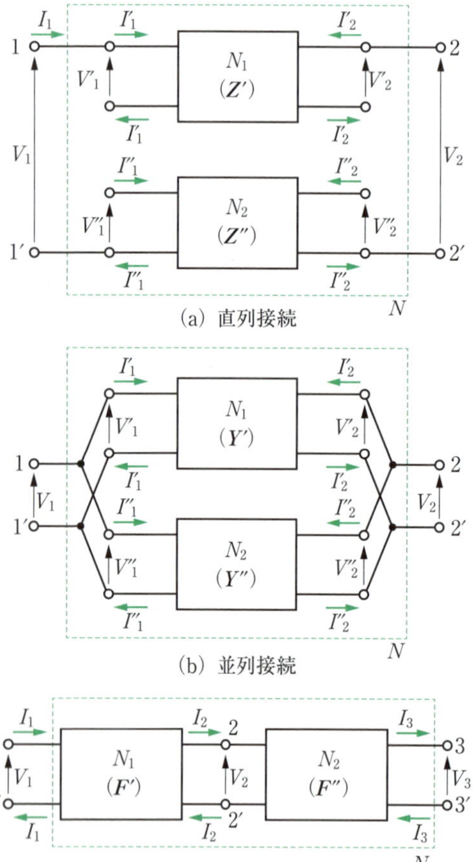

(a) 直列接続

(b) 並列接続

(c) 縦続接続

図 2.5.7　二端子回路の接続

$$\begin{bmatrix} V_1 \\ I_1 \end{bmatrix} = \begin{bmatrix} A'A''+B'C'' & A'B''+B'D'' \\ C'A''+D'C'' & C'B''+D'D'' \end{bmatrix} \begin{bmatrix} V_2 \\ I_2 \end{bmatrix} \tag{2.5.23}$$

と書ける．

例題 2-5-1

(1)　図 2.5.8 の回路の縦続行列を求めよ．

まず，回路を図 2.5.9(a)(b)(c)に分けて考える．図 2.5.9(a)の縦続行列は，式(2.5.16)より

$$\begin{bmatrix} 1 & Z_1 \\ 0 & 1 \end{bmatrix} \tag{2.5.24}$$

である．また，図 2.5.9(b)の縦続行列は，式(2.5.16)より

$$\begin{bmatrix} 1 & 0 \\ \dfrac{1}{Z_2} & 1 \end{bmatrix} \tag{2.5.25}$$

よって図 2.5.8 は，図 2.5.9(a)(b)(c)からなる三つの回路の縦続接続で表すことができ

$$\begin{bmatrix} A & B \\ C & D \end{bmatrix} = \begin{bmatrix} 1 & Z_1 \\ 0 & 1 \end{bmatrix} \begin{bmatrix} 1 & 0 \\ \dfrac{1}{Z_2} & 1 \end{bmatrix} \begin{bmatrix} 1 & Z_1 \\ 0 & 1 \end{bmatrix} = \begin{bmatrix} 1+\dfrac{Z_1}{Z_2} & \dfrac{Z_1Z_2+Z_2Z_3+Z_3Z_2}{Z_2} \\ \dfrac{1}{Z_2} & 1+\dfrac{Z_3}{Z_2} \end{bmatrix} \tag{2.5.26}$$

で表される．

(2)　図 2.5.10 の回路の縦続行列を求めよ．

上述の (1) と同様，回路を三つの回路の縦続接続として考えると

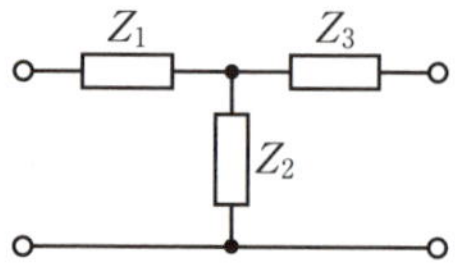

図 2.5.8

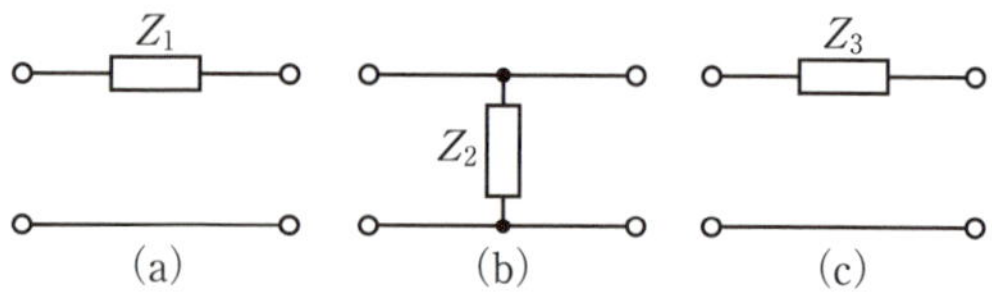

図 2.5.9

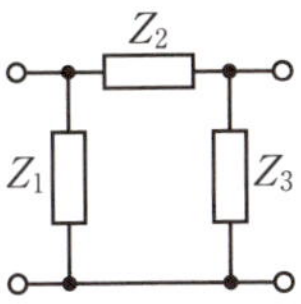

図 2.5.10

$$\begin{bmatrix} A & B \\ C & D \end{bmatrix} = \begin{bmatrix} 1 & 0 \\ \dfrac{1}{Z_1} & 1 \end{bmatrix} \begin{bmatrix} 1 & Z_2 \\ 0 & 1 \end{bmatrix} \begin{bmatrix} 1 & 0 \\ \dfrac{1}{Z_3} & 1 \end{bmatrix}$$

$$= \begin{bmatrix} 1+\dfrac{Z_2}{Z_3} & Z_2 \\ \dfrac{Z_1+Z_2+Z_3}{Z_1 Z_3} & 1+\dfrac{Z_2}{Z_1} \end{bmatrix} \tag{2.5.27}$$

で表される．

2.5.2　T 形等価回路と π 形等価回路

a.　T 形等価回路

式(2.5.8)のようにインピーダンスパラメータが与えられているとき，これを表す等価回路を考える．

まず，図 2.5.11 に示す T 形回路のインピーダンス行列 $\boldsymbol{Z}$ を，式(2.5.10)を用いて求めると

$$\boldsymbol{Z} = \begin{bmatrix} Z_1+Z_2 & Z_2 \\ Z_2 & Z_2+Z_3 \end{bmatrix} \tag{2.5.28}$$

となる．ここから，T 形等価回路の各インピーダンスパラメータは

$$\begin{cases} Z_{11} = Z_1+Z_2 \\ Z_{12} = Z_{21} = Z_2 \\ Z_{22} = Z_2+Z_3 \end{cases} \tag{2.5.29}$$

となる．つまり，インピーダンスパラメータ（Z_{11}，Z_{12}，Z_{21}，Z_{22}）が与えられているとき，この二端子対回路は

$$\begin{cases} Z_1 = Z_{11}-Z_{12} \\ Z_2 = Z_{12} = Z_{21} \\ Z_3 = Z_{22}-Z_{12} \end{cases} \tag{2.5.30}$$

となり，図 2.5.12 の T 形等価回路で示すことができる．

b.　π 形等価回路

式(2.5.1)のようにアドミタンスパラメータが与えられているとき，これを表す等価回路を考える．

図 2.5.13 に示す π 形回路のアドミタンスパラメータ $\boldsymbol{Y}$ を，式(2.5.7)を用いて求めると

$$\boldsymbol{Y} = \begin{bmatrix} Y_1+Y_2 & -Y_2 \\ -Y_2 & Y_2+Y_3 \end{bmatrix} \tag{2.5.31}$$

となる．ここから，π 形等価回路の各アドミタンスパラメータは

$$\begin{cases} Y_{11} = Y_1+Y_2 \\ Y_{12} = Y_{21} = -Y_2 \\ Y_{22} = Y_2+Y_3 \end{cases} \tag{2.5.32}$$

となる．つまり，アドミタンスパラメータ（Y_{11}，Y_{12}，Y_{21}，Y_{22}）が与えられているとき，この二端子対回路は

$$\begin{cases} Y_1 = Y_{11}+Y_{12} \\ Y_2 = -Y_{12} = -Y_{21} \\ Y_3 = Y_{22}+Y_{12} \end{cases} \tag{2.5.33}$$

となり，図 2.5.14 の π 形等価回路で示すことができる．

2.5.3　Δ-Y 変換（π 形回路-T 形回路変換）

図 2.5.15 に示した Δ 形回路，Y 形回路は，二端子対回路で表すと，図 2.5.16 のようになる．

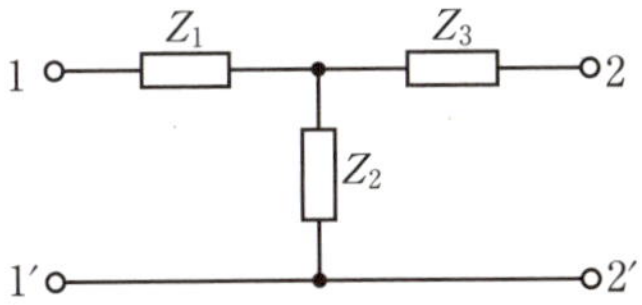

図 2.5.11　T 形回路

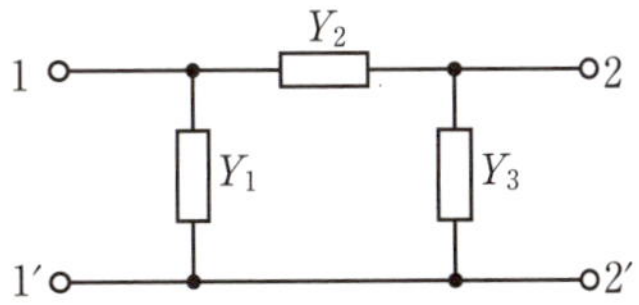

図 2.5.13　π 形回路

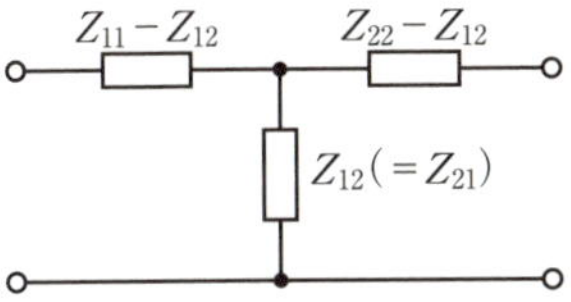

図 2.5.12　T 形等価回路

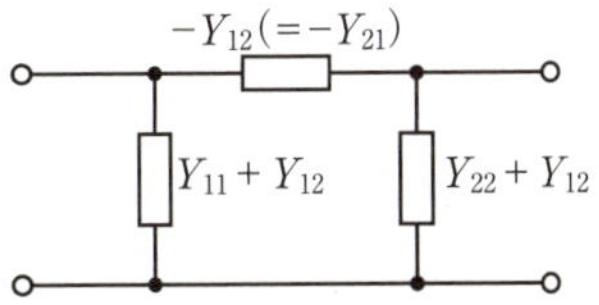

図 2.5.14　π 形等価回路

図 2.5.16(a)と(b)の回路のインピーダンスが，端子対 c-a，b-a からみて等価であるとき，インピーダンス値を相互変換することができる．図 2.5.8 の各インピーダンスパラメータが図 2.5.10 のインピーダンスパラメータと等しいとすれば，その関係が求まる(例：式(2.5.26) = 式(2.5.27)の方程式)．

ここから，図 2.5.16(a)の π 形回路の各インピーダンスは

$$Z_a = \frac{Z_{ab}Z_{ca}}{Z_{ab}+Z_{bc}+Z_{ca}} \tag{2.5.34}$$

$$Z_b = \frac{Z_{bc}Z_{ab}}{Z_{ab}+Z_{bc}+Z_{ca}} \tag{2.5.35}$$

$$Z_c = \frac{Z_{ca}Z_{bc}}{Z_{ab}+Z_{bc}+Z_{ca}} \tag{2.5.36}$$

によって図 2.5.16(b)の T 形回路の各インピーダンスに変換できる．これは，図 2.5.15(a)の Δ 形回路から，図 2.5.15(b)の Y 形回路への変換式ともいえる．

また逆に，図 2.5.16(b)の T 形回路の各インピーダンスは

$$Z_{ab} = \frac{Z_aZ_b+Z_bZ_c+Z_cZ_a}{Z_c} \tag{2.5.37}$$

$$Z_{bc} = \frac{Z_aZ_b+Z_bZ_c+Z_cZ_a}{Z_a} \tag{2.5.38}$$

$$Z_{ca} = \frac{Z_aZ_b+Z_bZ_c+Z_cZ_a}{Z_b} \tag{2.5.39}$$

によって π 形回路のインピーダンスに変換できる．これは，図 2.5.15(b)の Y 形回路から，図 2.515(a)の Δ 形回路への変換式ともいえる．

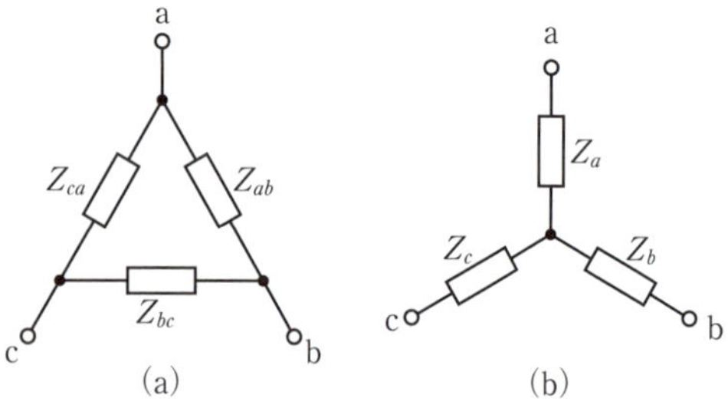

図 2.5.15　Δ 形回路(a)と Y 形回路(b)

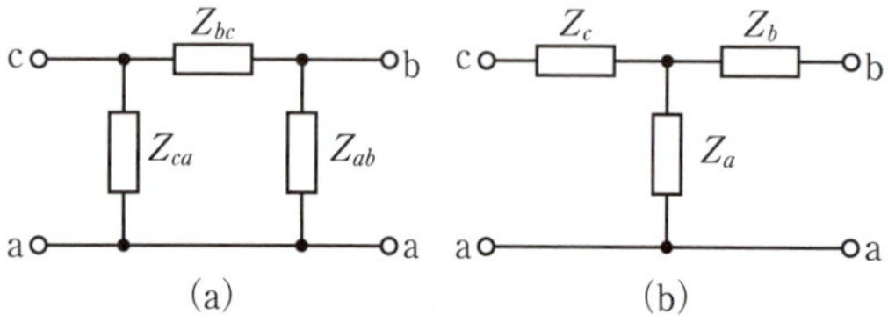

図 2.5.16　π 形回路(a)と T 形回路(b)

2.5.4　影像パラメータ

影像パラメータは，2 個の**影像インピーダンス (image impedance)** と**影像伝達定数 (image transfer constant)** θ の三つのパラメータからなる．二端子対回路を縦続接続する際に，エネルギーを効率よく伝達できるかどうかを表すパラメータであり，縦続パラメータと深く関係する．

a. 影像インピーダンス

影像インピーダンスは，与えられた二端子対回路に対して，次のような条件を満たすインピーダンスとして定義される．図 2.5.17 のように端子対 2-2′ にインピーダンス Z_{02} を接続したとき，端子対 1-1′ からみたインピーダンスを Z_{01} とする．図 2.5.18 のように端子対 1-1′ にインピーダンス Z_{01} を接続したとき，端子対 2-2′ からみたインピーダンスを Z_{02} とする．

次に，影像インピーダンスと縦続パラメータの関係を示す．縦続パラメータは，式(2.5.14)より

$$\begin{aligned} V_1 &= AV_2+BI_2 \\ I_1 &= CV_2+DI_2 \end{aligned} \tag{2.5.40}$$

と表されるが，図 2.5.17 の回路においては

$$V_2 = Z_{02}I_2 \tag{2.5.41}$$

であるから

$$\begin{aligned} V_1 &= (AZ_{02}+B)I_2 \\ I_1 &= (CZ_{02}+D)I_2 \end{aligned} \tag{2.5.42}$$

となる．したがって

$$Z_{01} = \frac{V_1}{I_1} = \frac{AZ_{02}+B}{CZ_{02}+D} \tag{2.5.43}$$

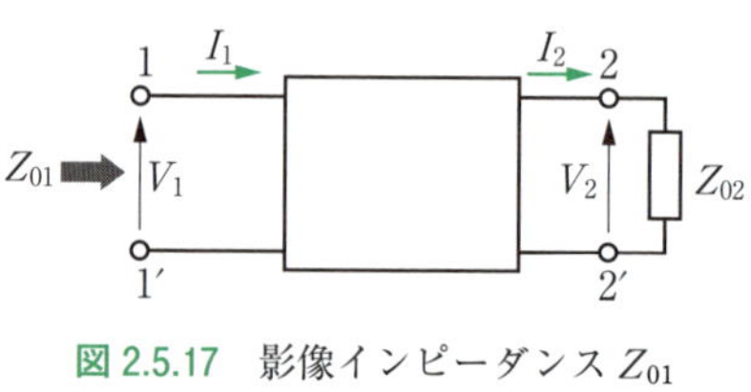

図 2.5.17　影像インピーダンス Z_{01}

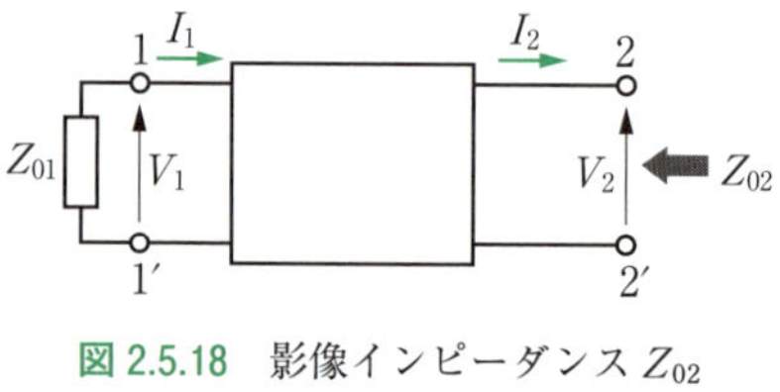

図 2.5.18　影像インピーダンス Z_{02}

次に，図 2.5.18 の回路において，Z_{02} を求める．電流の向きに注意すると

$$V_1 = -Z_{01}I_1 \tag{2.5.44}$$

であるから，式(2.5.40)に代入して整理すると

$$\frac{V_2}{I_2} = -\frac{DZ_{01}+B}{CZ_{01}+A} \tag{2.5.45}$$

が得られる．したがって

$$Z_{02} = -\frac{V_2}{I_2} = \frac{DZ_{01}+B}{CZ_{01}+A} \tag{2.5.46}$$

となる．式(2.5.43)と式(2.5.46)より

$$\begin{aligned} CZ_{01}Z_{02}+DZ_{01}-AZ_{02}-B &= 0 \\ CZ_{01}Z_{02}-DZ_{01}+AZ_{02}-B &= 0 \end{aligned} \tag{2.5.47}$$

となり，両式の和および差をとると

$$Z_{01}Z_{02} = \frac{B}{C}, \qquad \frac{Z_{01}}{Z_{02}} = \frac{A}{D} \tag{2.5.48}$$

が得られる．この 2 式より

$$Z_{01} = \sqrt{\frac{AB}{CD}}, \qquad Z_{02} = \sqrt{\frac{DB}{CA}} \tag{2.5.49}$$

ところで，表 2.5.1 から

$$\frac{D}{B} = Y_{11}, \quad \frac{A}{B} = Y_{22}, \quad \frac{A}{C} = Z_{11}, \quad \frac{D}{C} = Z_{22} \tag{2.5.50}$$

であることが知られている．この関係式より，式(2.5.49)は

$$Z_{01} = \sqrt{\frac{Z_{11}}{Y_{11}}}, \qquad Z_{02} = \sqrt{\frac{Z_{22}}{Y_{22}}} \tag{2.5.51}$$

と表される．

なお，Z_{11} は図 2.5.4 に示したように端子対 2-2′ を開放させ，端子対 1-1′ からみたインピーダンスであり，Z_{22} は図 2.5.5 に示したように端子対 1-1′ を開放させ，端子対 2-2′ からみたインピーダンスである（開放インピーダンス）．

$1/Y_{11}$ は図 2.5.2 に示したように端子対 2-2′ を短絡させて，端子対 1-1′ からみたアドミタンスの逆数，$1/Y_{22}$ は図 2.5.3 に示したように端子対 1-1′ を短絡させて，端子対 2-2′ からみたアドミタンスの逆数である（短絡インピーダンス）．

つまり，図 2.5.19，図 2.5.20 にそれぞれ示したように Z_{1f}，Z_{2f} を各端子の開放インピーダンス，図 2.5.21，図 2.5.22 にそれぞれ示したように，Z_{1s}，Z_{2s} を各端子の短絡インピーダンスとすると，影像インピーダンスは

$$Z_{01} = \sqrt{Z_{1f}Z_{1s}}, \qquad Z_{02} = \sqrt{Z_{2f}Z_{2s}} \tag{2.5.52}$$

と表すことができる．

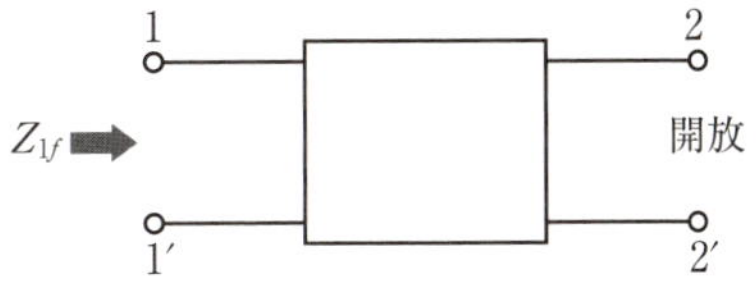

図 2.5.19 Z_{1f}

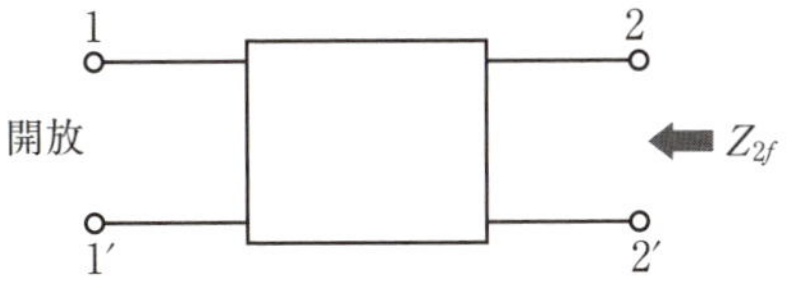

図 2.5.20 Z_{2f}

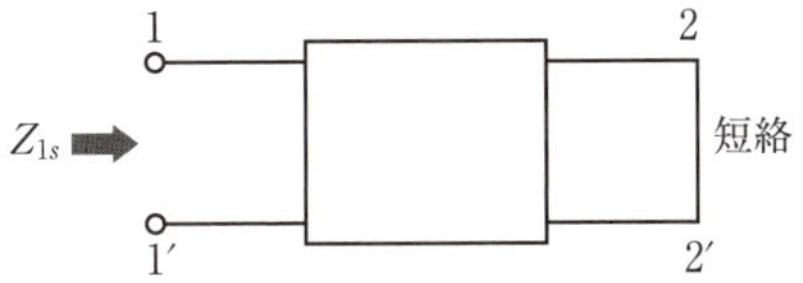

図 2.5.21 Z_{1s}

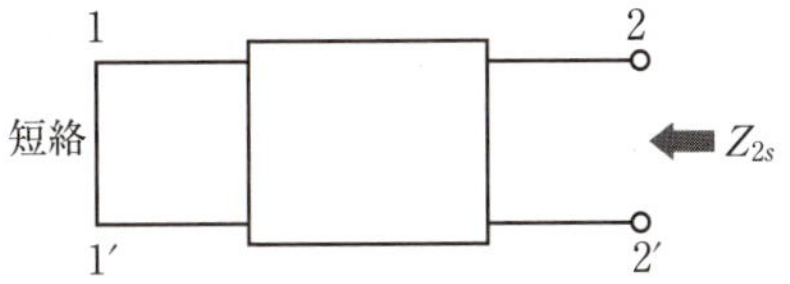

図 2.5.22 Z_{2s}

b. 影像伝達定数

図 2.5.23 のように，内部インピーダンス Z_{01} の電圧源があり，端子対 1-1′ において左右をみたインピーダンスは Z_{01} となり，端子対 2-2′ において左右をみたインピーダンスは Z_{02} となるとき，入出力端子が影像インピーダンスで終端されているといい，影像伝達定数 θ は

$$e^{\theta} = \sqrt{\frac{V_1I_1}{V_2I_2}} \tag{2.5.53}$$

と定義される．図 2.5.23 においては，$V_1 = Z_{01}I_1$，

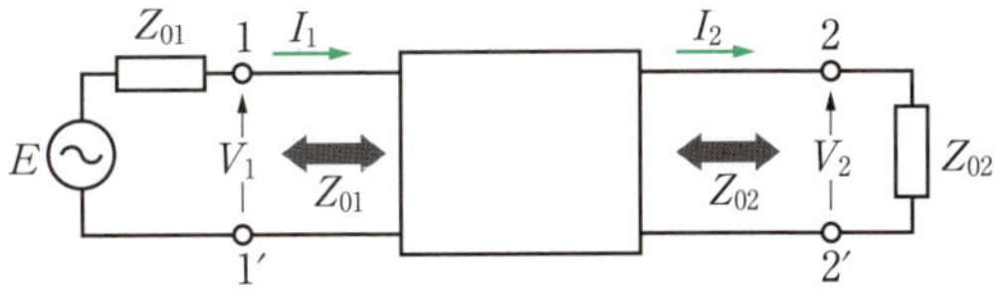

図 2.5.23 入出力端子が影像インピーダンスで終端された回路

$V_2 = Z_{02}I_2$ であるから，式(2.5.53)は

$$e^{\theta} = \frac{I_1}{I_2}\sqrt{\frac{Z_{01}}{Z_{02}}} = \frac{V_1}{V_2}\sqrt{\frac{Z_{01}}{Z_{02}}} \tag{2.5.54}$$

となる．また，θ は

$$\theta = \alpha + j\beta \tag{2.5.55}$$

で表され，α［Np］を**影像減衰定数（image attenuation constant）**，β［rad］を**影像位相定数（image phase constant）**という．なお，Np（ネーパ）は，電力の減衰の割合を表す単位であり，P_1［W］から，P_2［W］への減衰量は

$$\alpha = \frac{1}{2}\log_e\frac{P_1}{P_2}\ [\text{Np}] \tag{2.5.56}$$

で表される．

次に，影像伝達定数と縦続パラメータの関係を示す．式(2.5.14)を変形すると

$$\frac{V_1}{V_2} = A + \frac{I_2}{V_2}B$$

$$\frac{I_1}{I_2} = \frac{V_2}{I_2}C + D \tag{2.5.57}$$

となり，$V_2 = Z_{02}I_2$ と式(2.5.49)を代入すると

$$\frac{V_1}{V_2} = \sqrt{\frac{A}{D}}(\sqrt{AD}+\sqrt{BC})$$

$$\frac{I_1}{I_2} = \sqrt{\frac{D}{A}}(\sqrt{AD}+\sqrt{BC}) \tag{2.5.58}$$

となる．式(2.5.53)よりこの積の平方根が影像伝達定数になるので，これを計算し整理すると

$$e^{\theta} = \sqrt{AD}+\sqrt{BC} \tag{2.5.59}$$

または

$$\theta = \log_e(\sqrt{AD}+\sqrt{BC}) \tag{2.5.60}$$

となる．

c. 影像インピーダンスによる縦続接続

図 2.5.24 のように，接続点における左右をみたときの映像インピーダンスが一致するように，二端子対回路網 N_1，N_2，…，N_n を縦続接続するときについて，端子対 1-1′ と端子対 n-n' の回路網の影像パラメータを考える．

この接続方法の場合は，端子対 n-n' に Z_{0n} を接続すると，端子対 1-1′ から右方向をみたインピーダンスが Z_{01} になる．同様に，端子対 1-1′ も Z_{01} を接続すると，端子対 n-n' から左方向をみたインピーダンスは Z_{0n} となる．したがって，縦続接続後の二端子対回路網の影像インピーダンスは，Z_{01}，Z_{0n} となり

$$e^{\theta} = \sqrt{\frac{V_1 I_1}{V_n I_n}} \tag{2.5.61}$$

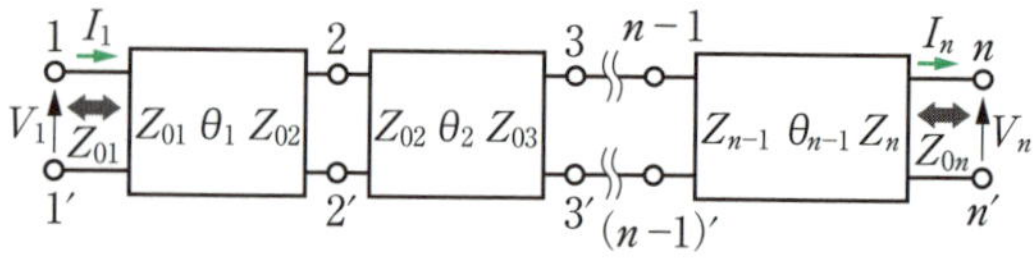

図 2.5.24　影像インピーダンスで縦続接続された回路

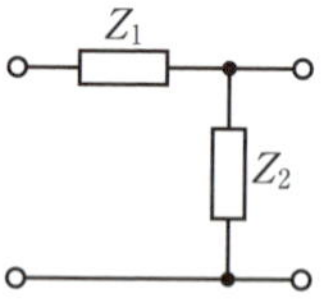

図 2.5.25

と書ける．

また，縦続接続後の影像伝達関数を θ とすれば

$$\theta = \theta_1 + \theta_2 + \cdots + \theta_n \tag{2.5.62}$$

となる．

例題 2-5-2

図 2.5.25 の回路の影像パラメータを求めよ．

式(2.5.16)より縦続行列を求めると

$$\begin{bmatrix} A & B \\ C & D \end{bmatrix} = \begin{bmatrix} 1 & Z_2 \\ \dfrac{1}{Z_1} & 1+\dfrac{Z_2}{Z_1} \end{bmatrix}$$

となり，式(2.5.49)より

$$Z_{01} = \sqrt{\frac{AB}{CD}} = \sqrt{\frac{Z_2}{\dfrac{1}{Z_1}\left(1+\dfrac{Z_2}{Z_1}\right)}} = Z_1\sqrt{\frac{Z_2}{Z_1+Z_2}}$$

$$Z_{02} = \sqrt{\frac{DB}{CA}} = \sqrt{\frac{\left(1+\dfrac{Z_2}{Z_1}\right)Z_2}{\dfrac{1}{Z_1}}} = \sqrt{(Z_1+Z_2)Z_2}$$

$$\theta = \log_e\left(\sqrt{1+\frac{Z_2}{Z_1}} + \sqrt{\frac{Z_2}{Z_1}}\right)$$

そのほかの解法として

$$Z_{1f} = Z_1,\ Z_{2f} = Z_1 + Z_2,$$

$$Z_{1s} = \frac{Z_1 Z_2}{Z_1+Z_2},\ Z_{2s} = Z_2$$

より

$$Z_{01} = \sqrt{Z_{1f}Z_{1s}} = \sqrt{Z_1\frac{Z_1 Z_2}{Z_1+Z_2}} = Z_1\sqrt{\frac{Z_2}{Z_1+Z_2}},$$

$$Z_{02} = \sqrt{Z_{2f}Z_{2s}} = \sqrt{(Z_1+Z_2)Z_2}$$

となり，縦続行列から求めた影像インピーダンスと同じ解が得られる．

2.5 節のまとめ

- **アドミタンスパラメータの関係式：**

$$\begin{bmatrix} I_1 \\ I_2 \end{bmatrix} = \begin{bmatrix} Y_{11} & Y_{12} \\ Y_{21} & Y_{22} \end{bmatrix} \begin{bmatrix} V_1 \\ V_2 \end{bmatrix}$$

- **インピーダンスパラメータの関係式：**

$$\begin{bmatrix} V_1 \\ V_2 \end{bmatrix} = \begin{bmatrix} Z_{11} & Z_{12} \\ Z_{21} & Z_{22} \end{bmatrix} \begin{bmatrix} I_1 \\ I_2 \end{bmatrix}$$

- **ハイブリッドパラメータの関係式：**

$$\begin{bmatrix} V_1 \\ I_2 \end{bmatrix} = \begin{bmatrix} H_{11} & H_{12} \\ H_{21} & H_{22} \end{bmatrix} \begin{bmatrix} I_1 \\ V_2 \end{bmatrix}$$

- **縦続パラメータの関係式：**

$$\begin{bmatrix} V_1 \\ I_1 \end{bmatrix} = \begin{bmatrix} A & B \\ C & D \end{bmatrix} \begin{bmatrix} V_2 \\ I_2 \end{bmatrix}$$

- **二端子対回路の直列接続はインピーダンス行列の和となる．二端子対回路の並列接続は，アドミタンス行列の和となる．二端子対回路の縦続接続は縦続行列の積になる．**
- **インピーダンスパラメータが与えられたとき，これを T 形等価回路で表現できる場合がある．また，アドミタンスパラメータが与えられたとき，これを π 形等価回路で表現できる場合がある．**
- **影像インピーダンスは，$Z_{01} = \sqrt{Z_{1f}Z_{1s}}$，$Z_{02} = \sqrt{Z_{2f}Z_{2s}}$，影像伝達定数は $\theta = \log_e(\sqrt{AD} + \sqrt{BC})$ で表される．**

2.6 電 力

2.6.1 電力の基礎

a. 交流の瞬時電力

図 2.6.1 の回路において，交流電圧源を e，負荷に流れる電流を i としたとき，電源より負荷に供給される電力の瞬時値，すなわち**瞬時電力（instantaneous power）**を p とすると

$$p = ei \tag{2.6.1}$$

である．ここで，電圧，電流の瞬時値 e，i を

$$\begin{aligned} e &= \sqrt{2}\,|\boldsymbol{E}|\sin\omega t \\ i &= \sqrt{2}\,|\boldsymbol{I}|\sin(\omega t + \varphi) \end{aligned} \tag{2.6.2}$$

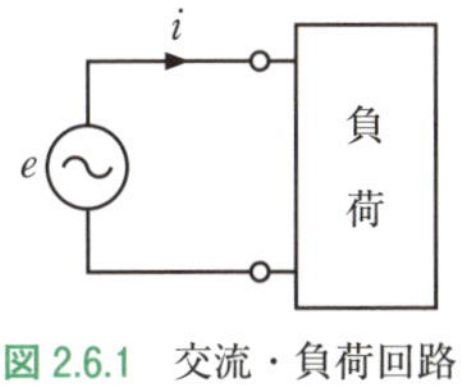

図 2.6.1 交流・負荷回路

として $p = ei$ の計算を行うと，次のようになる．なお，φ は電流の位相と電圧の位相の位相差で，ここでは電流の位相 $(\omega t + \varphi)$ から電圧の位相 ωt を引いた値 φ に対応している．

$$\begin{aligned} p = ei &= \sqrt{2}\,|\boldsymbol{E}|\sin\omega t \cdot \sqrt{2}\,|\boldsymbol{I}|\sin(\omega t + \varphi) \\ &= 2|\boldsymbol{E}||\boldsymbol{I}|\left(\frac{1}{2}\right)\{\cos(\omega t + \varphi - \omega t) - \cos(\omega t + \varphi + \omega t)\} \\ &= |\boldsymbol{E}||\boldsymbol{I}|\{\cos\varphi - \cos(2\omega t + \varphi)\} \end{aligned} \tag{2.6.3}$$

ここで，次に示す三角関数の積和公式を用いることに注意せよ．

$$\sin\alpha \cdot \sin\beta = \frac{1}{2}\{\cos(\alpha - \beta) - \cos(\alpha + \beta)\}$$

これを図示すると，p は図 2.6.2 の緑線のようになる．周波数は電源周波数の 2 倍となり，$|\boldsymbol{E}||\boldsymbol{I}|\cos\varphi$ だけ ωt 軸より上方向にシフトしている様子がわかる．また，p が正の期間と負の期間（緑塗領域）が現れる．$p > 0$ の期間はエネルギーが電源より負荷へ，$p < 0$ の期間は逆に負荷側より電源側へエネルギーが返還される．

ここで，図 2.6.1 の負荷が抵抗 R のみの回路を考えてみよう．R のみの回路では，電流 i と電圧 e の位相

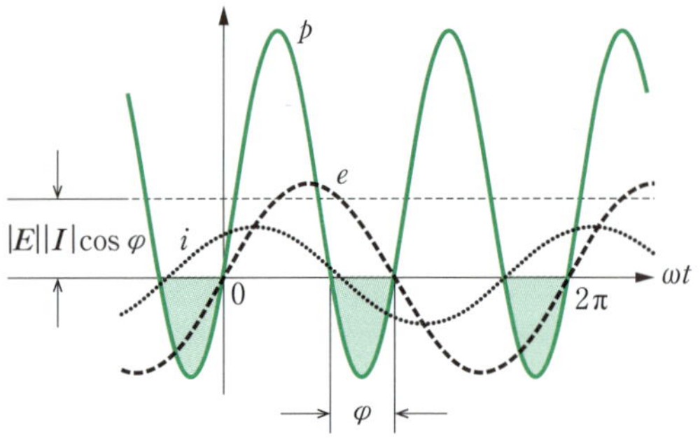

図 2.6.2　電圧 e，電流 i，瞬時電力 p の波形

は同相（$\varphi=0$）となるので，式(2.6.3)は，次のようになる．

$$p=|\boldsymbol{E}||\boldsymbol{I}|-|\boldsymbol{E}||\boldsymbol{I}|\cos 2\omega t \qquad (2.6.4)$$

すなわち，図 2.6.3(a)のような波形となる．これより，p はどの瞬間においても負になることはなく，常に正となる．次に，負荷にコイル L のみが接続された回路を考えてみよう．L に流れる電流 i の位相は，電源電圧 e の位相より $\pi/2$ 遅れるから，$\varphi=-\pi/2$ となる．これより，式(2.6.3)は，次のようになり

$$p=-|\boldsymbol{E}||\boldsymbol{I}|\cos\left(2\omega t-\frac{\pi}{2}\right) \qquad (2.6.5)$$

これを図示すると図 2.6.3(b)のような波形になる．これより，瞬時電力 p はある半周期では正になり，次の半周期では負になる．コイルが磁気エネルギーを蓄えることのできる素子であることを考慮すると，あるときは電源からエネルギーを受け取り，一度これをコイル中に蓄えて，次に再び電源に返すことを意味している．最後に，負荷にコンデンサ C のみが接続された回路を考えてみよう．C の電流 i の位相は，電源電圧 e の位相より $\pi/2$ 進むから，$\varphi=\pi/2$ となる．これより，式(2.6.3)は，次のようになり

$$p=-|\boldsymbol{E}||\boldsymbol{I}|\cos\left(2\omega t+\frac{\pi}{2}\right) \qquad (2.6.6)$$

これを図示すると図 2.6.3(c)のような波形になる．これより，瞬時電力 p はある半周期では正になり，次の半周期では負になる．コンデンサが静電エネルギーを蓄えることのできる素子であることを考慮すると，あるときは電源からエネルギーを受け取り，一度これをコンデンサ中に蓄えて，次に再び電源に返すことを意味している．

負荷側より電源側へエネルギーを返還するには，負荷にエネルギー蓄積素子がなければならない．したがって，負荷にコイルあるいはコンデンサが含まれている場合には $p<0$ となる期間が現れるが，抵抗負荷の場合には，p は常に正となる．

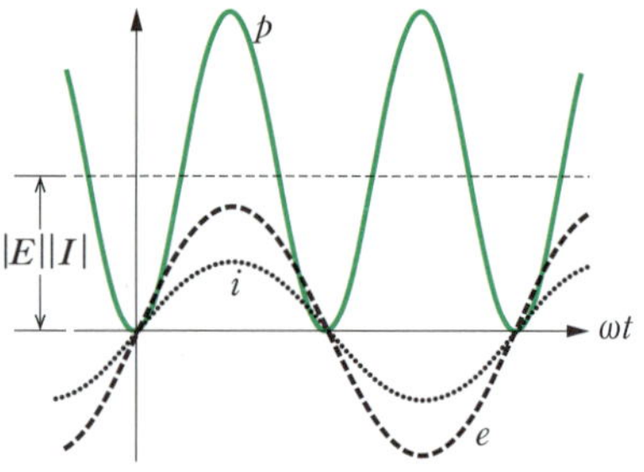

(a) 抵抗負荷の場合

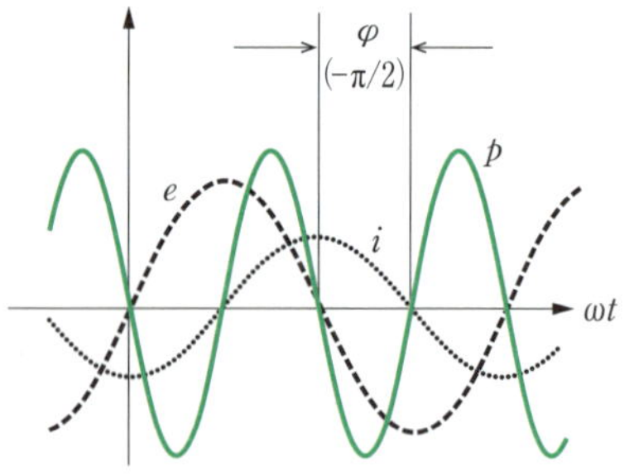

(b) コイル負荷の場合

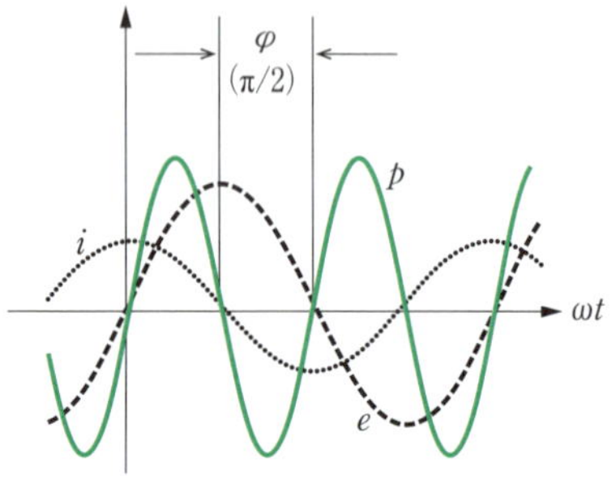

(c) コンデンサ負荷の場合

図 2.6.3　電圧 e，電流 i，瞬時電力 p の波形

b. 有効電力，皮相電力，無効電力

瞬時電力 p の平均値 P を**平均電力（average power）**，**有効電力（active power）**，あるいはたんに**電力（power）**という．式(2.6.3)の平均値を求めると

$$\begin{aligned}P&=\frac{1}{T}\int_{t_0}^{t_0+T}p\,dt\\&=\frac{1}{T}\int_{t_0}^{t_0+T}|\boldsymbol{E}||\boldsymbol{I}|\{\cos\varphi-\cos(2\omega t+\varphi)\}dt\\&=\frac{|\boldsymbol{E}||\boldsymbol{I}|\cos\varphi}{T}\int_{t_0}^{t_0+T}1\,dt\\&\qquad-\frac{1}{T}\int_{t_0}^{t_0+T}|\boldsymbol{E}||\boldsymbol{I}|\cos(2\omega t+\varphi)dt\end{aligned}$$

$$= \frac{|\boldsymbol{E}||\boldsymbol{I}|\cos\varphi}{T}[t]_{t_0}^{t_0+T} - 0 = |\boldsymbol{E}||\boldsymbol{I}|\cos\varphi \qquad (2.6.7)$$

となる．これは，図 2.6.2 中の p のシフト分 $|\boldsymbol{E}||\boldsymbol{I}|\cos\varphi$ に等しく，これが p の平均値に対応していることがわかる．また，有効電力は電圧，電流の実効値の積に $\cos\varphi$ を掛けたものである．この $|\boldsymbol{E}||\boldsymbol{I}|$ を**皮相電力 S（apparent power）**，$\cos\varphi$ を**力率（power factor）**という．したがって

$$有効電力 = (皮相電力)\times(力率), \quad P = S\cos\varphi \qquad (2.6.8)$$

と表される．電圧をボルト［V］，電流をアンペア［A］としたとき，有効電力 P の単位はワット［W］，皮相電力 S の単位はボルトアンペア［VA］となる．

皮相電力 $|\boldsymbol{E}||\boldsymbol{I}|$ に $\sin\varphi$ を掛けたもの，すなわち $|\boldsymbol{E}||\boldsymbol{I}|\sin\varphi$ は**無効電力（reactive power）**とよばれる．これを Q で表すことにする．また，単位はバール［Var］が用いられる．抵抗負荷においては $\varphi = 0$ であるから $Q = 0$，誘導性負荷では $0 > \varphi > -\pi/2$ であるから $Q < 0$，容量性負荷では $0 < \varphi < \pi/2$ であるから $Q > 0$ となる．無効電力の符号は，φ を電流の位相が電圧の位相より進む向きにとれば上述のように容量性の無効電力が正となり，φ を逆に電流の位相が電圧の位相より遅れる向きにとれば誘導性の無効電力が正となる．それゆえ，本章では容量性の無効電力を正として扱う．なお，容量性の無効電力を進みの無効電力，誘導性の無効電力を遅れの無効電力という．また，回路が容量性の場合は進み力率の回路，誘導性の場合は遅れ力率の回路という．表 2.6.1 には，位相差 φ を電流の位相 $\varphi(I)$ が電圧の位相 $\varphi(E)$ より進む向きを正にとった場合のこれらの対応関係をまとめた．誘導性負荷ではいずれも「遅れ」，容量性負荷ではいずれも「進み」となっていることが確認できる．しかし，力率 $\cos\varphi$ は，φ の正負に関わらず正の値（$0 \leq \cos\varphi < 1$）となるので，$\cos\varphi$ の値だけでは回路の「遅れ」・「進み」が判断できない．したがって，力率 $\cos\varphi$ の値を示す場合には，数値の後に（遅れ）・（進み）などを付記する．

ジェームズ・ワット

英国の発明家，機械技術者．トーマス・ニューコメンの蒸気機関を改良し，全世界の産業革命の進展に寄与した．これにより機関車・汽船といった輸送手段も大きく進歩した．仕事率の単位ワットは彼の功績にちなんでいる．（1736-1819）

表 2.6.1　誘導性負荷と容量性負荷における位相角と無効電力の遅れ・進みの対応関係

	誘導性負荷	容量性負荷
負荷の位相 θ	$0 < \theta \leq \pi/2$	$-\pi/2 \leq \theta < 0$
位相差 $\varphi(=\varphi(I)-\varphi(E))$	$-\pi/2 \leq \varphi < 0$	$0 < \varphi \leq \pi/2$
$\varphi(I)$ は $\varphi(E)$ より	遅れている	進んでいる
無効電力 Q	$Q < 0$ 遅れ無効電力	$Q > 0$ 進み無効電力
回路表現	遅れ力率回路	進み力率回路
力率 $\cos\varphi$	$0 \leq \cos\varphi < 1$	$0 \leq \cos\varphi < 1$

今，回路のインピーダンス負荷 Z の抵抗分を R，リアクタンス分を X とすると，Z の位相 θ は

$$\cos\theta = \frac{R}{\sqrt{R^2+X^2}}, \qquad \sin\theta = \frac{X}{\sqrt{R^2+X^2}} \qquad (2.6.9)$$

で表される．位相差 φ を電流の位相 $\varphi(I)$ が電圧の位相 $\varphi(E)$ より進む向きを正にとった場合，$\varphi = -\theta$ となるので

$$\cos\varphi = \frac{R}{\sqrt{R^2+X^2}}, \qquad \sin\varphi = \frac{-X}{\sqrt{R^2+X^2}} \qquad (2.6.10)$$

となる．これらを用いて有効電力 P および無効電力 Q を表すと次のようになる．

$$P = |\boldsymbol{E}||\boldsymbol{I}|\cos\varphi = \frac{|\boldsymbol{E}||\boldsymbol{I}|R}{\sqrt{R^2+X^2}} = |\boldsymbol{I}|^2 R \qquad (2.6.11)$$

$$Q = |\boldsymbol{E}||\boldsymbol{I}|\sin\varphi = \frac{-|\boldsymbol{E}||\boldsymbol{I}|X}{\sqrt{R^2+X^2}} = -|\boldsymbol{I}|^2 X \qquad (2.6.12)$$

これらの関係式より，有効電力 P は抵抗 R で消費していることがわかり，負荷に流れる電流値と抵抗成分の値からも求められることがわかる．また，無効電力はリアクタンス分 X に関連していることがわかる．

c．複素電力（ベクトル電力）

電圧，電流を複素数表示（指数関数表示）で表せば

$$\boldsymbol{E} = |\boldsymbol{E}|e^{j\theta}, \qquad \boldsymbol{I} = |\boldsymbol{I}|e^{j(\theta+\varphi)} \qquad (2.6.13)$$

となるので，この積をとると

$$\begin{aligned}\boldsymbol{EI} &= |\boldsymbol{E}||\boldsymbol{I}|e^{j(2\theta+\varphi)} \\ &= |\boldsymbol{E}||\boldsymbol{I}|\{\cos(2\theta+\varphi)+j\sin(2\theta+\varphi)\}\end{aligned} \qquad (2.6.14)$$

となる．この右辺の各項とも電力の式（有効電力や無効電力）とは関係がない．そこで，$\boldsymbol{E}$ の共役複素数 $\overline{\boldsymbol{E}}\,(=|\boldsymbol{E}|e^{-j\theta})$ と $\boldsymbol{I}$，または $\boldsymbol{I}$ の共役複素数 $\overline{\boldsymbol{I}}\,(=|\boldsymbol{I}|e^{-j(\theta+\varphi)})$ と $\boldsymbol{E}$ との積をとると

$$\overline{\boldsymbol{E}}\boldsymbol{I} = |\boldsymbol{E}||\boldsymbol{I}|e^{j\varphi} = |\boldsymbol{E}||\boldsymbol{I}|\{\cos\varphi + j\sin\varphi\} \qquad (2.6.15)$$

$$\boldsymbol{E}\overline{\boldsymbol{I}} = |\boldsymbol{E}||\boldsymbol{I}|e^{-j\varphi} = |\boldsymbol{E}||\boldsymbol{I}|\{\cos\varphi - j\sin\varphi\} \qquad (2.6.16)$$

が得られる．両式の第1項はともに有効電力 P を表し，第2項は符号は異なるが，大きさはともに無効電力 Q を表している．それゆえ，容量性無効電力を正として扱う場合は式(2.6.15)を，誘導性無効電力を正とする場合は式(2.6.16)を用いればよい．本節では容量性無効電力を正として扱うこととしたので，式(2.6.15)の表示を用いる．すなわち

$$\boldsymbol{S} = \overline{\boldsymbol{E}}\boldsymbol{I} = |\boldsymbol{E}||\boldsymbol{I}|\cos\varphi + j|\boldsymbol{E}||\boldsymbol{I}|\sin\varphi = P + jQ \tag{2.6.17}$$

と表す．$\boldsymbol{S}$ は実部を有効電力 P，虚部を無効電力 Q とするベクトルと考えられるので，**ベクトル電力（vector power）**または**複素電力（complex power）**といわれる．これらの間には図 2.6.4 のベクトル図および次式のような関係がある．

$$|\boldsymbol{S}| = |\boldsymbol{E}||\boldsymbol{I}| = \sqrt{P^2+Q^2} \tag{2.6.18}$$

これより，複素電力の大きさは皮相電力に対応していることがわかる．したがって，複素電力の単位は［VA］である．

また，多数の負荷が接続されている場合には，複素電力は

$$\begin{aligned}\boldsymbol{S} &= \boldsymbol{S}_1+\boldsymbol{S}_2+\cdots+\boldsymbol{S}_n\\ &= (P_1+P_2+\cdots+P_n)+j(Q_1+Q_2+\cdots+Q_n)\end{aligned} \tag{2.6.19}$$

と表される．図 2.6.5 は多数の負荷が接続されている回路図で，(a)は並列接続，(b)は直列接続を示している．この両回路を用いて，式(2.6.19)を証明する．並列接続の場合，回路全体の電流 $\boldsymbol{I}$ は，各負荷で分流されるので，$\boldsymbol{I} = \boldsymbol{I}_1+\boldsymbol{I}_2+\cdots+\boldsymbol{I}_n$ となる．したがって

$$\begin{aligned}\boldsymbol{S} &= \overline{\boldsymbol{E}}\boldsymbol{I} = \overline{\boldsymbol{E}}(\boldsymbol{I}_1+\boldsymbol{I}_2+\cdots+\boldsymbol{I}_n)\\ &= \overline{\boldsymbol{E}}\boldsymbol{I}_1+\overline{\boldsymbol{E}}\boldsymbol{I}_2+\cdots+\overline{\boldsymbol{E}}\boldsymbol{I}_n\\ &= \boldsymbol{S}_1+\boldsymbol{S}_2+\cdots+\boldsymbol{S}_n\\ &= (P_1+P_2+\cdots+P_n)+j(Q_1+Q_2+\cdots+Q_n)\end{aligned}$$

となり，式(2.6.19)と一致することが確認できる．同様にして，直列接続の場合，回路全体の電圧 $\boldsymbol{E}$ は各負荷に分圧されるので，$\boldsymbol{E} = \boldsymbol{E}_1+\boldsymbol{E}_2+\cdots+\boldsymbol{E}_n$ となる．したがって

$$\begin{aligned}\boldsymbol{S} &= \overline{\boldsymbol{E}}\boldsymbol{I} = \overline{(\boldsymbol{E}_1+\boldsymbol{E}_2+\cdots+\boldsymbol{E}_n)}\boldsymbol{I}\\ &= \overline{\boldsymbol{E}}_1\boldsymbol{I}+\overline{\boldsymbol{E}}_2\boldsymbol{I}+\cdots+\overline{\boldsymbol{E}}_n\boldsymbol{I}\\ &= \boldsymbol{S}_1+\boldsymbol{S}_2+\cdots+\boldsymbol{S}_n\\ &= (P_1+P_2+\cdots+P_n)+j(Q_1+Q_2+\cdots+Q_n)\end{aligned}$$

となり，この場合も式(2.6.19)と一致する．

以上より，多数の負荷が接続されている場合の複素電力 $\boldsymbol{S}$ は，直列接続か並列接続かに関わらず，実部は各負荷の有効電力 P の和であり，虚部は無効電力 Q の和となる．

2.6.2　最大電力供給の条件

a.　抵抗負荷

図 2.6.6 のように，電圧 $\boldsymbol{E}$，内部抵抗 R_g の電源より負荷抵抗 R に電力を供給するものとする．負荷で消費する電力を P とすると

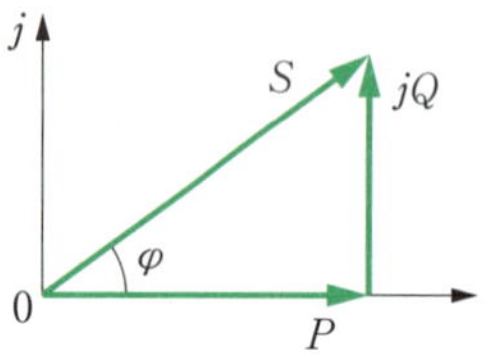

図 2.6.4　電力のベクトル図

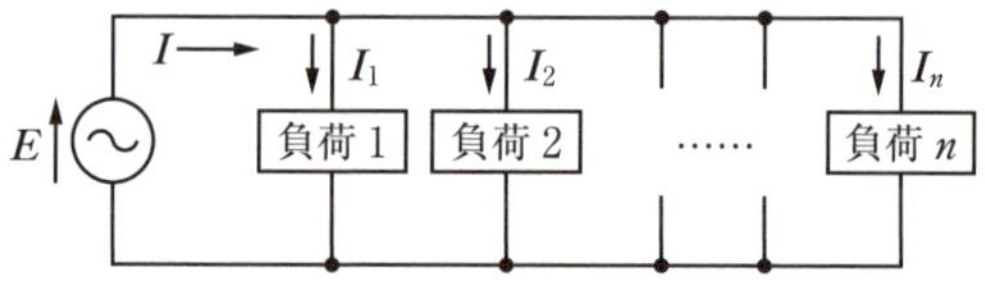

(a)　並列接続

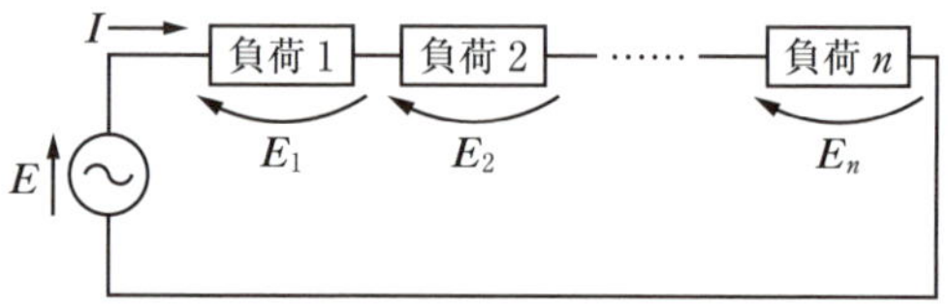

(b)　直列接続

図 2.6.5　複数負荷の接続回路図

ジョージ・ウェスティングハウス

米国の技術者・実業家．1880 年代後半，ニコラ・テスラらとともに，米国初期の交流送電システムを提案し，推進実現した．トーマス・エジソンらが提唱した直流送電システムと対立し，「電流戦争」といわれた．(1846-1914)

トーマス・エジソン

米国の発明家，起業家．白熱電灯，蓄音機，活動写真，電信機，発電機，電気機関車など，さまざまな電気機器に関する合計 1300 もの発明を行った発明王として知られる．直流送電方式による電力会社を設立し，電力事業を行った．(1847-1931)

$$P = R|\boldsymbol{I}|^2 = \frac{R|\boldsymbol{E}|^2}{(R_g+R)^2} \quad (2.6.20)$$

となる．横軸を R として P の概形を描くと図 2.6.7 のようになり，ある抵抗値 R において最大値 $P_{\max}$ をもつことになる．P が最大となる R は，P を R で微分して 0 になるところを求めればよいから，$dP/dR = 0$ から求めることができる．

$$\frac{dP}{dR} = \frac{(R_g+R)^2 - R(2R_g+2R)}{(R_g+R)^4}|\boldsymbol{E}|^2$$
$$= \frac{(R_g-R)}{(R_g+R)^3}|\boldsymbol{E}|^2 = 0 \quad (2.6.21)$$

したがって，$R = R_g$ のとき P は最大となる．また，このときの $P_{\max}$ は，次のとおりとなる．

$$P_{\max} = \frac{|\boldsymbol{E}|^2}{4R_g} \quad (2.6.22)$$

なお，このとき電源の内部抵抗も同じく $P_{\max}$ を消費している．

b. インピーダンス負荷

図 2.6.8 のように，電圧 $\boldsymbol{E}$，内部インピーダンス $\boldsymbol{Z}_g = R_g + jX_g$ の電源より負荷インピーダンス $\boldsymbol{Z} = R + jX$ に電力を供給するものとする．負荷の消費電力 P_a が最大になる条件を求める．

負荷電流の実効値 $|\boldsymbol{I}|$ は

$$|\boldsymbol{I}| = \frac{|\boldsymbol{E}|}{\sqrt{(R_g+R)^2 + (X_g+X)^2}} \quad (2.6.23)$$

となるから，負荷の消費電力 P は次式のようになる．

$$P = |\boldsymbol{I}|^2 R = \frac{|\boldsymbol{E}|^2 R}{(R_g+R)^2 + (X_g+X)^2} \quad (2.6.24)$$

今，負荷インピーダンス $\boldsymbol{Z}$ の抵抗 R とリアクタンス X がともに可変であるとすると，P が最大となるための条件は次の二つの関係を満たさなければならない．

$$\frac{\partial P}{\partial R} = 0, \qquad \frac{\partial P}{\partial X} = 0 \quad (2.6.25)$$

上式より，まず P を R で偏微分すると

$$\frac{\partial P}{\partial R} = \frac{\{(R_g+R)^2 + (X_g+X)^2\} - R(2R_g+2R)}{\{(R_g+R)^2 + (X_g+X)^2\}^2}|\boldsymbol{E}|^2$$
$$= \frac{R_g^2 - R^2 + (X_g+X)^2}{\{(R_g+R)^2 + (X_g+X)^2\}^2}|\boldsymbol{E}|^2 = 0 \quad (2.6.26)$$

となり，$R_g^2 - R^2 + (X_g+X)^2 = 0$ が得られる．また，P を X で偏微分すると

$$\frac{\partial P}{\partial X} = \frac{R \cdot 2(X_g+X)}{\{(R_g+R)^2 + (X_g+X)^2\}^2}|\boldsymbol{E}|^2 = 0 \quad (2.6.27)$$

となり，$X_g + X = 0$ が得られる．これらの 2 式より，$R = R_g$，$X = -X_g$，すなわち $\boldsymbol{Z} = \overline{\boldsymbol{Z}_g}$ のとき，P は最大となる．このように，負荷インピーダンスと電源インピーダンスが共役関係になっているとき P が最大になることから，このような状態を**共役整合 (conjugate matching)** という．また，このときの $R = R_g$，$X = -X_g$ を式(2.6.24)に代入すると，P の最大値 $P_{\max}$ は次のようになる．

$$P_{\max} = \frac{|\boldsymbol{E}|^2}{4R_g} \quad (2.6.28)$$

次に，負荷インピーダンス Z の大きさ $|\boldsymbol{Z}|$ は変えられるが位相角 φ は一定である場合について考えてみよう．位相角 φ が一定である場合とは，すなわち R/X が一定，または力率が一定であるといえる．このとき，$\boldsymbol{Z}$ は $|\boldsymbol{Z}|$ と φ を用いると，$\boldsymbol{Z} = |\boldsymbol{Z}|(\cos\varphi + j\sin\varphi)$ と表すことができる．したがって，P は

$$P = |\boldsymbol{I}|^2 |\boldsymbol{Z}|\cos\varphi$$
$$= \frac{|\boldsymbol{E}|^2 |\boldsymbol{Z}|\cos\varphi}{(R_g + |\boldsymbol{Z}|\cos\varphi)^2 + (X_g + |\boldsymbol{Z}|\sin\varphi)^2} \quad (2.6.29)$$

となるから，P が最大となる条件は，P を $|\boldsymbol{Z}|$ で微分し

$$\frac{dP}{d|\boldsymbol{Z}|} = 0 \quad (2.6.30)$$

から求められる．すなわち，$R_g^2 + X_g^2 - |\boldsymbol{Z}|^2 = 0$ から，その条件は

$$|\boldsymbol{Z}| = \sqrt{R_g^2 + X_g^2} = |\boldsymbol{Z}_g| \quad (2.6.31)$$

となる．

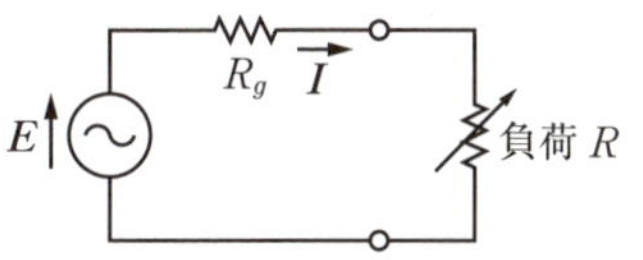

図 2.6.6 抵抗負荷回路

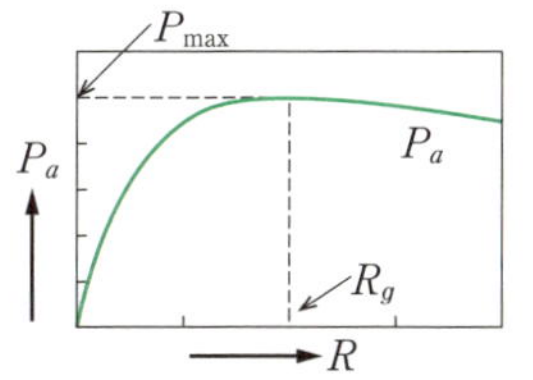

図 2.6.7 負荷抵抗 R に対する消費電力 P の概形

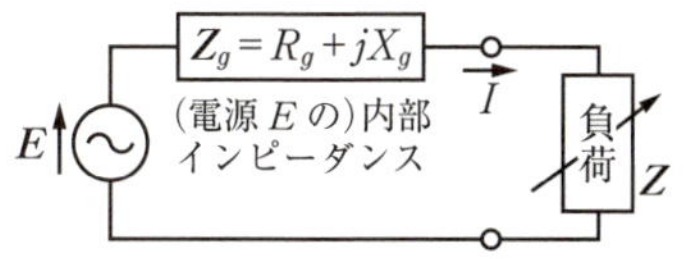

図 2.6.8 インピーダンス負荷回路

2.6 節のまとめ

- 瞬時電力 p は，交流電圧源の瞬時値を e，負荷に流れる電流の瞬時値を i としたとき，$p = ei$ で表される．
- 皮相電力 S は，電圧の実効値を $|\boldsymbol{E}|$，電流の実効値を $|\boldsymbol{I}|$ としたとき，それらの積 $|\boldsymbol{E}||\boldsymbol{I}|$ で表される．単位はボルトアンペア［VA］．
- 有効電力 P は，皮相電力 S に $\cos\varphi$ を掛けたものである．単位はワット［W］．ただし，φ は電流と電圧の位相差で，$\cos\varphi$ を力率という．
- 無効電力 Q は，皮相電力 S に $\sin\varphi$ を掛けたもので，単位はバール［Var］．
- 複素電力 $\boldsymbol{S}$ は，$\boldsymbol{E}$ の共役複素数 $\overline{\boldsymbol{E}}$ と $\boldsymbol{I}$ の $\overline{\boldsymbol{E}}\boldsymbol{I}$ で表される．実部は有効電力 P，虚部は無効電力 Q に対応するので，$\boldsymbol{S} = P + jQ$ の複素ベクトルとなる．単位は［VA］．
- 最大電力供給の条件は，与えられた回路での負荷の消費電力 P を表す式を導出し，可変数で微分（または偏微分）した結果が 0 となることから求められる．

2.7 各種交流回路

2.7.1 RLC からなる基本交流回路

a. RL 直列回路

図 2.7.1 に示した抵抗 R とコイル L との直列回路のインピーダンス Z は

$$\boldsymbol{Z} = R + j\omega L = |\boldsymbol{Z}|e^{j\varphi} \qquad (2.7.1)$$

ただし，$|\boldsymbol{Z}| = \sqrt{R^2+(\omega L)^2}$ であり，$\varphi = \tan^{-1}\dfrac{\omega L}{R}$ である．また，この RL 直列回路のアドミタンス Y は

$$\boldsymbol{Y} = \frac{1}{\boldsymbol{Z}} = 1/(R + j\omega L) = \frac{1}{|\boldsymbol{Z}|}e^{-j\varphi} \qquad (2.7.2)$$

である．

さらに，この RL 直列回路に電源電圧 $\boldsymbol{E}(=|\boldsymbol{E}|e^{j\theta})$ を加えると，電流 $\boldsymbol{I}$ は

$$\boldsymbol{I} = \frac{\boldsymbol{E}}{\boldsymbol{Z}} = \frac{|\boldsymbol{E}|e^{j\theta}}{|\boldsymbol{Z}|e^{j\varphi}} = |\boldsymbol{I}|e^{j(\theta-\varphi)} \qquad (2.7.3)$$

となる．$|\boldsymbol{I}|$ は電流の実効値であって，電圧の実効値 $|\boldsymbol{E}|$ をインピーダンスの大きさ $|\boldsymbol{Z}|$ で割ったものに等しい．また，式(2.7.3)の位相に着目すると，電流 $\boldsymbol{I}$ の位相は電圧 $\boldsymbol{E}$ の位相より $\boldsymbol{Z}$ の位相角 φ だけ遅れる．このとき，R の端子電圧 $\boldsymbol{V}_R$，L の端子電圧 $\boldsymbol{V}_L$ はそれぞれ

$$\boldsymbol{V}_R = R\boldsymbol{I},\ \boldsymbol{V}_L = j\omega L\boldsymbol{I} \qquad (2.7.4)$$

であるから，$\boldsymbol{Z}$，$\boldsymbol{E}$，$\boldsymbol{I}$，$\boldsymbol{V}_R$，$\boldsymbol{V}_L$ のベクトル図を描けば図 2.7.2 のようになる．図 2.7.1 に示した回路について，キルヒホッフの電圧則を用いて回路方程式を立てると

$$\boldsymbol{E} = \boldsymbol{V}_R + \boldsymbol{V}_L = R\boldsymbol{I} + j\omega L\boldsymbol{I} \qquad (2.7.5)$$

となるので，ベクトル図上でも確かにベクトル $\boldsymbol{V}_R$ にベクトル $\boldsymbol{V}_L$ を加えた先がベクトル $\boldsymbol{E}$ に一致していることが確認できる．

ここで，電源周波数が変化したとき，$\boldsymbol{Z}$，$\boldsymbol{Y}$，$\boldsymbol{I}$ のベクトルもともに変化する．これらのベクトルが変化

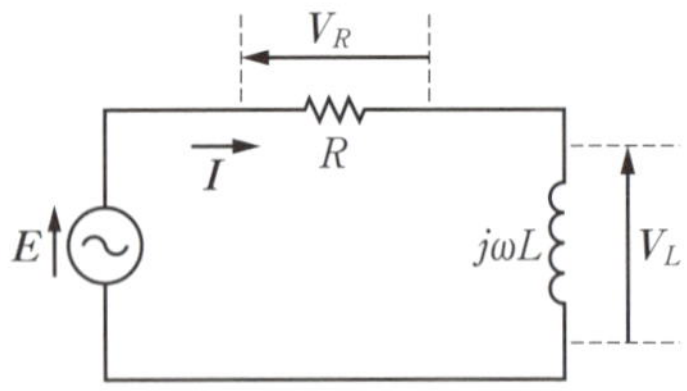

図 2.7.1　RL 直列回路

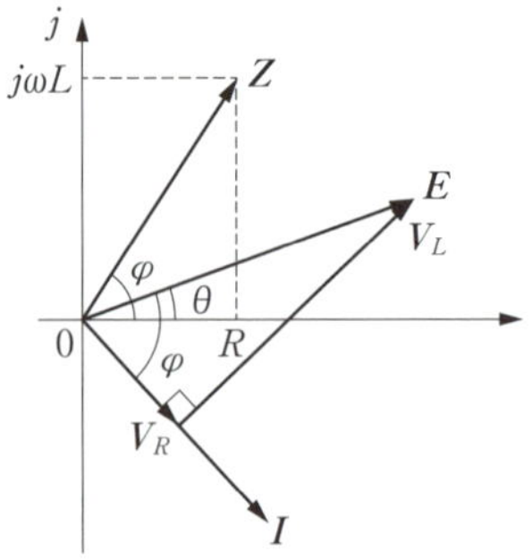

図 2.7.2　$\boldsymbol{Z}$，$\boldsymbol{E}$，$\boldsymbol{I}$，$\boldsymbol{V}_R$，$\boldsymbol{V}_L$ のベクトル図

する様子，すなわち，それらのベクトルの先端が描く軌跡を**ベクトル軌跡（vector locus）**という．一般に軌跡は直線または円となるので，ベクトル軌跡を**円線図（circle diagram）**ともよんでいる．今，電源角周波数 ω が 0 から ∞ まで変化した場合の $\boldsymbol{Z}$，$\boldsymbol{Y}$，$\boldsymbol{I}$ のベクトル軌跡を考えてみよう．ω が変化したとき，式(2.7.5)より $\boldsymbol{Z}$ は虚部であるリアクタンス $X(=\omega L)$ のみが変化するので，Z のベクトル軌跡は図 2.7.3 のように虚軸に平行な直線で表される．特に，$X(=\omega L)$ は正であるから，$\boldsymbol{Z}$ のベクトル軌跡は第 1 象限の半無限の直線となる．一般に，$\boldsymbol{Z}$ から逆数である $\boldsymbol{Y}$ を求める操作は，複素関数論における一次分数変換（メビウス変換）により表される．一次分数変換では，円の軌跡は円に変換される．ここで，直線は半径が無限大の円と考えられるから，$\boldsymbol{Z}$ の逆数である $\boldsymbol{Y}$ のベクトル軌跡は円となる．上述のとおり，$\boldsymbol{Z}$ の軌跡は第 1 象限の半直線であることから，$\boldsymbol{Y}$ のベクトル軌跡は図 2.7.4 に示すような第 4 象限の半円となる．最後に，$\boldsymbol{I}$ のベクトル軌跡は，$\boldsymbol{I}=\boldsymbol{Y}\boldsymbol{E}$ であることから $\boldsymbol{Y}$ のベクトル軌跡を $\boldsymbol{E}$ 倍すればよい．すなわち，$\boldsymbol{E}$ を基準ベクトルとすると $\boldsymbol{I}$ のベクトル軌跡は $\boldsymbol{Y}$ のベクトル軌跡と同様に第 4 象限の半円で，大きさ（直径）が $\boldsymbol{E}$ 倍となる（図 2.7.5）．

また，$\boldsymbol{I}$ のベクトル軌跡は次のようにしても描ける．図 2.7.1 に示した RL 直列回路の回路方程式は

$$R\boldsymbol{I}+j\omega L\boldsymbol{I}=\boldsymbol{E} \tag{2.7.6}$$

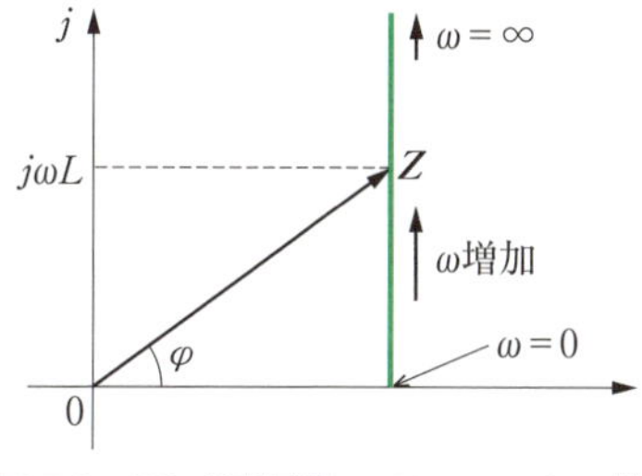

図 2.7.3　RL 直列回路の $\boldsymbol{Z}$ のベクトル軌跡

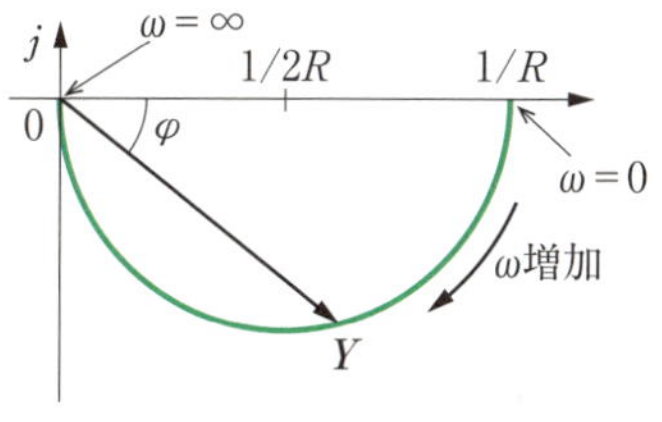

図 2.7.4　RL 直列回路の $\boldsymbol{Y}$ のベクトル軌跡

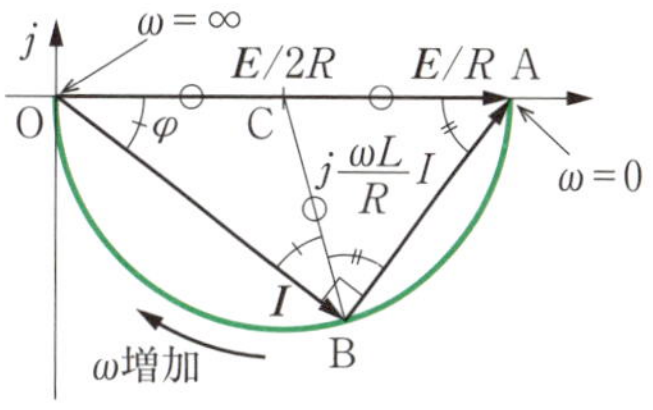

図 2.7.5　RL 直列回路の $\boldsymbol{I}$ のベクトル軌跡

である．この両辺を R で割ると

$$\boldsymbol{I}+j\frac{\omega L}{R}\boldsymbol{I}=\frac{\boldsymbol{E}}{R} \tag{2.7.7}$$

今，上式の各項のベクトルを，$\boldsymbol{E}$ を基準ベクトルにとってベクトル図を描くと，図 2.7.5 のように直角三角形の OAB の関係にある．このとき，図 2.7.5 に示すように，三角形 OCB，ACB はともに二等辺三角形となる．これらのベクトルは，ω を 0 から ∞ まで変化させても常に直角三角形を形成する．一方で，右辺である $\boldsymbol{E}/R$ は一定であるから，$\boldsymbol{I}$ のベクトル軌跡は図 2.7.5 のように半径 $\boldsymbol{E}/2R$，第 4 象限の半円となる．以上より，$\boldsymbol{I}$ は周波数が高くなるほど減少し，位相の遅れは $\pi/2$ に近付くことがわかる．

b. *RC* 並列回路

図 2.7.6 に示した抵抗 R とコンデンサ C との並列回路のアドミタンス $\boldsymbol{Y}$ は

$$\boldsymbol{Y}=G+j\omega C=|\boldsymbol{Y}|e^{j\phi} \tag{2.7.8}$$

ただし，$G=1/R$，$|\boldsymbol{Y}|=\sqrt{G^2+(\omega C)^2}$，$\phi=\tan^{-1}(\omega C/G)$ である．電源角周波数 ω が 0 から ∞ まで変化したときの $\boldsymbol{Y}$ のベクトル軌跡は，図 2.7.7 のように第 1 象限の半直線となり，その位相角 ϕ は $0\sim\pi/2$ の範囲にある．

電流はアドミタンスと電圧の積で与えられるから，回路電流 $\boldsymbol{I}$ は

$$\boldsymbol{I}=\boldsymbol{Y}\boldsymbol{E}=G\boldsymbol{E}+j\omega C\boldsymbol{E} \tag{2.7.9}$$

となる．右辺の第 1 項は抵抗 R に流れる電流で，電圧 $\boldsymbol{E}$ と同相である．第 2 項はコンデンサ C に流れる

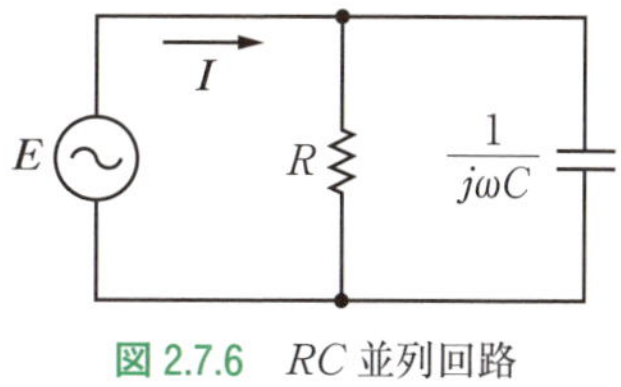

図 2.7.6　RC 並列回路

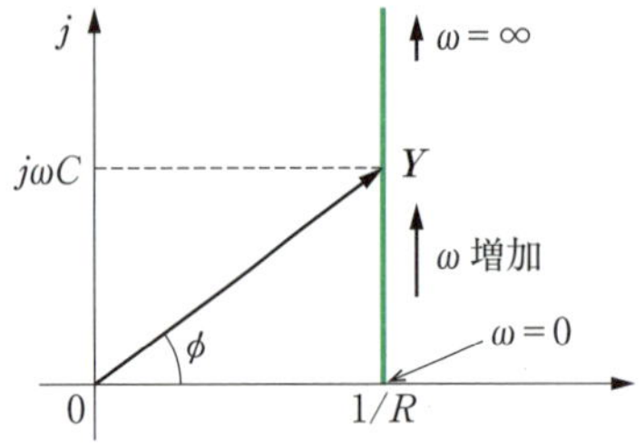

図 2.7.7　RC 並列回路の $\boldsymbol{Y}$ のベクトル軌跡

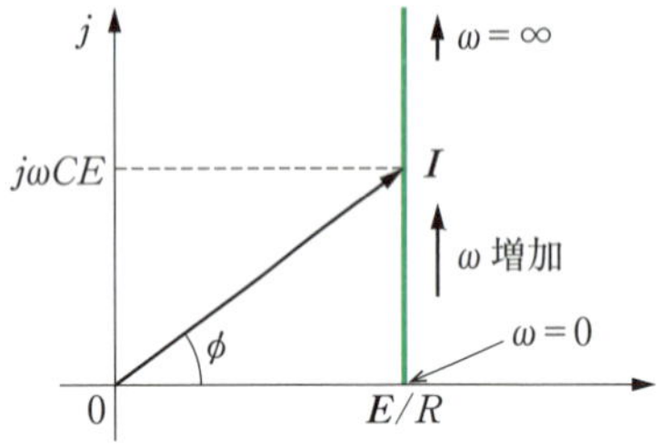

図 2.7.8　RC 並列回路の $\boldsymbol{I}$ のベクトル軌跡

電流で，その位相は $\pi/2$ 進んでいる．したがって，電流 $\boldsymbol{I}$ のベクトル軌跡は，$\boldsymbol{E}$ を基準ベクトルにとれば図 2.7.8 のように第 1 象限の半直線で表される．ω の増加とともに C の電流が大きくなり，そのため電圧 $\boldsymbol{E}$ と回路電流 $\boldsymbol{I}$ との位相差は $\pi/2$ に近付く．

c. *RLC* 直列回路と直列共振

図 2.7.9 に示した抵抗 R，コイル L，コンデンサ C のインピーダンス $\boldsymbol{Z}$ は，電源角周波数を ω とすると

$$\boldsymbol{Z} = R + j\left(\omega L - \frac{1}{\omega C}\right) = R + jX = |\boldsymbol{Z}|e^{j\varphi} \tag{2.7.10}$$

である．ただし，$|\boldsymbol{Z}| = \sqrt{R^2 + X^2}$，$\varphi = \tan^{-1}(X/R)$ である．また，リアクタンス X は，$X = (\omega L - 1/\omega C)$ であるから，ω が変化すると X も変化する．すなわち，X の ω に対する変化は，図 2.7.10 のように $\omega \to 0$ において $1/\omega C$ に漸近し，$\omega \to \infty$ において ωL に漸近する．ω が 0 から ∞ まで変化するとき，R は一定で，X は $-\infty$ から $+\infty$ まで変化するから，インピーダンス $\boldsymbol{Z}$ のベクトル軌跡は図 2.7.11 のように虚軸から R だけ離れた虚軸に平行な直線となる．角周波数 $\omega_0 = 1/\sqrt{LC}$ のとき，$X = 0$ となり，このとき $|\boldsymbol{Z}|$ は最小値 R になる．この角周波数を境に回路の性質が異なる．$\omega < \omega_0$ のときには $\omega L < 1/\omega C$ であるから $X < 0$ であり，回路は容量性である．一方で，$\omega > \omega_0$ のときには $\omega L > 1/\omega C$ であるから

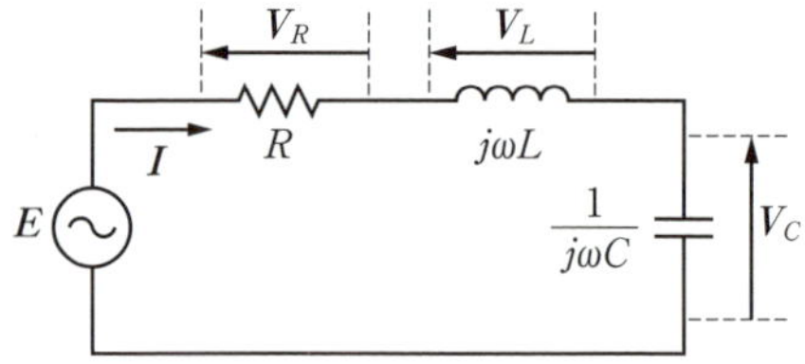

図 2.7.9　RLC 直列回路

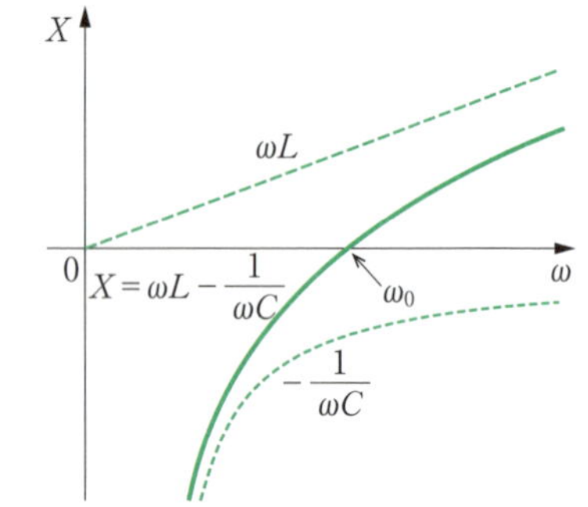

図 2.7.10　RLC 直列回路の X の周波数特性

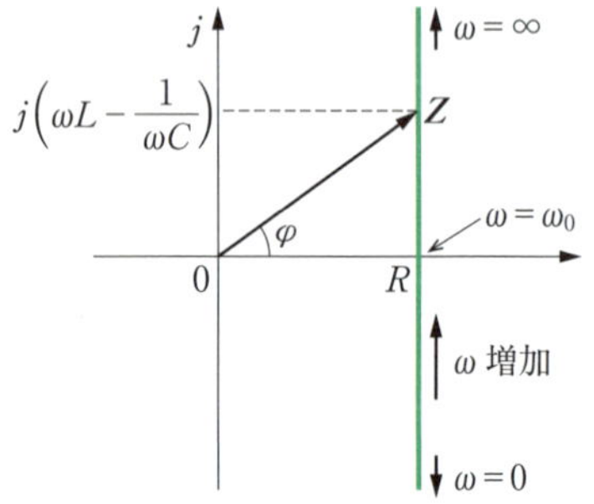

図 2.7.11　RLC 直列回路の $\boldsymbol{Z}$ のベクトル軌跡

$X > 0$ であり，回路は誘導性となる．このように，ω の変化に伴って X は変化するから，式(2.7.10)の $|\boldsymbol{Z}|$ および φ も ω の変化に対して変化する．図 2.7.12 は，$|\boldsymbol{Z}|$ および φ の周波数依存性である．$|\boldsymbol{Z}|$ は，角周波数 $\omega_0 = 1/\sqrt{LC}$ のとき，$X = 0$ となるので，最小値 R になる様子がわかる．また，位相 φ は，$\omega < \omega_0$ のときには容量性であるから $-\pi/2$〜0 の範囲にあり，$\omega > \omega_0$ のときには誘導性であるから 0〜$\pi/2$ の範囲にある．

この RLC 直列回路に電源電圧 $\boldsymbol{E}(= |\boldsymbol{E}|e^{j\theta})$ を加えると，電流 $\boldsymbol{I}$ は

$$\boldsymbol{I} = \frac{\boldsymbol{E}}{\boldsymbol{Z}} = \frac{|\boldsymbol{E}|e^{j\theta}}{|\boldsymbol{Z}|e^{j\varphi}} = |\boldsymbol{I}|e^{j(\theta-\varphi)} \tag{2.7.11}$$

となる．電流 $\boldsymbol{I}$ はインピーダンス $\boldsymbol{Z}$ の逆数（アドミタンス）と電圧 $\boldsymbol{E}$ の積で与えられるから，電流 $\boldsymbol{I}$ のベクトル軌跡は $\boldsymbol{E}$ を基準ベクトルにとれば図 2.7.13 のように円になる．すなわち，$\omega < \omega_0$ の容量性領域では第 1 象限の半円となり，$\omega > \omega_0$ の誘導性領域では第 4 象限の半円となる．また，角周波数 $\omega_0 = 1/\sqrt{LC}$ のとき，$\boldsymbol{I}$ は最大値 $\boldsymbol{E}/R$ になる．角周波数 ω を横軸にとって，電流の実効値 $|\boldsymbol{I}|$ と電圧と電流の位相差 $\delta = -\varphi$ を示すと，図 2.7.14 のようになる．$|\boldsymbol{I}|$ は $\omega_0 = 1/\sqrt{LC}$ のとき最大値 $|\boldsymbol{E}|/R$ となる．位相差 δ は，$\boldsymbol{E}$ を基準ベクトルにとれば $-\varphi$ に等しい．したがって，インピーダンス $\boldsymbol{Z}$ の位相が反転した挙動を示す．すなわち，$\omega < \omega_0$ のときには進み電流，$\omega > \omega_0$ のときには遅れ電流が流れることになる．

図 2.7.9 に示した RLC 直列回路において，誘導リアクタンス ωL と容量リアクタンス $1/\omega C$ が打ち消し合う状態を**直列共振（series resonance）**あるいはたんに**共振（resonance）**という．上述のとおり，角周波数 $\omega_0 = 1/\sqrt{LC}$ のとき，$X = 0$ となるから，このときが共振状態である．共振状態の周波数 $f_0 = 1/2\pi\sqrt{LC}$ を**共振周波数（resonance frequency）**という．共振時のインピーダンス $\boldsymbol{Z}_0$ および共振電流 $\boldsymbol{I}_0$ は

$$\boldsymbol{Z}_0 = R, \qquad \boldsymbol{I}_0 = \boldsymbol{E}/R \qquad (2.7.12)$$

となる．共振電流 $\boldsymbol{I}_0$ は電源電圧 $\boldsymbol{E}$ と同位相で，その大きさ $|\boldsymbol{I}_0|$ は $|\boldsymbol{E}|/R$ で決まることから L と C の値とは無関係となる．また，各素子の端子電圧は次のようになる．

$$\boldsymbol{V}_{R_0} = R\boldsymbol{I}_0 = E, \quad \boldsymbol{V}_{L_0} = j\omega_0 L\boldsymbol{I}_0, \quad \boldsymbol{V}_{C_0} = \frac{\boldsymbol{I}_0}{j\omega_0 C} \qquad (2.7.13)$$

共振状態では $\omega_0 L$ と $1/\omega_0 C$ は等しいので

$$\boldsymbol{V}_{L_0} = j\omega_0 L\boldsymbol{I}_0 = \frac{-\boldsymbol{I}_0}{j\omega_0 C} = -\boldsymbol{V}_{C_0} \qquad (2.7.14)$$

となる．これらの関係をベクトル図で示すと図 2.7.15 のようになる．L と C の端子電圧 $\boldsymbol{V}_{L_0}$ と $\boldsymbol{V}_{C_0}$ とは大きさは等しく，位相は逆である．

ここで，$|\boldsymbol{V}_{L_0}|$ と $|\boldsymbol{V}_{C_0}|$ と $|\boldsymbol{E}|$ との比を Q とおくと

$$Q = \frac{|\boldsymbol{V}_{L_0}|}{|\boldsymbol{E}|} = \frac{\omega_0 L}{R} = \frac{\sqrt{L/C}}{R} \qquad (2.7.15)$$

$$Q = \frac{|\boldsymbol{V}_{C_0}|}{|\boldsymbol{E}|} = \frac{1}{\omega_0 CR} = \frac{\sqrt{L/C}}{R} \qquad (2.7.16)$$

となる．この Q を直列共振回路の Q という．この式から明らかなように，共振時には $|\boldsymbol{V}_{L_0}|$，$|\boldsymbol{V}_{C_0}|$ は電源電圧 $|\boldsymbol{E}|$ の Q 倍となる．R が小さいときは $Q \gg 1$ となるので，$|\boldsymbol{V}_{L_0}|$，$|\boldsymbol{V}_{C_0}|$ は電源電圧よりもはるかに大きくなりえる．今，L，C を一定として $Q(R)$ を変えた場合の電流の周波数特性を描くと図 2.7.16 のようになる．この図より Q が大きいほど（R が小さいほど），共振曲線は鋭く最大値も大きくなることがわかる．また，図 2.7.17 の共振曲線において，電流の大きさが共振時の $1/\sqrt{2}$，すなわち $|\boldsymbol{I}|/|\boldsymbol{I}_0| = 1/\sqrt{2}$ と

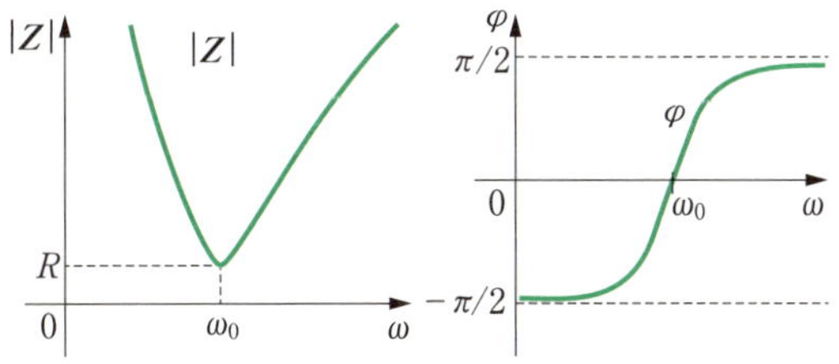

図 2.7.12　インピーダンスの周波数特性

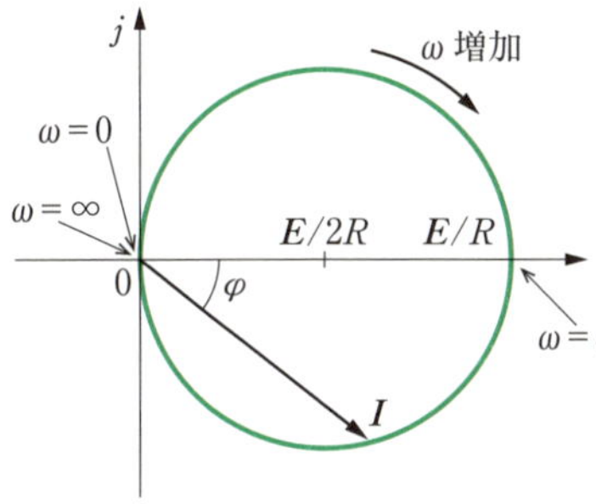

図 2.7.13　RLC 直列回路の $\boldsymbol{I}$ のベクトル軌跡

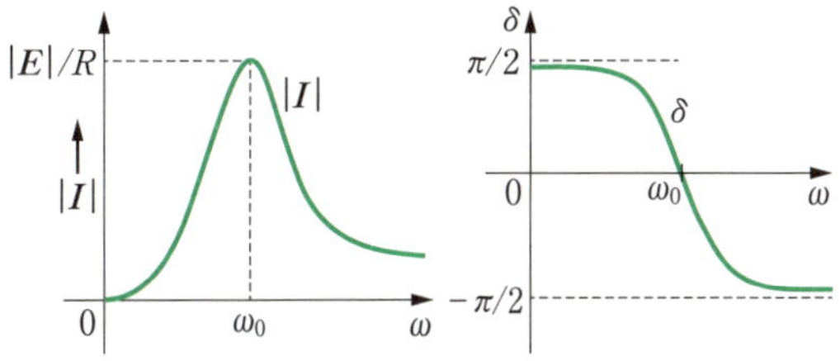

図 2.7.14　電流の周波数特性

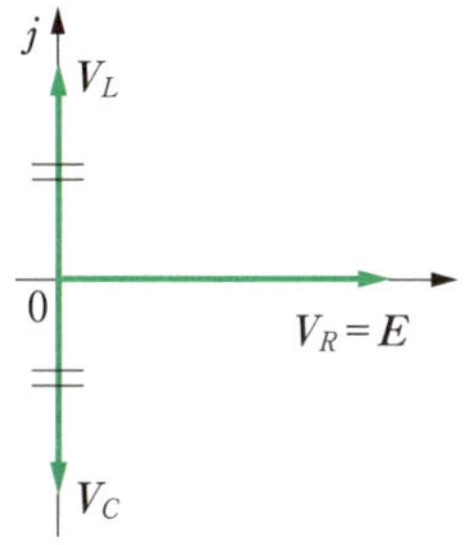

図 2.7.15　共振時のベクトル図

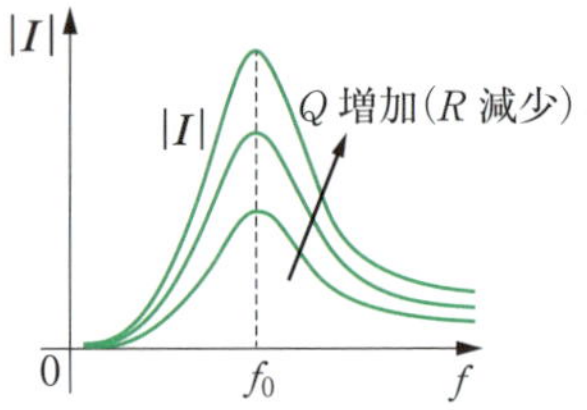

図 2.7.16　電流の周波数特性（共振曲線）1

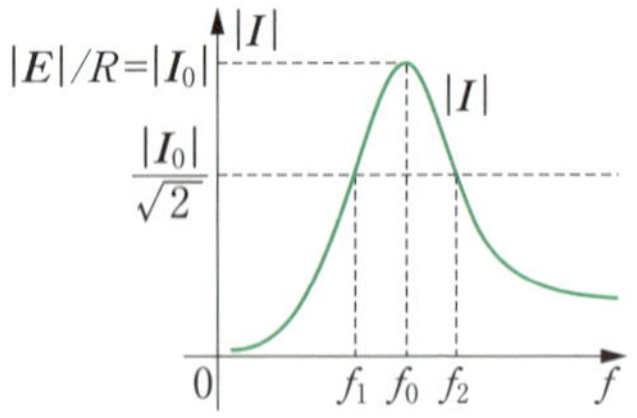

図 2.7.17　電流の周波数特性（共振曲線）2

なる周波数または角周波数を f_1, f_2（$f_2 > f_1$）, ω_1, ω_2（$\omega_2 > \omega_1$）とすると，Q は次のようにも定義される．

$$Q = \frac{f_0}{f_2 - f_1} = \frac{f_0}{\Delta f}, \quad Q = \frac{\omega_0}{\omega_2 - \omega_1} = \frac{\omega_0}{\Delta \omega} \tag{2.7.17}$$

この式からも，Q が大きいと Δf や $\Delta\omega$ が小さくなるので，共振曲線が鋭くなることがわかる．それゆえ，Q を共振の鋭さともいう．また，周波数 f_1, f_2 は回路で消費する電力が共振時の消費電力（$= \boldsymbol{I}_0{}^2 R$）の半分となる周波数であるから，$\Delta f = f_2 - f_1$, を半値幅とよんでいる．

d. *GLC* 並列回路と並列共振

図 2.7.18 に示した回路の負荷は並列接続であるので，アドミタンスで考えるとよい．すなわち，図 2.7.18 に示したコンダクタ G, コイル L, コンデンサ C の合成アドミタンス $\boldsymbol{Y}$ は，電源角周波数を ω とすると

$$\boldsymbol{Y} = G + j\left(\omega C - \frac{1}{\omega L}\right) = G + jB = |\boldsymbol{Y}|e^{j\varphi} \tag{2.7.18}$$

で表される．ただし，$|\boldsymbol{Y}| = \sqrt{G^2 + B^2}$, $\varphi = \tan^{-1} B/G$ である．今，ω が 0 から ∞ まで変化するとき，G は一定で，サセプタンス B は $-\infty$ から $+\infty$ まで変化するから，アドミタンス $\boldsymbol{Y}$ のベクトル軌跡は図 2.7.19 のように虚軸から G だけ離れた虚軸に平行な直線となる．角周波数 $\omega_0 = 1/\sqrt{LC}$ のとき，$B = 0$ と

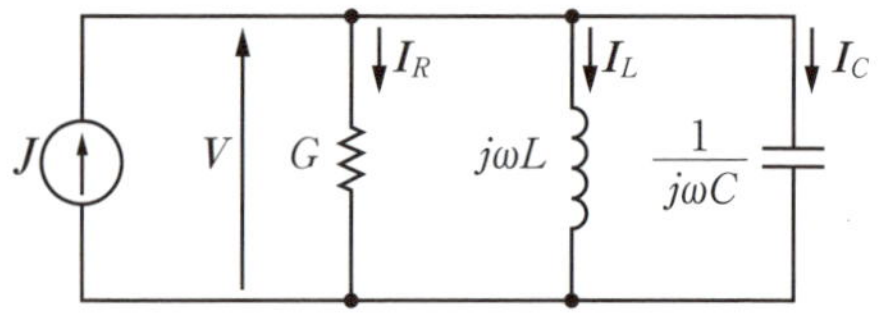

図 2.7.18　*GLC* 並列回路

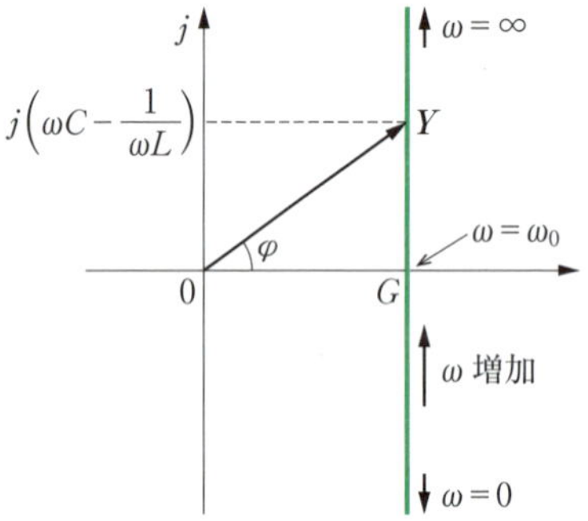

図 2.7.19　*GLC* 直列回路の $\boldsymbol{Y}$ のベクトル軌跡

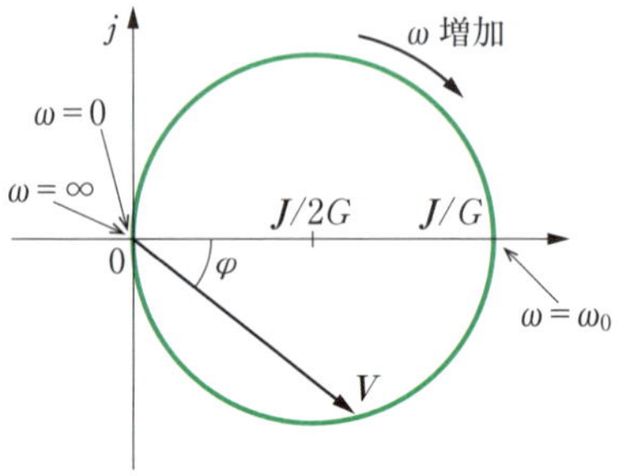

図 2.7.20　*GLC* 直列回路の $\boldsymbol{V}$ のベクトル軌跡

なり，このとき $|\boldsymbol{Y}|$ は最小値 G になる．この *GLC* 並列回路に電源電流 $\boldsymbol{J}(= |\boldsymbol{J}|e^{j\theta})$ を加えると，電圧 $\boldsymbol{V}$ は

$$\boldsymbol{V} = \frac{\boldsymbol{J}}{\boldsymbol{Y}} = \frac{|\boldsymbol{J}|e^{j\theta}}{|\boldsymbol{Y}|e^{j\varphi}} = |\boldsymbol{V}|e^{j(\theta - \varphi)} \tag{2.7.19}$$

となる．電圧 $\boldsymbol{V}$ は $\boldsymbol{Y}$ の逆数と $\boldsymbol{J}$ の積で与えられるから，電圧 $\boldsymbol{V}$ のベクトル軌跡は，$\boldsymbol{J}$ を基準ベクトルにとれば図 2.7.20 のように円になる．

図 2.7.18 に示した *GLC* 並列回路において，容量サセプタンス ωC と誘導サセプタンス $1/\omega L$ が打ち消し合う状態を**並列共振（parallel resonance）**あるいは**反共振（antiresonance）**という．上述のとおり，角周波数 $\omega_0 = 1/\sqrt{LC}$ のとき，$B = 0$ となるから，このときが並列共振状態である．共振状態の周波数 $f_0 = 1/2\pi\sqrt{LC}$ を**反共振周波数（antiresonance frequency）**という．並列共振時のアドミタンス Y_0 およ

び電圧 $\boldsymbol{V}_0$ は

$$\boldsymbol{Y}_0 = G, \qquad \boldsymbol{V}_0 = \boldsymbol{J}/G \tag{2.7.20}$$

となる．また，各素子の枝電流 I_{G_0}，I_{L_0}，I_{C_0} は次のようになる．

$$\boldsymbol{I}_{G_0} = G\boldsymbol{V}_0 = \boldsymbol{J},\ \boldsymbol{I}_{C_0} = j\omega_0 C\boldsymbol{V}_0,$$

$$\boldsymbol{I}_{L_0} = \frac{\boldsymbol{V}_0}{j\omega_0 L} = -\boldsymbol{I}_{C_0} \tag{2.7.21}$$

さらに，$|\boldsymbol{I}_{C_0}|$ と $|\boldsymbol{I}_{L_0}|$ と $|\boldsymbol{J}|$ との比を Q とおくと，回路の Q は次のようになる．

$$Q = \frac{\omega_0 C}{G} = \frac{1}{\omega_0 LG} = \frac{\sqrt{C/L}}{G} \tag{2.7.22}$$

これらの関係式を RLC 直列回路で得られた関係式と比較すると，RLC 直列回路での R，L，C，$\boldsymbol{I}_0$，$\boldsymbol{E}$ を GLC 並列回路では G，C，L，$\boldsymbol{V}_0$，$\boldsymbol{J}$ で置き換えた格好になっていることがわかる．すなわち，RLC 直列回路と GLC 並列回路では，上述したパラメータの入替えを行うことにより，互いに回路の性質を知ることができる．このような関係の回路を双対回路とよび，入れ替えるパラメータを**双対量**という．

2.7.2 ブリッジ回路

図 2.7.21 に示すような検出器 D と $\boldsymbol{Z}_1$～$\boldsymbol{Z}_4$ のインピーダンスからなる回路を**ブリッジ回路（bridge circuit）**といい，回路素子定数などの測定に用いられる．$\boldsymbol{Z}_1$～$\boldsymbol{Z}_4$ のうち一つが測定しようとするインピーダンスであり，残りのもの全部あるいは一部が可変インピーダンスとなる．検出器 D に流れる電流 $\boldsymbol{I}_D$ が 0 になるように，可変インピーダンスを調整する．$\boldsymbol{I}_D = 0$ のときを平衡条件といい

$$\frac{\boldsymbol{Z}_1\boldsymbol{E}}{\boldsymbol{Z}_1+\boldsymbol{Z}_3} = \frac{\boldsymbol{Z}_2}{\boldsymbol{Z}_2+4} \tag{2.7.23}$$

となり，整理すると

$$\boldsymbol{Z}_1\boldsymbol{Z}_4 = \boldsymbol{Z}_2\boldsymbol{Z}_3 \tag{2.7.24}$$

の関係が得られる．

$\boldsymbol{Z}_1$，$\boldsymbol{Z}_2$，$\boldsymbol{Z}_3$，$\boldsymbol{Z}_4$ がすべて抵抗であるブリッジを**ホイートストン・ブリッジ（wheatstone bridge）**といい，抵抗の測定によく用いられる．

図 2.7.22 は，オーウェン・ブリッジ回路であり，R_3 と L_3 が未知の値である．平衡条件は，式(2.7.24)なので

$$\left(R_1 + \frac{1}{j\omega C_1}\right)R_4 = \frac{1}{j\omega C_2}(R_3 + j\omega L_3) \tag{2.7.25}$$

となり，この式を整理すると

$$R_1R_4 - \frac{R_4}{j\omega C_1} = \frac{L_3}{C_2} - j\frac{R_3}{\omega C_2} \tag{2.7.26}$$

となる．この式の実部，虚部をそれぞれ等しいとおいて，R_3 および L_3 を求めると

$$L_3 = C_2R_1R_4$$
$$R_3 = \frac{C_2R_4}{C} \tag{2.7.27}$$

となる．

チャールズ・ホイートストン

英国の物理学者．1833 年にサミュエル・ハンターが発明した電気抵抗の測定法を改良．後にホイートストン・ブリッジとして広く用いられる．その他，ステレオスコープ，レオスタット，イングリッシュコンサーティーナなど多くの発明がある．(1802-1875)

2.7.3 結合回路

自己インダクタンス L_1，L_2（$L_1 > 0$，$L_2 > 0$）をもつ二つのコイルが接近して置かれると，相互に磁気結合を生じる．これを**相互誘導（mutual induction）**といい，電気回路では，この作用について相互インダクタンスを用いて表す．図 2.7.23 の回路において，二つのコイルが相互インダクタンス M で結合され，自己インダクタンス L_1 の回路に電源電圧を加えた場合

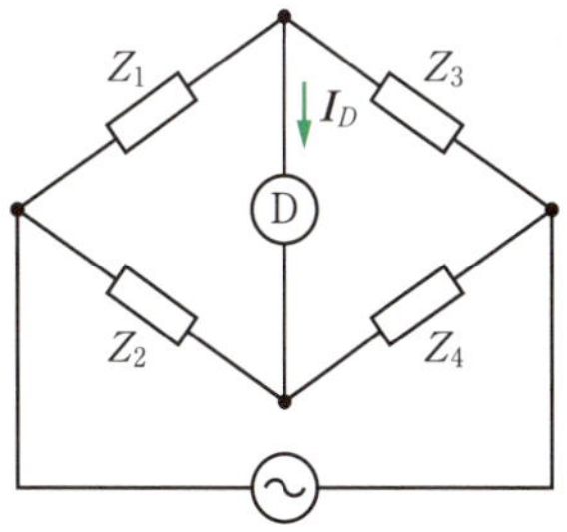

図 2.7.21 ブリッジ回路

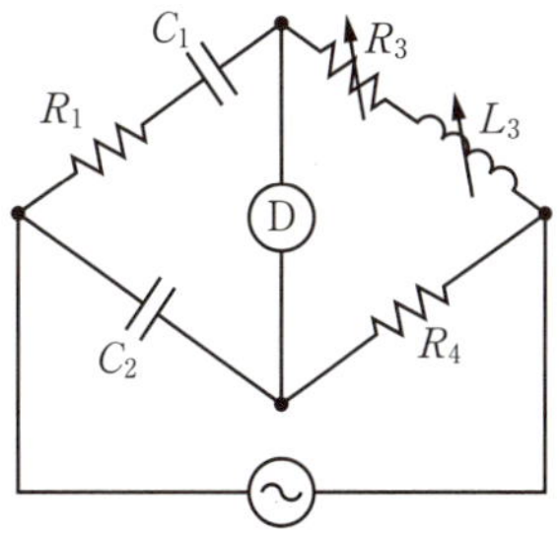

図 2.7.22 オーウェン・ブリッジ回路

$$
\begin{aligned}
e &= L_1\frac{di_1}{dt}+M\frac{di_2}{dt}+R_1i_1 \\
0 &= L_2\frac{di_2}{dt}+M\frac{di_1}{dt}+R_2i_2+R_Li_2
\end{aligned}
\qquad (2.7.28)
$$

と表される．ここで，e は電圧の瞬時値，i_1，i_2 は各回路に流れる電流の瞬時値を表している．また，R_1，R_2 はそれぞれコイルの巻き線抵抗を示しており，R_L は負荷抵抗を表している．

ただし，二つのコイルには磁気結合が生じているので，コイルの置かれている向きも考慮しなくてはいけない．そこで，図 2.7.23(b)に示すような黒点を付けてコイルの巻き方を表すことがある．図 2.7.23(b)の左図のときは式(2.7.28)が成り立つが，図 2.7.23(b)の右図のときは式(2.7.29)となる．つまり，相互インダクタンス M の符号が負であると考えるとわかりやすい．

$$
\begin{aligned}
e &= L_1\frac{di_1}{dt}-M\frac{di_2}{dt}+R_1i_1 \\
0 &= L_2\frac{di_2}{dt}-M\frac{di_1}{dt}+R_2i_2+R_Li_2
\end{aligned}
\qquad (2.7.29)
$$

また，電圧，電流を正弦波として，式(2.7.28)を複素電圧，複素電流で表すと

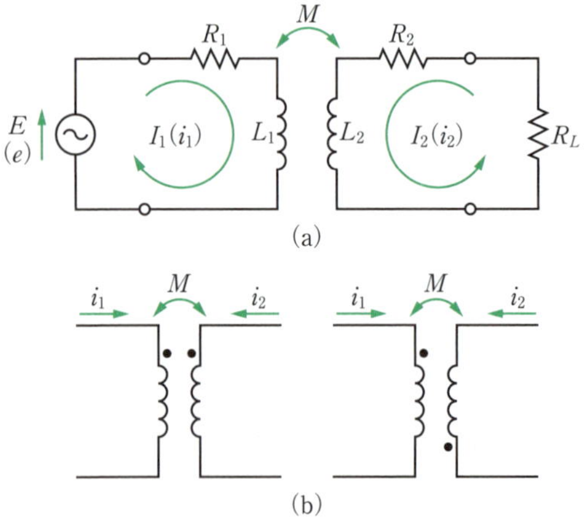

図 2.7.23　結合回路

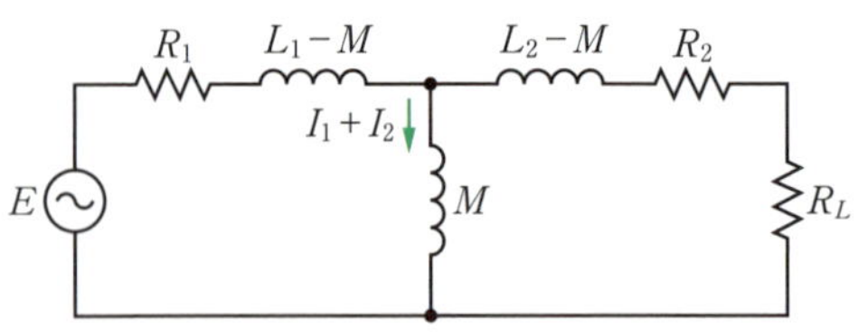

図 2.7.24　結合回路の等価回路

$$
\begin{aligned}
\boldsymbol{E} &= j\omega L_1\boldsymbol{I_1}+j\omega M\boldsymbol{I_2}+R_1\boldsymbol{I_1} \\
0 &= j\omega L_2\boldsymbol{I_2}+j\omega M\boldsymbol{I_1}+R_2\boldsymbol{I_2}+R_L\boldsymbol{I_2}
\end{aligned}
\qquad (2.7.30)
$$

となる．

ここで，二つのコイルの磁気的結合が完全であれば $L_1L_2-M=0$ であるが，通常は完全な結合は生じにくいので $L_1L_2-M>0$ が成り立つ．また，M と $\sqrt{L_1L_2}$ の関係は，結合係数 k で表され

$$
M = k\sqrt{L_1L_2} \qquad (2.7.31)
$$

と書ける．k が 1 に近いほどコイルの結合が密になり，$k=1$ のときは，完全結合または密結合であるという．

次に，式(2.7.29)を変形し，図 2.7.23 の回路の T 形等価回路を考える．式(2.7.29)は

$$
\begin{aligned}
\boldsymbol{E} &= j\omega(L_1-M)\boldsymbol{I_1}+j\omega M(\boldsymbol{I_2}+\boldsymbol{I_1})+R_1\boldsymbol{I_1} \\
0 &= j\omega(L_2-M)\boldsymbol{I_2}+j\omega M(\boldsymbol{I_1}+\boldsymbol{I_2})+R_2\boldsymbol{I_2}+R_L\boldsymbol{I_2}
\end{aligned}
\qquad (2.7.32)
$$

と書き直すことができ，これを回路で表すと図 2.7.24 のようになる．

しかし，L_1-M あるいは L_2-M は負のインダクタンスをもったコイルを表しており，物理的に実現することは必ずしも可能ではない．

例題 2-7-1

図 2.7.25 に示すケーリー・フォスタ・ブリッジ (Carey-Foster Bridge) について，T 形等価回路に変

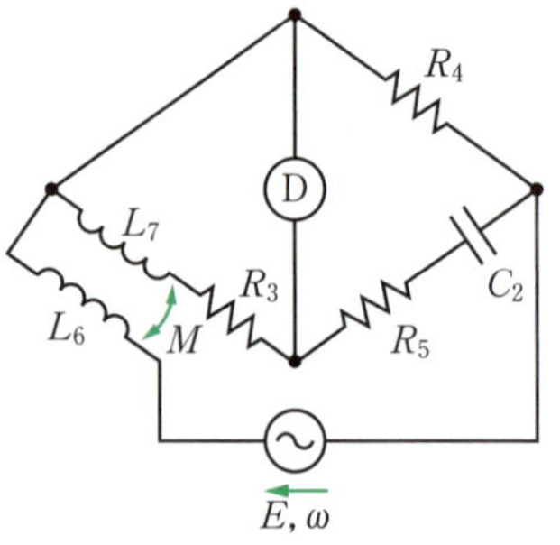

図 2.7.25

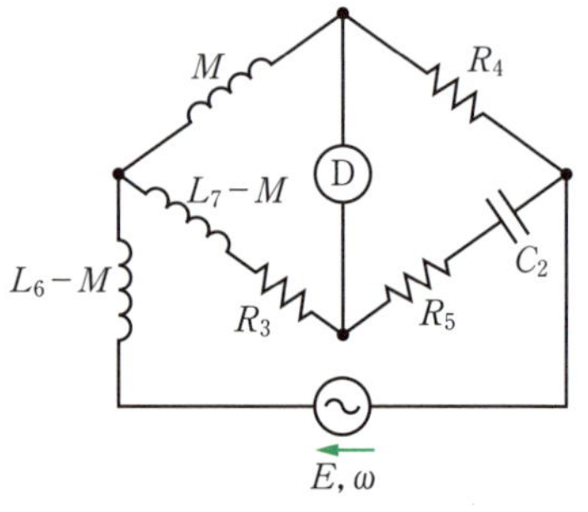

図 2.7.26

換して，平衡条件を求めよ．

abc の部分を T 形等価回路に変換すると，図 2.7.26 のようになる．
ここから平衡条件は

$$j\omega M\left(R_5+\frac{1}{j\omega C_2}\right)=\{R_3+j\omega(L_7-M)\}R_4$$

となる．実部と虚部を分けると

$$\frac{M}{C_2}=R_3R_4,\qquad (R_4+R_5)M=R_4L_7$$

を得る．

2.7.4 力率改善

図 2.7.27 に示すような誘導性負荷に電力を供給する場合，力率は遅れ，無効電力を生じる．有効電力を P_1，無効電力を Q_1 とすると，ベクトル電力 S と力率 $\cos\varphi_1$ は

$$\boldsymbol{S}=P_1-jQ_1 \qquad (2.7.33)$$

$$\cos\varphi_1=\frac{P_1}{\sqrt{{P_1}^2+{Q_1}^2}} \qquad (2.7.34)$$

と表される．

そこで，図 2.7.28 のように進みの無効電力をもつコンデンサ C を誘導性負荷と並列に挿入すれば，コンデンサ C の無効電力 Q_c 分だけ回路全体の無効電力は減少し，力率は向上する．これを**力率改善 (power-factor improvement)** という．

力率改善後のベクトル電力と力率を求めると

$$\boldsymbol{S}=P_1-j(Q_1-Q_c) \qquad (2.7.35)$$

$$\cos\varphi_2=\frac{P_1}{\sqrt{{P_1}^2+(Q_1-Q_c)^2}} \qquad (2.7.36)$$

となり，有効電力を減らすことなく，無効電力だけを減らすことができる．これにより，線路の電流を減少させ，線路の損失の減少や新たに負荷を増加させることが可能となる．

力率を $\cos\varphi_1$ から $\cos\varphi_2$ に改善させる場合，減少させたい無効電力は Q_1-Q_2 なので，この分の遅れの無効電力をコンデンサによって打ち消せばよい．

$$Q_1-Q_2=\omega C|E|^2 \qquad (2.7.37)$$

$$C=\frac{Q_1-Q_2}{\omega|E|^2} \qquad (2.7.38)$$

ここから，式(2.7.37)の値の C を挿入すれば，力率が $\cos\varphi_2$ まで改善されることがわかる．

なお，図 2.7.29 からもわかるように，Q_1 は $P_1\tan\varphi_1$ と書くことができる．また，Q_2 は有効電力を変化させないことが条件なので，$P_1\tan\varphi_2$ と書けるから

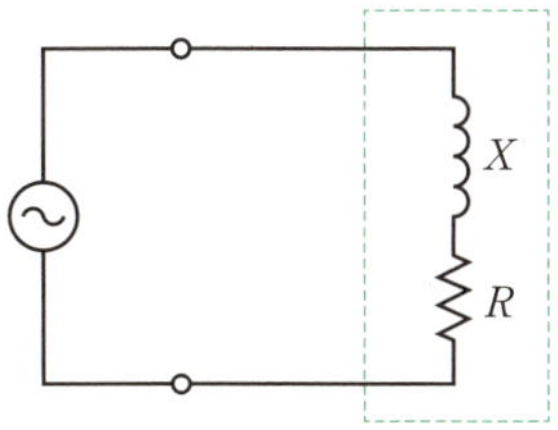

図 2.7.27 誘導性負荷

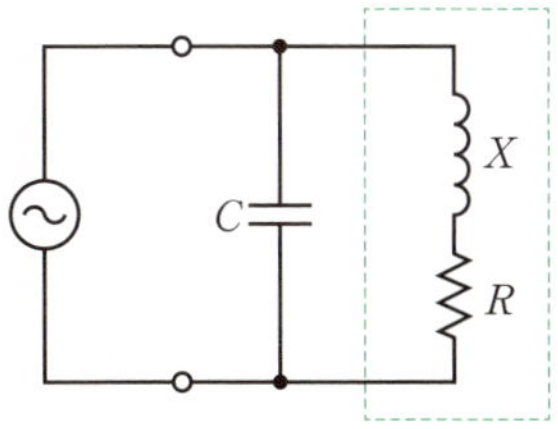

図 2.7.28 力率改善された回路

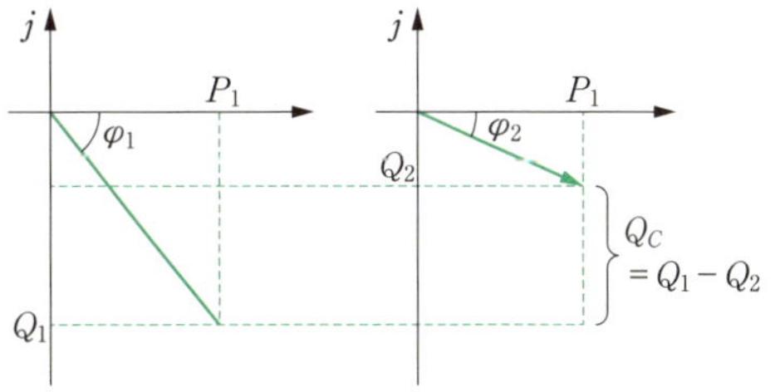

図 2.7.29 力率改善

$$C=\frac{P_1(\tan\varphi_1-\tan\varphi_2)}{\omega|E|^2} \qquad (2.7.39)$$

と書くこともできる．

例題 2-7-2

電圧 1000 V，周波数 60 Hz の電源に，有効電力 10 kW，$\cos\varphi_1=0.6$ の誘導性負荷が接続されている．この負荷に，並列にコンデンサを接続し，力率を 0.85 まで改善したい．必要なコンデンサの容量を求めよ．

$\cos\varphi_1=0.6$ より，$\varphi_1=53.1°$．次に力率改善後について求めると，$\cos\varphi_2=0.85$ より，$\varphi_1=31.8°$．
式 2.7.39 を用いて求めると

$$C=\frac{10\,000(\tan 53.1-\tan 31.8)}{60\cdot 1000^2}$$
$$=1.185\times 10^{-4}=118\ \mu\text{F}$$

2.7 節まとめ

- **ブリッジ回路において，対角辺のインピーダンスの積が等しいとき，検出器 D の電流は 0 となる．**
- **結合回路の結合係数 k は，完全結合のときに 1 となり，通常は 1 以下である．**
- **コイル C を誘導性負荷と並列に挿入し，力率改善を行う場合は**

$$C=\frac{P_1(\tan\varphi_1-\tan\varphi_2)}{\omega|E|^2}$$

で示した C を挿入すればよい．

2.8 三相交流回路

2.8.1 Y 接続と Δ 接続

身近な交流電源として最初に思い浮かべるのは壁にあるコンセント（socket）であろう．コンセントに 2 枚の刃をもつプラグ（plug）を差し込めば，たいていの家電製品を使用することができる．これは**単相（single-phase）**方式の交流である．一方，屋外に目を向けると電柱の最上部には 3 本の同じ太さの電線が横あるいは縦に並び架線されている．これは**三相（three-phase）**方式とよばれ，**周波数（frequency）**が等しく，位相（phase）が $2\pi/3$ ずつ異なる交流起電力から，3 本または 4 本の電線により負荷に電力が送られている．三相方式は，同じ電力を送る場合に，単相方式より効率がよく，また単相方式の場合に生じる電力の脈動を抑えることができる．これらの利点から，広く電力系統に用いられている．本項では三相方式の接続方法を取り上げる．

なお，三相方式に限らず，周波数が等しく位相が異なる複数の交流起電力から負荷に電力を送る方式を**多相（polyphase）**方式という．

a. Y 形起電力と Δ 形起電力

電圧の大きさおよび周波数が等しく，位相が $2\pi/3$ ずつ異なる交流起電力を**対称三相起電力（balanced three-phase source）**という．各相の電圧を時間の関数（瞬時値）で表すと次のようになる．

$$\begin{cases} e_a=\sqrt{2}E\sin\omega t \\ e_b=\sqrt{2}E\sin\left(\omega t-\dfrac{2\pi}{3}\right) \\ e_c=\sqrt{2}E\sin\left(\omega t-\dfrac{4\pi}{3}\right) \end{cases} \tag{2.8.1}$$

ただし，E は実効値である．ωt を横軸として e_a，e_b，e_c を描くと図 2.8.1 の波形となる．

e_a，e_b，e_c を，それぞれベクトル $\boldsymbol{E}_a$，$\boldsymbol{E}_b$，$\boldsymbol{E}_c$ で表すと

$$\begin{cases} \boldsymbol{E}_a=E \\ \boldsymbol{E}_b=Ee^{-j\frac{2\pi}{3}} \\ \boldsymbol{E}_c=Ee^{-j\frac{4\pi}{3}} \end{cases} \tag{2.8.2}$$

となり，図 2.8.2(a)のように表せる．起電力 $\boldsymbol{E}_a$，$\boldsymbol{E}_b$，$\boldsymbol{E}_c$ を節点 N で接続すると，図 2.8.2(b)の回路図が得られる．このような接続方式を **Y 接続（Y connection）**，**星形接続**といい，Y 接続された三相起電力を **Y 形起電力（Y-connected (three-phase) source，または Y source）**，**星形起電力**という．また，Y 接続された各起電力の電圧を相電圧（phase voltage）といい，各起電力から流れる電流を相電流（phase current）または Y 電流という．図 2.8.2(b)の a 相，b 相，c 相の配置は，慣例に従い点線の矢印のように時計まわり（右まわり）に定めてあるが，各相の電圧が図 2.8.2(a)のように，同じく時計まわりの**相順**

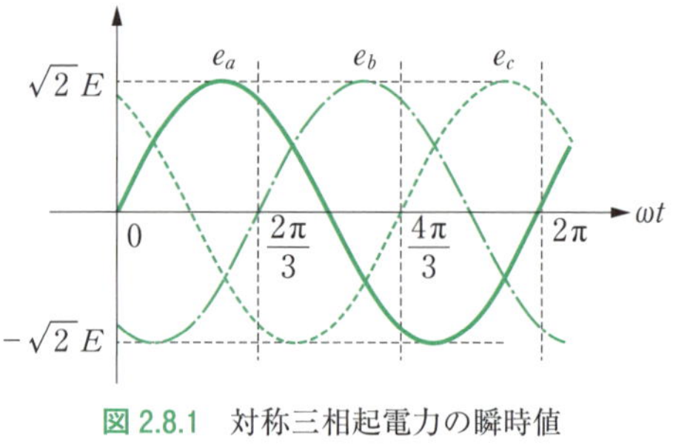

図 2.8.1　対称三相起電力の瞬時値

ミハイル・ドリヴォ・ドブロヴォルスキー

ロシア人で，ドイツで活躍した電気技術者．三相式の交流発電機，交流電動機（誘導電動機），交流変圧器を発明した．また，4 線式の三相交流結線方式を考案した．(1862–1919)

(phase sequence) となる場合を**正相** (positive phase sequence) **電圧**といい，反時計まわり（左まわり）ならば**逆相** (negative phase sequence) 電圧という．電流についても同様である．

対称三相交流を扱う場合，各相の位相差が $2\pi/3$ であることから，オペレータ $a=e^{j\frac{2\pi}{3}}$ を使用すると式の表記に便利である．

$$a=e^{j\frac{2\pi}{3}}=\cos\frac{2\pi}{3}+j\sin\frac{2\pi}{3}=-\frac{1}{2}+j\frac{\sqrt{3}}{2} \tag{2.8.3}$$

a は角度 $2\pi/3$ の反時計まわり（左まわり）の回転を意味しており

$$\begin{cases} a^2=e^{j\frac{4\pi}{3}}=e^{-j\frac{2\pi}{3}}=a^{-1} \\ a^3=1 \\ a=e^{j\frac{2\pi}{3}}=e^{-j\frac{4\pi}{3}}=a^{-2} \\ 1+a+a^2=0 \end{cases} \tag{2.8.4}$$

などの性質をもつ．式(2.8.2)は，a を用いると

$$\begin{cases} \boldsymbol{E}_a=E \\ \boldsymbol{E}_b=Ee^{-j\frac{2\pi}{3}}=a^2E \\ \boldsymbol{E}_c=Ee^{-j\frac{4\pi}{3}}=aE \end{cases} \tag{2.8.5}$$

と表せる．

一方，Y 形起電力の各相間の電圧 $\boldsymbol{E}_{ab}$，$\boldsymbol{E}_{bc}$，$\boldsymbol{E}_{ca}$ は

$$\begin{cases} \boldsymbol{E}_{ab}=\boldsymbol{E}_a-\boldsymbol{E}_b=(1-a^2)\boldsymbol{E}_a=\sqrt{3}\boldsymbol{E}_a e^{j\frac{\pi}{6}}=\sqrt{3}Ee^{j\frac{\pi}{6}} \\ \boldsymbol{E}_{bc}=\boldsymbol{E}_b-\boldsymbol{E}_c=(1-a^2)\boldsymbol{E}_b=\sqrt{3}\boldsymbol{E}_b e^{j\frac{\pi}{6}}=\sqrt{3}a^2Ee^{j\frac{\pi}{6}} \\ \boldsymbol{E}_{ca}=\boldsymbol{E}_c-\boldsymbol{E}_a=(1-a^2)\boldsymbol{E}_c=\sqrt{3}\boldsymbol{E}_c e^{j\frac{\pi}{6}}=\sqrt{3}aEe^{j\frac{\pi}{6}} \end{cases} \tag{2.8.6}$$

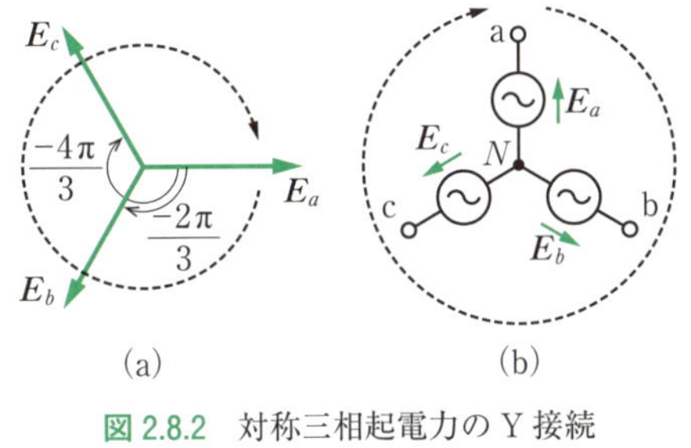

図 2.8.2 対称三相起電力の Y 接続

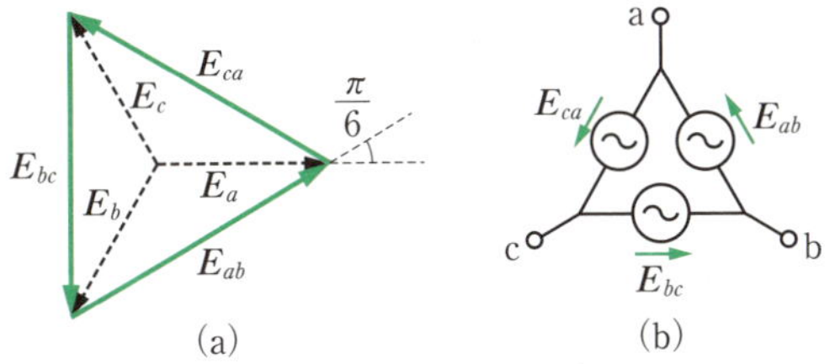

図 2.8.3 対称三相起電力の Δ 接続

であり，ベクトルで表すと図 2.8.3(a)のようになる．三相交流回路では，各端子 a，b，c から線路を通じて三相負荷が接続されるため，$\boldsymbol{E}_{ab}$，$\boldsymbol{E}_{bc}$，$\boldsymbol{E}_{ca}$ を線間電圧 (line voltage) という．また，$\boldsymbol{E}_{ab}$，$\boldsymbol{E}_{bc}$，$\boldsymbol{E}_{ca}$ を起電力とみなすと，図 2.8.3(b)の回路図が得られる．このような接続方式を **Δ（デルタ）接続** (delta connection，環状接続) といい，Δ 接続された三相起電力を **Δ 形起電力** (Δ-connected (three-phase) source, または Δ source)，環状起電力という．Δ 接続の場合は，各起電力 $\boldsymbol{E}_{ab}$，$\boldsymbol{E}_{bc}$，$\boldsymbol{E}_{ca}$ の電圧が相電圧 (phase voltage) であり，線間電圧と等しくなる．各起電力から流れる電流は，Δ 形起電力の相電流 (phase current) である．図 2.8.2(b)の Y 形起電力と図 2.8.3(b)の Δ 形起電力は，式(2.8.6)が満たされるとき等価である．式(2.8.6)より，Δ 形起電力の大きさは Y 形起電力の大きさの $\sqrt{3}$ 倍であり，位相は $\pi/6$ 進んでいることがわかる．また，Δ 形起電力も Y 形起電力と同様，互いに $2\pi/3$ ずつ位相が異なっている．

b. Y 形負荷と Δ 形負荷

三相交流回路では，起電力と同様に負荷も図 2.8.4 に示す Y 形と Δ 形が基本となる．三相負荷が平衡である場合，図 2.8.4(a)(b)の各インピーダンスは

$$\begin{cases} \boldsymbol{Z}_a=\boldsymbol{Z}_b=\boldsymbol{Z}_c=\boldsymbol{Z}_Y \\ \boldsymbol{Z}_{ab}=\boldsymbol{Z}_{bc}=\boldsymbol{Z}_{ca}=\boldsymbol{Z}_\Delta \end{cases} \tag{2.8.7}$$

となり，対称三相起電力から負荷に流れる電流 $\boldsymbol{I}_a$，$\boldsymbol{I}_b$，$\boldsymbol{I}_c$ も対称となる．電流 $\boldsymbol{I}_a$，$\boldsymbol{I}_b$，$\boldsymbol{I}_c$ を線電流 (line current) といい，Y 形起電力の相電流と等しくなる．図 2.8.4(b)の Δ 形負荷では，キルヒホッフの電流則により

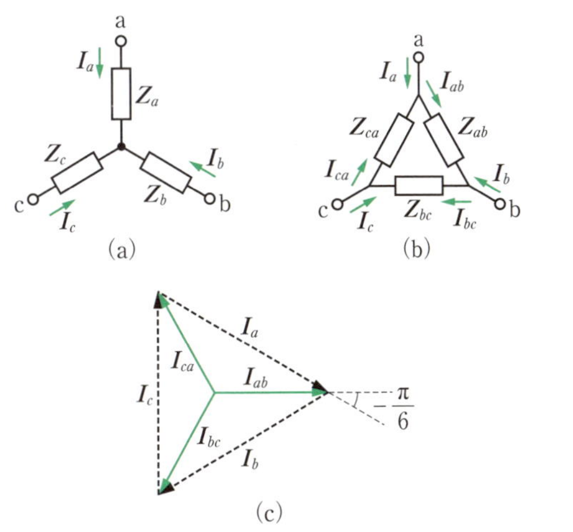

図 2.8.4 対称三相交流回路の負荷と電流の関係

$$\begin{cases} \boldsymbol{I}_a = \boldsymbol{I}_{ab} - \boldsymbol{I}_{ca} \\ \boldsymbol{I}_b = \boldsymbol{I}_{bc} - \boldsymbol{I}_{ab} \\ \boldsymbol{I}_c = \boldsymbol{I}_{ca} - \boldsymbol{I}_{bc} \end{cases} \tag{2.8.8}$$

の関係が成り立つ．$\boldsymbol{I}_{ab}$，$\boldsymbol{I}_{bc}$，$\boldsymbol{I}_{ca}$ を Δ 電流という．ここで $\boldsymbol{I}_{ab}$ を基準に定めると，対称性から

$$\begin{cases} \boldsymbol{I}_{bc} = a^2 \boldsymbol{I}_{ab} \\ \boldsymbol{I}_{ca} = a \boldsymbol{I}_{ab} \end{cases} \tag{2.8.9}$$

となり，相互関係は図 2.8.4(c)のベクトル図で表せる．

式(2.8.9)を式(2.8.8)に代入し，式(2.8.4)の関係を用いると

$$\begin{cases} \boldsymbol{I}_a = (1-a)\boldsymbol{I}_{ab} = \sqrt{3}\boldsymbol{I}_{ab}e^{-j\frac{\pi}{6}} \\ \boldsymbol{I}_b = (1-a)\boldsymbol{I}_{bc} = \sqrt{3}\boldsymbol{I}_{bc}e^{-j\frac{\pi}{6}} \\ \boldsymbol{I}_c = (1-a)\boldsymbol{I}_{ca} = \sqrt{3}\boldsymbol{I}_{ca}e^{-j\frac{\pi}{6}} \end{cases} \tag{2.8.10}$$

となる．式(2.8.10)より，Y 電流の大きさは Δ 電流の大きさの $\sqrt{3}$ 倍であり，位相は $\pi/6$ 遅れていることがわかる．Y 電流と Δ 電流の関係は図 2.8.4(c)のベクトル図のようになる．

図 2.8.4(a)の **Y 形負荷（Y-connected three-phase load，または Y load）** と図 2.8.4(b)の **Δ 形負荷（Δ-connected three-phase load，または Δ load）** が等価であれば，同じ三相電源に接続した場合の線電流 $\boldsymbol{I}_a$，$\boldsymbol{I}_b$，$\boldsymbol{I}_c$ は等しくなる．すでに 2.5.3 項で学んだように，Y 形負荷と Δ 形負荷が等価であれば，各インピーダンスは

$$\begin{cases} \boldsymbol{Z}_a = \dfrac{\boldsymbol{Z}_{ab}\boldsymbol{Z}_{ca}}{\boldsymbol{Z}_{ab}+\boldsymbol{Z}_{bc}+\boldsymbol{Z}_{ca}} \\ \boldsymbol{Z}_b = \dfrac{\boldsymbol{Z}_{bc}\boldsymbol{Z}_{ab}}{\boldsymbol{Z}_{ab}+\boldsymbol{Z}_{bc}+\boldsymbol{Z}_{ca}} \\ \boldsymbol{Z}_c = \dfrac{\boldsymbol{Z}_{ca}\boldsymbol{Z}_{bc}}{\boldsymbol{Z}_{ab}+\boldsymbol{Z}_{bc}+\boldsymbol{Z}_{ca}} \end{cases} \tag{2.8.11}$$

$$\begin{cases} \boldsymbol{Z}_{ab} = \dfrac{\boldsymbol{Z}_a\boldsymbol{Z}_b+\boldsymbol{Z}_b\boldsymbol{Z}_c+\boldsymbol{Z}_c\boldsymbol{Z}_a}{\boldsymbol{Z}_c} \\ \boldsymbol{Z}_{bc} = \dfrac{\boldsymbol{Z}_a\boldsymbol{Z}_b+\boldsymbol{Z}_b\boldsymbol{Z}_c+\boldsymbol{Z}_c\boldsymbol{Z}_a}{\boldsymbol{Z}_a} \\ \boldsymbol{Z}_{ca} = \dfrac{\boldsymbol{Z}_a\boldsymbol{Z}_b+\boldsymbol{Z}_b\boldsymbol{Z}_c+\boldsymbol{Z}_c\boldsymbol{Z}_a}{\boldsymbol{Z}_b} \end{cases} \tag{2.8.12}$$

の関係を満たす．三相負荷が平衡であれば，式(2.8.11)，式(2.8.12)に式(2.8.7)を用いて

$$\begin{cases} \boldsymbol{Z}_Y = \dfrac{\boldsymbol{Z}_\Delta}{3} \\ \boldsymbol{Z}_\Delta = 3\boldsymbol{Z}_Y \end{cases} \tag{2.8.13}$$

となる．

2.8.2　対称三相回路

前項で学んだように，三相交流回路には Y 形，Δ 形の接続方式がある．本項では電源が対称で負荷が平衡である対称三相回路を取り上げる．

a. 理想的な対称三相回路

(ⅰ) 対称 Y 形起電力と Y 形負荷

図 2.8.5 は，対称 Y 形起電力に任意の（平衡とは限らない）Y 形負荷を接続した三相回路である．節点 N と N' を **中性点（neutral point）**，N-N' を結ぶ導線を **中性線（neutral line）** という．中性線がある場合を三相 4 線式，中性線がない場合を三相 3 線式という．

中性線がある場合，Y 形起電力 $\boldsymbol{E}_a$，$\boldsymbol{E}_b$，$\boldsymbol{E}_c$ と，Y 形負荷の各相の電圧 $\boldsymbol{V}_a$，$\boldsymbol{V}_b$，$\boldsymbol{V}_c$ は等しくなる．**Y 形負荷が平衡（balanced Y load）** の場合，式(2.8.7)における $\boldsymbol{Z}_Y$ を，大きさ Z_Y，偏角 φ を用いて

$$\boldsymbol{Z}_Y = Z_Y e^{j\varphi} \tag{2.8.14}$$

とすれば，式(2.8.5)，式(2.8.14)より，各相の線電流は

$$\begin{cases} \boldsymbol{I}_a = \dfrac{\boldsymbol{V}_a}{\boldsymbol{Z}_Y} = \dfrac{\boldsymbol{E}_a}{\boldsymbol{Z}_Y} = \dfrac{E}{Z_Y}e^{-j\varphi} \\ \boldsymbol{I}_b = \dfrac{\boldsymbol{V}_b}{\boldsymbol{Z}_Y} = \dfrac{\boldsymbol{E}_b}{\boldsymbol{Z}_Y} = \dfrac{a^2E}{Z_Y}e^{-j\varphi} \\ \boldsymbol{I}_c = \dfrac{\boldsymbol{V}_c}{\boldsymbol{Z}_Y} = \dfrac{\boldsymbol{E}_c}{\boldsymbol{Z}_Y} = \dfrac{aE}{Z_Y}e^{-j\varphi} \end{cases} \tag{2.8.15}$$

と表せる．対称 Y 形起電力と線電流をベクトルで表すと，図 2.8.6 の関係となる．ベクトル図において明らかなように

$$\boldsymbol{I}_a+\boldsymbol{I}_b+\boldsymbol{I}_c = (1+a^2+a)\frac{E}{Z_Y}e^{-j\varphi} = 0 \tag{2.8.16}$$

である．つまり，負荷が平衡の場合，中性線を流れる電流 $\boldsymbol{I}_N$ は 0 となり，中性線はなくても変わらない．

中性線を含めて a 相のみを取り出した単相の等価回

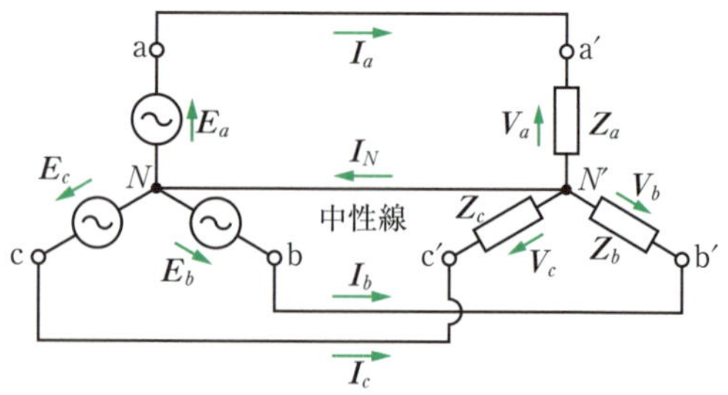

図 2.8.5　対称 Y 形起電力に Y 形負荷を接続した三相回路

路は図 2.8.7 となる．電源が対称で負荷が平衡であればb，c 相も同じ等価回路となる．すなわち，単相交流回路の知識を用いて，a 相について必要な値を求め，ほかの二相については，位相差のみを考慮すればよい．例えば，図 2.8.7 の等価回路を用いて算出した一相分の電力を 3 倍すれば，図 2.8.5 の等価回路の三相分の電力が求まる．

対称 Y 形起電力と Y 形負荷から構成される図 2.8.5 の等価回路は三相交流を扱ううえで基本となる回路であり，Δ 形の起電力や負荷を等価な Y 形の回路に置き換えて扱うことが多い．

(ii) 対称 Δ 形起電力と Δ 形負荷

図 2.8.8 は，対称 Δ 形起電力に Δ 形負荷を接続した三相回路である．Δ 形起電力 $\boldsymbol{E}_{ab}$，$\boldsymbol{E}_{bc}$，$\boldsymbol{E}_{ca}$ と，Δ 形負荷にかかる電圧 $\boldsymbol{V}_{ab}$，$\boldsymbol{V}_{bc}$，$\boldsymbol{V}_{ca}$ は等しい．

$$\begin{cases} \boldsymbol{E}_{ab} = \boldsymbol{V}_{ab} \\ \boldsymbol{E}_{bc} = \boldsymbol{V}_{bc} \\ \boldsymbol{E}_{ca} = \boldsymbol{V}_{ca} \end{cases} \tag{2.8.17}$$

Δ 形負荷が平衡（balanced Δ load）の場合，式(2.8.7)における $\boldsymbol{Z}_\Delta$ を，大きさ Z_Δ，偏角 ϕ を用いて

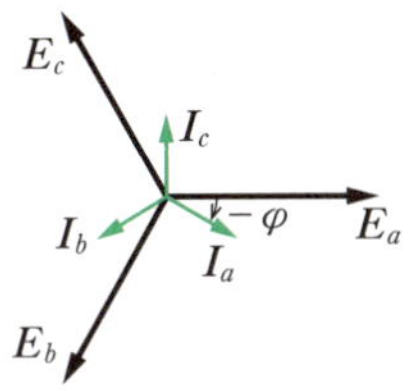

図 2.8.6 対称 Y 形起電力と線電流の関係

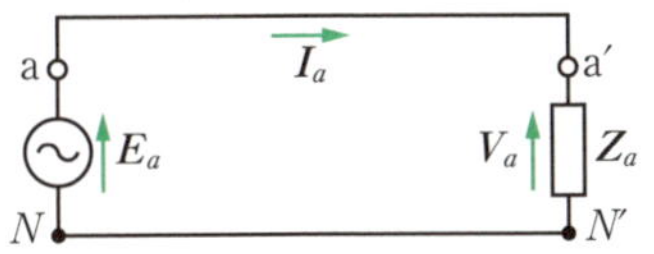

図 2.8.7 対称 Y 形起電力と Y 形負荷の a 相に関する等価回路

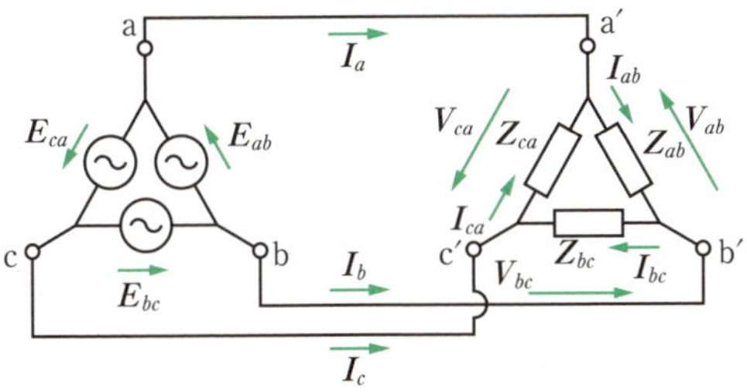

図 2.8.8 対称 Δ 形起電力に Δ 形負荷を接続した三相回路

$$\boldsymbol{Z}_\Delta = Z_\Delta e^{j\phi} \tag{2.8.18}$$

とすれば，式(2.8.6)，式(2.8.18)より，Δ 電流は

$$\begin{cases} \boldsymbol{I}_{ab} = \dfrac{\boldsymbol{V}_{ab}}{\boldsymbol{Z}_\Delta} = \dfrac{\boldsymbol{E}_{ab}}{\boldsymbol{Z}_\Delta} = \dfrac{\boldsymbol{E}_{ab}}{Z_\Delta} e^{-j\phi} \\ \boldsymbol{I}_{bc} = \dfrac{\boldsymbol{V}_{bc}}{\boldsymbol{Z}_\Delta} = \dfrac{\boldsymbol{E}_{bc}}{\boldsymbol{Z}_\Delta} = \dfrac{\boldsymbol{E}_{bc}}{Z_\Delta} e^{-j\phi} = \dfrac{a^2 \boldsymbol{E}_{ab}}{Z_\Delta} e^{-j\phi} \\ \boldsymbol{I}_{ca} = \dfrac{\boldsymbol{V}_{ca}}{\boldsymbol{Z}_\Delta} = \dfrac{\boldsymbol{E}_{ca}}{\boldsymbol{Z}_\Delta} = \dfrac{\boldsymbol{E}_{ca}}{Z_\Delta} e^{-j\phi} = \dfrac{a \boldsymbol{E}_{ab}}{Z_\Delta} e^{-j\phi} \end{cases} \tag{2.8.19}$$

と表され，このときの線電流は式(2.8.10)により求まる．

理想的な回路においては式(2.8.17)が成り立つため，Δ 形負荷の電流や電力は容易に求められる．

b. 電源の内部インピーダンスと線路インピーダンスを考慮した場合の対称三相回路

実際の回路は理想的な回路とは異なり，電源の**内部インピーダンス（internal impedance）**や，導線のインピーダンスである**線路インピーダンス（line impedance）**が存在する．図 2.8.9 は内部インピーダンス $\boldsymbol{Z}_{iY}$ を含む対称 Y 形起電力と各相のインピーダンスが $\boldsymbol{Z}_{rY}$ で等しい平衡 Y 形負荷，および線路インピーダンス $\boldsymbol{Z}_l$ を含む対称三相回路である．

図 2.8.9 の回路は図 2.8.5 の回路より複雑にみえるが，各相のインピーダンスは直列に接続されており，これらを一つの等価インピーダンスと考え

$$\boldsymbol{Z}_Y = \boldsymbol{Z}_{iY} + \boldsymbol{Z}_l + \boldsymbol{Z}_{rY} \tag{2.8.20}$$

とすれば，図 2.8.5 の回路と同様に扱うことができる．この場合にも対称性は保たれており，中性線に流れる電流は $\boldsymbol{I}_N = 0$ である．対称 Δ 形起電力と平衡 Δ 形負荷を，等価な対称 Y 形起電力と平衡 Y 形負荷に変換すれば，これと同様に扱うことができる．内部インピーダンス $\boldsymbol{Z}_{i\Delta}$ を含む対称 Δ 形起電力と各相のインピーダンスが $\boldsymbol{Z}_{r\Delta}$ で等しい平衡 Δ 形負荷，および線路インピーダンス $\boldsymbol{Z}_l$ を含む対称三相回路を図 2.8.10 に示す．

図 2.8.10 の平衡 Δ 形負荷を図 2.8.9 の平衡 Y 形負荷と等価にするには，式(2.8.13)を用いればよい．

$$\boldsymbol{Z}_{r\Delta} = 3\boldsymbol{Z}_{rY} \tag{2.8.21}$$

図 2.8.10 より，a-b，b-c，c-a の各端子間電圧 $\boldsymbol{E}'_{ab}$，$\boldsymbol{E}'_{bc}$，$\boldsymbol{E}'_{ca}$ は

$$\begin{cases} \boldsymbol{E}'_{ab} = \boldsymbol{E}_{ab} - \boldsymbol{Z}_{i\Delta}\boldsymbol{I}'_{ab} \\ \boldsymbol{E}'_{bc} = \boldsymbol{E}_{bc} - \boldsymbol{Z}_{i\Delta}\boldsymbol{I}'_{bc} \\ \boldsymbol{E}'_{ca} = \boldsymbol{E}_{ca} - \boldsymbol{Z}_{i\Delta}\boldsymbol{I}'_{ca} \end{cases} \tag{2.8.22}$$

であり，キルヒホッフの電圧則より

$$\boldsymbol{E}'_{ab} + \boldsymbol{E}'_{bc} + \boldsymbol{E}'_{ca} = 0 \tag{2.8.23}$$

を満たす.

図 2.8.10 の回路のグラフは，図 2.8.11 のように描くことができる.

閉路電流 $\boldsymbol{I}_{m0}$～$\boldsymbol{I}_{m3}$ を図 2.8.11 のように定めると，各枝の電流は

$$\begin{cases} \boldsymbol{I}_{ab}=\boldsymbol{I}_{m1} \\ \boldsymbol{I}_{bc}=\boldsymbol{I}_{m2} \\ \boldsymbol{I}_{ca}=\boldsymbol{I}_{m3} \end{cases} \tag{2.8.24}$$

$$\begin{cases} \boldsymbol{I}_{a}=\boldsymbol{I}_{m1}-\boldsymbol{I}_{m3} \\ \boldsymbol{I}_{b}=\boldsymbol{I}_{m2}-\boldsymbol{I}_{m1} \\ \boldsymbol{I}_{c}=\boldsymbol{I}_{m3}-\boldsymbol{I}_{m2} \end{cases} \tag{2.8.25}$$

$$\begin{cases} \boldsymbol{I}'_{ab}=\boldsymbol{I}_{m1}-\boldsymbol{I}_{m0} \\ \boldsymbol{I}'_{bc}=\boldsymbol{I}_{m2}-\boldsymbol{I}_{m0} \\ \boldsymbol{I}'_{ca}=\boldsymbol{I}_{m3}-\boldsymbol{I}_{m0} \end{cases} \tag{2.8.26}$$

として表せる．式(2.8.24)，式(2.8.26)を用いると，式(2.8.22)は

$$\begin{cases} \boldsymbol{E}'_{ab}=\boldsymbol{E}_{ab}-\boldsymbol{Z}_{i\Delta}(\boldsymbol{I}_{ab}-\boldsymbol{I}_{m0}) \\ \boldsymbol{E}'_{bc}=\boldsymbol{E}_{bc}-\boldsymbol{Z}_{i\Delta}(\boldsymbol{I}_{bc}-\boldsymbol{I}_{m0}) \\ \boldsymbol{E}'_{ca}=\boldsymbol{E}_{ca}-\boldsymbol{Z}_{i\Delta}(\boldsymbol{I}_{ca}-\boldsymbol{I}_{m0}) \end{cases} \tag{2.8.27}$$

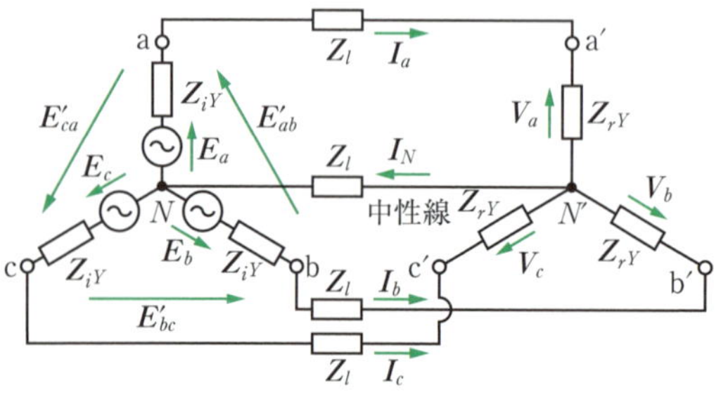

図 2.8.9　対称 Y 形起電力に平衡 Y 形負荷を接続した対称三相回路（内部インピーダンスと線路インピーダンスを含む）

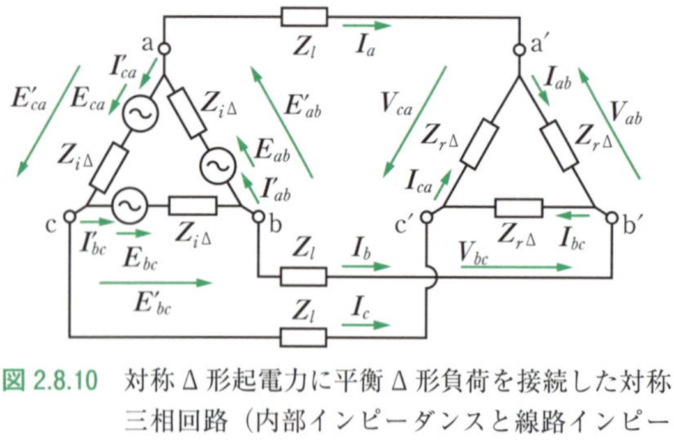

図 2.8.10　対称 Δ 形起電力に平衡 Δ 形負荷を接続した対称三相回路（内部インピーダンスと線路インピーダンスを含む）

と表せ，これを式(2.8.23)に代入すると

$$\boldsymbol{E}_{ab}+\boldsymbol{E}_{bc}+\boldsymbol{E}_{ca}-\boldsymbol{Z}_{i\Delta}(\boldsymbol{I}_{ab}+\boldsymbol{I}_{bc}+\boldsymbol{I}_{ca})+3\boldsymbol{Z}_{i\Delta}\boldsymbol{I}_{m0}=0 \tag{2.8.28}$$

が得られる．起電力が対称で負荷が平衡であることから，式(2.8.28)は

$$(1+\boldsymbol{a}^2+\boldsymbol{a})\boldsymbol{E}_{ab}-\boldsymbol{Z}_{i\Delta}(1+\boldsymbol{a}^2+\boldsymbol{a})\boldsymbol{I}_{ab}+3\boldsymbol{Z}_{i\Delta}\boldsymbol{I}_{m0}=0 \tag{2.8.29}$$

と表せ，式(2.8.4)を用いると

$$\boldsymbol{I}_{m0}=0 \tag{2.8.30}$$

である．したがって，式(2.8.24)，式(2.8.26)より

$$\begin{cases} \boldsymbol{I}'_{ab}=\boldsymbol{I}_{ab} \\ \boldsymbol{I}'_{bc}=\boldsymbol{I}_{bc} \\ \boldsymbol{I}'_{ca}=\boldsymbol{I}_{ca} \end{cases} \tag{2.8.31}$$

となることがわかる．式(2.8.27)は

$$\begin{cases} \boldsymbol{E}'_{ab}=\boldsymbol{E}_{ab}-\boldsymbol{Z}_{i\Delta}\boldsymbol{I}_{ab} \\ \boldsymbol{E}'_{bc}=\boldsymbol{E}_{bc}-\boldsymbol{Z}_{i\Delta}\boldsymbol{I}_{bc} \\ \boldsymbol{E}'_{ca}=\boldsymbol{E}_{ca}-\boldsymbol{Z}_{i\Delta}\boldsymbol{I}_{ca} \end{cases} \tag{2.8.32}$$

となる．

一方，図 2.8.9 の回路では，a-b，b-c，c-a の各端子間電圧 $\boldsymbol{E}'_{ab}$，$\boldsymbol{E}'_{bc}$，$\boldsymbol{E}'_{ca}$ は

$$\begin{cases} \boldsymbol{E}'_{ab}=\boldsymbol{E}_a-\boldsymbol{Z}_{iY}\boldsymbol{I}_a-(\boldsymbol{E}_b-\boldsymbol{Z}_{iY}\boldsymbol{I}_b)=\boldsymbol{E}_a-\boldsymbol{E}_b-\boldsymbol{Z}_{iY}(\boldsymbol{I}_a-\boldsymbol{I}_b) \\ \boldsymbol{E}'_{bc}=\boldsymbol{E}_b-\boldsymbol{Z}_{iY}\boldsymbol{I}_b-(\boldsymbol{E}_c-\boldsymbol{Z}_{iY}\boldsymbol{I}_c)=\boldsymbol{E}_b-\boldsymbol{E}_c-\boldsymbol{Z}_{iY}(\boldsymbol{I}_b-\boldsymbol{I}_c) \\ \boldsymbol{E}'_{ca}=\boldsymbol{E}_c-\boldsymbol{Z}_{iY}\boldsymbol{I}_c-(\boldsymbol{E}_a-\boldsymbol{Z}_{iY}\boldsymbol{I}_a)=\boldsymbol{E}_c-\boldsymbol{E}_a-\boldsymbol{Z}_{iY}(\boldsymbol{I}_c-\boldsymbol{I}_a) \end{cases} \tag{2.8.33}$$

と表せる．図 2.8.9 と図 2.8.10 の回路が等価であれば線電流 $\boldsymbol{I}_a$，$\boldsymbol{I}_b$，$\boldsymbol{I}_c$ はそれぞれ等しく，対称性から式(2.8.8)および

$$\boldsymbol{I}_{ab}+\boldsymbol{I}_{bc}+\boldsymbol{I}_{ca}=0 \tag{2.8.34}$$

を用いると式(2.8.33)は

$$\begin{cases} \boldsymbol{E}'_{ab}=\boldsymbol{E}_a-\boldsymbol{E}_b-3\boldsymbol{Z}_{iY}\boldsymbol{I}_{ab} \\ \boldsymbol{E}'_{bc}=\boldsymbol{E}_b-\boldsymbol{E}_c-3\boldsymbol{Z}_{iY}\boldsymbol{I}_{bc} \\ \boldsymbol{E}'_{ca}=\boldsymbol{E}_c-\boldsymbol{E}_a-3\boldsymbol{Z}_{iY}\boldsymbol{I}_{ca} \end{cases} \tag{2.8.35}$$

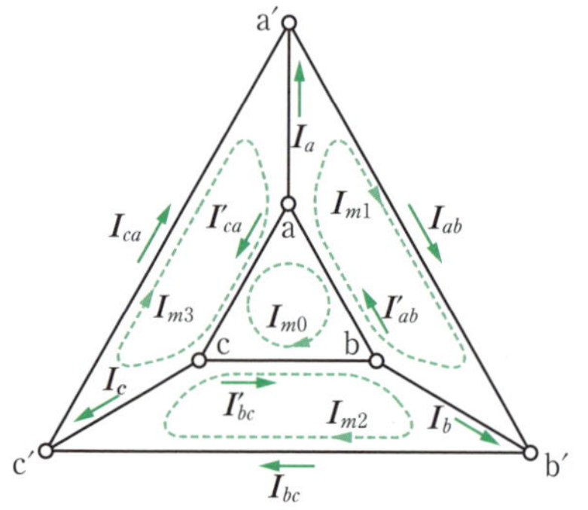

図 2.8.11　対称 Δ 形起電力に平衡 Δ 形負荷を接続した対称三相回路のグラフ

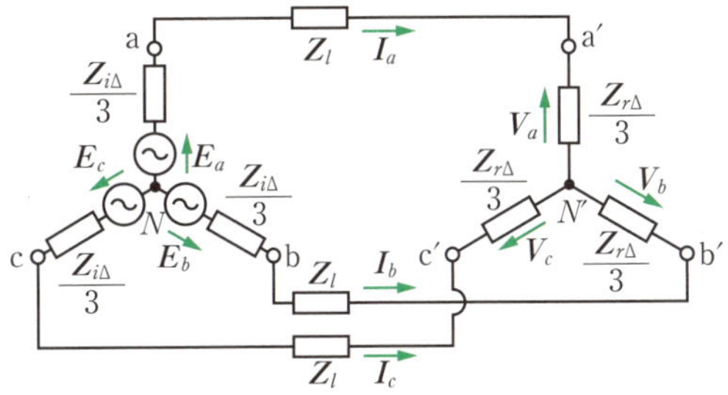

図 2.8.12　図 2.8.10 の回路と等価な対称 Y 形起電力と平衡 Y 形負荷を接続した対称三相回路

となる．式(2.8.32)と式(2.8.35)を比べると，起電力については式(2.8.6)の関係を満たしており，内部インピーダンスについては

$$\boldsymbol{Z}_{i\Delta} = 3\boldsymbol{Z}_{iY} \tag{2.8.36}$$

を満たせばよいことがわかる．すなわち，図 2.8.10 の回路は図 2.8.12 の回路と等価である．

起電力と負荷の組合せは任意であり，例えば Y 形起電力に Δ 形負荷が接続される場合もあるが，Y 形または Δ 形の等価回路に置き換えることで回路を簡単化して扱うことが可能である．

2.8.3 対称三相回路の電力

本項では，対称三相回路の電力を取り上げる．三相回路が広く電力系統に用いられていることは 2.8.1 項の最初に述べたが，図 2.8.7 の単相回路で電力を送る場合を考えてみる．負荷と電源の間には 2 本の電線が必要である．線路インピーダンスは電線 2 本分となり，電圧降下や電力損失の原因となる．同様な単相回路を二つ追加して 3 倍の電力を送るには，6 本の電線が必要である．電線はアルミニウムや銅を使用しており高価である．一方，図 2.8.5 に示した三相回路を用いた場合はどうであろうか．中性線を含めても 4 本の電線，中性線を設けない場合は 3 本の電線で同じ電力が送れる．負荷が平衡であれば，各相の線路インピーダンスによる電圧降下，電力損失は電線 1 本分となる．本項では単相回路と比較しながら，対称三相回路における電力の関係式と，三相電力の測定方法を取り上げる．

a. 単相回路と対称三相回路の瞬時電力

図 2.8.5 の三相回路を対称三相回路とする．各相の起電力の瞬時値は式(2.8.1)で表され，各相のインピーダンスが式(2.8.7)および式(2.8.14)を満たす場合，a 相のみの瞬時電力 p_a は

$$\begin{aligned} p_a &= \frac{2E^2}{Z}\sin\omega t\sin(\omega t-\varphi) \\ &= \frac{E^2}{Z}\{\cos\varphi-\cos(2\omega t-\varphi)\} \end{aligned} \tag{2.8.37}$$

である．これは，図 2.8.7 の単相回路の瞬時電力ともみなせる．式(2.8.37)から，単相回路の瞬時電力は角周波数 2ω で脈動していることがわかる．

図 2.8.5 の回路に戻り，b 相，c 相の瞬時電力を求めると

$$\left\{\begin{aligned} p_b &= \frac{2E^2}{Z}\sin\left(\omega t-\frac{2\pi}{3}\right)\sin\left(\omega t-\frac{2\pi}{3}-\varphi\right) \\ &= \frac{E^2}{Z}\left\{\cos\varphi-\cos\left(2\omega t-\frac{4\pi}{3}-\varphi\right)\right\} \\ p_c &= \frac{2E^2}{Z}\sin\left(\omega t-\frac{4\pi}{3}\right)\sin\left(\omega t-\frac{4\pi}{3}-\varphi\right) \\ &= \frac{E^2}{Z}\left\{\cos\varphi-\cos\left(2\omega t-\frac{8\pi}{3}-\varphi\right)\right\} \end{aligned}\right. \tag{2.8.38}$$

である．式(2.8.37)，式(2.8.38)より瞬時電力を足し合わせると

$$p_a+p_b+p_c = \frac{3E^2}{Z}\cos\varphi \tag{2.8.39}$$

となる．つまり，対称三相交流回路では，瞬時電力の脈動分は相殺して 0 となり，直流回路と同様に負荷の変動がなければ，瞬時電力は常に一定である．

b. 対称三相回路の電力

図 2.8.5 の三相回路を対称三相回路として複素電力 $\boldsymbol{S}_Y$ を求める．Y 形起電力は式(2.8.5)を満たし，各相のインピーダンスは等しく式(2.8.14)で与えられる．このときの各相の線電流は式(2.8.15)となる．式(2.8.5)，式(2.8.15)より 2.6.1 項 c. で学んだ単相回路と同様に a 相の複素電力 $\boldsymbol{S}_a$ を求めると

$$\boldsymbol{S}_a = \overline{\boldsymbol{E}_a}\boldsymbol{I}_a = E\frac{E}{Z_Y}e^{-j\varphi} = \frac{E^2}{Z_Y}(\cos\varphi-j\sin\varphi) \tag{2.8.40}$$

となる．b 相，c 相も同様に

$$\left\{\begin{aligned} \boldsymbol{S}_b &= \overline{\boldsymbol{E}_b}\boldsymbol{I}_b = a^{-2}E\frac{a^2E}{Z_Y}e^{-j\varphi} = \frac{E^2}{Z_Y}(\cos\varphi-j\sin\varphi) \\ \boldsymbol{S}_c &= \overline{\boldsymbol{E}_c}\boldsymbol{I}_c = a^{-1}E\frac{aE}{Z_Y}e^{-j\varphi} = \frac{E^2}{Z_Y}(\cos\varphi-j\sin\varphi) \end{aligned}\right. \tag{2.8.41}$$

となり，式(2.8.40)，式(2.8.41)より三相全体の複素電力は

$$\begin{aligned} \boldsymbol{S}_Y &= \boldsymbol{S}_a+\boldsymbol{S}_b+\boldsymbol{S}_c = 3\frac{E^2}{Z_Y}e^{-j\varphi} \\ &= 3\frac{E^2}{Z_Y}(\cos\varphi-j\sin\varphi) \end{aligned} \tag{2.8.42}$$

である．式(2.8.42)より，有効電力 P_Y，無効電力 Q_Y は，それぞれ

$$\begin{cases} P_Y = 3\dfrac{E^2}{Z_Y}\cos\varphi \\ Q_Y = -3\dfrac{E^2}{Z_Y}\sin\varphi \end{cases} \tag{2.8.43}$$

となる．同様に，図 2.8.8 の三相回路を対称三相回路として複素電力 $\boldsymbol{S}_\Delta$を求める．式(2.8.6)～式(2.8.10)，および式(2.8.17)～式(2.8.19)が満たされる場合，インピーダンス $\boldsymbol{Z}_{ab}$ の複素電力 $\boldsymbol{S}_{ab}$ は

$$\boldsymbol{S}_{ab} = \overline{\boldsymbol{E}_{ab}}\boldsymbol{I}_{ab} \tag{2.8.44}$$

となる．$\boldsymbol{E}_{ab}$ を基準（実軸上）として，式(2.8.6)，式(2.8.9)を考慮すると，各線間の複素電力は

$$\begin{cases} \boldsymbol{S}_{ab} = \overline{\boldsymbol{E}_{ab}}\boldsymbol{I}_{ab} = E_{ab}\boldsymbol{I}_{ab} \\ \quad = E_{ab}\dfrac{E_{ab}}{Z_\Delta}e^{-j\psi} = \dfrac{E_{ab}{}^2}{Z_\Delta}(\cos\psi - j\sin\psi) \\ \boldsymbol{S}_{bc} = \overline{\boldsymbol{E}_{bc}}\boldsymbol{I}_{bc} = a^{-2}E_{ab}a^2\boldsymbol{I}_{ab} \\ \quad = a^{-2}E_{ab}\dfrac{a^2E_{ab}}{Z_\Delta}e^{-j\psi} = \dfrac{E_{ab}{}^2}{Z_\Delta}(\cos\psi - j\sin\psi) \\ \boldsymbol{S}_{ca} = \overline{\boldsymbol{E}_{ca}}\boldsymbol{I}_{ca} = a^{-1}E_{ab}a\boldsymbol{I}_{ab} \\ \quad = a^{-1}E_{ab}\dfrac{aE_{ab}}{Z_\Delta}e^{-j\psi} = \dfrac{E_{ab}{}^2}{Z_\Delta}(\cos\psi - j\sin\psi) \end{cases} \tag{2.8.45}$$

となり，三相全体の複素電力は

$$\boldsymbol{S}_\Delta = \boldsymbol{S}_{ab} + \boldsymbol{S}_{bc} + \boldsymbol{S}_{ca} = 3\frac{E_{ab}{}^2}{Z_\Delta}e^{-j\varphi}$$
$$= 3\frac{E_{ab}{}^2}{Z_\Delta}(\cos\psi - j\sin\psi) \tag{2.8.46}$$

となる．式(2.8.46)より，有効電力 P_Δ，無効電力 Q_Δ は，それぞれ

$$\begin{cases} P_\Delta = 3\dfrac{E_{ab}{}^2}{Z_\Delta}\cos\psi \\ Q_\Delta = -3\dfrac{E_{ab}{}^2}{Z_\Delta}\sin\psi \end{cases} \tag{2.8.47}$$

である．Δ 形負荷と Y 形負荷が等価であれば，式(2.8.13)を満たすので，式(2.8.47)は

$$\begin{cases} P_\Delta = \dfrac{E_{ab}{}^2}{Z_\mathrm{Y}}\cos\varphi \\ Q_\Delta = -\dfrac{E_{ab}{}^2}{Z_\mathrm{Y}}\sin\varphi \end{cases} \tag{2.8.48}$$

と表せる．式(2.8.6)により線間電圧を Y 形起電力の相電圧に置き換えると

$$\begin{cases} P_\Delta = \dfrac{(\sqrt{3}E_a)^2}{Z_\mathrm{Y}}\cos\varphi = 3\dfrac{E^2}{Z_Y}\cos\varphi = P_Y \\ Q_\Delta = -\dfrac{(\sqrt{3}E_a)^2}{Z_\mathrm{Y}}\sin\varphi = -3\dfrac{E^2}{Z_Y}\sin\varphi = Q_Y \end{cases} \tag{2.8.49}$$

となり，電力においても等価であることがわかる．

なお，実際の電力系統は遅れ力率となる誘導性の負荷が多いため，通常，誘導性の無効電力を正として扱う．この場合，複素電力の扱いを $\boldsymbol{S} = \boldsymbol{V}\overline{\boldsymbol{I}}$ に定めるが，本章では容量性の無効電力を正として，複素電力の扱いを $\boldsymbol{S} = \overline{\boldsymbol{V}}\boldsymbol{I}$ に統一している．

c. 電力の測定

図 2.8.13 は，図 2.8.5 の回路から中性線を削除した回路であり，a 相と c 相，b 相と c 相の間に，それぞれ電力計 W_1，W_2 が接続されている．

図 2.8.13 の回路において，Y 形起電力は式(2.8.5)を満たし負荷は平衡である．三相全体の複素電力は式(2.8.40)～式(2.8.42)と同じく

$$\boldsymbol{S}_Y = \boldsymbol{S}_a + \boldsymbol{S}_b + \boldsymbol{S}_c = \overline{\boldsymbol{E}_a}\boldsymbol{I}_a + \overline{\boldsymbol{E}_b}\boldsymbol{I}_b + \overline{\boldsymbol{E}_c}\boldsymbol{I}_c \tag{2.8.50}$$

であるが，キルヒホッフの電流則により式(2.8.16)が成り立つため，電流 $\boldsymbol{I}_c$ を電流 $\boldsymbol{I}_a$ および電流 $\boldsymbol{I}_b$ で表すと

$$\begin{aligned} \boldsymbol{S}_Y &= \overline{\boldsymbol{E}_a}\boldsymbol{I}_a + \overline{\boldsymbol{E}_b}\boldsymbol{I}_b - \overline{\boldsymbol{E}_c}(\boldsymbol{I}_a + \boldsymbol{I}_b) \\ &= (\overline{\boldsymbol{E}_a} - \overline{\boldsymbol{E}_c})\boldsymbol{I}_a + (\overline{\boldsymbol{E}_b} - \overline{\boldsymbol{E}_c})\boldsymbol{I}_b = \overline{\boldsymbol{E}_{ac}}\boldsymbol{I}_a + \overline{\boldsymbol{E}_{bc}}\boldsymbol{I}_b \end{aligned} \tag{2.8.51}$$

となる．この式は，線間電圧 $\boldsymbol{E}_{ac}$ と線電流 $\boldsymbol{I}_a$ による複素電力 $\boldsymbol{S}_1$，および線間電圧 $\boldsymbol{E}_{bc}$ と線電流 $\boldsymbol{I}_b$ による複素電力 $\boldsymbol{S}_2$ を得れば三相全体の複素電力 $\boldsymbol{S}_Y$ が求まることを意味している．これらの電圧および電流の関係を図示すると図 2.8.14 になる．電圧ベクトルは図 2.8.3(a)のベクトルの起点をそろえたものである．電流ベクトルは式(2.8.15)および図 2.8.6 に基づいている．

図 2.8.14 から，線間電圧 $\boldsymbol{E}_{ac}$ と線電流 $\boldsymbol{I}_a$ は $(\pi/6)-\varphi$，線間電圧 $\boldsymbol{E}_{bc}$ と線電流 $\boldsymbol{I}_b$ は $(\pi/6)+\varphi$ の角度をなすことがわかる．したがって，この図から複素電力 $\boldsymbol{S}_1$，$\boldsymbol{S}_2$ の有効電力に相当する P_1，P_2 を求める

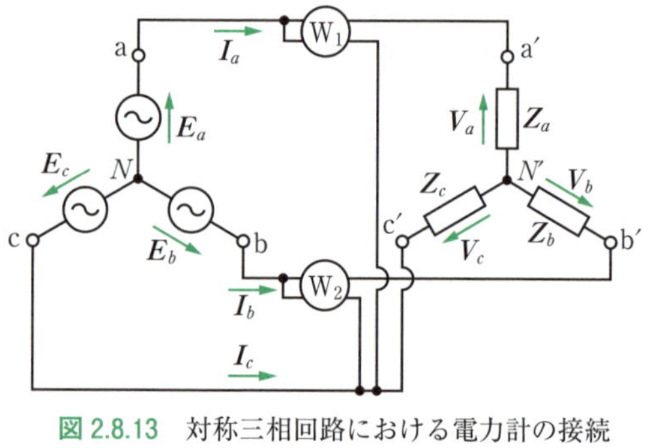

図 2.8.13　対称三相回路における電力計の接続

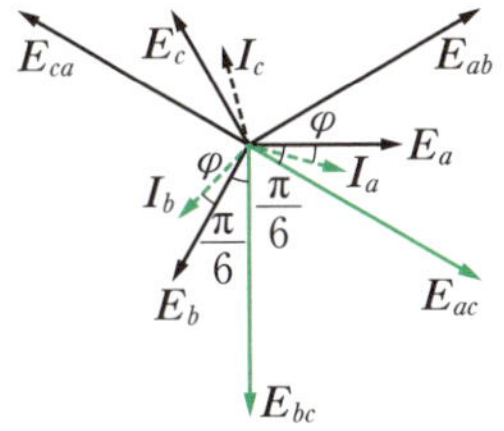

図 2.8.14 対称三相回路における線間電圧，相電圧，線電流の関係

ことができる．

$$P_1 = E_{ac}I_a\cos\left(\frac{\pi}{6}-\varphi\right) \tag{2.8.52}$$

$$P_2 = E_{bc}I_b\cos\left(\frac{\pi}{6}+\varphi\right) \tag{2.8.53}$$

式(2.8.6)，式(2.8.14)を用いると

$$P_1 = \sqrt{3}E\frac{E}{Z_Y}\cos\left(\frac{\pi}{6}-\varphi\right) \tag{2.8.54}$$

$$P_2 = \sqrt{3}E\frac{E}{Z_Y}\cos\left(\frac{\pi}{6}+\varphi\right) \tag{2.8.55}$$

と表せる．式(2.8.54)，式(2.8.55)の和は

$$P_1+P_2 = 2\sqrt{3}E\frac{E}{Z_Y}\cos\frac{\pi}{6}\cos\varphi = 3\frac{E^2}{Z_Y}\cos\varphi = P_Y \tag{2.8.56}$$

となり式(2.8.43)と一致する．P_1，P_2 は，図 2.8.13 の電力計 W_1，W_2 で計測される有効電力である．ただし，電力計が絶対値を表示する機種の場合，$\varphi < -\pi/3$ では電力計 W_1 の計測値を，$\varphi > \pi/3$ では電力計 W_2 の計測値を負の値として読む．

一方，式(2.8.51)の右辺第 1 項は，式(2.8.4)，式(2.8.6)，式(2.8.15)を用いて，次のように表せる．

$$\begin{aligned}\boldsymbol{S}_1 = \overline{\boldsymbol{E}_{ac}}\boldsymbol{I}_a = -\overline{\boldsymbol{E}_{ca}}\boldsymbol{I}_a &= -\sqrt{3}a^{-1}Ee^{-j\frac{\pi}{6}}\frac{E}{Z_Y}e^{-j\varphi}\\ &= \sqrt{3}E\frac{E}{Z_Y}e^{j\left(\frac{\pi}{6}-\varphi\right)}\\ &= \sqrt{3}E\frac{E}{Z_Y}\left\{\cos\left(\frac{\pi}{6}-\varphi\right)+j\sin\left(\frac{\pi}{6}-\varphi\right)\right\}\end{aligned} \tag{2.8.57}$$

同様に式(2.8.51)の右辺第 2 項は

$$\begin{aligned}\boldsymbol{S}_2 = \overline{\boldsymbol{E}_{bc}}\boldsymbol{I}_b &= \sqrt{3}a^{-2}Ee^{-j\frac{\pi}{6}}\frac{a^2E}{Z_Y}e^{-j\varphi}\\ &= \sqrt{3}E\frac{E}{Z_Y}e^{-j\left(\frac{\pi}{6}+\varphi\right)}\\ &= \sqrt{3}E\frac{E}{Z_Y}\left\{\cos\left(\frac{\pi}{6}+\varphi\right)-j\sin\left(\frac{\pi}{6}+\varphi\right)\right\}\end{aligned} \tag{2.8.58}$$

となる．有効電力は式(2.8.57)，式(2.8.58)の実部であり，式(2.8.54)，式(2.8.55)と一致している．無効電力 Q_1，Q_2 は，式(2.8.57)，式(2.8.58)の虚部であり

$$Q_1 = \sqrt{3}E\frac{E}{Z_Y}\sin\left(\frac{\pi}{6}-\varphi\right) \tag{2.8.59}$$

$$Q_2 = -\sqrt{3}E\frac{E}{Z_Y}\sin\left(\frac{\pi}{6}+\varphi\right) \tag{2.8.60}$$

となる．式(2.8.59)，式(2.8.60)の和は

$$\begin{aligned}Q_1+Q_2 &= -2\sqrt{3}E\frac{E}{Z_Y}\cos\frac{\pi}{6}\sin\varphi\\ &= -3\frac{E^2}{Z_Y}\sin\varphi = Q_Y\end{aligned} \tag{2.8.61}$$

となり式(2.8.43)と一致する．

電力計では無効電力は計測できないが，電力計 W_1，W_2 で計測された有効電力 P_1，P_2 の差を求めてみると

$$P_1-P_2 = 2\sqrt{3}E\frac{E}{Z_Y}\sin\frac{\pi}{6}\sin\varphi = \sqrt{3}\frac{E^2}{Z_Y}\sin\varphi \tag{2.8.62}$$

となる．式(2.8.61)と式(2.8.62)を比べると

$$\sqrt{3}(P_1-P_2) = |Q_Y| \tag{2.8.63}$$

となり，間接的に無効電力の大きさを求めることができる．

また，式(2.8.56)と式(2.8.62)より，力率角 φ の大きさは

$$\varphi = \tan^{-1}\left(\sqrt{3}\frac{P_1-P_2}{P_1+P_2}\right) \tag{2.8.64}$$

と求まる．

なお，$|\varphi| > \pi/3$ となる場合は，前述のとおり電力計の機種により計測値の符号に注意する必要がある．

2.8.4 非対称三相回路

前項までは対称三相回路を扱ったが，本項では起電力や負荷が非対称の三相回路を取り上げる．非対称三相回路は，複数の電源とインピーダンスを含む回路網として扱い，2.4 節で学んだ技法を駆使すれば必要な値を求めることができる．一方，対称三相回路については，すでに 2.8.2 項で学んだように単相回路として扱うことができる．本項では，非対称三相回路の電圧や電流を対称な成分の重ね合わせとして扱う**対称座標法（method of symmetrical coordinates）**を取り上げる．

a. 非対称三相起電力

図 2.8.15(a)は，非対称な三相起電力 $\boldsymbol{E}_a$，$\boldsymbol{E}_b$，$\boldsymbol{E}_c$ のベクトル図である．各ベクトルの大きさを 1/3 倍して，さらに $\boldsymbol{E}_b$，$\boldsymbol{E}_c$ については，$2\pi/3$，$4\pi/3$ 回転さ

せたベクトルと合わせて表したベクトル図が図 2.8.15(b)(c)(d)である．これらの各ベクトルを組み合わせて，新たなベクトル $\boldsymbol{E}_0$，$\boldsymbol{E}_1$，$\boldsymbol{E}_2$ を次のように定める．

$$\begin{cases} \boldsymbol{E}_0 = \dfrac{1}{3}(\boldsymbol{E}_a + \boldsymbol{E}_b + \boldsymbol{E}_c) \\ \boldsymbol{E}_1 = \dfrac{1}{3}(\boldsymbol{E}_a + a\boldsymbol{E}_b + a^2\boldsymbol{E}_c) \\ \boldsymbol{E}_2 = \dfrac{1}{3}(\boldsymbol{E}_a + a^2\boldsymbol{E}_b + a\boldsymbol{E}_c) \end{cases} \tag{2.8.65}$$

ただし，a は式(2.8.3)で定義した $2\pi/3$ の回転を意味するオペレータである．式(2.8.65)に基づき，ベクトル $\boldsymbol{E}_0$，$\boldsymbol{E}_1$，$\boldsymbol{E}_2$ を図示すると図 2.8.15(e)(f)(g)となる．

式(2.8.65)は，行列を用いて表すと

$$\begin{bmatrix} \boldsymbol{E}_0 \\ \boldsymbol{E}_1 \\ \boldsymbol{E}_2 \end{bmatrix} = \frac{1}{3}\begin{bmatrix} 1 & 1 & 1 \\ 1 & a & a^2 \\ 1 & a^2 & a \end{bmatrix}\begin{bmatrix} \boldsymbol{E}_a \\ \boldsymbol{E}_b \\ \boldsymbol{E}_c \end{bmatrix} \tag{2.8.66}$$

である．式(2.8.66)から，逆に $\boldsymbol{E}_a$，$\boldsymbol{E}_b$，$\boldsymbol{E}_c$ を求めると，

$$\begin{bmatrix} \boldsymbol{E}_a \\ \boldsymbol{E}_b \\ \boldsymbol{E}_c \end{bmatrix} = \begin{bmatrix} 1 & 1 & 1 \\ 1 & a^2 & a \\ 1 & a & a^2 \end{bmatrix}\begin{bmatrix} \boldsymbol{E}_0 \\ \boldsymbol{E}_1 \\ \boldsymbol{E}_2 \end{bmatrix} \tag{2.8.67}$$

となる．この式は，非対称な三相起電力 $\boldsymbol{E}_a$，$\boldsymbol{E}_b$，$\boldsymbol{E}_c$ が，ベクトル $\boldsymbol{E}_0$，$\boldsymbol{E}_1$，$\boldsymbol{E}_2$，および $\boldsymbol{E}_1$，$\boldsymbol{E}_2$ をそれぞれ $2\pi/3$，$4\pi/3$ 回転させたベクトルの組合せで再現できることを示している．

図 2.8.16(a)(b)(c)は，図 2.8.15(e)(f)(g)で得られたベクトル $\boldsymbol{E}_0$，$\boldsymbol{E}_1$，$\boldsymbol{E}_2$ に必要な回転を加えたベクトル図である．図 2.8.16(b)(c)から明らかなように，$\boldsymbol{E}_1$，$\boldsymbol{E}_2$ は対称三相起電力である．図 2.8.16(a)(b)(c)の各ベクトルを組み合わせて再現した非対称三相起電力 $\boldsymbol{E}_a$，$\boldsymbol{E}_b$，$\boldsymbol{E}_c$ を図 2.8.16(d)(e)(f)に示す．これらはそれぞれ，図 2.8.15(a)に一致する．

式(2.8.67)の行列の 1 列目はすべて 1 である．これは，電圧 $\boldsymbol{E}_0$ が電圧 $\boldsymbol{E}_a$，$\boldsymbol{E}_b$，$\boldsymbol{E}_c$ に等しく含まれることを意味している．このような成分を**零相分（zero phase sequence component）**といい，電圧の場合は電圧の零相分，あるいは零相電圧という．行列の 2 列目は，上から 1，a^2，a である．これは，$\boldsymbol{E}_a$，$\boldsymbol{E}_b$，$\boldsymbol{E}_c$ の順に，電圧 $\boldsymbol{E}_1$，$a^2\boldsymbol{E}_1$，$a\boldsymbol{E}_1$ がそれぞれ含まれることを意味している．この順番を図 2.8.16(b)に示すと時計まわりの矢印となる．このような成分を**正相分（positive phase sequence component）**，電圧の場合は正相電圧という．行列の 3 列目は，上から 1，a，a^2 である．これは，$\boldsymbol{E}_a$，$\boldsymbol{E}_b$，$\boldsymbol{E}_c$ の順に，電圧 $\boldsymbol{E}_2$，$a\boldsymbol{E}_2$，$a^2\boldsymbol{E}_2$ がそれぞれ含まれることを意味しており，図 2.8.16(c)のように，反時計まわりの逆相となる．このような成分を**逆相分（negative phase sequence component）**，電圧の場合は逆相電圧という．

ここで，図 2.8.9 の三相回路を例に，各成分の等価回路を考えてみる．負荷インピーダンス，線路インピーダンス，電源の内部インピーダンスがともに平衡であり，起電力のみを非対称とする．図 2.8.17(a)に，a 相の正相電圧 $\boldsymbol{E}_1$ と逆相電圧 $\boldsymbol{E}_2$ に関する等価回路を示す．正相分と逆相分はいずれも対称三相起電力であり，中性線を流れる電流は 0 となるから N-N' 間の

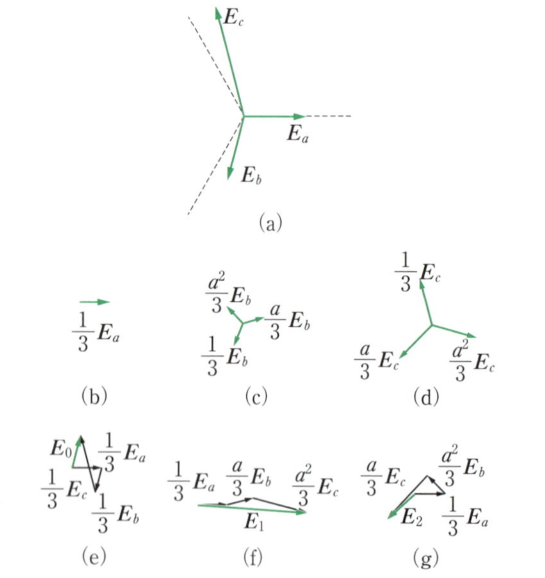

図 2.8.15　非対称な三相起電力 $\boldsymbol{E}_a$，$\boldsymbol{E}_b$，$\boldsymbol{E}_c$ と $\boldsymbol{E}_0$，$\boldsymbol{E}_1$，$\boldsymbol{E}_2$ の関係

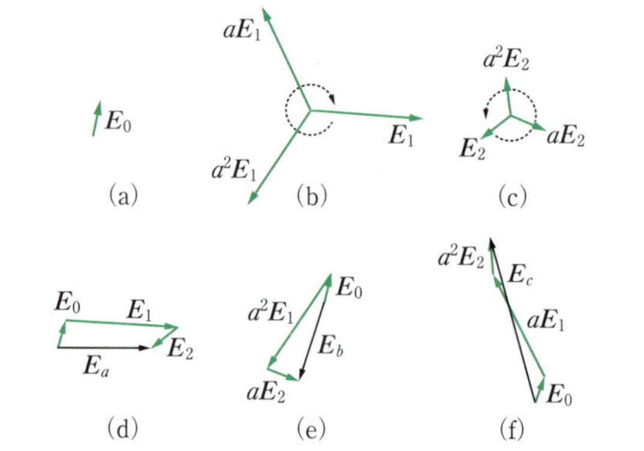

図 2.8.16　$\boldsymbol{E}_0$，$\boldsymbol{E}_1$，$\boldsymbol{E}_2$ による非対称三相起電力 $\boldsymbol{E}_a$，$\boldsymbol{E}_b$，$\boldsymbol{E}_c$ の再現

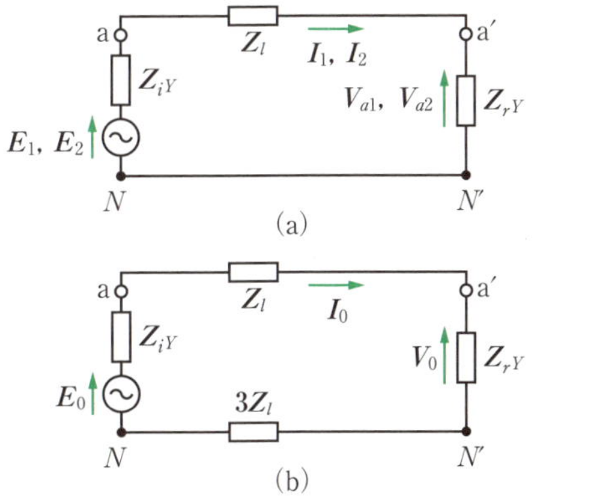

図 2.8.17 正相分，逆相分，零相分に関する単相等価回路

線路インピーダンスは0として短絡する．一方，図 2.8.17(b)は零相電圧 $\boldsymbol{E}_0$ に関する等価回路である．零相分はすべての相で同じ大きさと位相をもつため，中性線を流れる電流は3倍である．これを一相分の等価インピーダンスとするには，各相に3倍の線路インピーダンス $3\boldsymbol{Z}_l$ を与えて，これらの並列回路が三相等価回路の中性線インピーダンス $\boldsymbol{Z}_l$ に等しくなるようにする．

これらの等価回路より電流 $\boldsymbol{I}_0$, $\boldsymbol{I}_1$, $\boldsymbol{I}_2$ が求まり，重ね合わせを用いると

$$\boldsymbol{I}_a=\boldsymbol{I}_0+\boldsymbol{I}_1+\boldsymbol{I}_2 \tag{2.8.68}$$

$$\boldsymbol{V}_a=\boldsymbol{V}_0+\boldsymbol{V}_{a1}+\boldsymbol{V}_{a2} \tag{2.8.69}$$

が得られる．b相，c相については，正相分と逆相分の回転を考慮して同様に得られる．

非対称な三相交流電流も電圧と同様に，次の2式により，零相分，正相分，逆相分に分けて扱うことができる．なお，中性線がない場合，零相電流は0である．

$$\begin{bmatrix}\boldsymbol{I}_0\\ \boldsymbol{I}_1\\ \boldsymbol{I}_2\end{bmatrix}=\frac{1}{3}\begin{bmatrix}1&1&1\\1&a&a^2\\1&a^2&a\end{bmatrix}\begin{bmatrix}\boldsymbol{I}_a\\ \boldsymbol{I}_b\\ \boldsymbol{I}_c\end{bmatrix} \tag{2.8.70}$$

$$\begin{bmatrix}\boldsymbol{I}_a\\ \boldsymbol{I}_b\\ \boldsymbol{I}_c\end{bmatrix}=\begin{bmatrix}1&1&1\\1&a^2&a\\1&a&a^2\end{bmatrix}\begin{bmatrix}\boldsymbol{I}_0\\ \boldsymbol{I}_1\\ \boldsymbol{I}_2\end{bmatrix} \tag{2.8.71}$$

b. 不平衡Y形負荷

図 2.8.18は，互いに異なるインピーダンス $\boldsymbol{Z}_a$, $\boldsymbol{Z}_b$, $\boldsymbol{Z}_c$ からなる不平衡なY形負荷である．

各相の電圧と電流の関係を行列式で表すと

$$\begin{bmatrix}\boldsymbol{V}_a\\ \boldsymbol{V}_b\\ \boldsymbol{V}_c\end{bmatrix}=\begin{bmatrix}\boldsymbol{Z}_a&0&0\\0&\boldsymbol{Z}_b&0\\0&0&\boldsymbol{Z}_c\end{bmatrix}\begin{bmatrix}\boldsymbol{I}_a\\ \boldsymbol{I}_b\\ \boldsymbol{I}_c\end{bmatrix} \tag{2.8.72}$$

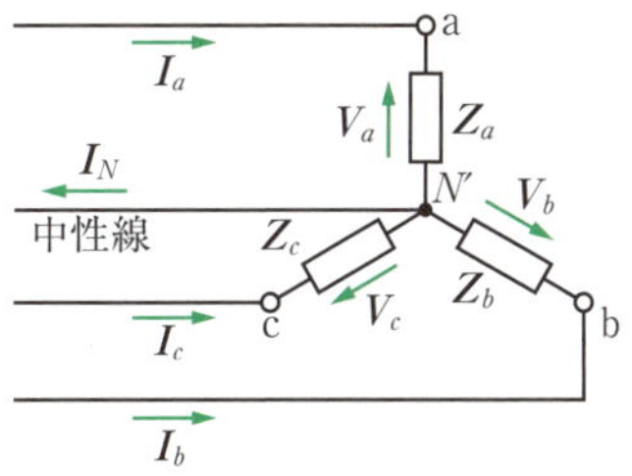

図 2.8.18 不平衡Y形負荷

となる．式(2.8.67)は起電力に限らず，Y電圧 $\boldsymbol{V}_a$, $\boldsymbol{V}_b$, $\boldsymbol{V}_c$ を零相分 $\boldsymbol{V}_0$，正相分 $\boldsymbol{V}_1$，逆相分 $\boldsymbol{V}_2$ で表す場合にも適用できるので，式(2.8.72)は次のように表せる．

$$\begin{bmatrix}\boldsymbol{V}_a\\ \boldsymbol{V}_b\\ \boldsymbol{V}_c\end{bmatrix}=\begin{bmatrix}1&1&1\\1&a^2&a\\1&a&a^2\end{bmatrix}\begin{bmatrix}\boldsymbol{V}_0\\ \boldsymbol{V}_1\\ \boldsymbol{V}_2\end{bmatrix}=\begin{bmatrix}\boldsymbol{Z}_a&0&0\\0&\boldsymbol{Z}_b&0\\0&0&\boldsymbol{Z}_c\end{bmatrix}\begin{bmatrix}\boldsymbol{I}_a\\ \boldsymbol{I}_b\\ \boldsymbol{I}_c\end{bmatrix} \tag{2.8.73}$$

表記を簡単にするため，行列 $\mathbf{A}$ を次のように定める．

$$\mathbf{A}=\begin{bmatrix}1&1&1\\1&a^2&a\\1&a&a^2\end{bmatrix} \tag{2.8.74}$$

$\mathbf{A}$ の逆行列は

$$\mathbf{A}^{-1}=\frac{1}{3}\begin{bmatrix}1&1&1\\1&a&a^2\\1&a^2&a\end{bmatrix} \tag{2.8.75}$$

となる．式(2.8.73)に左から $\mathbf{A}^{-1}$ を掛けると

$$\begin{bmatrix}\boldsymbol{V}_0\\ \boldsymbol{V}_1\\ \boldsymbol{V}_2\end{bmatrix}=\mathbf{A}^{-1}\begin{bmatrix}\boldsymbol{Z}_a&0&0\\0&\boldsymbol{Z}_b&0\\0&0&\boldsymbol{Z}_c\end{bmatrix}\begin{bmatrix}\boldsymbol{I}_a\\ \boldsymbol{I}_b\\ \boldsymbol{I}_c\end{bmatrix} \tag{2.8.76}$$

となり，さらに式(2.8.71)を代入すると

$$\begin{bmatrix}\boldsymbol{V}_0\\ \boldsymbol{V}_1\\ \boldsymbol{V}_2\end{bmatrix}=\mathbf{A}^{-1}\begin{bmatrix}\boldsymbol{Z}_a&0&0\\0&\boldsymbol{Z}_b&0\\0&0&\boldsymbol{Z}_c\end{bmatrix}\mathbf{A}\begin{bmatrix}\boldsymbol{I}_0\\ \boldsymbol{I}_1\\ \boldsymbol{I}_2\end{bmatrix} \tag{2.8.77}$$

となる．右辺の行列を計算すると

$$\frac{1}{3}\begin{bmatrix}1&1&1\\1&a&a^2\\1&a^2&a\end{bmatrix}\begin{bmatrix}\boldsymbol{Z}_a&0&0\\0&\boldsymbol{Z}_b&0\\0&0&\boldsymbol{Z}_c\end{bmatrix}\begin{bmatrix}1&1&1\\1&a^2&a\\1&a&a^2\end{bmatrix}$$

$$=\frac{1}{3}\begin{bmatrix}\boldsymbol{Z}_a+\boldsymbol{Z}_b+\boldsymbol{Z}_c&\boldsymbol{Z}_a+a^2\boldsymbol{Z}_b+a\boldsymbol{Z}_c&\boldsymbol{Z}_a+a\boldsymbol{Z}_b+a^2\boldsymbol{Z}_c\\ \boldsymbol{Z}_a+a\boldsymbol{Z}_b+a^2\boldsymbol{Z}_c&\boldsymbol{Z}_a+\boldsymbol{Z}_b+\boldsymbol{Z}_c&\boldsymbol{Z}_a+a^2\boldsymbol{Z}_b+a\boldsymbol{Z}_c\\ \boldsymbol{Z}_a+a^2\boldsymbol{Z}_b+a\boldsymbol{Z}_c&\boldsymbol{Z}_a+a\boldsymbol{Z}_b+a^2\boldsymbol{Z}_c&\boldsymbol{Z}_a+\boldsymbol{Z}_b+\boldsymbol{Z}_c\end{bmatrix} \tag{2.8.78}$$

であり，ここに $\boldsymbol{Z}_0$, $\boldsymbol{Z}_1$, $\boldsymbol{Z}_2$ を

$$\begin{cases} \boldsymbol{Z}_0 = \dfrac{1}{3}(\boldsymbol{Z}_a + \boldsymbol{Z}_b + \boldsymbol{Z}_c) \\ \boldsymbol{Z}_1 = \dfrac{1}{3}(\boldsymbol{Z}_a + a\boldsymbol{Z}_b + a^2\boldsymbol{Z}_c) \\ \boldsymbol{Z}_2 = \dfrac{1}{3}(\boldsymbol{Z}_a + a^2\boldsymbol{Z}_b + a\boldsymbol{Z}_c) \end{cases} \tag{2.8.79}$$

と定めると，式(2.8.78)の行列は

$$\begin{bmatrix} \boldsymbol{Z}_0 & \boldsymbol{Z}_2 & \boldsymbol{Z}_1 \\ \boldsymbol{Z}_1 & \boldsymbol{Z}_0 & \boldsymbol{Z}_2 \\ \boldsymbol{Z}_2 & \boldsymbol{Z}_1 & \boldsymbol{Z}_0 \end{bmatrix} \tag{2.8.80}$$

と表せる．これを用いると式(2.8.77)は

$$\begin{bmatrix} \boldsymbol{V}_0 \\ \boldsymbol{V}_1 \\ \boldsymbol{V}_2 \end{bmatrix} = \begin{bmatrix} \boldsymbol{Z}_0 & \boldsymbol{Z}_2 & \boldsymbol{Z}_1 \\ \boldsymbol{Z}_1 & \boldsymbol{Z}_0 & \boldsymbol{Z}_2 \\ \boldsymbol{Z}_2 & \boldsymbol{Z}_1 & \boldsymbol{Z}_0 \end{bmatrix} \begin{bmatrix} \boldsymbol{I}_0 \\ \boldsymbol{I}_1 \\ \boldsymbol{I}_2 \end{bmatrix} \tag{2.8.81}$$

と表せる．また，式(2.8.79)を行列式で表すと

$$\begin{bmatrix} \boldsymbol{Z}_0 \\ \boldsymbol{Z}_1 \\ \boldsymbol{Z}_2 \end{bmatrix} = \frac{1}{3} \begin{bmatrix} 1 & 1 & 1 \\ 1 & a & a^2 \\ 1 & a^2 & a \end{bmatrix} \begin{bmatrix} \boldsymbol{Z}_a \\ \boldsymbol{Z}_b \\ \boldsymbol{Z}_c \end{bmatrix} \tag{2.8.82}$$

となり，式(2.8.66)，式(2.8.70)と同じ形で表せる．

また，アドミタンスについても同様に

$$\begin{bmatrix} \boldsymbol{I}_0 \\ \boldsymbol{I}_1 \\ \boldsymbol{I}_2 \end{bmatrix} = \begin{bmatrix} \boldsymbol{Y}_0 & \boldsymbol{Y}_2 & \boldsymbol{Y}_1 \\ \boldsymbol{Y}_1 & \boldsymbol{Y}_0 & \boldsymbol{Y}_2 \\ \boldsymbol{Y}_2 & \boldsymbol{Y}_1 & \boldsymbol{Y}_0 \end{bmatrix} \begin{bmatrix} \boldsymbol{V}_0 \\ \boldsymbol{V}_1 \\ \boldsymbol{V}_2 \end{bmatrix} \tag{2.8.83}$$

$$\begin{bmatrix} \boldsymbol{Y}_0 \\ \boldsymbol{Y}_1 \\ \boldsymbol{Y}_2 \end{bmatrix} = \frac{1}{3} \begin{bmatrix} 1 & 1 & 1 \\ 1 & a & a^2 \\ 1 & a^2 & a \end{bmatrix} \begin{bmatrix} \boldsymbol{Y}_a \\ \boldsymbol{Y}_b \\ \boldsymbol{Y}_c \end{bmatrix} \tag{2.8.84}$$

となる．

c. 非対称三相回路の電力

対称三相回路の電力については，2.8.3 項で学んだが，ここでは，非対称三相回路の電力を，電圧，電流それぞれの対称分から求める．

図 2.8.18 の Y 形負荷の複素電力 $\boldsymbol{S}_Y$は，式(2.8.50)と同様に

$$\boldsymbol{S}_Y = \boldsymbol{S}_a + \boldsymbol{S}_b + \boldsymbol{S}_c = \overline{\boldsymbol{V}_a}\boldsymbol{I}_a + \overline{\boldsymbol{V}_b}\boldsymbol{I}_b + \overline{\boldsymbol{V}_c}\boldsymbol{I}_c \tag{2.8.85}$$

である．Y 電圧 $\boldsymbol{V}_a$，$\boldsymbol{V}_b$，$\boldsymbol{V}_c$ は，式(2.8.67)により零相分 $\boldsymbol{V}_0$，正相分 $\boldsymbol{V}_1$，逆相分 $\boldsymbol{V}_2$ を用いて

$$\begin{bmatrix} \boldsymbol{V}_a \\ \boldsymbol{V}_b \\ \boldsymbol{V}_c \end{bmatrix} = \begin{bmatrix} 1 & 1 & 1 \\ 1 & a^2 & a \\ 1 & a & a^2 \end{bmatrix} \begin{bmatrix} \boldsymbol{V}_0 \\ \boldsymbol{V}_1 \\ \boldsymbol{V}_2 \end{bmatrix} \tag{2.8.86}$$

となるから

$$\begin{bmatrix} \overline{\boldsymbol{V}_a} \\ \overline{\boldsymbol{V}_b} \\ \overline{\boldsymbol{V}_c} \end{bmatrix} = \begin{bmatrix} 1 & 1 & 1 \\ 1 & \overline{a^2} & \overline{a} \\ 1 & \overline{a} & \overline{a^2} \end{bmatrix} \begin{bmatrix} \overline{\boldsymbol{V}_0} \\ \overline{\boldsymbol{V}_1} \\ \overline{\boldsymbol{V}_2} \end{bmatrix} \tag{2.8.87}$$

である．Y 電流 $\boldsymbol{I}_a$，$\boldsymbol{I}_b$，$\boldsymbol{I}_c$ は，式(2.8.71)で与えられるので，式(2.8.85)に式(2.8.87)と式(2.8.71)を代入して計算すると

$$\begin{aligned} \boldsymbol{S}_Y &= \overline{\boldsymbol{V}_a}\boldsymbol{I}_a + \overline{\boldsymbol{V}_b}\boldsymbol{I}_b + \overline{\boldsymbol{V}_c}\boldsymbol{I}_c = \begin{bmatrix} \overline{\boldsymbol{V}_a} \\ \overline{\boldsymbol{V}_b} \\ \overline{\boldsymbol{V}_c} \end{bmatrix}^{\mathrm{T}} \begin{bmatrix} \boldsymbol{I}_a \\ \boldsymbol{I}_b \\ \boldsymbol{I}_c \end{bmatrix} \\ &= \left(\begin{bmatrix} 1 & 1 & 1 \\ 1 & \overline{a^2} & \overline{a} \\ 1 & \overline{a} & \overline{a^2} \end{bmatrix} \begin{bmatrix} \overline{\boldsymbol{V}_0} \\ \overline{\boldsymbol{V}_1} \\ \overline{\boldsymbol{V}_2} \end{bmatrix} \right)^{\mathrm{T}} \begin{bmatrix} 1 & 1 & 1 \\ 1 & a^2 & a \\ 1 & a & a^2 \end{bmatrix} \begin{bmatrix} \boldsymbol{I}_0 \\ \boldsymbol{I}_1 \\ \boldsymbol{I}_2 \end{bmatrix} \\ &= [\overline{\boldsymbol{V}_0} \quad \overline{\boldsymbol{V}_1} \quad \overline{\boldsymbol{V}_2}] \begin{bmatrix} 1 & 1 & 1 \\ 1 & \overline{a^2} & \overline{a} \\ 1 & \overline{a} & \overline{a^2} \end{bmatrix} \begin{bmatrix} 1 & 1 & 1 \\ 1 & a^2 & a \\ 1 & a & a^2 \end{bmatrix} \begin{bmatrix} \boldsymbol{I}_0 \\ \boldsymbol{I}_1 \\ \boldsymbol{I}_2 \end{bmatrix} \end{aligned} \tag{2.8.88}$$

となる．なお，T は転置行列を意味する．また，式(2.8.3)で与えられた $a = e^{j\frac{2\pi}{3}}$ は，$\overline{a^2} = a$，$\overline{a} = a^2$ となるので，式(2.8.88)の中央の行列の積は，式(2.8.4)の性質を考慮して計算すると，

$$\begin{bmatrix} 1 & 1 & 1 \\ 1 & \overline{a^2} & \overline{a} \\ 1 & \overline{a} & \overline{a^2} \end{bmatrix} \begin{bmatrix} 1 & 1 & 1 \\ 1 & a^2 & a \\ 1 & a & a^2 \end{bmatrix} = 3 \begin{bmatrix} 1 & 0 & 0 \\ 0 & 1 & 0 \\ 0 & 0 & 1 \end{bmatrix} \tag{2.8.89}$$

となる．したがって，式(2.8.88)は

$$\begin{aligned} \boldsymbol{S}_Y &= \overline{\boldsymbol{V}_a}\boldsymbol{I}_a + \overline{\boldsymbol{V}_b}\boldsymbol{I}_b + \overline{\boldsymbol{V}_c}\boldsymbol{I}_c \\ &= 3[\overline{\boldsymbol{V}_0} \quad \overline{\boldsymbol{V}_1} \quad \overline{\boldsymbol{V}_2}] \begin{bmatrix} 1 & 0 & 0 \\ 0 & 1 & 0 \\ 0 & 0 & 1 \end{bmatrix} \begin{bmatrix} \boldsymbol{I}_0 \\ \boldsymbol{I}_1 \\ \boldsymbol{I}_2 \end{bmatrix} \\ &= 3\overline{\boldsymbol{V}_0}\boldsymbol{I}_0 + 3\overline{\boldsymbol{V}_1}\boldsymbol{I}_1 + 3\overline{\boldsymbol{V}_2}\boldsymbol{I}_2 \end{aligned} \tag{2.8.90}$$

となる．すなわち，零相分，正相分，逆相分の電力を独立に計算し足し合わせたものに等しい．

2.8 節のまとめ

- **電圧の大きさおよび周波数が等しく，位相が $2\pi/3$ ずつ異なる交流起電力を対称三相起電力という．**
- **三相起電力，三相負荷には Y 形と Δ 形がある．**
- **対称 Y 形起電力と平衡 Y 形負荷からなる回路では，任意の一相の等価回路を用いて対称三相回路の必要な値を求めることができる．**
- **対称三相回路では，瞬時電力の脈動分は 0 となり，負荷の変動がなければ，電力は一定である．**
- **非対称三相回路は，対称座標法を用いることにより，電圧や電流を対称な成分の重ね合わせとして扱うことができる．**
- **非対称三相交流回路の電力は零相分，正相分，逆相分の電力を独立に計算し，足し合わせたものに等しい．**

2.9　過渡状態の解析

インダクタンス L や静電容量 C のような素子を含んだ回路では，その回路に電源を加えたり，回路構成に変化があった場合，回路各部の電圧や電流は，ある一定の状態から過渡的な変化を経て次の一定の状態に落ち着く．この一定の状態を**定常状態（steady state）**といい，過渡的な変化を起こしている状態を**過渡状態（transient state）**という．そして，過渡状態において生じる現象を**過渡現象（transient phenomena）**とよんでいる．回路状態の変化によって過渡現象を生じる理由として，L の電流と C の電圧は瞬時に変化できないことが挙げられる．例えば，回路内のスイッチの開閉が時間 $t=0$ において始まると，回路状態が，$t=0$ で前の状態から別の状態に急変するからである．これまで学んできたように，定常状態では電流を正弦波として $j\omega$ を使用して簡単に計算できる．ところが，過渡状態における電圧，電流は一般に微分方程式で表されるから，その一般解を求めた後，初期条件を代入すれば，過渡現象を含む解が得られる．得られた式に示されている時間を無限大にすれば過渡現象は消失して定常状態を表す式になる．ここでは，微分方程式を解く一般的解法と，ラプラス変換により計算を行う解法について述べる．

2.9.1　定数係数線形微分方程式の解法

a．過渡解と定常解を用いる解法

独立変数を x とし，x の未知関数 $y=y(x)$ を考える．y とその導関数 dy/dx，d^2y/dx^2，…，および x を含む方程式を微分方程式という．微分方程式を恒等的に満足させるような，微分の式を含まない関係式をその微分方程式の解という．一般に電気回路の方程式は，次のような定数係数線形微分方程式で表される．

$$a_n\frac{d^ny}{dt^n}+a_{n-1}\frac{d^{n-1}y}{dt^{n-1}}+\cdots+a_1\frac{dy}{dt}+a_0y=f(t)$$

（ここで，a_n，a_{n-1}，…，a_1，a_0 は任意定数）

の**一般解 y（general solution）**は，$f(t)=0$ とおいた同次方程式の**一般解（過渡解）y_t（transient solution）**と非同次方程式の**特殊解（定常解）y_s（stationary solution）**を加えたものである．過渡解 y_t は，次式で与えられる．

$$y_t=A_1e^{p_1t}+A_2e^{p_2t}+\cdots+A_ne^{p_nt}$$

ここで，p_1，p_2，…，p_n は，$p=d/dt$ とおくことで得られる特性方程式の根で，A_1，A_2，…，A_n は任意定数である．

$$a_np^n+a_{n-1}p^{n-1}+\cdots+a_1p+a_0=0$$

特性方程式の根に，共役複素根がある場合には，$y_t=(A_1\cos\omega t+A_2\sin\omega t)e^{\alpha t}$ を，重根（p_1）がある場合には，$y_t=(A_1+A_2t)e^{p_1t}$ の形を付け加えて考える．一般解に含まれる積分定数を定めるには，$t=0$ などでの**初期値（initial value）**を与えた**初期条件（initial condition）**によって，特定の値に定められる．

(i)　変数分離形微分方程式

微分方程式が

$$dy/dx=f(x)\cdot g(y) \tag{2.9.1}$$

の形を**変数分離形**という．この微分方程式の解法は

$$\frac{dy}{g(y)}=f(x)dx$$

両辺を積分して

$$\int\frac{dy}{g(y)}=\int f(x)dx+A \qquad (A：積分定数) \tag{2.9.2}$$

例題 2-9-1

RC 直列回路で，静電容量 C に起電力 E を接続し十分充電した後，$t=0$ でスイッチを切り替えて抵抗 R に電流を流した場合の電荷 q の移動について考えよ．

回路を流れる電流 $I=dq/dt$ による抵抗の電圧降下，静電容量の電圧降下を求めると

$$R\frac{dq}{dt}+\frac{1}{C}q=0$$

ただし $t=0$ のとき $q=CE$

$$\frac{dq}{q}=-\frac{1}{CR}dt$$

の形に変形でき，両辺を積分し，対数をとれば q の式を求めることができる．

(ii) 定数係数線形 1 階微分方程式

a，b は定数で，一次の導関数で表される微分方程式

$$a\frac{dy}{dt}+by=f(t) \qquad (2.9.3)$$

を定数係数線形 1 階微分方程式という．この解法は式 (2.9.3) で $f(t)=0$ とし，$y=Ae^{\alpha t}$ を代入すると特性方程式 $\mathrm{a}\alpha+\mathrm{b}=0$ が得られ，$\alpha=-(\mathrm{b/a})$ から一般解 $y=Ae^{-(\mathrm{b/a})t}$ が得られる．ここで A は積分定数である．

特殊解は，$f(t)$ が定数のときは定数とし，$E_m\sin\omega t$ のときは $y=A\sin\omega t+B\cos\omega t$ とおいて，A，B（任意定数）を求める．

(iii) 定数係数線形 2 階微分方程式

a，b，c は定数で，二次の導関数で表される微分方程式

$$a\frac{d^2y}{dt^2}+b\frac{dy}{dt}+cy=f(t) \qquad (2.9.4)$$

を定数係数線形 2 階微分方程式という．この解法は式 (2.9.4) で $f(t)=0$ とし，$y=Ae^{pt}$ を代入すると特性方程式 $\mathrm{a}p^2+\mathrm{b}p+\mathrm{c}=0$ が得られる．特性方程式の判別式 $D=\mathrm{b}^2-4\mathrm{ac}$ で，一般解の求め方が異なる．

$D>0$ の場合，特性方程式の解は異なる二つの実数解であり，これを α，β とすると一般解は次の式で与えられる．

$$y=Ae^{\alpha t}+Be^{\beta t} \quad (A,\ B \text{ は任意定数}) \qquad (2.9.5)$$

$D<0$ の場合，特性方程式の解は互いに共役な二つの複素数（共役複素数解）であり，これを $\alpha+j\beta$，$\alpha-j\beta$ とすると，一般解は次式で与えられる．

$$y=Ae^{(\alpha+j\beta)t}+Be^{(\alpha-j\beta)t} \qquad (2.9.6)$$

$$y=(A'\cos\beta t+B'\sin\beta t)e^{\alpha t} \quad (A,\ B \text{ は任意定数}) \qquad (2.9.7)$$

$D=0$ の場合，特性方程式の解は一つの二重解であり，これを λ とすると，一般解は次の式で与えられる．

$$y=(A+Bt)e^{\lambda t} \quad (A,\ B \text{ は任意定数}) \qquad (2.9.8)$$

特殊解は $f(t)$ が定数のときは定数とし，$E_m\sin\omega t$ のときは $y=A\sin\omega t+B\cos\omega t$ とおいて，A，B を求める．

b. ラプラス変換を用いる解法

(i) ラプラス変換とは

時間の関数 $f(t)$ があるとき，これに e^{-st} を掛けて 0 から無限大まで積分すると s の関数 $F(s)$ が得られる．つまり

$$F(s)=\int_0^\infty f(t)e^{-st}dt \quad (s>0) \qquad (2.9.9)$$

この $F(s)$ は $f(t)$ の**ラプラス変換**（Laplace transformation）といわれ，次のような記号が用いられる．

$$F(s)=\mathcal{L}\{f(t)\} \qquad (2.9.10)$$

ここに，$f(t)$ は**原関数（original function）**あるいは t 関数などといわれ，$F(s)$ は**像関数（image function）**または s 関数とよばれ，また，e^{-st} は核（kernel）とよぶ．$f(t)$ については，$t\geq 0$ とする．ラプラス演算子 s は，一般に複素数で，次式で表される．

$$s=\sigma+j\omega \qquad (2.9.11)$$

実部 σ は**包絡定数（envelope constant）**といわれ，ω は角周波数である．

ラプラス変換は $f(t)$ から $F(s)$ を求めることで，逆に $F(s)$ から $f(t)$ を求めることは**ラプラス逆変換（inverse Laplace transformation）**とよばれ，次のように表される．

$$f(t)=\mathcal{L}^{-1}\{F(s)\} \qquad (2.9.12)$$

ラプラス逆変換は次の複素積分によって計算することができる．

$$f(t)=\frac{1}{2\pi j}\int_{\sigma-j\omega}^{\sigma+j\omega}F(s)e^{ts}ds \qquad (2.9.13)$$

ラプラス変換は定数係数の線形微分方程式を要領よく解く方法として発展している．ラプラス変換を用いて，初期条件，境界条件を入れると微分方程式が簡単な代数方程式になる．この代数方程式を解くことで，解の像関数が得られる．この像関数にラプラス逆変換を行うことにより，元の微分方程式の解が得られる．

ラプラス変換の基本公式と算出法を以下に記述する．

(1)　$f(t)=1$ の場合

$$F(s)=\int_0^\infty f(t)e^{-st}dt=\int_0^\infty e^{-st}dt$$
$$=\left[-\frac{e^{-st}}{s}\right]_0^\infty=\frac{1}{s}\qquad(s>0)$$
$$\therefore\quad \mathcal{L}\{1\}=\frac{1}{s}\tag{2.9.14}$$

(2) $f(t)=t$ の場合

$$F(s)=\int_0^\infty te^{-st}dt$$

部分積分の公式 $\int u\,dv=uv-\int v\,du$ より

$u=t$, $dv=e^{-st}dt$ とおくと，$du=dt$, $v=-(1/s)e^{-st}$ となるから

$$F(s)=\int_0^\infty e^{-st}t\,dt=\left[-\frac{1}{s}e^{-st}t\right]_0^\infty-\int_0^\infty\left(-\frac{1}{s}e^{-st}\right)dt$$
$$=0+\frac{1}{s}\int_0^\infty e^{-st}dt=\frac{1}{s}\frac{1}{s}$$
$$\therefore\quad \mathcal{L}\{t\}=\frac{1}{s^2}\tag{2.9.15}$$

(3) $f(t)=e^{at}$ の場合

$$\int_0^\infty e^{-st}e^{at}dt=\int_0^\infty e^{-(s-a)t}dt$$
$$=\left[-\frac{e^{-(s-a)t}}{s-a}\right]_0^\infty=\frac{1}{s-a}\quad(s>a)$$
$$\therefore\quad \mathcal{L}\{e^{at}\}=\frac{1}{s-a}\quad(s>a)\tag{2.9.16}$$

(4) $f(t)=\sin\omega t$, $f(t)=\cos\omega t$ の場合

$\sin\omega t=\dfrac{e^{j\omega t}-e^{-j\omega t}}{2j}$ を用いれば

$$F(s)=\int_0^\infty e^{-st}\sin\omega t\,dt=\int_0^\infty\frac{e^{j\omega t}-e^{-j\omega t}}{2j}e^{-st}dt$$
$$=\frac{1}{2j}\left\{\int_0^\infty e^{-(s-j\omega)t}dt-\int_0^\infty e^{-(s+j\omega)t}dt\right\}$$
$$=\frac{1}{2j}\left\{\left[-\frac{e^{-(s-j\omega)t}}{s-j\omega}\right]_0^\infty-\left[-\frac{e^{-(s+j\omega)t}}{s+j\omega}\right]_0^\infty\right\}$$
$$=\frac{1}{2j}\left\{\frac{1}{s-j\omega}-\frac{1}{s+j\omega}\right\}=\frac{\omega}{s^2+\omega^2}$$
$$\therefore\quad \mathcal{L}\{\sin\omega t\}=\frac{\omega}{s^2+\omega^2}\tag{2.9.17}$$

となる．$f(t)=\cos\omega t$ のとき定義どおりに，$\mathcal{L}\{\sin\omega t\}$ を求めると

$$\mathcal{L}\{\sin\omega t\}=\int_0^\infty e^{-st}\sin\omega t\,dt$$
$$=\left[-\frac{1}{s}e^{-st}\sin\omega t\right]_0^\infty+\frac{\omega}{s}\int_0^\infty e^{-st}\cos\omega t\,dt$$
$$=\frac{\omega}{s}\mathcal{L}\{\cos\omega t\}$$

一方，

$$\mathcal{L}\{\cos\omega t\}=\int_0^\infty e^{-st}\cos\omega t\,dt$$
$$=\left[-\frac{1}{s}e^{-st}\cos\omega t\right]_0^\infty-\frac{\omega}{s}\int_0^\infty e^{-st}\sin\omega t\,dt$$
$$=\frac{1}{s}-\frac{\omega}{s}\mathcal{L}\{\sin\omega t\}$$
$$\mathcal{L}\{\cos\omega t\}=\frac{1}{s}-\frac{\omega}{s}\left\{\frac{\omega}{s}\mathcal{L}\{\cos\omega t\}\right\}$$
$$\mathcal{L}\{\cos\omega t\}\frac{\omega^2+s^2}{s^2}=\frac{1}{s}$$
$$\therefore\quad \mathcal{L}\{\cos\omega t\}=\frac{s}{s^2+\omega^2}\tag{2.9.18}$$

となる．

$f(t)=\cos\omega t, \sin\omega t$ において $a=j\omega$ とおけば

$$\mathcal{L}\{e^{at}\}=\mathcal{L}\{e^{j\omega t}\}=\mathcal{L}\{\cos\omega t+j\sin\omega t\}$$
$$=\mathcal{L}\{\cos\omega t\}+j\mathcal{L}\{\sin\omega t\}$$

ところで，$\dfrac{1}{s-a}=\dfrac{1}{s-j\omega}=\dfrac{s}{s^2+\omega^2}+j\dfrac{\omega}{s^2+\omega^2}$ であるから

$$\mathcal{L}\{\cos\omega t\}=\frac{s}{s^2+\omega^2}\qquad \mathcal{L}\{\sin\omega t\}=\frac{\omega}{s^2+\omega^2}$$

(5) $f(t)=\sin(\omega t+\theta)$ の場合

$$\mathcal{L}\{\sin(\omega t+\theta)\}=\mathcal{L}\{\sin\omega t\cos\theta+\cos\omega t\sin\theta\}$$
$$\mathcal{L}\{\sin\omega t\cos\theta\}=\cos\theta\mathcal{L}\{\sin\omega t\}=\cos\theta\frac{\omega}{s^2+\omega^2}$$
$$\mathcal{L}\{\cos\omega t\sin\theta\}=\sin\theta\mathcal{L}\{\cos\omega t\}=\sin\theta\frac{s}{s^2+\omega^2}$$

であるから

$$\mathcal{L}\{\sin(\omega t+\theta)\}=\frac{\omega\cos\theta+s\sin\theta}{s^2+\omega^2}\tag{2.9.19}$$

(6) 導関数 $f^{(1)}(t)=df(x)/dt, f^{(n)}(t)=d^nf(x)/dt^n$ の場合

$f(t)$ の代わりにその導関数 $f^{(1)}(t)$ を考え

$$\mathcal{L}\{f^{(1)}(t)\}=\int_0^\infty e^{-st}f^{(1)}(t)dt$$

$e^{-st}=u$, $f^{(1)}(t)dt=dv$, $-se^{-st}dt=du$, $f(t)=v$ より

$$\mathcal{L}\{f^{(1)}(t)dt\}=[e^{-st}f(t)]_0^\infty-\int_0^\infty(se^{-st})f(t)dt$$
$$=-f(0)+s\int_0^\infty e^{-st}f(t)dt=-f(0)+sF(s)$$
$$\therefore\quad \mathcal{L}\{f^{(1)}(t)\}=sF(s)-f(0)\tag{2.9.20}$$

例題 2-9-2

$\mathcal{L}\{\sin\omega t\}$ を導関数のラプラス変換を用いて求めよ．

$f(t)=\sin\omega t$ とすると

$f(0)=0$, $f'(t)=\omega\cos\omega t$, $f'(0)=\omega$,

$f''(t)=\omega^2\sin\omega t$

$\mathcal{L}\{f''(t)\}=-\omega^2\mathcal{L}\{\sin\omega t\}\quad F(s)=\{f(t)\}=\{\sin\omega t\}$

$-\omega^2\mathcal{L}\{\sin\omega t\}=s^2\mathcal{L}\{\sin\omega t\}-\omega$

$$(s^2+\omega^2)\mathcal{L}\{\sin\omega t\} = \omega$$

$$\therefore\quad \mathcal{L}\{\sin\omega t\} = \frac{\omega}{s^2+\omega^2}$$

二次導関数 $f''(t)$ のラプラス変換は

$$\mathcal{L}\{f''(t)\} = \int_0^\infty e^{-st}\cdot f''(t)dt$$

$$= [f'(t)e^{-st}]_0^\infty - \int_0^\infty(-se^{-st})f'(t)dt$$

$$= -f'(0)+s\mathcal{L}\{f'(t)\}$$

$$\mathcal{L}\{f''(t)\} = s^2F(s)-f(0)-f'(0) \qquad (2.9.21)$$

n 次導関数 $f^{(n)}(t)$ のラプラス変換は

$$\mathcal{L}\{f^{(n)}(t)\} = s^nF(s)-s^{(n-1)}f(0)-s^{(n-2)}f'(0) \cdots - f^{(n-1)}(0) \qquad (2.9.22)$$

$f(0) = f'(0) = \cdots f^{(n-1)}(0)$ ならば，$\mathcal{L}\{f^{(n)}(t)\} = s^nF(s)$

(7) 積分　$f^{(-1)}(t)$，$f^{(-n)}(t)$（n 重積分）の場合

$$\mathcal{L}\left\{\int_0^t f(t)dt\right\} = \int_0^\infty e^{-st}\left\{\int_0^t f(t)dt\right\}dt$$

において，部分積分法で $\int f(t)dt = u$，$e^{-st}dt = dv$ とおき，$f(t)dt = du$，$-(1/s)e^{-st} = v$ とおけば

$$\mathcal{L}\left\{\int_0^t f(t)dt\right\} = \left[\int_0^t f(t)dt\left(-\frac{1}{s}e^{-st}\right)\right]_0^\infty - \int_0^\infty\left(-\frac{1}{s}e^{-st}\right)f(t)dt$$

$$= \left(-\frac{1}{s}\right)\int_0^\infty e^{-st}f(t)dt = \frac{1}{s}\mathcal{L}\{f(t)\}$$

$$= \frac{1}{s}F(s)$$

今，$f^{(-1)}(t) = \int_0^t f(t)dt + f^{(-1)}(0)$ とおけば

$$\mathcal{L}\{f^{(-1)}(t)\} = \frac{1}{s}F(s)+\frac{1}{s}f^{(-1)}(0) \qquad (2.9.23)$$

同様にして

$$\mathcal{L}\{f^{(-n)}(t)\} = s^{-n}F(s)+s^{-n}f^{(-1)}(0)+s^{-(n-1)}f^{(-2)}(0) + \cdots + s^{-1}f^{(-n)}(0) \qquad (2.9.24)$$

例題 2-9-3

単位ステップ関数は，$u(t)$ で表され，$t<0$ において $u(t) = 0$，$t \geq 0$ において $u(t) = 1$ をとる関数のことである．$u(t)$ のラプラス変換を求めよ．

$$\mathcal{L}\{u(t)\} = \int_0^\infty 1\cdot e^{-st}dt = \left[-\frac{e^{-st}}{s}\right]_0^\infty = \frac{1}{s}$$

例題 2-9-4

$t<a$ で $u(t-a) = 0$，$t \geq a$ で $u(t-a) = 1$ の値をとるステップ関数の $u(t-a)$ のラプラス変換を求めよ．

$$\mathcal{L}\{u(t-a)\} = \int_0^\infty u(t-a)\cdot e^{-st}dt = \left[-\frac{e^{-st}}{s}\right]_a^\infty$$

$$= \frac{1}{s}e^{-as}$$

例題 2-9-5

$f(t) = t^2+5t+e^t$ のラプラス変換を求めよ．

$$\mathcal{L}\{t^2+5t+e^t\} = \mathcal{L}\{t^2\}+5\mathcal{L}\{t\}+\mathcal{L}\{e^t\}$$

$$= \frac{2}{s^3}+\frac{5}{s^2}+\frac{1}{s-1} = \frac{s^3+5s^2-3s-2}{s^3(s-1)} \qquad (s>1)$$

(8) 像関数の移動の場合

$F(s) = \int_0^\infty e^{-st}f(t)dt$ において，s を $(s-a)$ で置き換えると

$$F(s-a) = \int_0^\infty e^{-(s-a)t}f(t)dt = \int_0^\infty e^{-st}\{e^{at}f(t)\}dt$$

$$\therefore\quad F(s-a) = \mathcal{L}\{e^{at}f(t)\} \qquad (2.9.25)$$

同様に

$$F(s+a) = \mathcal{L}\{e^{-at}f(t)\} \qquad (2.9.26)$$

すなわち，原関数 $f(t)$ に $e^{\pm at}$ を掛けるということは，像関数 $F(s)$ の s を $(s\mp a)$ で置き換えることに対応する．

例題 2-9-6

$\mathcal{L}\{1\} = \dfrac{1}{s}$　を用いて，$\mathcal{L}\{e^{at}\}$ を求めよ．

$\mathcal{L}\{e^{at}\} = \mathcal{L}\{e^{at}\cdot 1\}$ であるから

$$\mathcal{L}\{e^{at}\} = \frac{1}{s-a}$$

時間関数とラプラス変換の主な対応表をまとめると表 2.9.1 のようになる．なお $f(t)\to F(s)$ がラプラス変換であり，$F(s)\to f(t)$ がラプラス逆変換である．

像関数 $F(s)$ から原関数 $f(t)$ を求めることをラプラス逆変換といい，記号 $\mathcal{L}^{-1}$ を用いて

$$\mathcal{L}^{-1}\{F(s)\} = (t)$$

と書く．例えば

$$\mathcal{L}^{-1}\left\{\frac{1}{s}\right\} = 1 \quad \mathcal{L}^{-1}\left\{\frac{1}{s-a}\right\} = e^{at}$$

$$\mathcal{L}^{-1}\left\{\frac{s}{s^2+\omega^2}\right\} = \cos\omega t$$

2.9.2 各種回路の解析

a. *RL* 回路

図 2.9.1 のように直流電源 E，抵抗 R，インダクタンス L としたとき，時間 $t=0$ でスイッチ S を閉じたときの電流 i の変化を考える．

キルヒホッフの法則から次の式が成り立つ．

$$L\frac{di}{dt}+Ri = E \qquad (2.9.27)$$

式 (2.9.27) を一般的な微分方程式の解法で解くと，ま

表 2.9.1　基本的な関数のラプラス変換，ラプラス逆変換の例

$f(t)$	$F(s)$
$u(t)$	$1/s$
t	$1/s^2$
t^2	$2/s^3$
t^n	$n!/s^{n+1}$
$\delta(t)$	1
e^{at}	$1/(s-a)$
e^{-at}	$1/(s+a)$
$\sin\omega t$	$\omega/(s^2+\omega^2)$
$\cos\omega t$	$s/(s^2+\omega^2)$
$\sinh\beta t$	$\beta/(s^2-\beta^2)$
$\cosh\beta t$	$s/(s^2-\beta^2)$
$f^{(1)}(t)$	$sF(s)-f(0)$
$f^{(2)}(t)$	$s^2F(s)-sf(0)-f^{(1)}(0)$
$f^{(-1)}(t)$	$F(s)/s+f^{(-1)}(0)/s$
$f^{(-2)}(t)$	$F(s)/s^2+f^{(-1)}(0)/s^2+f^{(-2)}(0)/s$

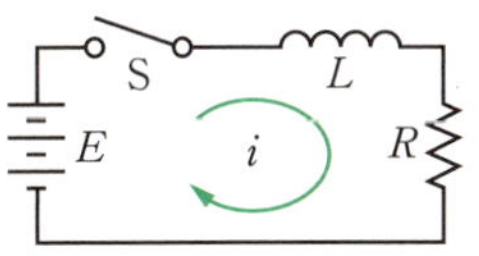

図 2.9.1　RL 回路

ず変形し

$$\frac{L}{E-Ri}di = dt$$

両辺を積分し

$$L\int\frac{1}{E-Ri}di = \int dt$$

$$L\int\frac{1}{E-Ri}\cdot d(E-Ri)\cdot\frac{1}{d(E-Ri)/di}$$

$$= \int dt - \frac{L}{R}\log_e(E-Ri)$$

$$= t+A \qquad (A：積分定数)$$

さらに両辺を $(-(L/R))$ で割ると

$$\log_e(E-Ri) = -\frac{R}{L}t-\frac{R}{L}A = -\frac{R}{L}t+A'$$

$$E-Ri = e^{-\frac{R}{L}t+A'} = e^{-\frac{R}{L}t}\cdot e^{-A'} = e^{-\frac{R}{L}t}A''$$

$$\therefore\quad i = \frac{1}{R}\left(E-A''e^{-\frac{R}{L}t}\right) = \frac{E}{R}\left(1-A'''e^{-\frac{R}{L}t}\right)$$

この式に $t=0$ で $i=0$ の初期条件を代入して A''' を決定する．

$0=(1-A''')$　より $A'''=1$

$$\therefore\quad i = \frac{E}{R}\left(1-e^{-\frac{R}{L}t}\right) \tag{2.9.28}$$

図 2.9.2 は，RL 回路において，時間変化に伴う，電流の変化を示したものである，電流 i は 0 から出発し，定常電流値の E/R に漸近して，$t=\infty$ で，E/R となる．図中の τ は"時定数"で過渡状態が継続する時間の目安を表す．

一方，同じ問題を 2.9.1 項で述べた定数係数線形微分方程式の変数分離形の解法で解くと，過渡解は

$$L\frac{di}{dt}+Ri = 0$$

$$\frac{di}{dt} = -\frac{R}{L}i, \qquad \frac{1}{i}di = -\frac{R}{L}dt$$

$$\log_e i = -\frac{R}{L}t+A \qquad (A：積分定数)$$

$$i = A'e^{-\frac{R}{L}t}$$

特殊解は，式(2.9.27)の定常状態の電流値を表すので，時間的変化がないはずであるから

$$i_s = \frac{E}{R}$$

$i=i_t+i_s$ で求められ，

$$i = \frac{E}{R}+A'e^{-\frac{R}{L}t}$$

ここで $t=0$ で $i=0$ の初期条件を代入して A' を決定する．$A' = -\dfrac{E}{R}$　となり

$$i = \frac{E}{R}\left(1-e^{-\frac{R}{L}t}\right) \tag{2.9.29}$$

同様にして，1 階の特性方程式の解法で解く．$i=Ae^{\alpha t}$ を特性方程式に代入すると

$$L\frac{dAe^{\alpha t}}{dt}+RAe^{\alpha t} = 0 \qquad LA\alpha e^{\alpha t}+RAe^{\alpha t} = 0$$

$$L\alpha+R = 0, \qquad \alpha = -\frac{R}{L}$$

$$i = Ae^{-\frac{R}{L}t}$$

以下，変数分離形で同様に解いて，同じ解答を得る．したがって，電流の一般解は次のように求められる．

$$i = \frac{E}{R}\left(1-e^{-\frac{R}{L}t}\right) \tag{2.9.30}$$

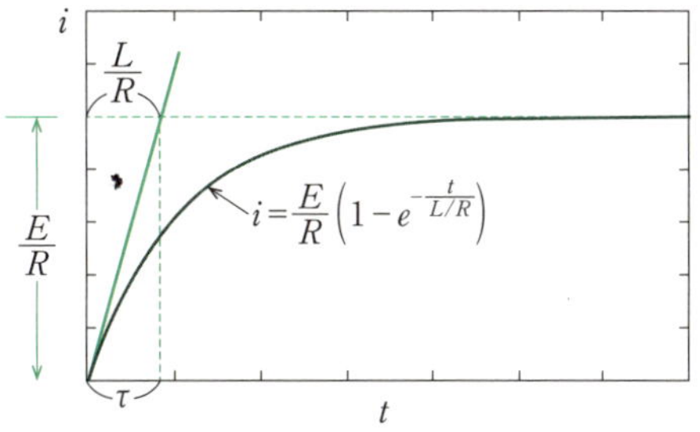

図 2.9.2　RL 回路の電流の変化

次に $L(di/dt)+Ri=E$ に対してラプラス変換による解法を行う．電流 i，一次の導関数のラプラス変換はそれぞれ，$I(s)$ と $sI(s)-i(0)$ で表されるので

$$L\{sI(s)-i(0)\}+RI(s)=\frac{E}{s} \tag{2.9.31}$$

$t=0$ で $i=0$ の初期条件を代入すると

$$(sL+R)I(s)=\frac{E}{s}$$

$$I(s)=\frac{E}{s(sL+R)}=\frac{c_1}{s}+\frac{c_2}{s+\dfrac{R}{L}}$$

$$c_1=[sI(s)]_{s=0}=\left[\frac{E}{sL+R}\right]_{s=0}=\frac{E}{R}$$

$$c_2=\left[\left(s+\frac{R}{L}\right)I(s)\right]_{s=-\frac{R}{L}}=\left[\frac{E}{Ls}\right]_{s=-\frac{R}{L}}=-\frac{E}{R}$$

$$I(s)=\frac{\dfrac{E}{R}}{s}-\frac{\dfrac{E}{R}}{s+\dfrac{R}{L}}=\frac{E}{R}\frac{1}{s}-\frac{E}{R}\frac{1}{s+\dfrac{R}{L}} \tag{2.9.32}$$

この $I(s)$ をラプラス逆変換すると，求める電流 i は

$$\boldsymbol{i}=\frac{E}{R}-\frac{E}{R}e^{\left(-\frac{R}{L}\right)t}=\frac{E}{R}\left(1-e^{-\frac{R}{L}t}\right) \tag{2.9.33}$$

どのような解法で解いても，自明の理だが同じ解答になることを確認した．

例題 2-9-7

RL 直列回路に $t=0$ で交流電圧 $E_m\sin(\omega t+\varphi)$ を印加した場合

$$L\frac{di}{dt}+Ri=E_m\sin(\omega t+\varphi) \tag{2.9.34}$$

が微分方程式となる．過渡解を求めるには特性方程式から

$$i_t(t)=Ae^{-\frac{R}{L}t}$$

が求められる．特殊解は方程式の右辺が三角関数なので

$$i_s(t)=A\sin(\omega t+\varphi)+B\cos(\omega t+\varphi)$$

と仮定する．$i_s(t)$ の導関数は

$$\frac{di_s(t)}{dt}=\omega A\cos(\omega t+\varphi)-\omega B\sin(\omega t+\varphi)$$

特殊解の式を代入すると

$$\omega LA\cos(\omega t+\varphi)-\omega LB\sin(\omega t+\varphi)+RA\sin(\omega t+\varphi)+RB\cos(\omega t+\varphi)=E_m\sin(\omega t+\varphi)$$

となり，この式が成り立つためには

$$\omega LA+RB=0,\qquad RA-\omega LB=E_m$$

でなければならない．したがって

$$A=\frac{R}{R^2+(\omega L)^2}E_m,\qquad B=\frac{-\omega L}{R^2+(\omega L)^2}E_m$$

となるので，特殊解は

$$i_s(t)=\frac{E_m}{R^2+(\omega L)^2}\{R\sin(\omega t+\varphi)-\omega L\cos(\omega t+\varphi)\}$$

$$=\frac{E_m}{\sqrt{R^2+(\omega L)^2}}\sin(\omega t+\varphi-\alpha),$$

$$\alpha=\tan^{-1}\frac{\omega L}{R}$$

したがって，一般解は

$$i(t)=Ae^{-\frac{R}{L}t}+\frac{E_m}{\sqrt{R^2+(\omega L)^2}}\sin(\omega t+\varphi-\alpha)$$

初期条件として $t=0$ で $i(0)=0$ なので，積分定数 A は

$$A=-\frac{E_m}{\sqrt{R^2+(\omega L)^2}}\sin(\varphi-\alpha)$$

が求められ，$i(t)$ は次式となる．

$$i(t)=\frac{E_m}{\sqrt{R^2+(\omega L)^2}}\left\{\sin(\omega t+\varphi-\alpha)-\sin(\varphi-\alpha)e^{-\frac{R}{L}t}\right\} \tag{2.9.35}$$

上式の第 2 項から，$\varphi=\alpha$ であれば過渡現象は発生せず，定常状態になる．

例題 2-9-8

RL 直列回路に $E_m\sin(\omega t+\theta)$ の電圧を加えたときに流れる電流をラプラス変換により求めよ．

この回路の微分方程式は

$$L\frac{di}{dt}+Ri=E_m\sin(\omega t+\varphi) \tag{2.9.36}$$

でラプラス変換をすると

$$L\{sI(s)-i(0)\}+RI(s)=\frac{E_m(\omega\cos\theta+s\sin\theta)}{s^2+\omega^2} \tag{2.9.37}$$

初期条件は $i(0)=0$ なので $I(s)$ を部分分数に展開すると

$$I(s)=\frac{E_m(\omega\cos\theta+s\sin\theta)}{L(s^2+\omega^2)\left(s+\dfrac{R}{L}\right)}$$

$$=\left\{\frac{c_1}{s+j\omega}+\frac{c_2}{s-j\omega}+\frac{c_3}{s+\dfrac{R}{L}}\right\}$$

$$c_1=[(s+j\omega)I(s)]_{s=-j\omega}$$

$$=\left[\frac{E_m(\omega\cos\theta+s\sin\theta)}{L(s-j\omega)\left(s+\dfrac{R}{L}\right)}\right]_{s=-j\omega}$$

$$=-\frac{E_m(\cos\theta-j\sin\theta)}{2j(R-j\omega L)}=-\frac{E_me^{-j\theta}}{2j(R-j\omega L)}$$

$$=-\frac{E_me^{-j(\theta-\varphi)}}{2j\sqrt{R^2+(\omega L)^2}}$$

ただし，$\varphi=\tan^{-1}(\omega L/R)$

$$c_2 = [(s-j\omega)I(s)]_{s=j\omega}$$

$$= \left[\frac{E_m(\omega\cos\theta + s\sin\theta)}{L(s+j\omega)\left(s+\frac{R}{L}\right)}\right]_{s=j\omega}$$

$$= \frac{E_m(\cos\theta + j\sin\theta)}{2j(R+j\omega L)} = \frac{E_m e^{j\theta}}{2j(R+j\omega L)}$$

$$= \frac{E_m e^{j(\theta-\varphi)}}{2j\sqrt{R^2+(\omega L)^2}}$$

$$c_3 = \left[\left(s+\frac{R}{L}\right)I(s)\right]_{s=-\frac{R}{L}}$$

$$= \left[\frac{E_m(\omega\cos\theta + s\sin\theta)}{L(s^2+\omega^2)}\right]_{s=-\frac{R}{L}}$$

$$= -\frac{E_m(R\sin\theta - \omega L\cos\theta)}{R^2+(\omega L)^2}$$

したがって

$$I(s) = \frac{E_m}{\sqrt{R^2+(\omega L)^2}}\left\{-\frac{e^{-j(\theta-\varphi)}}{2j(s+j\omega)} + \frac{e^{j(\theta-\varphi)}}{2j(s-j\omega)} - \frac{(R\sin\theta - \omega L\cos\theta)}{\sqrt{R^2+(\omega L)^2}\left(s+\frac{R}{L}\right)}\right\}$$

逆ラプラス変換により i を求めると

$$i = \frac{E_m}{\sqrt{R^2+(\omega L)^2}}\left\{-\frac{e^{-j(\omega t+\theta-\varphi)}}{2j} + \frac{e^{j(\omega t+\theta-\varphi)}}{2j} - \frac{(R\sin\theta - \omega L\cos\theta)}{\sqrt{R^2+(\omega L)^2}\left(s+\frac{R}{L}\right)}e^{-\frac{R}{L}t}\right\} \tag{2.9.38}$$

$$= \frac{E_m}{\sqrt{R^2+(\omega L)^2}}\left\{\frac{1}{2j}(e^{-j(\omega t+\theta-\varphi)} - e^{j(\omega t+\theta-\varphi)}) + (\cos\varphi\sin\theta - \sin\varphi\cos\theta)e^{-\frac{R}{L}t}\right\}$$

$$i = \frac{E_m}{\sqrt{R^2+(\omega L)^2}}\left\{\sin(\omega t+\varphi-\alpha) - \sin(\varphi-\alpha)e^{-\frac{R}{L}t}\right\} \tag{2.9.39}$$

b. *RC* 直列回路

図 2.9.3 のような RC 直列回路に，時間 $t=0$ で直流電圧 E［V］を加えた場合の電流を i とすれば，次式が成り立つ．

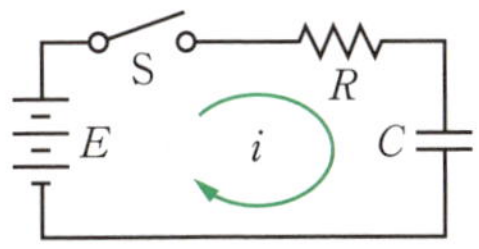

図 2.9.3　RC 回路

$$Ri + \frac{1}{C}\int i\,dt = E \tag{2.9.40}$$

C に蓄えられる電荷を q とすれば，$i = dq/dt$ であるから

$$R\frac{dq}{dt} + \frac{1}{C}q = E \tag{2.9.41}$$

この微分方程式の一般解 q は，$E=0$ としたときの過渡解 q_t と特殊解 q_s の和とおくことができる．

$$\frac{dq_t}{dt} + \frac{1}{RC}q_t = 0$$

特殊解 q_s は，定常状態の電荷を示すもので

$$q_s = CE$$

過渡解 q_t は，変数分離法によって解くことができる．

$$q_t = Ae^{-\frac{1}{CR}t}$$

一般解 q は

$$q = q_s + q_t = CE + Ae^{-\frac{1}{CR}t}$$

初期条件，$t=0$ のとき，$q=0$ を代入し積分定数 A を求めて整理すると

$$q = CE\left(1 - e^{-\frac{1}{CR}t}\right) \tag{2.9.42}$$

が得られる．電流を求めるためには，上式を微分して

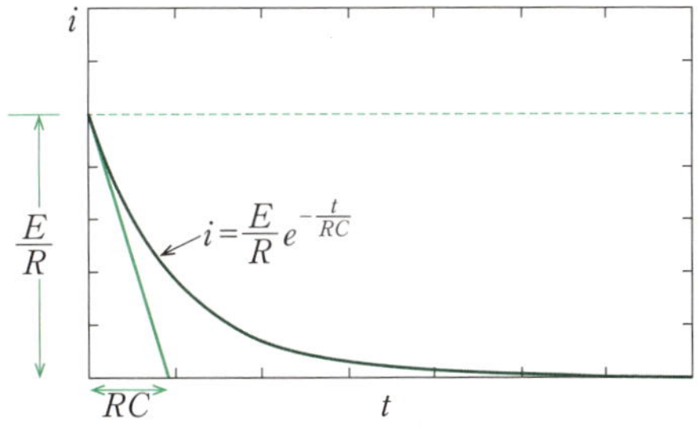

図 2.9.4　RC 回路の時間に伴う電流 i の変化

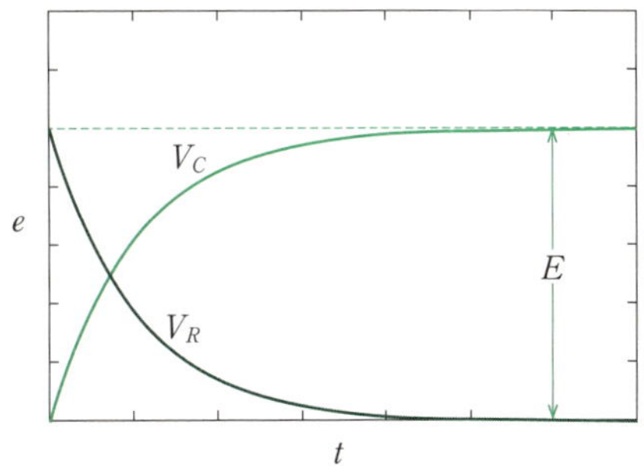

図 2.9.5　RC 回路の R，C の端子電圧の変化

$$i = \frac{dq}{dt} = -CE\left\{-\frac{1}{CR}\right\}e^{-\frac{1}{CR}t} = \frac{E}{R}e^{-\frac{1}{CR}t} \tag{2.9.43}$$

図 2.9.4 は，スイッチを入れた瞬間 $i = E/R$ でコンデンサに電荷を蓄えるために電流が使われている．R および C の端子電圧はそれぞれ

$$V_R = Ri = Ee^{-\frac{1}{CR}t}$$

$$V_C = \frac{q}{C} = E\left\{1-e^{-\frac{1}{CR}t}\right\}$$

である．その時間変化が図 2.9.5 である．

図 2.9.4 の電流 i が変化するように R の端子電圧 V_R は同じように変化し，逆に V_C は電源電圧 E まで充電される．

$Ri+(1/C)\int i\,dt = E$ に対してラプラス変換による解法を行う．

$$RI(s)+\frac{1}{sC}I(s)+\frac{1}{sC}i^{(-1)}(0) = \frac{E}{s} \tag{2.9.44}$$

初期条件，$t=0$ のとき，$q=0$ を代入すると $i^{(-1)}(0) = 0$

$$I(s) = \frac{E}{s}\frac{1}{R+\frac{1}{sC}} = \frac{E}{R}\frac{1}{s+\frac{1}{RC}} \tag{2.9.45}$$

この $I(s)$ をラプラス逆変換すると求める電流 i となる．

$$i(t) = \frac{E}{R}e^{-\frac{1}{CR}t} \tag{2.9.46}$$

例題 2-9-9

RC 直列回路に交流電圧 $E_m\sin(\omega t+\theta)$ の電圧を加えたときに流れる電流を求めよ．

回路の微分方程式は

$$R\frac{dq}{dt}+\frac{1}{C}q = E_m\sin(\omega t+\theta) \tag{2.9.47}$$

この微分方程式の一般解は，右辺を 0 とおいたときの過渡解 q_t と RC 直列回路に交流電圧 $E_m\sin(\omega t+\theta)$ を印加したときの特殊解 q_s との和である．

$$q_t = Ae^{-\frac{1}{CR}t}$$

$$q_s = \frac{E_m}{\sqrt{\left(\frac{1}{C}\right)^2+(\omega R)^2}}\sin(\omega t+\theta-\varphi_1),$$

$$\varphi_1 = \tan^{-1}\omega CR$$

$$q = \frac{E_m}{\sqrt{\left(\frac{1}{C}\right)^2+(\omega R)^2}}\sin(\omega t+\theta-\varphi_1)+Ae^{-\frac{1}{CR}t}$$

$$= -\frac{E_m}{\omega\sqrt{(R)^2+\left(\frac{1}{\omega C}\right)^2}}\cos(\omega t+\theta+\varphi)+Ae^{-\frac{1}{CR}t}$$

$$\varphi = \frac{\pi}{2}-\varphi_1 = \tan^{-1}\frac{1}{\omega CR}$$

初期条件として $t=0$ で $q=0$ とすると

$$0 = -\frac{E_m}{\omega\sqrt{(R)^2+\left(\frac{1}{\omega C}\right)^2}}\cos(\theta+\varphi)+A$$

$$\therefore\quad A = \frac{E_m}{\omega\sqrt{(R)^2+\left(\frac{1}{\omega C}\right)^2}}\cos(\theta+\varphi)$$

また，

$$\frac{E_m}{\omega\sqrt{(R)^2+\left(\frac{1}{\omega C}\right)^2}} = I_m$$

なので

$$q = -\frac{I_m}{\omega}[\cos(\omega t+\theta+\varphi)-e^{-\frac{1}{CR}t}\cos(\theta+\varphi)] \tag{2.9.48}$$

電流 i は

$$i = \frac{dq}{dt}$$
$$= I_m\left[\sin(\omega t+\theta+\varphi)-\frac{1}{\omega CR}e^{-\frac{1}{CR}t}\cos(\theta+\varphi)\right] \tag{2.9.49}$$

c. LC 回路

図 2.9.6 のようにインダクタンス L と静電容量 C とが直列に接続されている回路に直流電圧 E を $t=0$ で印加したときの過渡現象を考える．L による電圧降下は $L(di/dt)$，C による電圧降下は $(1/C)q$ であるから

$$L\frac{di}{dt}+\frac{1}{C}q = E \tag{2.9.50}$$

の微分方程式が成立する．これを電荷 q の微分方程式に改めると

$$L\frac{d^2q}{dt^2}+\frac{1}{C}q = E \tag{2.9.51}$$

のようになる．上式の過渡解 q_t を求める．

$$L\frac{d^2q}{dt^2}+\frac{1}{C}q = 0$$

とし，その解を

$$q_t = Ae^{pt}$$

と仮定すると

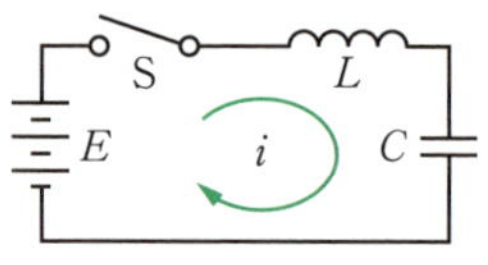

図 2.9.6　LC 回路

$$\frac{dq_t}{dt} = pAe^{pt} = pq_t$$

$$\frac{d^2q_t}{dt^2} = p^2Ae^{pt} = p^2q_t$$

となり，上式に入れると

$$\left(Lp^2+\frac{1}{C}\right)q_t = 0$$

となる．$q_t \neq 0$ であるから

$$Lp^2+\frac{1}{C} = 0$$

を満足するような p を求めると

$$p = \pm j\frac{1}{\sqrt{LC}}$$

したがって

$$q_t = A_1e^{j\frac{1}{\sqrt{LC}}t}+B_1e^{-j\frac{1}{\sqrt{LC}}t}$$

または

$$q_t = A_2\cos\frac{1}{\sqrt{LC}}t \pm B_2\sin\frac{1}{\sqrt{LC}}t$$

となり，これらの二つの解の積分定数間には，次の関係がある．

$$A_2 = A_1+B_1, \qquad B_2 = j(A_1-B_1)$$

特殊解 $q_s - CE$，したがって一般解は

$$q = CE+A_2\cos\frac{1}{\sqrt{LC}}t \pm B_2\sin\frac{1}{\sqrt{LC}}t$$

電流は

$$i = \frac{dq}{dt} = \frac{1}{\sqrt{LC}}\left(B_2\cos\frac{1}{\sqrt{LC}}t - A_2\sin\frac{1}{\sqrt{LC}}t\right)$$

初期条件 $t=0$ で $q=0$，$i=0$ を代入すれば

$$0 = CE+A_2, \qquad 0 = \frac{1}{\sqrt{LC}}B_2$$

$$A_2 = -CE, \qquad B_2 = 0$$

となり

$$q = CE-CE\cos\frac{1}{\sqrt{LC}}t = CE\left(1-\cos\frac{1}{\sqrt{LC}}t\right) \tag{2.9.52}$$

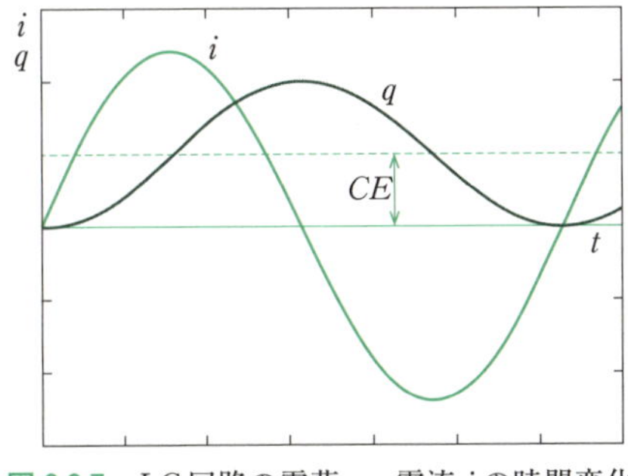

図 2.9.7　LC 回路の電荷 q，電流 i の時間変化

$$i = \frac{E}{\sqrt{L/C}}\sin\frac{1}{\sqrt{LC}}t \tag{2.9.53}$$

図 2.9.7 のように q，i はともに $\omega=1/\sqrt{LC}$ の角周波数で振動する．L および C の端子電圧はそれぞれ

$$V_L = L\frac{di}{dt} = E\cos\frac{1}{\sqrt{LC}}t$$

$$V_C = \frac{1}{C}q = E\left(1-\cos\frac{1}{\sqrt{LC}}t\right)$$

$L(di/dt)+(1/C)\int i\,dt = E$ に対してラプラス変換による解法を行う．ラプラス変換して

$$L\{sI(s)-i(0)\}+\frac{1}{sC}I(s)+\frac{1}{sC}i^{(-1)}(0) = \frac{E}{s} \tag{2.9.54}$$

初期条件 $t=0$ で $q=0$，$i=0$ を代入すれば

$$\left(sL+\frac{1}{sC}\right)I(s) = \frac{E}{s}$$

$$\therefore \quad I(s) = \frac{E}{s}\frac{1}{sL+\dfrac{1}{sC}} = \frac{E}{L}\frac{1}{s^2+\dfrac{1}{LC}}$$

$$= \frac{E}{\sqrt{L/C}}\frac{\dfrac{1}{\sqrt{LC}}}{s^2+\dfrac{1}{LC}} \tag{2.9.55}$$

ラプラス逆変換により

$$i = \frac{E}{\sqrt{L/C}}\sin\frac{1}{\sqrt{LC}}t \tag{2.9.56}$$

例題 2-9-10

LC 直列回路に交流電圧 $E_m\sin(\omega t+\theta)$ を印加するとき回路に流れる電流 i を求めよ．

回路の微分方程式は

$$L\frac{di}{dt}+\frac{1}{C}\int i\,dt = E_m\sin(\omega t+\theta) \tag{2.9.57}$$

あるいは

$$L\frac{d^2q}{dt^2}+\frac{1}{C}q = E_m\sin(\omega t+\theta) \tag{2.9.58}$$

過渡解 q_t は，右辺を 0 として

$$L\frac{d^2q_t}{dt^2}+\frac{1}{C}q_t = 0$$

$$q_t = A\cos\beta t+B\sin\beta t$$

ただし，$\beta = 2\pi f = 1/\sqrt{LC}$ である．また特殊解 q_s は

$$q_s = A_1\sin(\omega t+\theta)$$

これを微分して

$$\frac{dq_s}{dt} = \omega A_1\cos(\omega t+\theta),$$

$$\frac{d^2q_s}{dt^2} = -\omega^2A_1\sin(\omega t+\theta)$$

これを q の微分方程式に代入すると

$$\left(-\omega^2 L+\frac{1}{C}\right)A_1 = E_m$$

$$A_1 = \frac{E_m}{\dfrac{1}{C}-\omega^2 L} = \frac{CE_m}{1-\omega^2 LC}$$

よって

$$q_s = \frac{CE_m}{1-\omega^2 LC}\sin(\omega t+\theta)$$

$$q = q_t + q_s$$
$$= A\cos\beta t + B\sin\beta t + \frac{CE_m}{1-\omega^2 LC}\sin(\omega t+\theta) \tag{2.9.59}$$

$$i = \frac{dq}{dt}$$
$$= \beta(-A\sin\beta t+B\cos\beta t)+\frac{\omega CE_m}{1-\omega^2 LC}\cos(\omega t+\theta) \tag{2.9.60}$$

初期条件を考慮すれば

$$A = \frac{CE_m}{\omega^2 LC-1}\sin\theta$$

$$B = \frac{\omega CE_m}{\beta(\omega^2 LC-1)}\cos\theta$$

$$q = \frac{CE_m}{\omega^2 LC-1}\left[\sin\theta\cos\beta t+\frac{\omega}{\beta}\cos\theta\sin\beta t -\sin(\omega t+\theta)\right] \tag{2.9.61}$$

$$i = \frac{\omega CE_m}{\omega^2 LC-1}\left[\cos\theta\cos\beta t-\frac{\beta}{\omega}\sin\theta\sin\beta t -\cos(\omega t+\theta)\right] \tag{2.9.62}$$

d. *RLC* 直列回路

図 2.9.8 のような抵抗 R，インダクタンス L，静電容量 C の直列回路に直流電源 E を加えた場合，回路方程式は

$$L\frac{di}{dt}+Ri+\frac{1}{C}\int i\,dt = E \tag{2.9.63}$$

が成立する．これを電荷 q で書き改めれば

$$L\frac{d^2q}{dt^2}+R\frac{dq}{dt}+\frac{1}{C}q = E \tag{2.9.64}$$

となる．これは定数係数線形 2 階微分方程式であるので，特殊解 q_s は

$$q_s = CE$$

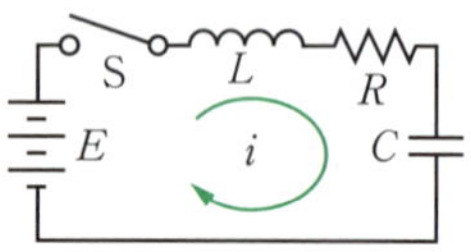

図 2.9.8　*RLC* 回路

過渡解 q_t は式(2.9.64)において $E=0$ とおいた

$$L\frac{d^2q_t}{dt^2}+R\frac{dq_t}{dt}+\frac{1}{C}q_t = 0$$

の解であって，今 $q_t = Ae^{pt}$ と仮定し与式に代入すると

$$\left(Lp^2+Rp+\frac{1}{C}\right)q_t = 0 \tag{2.9.65}$$

$$\therefore\quad P = -\frac{R}{2L}\pm\frac{1}{2L}\sqrt{R^2-4L/C}$$

ここで

$$p_1 = -\frac{R}{2L}+\frac{1}{2L}\sqrt{R^2-4L/C} = -\alpha+\gamma \tag{2.9.66}$$

$$p_2 = -\frac{R}{2L}-\frac{1}{2L}\sqrt{R^2-4L/C} = -\alpha-\gamma \tag{2.9.67}$$

となる．$q_t = A_1e^{p_1t}+A_2e^{p_2t}$ が特殊解 q_s と合わせると，q は

$$q = CE+A_1e^{p_1t}+A_2e^{p_2t} \tag{2.9.68}$$

$i = dq/dt$ より，

$$i = \frac{dq}{dt} = p_1A_1e^{p_1t}+p_2A_2e^{p_2t} \tag{2.9.69}$$

上式の A_1，A_2 は積分定数で，初期条件により決定される．

(1)　$R^2 > 4L/C$ の場合（非振動的）

この場合は判別式が正であり，p_1，p_2 は相異なる負の実数で，式(2.9.68)に代入すると

$$q = CE+A_1e^{(-\alpha+\gamma)t}+A_2e^{(-\alpha-\gamma)t}$$
$$= CE+e^{-\alpha t}(A_1e^{\gamma t}+A_2e^{-\gamma t})$$

となる．ここで，$e^{\pm\gamma t} = \cosh\gamma t\pm\sinh\gamma t$ の関係式を用いると

$$q = CE+e^{-\alpha t}(\beta_1e^{\gamma t}+\beta_2e^{-\gamma t}) \tag{2.9.70}$$

となり，電流 i は上式を時間で微分して

$$i = e^{-\alpha t}\{(-\alpha\beta_1+\gamma\beta_2)\cosh\gamma t+(-\alpha\beta_2+\gamma\beta_1)\sinh\gamma t\} \tag{2.9.71}$$

β_1，β_2 は積分定数である．初期条件として $t=0$ のとき，$q=0$，$i=0$ を代入すれば

$$0 = CE+\beta_1,\qquad 0 = -\alpha\beta_1+\gamma\beta_2$$

$$\beta_1 = -CE,\qquad \beta_2 = -\frac{\alpha}{\gamma}CE$$

これを式(2.9.70)に代入すると

$$q = CE\left\{1-e^{-\alpha t}\left(\cosh\gamma t+\frac{\alpha}{\gamma}\sinh\gamma t\right)\right\}$$

$\alpha > \gamma$ なので，$\gamma/\alpha = \tanh\varphi$ で定義される φ を使用すれば

$$q = CE\{1-e^{-\alpha t}(\cosh\gamma t+\coth\varphi\sinh\gamma t)\}$$
$$= CE\left\{1-\frac{e^{-\alpha t}}{\sinh\varphi}\sinh(\gamma t+\varphi)\right\}$$

ここで

$$\sinh\varphi=\frac{\gamma}{\sqrt{\alpha^2-\gamma^2}}=\sqrt{\frac{R^2C}{4L}-1}$$

$$q=CE\left\{1-\frac{e^{-\alpha t}}{\sqrt{\frac{R^2C}{4L}-1}}\sinh(\gamma t+\varphi)\right\} \quad (2.9.72)$$

β_1, β_2 を i の式(2.9.71)に代入すると

$$-\alpha\beta_1+\gamma\beta_2=\alpha CE-\gamma\frac{\alpha}{\gamma}CE=0$$

$$-\alpha\beta_2+\gamma\beta_1=\alpha\frac{\alpha}{\gamma}CE-\gamma CE=\frac{\alpha^2-\gamma^2}{\gamma}CE$$

$$=\frac{1}{\sqrt{\left(\frac{R}{2C}\right)^2-LC}}$$

となり

$$i=CE\frac{\alpha^2-\gamma^2}{\gamma}e^{-\alpha t}\sinh\gamma t$$

$$=\frac{E}{\sqrt{\left(\frac{R}{2C}\right)^2-LC}}e^{-\alpha t}\sinh\gamma t \quad (2.9.73)$$

図 2.9.9 は電荷 q と電流 i の時間的変化を示すものである．電流の最大値は，i の式を時間で微分すれば求められる．

(2) $R^2=4L/C$ の場合（非振動的）

この場合 p_1，p_2 は相等しい負の実数となる．したがって

$$p_1=p_2=-\alpha=-\frac{R}{2L}$$

したがって，過渡解 q_t は　$q_t=(\beta+\gamma t)e^{-\alpha t}$　となるので，q は

$$q=q_s+q_t=CE+(\beta+\gamma t)e^{-\alpha t} \quad (2.9.74)$$

回路に流れる電流 i は q を時間で微分すれば求められる．

$$i=\{\gamma-\alpha(\beta+\gamma t)\}e^{-\alpha t} \quad (2.9.75)$$

初期条件を $t=0$ のとき，$q=0$，$i=0$ とすると

$$0=CE+\beta,\qquad 0=\gamma-\alpha\beta$$

となるので積分定数 β，γ は，

$$\beta=-CE,\qquad \gamma=-\alpha CE$$

となる．これらを，q と i の式に入れると

$$q=CE\{1-(1+\alpha t)e^{-\alpha t}\} \quad (2.9.76)$$

$$i=CE\alpha^2te^{-\alpha t}=\frac{E}{L}te^{-\alpha t} \quad (2.9.77)$$

が得られる．図 2.9.10 は，この場合の電流の時間的変化である．

(3) $R^2<4L/C$ の場合

この場合 p_1，p_2 は共役複素数となる．

$$p_1,p_2=-\alpha\pm j\beta$$

過渡解 q_t は，

$$q_t=A_1e^{p_1t}+A_2e^{p_2t}$$

$$q=CE+e^{-\alpha t}(A_1e^{j\beta t}+A_2e^{-j\beta t})$$

$$=CE+e^{-\alpha t}(A_3\cos\beta t+A_4\sin\beta t) \quad (2.9.78)$$

$$i=\frac{dq}{dt}$$

$$=e^{-\alpha t}\{(-\alpha A_3+\beta A_4)\cos\beta t-(-\alpha A_4+\beta A_3)\sin\beta \mathrm{t}\} \quad (2.9.79)$$

ただし，

$$A_3=A_1+A_2,\qquad A_4=j(A_1-A_2)$$

$t=0$ のとき，$q=0$，$i=0$ を代入すれば $0=CE+A_3$，$0=-\alpha A_3+\beta A_4$ の 2 式より

$$A_3=-CE,\qquad A_4=-\frac{\alpha}{\beta}CE$$

が得られ

$$q=CE\{1-e^{-\alpha t}(\cos\beta t+\frac{\alpha}{\beta}\sin\beta t)\}$$

ここで，$\beta/\alpha=\tan\theta$ とおくと

$$q=CE\left\{1-e^{-\alpha t}\frac{(\sin\theta\cos\beta t+\cos\theta\sin\beta t)}{\sin\theta}\right\}$$

$$=CE\left\{1-e^{-\alpha t}\frac{\sin(\beta t+\theta)}{\sin\theta}\right\}$$

ここで，

$$\sin\theta=\frac{\beta}{\sqrt{\alpha^2-\beta^2}}=\sqrt{1-\frac{R^2C}{4L}}$$

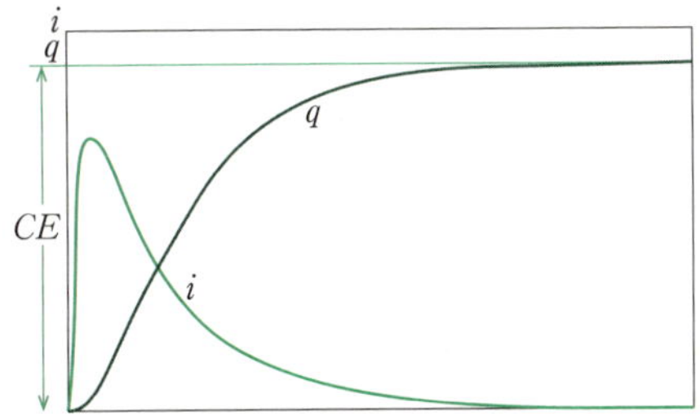

図 2.9.9　RLC 回路で $\boldsymbol{R^2<4L/C}$ のときの電荷 q と電流 i

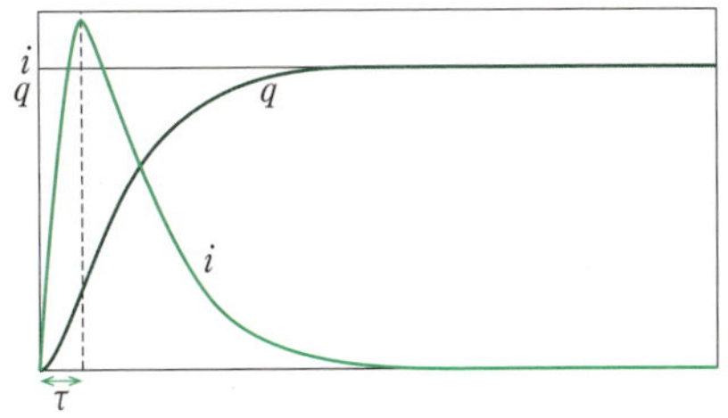

図 2.9.10　RLC 回路で $\boldsymbol{R^2=4L/C}$ のときの電荷 q と電流 i

$$q = CE\left\{1 - \frac{e^{-\alpha t}}{\sqrt{1-\dfrac{R^2C}{4L}}}\sin(\beta t+\theta)\right\} \qquad (2.9.80)$$

同様に積分定数を代入すると

$$i = CE\frac{\alpha^2+\beta^2}{\beta}e^{-\alpha t}\sin\beta t = \frac{E}{\sqrt{\dfrac{L}{C}-\left(\dfrac{R}{2}\right)^2}}e^{-\alpha t}\sin\beta t \qquad (2.9.81)$$

電荷 q と電流 i はいずれも図 2.9.11 のような減衰振動を生じる．

図 2.9.12 のように抵抗 R，インダクタンス L，静電容量 C が直列に接続されている回路に $t=0$ で交流電圧 $E_m\sin(\omega t+\theta)$ を加えると，そのときに成立する方程式は次のようになる．

$$L\frac{d^2q}{dt^2}+R\frac{dq}{dt}+\frac{1}{C}q = E_m\sin(\omega t+\theta) \qquad (2.9.82)$$

これを t で微分すると

$$L\frac{d^2i}{dt^2}+R\frac{di}{dt}+\frac{1}{C}i = \omega E_m\cos(\omega t+\theta) \qquad (2.9.83)$$

式(2.9.83)の定常電流 i_s は次のようになる．

$$i_s = \frac{E_m}{\sqrt{R^2+\left(\omega L-\dfrac{1}{\omega C}\right)^2}} \times\sin\left(\omega t+\theta-\tan^{-1}\frac{\omega L-\dfrac{1}{\omega C}}{R}\right) = I_m\sin(\omega t+\theta-\varphi)$$

ここに

$$I_m = \frac{E_m}{\sqrt{R^2+\left(\omega L-\dfrac{1}{\omega C}\right)^2}},\quad \varphi = \tan^{-1}\frac{\omega L-\dfrac{1}{\omega C}}{R}$$

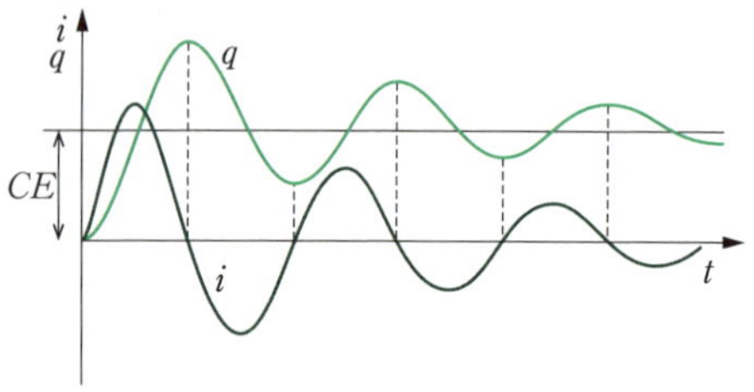

図 2.9.11　RLC 回路で $\boldsymbol{R^2 < 4L/C}$ のときの電荷 q と電流 i

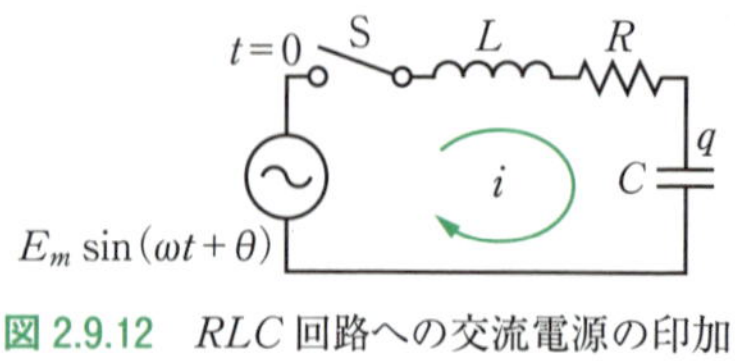

図 2.9.12　RLC 回路への交流電源の印加

定常電荷 q_s は，i_s を積分して，次のようになる．

$$q_s = \int i_s dt = -\frac{I_m}{\omega}\cos(\omega t+\theta-\varphi)$$

式(2.9.82)あるいは式(2.9.83)のいずれの式をとるにしても，右辺 ≒ 0 の過渡解を $A\varepsilon^{pt}$ と仮定すると，R^2 と $4L/C$ の大小によって非振動的，臨界的，振動的の三つに分類される．

(1)　$R^2 > 4L/C$ の場合（非振動的）

この場合は p は次のようになる．

$$p = -\frac{R}{2L}\pm\frac{1}{2L}\sqrt{R^2-4L/C} = -\alpha\pm\gamma \qquad (2.9.84)$$

ここに

$$\alpha = \frac{R}{2L},\quad \gamma = \frac{\sqrt{R^2-4L/C}}{2L} \qquad \alpha > \gamma$$

ゆえに，電荷 q および電流 i の一般解は次のようになる．

$$q = e^{-\alpha t}(A\cosh\gamma t+B\sinh\gamma t)-\frac{I_m}{\omega}\cos(\omega t+\theta-\varphi) \qquad (2.9.85)$$

$$i = e^{-\alpha t}\{(\gamma B-\alpha A)\cosh\gamma t+(\gamma A-\alpha B)\sinh\gamma t\} + I_m\sin(\omega t+\theta-\varphi) \qquad (2.9.86)$$

初期条件を，$t=0$ のとき，$i=0$，$q=0$ とすると，この条件を式(2.9.85)および式(2.9.86)に代入して

$$0 = A-\frac{I_m}{\omega}\cos(\theta-\varphi)$$

$$0 = (\gamma B-\alpha A)+I_m\sin(\theta-\varphi)$$

ゆえに，積分定数 A および B は，それぞれ次のようになる．

$$A = \frac{I_m}{\omega}\cos(\theta-\varphi)$$

$$B = \frac{1}{\gamma}\{\alpha A-I_m\sin(\theta-\varphi)\} = \frac{I_m}{\gamma}\left\{\frac{\alpha}{\omega}\cos(\theta-\alpha)-\sin(\theta-\varphi)\right\}$$

これらを式(2.9.85)に代入すると

$$q = e^{-\alpha t}\left[\frac{I_m}{\omega}\cos(\theta-\varphi)\cosh\gamma t + \frac{I_m}{\gamma}\left\{\frac{\alpha}{\omega}\cos(\theta-\varphi)-\sin(\theta-\varphi)\right\}\sinh\gamma t\right] - \frac{I_m}{\omega}\cos(\omega t+\theta-\varphi)$$

$$= \frac{I_m}{\omega}e^{-\alpha t}\left\{\cos(\theta-\varphi)\cosh\gamma t + \frac{\alpha}{\gamma}\cos(\theta-\varphi)\sinh\gamma t-\frac{\omega}{\gamma}\sin(\theta-\varphi)\sinh\gamma t\right\} - \frac{I_m}{\omega}\cos(\omega t+\theta-\varphi)$$

ここで，$\gamma/\alpha=\tanh\phi$ とすると

$$q=\frac{I_m}{\omega}e^{-\alpha t}\left\{\frac{\cos(\theta-\varphi)}{\sinh\phi}\sinh(\gamma t+\phi)-\frac{\omega}{\gamma}\sin(\theta-\varphi)\sinh\gamma t\right\}-\frac{I_m}{\omega}\cos(\omega t+\theta-\varphi)$$

$$=\frac{I_m}{\omega}\left\{\frac{2\sqrt{L/C}}{\sqrt{R^2-4L/C}}e^{-\alpha t}\cos(\theta-\varphi)\sinh(\gamma t+\phi)-\frac{2\omega L}{\sqrt{R^2-4L/C}}e^{-\alpha t}\sin(\theta-\varphi)\sinh\gamma t\right\}-\frac{I_m}{\omega}\cos(\omega t+\theta-\varphi) \quad (2.9.87)$$

積分定数 A および B をそれぞれ整理する．

$$\gamma B-\alpha A=-I_m\sin(\theta-\varphi)$$

$$\gamma A-\alpha B=\frac{\gamma}{\omega}I_m\cos(\theta-\varphi)-\frac{\alpha^2}{\gamma\omega}I_m\cos(\theta-\varphi)+\frac{\alpha}{\gamma}I_m\sin(\theta-\varphi)=\frac{\gamma^2-\alpha^2}{\gamma\omega}I_m\cos(\theta-\varphi)+\frac{\alpha}{\gamma}I_m\sin(\theta-\varphi)$$

であるから，式(2.9.86)に代入し，i は次のようになる．

$$i=I_me^{-\alpha t}\left[-\sin(\theta-\varphi)\cosh\gamma t+\left\{\frac{r^2-\alpha^2}{\gamma\omega}\cos(\theta-\varphi)+\frac{\alpha}{\gamma}\sin(\theta-\varphi)\right\}\sinh\gamma t\right]+I_m\sin(\omega t+\theta-\varphi)$$

$$=I_me^{-\alpha t}\left\{\left(-\cosh\gamma t+\frac{\alpha}{\gamma}\sinh\gamma t\right)\sin(\theta-\varphi)+\frac{r^2-\alpha^2}{\gamma\omega}\cos(\theta-\varphi)\sinh\gamma t\right\}+I_m\sin(\omega t+\theta-\varphi)$$

しかるに，

$$\cosh\phi=\frac{\alpha}{\sqrt{\alpha^2-\gamma^2}},\quad \sinh\phi=\frac{\gamma}{\sqrt{\alpha^2-\gamma^2}}$$

$$\therefore\quad i=I_me^{-\alpha t}\left\{\left(-\cosh\gamma t+\frac{\cosh\phi}{\sinh\phi}\sinh\gamma t\right)\sin(\theta-\varphi)-\frac{\gamma\cos(\theta-\varphi)}{\omega\sinh^2\phi}\sinh\gamma t\right\}+I_m\sin(\omega t+\theta-\varphi)$$

$$=\frac{I_m}{\sinh\phi}e^{-\alpha t}\left\{(-\sinh\phi\cosh\gamma t+\cosh\phi\sinh\gamma t)\sin(\theta-\varphi)-\frac{\gamma}{\omega}\cos(\theta-\varphi)\frac{\sinh\gamma t}{\sinh\phi}\right\}+I_m\sin(\omega t+\theta-\varphi)$$

$$=\frac{I_m}{\sinh\phi}e^{-\alpha t}\left\{\sin(\theta-\varphi)\sinh(\gamma t-\phi)-\frac{\gamma}{\omega}\cos(\theta-\varphi)\frac{\sinh\gamma t}{\sinh\phi}\right\}+I_m\sin(\omega t+\theta-\varphi)$$

$$=\frac{2I_m\sqrt{L/C}}{\sqrt{R^2-4L/C}}e^{-\alpha t}\sin(\theta-\varphi)\sinh(\gamma t-\phi)-\frac{2I_m}{\omega C\sqrt{R^2-4L/C}}e^{-\alpha t}\cos(\theta-\varphi)\sinh\gamma t+I_m\sin(\omega t+\theta-\varphi) \quad (2.9.88)$$

この場合，回路自身は振動的ではなく，R が大きいので比較的短い時間で，電流 i および電荷 q は定常値をとるようになるが，回路を閉じた瞬間の波形は定常値の交流波形とは当然異なってくる．

(2)　$R^2<4L/C$ の場合（振動的）

この場合，p は次のようになる．

$$p=-\frac{R}{2L}\pm j\frac{1}{2L}\sqrt{4L/C-R^2}=-\alpha\pm j\beta \quad (2.9.89)$$

ここに，

$$\alpha=\frac{R}{2L},\qquad \beta=\frac{\sqrt{4L/C-R^2}}{2L}$$

ゆえに，電荷および電流の過渡項 q_t および i_t は，それぞれ次のように表される．

$$q_t=e^{-\alpha t}(A\cos\beta t+B\sin\beta t)$$

$$i_t=e^{-\alpha t}\{(-\alpha A+\beta B)\cos\beta B-(\alpha B+\beta A)\sin\beta t\}$$

これに定常解 q_s または i_s を加えると，q または i の一般解が得られる．

$$\therefore\quad q=q_t+q_s=e^{-\alpha t}(A\cos\beta t+B\sin\beta t)-\frac{I_m}{\omega}\cos(\omega t+\theta-\varphi) \quad (2.9.90)$$

$$i=i_t+i_s=e^{-\alpha t}\{(-\alpha A+\beta B)\cos\beta t-(\alpha B-\beta A)\sin\beta t\}+I_m\sin(\omega t+\theta-\varphi) \quad (2.9.91)$$

今，初期条件として，$t=0$ のとき $q=0$, $i=0$ とすると，この条件を式(2.9.90)に代入して

$$0=A-\frac{I_m}{\omega}\cos(\theta-\varphi),$$

$$0=(-\alpha A+\beta B)+I_m\sin(\theta-\varphi)$$

ゆえに，積分定数 A および B はそれぞれ次のようになる．

$$A=\frac{I_m}{\omega}\cos(\theta-\varphi)$$

$$B=\frac{1}{\beta}\{\alpha A-I_m\sin(\theta-\varphi)\}=\frac{I_m}{\beta}\left\{\frac{\alpha}{\omega}\cos(\theta-\varphi)-\sin(\theta-\varphi)\right\}$$

積分定数 A および B を式(2.9.90)に代入すると，q

は次のようになる．

$$q = \frac{I_m}{\omega}e^{-\alpha t}\Big\{\cos(\theta-\varphi)\cos\beta t+\frac{\alpha}{\beta}\cos(\theta-\varphi)\sin\beta t$$
$$-\frac{\omega}{\beta}\sin(\theta-\varphi)\cos\beta t\Big\}-\frac{I_m}{\omega}\cos(\omega t+\theta-\varphi)$$
$$=\frac{I_m}{\omega}e^{-\alpha t}\Big\{\cos(\theta-\varphi)\Big(\cos\beta t+\frac{\alpha}{\beta}\sin\beta t\Big)$$
$$-\frac{\omega}{\beta}\sin(\theta-\varphi)\sin\beta t\Big\}$$
$$-\frac{I_m}{\omega}\cos(\omega t+\theta-\varphi)$$

ここで，$\beta/\alpha=\tan\phi$ とすると

$$q=\frac{I_m}{\omega}e^{-\alpha t}\Big\{\frac{\cos(\theta-\varphi)}{\sin\phi}\sin\phi\cos\beta t+\cos\varphi\sin\beta t$$
$$-\frac{\omega}{\beta}\sin(\theta-\varphi)\cos\beta t\Big\}-\frac{I_m}{\omega}\cos(\omega t+\theta-\varphi)$$
$$=\frac{I_m}{\omega}e^{-\alpha t}\Big\{\frac{\cos(\theta-\varphi)}{\sin\phi}\sin(\beta t+\phi)$$
$$-\frac{\omega}{\beta}\sin(\theta-\varphi)\sin\beta t\Big\} \qquad (2.9.92)$$

次に，積分定数 A，B を電流 i の一般解である式(2.9.91)に代入すると

$$i=I_m e^{-\alpha t}\Big\{-\sin(\theta-\varphi)\cos\beta t-\frac{\alpha^2}{\beta\omega}\cos(\theta-\varphi)\sin\beta t$$
$$+\frac{\alpha}{\beta}\sin(\theta-\varphi)\sin\beta t-\frac{\beta}{\omega}\cos(\theta-\varphi)\sin\beta t\Big\}$$
$$+I_m\sin(\omega t+\theta-\varphi)$$
$$=I_m e^{-\alpha t}\Big\{\Big(-\cos\beta t+\frac{\alpha}{\beta}\sin\beta t\Big)+\sin(\theta-\varphi)$$
$$-\frac{\beta}{\omega}\Big(1+\frac{\alpha^2}{\beta^2}\Big)\cos(\theta-\varphi)\sin\beta t\Big\}$$
$$+I_m\sin(\omega t+\theta-\varphi)$$

しかるに，$\alpha/\beta=\cot\phi$ であるから

$$i=I_m e^{-\alpha t}\Big\{(-\sin\phi\cos\beta t+\cos\phi\sin\beta t)\frac{\sin(\theta-\varphi)}{\sin\phi}$$
$$-\frac{\beta}{\omega}(1+\cot^2\phi)\cos(\theta-\varphi)\sin\beta t\Big\}$$
$$+I_m\sin(\omega t+\theta-\varphi)$$
$$=\frac{I_m}{\sin\phi}e^{-\alpha t}\Big\{\sin(\theta-\varphi)\sin(\beta t-\phi)$$
$$-\frac{\beta}{\omega}\cos(\theta-\varphi)\frac{\sin\beta t}{\sin\phi}\Big\}+I_m\sin(\omega t+\theta-\varphi)$$
$$=I_m\left\{\frac{2\sqrt{L/C}}{\sqrt{4L/C-R^2}}e^{-\alpha t}\sin(\theta-\varphi)\sin(\beta t-\varphi)\right.$$
$$\left.-\frac{\frac{2}{\omega C}}{\sqrt{4L/C-R^2}}e^{-\alpha t}\cos(\theta-\varphi)\sin\beta t\right\}$$
$$+I_m\sin(\omega t+\theta-\varphi) \qquad (2.9.93)$$

(3)　$R^2-4L/C=0$ の場合（臨界的）

この場合に p は次のようになる．

$$p=-\alpha=-R/2L$$

ゆえに，電荷および電流の過渡項 q_t および i_t は A_1，A_2 を積分定数とすると，次のようになる．

$$q_t=(A_1+A_2t)e^{-\alpha t},\quad i_t=\{A_2-\alpha(A_1+A_2t)\}e^{-\alpha t}$$

それゆえ，電荷 q および電流 i の一般解は次のようになる．

$$q=(A_1+A_2t)e^{-\alpha t}-\frac{I_m}{\omega}\cos(\omega t+\theta-\varphi) \qquad (2.9.94)$$
$$i=\{A_2-\alpha(A_1+A_2t)\}e^{-\alpha t}+I_m\sin(\omega t+\theta-\varphi) \qquad (2.9.95)$$

上式に含まれている積分定数 A_1 および A_2 は，初期条件によって定まる．

今，初期条件として，$t=0$ のとき $q=0$，$i=0$ とすると，この条件を式(2.9.94)および式(2.9.95)に代入して，

$$0=A_1-\frac{I_m}{\omega}\cos(\theta-\varphi)$$
$$0=A_2-\alpha A_1+I_m\sin(\theta-\varphi)$$

これから積分定数 A_1 および A_2 はそれぞれ次のようになる．

$$A_1=\frac{I_m}{\omega}\cos(\theta-\varphi)$$
$$A_2=\alpha A_1-I_m\sin(\theta-\varphi)$$
$$=\frac{\alpha}{\omega}I_m\cos(\theta-\varphi)-I_m\sin(\theta-\varphi)$$

積分定数 A_1 および A_2 を式(2.9.94)および式(2.9.95)に代入すると，電荷 q および電流 i は

$$q=\frac{I_m}{\omega}e^{-\alpha t}[\cos(\theta-\varphi)+\{\alpha\cos(\theta-\varphi)$$
$$-\omega\sin(\theta-\varphi)t\}]-\frac{I_m}{\omega}\cos(\omega t+\theta-\varphi)$$
$$=\frac{I_m}{\omega}e^{-\alpha t}\{(1+\alpha t)\cos(\theta-\varphi)-\omega t\sin(\theta-\varphi)\}$$
$$-\frac{I_m}{\omega}\cos(\omega t+\theta-\varphi) \qquad (2.9.96)$$
$$i=I_m e^{-\alpha t}\Big[-\sin(\theta-\varphi)-\Big\{\frac{\alpha^2}{\omega}\cos(\theta-\varphi)$$
$$-\alpha\sin(\theta-\varphi)\Big\}t\Big]+I_m\sin(\omega t+\theta-\varphi)$$
$$=I_m e^{-\alpha t}\Big\{(\alpha t-1)\sin(\theta-\varphi)-\frac{\alpha^2}{\omega}t\cos(\theta-\varphi)\Big\}$$
$$+I_m\sin(\omega t+\theta-\varphi) \qquad (2.9.97)$$

このときの電荷 q および電流 i の過渡項は，振動的と非振動的との中間で，いわゆる臨界減衰の場合である

から，定常状態に近付くのが（1）の非振動的の場合よりもさらに速いことになる．

RLC 直列回路に直流電圧を印加した場合についてラプラス変換で解く．電流 i および電荷 q の変化を求める．$t=0$ のとき，$i=0$，$q=0$ とする．RLC 回路においては，次の微分方程式が成り立つ．

$$L\frac{di}{dt}+Ri+\frac{1}{C}\int i\,dt = E \qquad (2.9.98)$$

L で両辺を割り，$2\alpha = R/L$ とすると

$$\frac{di}{dt}+2\alpha i+\frac{1}{LC}\int i\,dt = \frac{E}{L}$$

これをラプラス変換すると

$$\{sI(s)-i(0)\}+2\alpha I(s)+\frac{1}{LC}I(s)/s+i^{(-1)}(0)/s = \frac{E}{sL} \qquad (2.9.99)$$

$t=0$ のとき，$i=0$，$q=\int i\,dt = i^{(-1)}(0)=0$ であるから

$$I(s)\left(s^2+2\alpha s+\frac{1}{LC}\right) = \frac{E}{L}$$

$$I(s) = \frac{E}{L}\frac{1}{\left(s^2+2\alpha s+\frac{1}{LC}\right)} \qquad (2.9.100)$$

ここで，上式の分母の二次方程式 $s^2+2\alpha s+(1/LC)=0$ の判別式の値により，以下の三つの場合が存在する．

（1） 判別式 $D=4\alpha^2-(4/LC)>0$ の場合

二次方程式は，二つの異なる実数解 p_1，p_2 をもち

$$p_1 = -\frac{R}{2L}+\frac{1}{2L}\sqrt{R^2-4L/C} = -\alpha+\gamma$$

$$p_2 = -\frac{R}{2L}-\frac{1}{2L}\sqrt{R^2-4L/C} = -\alpha-\gamma$$

式(2.9.100)は

$$I(s) = \frac{E}{L}\frac{1}{(s-p_1)(s-p_2)}$$
$$= \frac{E}{L}\frac{1}{p_1-p_2}\left(\frac{1}{s-p_1}-\frac{1}{s-p_2}\right)$$

となる．ラプラス逆変換して

$$i(t) = \frac{E}{L}\frac{1}{p_1-p_2}(e^{p_1t}-e^{p_2t}) \qquad (2.9.101)$$

が得られる．ここで，$p_1-p_2=2\gamma$ なので

$$i(t) = \frac{E}{2\gamma L}(e^{p_1t}-e^{p_2t}) \qquad (2.9.102)$$

となる．

（2） 判別式 $D=4\alpha^2-(4/LC)=0$ の場合

二次方程式は，重根 $p_1=p_2=-\alpha$ をもつ．したがって

$$I(s) = \frac{E}{L}\frac{1}{(s+\alpha)(s+\alpha)} = \frac{E}{L}\frac{1}{(s+\alpha)^2} \qquad (2.9.103)$$

が得られ，これをラプラス逆変換して

$$i(t) = \frac{E}{L}te^{-\alpha t} \qquad (2.9.104)$$

となる．

（3） 判別式 $D=4\alpha^2-(4/LC)<0$ の場合

二次方程式は，二つの異なる虚数解である．ここで

$$\alpha = \frac{R}{2L}, \qquad \omega = \frac{\sqrt{4L/C-R^2}}{2L}$$

とおくと

$$I(s) = \frac{E}{L}\frac{1}{(s+\alpha-j\omega)(s+\alpha+j\omega)} = \frac{E}{L}\frac{1}{(s+\alpha)^2+\omega^2}$$
$$= \frac{E}{L\omega}\frac{\omega}{(s+\alpha)^2+\omega^2} \qquad (2.9.105)$$

となり，ラプラス逆変換すれば

$$i(t) = \frac{E}{L\omega}e^{-\alpha t}\sin\omega t \qquad (2.9.106)$$

が求められる．

例題 2-9-11

図 2.9.13 に示す回路において時間 $t<0$ ではスイッチ S が 1 側に閉じて電流 i_0 が流れて定常状態になっている．時刻 $t=0$ においてスイッチを 2 側に閉じて直流電圧 E を i_0 と反対方向に加え，時刻 $t=t_0$ 後に電流を $-i_0$ にするためには電圧 E をいくらにすればよいか．

時刻 $t=0$ においてスイッチを 2 側に閉じた回路では，電流 i を i_0 と反対向きにとり，微分方程式をたてると

$$L\frac{di}{dt}+Ri = E \qquad (2.9.107)$$

電流 i は定常解 i_s と過渡解 i_t の和として表される．ここで，定常解 i_s は電流 i が定常状態に達したときの値であるから

$$i_s = \frac{E}{R}$$

過渡解 i_t は，式(2.9.107)の右辺 $=0$ とおいた微分方程式の一般解を表すので，積分定数を A として

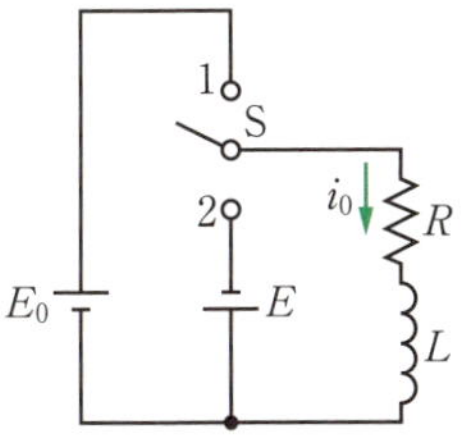

図 2.9.13

$$i_t = Ae^{pt}$$

$$i = i_s + i_t = \frac{E}{R} + Ae^{pt}$$

初期条件より，$t = 0$ のとき電流は $i = -i_0$ であるから

$$-i_0 = \frac{E}{R} + A$$

$$A = -i_0 - \frac{E}{R}$$

$$i = \frac{E}{R} - \left(i_0 + \frac{E}{R}\right)e^{pt} \qquad (2.9.108)$$

題意より

$$i_0 = \frac{E}{R} - \left(i_0 + \frac{E}{R}\right)e^{pt}$$

$$\frac{E}{R}(1 - e^{pt}) = i_0(1 + e^{pt})$$

$$E = Ri_0\frac{1 + e^{pt}}{1 - e^{pt}}$$

$$E = Ri_0\frac{1 + e^{-\frac{R}{L}t}}{1 - e^{-\frac{R}{L}t}} \qquad (2.9.109)$$

例題 2-9-12

図 2.9.14 のような直流電源 E，抵抗 R_1 および R_2，インダクタンス L およびスイッチ S からなる回路がある．ただし，スイッチ S を閉じる前 ($t < 0$) では，電流が流れていないものとする．

時刻 $t = 0$ においてスイッチを閉じたときに，L および R_2 に流れる電流を i_1，i_2 としたとき，i_1 を求めよ．

図において，時刻 $t = 0$ においてスイッチを閉じると，次式が成り立つ．

$$R_1(i_1 + i_2) + L\frac{di_1}{dt} = E \qquad (2.9.110)$$

$$L\frac{di_1}{dt} - R_2 i_2 = 0 \qquad (2.9.111)$$

二つの式から i_1 を求めると

$$L\frac{di_1}{dt} + \frac{R_1R_2}{(R_1 + R_2)}i_1 = \frac{R_2E}{(R_1 + R_2)} \qquad (2.9.112)$$

上式を，ラプラス変換すると

$$L\{sI_1(s) - i_1(0)\} + \frac{R_1R_2}{(R_1 + R_2)}I_1(s) = \frac{R_2}{(R_1 + R_2)}\frac{E}{s} \qquad (2.9.113)$$

初期条件，$t = 0$ において $i_1 = 0$ であるので

$$\left(Ls + \frac{R_1R_2}{R_1 + R_2}\right)I_1(s) = \frac{R_2}{(R_1 + R_2)}\frac{E}{s}$$

$$I_1(s) = \frac{R_2E}{L(R_1 + R_2)}\frac{1}{s\left\{s + \frac{R_1R_2}{L(R_1 + R_2)}\right\}}$$

$$I_1(s) = \frac{R_2E}{L(R_1 + R_2)}\left\{\frac{\frac{L(R_1 + R_2)}{R_1R_2}}{s} - \frac{\frac{L(R_1 + R_2)}{R_1R_2}}{s + \frac{R_1R_2}{L(R_1 + R_2)}}\right\}$$

$$I_1(s) = \frac{E}{R_1}\left\{\frac{1}{s} - \frac{1}{s + \frac{R_1R_2}{L(R_1 + R_2)}}\right\} \qquad (2.9.114)$$

上式をラプラス逆変換して

$$i_1(t) = \mathscr{L}^{-1}I_1(s)$$

$$= \frac{E}{R_1}\left(1 - e^{-\frac{R_1R_2}{L(R_1 + R_2)}t}\right) \qquad (2.9.115)$$

例題 2-9-13

図 2.9.15 の回路において，時刻 $t = 0$ においてスイッチ S_1 を閉じ，時刻 $t = t_1$ においてスイッチ S_2 を閉じたとき，時刻 $t (t > t_1)$ における電流 i_1 の値を求めよ．ただし，$t < 0$ ではコンデンサ C の電荷は 0 とする．

(1)　$0 < t < t_1$ のとき

$t = 0$ においてスイッチ S_1 を閉じると下記の式が成り立つ．

$$(R_1 + R)i + \frac{1}{C}\int i\,dt = E \qquad (2.9.116)$$

$$i = \frac{dq}{dt}$$

$$(R_1 + R)\frac{dq}{dt} + \frac{q}{C} = E$$

上式をラプラス変換すると

$$(R_1 + R)\{sQ(s) - q(0)\} + \frac{Q(s)}{C} = \frac{E}{s} \qquad (2.9.117)$$

初期条件として，$t = 0$ において $q = 0$ なので，

$$q(0) = 0$$

$$(R_1 + R)sQ(s) + \frac{Q(s)}{C} = \frac{E}{s}$$

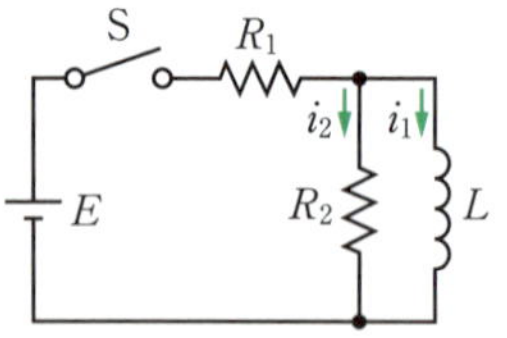

図 2.9.14

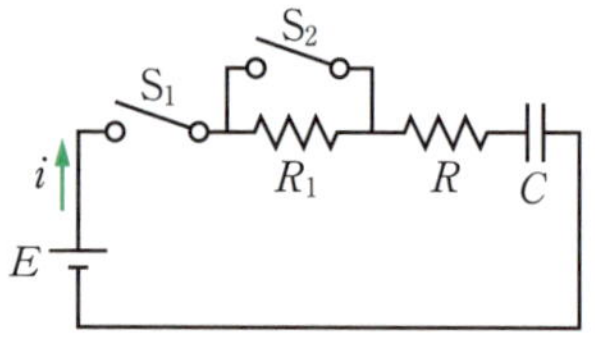

図 2.9.15

$$Q(s) = \frac{E}{s}\frac{1}{(R_1+R)s+\frac{1}{C}}$$

$$= \frac{E}{s}\frac{\frac{1}{(R_1+R)}}{s+\frac{1}{C(R_1+R)}}$$

上式を部分分数に直すと

$$Q(s) = \frac{E}{(R_1+R)}\left\{\frac{C(R_1+R)}{s}+\frac{-C(R_1+R)}{s+\frac{1}{C(R_1+R)}}\right\}$$

$$= CE\left\{\frac{1}{s}-\frac{1}{s+\frac{1}{C(R_1+R)}}\right\} \quad (2.9.118)$$

上式をラプラス逆変換すると

$$q = q(t) = CE\left\{1-e^{\frac{1}{C(R_1+R)}t}\right\} \quad (2.9.119)$$

(2) $t > t_1$ のとき

$t = t_1$ においてスイッチ S_2 を閉じたとき，R_1 が短絡するので，回路で成り立つ式は

$$Ri_1+\frac{1}{C}\int i_1 dt = E, \qquad R\frac{dq}{dt}+\frac{q}{C} = E$$

上式をラプラス変換すれば

$$R\{sQ(s)-q(0)\}+\frac{Q(s)}{C} = \frac{E}{s} \quad (2.9.120)$$

$$Q(s) = \frac{\frac{E}{R}\frac{1}{s}+q(0)}{s+\frac{1}{CR}}$$

$t = t_1$ での初期条件は

$$q(0) = q(t_1) = CE\left\{1-e^{\frac{1}{C(R_1+R)}t_1}\right\}$$

を代入し，整理すると

$$Q(s) = \frac{CE\left\{1-e^{\frac{1}{C(R_1+R)}t_1}\right\}}{s+\frac{1}{CR}}+\frac{E}{R}\frac{1}{s\left(s+\frac{1}{CR}\right)}$$

さらに部分分数に分けると

$$Q(s) = \frac{CE\left\{1-e^{\frac{1}{C(R_1+R)}t_1}\right\}}{s+\frac{1}{CR}}+CE\left\{\frac{1}{s}-\frac{1}{s+\frac{1}{CR}}\right\}$$

$t > t_1$ に留意して上式をラプラス逆変換すると

$$q(t) = CE\left\{1-e^{\frac{t_1}{C(R_1+R)}}\right\}e^{-\frac{1}{CR}(t-t_1)}$$
$$+CE\left\{1-e^{-\frac{1}{CR}(t-t_1)}\right\}$$

よって $i_1 = \dfrac{dq}{dt}$

$$i_1 = CE\left\{1-e^{\frac{t_1}{C(R_1+R)}}\right\}\left\{-\frac{1}{CR}e^{-\frac{1}{CR}(t-t_1)}\right\}$$
$$+\frac{E}{R}e^{-\frac{1}{CR}(t-t_1)}$$

$$i_1 = -\frac{E}{R}\left\{e^{-\frac{1}{CR}(t-t_1)}-e^{\frac{t_1}{C(R_1+R)}}e^{-\frac{1}{CR}(t-t_1)}\right\}$$
$$+\frac{E}{R}e^{-\frac{1}{CR}(t-t_1)}$$
$$= \frac{E}{R}e^{\frac{t_1}{C(R_1+R)}}e^{-\frac{1}{CR}(t-t_1)}$$
$$= \frac{E}{R}e^{\left\{\frac{1}{CR}-\frac{1}{C(R_1+R)}\right\}t_1-\frac{1}{CR}t}$$

例題 2-9-14

例題 2-9-13 にてコンデンサ C の代わりにインダクタンス L で置き換えたときの電流 i を求めよ.

(1) $0 < t < t_1$ のとき

$t = 0$ においてスイッチ S_1 を閉じると，下記の方程式が成り立つ.

$$(R_1+R)i+L\frac{di}{dt} = E$$

一般解 i は，定常解 i_s と過渡解 i_t の和として表されるので，定常電流 i_s は

$$i_s = \frac{E}{R_1+R}$$

特性方程式は

$$(R_1+R)+Lp = 0$$

$$p = -\frac{R_1+R}{L}$$

$$i = \frac{E}{R_1+R}\left(1-e^{-\frac{R_1+R}{L}t}\right)$$

(2) $t > t_1$ のとき

$t = t_1$ においてスイッチ S_2 を閉じたとき，R_1 が短絡するので，回路で成り立つ式は

$$Ri_1+L\frac{di_1}{dt} = E$$

上式をラプラス変換すると

$$RI_1(s)+L\{sI_1(s)-i_1(0)\} = \frac{E}{s}$$

ここで

$$i_1(0) = i(t_1) = \frac{E}{R_1+R}\left(1-e^{-\frac{R_1+R}{L}t_1}\right)$$

$$(Ls+R)I_1(s) = \frac{LE}{R_1+R}\left(1-e^{-\frac{R_1+R}{L}t_1}\right)+\frac{E}{s}$$

$$I_1(s) = \frac{E}{R_1+R}\frac{\left(1-e^{-\frac{R_1+R}{L}t_1}\right)}{s+\frac{R}{L}}+\frac{E}{L}\frac{1}{s\left(s+\frac{R}{L}\right)}$$

第 2 項を部分分数に分けると

$$I_1(s) = \frac{E}{R_1+R}\frac{\left(1-e^{-\frac{R_1+R}{L}t_1}\right)}{s+\frac{R}{L}}+\frac{E}{R}\left(\frac{1}{s}-\frac{1}{s+\frac{R}{L}}\right)$$

$t > t_1$ に留意して上式をラプラス逆変換すると

$$i_1(t) = \mathcal{L}^{-1}I_1(s)$$
$$= \frac{E}{R_1+R}\left(1-e^{-\frac{R_1+R}{L}t_1}\right)e^{-\frac{R}{L}(t-t_1)}$$
$$+\frac{E}{R}\left(1-e^{-\frac{R}{L}(t-t_1)}\right)$$
$$= \left(\frac{E}{R_1+R}-\frac{E}{R}\right)e^{-\frac{R}{L}(t-t_1)}+\frac{E}{R}$$
$$-\frac{E}{R_1+R}e^{-\frac{R_1}{L}t_1-\frac{R}{L}t}$$
$$= \frac{E}{R}-\frac{R_1E}{R(R_1+R)}e^{-\frac{R}{L}(t-t_1)}-\frac{E}{R_1+R}e^{-\frac{R_1t_1+Rt}{L}}$$

2.9 節のまとめ

- **電気回路の過渡現象は，対象となる回路から微分方程式を立て，初期条件を考慮して解くことになる．**
- **方程式を解く際には，同次方程式から特性方程式を得て，一般解が求められる．**
- **微分方程式の解は，一般解（過渡解）と特殊解（定常解）を合成したものである．**
- **ラプラス変換と逆ラプラス変換を使用することで，微分方程式を代数方程式で容易に解くことができる．**
- **逆ラプラス変換の際には，部分分数展開を用いると便利である．**

2.10 周 波 数 特 性

家電製品など実際の電気回路に印加される電圧や，流れる電流は，単一周波数の正弦波波形であることは少なく，何らかの要因で，波形がひずんでいたり，交流成分に直流成分が重畳されていたりすることがある．特に，近年，半導体をスイッチとして用いて，そのオン・オフにより高効率に電力の変換を行うパワーエレクトロニクス技術の発展により，**ひずみ波（distorted wave）**の解析はさらに重要になっている．

また，回路の入力と出力の間の電圧や電流の振幅や位相が，回路に入力される電圧や電流の周波数に応じて変化する場合がある．

本節では，電気回路に流れる電流や，素子に印加される電圧の波形がひずんでいる場合の扱いと，周波数に応じて振幅や位相が変化する回路の入出力の関係を扱うための，**伝達関数（transfer function）**について述べる．

2.10.1　ひずみ波交流回路

単一周波数の正弦波で表すことができない波形をひずみ波という．ひずみ波の生じる原因の一つとして，非線形素子が回路に含まれる場合が挙げられる．

例えば，図 2.10.1(a)に示す回路は，交流から直流を作ることのできる全波整流回路とよばれるものであるが，抵抗に印加される電圧（抵抗に流れる電流）は，正弦波ではなく，図 2.10.1(b)に示されるようにひずんだ波形になる．このようにひずんだ波形でも，周期的に繰り返されている波形は，**フーリエ級数（Fourier series）**によって，周波数と振幅の異なる多くの正弦波（余弦波）の和で表すことができる．

本項では，このように回路中の素子に印加される電圧や流れる電流がひずみ波である場合の回路解析の方法について述べる．

a. フーリエ級数による波形表現

周期 T［s］で繰り返されているひずみ波 $f(t)$ のフーリエ級数展開は，次式で表される．

$$f(t) = A_0+a_1\cos\omega t+\cdots+a_n\cos n\omega t+\cdots+b_1\sin\omega t+\cdots+b_n\sin n\omega t+\cdots$$
$$= A_0+\sum_{n=1}^{\infty}(a_n\cos n\omega t+b_n\sin n\omega t)$$
$$= A_0+\sum_{n=1}^{\infty}A_n\sin(n\omega t+\theta_n) \qquad (2.10.1)$$

ただし，$\omega = 2\pi f = 2\pi/T$［rad/s］，f：周波数［Hz］，T：周期［s］，$A_n=\sqrt{a_n^2+b_n^2}$，$\theta_n=\tan^{-1}(a_n/b_n)$［rad］である．

また，式(2.10.1)の係数 A_0，a_n，b_n はフーリエ係数とよばれ，次式により求めることができる．

ジョゼフ・フーリエ

フランスの数学者．応用数学に取り組み，熱伝導について研究しその熱伝導の偏微分方程式を発見した．また，この方程式を解くために，フーリエ級数展開を考案した．(1768-1830)

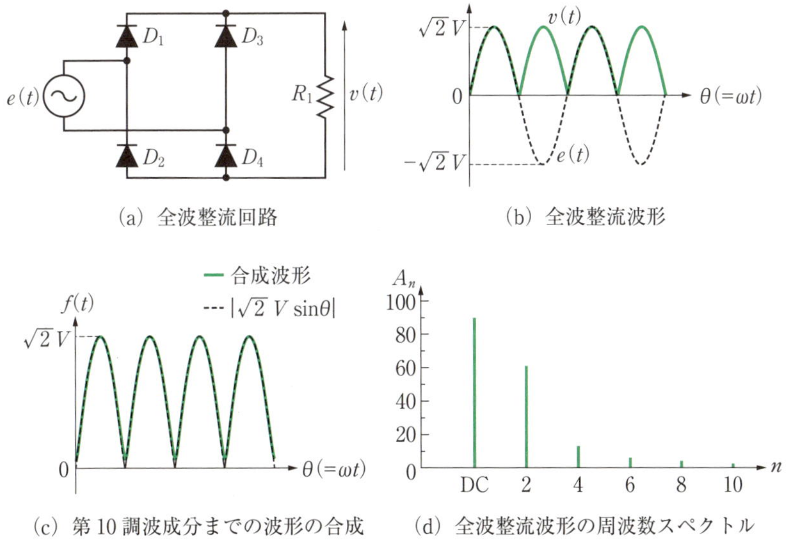

図 2.10.1 波形をひずませる回路の例（全波整流回路）

$$\begin{cases} A_0 = \dfrac{1}{T}\displaystyle\int_0^T f(t)dt \\ a_n = \dfrac{2}{T}\displaystyle\int_0^T f(t)\cdot\cos n\omega t\, dt \\ b_n = \dfrac{2}{T}\displaystyle\int_0^T f(t)\cdot\sin n\omega t\, dt \end{cases} \qquad (2.10.2)$$

ここで，$\theta = \omega t$ とすると，$dt = d\theta/\omega$，$T = 2\pi/\omega$ であるので，式(2.10.2)は，次式のように書き直すことができる．

$$\begin{cases} A_0 = \dfrac{1}{2\pi}\displaystyle\int_0^{2\pi} f(\theta)d\theta \\ a_n = \dfrac{1}{\pi}\displaystyle\int_0^{2\pi} f(\theta)\cdot\cos n\theta\, d\theta \\ b_n = \dfrac{1}{\pi}\displaystyle\int_0^{2\pi} f(\theta)\cdot\sin n\theta\, d\theta \end{cases} \qquad (2.10.3)$$

この A_0 は，**直流成分（dc component）**といわれており，$n = 1$ の成分を**基本波（fundamental wave）**，$n = 2$ の成分を**第 2 調波（second harmonic）**，$n = 3$ の成分を**第 3 調波（third harmonic）**といったようによぶ．また，第 2 調波以上の成分を**高調波（higher harmonic）**という．

周期波形をフーリエ級数で表した際に，横軸に n，または周波数をとり，縦軸に各成分の振幅 A_n をとってグラフで表したものを**周波数スペクトル（frequency spectrum）**，**振幅スペクトル（amplitude spectrum）**，またはたんに**スペクトル（spectrum）**という．このように図示すると，どのような次数の成分（周波数成分）を含んだひずみ波であるのかが一目瞭然である．図 2.10.1(c)に実線で示した合成波形は，全波整流回路の出力電圧（図 2.10.1(b)）の第 10 調波成分までの和をグラフに示したものであり，図 2.10.1(d)は，その波形の周波数スペクトルである．

(i) フーリエ級数展開を行ううえで知っていると便利な性質

ひずみ波のフーリエ級数展開を行う際に，以下の性質を利用すると便利である．

①偶関数（$f(t) = f(-t)$ となる関数）は，正弦波成分をもたない．すなわち，$b_n = 0$ となる．

②奇関数（$f(t) = -f(-t)$ となる関数）は，余弦波成分をもたない．すなわち，$a_n = 0$ となる．

③半周期の対称性をもつ波形（$f(t) = -f(t+T/2)$ となる関数で表される波形）は，偶数成分（$n = 2, 4, \cdots$）をもたず，式(2.10.2)または(2.10.3)で，a_n，b_n を計算する際に，積分区間を半周期で計算し，得られた値を 2 倍すればよい．

(ii) 代表的な波形のフーリエ級数展開

以下に，いくつかの代表的なひずみ波のフーリエ級数展開を示す．

(1) 矩形波（方形波）　図 2.10.2(a)は，矩形波（または，方形波）とよばれる波形である．この波形のフーリエ級数展開は以下となる．

図より，時間軸（角度軸）と正の領域の波形で囲まれる面積と負の領域の波形で囲まれる面積が等しいことから，直流成分が 0 になることがわかる．また，奇関数であることから余弦波（cos）成分は 0 になり，

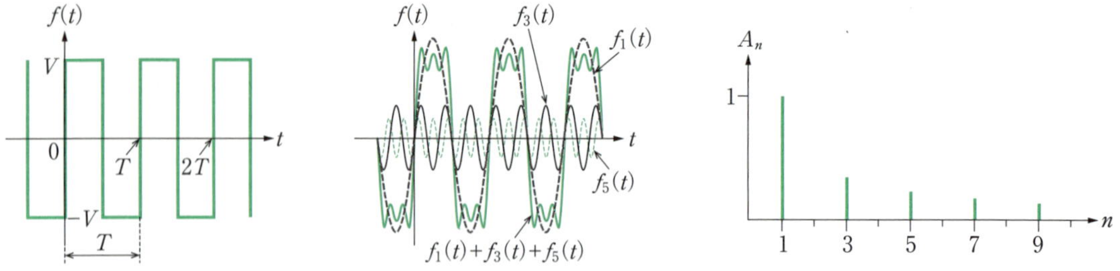

(a) 矩形波　(b) $n=5$ 次までの合成波　(c) スペクトル

図 2.10.2　矩形波（方形波）とスペクトル

正弦波（sin）成分のみ計算すればよい．また，半周期の対称性をもつことを利用して，以下のように計算できる．

$$b_n = \frac{2}{\pi}\int_0^{\pi} V\sin(n\theta)d\theta = \frac{2V}{\pi}\left[-\frac{\cos(n\theta)}{n}\right]_0^{\pi}$$

$$= -\frac{2V}{n\pi}\{\cos n\pi - \cos 0\}$$

$$= \begin{cases} \dfrac{4V}{n\pi} & (n\text{ が奇数}) \\ 0 & (n\text{ が偶数}) \end{cases}$$

したがって，図の波形の式は次式で表すことができる．

$$f(t) = \frac{4V}{\pi}\sin\omega t + \frac{4V}{3\pi}\sin 3\omega t + \frac{4V}{5\pi}\sin 5\omega t + \cdots$$

$$= \sum_{m=1}^{\infty}\frac{4V}{(2m-1)\pi}\sin(2m-1)\omega t \qquad (2.10.4)$$

ただし，$\omega = 2\pi/T$ である．

ここで，$V = \pi/4$ とすると，基本波から第 5 調波までの成分は次式で表すことができる．

$$f_1(t) = \sin\omega t$$

$$f_3(t) = \frac{1}{3}\sin 3\omega t$$

$$f_5(t) = \frac{1}{5}\sin 5\omega t$$

これら各成分の波形と，これらの和の波形を図 2.10.2(b)に示す．図よりわかるように，基本波に高調波を加算していくことで方形波に近付くことがわかる．また，$n = 10$ までの周波数スペクトルを図 2.10.2(c)に示す．

(2) 全波整流波形　図 2.10.1(b)に示した全波整流波形のフーリエ級数展開を以下に示す．

まず，直流成分を求めると，以下のようになる．なお，全波整流波形の周期が入力正弦波の半周期で 1 周期になっていることから，0〜π まで積分して，π で割ることで直流成分が求められる．

$$A_0 = \frac{1}{\pi}\int_0^{\pi}\sqrt{2}V\sin\theta\,d\theta = \frac{\sqrt{2}V}{\pi}[-\cos\theta]_0^{\pi}$$

$$= \frac{2\sqrt{2}V}{\pi} \qquad (2.10.5)$$

この式で $2\sqrt{2}/\pi$ は約 0.9 であり，例えばわが国の一般家庭のコンセントの電圧は実効値 100 V の交流であることから，これを全波整流して得られる電圧の直流成分がおよそ 90 V であることがわかる．

次に，交流成分を求める．図の全波整流波形より，偶関数であることがわかるため，余弦波成分のみ計算すればよい．

$$a_n = \frac{2}{\pi}\int_0^{\pi}\sqrt{2}V\sin\theta\cos n\theta\,d\theta$$

$$= \frac{\sqrt{2}V}{\pi}\int_0^{\pi}\{\sin(1+n)\theta + \sin(1-n)\theta\}d\theta$$

$$= \frac{\sqrt{2}V}{\pi}\left[-\frac{\cos(1+n)\theta}{1+n} - \frac{\cos(1-n)\theta}{1-n}\right]_0^{\pi}$$

$$= \frac{2\sqrt{2}V}{\pi}\frac{1+\cos n\pi}{1-n^2}$$

ここで，n が奇数のとき，$a_n = 0$ となり，偶数のときには，a_n の分子が 2 になることから，$n = 2m$ $(m = 1, 2, 3, \cdots)$ として

$$a_m = \frac{2\sqrt{2}V}{\pi}\frac{2}{1-4m^2}$$

となる．したがって，全波整流波形は次式で表される．

$$v(t) = \frac{2\sqrt{2}V}{\pi}\left(1 - \sum_{m=1}^{\infty}\frac{2}{4m^2-1}\cos 2m\omega t\right) \qquad (2.10.6)$$

図 2.10.1(c)と(d)に，第 10 調波まで求めた場合の波形と周波数スペクトルをそれぞれ示す．

(3) 半波整流波形　図 2.10.3(a)に示した半波整流波形は，図 2.10.3(b)に示すように正弦波形と全波整流波形を足し合わせ，2 で割ることで求めることができる．半波整流波形は次式で表される．

$$v(t) = \sqrt{2}V\left(\frac{1}{\pi} + \frac{1}{2}\sin\omega t - \sum_{m=1}^{\infty}\frac{2}{(4m^2-1)\pi}\cos 2m\omega t\right) \qquad (2.10.7)$$

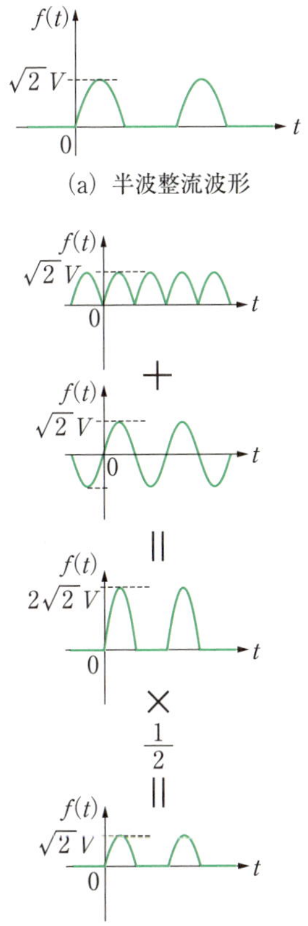

(a) 半波整流波形

(b) 半波整流波形の導出

図 2.10.3 半波整流波形

例題 2-10-1

図 2.10.4 に示す「のこぎり波」のフーリエ級数展開を求めよ.

$t = 0 \sim T$ 秒の期間の波形は，次式で表すことができる.

$$f(t) = \frac{V}{T}t$$

これより，直流成分は次式のように求められる.

$$\frac{1}{T}\int_0^T f(t)dt = \frac{V}{T^2}\int_0^T tdt = \frac{V}{T^2}\left[\frac{t^2}{2}\right]_0^T = \frac{V}{2} \tag{2.10.8}$$

また，交流成分は奇関数であることから，sin 成分のみで表せる.

$$\begin{aligned} b_n &= \frac{2}{T}\int_0^T \frac{V}{T}t\sin(n\omega t)dt \\ &= \frac{V(-2n\pi\cos 2n\pi + \sin 2n\pi)}{2n^2\pi^2} \\ &= -\frac{V\cos 2n\pi}{n\pi} = -\frac{V}{n\pi} \end{aligned}$$

したがって，のこぎり波は次式で表すことができる.

$$\begin{aligned} f(t) &= \frac{V}{2} - \frac{V}{\pi}\left(\sin\omega t + \frac{\sin 2\omega t}{2} + \frac{\sin 3\omega t}{3} + \cdots \right. \\ &\qquad \left. + \frac{\sin n\omega t}{n}\cdots\right) \\ &= \frac{V}{2} - \frac{V}{\pi}\sum_{n=1}^{\infty}\frac{\sin n\omega t}{n} \end{aligned} \tag{2.10.9}$$

ただし，$\omega = 2\pi/T$ である.

例題 2-10-2

図 2.10.5 に示す「三角波」のフーリエ級数展開を求めよ.

$t = 0 \sim T$ 秒の期間の波形は，次式で表すことができる.

$$f(t) = \begin{cases} \dfrac{4t - T}{T}V & \left(0 \leq t < \dfrac{T}{2}\right) \\ \dfrac{3T - 4t}{T}V & \left(\dfrac{T}{2} \leq t < T\right) \end{cases}$$

これより，交流成分は偶関数であることから，cos 成分のみで表せる. また，半周期の対称性を利用して，以下のようにフーリエ級数を求めることができる.

$$\begin{aligned} b_n &= \frac{4}{T}\int_0^{\frac{T}{2}} \frac{4t - T}{T}V\cos n\frac{2\pi}{T}t\,dt \\ &= \frac{2V[n\pi\sin(n\pi) + 2\cos(n\pi) - 2]}{n^2\pi^2} \\ &= \begin{cases} -\dfrac{8V}{(n\pi)^2} & (n \text{ が奇数}) \\ 0 & (n \text{ が偶数}) \end{cases} \end{aligned}$$

したがって，三角波は次式で表すことができる.

$$\begin{aligned} f(t) &= -\frac{8V}{\pi^2}\left(\sin\omega t + \frac{\sin 3\omega t}{9} + \cdots\right) \\ &= -\frac{8V}{\pi^2}\sum_{m=1}^{\infty}\frac{\sin((2m-1)\omega t)}{(2m-1)^2} \end{aligned} \tag{2.10.10}$$

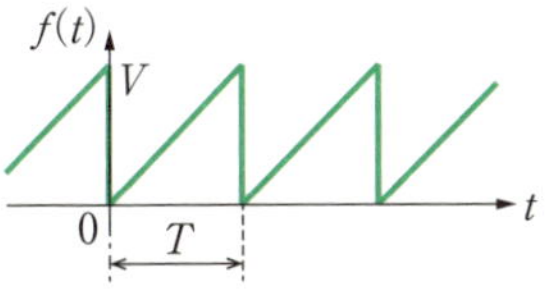

図 2.10.4 のこぎり波

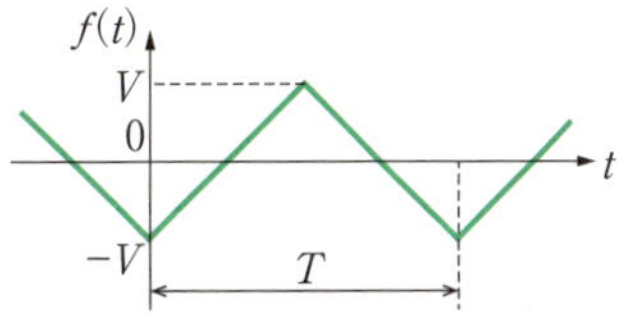

図 2.10.5 三角波

ただし，$\omega = 2\pi/T$ である．

b. ひずみ波交流波形の評価指標

式(2.10.1)で表されるひずみ波 $f(t)$ を評価する指標として，**平均値** F_{avg} や**実効値** F_{rms} のほか，**全高調波ひずみ率**（たんに**ひずみ率**ともいう），**波形率**，**波高率**がある．それらの定義を以下に示す．

(1) 直流成分

$$F_{DC} = \frac{1}{T}\int_{t_0}^{t_0+T} f(t)dt \tag{2.10.11}$$

(2) 平均値（絶対値の平均）

$$F_{\mathrm{avg}} = \frac{1}{T}\int_{t_0}^{t_0+T} |f(t)|dt \tag{2.10.12}$$

(3) 実効値

$$F_{\mathrm{rms}} = \sqrt{\frac{1}{T}\int_{t_0}^{t_0+T} f^2(t)dt} = \sqrt{A_0^2+\left(\frac{A_1}{\sqrt{2}}\right)^2+\cdots+\left(\frac{A_n}{\sqrt{2}}\right)^2+\cdots} \tag{2.10.13}$$

(4) 全高調波ひずみ率（total harmonic distortion）

$$\mathrm{THD} = \frac{\sqrt{\left(\frac{A_2}{\sqrt{2}}\right)^2+\cdots+\left(\frac{A_n}{\sqrt{2}}\right)^2+\cdots}}{\frac{A_1}{\sqrt{2}}}\times 100 \quad [\%] = \frac{\sqrt{F_{\mathrm{rms}}^2-\left(\frac{A_1}{\sqrt{2}}\right)^2}}{\frac{A_1}{\sqrt{2}}}\times 100 \quad [\%] \tag{2.10.14}$$

(5) 波形率

$$\text{波形率} = \frac{\text{実効値}}{\text{平均値（絶対値の平均）}}\times 100 \quad [\%] \tag{2.10.15}$$

(6) 波高率（クレストファクタ）

$$\text{波高率} = \frac{\text{尖頭値（ピーク値）}}{\text{実効値}}\times 100 \quad [\%] \tag{2.10.16}$$

例題 2-10-3

図 2.10.2(a)に示す「矩形波」の直流成分，平均値（絶対値の平均），実効値，ひずみ率，波形率，波高率を求めよ．

図 2.10.2(a)より，直流成分は 0 になる．また，平均値は，次式で計算することができる．

$$\frac{1}{T}\int_0^T |f(t)|dt = \frac{1}{T}\left\{\int_0^{\frac{T}{2}} V\,dt+\int_{\frac{T}{2}}^{T} V\,dt\right\} = V$$

ここで，半周期ごとの関数の 2 乗は同じ値となるので，実効値は次式に示すように波形の半周期で計算を行えばよい．

$$F_{\mathrm{rms}} = \sqrt{\frac{2}{T}\int_0^{\frac{T}{2}} V^2dt} = \sqrt{\frac{2V^2}{T}\cdot\frac{T}{2}} = V$$

次に，ひずみ率を求める．式(2.10.3)より，基本波の実効値は，$4V/(\sqrt{2}\pi)$ となる．したがって，ひずみ率の定義式より，次式で計算できる．

$$\mathrm{THD} = \frac{\sqrt{V^2-\left(\frac{4V}{\sqrt{2}\pi}\right)^2}}{\frac{4V}{\sqrt{2}\pi}}\times 100 = 48.3 \quad [\%]$$

波形率は

$$\frac{V}{V}\times 100 = 100 \quad [\%]$$

となり，波高率は

$$\frac{V}{V}\times 100 = 100 \quad [\%]$$

となる．

代表波形のフーリエ級数，直流成分，平均値，実効値，波形率，波高率をまとめて表 2.10.1 に示す．

c. ひずみ波交流回路の解析法

複数の周波数成分を含む電圧が印加されたり，電流が流れたりする回路の定常状態における電圧や電流，電力を求める場合，周波数成分ごとに値を求めて，重ねの理を用いて解を得ることができる．ここで注意しなければいけないのは，理想的なコイルやコンデンサであっても，インピーダンス（リアクタンス）やアドミタンス（サセプタンス）が周波数によって変化するということである．すなわち，インダクタンスが L [H] のコイル，および，キャパシタンス（静電容量）が C [F] のコンデンサの第 n 調波（n 次成分）におけるインピーダンス Z_{Ln}，Z_{Cn}（リアクタンス X_{Ln}，X_{Cn}），およびアドミタンス Y_{Ln}，Y_{Cn}（サセプタンス B_{Ln}，B_{Cn}）は，次式で計算できる．

$$Z_{Ln} = jX_{Ln} = jn\omega L \quad [\Omega]$$

$$Z_{Cn} = jX_{Cn} = \frac{1}{jn\omega C} \quad [\Omega]$$

$$Y_{Ln} = jB_{Ln} = \frac{1}{jn\omega L} \quad [\mathrm{S}]$$

$$Y_{Cn} = jB_{Cn} = jn\omega C \quad [\mathrm{S}]$$

なお，理想的な抵抗（およびコンダクタンス）については，周波数に依存しない．すなわち，R [Ω] の抵

表 2.10.1　代表的な波形の評価指標

	波　形	直流成分	平均値	実効値	波形率×100［%］	波高率×100［%］
矩形波（方形波）	図 2.10.2(a)	0	V	V	1	1
全波整流波形	図 2.10.1(b)	$\frac{2\sqrt{2}\,V}{\pi}$	$\frac{2\sqrt{2}\,V}{\pi}$	V	$\frac{\pi}{2\sqrt{2}}$	$\sqrt{2}$
半波整流波形	図 2.10.3(a)	$\frac{\sqrt{2}\,V}{\pi}$	$\frac{\sqrt{2}\,V}{\pi}$	$\frac{\sqrt{2}\,V}{2}$	$\frac{\pi}{2}$	2
のこぎり波	図 2.10.4	$\frac{V}{2}$	$\frac{V}{2}$	$\frac{V}{\sqrt{3}}$	$\frac{2}{\sqrt{3}}$	$\sqrt{3}$
三角波	図 2.10.5	0	$\frac{V}{2}$	$\frac{V}{\sqrt{3}}$	$\frac{2}{\sqrt{3}}$	$\sqrt{3}$

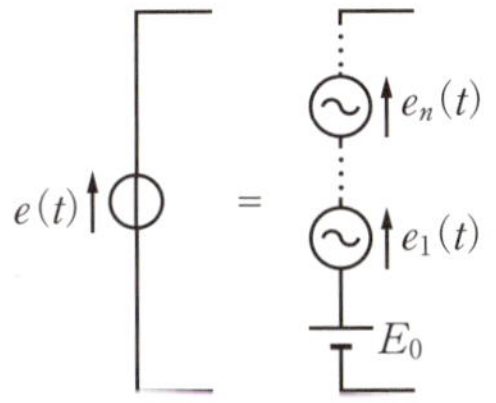

図 2.10.6　ひずみ波起電力

左側の回路図の電源は，ひずみ波交流起電力を一つの回路図記号で表すために，本図ではJISおよびIECで定められている理想電源圧の記号を使用している．

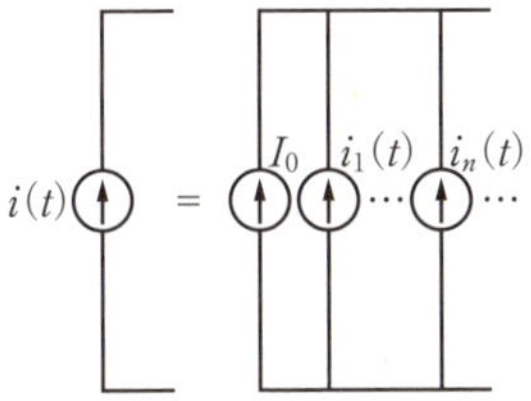

図 2.10.7　ひずみ波電流

抗のインピーダンスは，第 n 調波であっても R［Ω］であり，G［S］のコンダクタンスのアドミタンスは，第 n 調波であっても G［S］である．

ひずみ波起電力の場合，その起電力は，図 2.10.6 に示すように各成分の起電力を直列接続したものとして考えることができる．また，ひずみ波電流の場合，その電流は，図 2.10.7 に示すように各成分の電流を並列接続したものとして考えることができる．

例題 2-10-4

図 2.10.8(a)において，回路に流れる電流 $i(t)$ を求めよ．ただし，起電力 $e(t)$ は次式で表されるものとする．

$$e(t) = e_1(t) + e_5(t)$$
$$e_1(t) = 100\sqrt{2}\sin 100\pi t$$
$$e_5(t) = 20\sqrt{2}\sin 500\pi t$$

図 2.10.8(b)のように，二つの周波数成分の起電力が直列接続されているものと考え，図 2.10.8(c)に示すように二つの周波数成分の回路に分けて考えればよい．

まず，$\omega_1 = 100\pi$［rad/s］，$\omega_5 = 5\omega_1 = 500\pi$［rad/s］とすると，各周波数成分のインピーダンス $\boldsymbol{Z}_1$，$\boldsymbol{Z}_5$ は次式で表される．

$$\boldsymbol{Z}_1 = R + j\omega_1 L = 1 + j = \sqrt{2}e^{\phi_1}$$
$$\boldsymbol{Z}_5 = R + j\omega_5 L = 1 + 5j = \sqrt{26}e^{\phi_5}$$

ただし

$$\phi_1 = \arctan 1 = \frac{\pi}{4} \quad \text{[rad]}$$
$$\phi_5 = \arctan 5 \quad \text{[rad]}$$

これより，各周波数成分における電流は，次式のように求められる．

$$\boldsymbol{I}_1 = \frac{\boldsymbol{E}_1}{\boldsymbol{Z}_1} = \frac{100}{\sqrt{2}}e^{-\frac{\pi}{4}}$$
$$\boldsymbol{I}_5 = \frac{\boldsymbol{E}_5}{\boldsymbol{Z}_5} = \frac{20}{\sqrt{26}}e^{-\phi_5} = \frac{10\sqrt{26}}{13}e^{-\phi_5}$$

したがって，求める電流の値は次式となる．

$$i(t) = 100\sin\left(100\pi t - \frac{\pi}{4}\right) + \frac{20\sqrt{13}}{13}\sin(500\pi t - \phi_5)$$

［A］

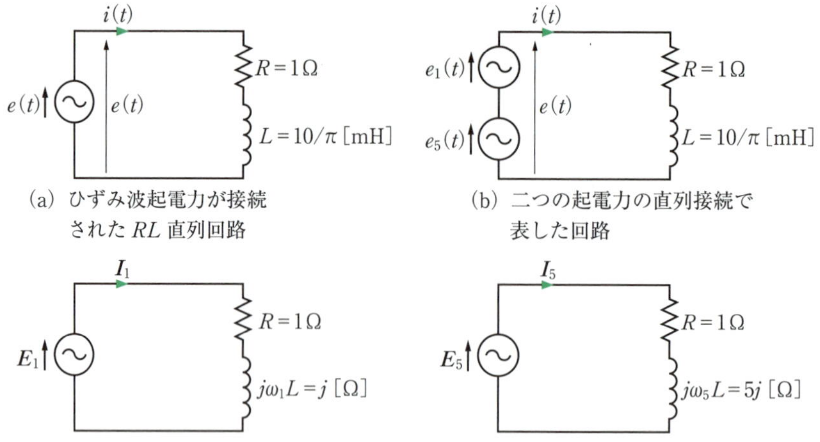

(a) ひずみ波起電力が接続された RL 直列回路　(b) 二つの起電力の直列接続で表した回路

(c) 各調波成分の回路

図 2.10.8　ひずみ波起電力が接続された RL 直列回路

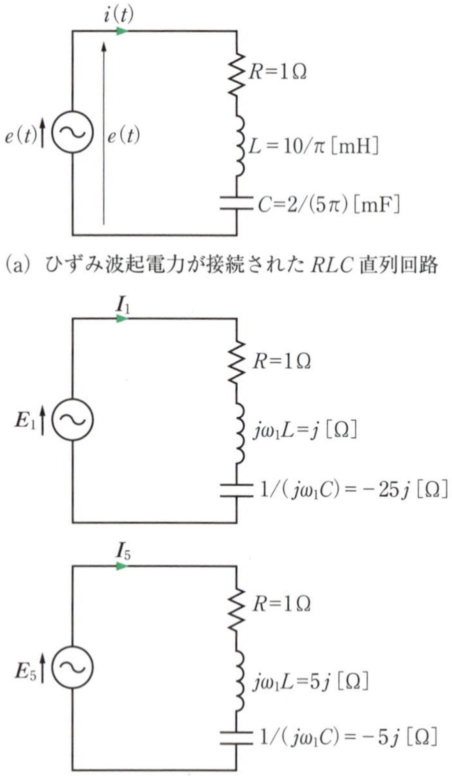

(a) ひずみ波起電力が接続された RLC 直列回路

(b) 各調波成分の回路

図 2.10.9　ひずみ波起電力が接続された RLC 直列回路

例題 2-10-5

図 2.10.9 に示す RLC 直列回路において，回路に流れる電流 $i(t)$ を求めよ．ただし，起電力 $e(t)$ は次式で表されるものとする．

$$e(t) = 100\sqrt{2}\sin 100\pi t + 20\sqrt{2}\sin 500\pi t$$

例題 2-10-4 と同様に，$\omega_1 = 100\pi$ [rad/s]，$\omega_5 = 5\omega_1 = 500\pi$ [rad/s] の各周波数成分のインピーダンス $\boldsymbol{Z}_1$，$\boldsymbol{Z}_5$ を求めると，次式が得られる．

$$\boldsymbol{Z}_1 = R + j\omega_1 L - j\frac{1}{\omega_1 C} = 1 - 24j = \sqrt{577}\,e^{\phi_1}$$

$$\boldsymbol{Z}_5 = R + j\omega_5 L - j\frac{1}{\omega_5 C} = 1$$

ただし

$$\phi_1 = -\arctan 24 \qquad \text{[rad]}$$

これより，各周波数成分における電流は次式のように求められる．

$$\boldsymbol{I}_1 = \frac{\boldsymbol{E}_1}{\boldsymbol{Z}_1} = \frac{100}{\sqrt{577}}e^{-\phi_1} = \frac{100\sqrt{577}}{577}e^{-\phi_1}$$

$$\boldsymbol{I}_5 = \frac{\boldsymbol{E}_5}{\boldsymbol{Z}_5} = \frac{20}{1} = 20$$

したがって，求める電流の値は次式となる．

$$i(t) = \frac{100\sqrt{1154}}{577}\sin(100\pi t - \phi_1) + 20\sqrt{2}\sin(500\pi t) \qquad \text{[A]}$$

ここで，$\omega_5 = 500\pi$ [rad/s] の成分では，インピーダンスの虚数成分が 0 になっている．すなわち，共振が生じている．このような現象は，**高調波共振**とよばれるもので，RLC 直列回路にひずみ波交流起電力が印加される場合や，ひずみ波交流電流が流れるような場合には注意が必要である．

d. ひずみ波交流回路の各種電力・力率

起電力 $v(t)$［V］，電流 $i(t)$［A］の瞬時値がそれぞれ式(2.10.17)，式(2.10.18)で与えられる場合，各種電力および力率は以下のように求めることができる．

$$v(t) = V_0+\sqrt{2}\,V_1\sin(\omega t-\theta_1)+\sum_{n=2}^{\infty}\sqrt{2}\,V_n\sin(n\omega t-\theta_n) \tag{2.10.17}$$

$$i(t) = I_0+\sqrt{2}\,I_1\sin(\omega t-\theta_1-\phi_1) + \sum_{n=2}^{\infty}\sqrt{2}\,I_n\sin(n\omega t-\theta_n-\phi_n) \tag{2.10.18}$$

（ i ） 瞬時電力

瞬時電力 $p(t)$［W］は，次式のように，電圧と電流の瞬時値を掛け合わせることにより求めることができる．

$$p(t) = v(t)\cdot i(t) \tag{2.10.19}$$

（ ii ） 有効電力

有効電力 P［W］は瞬時電力 $p(t)$ の平均値（直流成分）を計算することで求めることができる．

$$P = \frac{1}{T}\int_{t_0}^{t_0+T} p(t)dt = \frac{1}{T}\int_{t_0}^{t_0+T} v(t)\cdot i(t)dt$$

$$= V_0I_0+V_1I_1\cos\phi_1+\sum_{n=2}^{\infty}V_nI_n\cos\phi_n \tag{2.10.20}$$

上式からわかるように，ひずみ波交流電力は，各成分の有効電力を求め，足し合わせた値になる．

（ iii ） 皮相電力

皮相電力 S［VA］は，電圧 $v(t)$ の実効値 V_{rms} と電流 $i(t)$ の実効値 I_{rms} の掛け算により求めることができる．

$$S = V_{\mathrm{rms}}I_{\mathrm{rms}} \tag{2.10.21}$$

なお，電圧，電流の実効値は，式(2.10.13)により求めることができる．

（ iv ） 力率（総合力率）

力率（総合力率，power factor） PF は，有効電力 P を皮相電力 S で除することにより求めることができる．

$$\mathrm{PF} = \frac{P}{S} \tag{2.10.22}$$

単一周波数の正弦波とは異なり，電圧と電流の位相差で単純に表すことができないことに注意が必要である．

（ v ） 基本波力率

基本波成分の電圧と電流により力率を求めたものが**基本波力率（displacement power factor）**である．

$$\mathrm{DPF} = \frac{P_1}{S_1} = \frac{V_1I_1\cos\phi_1}{V_1I_1} = \cos\phi_1 \tag{2.10.23}$$

総合力率と異なり，基本波の電圧と電流の位相差により求めることができる．

例題 2-10-6

例題 2-10-4 の回路の有効電力，皮相電力，力率，基本波力率を求めよ．

例題 2-10-4 より，各周波数成分の電圧および電流の実効値は以下のように表される．

- ω_1 成分の電圧の実効値 $= 100$ V
- ω_5 成分の電圧の実効値 $= 20$ V
- ω_1 成分の電流の実効値 $= \dfrac{100}{\sqrt{2}} = 50\sqrt{2}$ A
- ω_5 成分の電流の実効値 $= \dfrac{20}{\sqrt{26}} = \dfrac{10\sqrt{26}}{13}$ A

これより，電圧の実効値 V と，電流の実効値 I は次のように求めることができる．

$$V = \sqrt{100^2+20^2} = 20\sqrt{26} \simeq 102.0\ \mathrm{V}$$

$$I = \sqrt{50^2\times2+10^2\times\frac{26}{13^3}} = 20\sqrt{\frac{163}{13}}$$

$$= \frac{20\sqrt{2119}}{13} \cong 70.8\ \mathrm{A}$$

したがって，1 Ω の抵抗に，この電流が流れるため，有効電力は

$$P = RI^2 = \frac{65200}{13} \cong 5015.4\ \mathrm{W}$$

となる．なお，以下のように各成分の有効電力の和として求めることもできる．

$$P = 5000+\frac{200}{13} = \frac{65200}{13} \cong 5015.4\ \mathrm{W}$$

また，皮相電力は

$$S = VI = 400\sqrt{326} \cong 7222.2\ \mathrm{VA}$$

となる．したがって，力率は

$$\mathrm{PF} = \frac{P}{S} = \frac{\sqrt{326}}{26} \cong 0.69$$

となる．また，ω_1 を基本波の角周波数であるとすると，基本波力率は

$$\mathrm{DPF} = \cos\frac{\pi}{4} = \frac{\sqrt{2}}{2} \cong 0.71$$

となる．

2.10.2 伝達関数

伝達関数（transfer function）とは，回路などのシステムの入力と出力のラプラス変換の比を表したもの

である．伝達関数がわかると，その伝達関数をもつシステムへの任意の入力に対する出力の変化（応答）を求めることができるほか，システムの安定性や周波数に対する特性を知ることができる．本項では，電気回路における伝達関数の求め方と，伝達関数からわかる回路の特性について述べる．

a. 伝達関数とステップ応答・インパルス応答

システムへの入力のラプラス変換を $E(s)$，出力のラプラス変換を $Y(s)$ とすると，伝達関数 $G(s)$ は次式で表すことができる．

$$G(s) = \frac{Y(s)}{E(s)} \tag{2.10.24}$$

前述のとおり，伝達関数 $G(s)$ をもつシステムに $E(s)$ を入力した場合，出力 $Y(s)$ は次式で表すことができる．

$$Y(s) = G(s)E(s) \tag{2.10.25}$$

ところで，あるシステムに単位ステップ $u(t)$ を入力したときの出力の変化（応答）を**ステップ応答（step response）**または，**インディシャル応答（indicial response）**という．また，システムにインパルス $\delta(t)$ を入力したときの応答を**インパルス応答（impulse response）**という．

例題 2-10-7

図 2.10.10(a)に示す RC 直列回路において，入力電圧を $v_{\rm in}(t)$，出力電圧をコンデンサに印加される電圧 $v_{\rm out}(t)$ とする．このときの伝達関数を求めよ．また，ステップ応答およびインパルス応答を求めよ．ただし，各変数の初期値は 0 とする．

図 2.10.10(a)の回路方程式は次式となる．

$$\begin{cases} v_{\rm in}(t) = Ri(t) + v_{\rm out}(t) \\ i(t) = C\dfrac{dv_{\rm out}(t)}{dt} \end{cases}$$

これらの式をラプラス変換して整理すると，次式が得られる．

$$V_{\rm in}(s) = RCsV_{\rm out}(s) + V_{\rm out}(s)$$

したがって，伝達関数は次式となる．

$$G(s) = \frac{V_{\rm out}(s)}{V_{\rm in}(s)} = \frac{1}{RCs+1} = \frac{\dfrac{1}{RC}}{s+\dfrac{1}{RC}} \tag{2.10.26}$$

次にステップ応答を求める．回路に単位ステップ電圧が入力された場合，入力電圧 $v_{\rm in}(t)$ のラプラス変換は次式で表される．

$$V_{\rm in}(s) = \frac{1}{s} \tag{2.10.27}$$

したがって，式(2.10.26)と(2.10.27)より，出力電圧 $v_{\rm out}(t)$ のラプラス変換は次式で表される．

$$V_{\rm out}(s) = \frac{1}{RC}\cdot\frac{1}{s+\dfrac{1}{RC}}\cdot\frac{1}{s}$$

この式を逆変換することにより，ステップ応答を求めると次式が得られる．

$$v_{\rm out}(t) = 1 - e^{-\frac{t}{RC}} \tag{2.10.28}$$

この波形を図 2.10.10(b)に示す．

次に，インパルス応答を求める．インパルス入力の場合，入力電圧のラプラス変換は次式で得られる．

$$V_{\rm in}(s) = 1 \tag{2.10.29}$$

したがって，出力電圧のラプラス変換は次式で表される．

$$V_{\rm out}(s) = \frac{1}{RC}\cdot\frac{1}{s+\dfrac{1}{RC}}$$

この式を逆変換することにより，インパルス応答を求めると次式が得られる．

$$v_{\rm out}(t) = \frac{1}{RC}e^{-\frac{t}{RC}}$$

この波形を図 2.10.10(c)に示す．

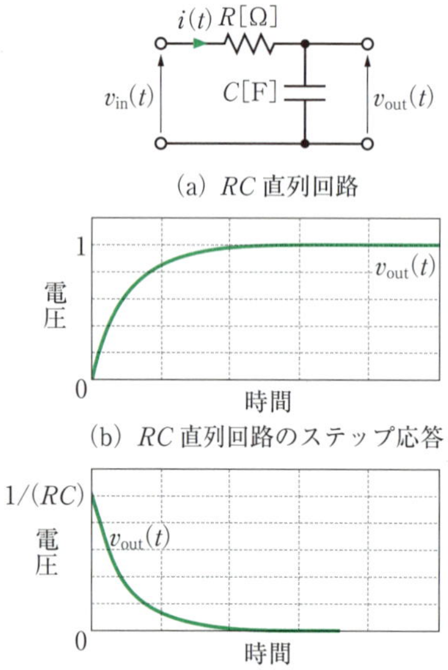

(a) RC 直列回路
(b) RC 直列回路のステップ応答
(c) RC 直列回路のインパルス応答

図 2.10.10　RC 直列回路とその応答

例題 2-10-8

図 2.10.11(a)に示す CR 直列回路において，入力電圧を $v_{\rm in}(t)$，出力電圧を抵抗に印加される電圧 $v_{\rm out}(t)$ とする．このときの伝達関数を求めよ．また，ステップ応答およびインパルス応答を求めよ．ただし，各変

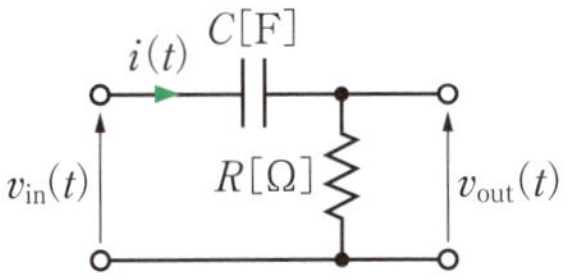

(a) CR 直列回路

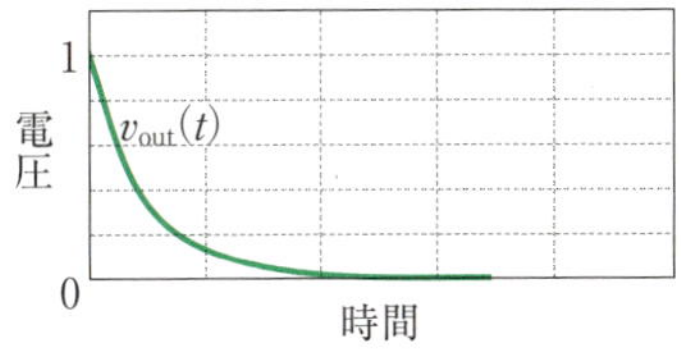

(b) CR 直列回路のステップ応答

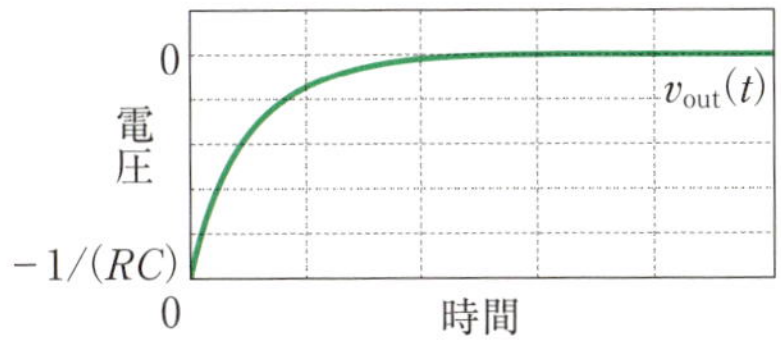

(c) CR 直列回路のインパルス応答

図 2.10.11　CR 直列回路とその応答

数の初期値は 0 とする．

図 2.10.11(a)の回路方程式は次式となる．

$$\begin{cases} v_{\mathrm{in}}(t) = v_c(t) + v_{\mathrm{out}}(t) \\ C\dfrac{dv_c(t)}{dt} = \dfrac{v_{\mathrm{out}}(t)}{R} \end{cases}$$

これらの式をラプラス変換して整理すると，次式が得られる．

$$Cs(V_{\mathrm{in}}(s) - V_{\mathrm{out}}(s)) = \frac{V_{\mathrm{out}}(s)}{R}$$

したがって，伝達関数は次式となる．

$$G(s) = \frac{V_{\mathrm{out}}(s)}{V_{\mathrm{in}}(s)} = \frac{RCs}{RCs+1} = \frac{s}{s+\dfrac{1}{RC}} \tag{2.10.30}$$

次に，単位ステップ電圧を入力した場合の出力電圧のラプラス変換は，次式で表される．

$$V_{\mathrm{out}}(s) = \frac{1}{s+\dfrac{1}{RC}}$$

この式を逆変換することにより，ステップ応答を求めると次式が得られる．

$$v_{\mathrm{out}}(t) = e^{-\frac{t}{RC}}$$

この波形を図 2.10.11(b)に示す．

次に，インパルス応答を求める．このときの出力電圧のラプラス変換は次式で表される．

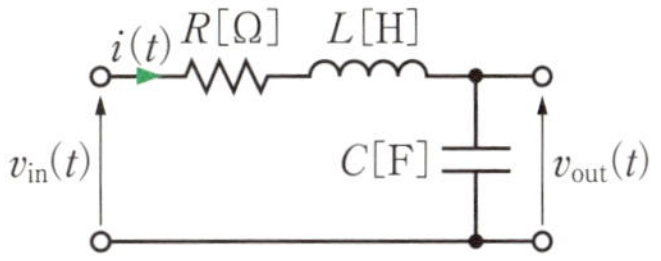

図 2.10.12　RLC 直列回路

$$V_{\mathrm{out}}(s) = \frac{s}{s+\dfrac{1}{RC}}$$

この式を逆変換することにより，インパルス応答を求めると次式が得られる．

$$v_{\mathrm{out}}(t) = -\frac{1}{RC}e^{-\frac{t}{RC}}$$

この波形を図 2.10.11(c)に示す．

例題 2-10-9

図 2.10.12 に示す RLC 直列回路において，入力電圧を $v_{\mathrm{in}}(t)$，出力電圧をコンデンサに印加される電圧 $v_{\mathrm{out}}(t)$ とする．このときの伝達関数を求めよ．

図 2.10.12 の回路方程式は次式となる．

$$\begin{cases} v_{\mathrm{in}}(t) = Ri(t) + L\dfrac{di(t)}{dt} + v_{\mathrm{out}}(t) \\ i(t) = C\dfrac{dv_{\mathrm{out}}(t)}{dt} \end{cases}$$

これらの式をラプラス変換して整理すると，次式が得られる．

$$V_{\mathrm{in}}(s) = RCsV_{\mathrm{out}}(s) + LCs^2V_{\mathrm{out}}(s) + V_{\mathrm{out}}(s)$$

したがって，伝達関数は次式となる．

$$G(s) = \frac{V_{\mathrm{out}}(s)}{V_{\mathrm{in}}(s)} = \frac{1}{LCs^2+RCs+1} = \frac{\dfrac{1}{LC}}{s^2+\dfrac{R}{L}s+\dfrac{1}{LC}} \tag{2.10.31}$$

b. 任意の入力に対する応答

伝達関数が与えられると，そのシステムに任意の信号が入力された場合の応答を求めることができる．すなわち，式(2.10.25)の $E(s)$ に任意の入力のラプラス変換を代入することで，応答のラプラス変換が得られ，それをラプラス逆変換することにより，応答の式が得られる．

例題 2-10-10

伝達関数が次式で与えられるシステムの入力に振幅 A，角周波数 ω [rad/s] の正弦波信号を入力したときの応答を求めよ．

$$G(s) = \frac{\omega_c}{s+\omega_c} \tag{2.10.32}$$

入力信号をラプラス変換すると，次式で表される．

$$E(s) = A\frac{\omega}{s^2+\omega^2}$$

したがって，出力のラプラス変換 $Y(s)$ は次式で表される．

$$\begin{aligned} Y(s) &= G(s)E(s) \\ &= \frac{A\omega\omega_c}{(s^2+\omega^2)(s+\omega_c)} \\ &= \frac{A\omega\omega_c}{(s+j\omega)(s-j\omega)(s+\omega_c)} \end{aligned}$$

この式をラプラス逆変換すると，次式が得られる．

$$y(t) = \frac{A\omega_c}{\omega^2+\omega_c^2}(\omega e^{-\omega_c t} - \omega\cos\omega t + \omega_c \sin\omega t)$$

c. 極と零点

伝達関数 $G(s)$ が次式で表されるものとする．

$$G(s) = \frac{q(s)}{p(s)} = \frac{b_m s^m + b_{m-1}s^{m-1} + \cdots + b_1 s + b_0}{s^n + a_{n-1}s^{n-1} + \cdots + a_1 s + a_0} \tag{2.10.33}$$

この式で，分母多項式 $p(s)$ の根（$p(s)=0$ の解）を**極（pole）**といい，分子多項式 $q(s)$ の根（$q(s)=0$ の解）を**零点（zero）**という．$p(s)=0$ を**特性方程式**という．

この極から，システムの応答や安定性がわかる．

(i) 極配置と応答・安定性

伝達関数から求められる極の配置（**極配置**）から，システムの応答を知ることができる．例題 2-10-7 の *RC* 直列回路の伝達関数は，式(2.10.26)で示されることがわかっている．したがって，この回路の極は次式で与えられる．

$$p_1 = -\frac{1}{RC}$$

また，先の例題から，ステップ応答は式(2.10.28)で与えられるが，これを，極 p_1 を用いて表すと次式となる．

$$v_{\mathrm{out}}(t) = 1 - e^{-\frac{t}{RC}} = 1 - e^{p_1 t}$$

この式からわかることは，p_1 が正の値の場合，時間の経過に伴い出力が発散してしまう．すなわち，不安定である．一方，p_1 が負の場合には，時間の経過に伴い出力が定常値（この場合は 1）に収束する．すなわち安定である．さらに，極の絶対値 $|p_1|$ が大きいほど，定常状態に近付くまでの時間が短くなることがわかる．言い換えると，極の実部が負の値をとる場合には，そのシステムは安定であり，時間の経過に伴い定常状態に収束していき，極の絶対値が大きいほど時定数は短くなり，速く定常状態に落ち着くことになる．

次に，例題 2-10-9 に示した *RLC* 直列回路について考える．式(2.10.31)の伝達関数より，特性方程式の解は次式で表される．

$$p_n = \frac{-RC \pm \sqrt{(RC)^2 - 4LC}}{2LC}$$

すでに 2.9 節で述べられているように，*RLC* 直列回路は，*R*，*L*，*C* の値の関係によって，振動的になったり，非振動的になったりする．極との関係でいえば，極に虚部が含まれていれば振動的になり，虚部が含まれなければ非振動的になるということである．

ここで，振動的になる場合を考え，極が次式で与えられるものとする．

$$p_1 = \alpha + j\omega_n$$
$$p_2 = \alpha - j\omega_n$$

ただし

$$\alpha = \frac{R}{2L}$$

$$\omega_n = \sqrt{\frac{1}{LC} - \frac{R^2}{4L^2}}$$

RLC 直列回路に単位ステップ電圧が印加されたときの出力電圧は，次式で表すことができる．

$$v_{\mathrm{out}}(t) = \frac{1}{\omega_n L}e^{-\alpha t}\sin\omega_n t$$

このことより，極の虚部が周波数を表していることがわかる．したがって，虚部の大きさが大きくなるほど，振動の周波数が高くなる．

極の配置とインパルス応答の関係を複素平面上で示したものを図 2.10.13 に示す．図中×印を付けた部分が極である．

(a)と(b)の極配置におけるステップを比較すると，(a)の極の方が虚軸より遠方にあるため，収束までの時間が短くなっている．さらに，虚軸上に極がある(c)では，収束も発散もせず，虚軸よりも右側に極がある(d)では，発散することがわかる．

また，実軸上に極がある（すなわち虚部が 0 である）(a)～(d)の場合には振動が生じないが，(e)～(g)のように虚数成分がある場合には振動が生じることがわかる．このとき，実軸から離れるほど振動の周波数が高くなる．なお，応答に振動が生じる場合においても，極の実部の符号により，収束するか，発散するかが決まる．

すなわち，極が複素平面の右半面になければ，そのシステムは安定である．

R，*L*，*C* で構成される回路（受動回路）は，極が正になることはなく，応答が発散することはない，すなわち安定なシステムであるといえる．一方で，トラ

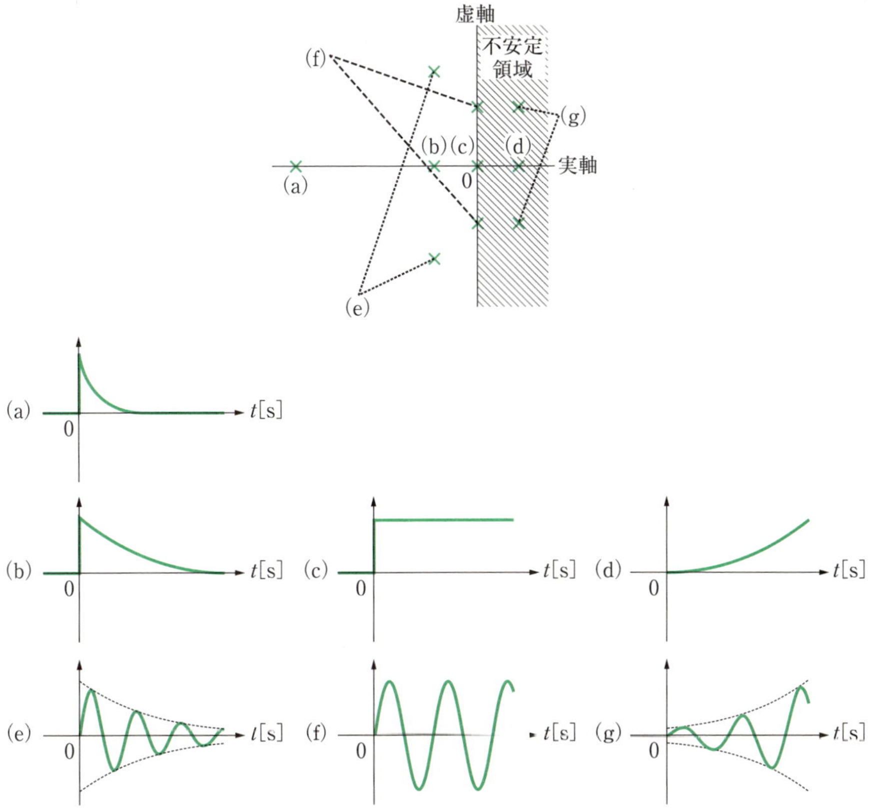

図 2.10.13　極の配置とインパルス応答の関係

ンジスタなどの半導体を用いた回路（能動回路）では，極が正になり応答が発散する場合がある．

システムの安定性を判別する方法は，上記の極の実部により判別する方法以外にもあるが，その詳細については制御工学などの書籍を参考にされたい．

（ii） 零点と応答

零点についても，応答に影響を及ぼす．零点が複素平面の右半面にある場合，一度逆向きに応答してから収束に向かう**逆応答（inverse response）**が生じる．ただし，システムの安定性は，前述の極によって定まるため，応答が発散するわけではない．

なお，極の近くに零点がある場合，極と零点の互いの影響が相殺される．

d. 周波数特性

システムの伝達関数が与えられると，例題 2-10-10 に示したように，振幅 A，角周波数 ω [rad/s] の正弦波信号がそのシステムの入力に与えられた場合の出力を求めることができる．

ここで，振幅 A が一定である正弦波信号を，角周波数 ω を変化させながら入力し，入力信号に対する出力信号の振幅比や位相の変化を示したものが**周波数特性（周波数応答）**である．周波数特性を表す際，一般的には，**ボード線図（Bode diagram）**が使用される．

伝達関数が与えられた場合，以下のようにしてボード線図を描くことができる．

まず，$s = j\omega$ を伝達関数に代入すると，**周波数伝達関数（frequency transfer function）**$G(j\omega)$ が得られる．

$$G(j\omega) = |G(j\omega)|e^{j\phi} \qquad (2.10.34)$$

ただし，$\phi = \angle G(j\omega)$ で，入力信号に対する出力信号の**位相（phase）**を表す．また，$|G(j\omega)|$ は，入出力信号の振幅（あるいは実効値）の比を表し，**ゲイン（利得，gain）**とよばれる．

ボード線図は，横軸に角周波数 ω [rad/s]（あるいは周波数 f [Hz]）をとり，縦軸にゲインを対数値で表した値をプロットしたものと，位相をプロットしたものを上下に並べて表記したグラフである．ゲインの

対数値 g を求める際には次式が用いられ，その単位には［dB］（デシベル）が用いられる．なお，d は国際単位系の接頭辞の一つである 10^{-1} を表し，B はアレクサンダー・グラハム・ベルの名前に由来している．

$$g = 20\log_{10}|G(j\omega)| \tag{2.10.35}$$

入力信号と出力信号の振幅が等しければ，$|G(j\omega)| = 1$ となり，$g = 0$ となる．また，入力信号の振幅よりも出力信号の振幅が大きいとき，すなわち $|G(j\omega)| > 1$ のときには，$g > 0$ となり，入力信号の振幅よりも出力信号の振幅が小さいとき，すなわち $|G(j\omega)| < 1$ のときには，$g < 0$ となる．

例題 2-10-11

図 2.10.10(a)に示す RC 直列回路の周波数伝達関数を求めよ．また，$R = 1\,\Omega$，$C = 1000\,\mu\mathrm{F}$ のときのボード線図を描け．

例題 2-10-7 の式(2.10.26)より，伝達関数は次式で表される．

$$G(s) = \frac{\dfrac{1}{RC}}{s+\dfrac{1}{RC}} \tag{2.10.36}$$

$s = j\omega$ を代入することにより，次式の周波数伝達関数が求まる．

$$G(j\omega) = \frac{\dfrac{1}{RC}}{j\omega+\dfrac{1}{RC}} = \frac{\dfrac{1}{RC}}{\sqrt{\omega^2+\left(\dfrac{1}{RC}\right)^2}}e^{j\phi} \tag{2.10.37}$$

ただし，$\phi = -\tan^{-1}(\omega RC)$ である．

式(2.10.37)に，抵抗およびキャパシタンスを代入しゲインを求めると，次式が得られる．

$$g = 20\log_{10}\frac{1000}{\sqrt{\omega^2+1000^2}} \qquad [\mathrm{dB}]$$

また，位相は次式で表される．

$$\phi = \tan^{-1}\frac{\omega}{1000} \qquad [\mathrm{rad}]$$

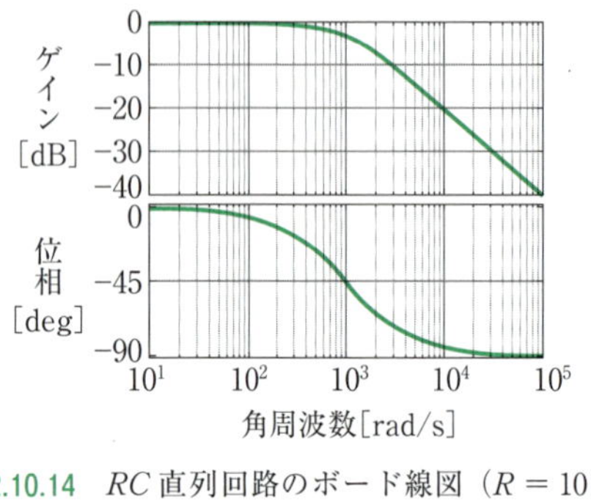

図 2.10.14　RC 直列回路のボード線図（$R = 10\,\Omega$，$C = 1000\,\mu\mathrm{F}$）

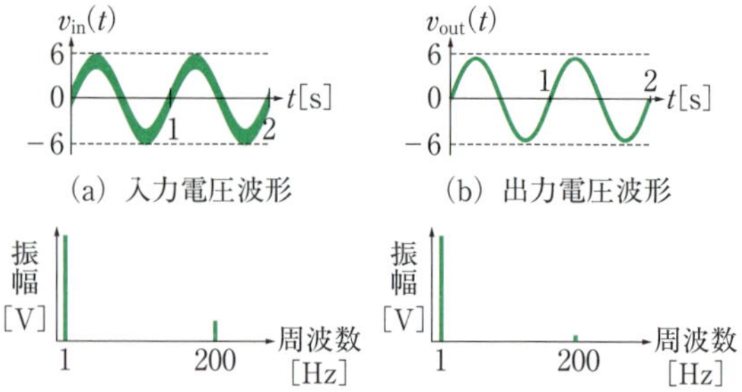

(a) 入力電圧波形　(b) 出力電圧波形

(c) 入力電圧波形のスペクトル　(d) 出力電圧波形のスペクトル

図 2.10.15　遮断周波数が 1000 rad/s のローパスフィルタにひずみ波交流電圧を接続した場合の例

これよりボード線図を描くと**図 2.10.14** のようになる．

この図より，**図 2.10.10**(a)の RC 直列回路では，周波数が低いときには，入力電圧と出力電圧の振幅が等しく，同位相になることがわかる．また，周波数が高くなるにつれて，出力電圧の振幅が小さくなり，位相は 90° 遅れる方向にずれていくことがわかる．

言い換えると，この回路では，周波数の低い信号は，そのまま通し，周波数の高い信号は通しにくくしていると捉えることができる．

このような周波数に対して振幅や位相が変化する性質を積極的に利用したものに，**フィルタ（filter）回路**がある．

図 2.10.10(a)の RC 直列回路は，**低域通過フィルタ（ローパスフィルタ，low pass filter）**に分類できる．**図 2.10.14** のボード線図で，$\omega = 1000\,\mathrm{rad/s}$ のとき，ゲインは，約 $-3\,\mathrm{dB}$ となり，入力電圧に対して出力電圧の振幅は，$1/\sqrt{2}$ 倍になる．このときの周波数や角周波数は**遮断周波数（cutoff frequency）**や遮断角周波数とよばれている．

RC 直列回路では，伝達関数が式(2.10.36)で表されるが，この式で，遮断角周波数を $\omega_c = 1/(RC)$ とおくと式(2.10.32)が得られる．

例題 2-10-11 の回路の入力に，次式で表されるひずみ波交流電圧を入力した場合の，入力電圧 v_{in} と出力電圧 v_{out} の波形とスペクトルを**図 2.10.15** に示す．

$$v_{in}(t) = 5\sin 2\pi t + \sin 400\pi t$$

図 2.10.15 を見るとわかるように，入力電圧波形には，1 Hz の基本波に 200 Hz の高調波が重畳されているが，出力電圧波形では，高調波成分が低減されていることがわかる．

例題 2-10-12

図 2.10.11(a)に示す CR 直列回路において，$R = 1$

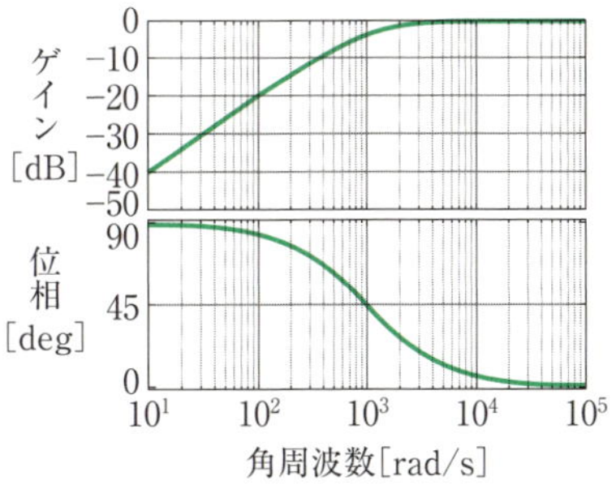

図 2.10.16　*CR* 直列回路のボード線図（$R = 10\,\Omega$, $C = 1000\,\mu\mathrm{F}$）

Ω，$C = 1000\,\mu\mathrm{F}$ のときのボード線図を描け．

式(2.10.30)に抵抗およびキャパシタンスの値を代入すると，次式が得られる．

$$G(s) = \frac{s}{s+1000}$$

これよりゲイン g，および位相 ϕ は次式で表される．

$$g = 20\log_{10}\frac{\omega}{\sqrt{\omega^2+1000^2}} \qquad [\mathrm{dB}]$$

$$\phi = \frac{\pi}{2} - \tan^{-1}\frac{\omega}{1000} \qquad [\mathrm{rad}]$$

したがって，ボード線図は図 2.10.16 のようになる．

図を見ると，図 2.10.10(a)の *RC* 直列回路の場合と反対に，図 2.10.11(a)の *CR* 直列回路では，低い周波数の信号は減衰させ，高い周波数の信号を通過させる特性を有していることがわかる．すなわち，**高域通過フィルタ（high pass filter）**として機能することがわかる．

フィルタには，このほかに，ある周波数帯域の信号を通過させる**帯域通過フィルタ（band pass filter）**や，ある周波数帯域の信号を減衰させる**帯域阻止フィルタ（band elimination filter）**がある．なお，帯域阻止フィルタは，**ノッチフィルタ**や**帯域除去フィルタ**とよばれることもある．

例題 2-10-13

図 2.10.17(a)に示す *LCR* 直列回路において，$R = 1\,\Omega$，$L = 100\,\mu\mathrm{H}$，$C = 200\,\mu\mathrm{F}$ のときの伝達関数を求め，ボード線図を描け．

図 2.10.17(a)の伝達関数は次式で表される．

$$G(s) = \frac{RCs}{LCs^2+RCs+1} = \frac{\frac{R}{L}s}{s^2+\frac{R}{L}s+\frac{1}{LC}} \tag{2.10.38}$$

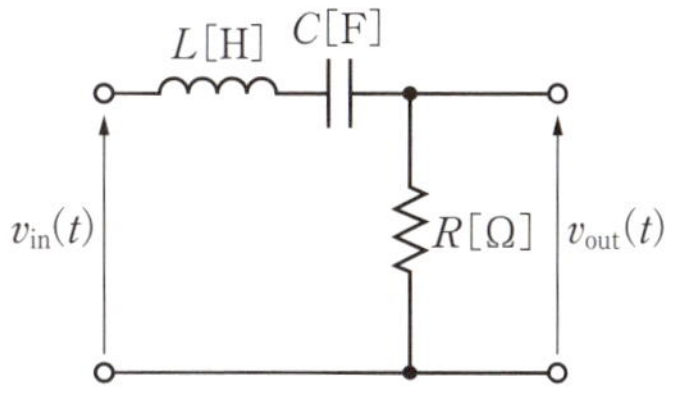

(a) *LCR* 直列回路

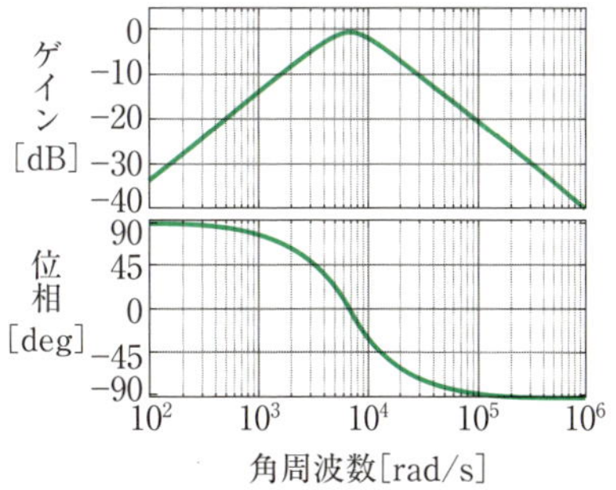

(b) *LCR* 直列回路のボード線図

図 2.10.17　*LCR* 直列回路とそのボード線図

この式に値を代入すると次式が得られる．

$$G(s) = \frac{10\times10^3 s}{s^2+10\times10^3 s+50\times10^6}$$

この伝達関数のボード線図を図 2.10.17(b)に示す．

図よりわかるように，この回路は，ある周波数帯域の信号を通過させる帯域通過フィルタの特性を有している．

式(2.10.38)で，$\omega_0 = 1/\sqrt{LC}$，$Q = \sqrt{L}/(R\sqrt{C})$ とおくと，次式が得られる．

$$G(s) = \frac{\frac{\omega_0}{Q}s}{s^2+\frac{\omega_0}{Q}s+\omega_0^2} \tag{2.10.39}$$

この式で，ω_0 [rad/s] は中心角周波数とよばれており，f_0 [Hz] で表したものを中心周波数とよぶ．また，Q は **Q 値（quality factor）**とよばれている．Q 値が大きいほど中心周波数近傍の狭い帯域の周波数を通過させる．

例題 2-10-14

図 2.10.18(a)に示す *RLC* 直列回路において，$R = 1\,\Omega$，$L = 100\,\mu\mathrm{H}$，$C = 200\,\mu\mathrm{F}$ のときの伝達関数を求め，ボード線図を描け．

図 2.10.18(a)の伝達関数は次式で表される．

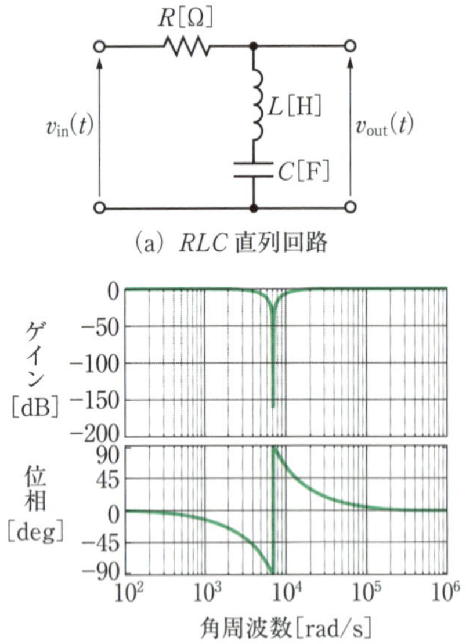

(a) *RLC* 直列回路

(b) *RLC* 直列回路のボード線図

図 2.10.18　*RLC* 直列回路とそのボード線図

$$G(s)=\frac{LCs^2+1}{LCs^2+RCs+1}=\frac{s^2+\dfrac{1}{LC}}{s^2+\dfrac{R}{L}s+\dfrac{1}{LC}} \tag{2.10.40}$$

この式に値を代入すると次式が得られる．

$$G(s)=\frac{s^2+50\times10^6}{s^2+10\times10^3s+50\times10^6}$$

この伝達関数のボード線図を図 2.10.18(b)に示す．

図よりわかるように，この回路は，ある周波数帯域の信号を阻止する帯域阻止フィルタの特性を有している．

式(2.10.40)で，$\omega_0=1/\sqrt{LC}$，$Q=\sqrt{L}/(R\sqrt{C})$ とおくと，次式が得られる．

$$G(s)=\frac{s^2+\omega_0^2}{s^2+\dfrac{\omega_0}{Q}s+\omega_0^2} \tag{2.10.41}$$

この式においても，ω_0 は中心角周波数［rad/s］を表しており，Q は Q 値を表している．Q 値が大きいほど中心周波数近傍の狭い帯域の周波数を阻止することになる．

2.10 節のまとめ

- **周期 T［s］で繰り返されている波形は，フーリエ級数展開することで，直流成分，および複数の周波数成分の正弦波・余弦波の和で表すことができる．**
- **横軸に次数や周波数，縦軸に各成分の振幅をとってグラフで表したものを周波数スペクトル，あるいは振幅スペクトルやスペクトルという．周波数スペクトルを見れば，対象とするひずみ波がどのような周波数成分で構成されたものなのか一目瞭然である．**
- **複数の周波数成分を含む電圧や電流が回路に印加されたり，入力されたりする回路の定常状態における電圧や電流，電力を求める場合，周波数成分ごとに値を求めて，それらの値の重ね合わせにより解を求めることができる．このとき，理想的なコイルやコンデンサであっても，インピーダンス（リアクタンス）やアドミタンス（サセプタンス）が周波数（次数）によって変化することに注意が必要である．**
- **伝達関数は，回路等のシステムの入力と出力のラプラス変換の比を表したものであり，伝達関数がわかると，システムに任意の信号を入力した場合の応答や，システムの安定性，周波数に対する特性を知ることができる．**
- **あるシステムに単位ステップを入力したときの応答をステップ応答，またはインディシャル応答という．また，システムにインパルスを入力したときの応答をインパルス応答という．**
- **伝達関数の分母多項式の根を極といい，極によりそのシステムの応答安定性を調べることができる．**
- **ボード線図を用いることでシステムの性質を知ることができる．**

参 考 文 献

［1］有馬泉，岩崎晴光，基礎電気回路 1〈第 3 版〉，森北出版（2014）．

［2］大野克郎，西哲生，大学課程 電気回路（1）〈第 3 版〉，オーム社（1999）．

［3］小澤孝夫，電気回路 I ―基礎・交流編―，朝倉書店（2014）

[4] 小澤孝夫，電気回路Ⅱ―過渡現象・伝送回路編―，朝倉書店（2014）

[5] 金原粲 監修，加藤政一，和田成夫，佐野雅敏，田井野徹，鷹野致和，高田進 著，専門基礎ライブラリー 電気回路〈改訂版〉，実教出版（2016）.

[6] 内藤喜之，電気学会大学講座 電気・電子基礎数学―電磁気・回路のための―，電気学会（1980）.

[7] 中村福三，千葉明，電気回路基礎論，朝倉書店（1999）.

[8] 成田誠之助，小林侔史，電気回路理論―基本問題演習を中心とした―，昭晃堂（1978）.

[9] 平山博，大附辰夫，電気学会大学講座 電気回路論〈3版改訂〉，電気学会（2008）.

[10] 南谷晴之，松本佳宣，詳しく学ぶ電気回路―基礎と演習―，コロナ社（2005）.

[11] 森真作，電気回路ノート，コロナ社（1977）.

[12] 柳沢健，電気学会大学講座 回路理論基礎，電気学会（1986）.

[13] 涌井伸二，橋本誠司，高梨宏之，中村幸紀，現場で役立つ制御工学の基本，コロナ社（2012）.

[14] J. A. Edminister 著，村崎憲雄 他訳，マグロウヒル大学演習 電気回路，オーム社（1995）.

[15] L.J. Tung, B.W. Kwan, Circuit analysis, World Scientific Publishing Co.（2001）.

[16] S. Karni, Applied circuit analysis, John Wiley & Sons（1988）.

3. 電子回路

3.1 電子回路を理解するうえで必要な基礎事項

3.1.1 はじめに

電子回路は，携帯電話やテレビ，パソコンなど身のまわりのほぼすべての電気製品，さらには自動車や航空機などでも利用されており，現代の生活になくてはならない重要なものである．電子回路には，増幅などを扱うアナログ電子回路とコンピュータに代表されるディジタル電子回路の2種類がある．ディジタル電子回路は，実際の回路からみると，アナログ電子回路の特殊例ということができる．このため，電子回路というと，一般的にアナログ電子回路を取り扱う場合が多い．本章でも，このアナログ電子回路を取り扱うこととし，以下，電子回路とよぶこととする．

さて，このような電子回路は，マイクやセンサなどからの微弱な信号（電圧や電流）を，大きな信号（電圧や電流）に変換（増幅とよぶ）することが主となるため，増幅の概念をしっかりとつかむことが重要であり，電子回路を理解する近道となる．電子回路では，抵抗，コンデンサ（キャパシタ，または容量），コイル（インダクタ）などの素子（デバイス）に加え，**ダイオード（diode）**，**トランジスタ（transistor）**などの**半導体（semiconductor）**素子が使用される．これらの半導体素子は，電流-電圧特性が非線形となるため，動作や取扱いを理解することは電子回路を理解するうえで重要なポイントとなる．なお，トランジスタのような電気信号を増幅する作用がある素子は能動素子とよばれ，抵抗や，コンデンサ，コイルのように増幅作用がない素子は受動素子とよばれる．特にトランジスタは増幅作用を実現するための素子であり，最も重要な素子である．しかし，後で述べるように，トランジスタはその非線形特性ゆえにさまざまな考慮が必要となる．なお，近年ではトランジスタを用いて構成された**集積回路（integrated circuit：IC）素子**である**演算増幅器**（**operational amplifier：OP アンプ，オペアンプ**ともよばれる）により増幅回路などの電子回路を実現することも多くなっている．この演算増幅器は，理想的な素子にみたてることができるため，トランジスタを用いた回路に比べて取扱いが簡単であり，増幅回路を容易に実現でき，理解も簡単である．

そこで，この章では，増幅回路を確実に理解するため，理想的な回路により増幅の概念を学習した後で，演算増幅器による回路を学習し，最後にトランジスタを用いた増幅回路や発振回路，電源などを学ぶ．

電子回路は，半導体素子と受動素子である抵抗，コンデンサ，コイルを用いるため，回路の設計や解析には電気回路の知識が必要である．特に，オームの法則はもちろんのこと，キルヒホッフの法則の利用は必須であるので，2章でよく理解してほしい．また，交流理論，インピーダンス，デシベル（dB），二端子対回路，ラプラス変換などの知識も必要となる．今後の学習で重要となる事項をまとめると

① 電気回路理論
② 能動素子の直流および小信号（交流）での振る舞い
③ 能動素子の線形近似手法（モデリング）
④ 回路動作の理解（設計・解析）

となる．

3.1.2 独立電源

独立電源（一般に電源）は，電子回路にエネルギーを供給したり，入力の信号源になったりと，なくてはならない素子である．独立電源には，電圧源と電流源があり，それぞれに直流と交流を表す回路記号がある．なお，電圧や電流の変数は，大文字は直流を，小文字は交流をそれぞれ示している．

a. 電圧源

電圧源の回路記号を図 3.1.1 に示す．電圧源は，流れる電流によらず，端子間電圧が起電力（開放電圧）V_0（直流の場合），v_0（交流の場合）に等しくなる．つまり，電圧源の両端にどのような回路をつないでも電圧源の両端の電圧は起電力に等しくなる．これより，電圧源の内部インピーダンスは0となっているこ

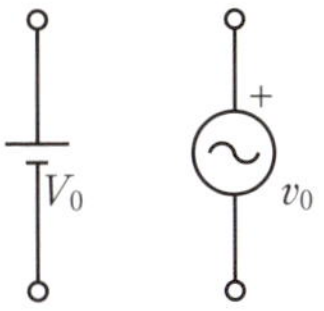

(a) 直流 (b) 交流

図 3.1.1 電圧源

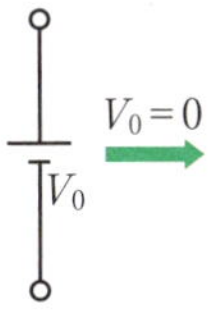

図 3.1.2 電圧値が 0 の電圧源（図は直流の場合．交流も同様）

とがわかる．したがって，電圧値が 0 の電圧源は短絡回路として扱える（図 3.1.2）．なお，このような理由から電圧源の両端を短絡することや，異なる電圧の電圧源を並列に接続することは禁止である．

b．電流源

電流源の回路記号を図 3.1.3 に示す．電流源は，端子間に印加される電圧によらず，電流 I_0（直流の場合），i_0（交流の場合）を流す．つまり，電流源の両端にどのような回路をつないでも電流源から出力される電流は変化しない．これより，電流源の内部インピーダンスは無限大となっていることがわかる．したがって，電流値が 0 の電流源は開放回路として扱える（図 3.1.4）．なお，このような理由から電流源の両端を開放することや，異なる電流の電流源を直列に接続することは禁止である．

例題 3-1-1

今，図 3.1.5 に示すように交流電圧源（v_{ac}）と直流電圧源（V_{DC}）が抵抗 R によって接続されている回路がある．このとき，節点 X での直流電圧 V_X と節点 Y での交流電圧 v_y をそれぞれ求めよ．

直流電圧源（V_{DC}）および交流電圧源（v_{ac}）の内部インピーダンスは 0 であるため，この直流電圧源を流れる交流電流 i_{ac} は（上から下方向を正とすると）$i_{ac} = v_{ac}/R$ となる．したがって，節点 Y での交流電圧は $v_y = i_{ac} \times 0 = 0\,\mathrm{V}$ となる．同様に，交流電圧源（v_{ac}）の内部インピーダンスも 0 であるため，節点 X での直流電圧は $V_X = 0\,\mathrm{V}$ となる．

この例題は，トランジスタ回路で小信号解析を行う際に重要な意味をもつため，本質を十分に理解してほしい．

なお，実験などで使用する実際の直流電源や交流電源は，内部抵抗（内部インピーダンス）をもっている．例えば，電池などの電圧の場合は，図 3.1.6 に示すように，電圧源に直列に内部抵抗 ρ [Ω] を接続した回路で表すことができる[*1]．電流源の場合を図 3.1.7 に示す．このような場合もあるので，電圧源（電流源）を理想電圧源（理想電流源）とよび，内部抵抗のある場合を実電圧源（実電流源）とよぶときもある．この章では，電圧源や電流源とよぶ場合は，理想のものを表すこととする．なお，実電圧源と実電流源は，相互に変換が可能である．例えば図 3.1.6(a) と

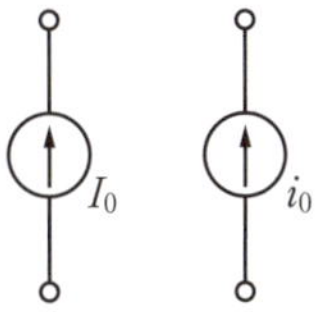

(a) 直流 (b) 交流

図 3.1.3 電流源

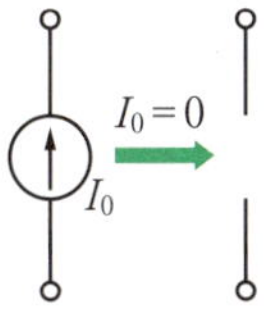

図 3.1.4 電流値が 0 の電流源（図は直流の場合．交流も同様）

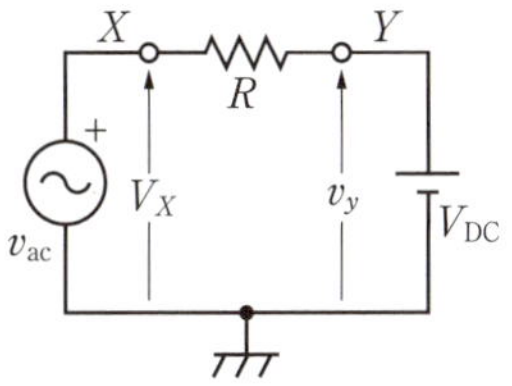

図 3.1.5 交流電圧源と直流電圧源が抵抗によって接続されている回路

*1 抵抗の回路記号は，旧 JIS の （のこぎり歯状）ではなく，新 JIS の （箱状）に移行している．しかし，本章では，抵抗とインピーダンスを区別するためと，実際に社会で流通している回路図では抵抗は依然として旧 JIS 表記が多いことから，抵抗は従来ののこぎり歯状の記号を使用し，インピーダンスは箱状の記号を使用する．

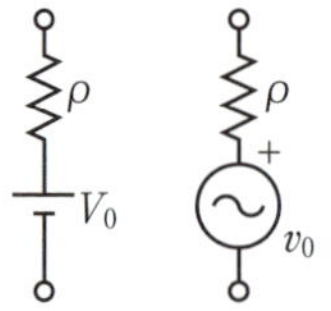

(a) 直流　(b) 交流

図 3.1.6　実電圧源

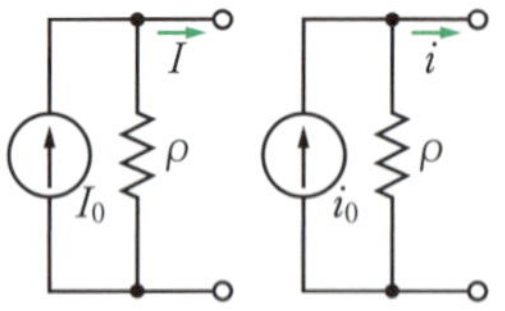

(a) 直流　(b) 交流

図 3.1.7　実電流源

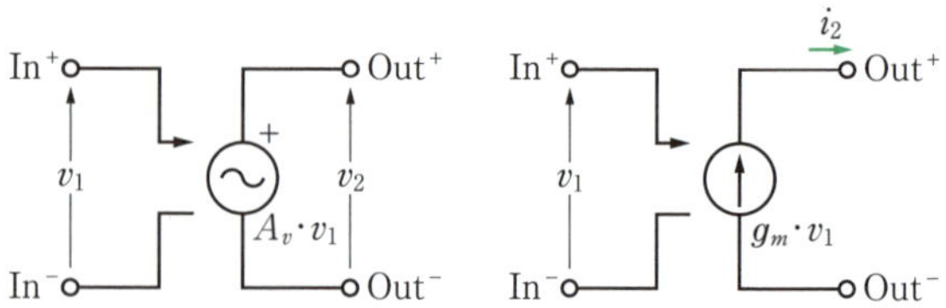

(a) 電圧制御電圧源　(b) 電圧制御電流源

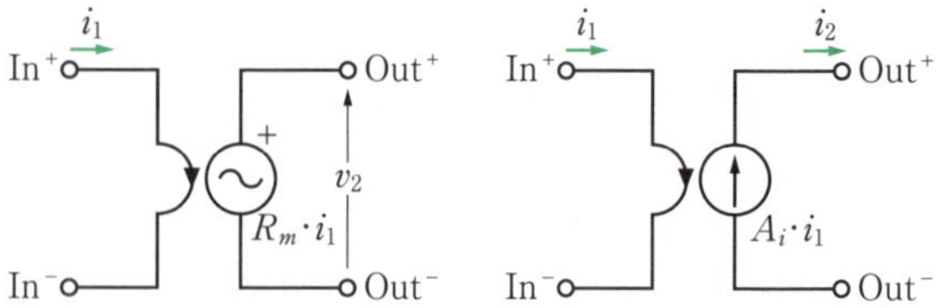

(c) 電流制御電圧源　(d) 電流制御電流源

図 3.1.8　制御電源

図 3.1.6(b)では，$V_0 = \rho I_0$ の関係で変換できる．

3.1.3　制御電源

制御電源は，電圧または電流によって制御される電源であり，制御入力が電圧か電流か，また，出力（制御される側）が電圧か電流かにより 4 種類が存在する．電子回路では，能動素子を制御電源によって近似するため，非常に重要な電源である．

(1)　電圧制御電圧源　　図 3.1.8(a)に電圧制御電圧源を示す．この回路は入力電圧 v_1 を A_v［倍］して，v_2 として出力する．つまり，$v_2 = A_v v_1$ となる．ここで A_v は電圧利得［倍］（または電圧増幅度［倍］）である．

(2)　電圧制御電流源　　図 3.1.8(b)に電圧制御電流源を示す．この回路は入力電圧 v_1 を g_m［S］で電流に変換して，i_2 として出力する．つまり，$i_2 = g_m v_1$ となる．ここで，g_m は伝達コンダクタンス［S］である．

(3)　電流制御電圧源　　図 3.1.8(c)に電流制御電圧源を示す．この回路は入力電流 i_1 を R_m［Ω］で電圧に変換して，v_2 として出力する．つまり，$v_2 = R_m i_1$ となる．ここで，R_m は伝達抵抗［Ω］である．

(4)　電流制御電流源　　図 3.1.8(d)に電流制御電流源を示す．この回路は入力電流 i_1 を A_i［倍］して，i_2 として出力する．つまり，$i_2 = A_i i_1$ となる．ここで，A_i は電流利得［倍］（または電流増幅度［倍］）である．

なお，ここでは交流信号で記述したが，直流信号も扱うことができる．

3.1 節のまとめ

・電子回路の学習の前段階として

① 電気回路理論の知識

② 独立電源の理解（電圧源，電流源，内部インピーダンスなど）

③ 制御電源（電圧制御電圧源，電圧制御電流源，電流制御電圧源，電流制御電流源）の理解

が重要である．

3.2　増幅回路の基礎

この節では，理想素子を用いた増幅回路の特徴と特性（入力インピーダンス，電圧利得など）について説明する．演算増幅器やトランジスタなどの能動素子を用いた実際の増幅回路は，一般的に入力端子が二つで出力端子が二つある二端子対回路（四端子回路）とし

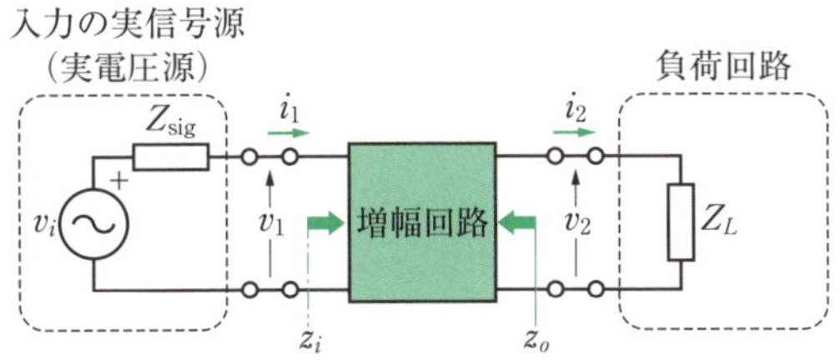

図 3.2.1 入力の実信号源と負荷回路を接続した増幅回路

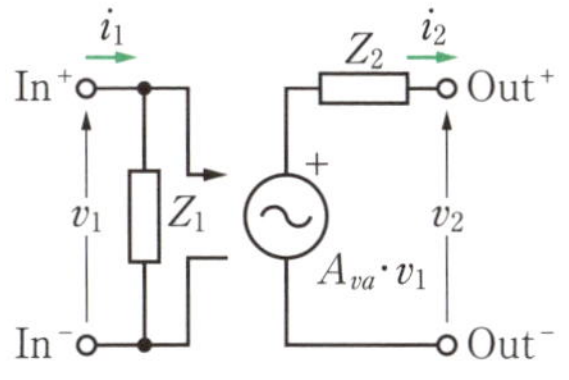

図 3.2.3 増幅回路のモデル例

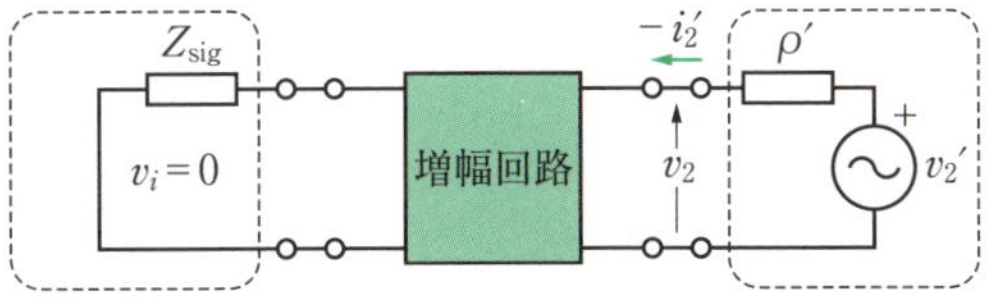

図 3.2.2 出力インピーダンスを求めるための回路

て表すことができる．このような増幅回路に，入力信号源として電圧源 v_{in} [V] と内部インピーダンス Z_{sig} [Ω] の直列回路（実信号源）を，出力側には負荷インピーダンス Z_L を接続した図 3.2.1 の回路を考える．このとき，この増幅回路の主な特性は，各端子に生じる電圧や電流を用いて次のように表すことができる．なお，ここでは便宜上，交流信号で表しているが，直流信号でも同様である．

① 入力インピーダンス　$Z_{\mathrm{in}} = \dfrac{v_1}{i_1}$　[Ω]

② 電圧利得　$A_v = \dfrac{v_2}{v_1}$　[倍]

③ 電流利得　$A_i = \dfrac{i_2}{i_1}$　[倍]

④ 電力利得　$A_p = A_v \cdot A_i$　[倍]

⑤ 出力インピーダンス　$Z_{\mathrm{out}} = \left.\dfrac{v_2}{-i'_2}\right|_{v_i=0}$　[Ω]

ただし，Z_{out} を求める場合には，図 3.2.2 のように出力側の Z_L を電圧源 v_2' と内部抵抗 ρ' の直列回路に置き換え，入力の電圧源は $v_{\mathrm{in}} = 0$ とする．

今，例として増幅回路が図 3.2.3 に示す電圧制御電圧源とインピーダンスによる回路で表されるとして，上記の ①～⑤ の諸量を導出する．ここで，Z_1 と Z_2 はそれぞれ増幅回路の入力インピーダンスと出力インピーダンスで，A_{va} は電圧利得である．実際，後に学習する演算増幅器やトランジスタを用いた増幅回路は図 3.2.3 のように表すことができるため，この導出過程は非常に重要となる．

図 3.2.3 を用いて上記 ①～⑤ を計算すると

① 入力インピーダンス　$Z_{\mathrm{in}} = \dfrac{v_1}{i_1} = Z_1$　[Ω]

② 電圧利得　$A_v = \dfrac{v_2}{v_1} = A_{va}\dfrac{Z_L}{Z_2+Z_L}$　[倍]

③ 電流利得　$A_i = \dfrac{i_2}{i_1} = A_{va}\dfrac{Z_1}{Z_2+Z_L}$　[倍]

④ 電力利得

$$A_p = A_v \cdot A_i = A_{va}{}^2 \frac{Z_1 Z_L}{(Z_2+Z_L)^2} \quad [倍]$$

⑤ 出力インピーダンス

$$Z_{\mathrm{out}} = \left.\frac{v_2}{-i'_2}\right|_{v_i=0} = Z_2 \quad [\Omega]$$

が得られる．ここでは計算として求めたが，実際の増幅回路においてこれらの諸量を測定する場合も図 3.2.1 や図 3.2.2 を用いて行われる．なお，負荷 Z_L を取り外した無負荷時には，Z_L を無限大とすることで，求めることができる．

例題 3-2-1

図 3.2.3 における Z_{in}，A_v，A_i，A_p，Z_{out} をそれぞれ計算し，上記になることを確認せよ．

3.2 節のまとめ

- **増幅回路の特性を表す諸量として，① 入力インピーダンス，② 回路の利得（電圧利得，電流利得，電力利得），③ 出力インピーダンス，の定義と導出方法を理解することが重要である．その際，増幅回路のモデルとして，制御電源を用いることが重要である．**

3.3　演算増幅器を用いた回路

3.3.1　演算増幅器（オペアンプ）を用いた基本回路

a. 演算増幅器（operational amplifier）

電圧増幅率 A の極端に高い直流増幅器 IC のことを演算増幅器（オペアンプ）とよぶ．

オペアンプには，図 3.3.1 のように五つの端子が存在する．

入力端子（正相入力，逆相入力）
出力端子
電源端子（正電源，負電源）

このうち，電源端子については回路図を作成するときは省略される．

オペアンプの基本動作は，「逆相入力端子を電位の基準とした入力端子間の電位差（差動入力）v_{in} をそれと同じ極性で増幅する」ことである．つまり，$v_{\mathrm{out}} = Av_{\mathrm{in}}$ となる出力が得られる．

物理的に電源端子に付加されている電源電圧以上の出力を得ることはできない．このとき，電源電圧で出力が頭打ちになっていることを**飽和**とよぶ（図 3.3.2）．

回路の解析を行うために，理想的なオペアンプの特性を以下のように考える．

電圧増幅率（A）：無限大
入力抵抗：∞ Ω
出力抵抗：0 Ω

このとき，理想的なオペアンプでは，増幅率（A）は無限大なので，差動入力が 0 V でないとき，出力電圧は無限大になる．これでは実際の回路としては利用できないので，差動入力が 0 V となるように回路を構成する必要がある．

これを実現するために，一般的に**負帰還回路**を利用する．負帰還回路については，後で詳述する．

ここで図 3.3.3 のような回路について動作を考える．

まず，帰還回路（R_2）がない場合は，a 点には正電圧 v_{in} がかかり，$v_{\mathrm{out}} = -Av_{\mathrm{in}}$ となる．次に負帰還回路の場合，この出力電圧が抵抗 R_2 を介して戻され，a 点（逆相入力）の電圧が下がり，差動入力電圧が小さくなる．a 点の電圧が負になると，c 点には正の電圧が現れ，a 点の電圧を上げる．この現象が瞬時に起こり，$v_{\mathrm{in}} = 0$ で安定する．負帰還をかけることで，差動入力が 0 V になる．このとき，正相入力と逆相入力が見かけ上短絡しているようになる．これを**仮想短絡（バーチャルショート）**とよぶ．

また，図の回路では正相入力が接地しているので，点 a の電位も 0 V になる．これを**仮想接地（バーチャルアース**またはバーチャルグラウンド）とよぶ．

a 点に流れる電流 I は

$$I = \frac{v_{\mathrm{in}}}{R_1} \tag{3.3.1}$$

となる．

オペアンプの入力抵抗は ∞ としているので，オペアンプには電流が流れ込まず，すべて抵抗 R_2 に流れる．このことから，c 点の電位 v_{out} は

$$v_{\mathrm{out}} = -R_2 I \tag{3.3.2}$$

よって，入力電圧 v_{in} と出力電圧 v_{out} の比である増幅率は

$$\frac{v_{\mathrm{out}}}{v_{\mathrm{in}}} = -\frac{R_2}{R_1} \tag{3.3.3}$$

となる．

この増幅率はオペアンプの特性（オペアンプの電圧

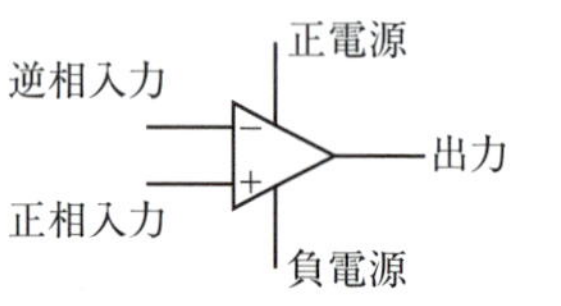

図 3.3.1　オペアンプの端子

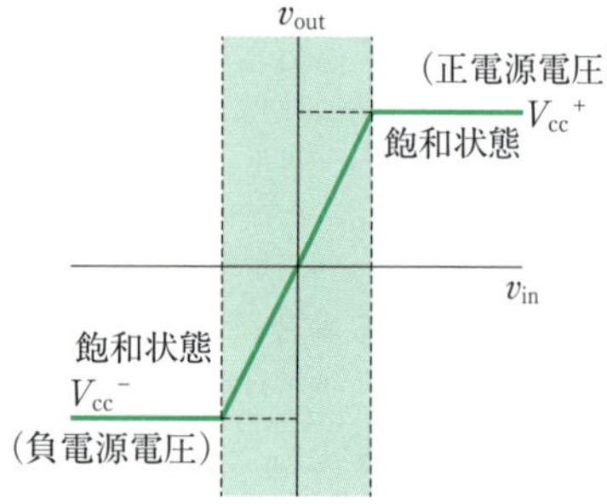

図 3.3.2　オペアンプの出力電圧

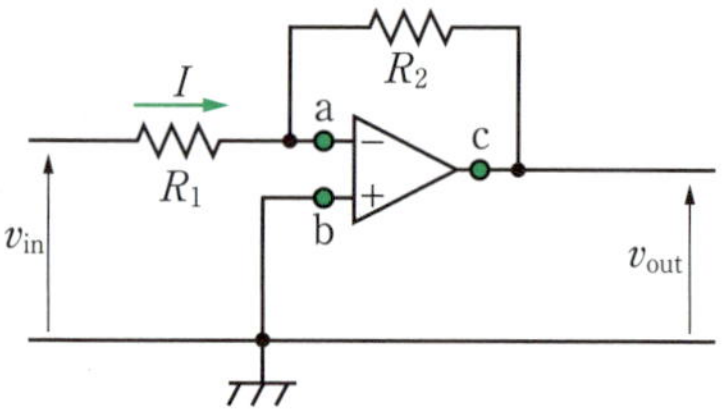

図 3.3.3　負帰還のある回路

増幅率 A）とは無関係なので，オペアンプのばらつきや温度変化などの影響をあまり受けない．

b. 反転増幅回路

図 3.3.3 の回路のことを反転増幅回路とよぶ．回路の増幅率は

$$\frac{v_{\text{out}}}{v_{\text{in}}} = -\frac{R_2}{R_1} \tag{3.3.4}$$

となり，出力と入力の正負が反転していることがわかる．また，二つの抵抗を選択することで任意の倍率にすることができる．

c. 非反転増幅回路

反転増幅器は任意の倍率を実現できるが，差動入力電圧とは符号が反転した出力電圧しか得られない．そこで，図 3.3.4 のような回路を考える．

この回路でも，負帰還になっているので，正相入力と逆相入力は仮想短絡していると考えられる．

正相入力に v_{in} をかけると入力抵抗 ∞ なので，オペアンプに電流は流れない．そのため，a 点と b 点の電位が等しくなるように出力側から電流が流れる．そのため

$$v_{\text{in}} = IR_1 \tag{3.3.5}$$

また，$v_{\text{out}} = (R_1+R_2)I$ より

$$\frac{v_{\text{out}}}{v_{\text{in}}} = 1+\frac{R_2}{R_1} \tag{3.3.6}$$

出力と入力の符号が同じになるが，増幅率は 1 より大きな値になる．この回路を非反転増幅回路（または正相増幅回路）とよぶ．

d. ボルテージフォロア

次に，増幅率が 1 の回路，つまり，入力電圧を追従する回路を考える．図 3.3.5 のような回路は増幅率が 1 となり，ボルテージフォロア（緩衝増幅器）とよばれる．この回路はその性質上，電子回路の作成のうえで，非常に重要な役割を果たす．

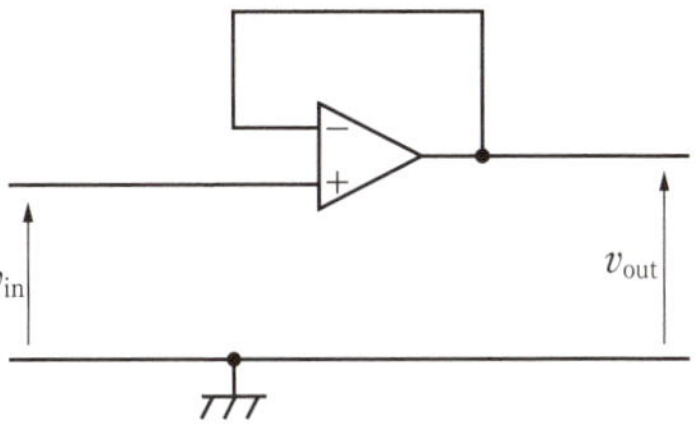

図 3.3.5　ボルテージフォロア

この回路でも，負帰還になっているため，仮想短絡になっているので，差動入力が 0 になるように出力電圧が生じる．そのため，電圧増幅率は

$$\frac{v_{\text{out}}}{v_{\text{in}}} = 1 \tag{3.3.7}$$

となる．

e. 差動増幅回路

図 3.3.6 のような正相入力と逆相入力の両方に電圧をかける回路について考える．この回路は二つの入力電圧の電位差を増幅する回路で，差動増幅回路とよばれる．信号の伝送などで生じる**同相ノイズ**を取り除くときに使用する．

a 点と b 点の電位が等しくなるので

$$v_1 - R_1 I_1 = R_2 I_2 \tag{3.3.8}$$

となる．また

$$v_1 = R_1 I_1 + R_2 I_1 + v_{\text{out}} \tag{3.3.9}$$

となり，電流 I_1 は

$$I_1 = \frac{v_1 - v_{\text{out}}}{R_1+R_2} \tag{3.3.10}$$

となる．同様に

$$v_2 = (R_1+R_2)I_2 \tag{3.3.11}$$

から，電流 I_2 は

$$I_2 = \frac{v_2}{R_1+R_2} \tag{3.3.12}$$

となる．式 (3.3.8) に式 (3.3.10) と式 (3.3.12) を代入して，整理すると

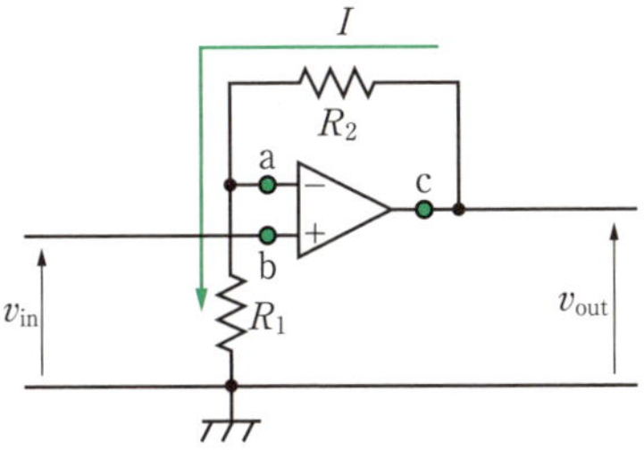

図 3.3.4　非反転増幅回路

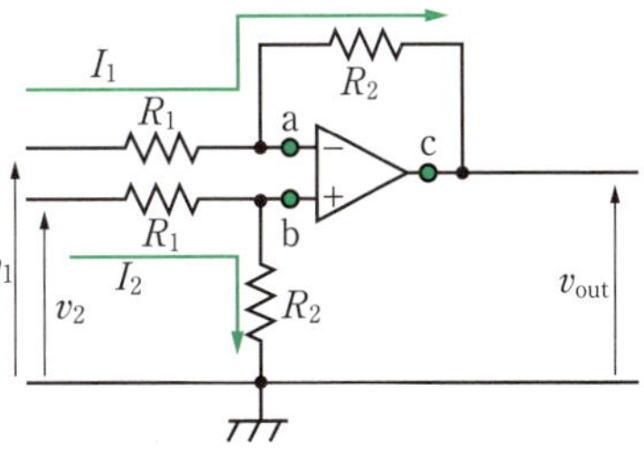

図 3.3.6　差動増幅回路

$$v_{\text{out}} = -\frac{R_2}{R_1}(v_1 - v_2) \qquad (3.3.13)$$

を得る．

式(3.3.13)より，入力の電位差と出力は符号が逆になる．

3.3.2 演算増幅器を用いた応用回路

次に，オペアンプを利用した応用回路について考える．オペアンプは，その名のとおり，増幅器以外にアナログ信号の演算を行う回路の作成に利用される．

a. 加算器

図 3.3.7 の回路のように，逆相入力端子に複数の入力電圧をかけると，これらの電圧を加算した出力を得ることができる．この回路のことを加算器とよぶ．ただし，符号が逆になる．

a 点を流れる電流 I は仮想短絡と仮想接地から

$$I = \frac{1}{R}(v_1 + v_2 + v_3) \qquad (3.3.14)$$

となる．仮想接地から，a 点と b 点の電位は

$$v_a = v_b = 0\text{ V} \qquad (3.3.15)$$

となり，出力電圧 v_{out} は

$$v_{\text{out}} = 0 - RI = -RI \qquad (3.3.16)$$

となる．ここで，電流 I に式(3.3.14)を代入すると

$$v_{\text{out}} = -(v_1 + v_2 + v_3) \qquad (3.3.17)$$

が得られる．

b. 減算器

3.3.1 項 e. の差動増幅回路で抵抗をすべて R にすると，減算器になっていることがわかる．このことから，同様に正相入力に複数の電圧をかけた場合，これらの値を減算した出力を得ることができる．これらを利用すると加減算回路を作成できる．

図 3.3.8 の回路では，出力電圧 v_{out} は以下のようになる．

$$v_{\text{out}} = v_4 + v_5 + v_6 - (v_1 + v_2 + v_3) \qquad (3.3.18)$$

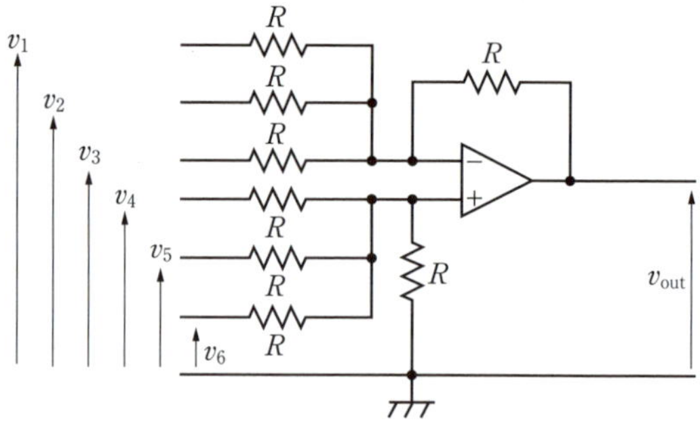

図 3.3.8　加減算器

符号は反転しているが，加減算が行われていることが理解できる．

c. 積分回路

次に図 3.3.9 のような負帰還回路の部分の抵抗をコンデンサに置き換えた回路を考える．

コンデンサ C の両端の電位差 V_C は，電荷量を q とすると

$$V_C = \frac{q}{C} \qquad (3.3.19)$$

となる．抵抗 R に流れる i と q の関係より

$$V_C = \frac{1}{C}\int i\,dt \qquad (3.3.20)$$

となるが，仮想短絡と仮想接地より

$$i = \frac{v_{\text{in}}}{R} \qquad (3.3.21)$$

となる．このことから

$$V_C = \frac{1}{RC}\int v_{\text{in}}\,dt \qquad (3.3.22)$$

となり，仮想接地から a 点と b 点の電位は

$$V_a = V_b = 0\text{ V} \qquad (3.3.23)$$

より，出力電圧 v_{out} は

$$v_{\text{out}} = 0 - V_C = -\frac{1}{RC}\int v_{\text{in}}\,dt \qquad (3.3.24)$$

となる．v_{out} は入力電圧 v_{in} の積分に比例するので，

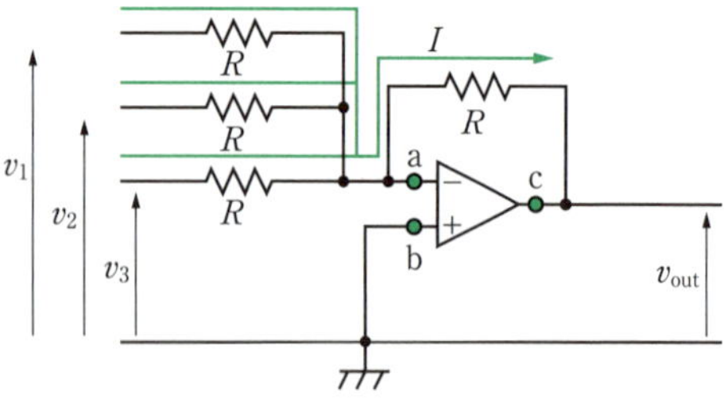

図 3.3.7　加算器

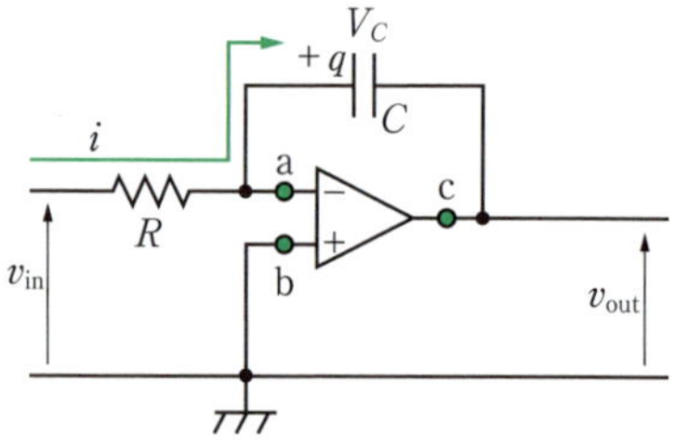

図 3.3.9　積分回路

この回路は積分回路になっている．

d. 微分回路

次に，図 3.3.10 のような逆相入力端子の部分の抵抗をコンデンサに置き換えた回路を考える．

帰還部分の抵抗に流れる電流 i は，コンデンサ C にたまる電荷量を q とすると

$$i = \frac{dq}{dt} \tag{3.3.25}$$

となる．仮想接地から a 点と b 点の電位は

$$V_a = V_b = 0\,\mathrm{V} \tag{3.3.26}$$

となり，コンデンサ C の両端の電位差 V_C は

$$V_C = v_{\mathrm{in}} \tag{3.3.27}$$

となる．また，静電容量と電荷量の関係より

$$i = \frac{dq}{dt} = C\frac{dv_{\mathrm{in}}}{dt} \tag{3.3.28}$$

となる．このことから，出力電圧 v_{out} は

$$v_{\mathrm{out}} = 0 - Ri = -RC\frac{dv_{\mathrm{in}}}{dt} \tag{3.3.29}$$

となり，出力は入力電圧の微分に比例する．そのため，この回路は微分回路になっている．

e. ローパスフィルタ

次に，オペアンプを利用したフィルタを考える．図 3.3.11 のように負帰還部に抵抗 R とコンデンサ C の並列回路を挿入する．

帰還回路のインピーダンス Z は

$$Z = \frac{R_2}{1 + j\dfrac{f}{f_C}} \tag{3.3.30}$$

となる．ここで，f_C はフィルタの**遮断（カットオフ）周波数**で，以下の式で表される．

$$f_C = \frac{1}{2\pi CR_2} \tag{3.3.31}$$

ここで，入力信号の周波数が高い場合，インピーダンスは

$$Z = \frac{1}{j\omega C} \tag{3.3.32}$$

となり，低い場合は

$$Z = R_2 \tag{3.3.33}$$

となる．このことから，周波数が低い場合は，増幅率が一定の反転増幅器になっていることがわかる．また，回路の増幅率は，以下のとおりになる．

$$\frac{v_{\mathrm{out}}}{v_{\mathrm{in}}} = -\frac{1}{1 + j\dfrac{f}{f_C}}\frac{R_2}{R_1} \tag{3.3.34}$$

図 3.3.12 にグラフを示す．このことから，この回路は入力電圧に含まれる周波数の低い成分だけを取り出す回路となっている．この回路をローパスフィルタ（低域通過フィルタ）とよぶ．

f. ハイパスフィルタ

同様に，図 3.3.13 のような逆相入力端子の部分に抵抗 R とコンデンサ C の直列回路を挿入した回路を考える．

入力部分のインピーダンス Z は

$$Z = \frac{1 + j\dfrac{f}{f_C}}{j\omega C} \tag{3.3.35}$$

となる．ここで，f_C はフィルタの遮断（カットオフ）周波数で，以下の式で表される．

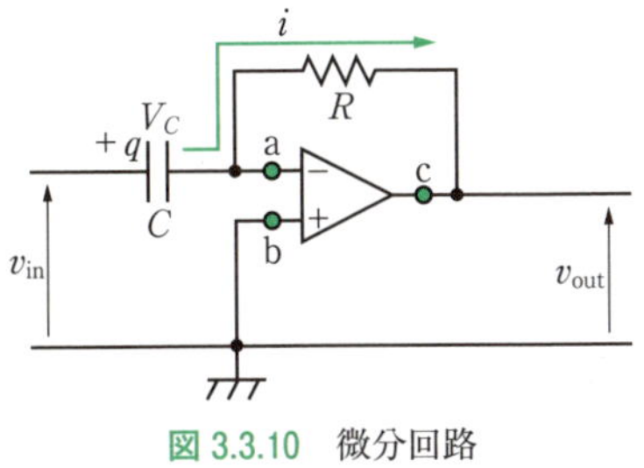

図 3.3.10 微分回路

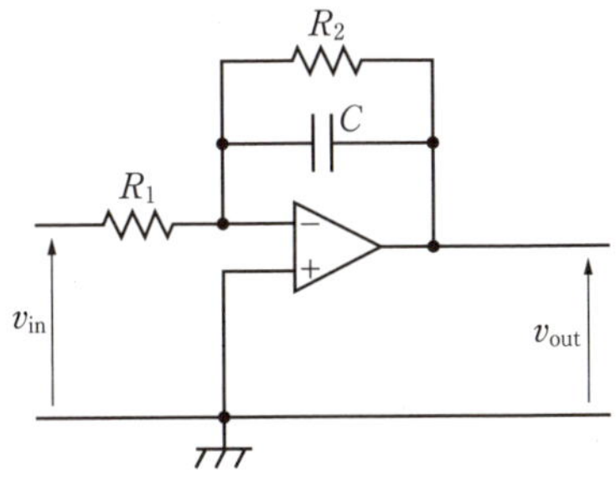

図 3.3.11 ローパスフィルタ

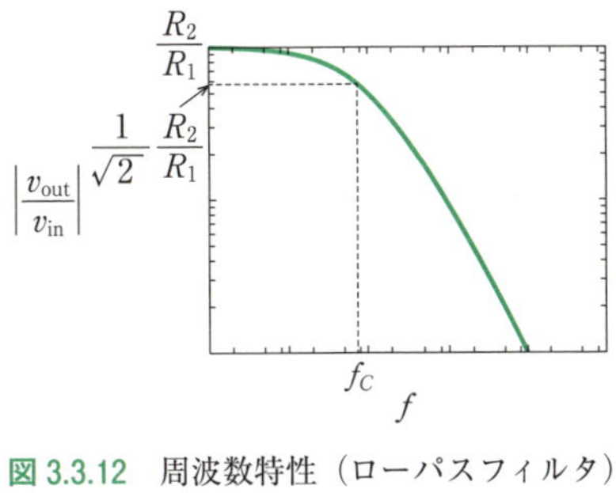

図 3.3.12 周波数特性（ローパスフィルタ）

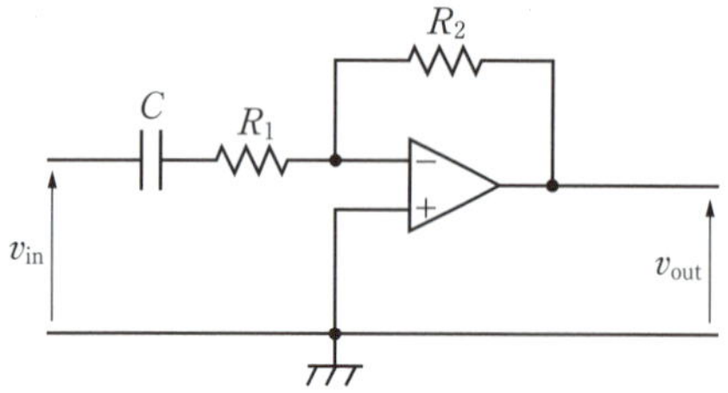

図 3.3.13　ハイパスフィルタ

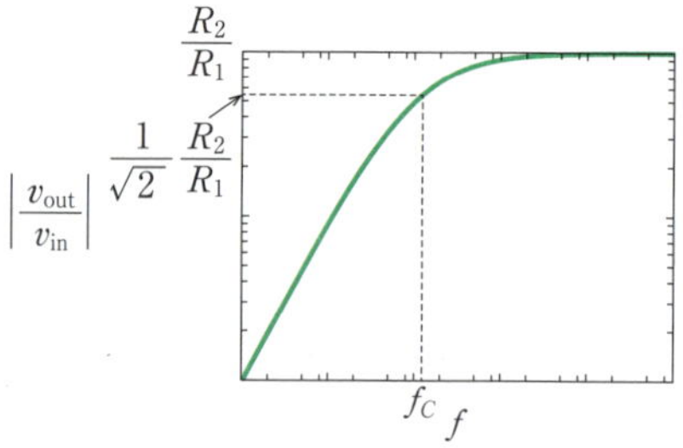

図 3.3.14　周波数特性（ハイパスフィルタ）

$$f_C = \frac{1}{2\pi CR_1} \tag{3.3.36}$$

ここで，入力信号の周波数が低い場合，インピーダンスは

$$Z = \frac{1}{j\omega C} \tag{3.3.37}$$

となり，高い場合は

$$Z = R_1 \tag{3.3.38}$$

となる．このことから，周波数が高い場合は，増幅率が一定の反転増幅器になっていることがわかる．また，回路の増幅率は，以下のとおりになる．

$$\frac{v_{out}}{v_{in}} = -\frac{j\frac{f}{f_C}}{1+j\frac{f}{f_C}}\frac{R_2}{R_1} \tag{3.3.39}$$

図 3.3.14 にグラフを示す．このことから，この回路は入力電圧に含まれる周波数の高い成分だけを取り出す回路となっている．この回路をハイパスフィルタ（高域通過フィルタ）とよぶ．

3.3 節のまとめ

- **演算増幅器（オペアンプ）の基本動作**
- **理想的なオペアンプの特性**
  - **電圧増幅度（A）：無限大**
  - **入力抵抗：$\infty\,\Omega$**
  - **出力抵抗：$0\,\Omega$**
- **オペアンプを用いた増幅回路の特徴：負帰還回路を使うことで，仮想短絡させる．**
- **オペアンプを用いたアナログ信号に対する演算回路の動作原理**

3.4　ダイオードの動作と特性

3.4.1　pn 接合

p 型半導体と n 型半導体を接合させると，キャリアの濃度の差により多数キャリアが相手領域に拡散し，熱平衡状態では残ったイオンにより電位障壁が形成される．

図 3.4.1 に熱平衡状態での pn 接合の構造を示す．図 3.4.1(a)の形成直後の図に示すように，p 型半導体では正孔が多く，n 型半導体では電子が多い．これらを**多数キャリア**とよび，ほかの極性のキャリアを**少数キャリア**とよぶ．この濃度差のため，接合面を通して，正孔は n 型領域へ，電子は p 型領域へ拡散する．この正孔や電子は侵入先の多数キャリアとの再結合によって消滅する．この結果，平衡状態ではキャリアの移動がなくなり，正孔や電子が移動した後に正負の電

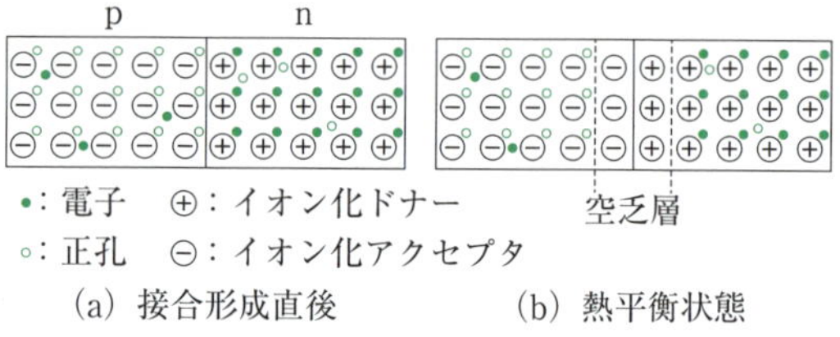

図 3.4.1　熱平衡状態での pn 接合

荷を帯びた動くことができないイオンが残る（図 3.4.1(b)）．この領域では，再結合により消滅しているので，キャリアは存在しない．この領域を**空乏層**という．この正と負のイオンはそれぞれ正と負の空間電荷となり，この電荷によって，熱平衡状態では拡散電位（**固有電位障壁**）とよばれる電位差 ϕ_0 を生じる．この電位障壁の大きさは次式より求められる．

$$\frac{n_p}{n_n} = \frac{p_n}{p_p} = e^{-\frac{q}{kT}\phi_0} \qquad (3.4.1)$$

ここで，n_p は n 型半導体における正孔（少数キャリア）のキャリア密度，n_n は n 型半導体における電子（多数キャリア）のキャリア密度，p_n は p 型半導体における電子（少数キャリア）のキャリア密度，p_p は p 型半導体における正孔（多数キャリア）のキャリア密度を表す．q は電子の電荷であり，その値は 1.602×10^{-19} C，k はボルツマン定数であり，その値は 1.38×10^{-23} J/K，T は絶対温度［K］である．図 3.4.2(a)に，電流の担い手である（多数）キャリアとしての電子と正孔のみを，固有電位障壁の図とともに示している．この障壁のために n 型領域の電子は p 型領域へ流入できず，また，p 型領域の正孔は n 型領域へ流れ込めない．

電位障壁を外部より変えることでキャリアの流れを制御することができる．pn 接合に直流電圧を加えると，固有電位障壁よりこの電圧分だけ電位障壁の高さが変わる．p 型が正，n 型が負となる極性の場合は，図 3.4.2(b)に示したように電位障壁を減少させる．よって，p 型の多数キャリアである正孔の n 型領域へ，n 型の多数キャリアである電子は p 型領域へ拡散していく．拡散先のそれぞれの領域では，再結合するため電流はよく流れる．この極性の電圧を与えることを順方向バイアスという．逆の極性を与えると，図 3.4.2(c)に示したように電位障壁が増加するため，多数キャリアは相手領域に拡散できない．この極性の電圧を与えることを逆バイアスという．この状態では，図には示していないが，少数キャリアによる微小な電流のみが流れる．

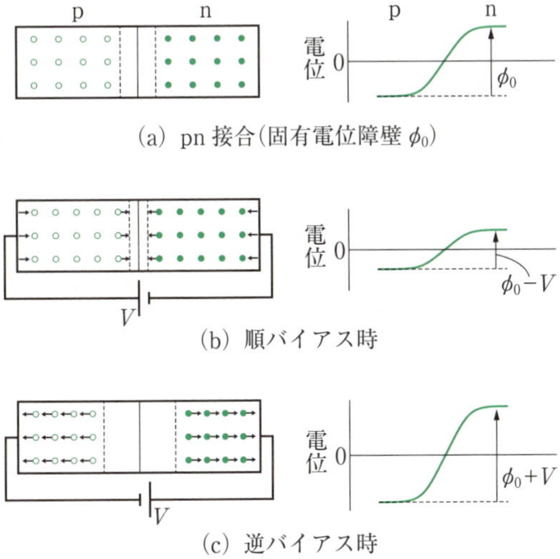

図 3.4.2 固有電位障壁とバイアス

3.4.2 ダイオード特性

pn 接合の電位障壁でキャリアの流れを制御する二端子素子をダイオードという．この回路記号と特性の概略を図 3.4.3 に示す．

この二端子間の電流 I と電圧 V の関係は下記となる．

$$I = I_s\left(e^{\frac{qV}{kT}} - 1\right) \qquad (3.4.2)$$

この式は，相手側の領域に拡散するキャリアの増大分により電流の増大分が決まることから導出される．I_s は逆方向飽和電流とよばれ，pn 接合を形成する半導体の材料に依存する．

順方向では電流は指数関数的に増大する．Si ダイオードでは順方向電圧 0.6 V くらいから急激に増大する．通常使用する電流領域では 0.7 V 程度であり，この電圧値は電流に対してあまり変化しないものとなる．一方，逆方向バイアスでは順方向に比較して無視できる微小な電流が流れる．

ダイオードの微小信号モデルは，図 3.4.4 に示すように，使用するバイアス点における**交流抵抗** r_D となる．これは以下の式で求められ，バイアス点（印加電圧としては V_B）の電流 I_D（**バイアス電流**）に比例した値となる．

$$\frac{1}{r_D} = \left.\frac{dI}{dV}\right|_{V=V_B} = \left.\frac{q}{kT} I_s e^{\frac{qV}{kT}}\right|_{V=V_B} \approx I_D \frac{q}{kT}$$

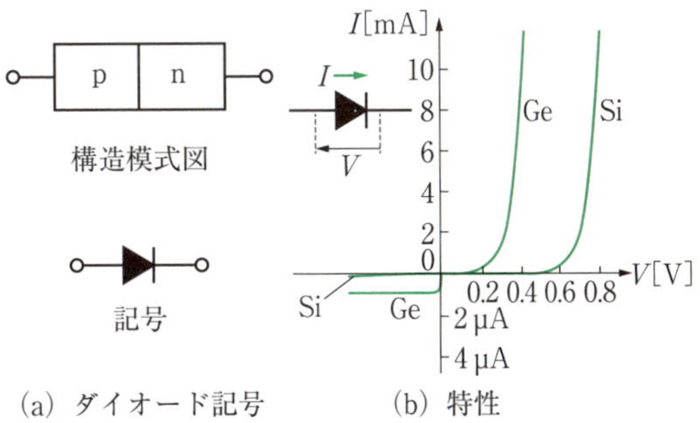

図 3.4.3 ダイオードの記号と特性

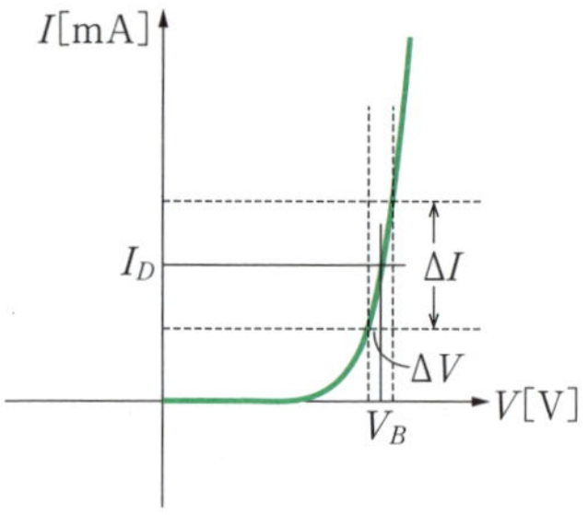

図 3.4.4　ダイオードの交流抵抗

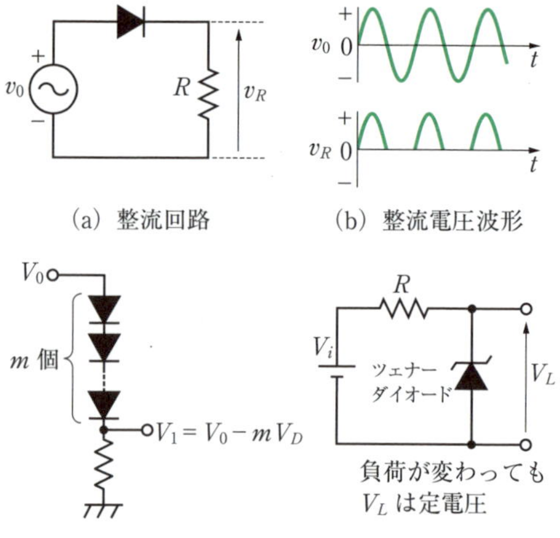

図 3.4.5　ダイオードの回路応用

(3.4.3)

室温（$T = 300\,\mathrm{K}$）では，$kT/q \approx 26\,\mathrm{mV}$ であるので

$$r_D[\Omega] \approx \frac{0.026[\mathrm{V}]}{I_D[\mathrm{A}]} \tag{3.4.4}$$

となる．

3.4.3　ダイオードの回路応用

上記のように pn 接合ダイオードは，一方向に電流を流しやすい．回路の機能としては，これをダイオードの**整流作用**という．これにより交流を直流に変換することができる．この回路を整流回路という．ほかに，ダイオードは電圧シフト回路や電圧基準回路として用いられる．図 3.4.5 にダイオードの回路応用を示す．同図(a)は整流回路，(b)はその整流電圧波形，(c)は**レベルシフト回路**，(d)は**定電圧回路**の例である．(d)の定電圧回路では，ダイオードに大きな逆方向電圧を加えると，ある電圧（降伏電圧）を超えると急激に大きな電流が流れる性質を利用する．この降伏電圧は電流が変化しても一定であり，また温度特性を小さく設定できるため，これを電圧の基準として用いる．

なお，pn 接合に電流を流すと，接合付近で正孔と電子が衝突して再結合を起こし，エネルギーを発生する．いくつかの半導体ではこれが可視光となり，表示用の光源としても広く使用されている．

3.4 節のまとめ

- **ダイオードの電圧 V と電流 I の関係：**

$$I = I_s\left(e^{\frac{qV}{kT}} - 1\right)$$

q：電子の電荷，k：ボルツマン定数，T：絶対温度

- **ダイオードの微小信号モデルは，バイアス電流 I_D に比例する微分抵抗 r_D であり，室温（$T = 300\,\mathrm{K}$）では**

$$r_D[\Omega] \approx \frac{0.026\,[\mathrm{V}]}{I_D\,[\mathrm{A}]}$$

と表せる．

3.5　トランジスタの動作と特性

3.5.1　バイポーラトランジスタの構造と動作

図 3.5.1 に示したように，pn 接合を二つ用いて形成した pnp あるいは npn の構造を**バイポーラトランジスタ**という（一般的にはたんに，トランジスタとよばれることが多い）．端子 E をエミッタ，端子 B をベース，端子 C をコレクタとよぶ．同図にバイポーラトランジスタの回路記号を示す．二つの pn 接合において，E-B 間を順方向バイアスに，B-C 間を逆方向バイアスにする．構造上，ベース領域の幅（厚さ）は非常に薄い．

図 3.5.2 にバイポーラトランジスタ内の電流の流れを示す．2 種類のキャリアが電気伝導に寄与している．順方向バイアスにおいてエミッタからベースに注入されたキャリアは，ベース領域を拡散によりコレクタとの接合へ進む．このとき，ベース領域は非常に薄いため，ベース領域の多数キャリアとは（この注入されたキャリアとは逆であるが）ほとんど再結合せずに（再結合は 1% 弱），注入されたキャリアはコレクタとの接合に達する．ベースとコレクタの接合は逆方向バイアスであるため，ベース領域の多数キャリアとは逆極性のエミッタより注入されたこのキャリアは，その電界によって同極性であるコレクタ領域に吸い込まれる．この動作によりエミッタ電流に対するコレクタ電流の比 α が決まる．これを**ベース接地電流増幅率**とよび，0.95〜0.99 の値をとる．

$$\alpha = \frac{\text{コレクタ電流}}{\text{エミッタ電流}} = \frac{I_C}{I_E} \tag{3.5.1}$$

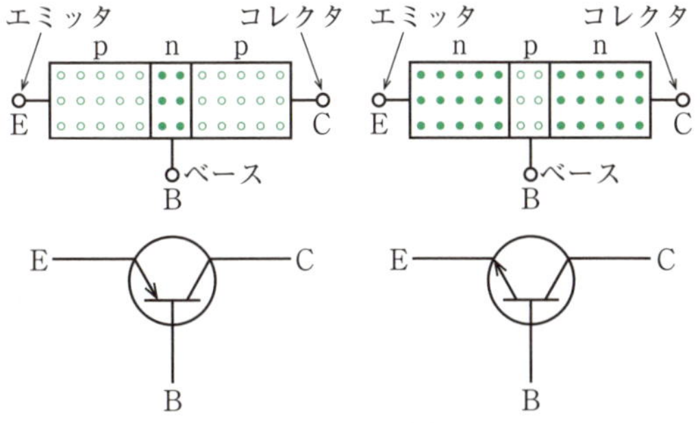

(a) pnpトランジスタ　(b) npnトランジスタ

図 3.5.1　バイポーラトランジスタの構造と回路記号

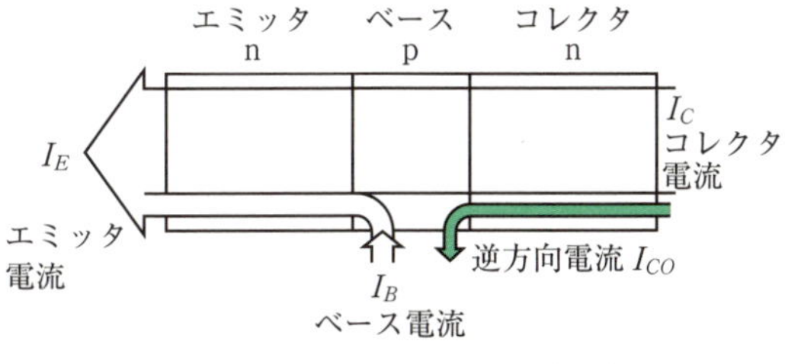

図 3.5.2　バイポーラトランジスタ（npn）の電流

3.5.2　バイポーラトランジスタの電流・電圧特性

バイポーラトランジスタは三端子素子であるので，入力側と出力側とでどの端子を共通とする（交流信号に対して電圧の基準となる）かにより，図 3.5.3 に示すようにベース接地，エミッタ接地，コレクタ接地の 3 種類の接地方式がある．

図 3.5.4 に，**ベース接地**において，エミッタ電流 I_E をパラメータとしたときのコレクタ電流 I_C-電圧 V_{CB} 特性を示す．それぞれの端子を流れる電流 I_E，I_B，I_C の関係は次式となる．

$$I_E = I_C + I_B \tag{3.5.2}$$

$$I_C = \alpha_0 I_E + I_{CO} \tag{3.5.3}$$

$$I_B = (1-\alpha_0) I_E - I_{CO} \tag{3.5.4}$$

α_0 は 3.5.1 項で示したベース接地電流増幅率であるが，直流の場合であることを示すために添え字 0 を加えている．また，I_{CO} は逆バイアスであるコレクタとベース間の pn 接合に起因する電流であり，通常非常に小さく，特に Si では無視できるが，温度依存性が大きいため高温では考慮する必要がある．

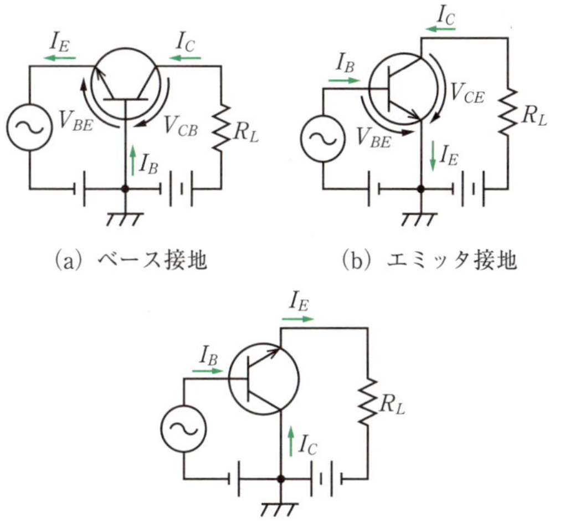

(a) ベース接地　(b) エミッタ接地

(c) コレクタ接地

図 3.5.3　バイポーラトランジスタの接地方式

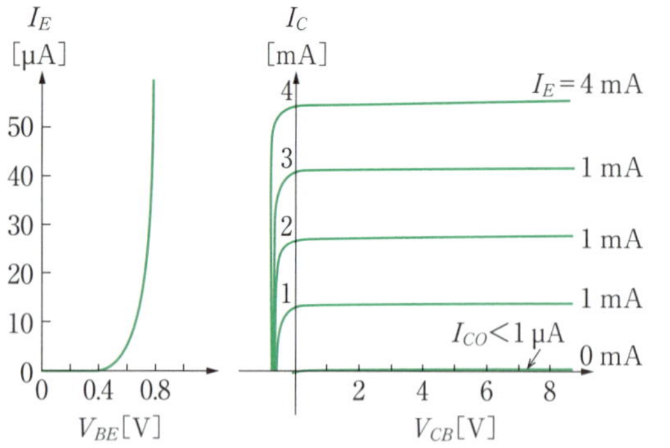

図 3.5.4　ベース接地バイポーラトランジスタの電圧と電流の関係（静特性）

エミッタ接地の場合の電流**増幅率**は，ベース接地の式から I_E を消去すると

$$\beta_0 = \frac{I_C}{I_B} = \frac{\alpha_0}{1-\alpha_0} \tag{3.5.5}$$

となる．この β_0 を**エミッタ接地電流増幅率**とよぶ．図 3.5.5 にエミッタ接地時の特性を示す．β_0 は 100 程度と大きく，入力であるベース電流に対して非常に大きなコレクタ電流が得られる．また，同一のベース電流に対してコレクタ電流は V_{CE} の増加とともにわずかに増えていく．これは**アーリー効果**とよばれており，V_{CE} の増加によりコレクタとベースの接合部の空乏層が広がり，実効的にベース幅が減少して α_0 が微増するために起きる．図 3.5.5 に示すように，このコレクタ電流の特性を逆方向に延長すると，ある電圧で収束して $I_C=0$ となる．この電圧をアーリー電圧 V_A とよぶ．

3.5.3　MOS トランジスタの構造と動作

図 3.5.6 に示すように，p(n) 基板の上部に低抵抗の二つの n(p) 型領域を形成し，ソースとドレインとする．ソースとドレインの間の領域の Si 上に絶縁膜

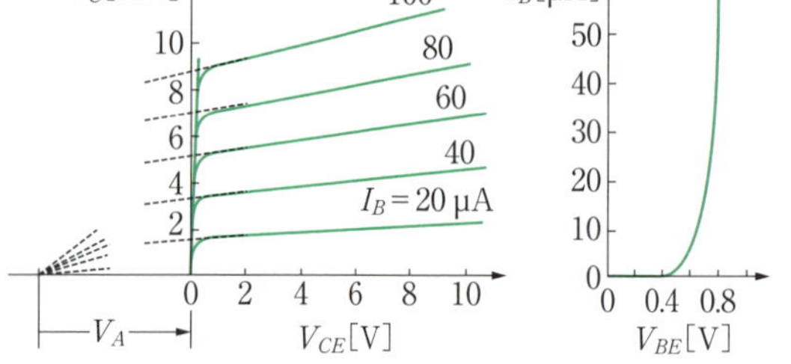

図 3.5.5　エミッタ接地バイポーラトランジスタの静特性

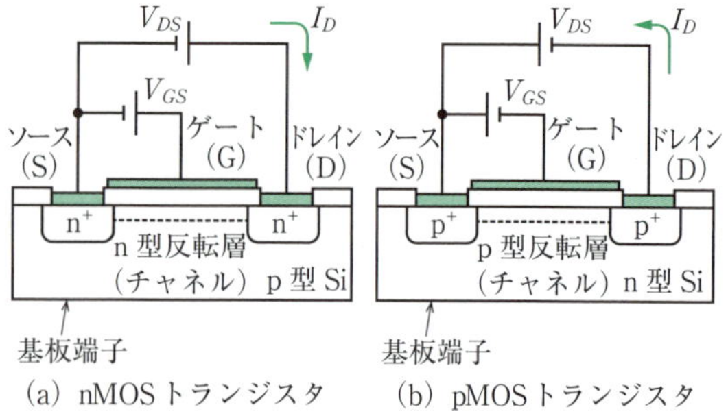

図 3.5.6　MOS トランジスタの構造

（シリコン酸化膜）を薄く形成し，その上に金属電極を形成しゲートとする．このようにして形成した構造を **MOS トランジスタ**（**MOS FET**）とよぶ．ゲート端子に電圧を加えると，絶縁膜を挟んだ Si 側にはその電圧と逆の極性の電荷が誘起される．これによって，ソースとドレイン領域の間の極性を変えることができ，ソースとドレイン間の電気特性を制御できる．電気伝導に関係するキャリアは 1 種類であり，ソースとドレインの半導体の極性に従い，nMOS トランジスタ，または p 型 MOS トランジスタとよぶ．構造上はソースとドレインは対称であり，ソースとドレインを交換しても特性はほとんど変わらない．電気伝導に関係するキャリアを供給する側がソースとなる．基板も電極であるので四端子素子であるが，通常は基板電極とソースは接続し三端子素子として用いる．

3.5.4　MOS トランジスタの電流・電圧特性

MOS トランジスタでは，ソースとドレインの間に電圧を加え，ゲートとソース間の電圧 V_{GS} を変化させると，ある電圧 V_T を境にソースとドレインの間に電流が流れる．これを MOS トランジスタのしきい電

ウィリアム・ショックレー

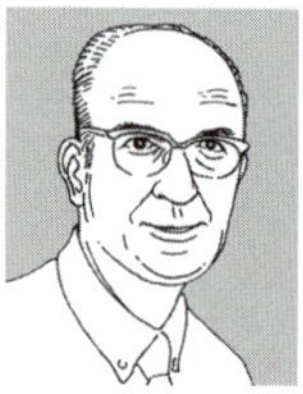

米国の物理学者．全米電話網の構築にはその交換機を作るのに信頼性の低い真空管に代わる新たな素子が必要であった．これは，1947 年ウィリアム・ショックレーほか 2 名による（バイポーラ）トランジスタの発明によって成し遂げられた．この発明はその後の巨大な半導体産業を生み出し，さまざまな技術革新を経て現在のスマートフォンや IoT につながっていくこととなった．（1910-1989）

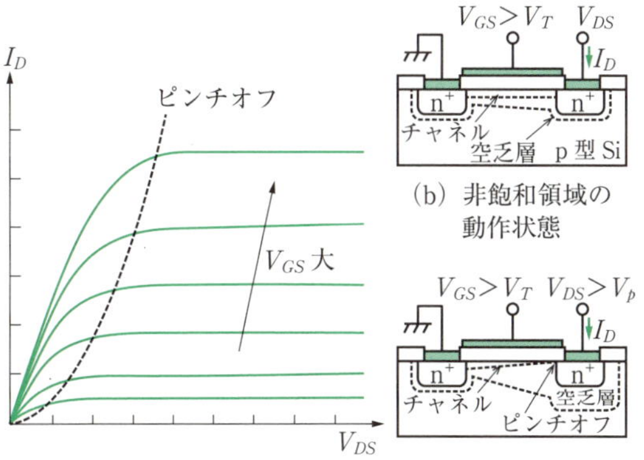

(a) nMOS トランジスタの I_D-V_{DS} 特性　(b) 非飽和領域の動作状態　(c) 飽和領域の動作状態

図 3.5.7　MOS トランジスタの電流・電圧特性

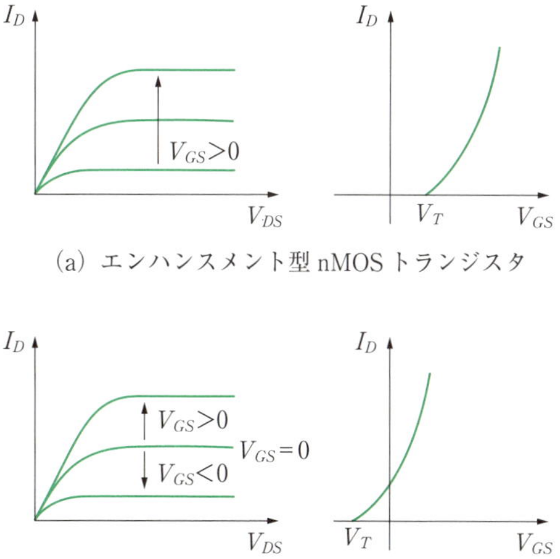

(a) エンハンスメント型 nMOS トランジスタ

(b) デプレション型 nMOS トランジスタ

図 3.5.8　各種 nMOS トランジスタの特性

圧とよぶ．また，MOS トランジスタにゲートとソース間の電圧 V_{GS} とドレインとソース間の電圧 V_{DS} を与えたときのドレイン電流 I_D の関係を，MOS トランジスタの静特性とよび，図 3.5.7 に示す．

動作領域は以下のように分かれる．$V_{GS}<V_T$ では I_D はほとんど流れない．次に，$V_{GS}>V_T$ であり V_{DS} が小さい領域（$V_{DS}\leq V_{GS}-V_T$）では，I_D は V_{DS} に比例して増加する．この領域を**非飽和領域**（線形領域）という．この領域では，ソースからドレインまで均一にチャネルが形成されており，一定値の抵抗としてみえている．V_{GS} の大きさによって抵抗の値は変化する．さらに，$V_{GS}>V_T$ であり V_{DS} を大きくすると，ドレイン側近傍では空乏層によりチャネルが切断され，ピンチオフとよばれる状態となる．ここではキャリアは空乏層の中を電界で移動してしまう．この領域（$V_{DS}\geq V_{GS}-V_T$）では，I_D は V_{DS} に無関係に一定値となり，**飽和領域**とよばれる．

これらの関係は，下記の式で与えられる．

(1)　**非飽和領域**：

$$I_D=\beta\left\{(V_{GS}-V_T)V_{DS}-\frac{1}{2}V_{DS}{}^2\right\}$$

$$(V_{DS}\leq V_{GS}-V_T) \tag{3.5.6}$$

(2)　**飽和領域**：

$$I_D=\frac{\beta}{2}(V_{GS}-V_T)^2 \qquad (V_{DS}\geq V_{GS}-V_T) \tag{3.5.7}$$

また

$$I_D=0 \qquad (V_{GS}\leq V_T) \tag{3.5.8}$$

ここで，β は MOS のゲート幅，ゲート長，絶縁膜の厚さや誘電率，キャリア濃度などによって定まる定数である．

図 3.5.8 に示すように，nMOS トランジスタの場合であるが，$V_T>0$ を**エンハンスメント型**，$V_T<0$ を**デプレション型**とよぶ．pMOS トランジスタの場合は極性が入れ替わるので，$V_T<0$ がエンハンスメント型，$V_T>0$ がデプレション型である．

3.5 節のまとめ

- バイポーラトランジスタでは 2 種類のキャリアが電気伝導特性に寄与し，MOS トランジスタでは 1 種類のキャリアが寄与する．
- バイポーラトランジスタの端子を流れる電流 I_E，I_B，I_C の関係は次式となる．

$$I_E = I_C + I_B$$
$$I_C = \alpha_0 I_E + I_{CO}$$
$$I_B = (1-\alpha_0) I_E - I_{CO}$$

- MOS トランジスタの静特性は次式となる．
  - ・非飽和領域：

$$I_D = \beta\left\{(V_{GS}-V_T)V_{DS}-\frac{1}{2}V_{DS}{}^2\right\} \qquad (V_{DS} \leq V_{GS}-V_T)$$

  - ・飽和領域：

$$I_D = \frac{\beta}{2}(V_{GS}-V_T)^2 \qquad (V_{DS} \geq V_{GS}-V_T)$$

3.6　トランジスタの動作モデル

3.6.1　バイポーラトランジスタの直流モデル

バイポーラトランジスタでは，エミッタとベース，およびベースとコレクタの間に pn 接合がある．また，エミッタ電流の α_0 倍のコレクタ電流が流れる．この構造と動作を表すと図 3.6.1 となり，バイポーラトランジスタの**直流モデル**[*2]という．二つのダイオード $\boldsymbol{D}_1$ と $\boldsymbol{D}_2$ はそれぞれエミッタとベース，およびベースとコレクタの間の pn 接合を示しており，$\boldsymbol{D}_1$ は順方向に，$\boldsymbol{D}_2$ は逆方向にバイアスされる．$\boldsymbol{D}_2$ はほとんど電流は流れないが，並列に入った制御電流源がエミッタ電流の α_0 倍のコレクタ電流が流れることを示している．α_0 はベース接地電流増幅率である．r_b はベース抵抗とよばれている．

さらに，コレクタとエミッタを交換した場合の逆方向のベース接地電流増幅率を有する制御電流源も含めたモデルを，エバース・モルのモデルという．

3.6.2　トランジスタの小信号モデル

直流モデルでのダイオードの電流と電圧の関係は指数関数で表されるが，変化が微小な場合は，等価的な抵抗に置き換えることができる．

a.　T 形モデル

図 3.6.1 のダイオード $\boldsymbol{D}_1$ と $\boldsymbol{D}_2$ を等価抵抗 $\boldsymbol{r}_e$ と $\boldsymbol{r}_c$ に置き換える．$\boldsymbol{r}_c$ に並列に電流源 αi_e がある．これにより図 3.6.2(b)，(c)に示した **T 形等価回路**が得られる．

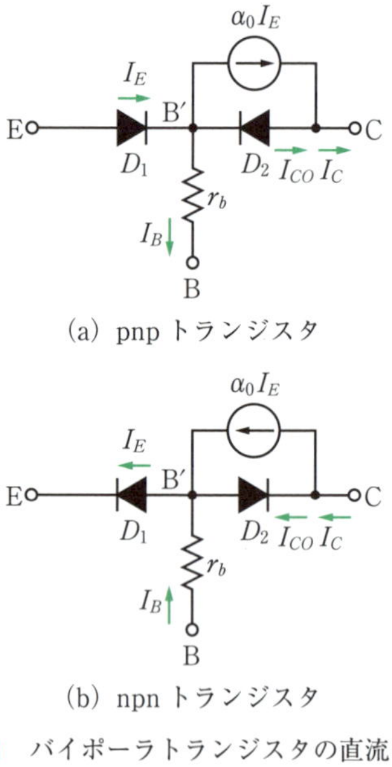

図 3.6.1　バイポーラトランジスタの直流モデル

[*2]モデルは等価回路とよばれることも多い．しかし本章ではトランジスタなどを電気回路的に表現したものは，完全には等価でないためモデルで統一した．

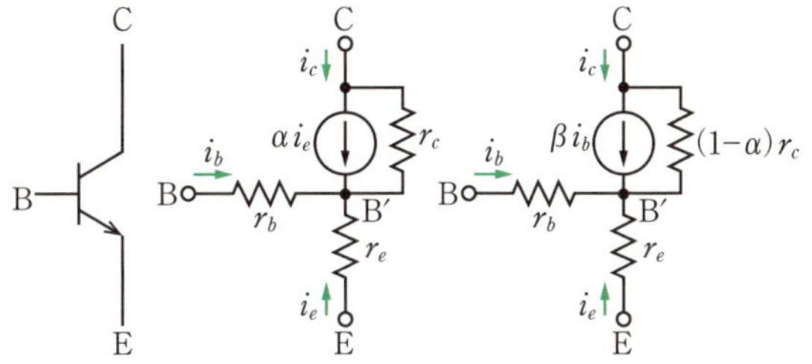

(a) npn トランジスタ　(b) 小信号モデル 1　(c) 小信号モデル 2

図 3.6.2　バイポーラトランジスタの T 形モデル

図 3.6.2 における等価抵抗 r_e の大きさは，図 3.6.1 のダイオード D_1 の特性から，以下のように導くことができる．ダイオード D_1 に印加されるベースとエミッタの間の電圧を $\boldsymbol{V_{B'E}}$ とすると，ダイオード D_1 に流れるエミッタ電流 I_E は

$$I_E = I_S(e^{\frac{q}{kT}V_{B'E}}-1) \tag{3.6.1}$$

で表される．これを微分すると

$$\frac{1}{r_e} = \frac{dI_E}{dV_{B'E}} = \frac{q}{kT}I_S e^{\frac{q}{kT}V_{B'E}} \cong \frac{q}{kT}I_E \tag{3.6.2}$$

となる．よって，バイポーラトランジスタとして動作させるとき，エミッタバイアス電流より上記式を用いて等価抵抗 r_e を見積もることができる．$T = 300$ K においては，エミッタバイアス電流を I_{EQ} とすると

$$r_e \cong \frac{0.026\,[\mathrm{V}]}{I_{EQ}\,[\mathrm{A}]} \tag{3.6.3}$$

となる．

等価抵抗 r_c は，ベースとコレクタの間の逆バイアスの電圧による電流の変化によるものであり，数 MΩ と高抵抗である．

ベースとコレクタの間の電流源と r_c の並列接続は，等価的に電圧源と r_c の直列接続で表すこともできる．

b. *h* パラメータモデル

T 形モデルはバイポーラトランジスタの物理構造から導かれたものであるが，たんに入力端子と出力端子の小信号特性の測定量で表示するモデルを ***h* パラメータモデル**という．

バイポーラトランジスタを，その入出力特性のみに着目するために，図 3.6.3(a)のように入力端子と出力端子をもつ回路と考える．小信号成分としての入力電圧 v_1 と出力電流 i_2 は，入力電流 i_1 と出力電圧 v_2 を変数として次のように表せる．

$$v_1 = h_i i_1 + h_r v_2 \tag{3.6.4}$$

$$i_2 = h_f i_1 + h_o v_2 \tag{3.6.5}$$

この h_i，h_r，h_f，h_o を，h パラメータという．

$$h_i = \left(\frac{v_1}{i_1}\right)_{v_2=0}$$ ：出力短絡入力インピーダンス［Ω］

$$h_r = \left(\frac{v_1}{v_2}\right)_{i_1=0}$$ ：入力開放電圧帰還率［単位なし］

$$h_f = \left(\frac{i_2}{i_1}\right)_{v_2=0}$$ ：出力短絡電流増幅率［単位なし］

$$h_o = \left(\frac{i_2}{v_2}\right)_{i_1=0}$$ ：入力開放出力アドミッタンス［S］

これらは，適切なバイアス点で微小信号を与えて，その変化率の測定から得られる．

バイポーラトランジスタを図 3.6.3(a)の形に表したとき，共通端子（共通グラウンド線）の選び方によって三つの場合がある．図 3.6.3(b)はエミッタ接地の場合である．h パラメータは，それぞれの接地方式において，エミッタ接地では e，ベース接地では b，コレクタ接地では c を添え字の最後に付けて，h_{ie} のように表す．

図 3.6.4 はエミッタ接地の h パラメータモデルであり，次の式を表したものとなっている．

$$v_{be} = h_{ie}i_b + h_{re}v_{ce} \tag{3.6.6}$$

$$i_c = h_{fe}i_b + h_{oe}v_{ce} \tag{3.6.7}$$

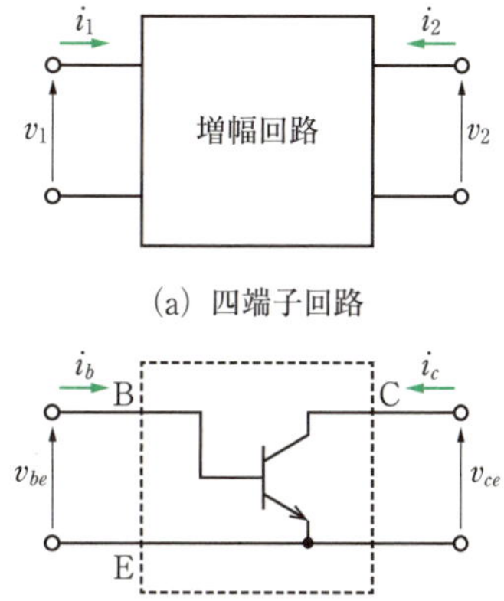

(a) 四端子回路

(b) 四端子トランジスタ回路例

図 3.6.3　四端子回路とバイポーラモデル

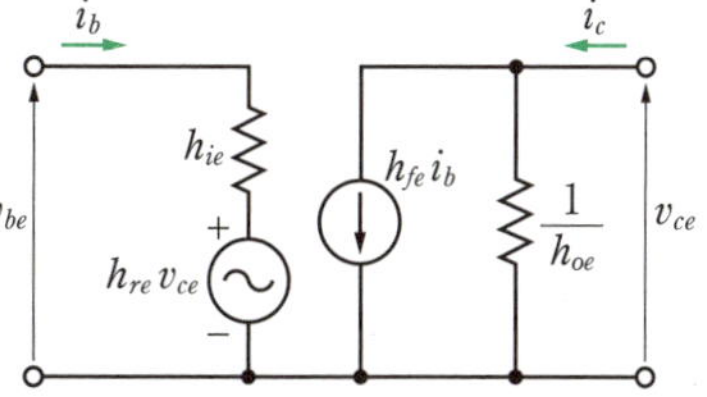

図 3.6.4　*h* パラメータモデル

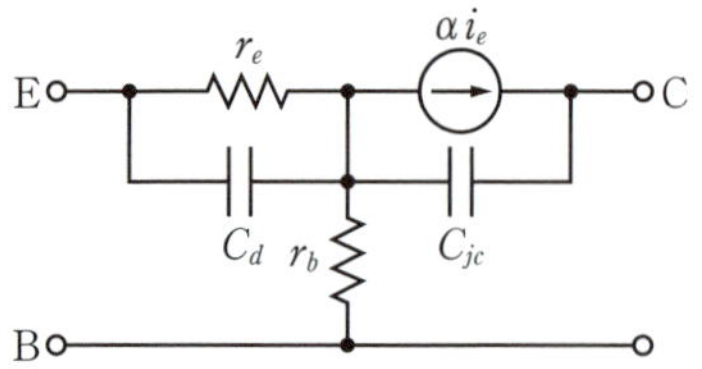

(a) 高周波用 T 形モデル

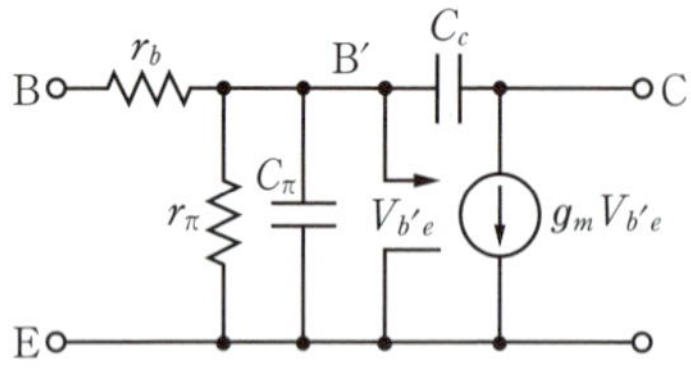

(b) ハイブリッド π 形高周波モデル

図 3.6.5　高周波用モデル

これは，**図 3.6.2** の T 形モデルと同じバイポーラトランジスタを表したものであるから，エミッタ接地における T 形モデルの定数と h パラメータとの間には次の関係がある．

$$\alpha = \frac{h_{re}+h_{fe}}{1+h_{fe}} \tag{3.6.8}$$

$$r_e = \frac{h_{re}}{h_{oe}} \tag{3.6.9}$$

$$r_b = h_{ie} - \frac{h_{re}}{h_{oe}}(1+h_{fe}) \tag{3.6.10}$$

$$r_c = \frac{1+h_{fe}}{h_{oe}} \tag{3.6.11}$$

これから，h パラメータの測定値から T 形モデルの定数を求めることができる．逆も同様である．

3.6.3　ハイブリッド π 形モデルほか

動作させる周波数が高くなると，バイポーラトランジスタ内部のキャリアの移動が性能に影響を与えるようになる．この領域では，キャリアの拡散による遅れに対応させた拡散容量や電極部分の寄生容量を考慮したモデルを用いる．これによって高周波での回路動作の解析を行うことができる．

図 3.6.5(a)は，こうして得られた高周波用 T 形モデルである．ここで，C_d はエミッタ領域からベース領域へ注入されたキャリアによる拡散容量であり，C_{jc} はベースとコレクタ間の接合容量である．

エミッタ接地では**図 3.6.5**(b)に示した**ハイブリッド π 形**とよばれるモデルが使用される．**図 3.6.5**(a)とは下記の関係がある．

$$r_\pi = \frac{r_e}{1-\alpha_0}, \qquad C_\pi = C_d,$$

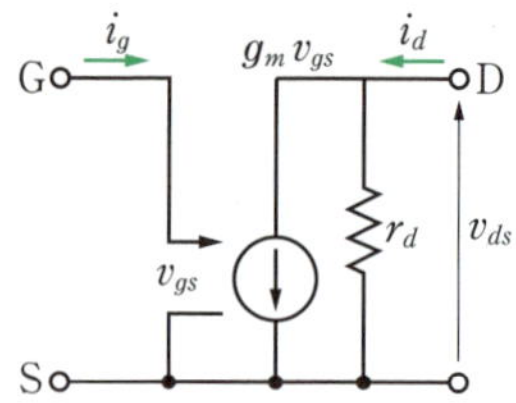

(a) 電流源表示モデル

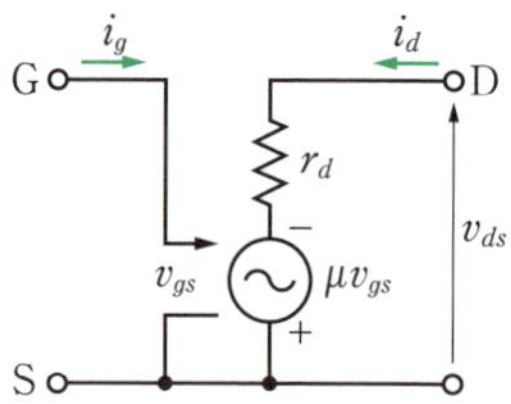

(b) 電圧源表示モデル

図 3.6.6　MOS トランジスタのモデル

$$C_c = C_{jc}, \qquad g_m = \frac{\alpha_0}{r_e} \tag{3.6.12}$$

3.6.4　MOS トランジスタの小信号モデル

MOS トランジスタには，バイポーラトランジスタの T 形モデルのような構造からその特性をよく表現できるモデルはない．微小信号での入出力特性からモデルを導出する．

ドレイン電流 I_D はゲート・ソース間電圧 V_{GS} とドレイン・ソース間電圧 V_{DS} の関数 f として

$$I_D = f(V_{GS}, V_{DS}) \tag{3.6.13}$$

と表させる．

よって，V_{GS} と V_{DS} の微小変化によるドレイン電流 I_D の変化は

$$\Delta I_D = \frac{\partial I_D}{\partial V_{GS}}\Delta V_{GS} + \frac{\partial I_D}{\partial V_{DS}}\Delta V_{DS} \tag{3.6.14}$$

と表せる．右辺の ΔV_{GS} と ΔV_{DS} に対する係数は，それぞれ**相互コンダクタンス**（伝達コンダクタンス）g_m，ドレイン抵抗 r_D の逆数である．

$$g_m = \frac{\partial I_D}{\partial V_{GS}} \tag{3.6.15}$$

$$\frac{1}{r_D} = \frac{\partial I_D}{\partial V_{DS}} \tag{3.6.16}$$

これから，微小信号においては

$$i_d = g_m v_{gs} + \frac{1}{r_d} v_{ds} \tag{3.6.17}$$

となり，**図 3.6.6**(a)のモデルとなる．

また，電流源を電圧源に変化すると**図 3.6.6**(b)のモデルとなる．ここで**電圧増幅率** μ は

$$\mu = g_m r_D = \frac{\partial V_{DS}}{\partial V_{GS}} \tag{3.6.18}$$

である．

3.6 節のまとめ

- **バイポーラトランジスタの小信号モデルには，物理構造から導かれたT形モデルと，入力端子と出力端子の小信号特性測定量で表示する h パラメータモデルとがある．また，高周波特性を議論するときは，ハイブリッド π 形とよばれるモデルが使用される．**
- **MOS トランジスタでは，微小信号での入出力特性からモデルを導出する．**

3.7　バイポーラトランジスタを用いた低周波増幅回路

3.7.1　バイアス回路

バイポーラトランジスタを動作させるためには，その電流電圧特性の適切な位置に動作点を決める必要がある．この動作点を与えるための回路を**バイアス回路**という．

ここでは，応用の広い図 3.7.1 の**電流帰還バイアス回路**を例に示す．

図 3.7.1(a)の回路にて定めるバイアスは，V_B，V_E，I_E，I_C および V_C である．これに入力信号として交流の微小信号が入力し，対応した出力信号が微小信号として直流成分に重ね合わされる．

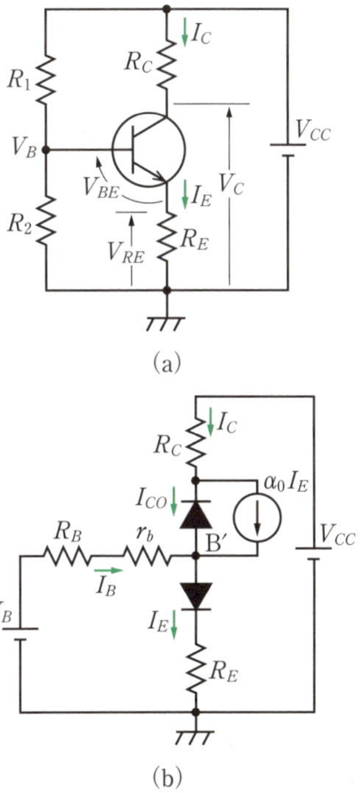

図 3.7.1　電流帰還バイアス回路

図 3.7.1(a)では，電源電圧 V_{CC} を抵抗 R_1 と R_2 で分圧して，ベース電位 V_B としている．ベース・エミッタ間電圧 V_{BE} は，ベース直流電流は小さいとして無視すると，エミッタ側に挿入された抵抗 R_E での電圧降下である V_E だけ V_B より小さな電圧となる．よって，次の式でバイアス回路の電圧や電流を決めることができる．

$$V_B = \frac{R_2}{R_1+R_2}V_{CC} \tag{3.7.1}$$

$$V_{BE} = V_B - R_E I_E \tag{3.7.2}$$

$$I_C = \alpha_0 I_E \tag{3.7.3}$$

$$V_C = V_{CC} - R_C I_C \tag{3.7.4}$$

このバイアス回路は，エミッタ側に挿入された抵抗 R_E により帰還がかかり，安定度がよい．これを議論するために，図 3.7.1(b)のようにバイポーラトランジスタの直流モデルを用いて書き直す．ここで，$R_B = R_1 /\!/ R_2$ とし，等価電源 V_B をおく．温度によって大きく変化する I_{CO} も考慮し，$I_C = \alpha_0 I_E + I_{CO}$ とする．I_{CO} は 10℃ ごとに 2 桁値が変わり，$V_{B'E}$ も $-2.2\,\mathrm{mV/℃}$ の温度特性をもつ．

したがって，I_{CO}，$V_{B'E}$ の微小変化 ΔI_{CO}，$\Delta V_{B'E}$ による I_C の微小変化分 ΔI_C は次式となる．

$$\Delta I_C = \frac{\partial I_C}{\partial I_{CO}}\Delta I_{CO} + \frac{\partial I_C}{\partial V_{B'E}}\Delta V_{B'E} \tag{3.7.5}$$

ここで，変動に対する安定性の尺度して，次の安定係数を用いている．より小さいほど，安定となる．

$$S_1 = \frac{\partial I_C}{\partial I_{CO}} \tag{3.7.6}$$

$$S_2 = \frac{\partial I_C}{\partial V_{B'E}} \tag{3.7.7}$$

また，図 3.7.1(b)から，以下の電流の式が得られる．

$$I_E = \frac{V_B - V_{B'E} + (R_B + r_b)I_{CO}}{R_E + (R_B + r_b)(1-\alpha_0)} \tag{3.7.8}$$

$$I_C = \frac{\alpha_0(V_B - V_{B'E}) + (R_E + R_B + r_b)I_{CO}}{R_E + (R_B + r_b)(1-\alpha_0)} \tag{3.7.9}$$

よって

$$S_1=\frac{R_E+R_B+r_b}{R_E+(R_B+r_b)(1-\alpha_0)}\fallingdotseq 1+\frac{R_B+r_b}{R_E} \tag{3.7.10}$$

$$S_2=\frac{-\alpha_0}{R_E+(R_B+r_b)(1-\alpha_0)}\fallingdotseq -\frac{1}{R_E} \tag{3.7.11}$$

このように，R_E を大きくすると，S_1 と S_2 のいずれも小さくできる．

3.7.2 バイポーラトランジスタを用いたエミッタ接地増幅回路

図 3.7.2 のような**増幅回路**を考える．バイポーラトランジスタのエミッタ端子が接地しているので，この回路を**エミッタ接地増幅回路**とよぶ．接地方式の中では電流利得と電圧利得がともに大きく，一般によく利用される．また，入力インピーダンスが高く，出力信号は入力信号の反転となる．

微小信号モデルを用いて，電圧，電流利得や入力インピーダンスを求める．T 形モデルを用いると図 3.7.3 となり，h パラメータモデルを用いると図 3.7.4 となり，両者は等価である．

a. T 形モデルを用いた特徴量

ここで，コレクタ電流のコレクタ・エミッタ間電圧依存性が小さい，すなわちアーリー電圧が十分に高いとして，下記のように仮定する．

$$(1-\alpha)r_c \gg R_L, r_e \tag{3.7.12}$$

(i) 入力インピーダンス

図 3.7.3 より次式が成り立つ．

$$v_1=r_b i_b+r_e i_e \tag{3.7.13}$$

$$i_e=(1+\beta)i_b \tag{3.7.14}$$

これから，入力インピーダンス Z_{ie} を求めると

$$Z_{ie}=\frac{v_1}{i_b}=r_b+(1+\beta)r_e=r_b+\frac{r_e}{1-\alpha} \tag{3.7.15}$$

となる．

(ii) 電流利得

$$i_c=-\beta i_b \tag{3.7.16}$$

であるから，電流利得 A_i は

$$A_i=\frac{i_c}{i_b}=-\beta \tag{3.7.17}$$

となる．

(iii) 電圧利得

$$v_2=-R_L\beta i_b \tag{3.7.18}$$

$$i_b=\frac{v_1}{Z_{ie}} \tag{3.7.19}$$

これらから電圧利得 A_v を求めると

$$A_v=\frac{v_2}{v_1}=-\frac{R_L\beta}{r_b+(1+\beta)r_e} \tag{3.7.20}$$

となる．

(iv) 出力インピーダンス

$v_0=0$ のとき $i_b=0$ となるため，出力電流である βi_b も 0 となる．よって，出力インピーダンス Z_{oe} は

$$Z_{oe}=\frac{v_2}{-i_c}=\infty \tag{3.7.21}$$

となる．

b. h パラメータモデルを用いた特徴量

h パラメータモデルを用いたときは，h パラメータの後の添え字を変えれば，接地方式（エミッタ接地，コレクタ接地，ベース接地）によらず同じ形となる．

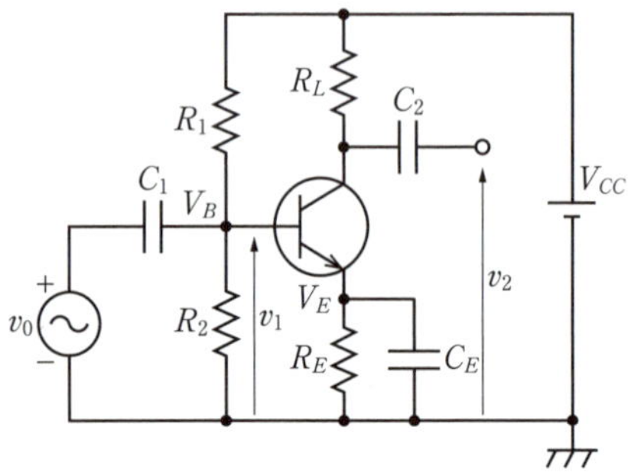

図 3.7.2　エミッタ接地増幅回路

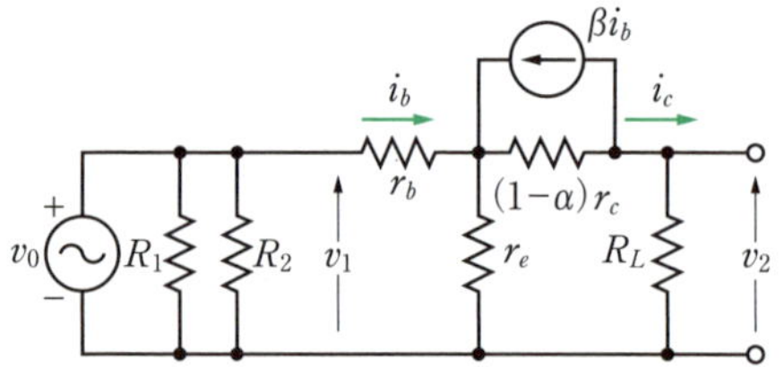

図 3.7.3　エミッタ接地増幅回路の等価回路 1

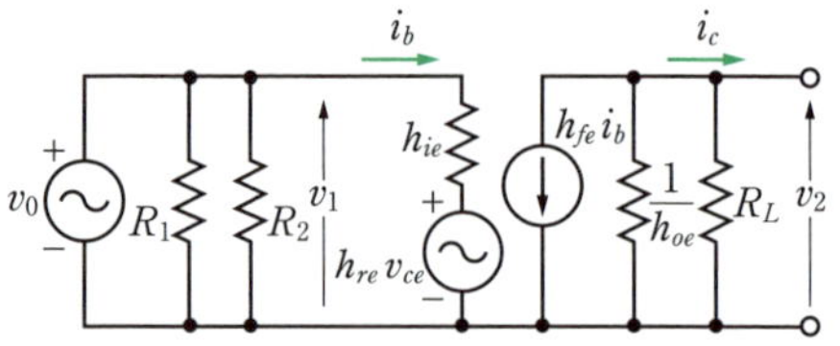

図 3.7.4　エミッタ接地増幅回路の等価回路 2

エミッタ接地増幅回路では図 3.7.4 となり，次式が成り立つ．

$$v_1 = h_{ie}i_b + h_{re}v_{ce} \qquad (3.7.22)$$

$$i_c = -h_{fe}i_b - h_{oe}v_2 \qquad (3.7.23)$$

$$v_2 = R_L i_c \qquad (3.7.24)$$

ここで，T 形モデルのときと同様な仮定をおき，次式を用いる．

$$\frac{1}{h_{oe}} \gg R_L, \qquad h_{re} \cong 0 \qquad (3.7.25)$$

すなわち，図 3.7.4 の回路図で $h_{re}v_{ce}$，h_{oe} を無視する．

(i)　入力インピーダンス

仮定を用いると

$$v_1 = h_{ie}i_b \qquad (3.7.26)$$

であるので，入力インピーダンス Z_{ie} は，次式で示される．

$$Z_{ie} = \frac{v_1}{i_b} = h_{ie} \qquad (3.7.27)$$

(ii)　電流利得

仮定を用いると

$$i_c = -h_{fe}i_b \qquad (3.7.28)$$

であるので，電流利得 A_i は，次式で示される．

$$A_i = \frac{i_c}{i_b} = -h_{fe} \qquad (3.7.29)$$

入力信号の電流から，R_1 と R_2 を含めて考える場合は，$R_B = R_1 /\!/ R_2$ とおいて，上記の $R_B/(h_{ie}+R_B)$ 倍となる．

(iii)　電圧利得

仮定を用いると

$$v_1 = h_{ie}i_b \qquad (3.7.30)$$

$$i_c = -h_{fe}i_b = \frac{v_2}{R_L} \qquad (3.7.31)$$

となる．これらから電圧利得 A_v を求めると

$$A_v = \frac{v_2}{v_1} = \frac{-h_{fe}}{h_{ie}}R_L \qquad (3.7.32)$$

となる．

(iv)　出力インピーダンス

$v_0 = 0$ のとき $i_b = 0$ となるため，出力電流も $i_c = -h_{fe}i_b = 0$ となる．よって，出力インピーダンス Z_{oe} は

$$Z_{oe} = \frac{v_2}{-i_c} = \infty \qquad (3.7.33)$$

となる．

3.7.3　バイポーラトランジスタを用いたコレクタ接地増幅回路

図 3.7.5 のような回路を考える．バイポーラトランジスタのコレクタ端子が接地しているので，この回路を**コレクタ接地増幅回路**とよぶ．電圧増幅率はほぼ 1 である．入力インピーダンスは非常に高く，出力インピーダンスは非常に低い．エミッタ側の交流出力電圧は，ベースへの入力信号電圧に追従するので，**エミッタフォロア**とよばれる．

図 3.7.6 に示す T 形モデルを用いて，この増幅回路の特徴量を求める．ただし，エミッタ接地と同様に下記のように仮定する．ここで，ρ は電圧源の内部抵抗である．

$$(1-\alpha)r_c \gg r_b+\rho, \qquad r_e+R_L \qquad (3.7.34)$$

(i)　入力インピーダンス

図 3.7.5 より次式が成り立つ．

$$v_1 = r_b i_b + (r_e+R_L)i_e \qquad (3.7.35)$$

$$i_e = (1+\beta)i_b \qquad (3.7.36)$$

これから，入力インピーダンス Z_{ic} を求めると

$$Z_{ic} = \frac{v_1}{i_b} = r_b + (1+\beta)(r_e+R_L) \qquad (3.7.37)$$

となる．一般に $(1+\beta)R_L \gg r_b$ であり，また，$\beta \gg 1$ であるので

$$Z_{ic} \fallingdotseq \beta R_L \qquad (3.7.38)$$

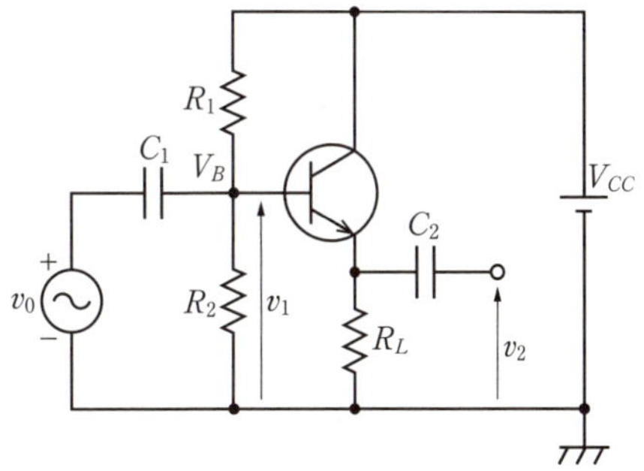

図 3.7.5　コレクタ接地増幅回路

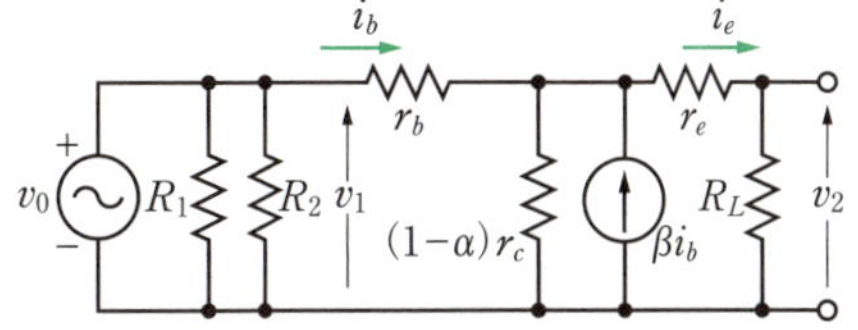

図 3.7.6　コレクタ接地増幅回路の等価回路

となる．入力インピーダンスは高い．ただし，$R_1/\!/R_2$ の影響は受けるので，R_1，R_2 は大きく設定する．

(ii) 電流利得

$$A_i = \frac{i_c}{i_b} = 1+\beta \tag{3.7.39}$$

(iii) 電圧利得

$$v_2 = R_L i_e \tag{3.7.40}$$

$$i_b = \frac{v_1}{Z_{ic}} \tag{3.7.41}$$

これらから電圧利得 A_v を求めると

$$A_v = \frac{v_2}{v_1} = \frac{(1+\beta)R_L}{r_b+(1+\beta)(r_e+R_L)} \tag{3.7.42}$$

となる．一般に $(1+\beta)R_L \gg r_b$ であり，また，通常のバイアスでは $R_L \gg r_e$ であるので，$A_v \fallingdotseq 1$ となる．

(iv) 出力インピーダンス

$v_0=0$（内部抵抗を ρ）とし，出力に電圧を与えたときの等価回路は図 3.7.7 となる．この図から次式が成り立つ．

$$v = -r_e i_e - (r_b+\rho/\!/R_1/\!/R_2) \tag{3.7.43}$$

よって，出力インピーダンス Z_{oc} は

$$\begin{aligned} Z_{oc} &= \frac{v}{-i_e} = r_e + \frac{r_b+\rho/\!/R_1/\!/R_2}{1+\beta} \\ &= \frac{r_e(1+\beta)+r_b+\rho/\!/R_1/\!/R_2}{1+\beta} \\ &= \frac{\dfrac{r_e}{1-\alpha}+r_b+\rho/\!/R_1/\!/R_2}{1+\beta} \end{aligned} \tag{3.7.44}$$

となる．一般に，$R_1, R_2 \gg \rho$ であるので，$\rho/\!/R_1/\!/R_2$ は R_1，R_2 の有無にはよらない．

h パラメータモデルを用いたときは，h パラメータの後の添え字を変えれば，エミッタ接地のものと同形となる．必要な近似を行うことで上記 T 形モデルと等価な式を導出できる．

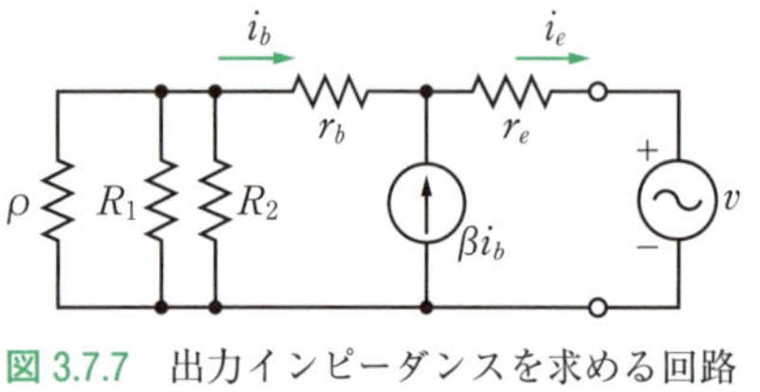

図 3.7.7　出力インピーダンスを求める回路

3.7.4 バイポーラトランジスタを用いたベース接地増幅回路

図 3.7.8 のような回路を考える．バイポーラトランジスタのベース端子が接地しているので，この回路を**ベース接地増幅回路**とよぶ．低入力インピーダンス，高出力インピーダンスである．電流利得はほぼ 1 であるが，電圧利得は高くとることができる．

図 3.7.9 に示す T 形モデルを用いて，この増幅回路の特徴量を求める．ただし，エミッタ接地と同様に下記のように仮定する．

$$r_c \gg R_L, r_b \tag{3.7.45}$$

(i) 入力インピーダンス

図 3.7.9 より次式が成り立つ．

$$v_1 = r_e i_e + r_b i_b \tag{3.7.46}$$

$$i_b = (1-\alpha)i_e \tag{3.7.47}$$

これから入力インピーダンス Z_{ib} を求めると

$$\begin{aligned} Z_{ib} &= \frac{v_1}{i_e} = r_e+(1-\alpha)r_b = (1-\alpha)\left(\frac{r_e}{1-\alpha}+r_b\right) \\ &= \frac{1}{1+\beta}\left(\frac{r_e}{1-\alpha}+r_b\right) \end{aligned} \tag{3.7.48}$$

ほぼ r_e に等しい．

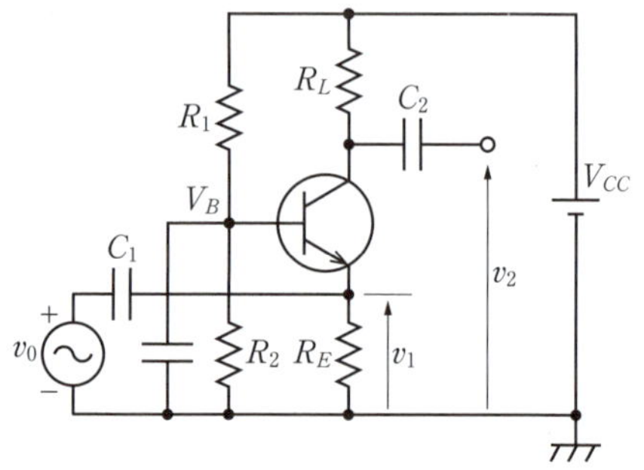

図 3.7.8　ベース接地増幅回路

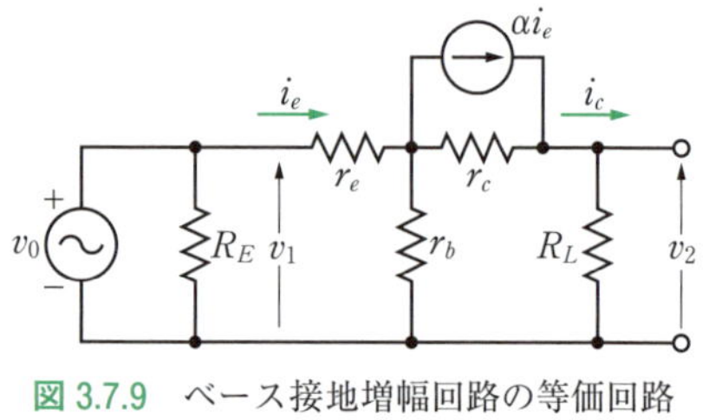

図 3.7.9　ベース接地増幅回路の等価回路

(ii) 電流利得

$$i_c = \alpha i_e \qquad (3.7.49)$$

であるので

$$A_i = \frac{i_c}{i_e} = \alpha \qquad (3.7.50)$$

となる．

(iii) 電圧利得

$$v_2 = R_L i_c = \alpha R_L i_e \qquad (3.7.51)$$

である．これらから電圧利得 A_v を求めると次式となる．

$$A_v = \frac{v_2}{v_1} = \frac{\alpha R_L}{r_e+(1-\alpha)r_b} = \frac{\alpha}{1-\alpha}\cdot\frac{R_L}{\frac{r_e}{1-\alpha}+r_b} \qquad (3.7.52)$$

(iv) 出力インピーダンス

$v_0=0$ のとき，$i_e=0$ となるため出力電流である αi_e も 0 となる．よって，出力インピーダンス Z_{ob} は

$$Z_{ob} = \frac{v_2}{-i_c} = \infty \qquad (3.7.53)$$

となる．

3.7 節のまとめ

- **エミッタ接地増幅回路は，接地方式の中で電流利得と電圧利得がともに大きく，一般によく利用される．**
- **コレクタ接地増幅回路は，電圧増幅度はほぼ 1 であるが，入力インピーダンスが高い．エミッタフォロアともよばれる．**
- **ベース接地増幅回路は，低入力インピーダンス，高出力インピーダンスである．**

3.8 FET を用いた低周波増幅回路

3.8.1 FET を用いたソース接地増幅回路

図 3.8.1 のような回路を考える．MOS FET のソース端子が接地しているので，この回路をソース接地増幅回路とよぶ．

a. バイアス回路

図 3.8.2 の回路から，各バイアス，V_{GSB}，I_{DB}，V_{DSB} を求める．MOS FET のゲートには電流は流れないので

$$V_{GSB} = R_2 I_A = \frac{R_2}{R_1+R_2}V_{DD} \qquad (3.8.1)$$

となる．この値を用いて，I_D-V_{GS} 特性から，I_{DB} を作図で求める．V_{DSB} は，次の式から求められる．

$$V_{DSB} = V_{DD} - R_L I_{DB} \qquad (3.8.2)$$

I_D-V_{DS} 特性に**負荷直線**を引いても，V_{DSB} を求めることができる（図 3.8.3）．

b. 増幅回路の特徴

微小信号モデルを用いて，電流利得や入力インピーダンスを求める．

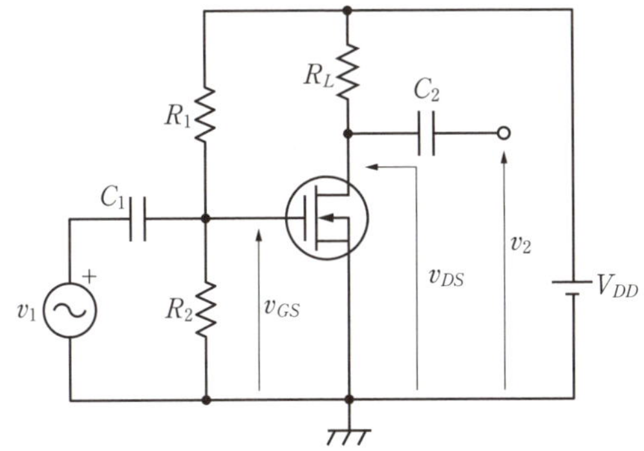

図 3.8.1 ソース接地増幅回路

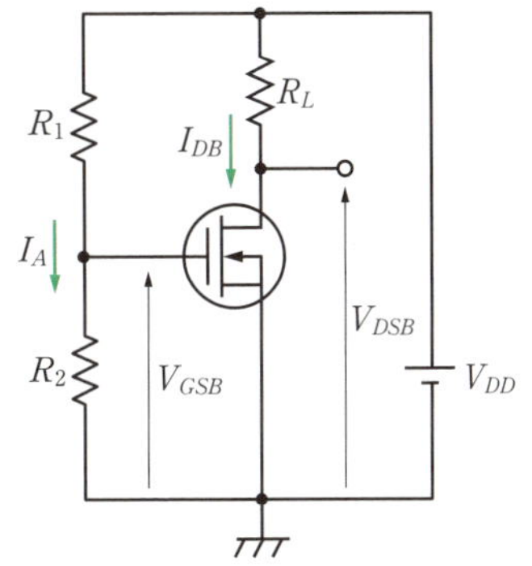

図 3.8.2 ソース接地増幅回路のバイアス回路

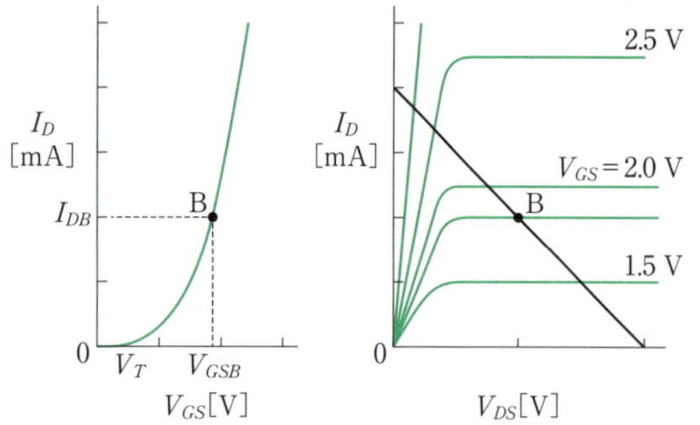

図 3.8.3　MOS FET の特性

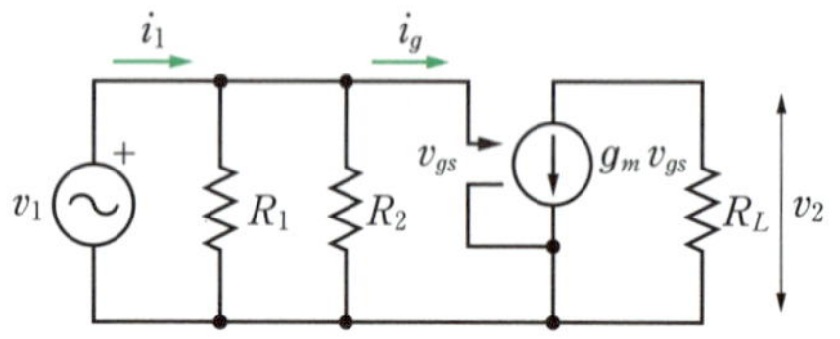

図 3.8.4　等価回路（ソース接地増幅回路）

図 3.8.1 の回路は，トランジスタのモデルを用いて，図 3.8.4 のように書き直すことができる．

(i)　入力インピーダンス

MOS FET ではゲートに電流は流れないため，入力端子の電圧と電流の関係は次の式になる．

$$v_1 = \frac{R_1R_2}{R_1+R_2}i_1 \qquad (3.8.3)$$

このことから，入力インピーダンスは

$$Z_{\text{in}} = \frac{v_1}{i_1} = \frac{R_1R_2}{R_1+R_2} \qquad (3.8.4)$$

となる．

(ii)　電圧利得

出力電圧 v_2 は，負荷抵抗 R_L に上向きに電流 $g_m v_{gs}$ が流れるので

$$v_2 = -g_m v_{gs} R_L \qquad (3.8.5)$$

となる．ここで，$v_{gs} = v_1$ なので，電圧利得は

$$A_v = \frac{v_2}{v_1} = -g_m R_L \qquad (3.8.6)$$

となる．

g_m は MOS FET の I_D-V_{GS} 特性のバイアス点における接線の傾きから求められる．また，使用しているトランジスタのデータシートから得ることもできる．

3.8.2　ゲート接地増幅回路

図 3.8.5 のような回路を考える．MOS FET のゲート端子が接地しているので，この回路をゲート接地増幅回路とよぶ．

a.　バイアス回路

バイアス回路はソース接地増幅回路と同じになるため，同様の方法で求めることができる．

b.　増幅回路の特徴

(i)　入力インピーダンス

図 3.8.6 の回路から

$$i_1 = i_2 = -g_m v_{gs} \qquad (3.8.7)$$

$$v_{gs} = -v_1 \qquad (3.8.8)$$

となる．この式から，入力インピーダンス Z_{in} は

$$Z_{\text{in}} = \frac{v_1}{i_1} = \frac{1}{g_m} \qquad (3.8.9)$$

となる．

ゲート接地増幅回路では，その他の回路に比べて入力インピーダンスが小さい値になる．

(ii)　電圧利得

出力電圧 v_2 は

$$v_2 = R_L i_2 = -R_L g_m v_{gs} = R_L g_m v_1 \qquad (3.8.10)$$

となる．この式から

$$A_v = \frac{v_2}{v_1} = g_m R_L \qquad (3.8.11)$$

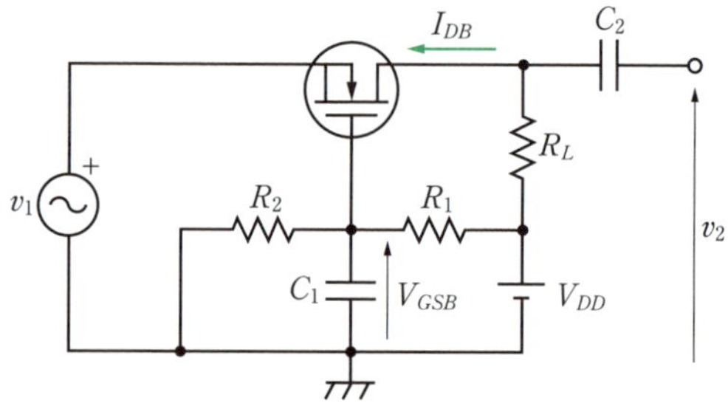

図 3.8.5　ゲート接地増幅回路

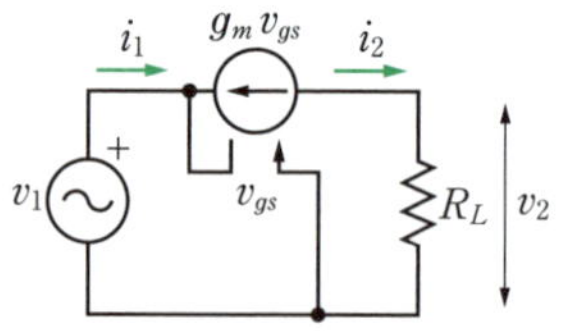

図 3.8.6　等価回路（ゲート接地増幅回路）

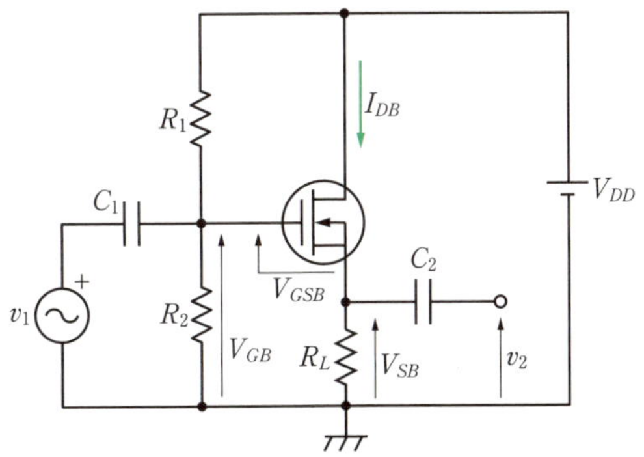

図 3.8.7 ドレイン接地増幅回路

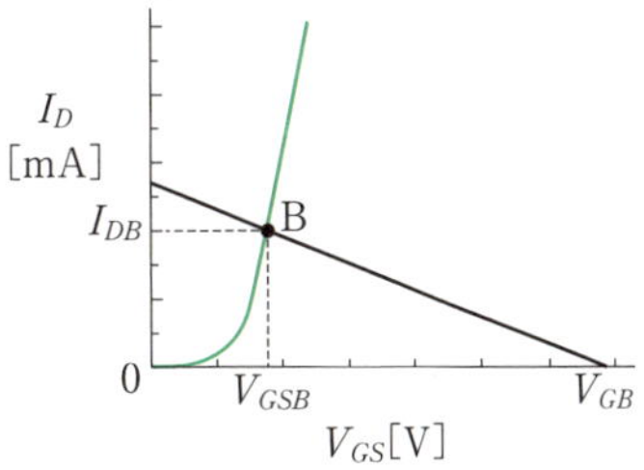

図 3.8.8 I_D-V_{GS} 特性

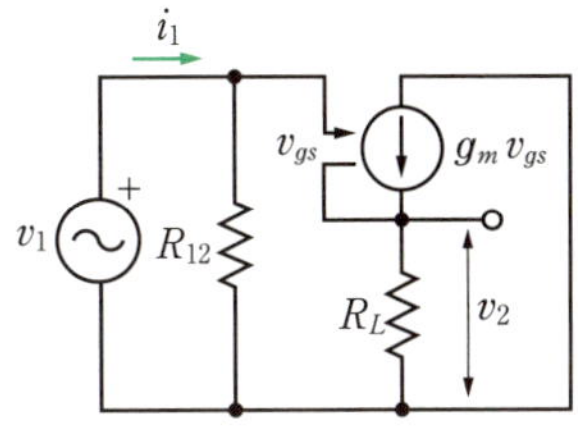

図 3.8.9 等価回路（ドレイン接地増幅回路）

となる．これはソース接地増幅回路の利得の符号を逆にした値と同じである．

特徴は，入力された電流がすべて出力として出てくることである．

3.8.3 ドレイン接地増幅回路

図 3.8.7 のような回路を考える．MOS FET のドレイン端子が接地していないが，負荷抵抗を介さずに直流電源に接続されているので，信号入力（交流成分）に対しては接地しているのと同様な状態になる．そのため，この回路をドレイン接地増幅回路とよぶ．

a. バイアス回路

図 3.8.8 の各電圧，電流には以下の関係がある．

$$V_{GB} = \frac{R_2}{R_1+R_2} V_{DD} \tag{3.8.12}$$

$$V_{GSB} = V_{GB} - V_{SB} \tag{3.8.13}$$

$$V_{SB} = R_L I_{DB} \tag{3.8.14}$$

V_{GB} は式から計算できる．V_{GSB} と I_{DB} は特性曲線から求める必要がある．

$$I_{DB} = \frac{1}{R_L}(V_{GB} - V_{GSB}) \tag{3.8.15}$$

ここで，V_{GSB} と I_{DB} を変数 V_{GS} と I_D と考えて

$$I_D = \frac{1}{R_L}(V_{GB} - V_{GS}) \tag{3.8.16}$$

を I_D-V_{GS} 特性のグラフに書き込み，交点を求めると，バイアス点での V_{GSB} と I_{DB} を求めることができる．

また，V_{DSB} は，次の式から求められる．

$$V_{DSB} = V_{DD} - R_L I_{DB} \tag{3.8.17}$$

b. 増幅回路の特徴

微小信号モデルを用いると図 3.8.7 の回路は，図 3.8.9 のようになる．

(i) 入力インピーダンス

入力インピーダンス Z_{in} は

$$Z_{\mathrm{in}} = \frac{v_1}{i_1} = \frac{R_1 R_2}{R_1+R_2} \tag{3.8.18}$$

となる．

(ii) 電圧利得

図 3.8.9 の回路では

$$v_2 = R_L g_m v_{gs} \tag{3.8.19}$$

$$v_{gs} = v_1 - v_2 \tag{3.8.20}$$

これらの式から

$$A_v = \frac{v_2}{v_1} = \frac{g_m R_L}{1+g_m R_L} \tag{3.8.21}$$

となる．

ここで，$g_m R_L \gg 1$ となるように，g_m，R_L を設定すると

$$A_v \cong 1 \tag{3.8.22}$$

になる．このとき，入力電圧がそのまま出力に出てくることになる．このような回路をソースフォロアとよぶ．

3.8 節のまとめ

- **MOS FET を用いた増幅回路：ソース接地増幅回路，ゲート接地増幅回路，ドレイン接地増幅回路**

3.9 周波数特性

電子回路では，増幅回路などの利得（gain）や位相（phase）が周波数に対してどのように変化するかを把握することが必要となる場合が多く，これらの周波数特性（frequency response）を明示するために**ボード線図**（**Bode diagram** または **Bode plot**）が利用される．2.10 節では，この周波数特性を詳細に描くための手法が示されている．しかし，電子回路では回路の周波数特性の概略をつかむことが重要になることが多く，ボード線図においても近似がよく利用される．本節では，回路の伝達関数が求まった際に，周波数特性の概要を簡単に得る方法について学ぶ．

3.9.1 伝達関数とボード線図

図 3.9.1 に示す RC 回路の伝達関数（transfer function）を求め，ボード線図を描く．

この回路の伝達関数 $T(j\omega)=v_2/v_1$ は

$$T(j\omega)=\frac{v_2}{v_1}=\frac{\dfrac{1}{j\omega C}}{R+\dfrac{1}{j\omega C}}=\frac{1}{1+j\omega CR} \qquad (3.9.1)$$

となる．また，入力信号に対する出力信号の位相 ϕ（[rad] または [deg]）は

$$\phi=\angle T(j\omega)=\tan^{-1}\left\{\frac{\mathrm{Im}[T(j\omega)]}{\mathrm{Re}[T(j\omega)]}\right\} \qquad (3.9.2)$$

で与えられる．ここで，Re(·) と Im(·) はそれぞれ複素数の実部と虚部を与える関数である．ここで，式(3.9.1)は

$$T(j\omega)=\frac{1}{1+j\omega CR}=\frac{(1-j\omega CR)}{(1+j\omega CR)(1-j\omega CR)}=\frac{1}{1+(\omega CR)^2}(1-j\omega CR)$$

と変形できることから，式(3.9.2)より

$$\phi=\tan^{-1}\left(\frac{-\omega CR}{1}\right)=-\tan^{-1}(\omega CR) \qquad (3.9.3)$$

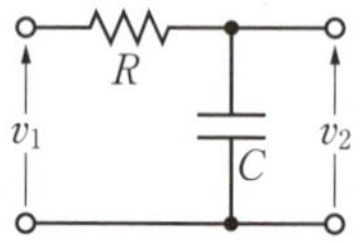

図 3.9.1　RC 回路

となる．ここで，角周波数 ω [rad/s] と周波数 f [Hz] には $\omega=2\pi f$ の関係があるから，式(3.9.1)，(3.9.3)はそれぞれ

$$T(jf)=\frac{1}{1+j(2\pi fCR)} \qquad (3.9.4)$$

$$\phi=-\tan^{-1}(2\pi fCR) \qquad (3.9.5)$$

とも書ける．ここで，$T(jf)$ は，伝達関数 T が周波数 jf の関数であることを表しており，2π は省略されることが多い．さらに，$f_C=1/(2\pi CR)$（ここで，f_C [Hz] は遮断（カットオフ）周波数）とおくと，式(3.9.4)および(3.9.5)はそれぞれ

$$T(jf)=\frac{1}{1+j\left(\dfrac{f}{f_C}\right)} \qquad (3.9.6)$$

$$\phi=-\tan^{-1}\left(\frac{f}{f_C}\right) \qquad (3.9.7)$$

と書き換えることができる．式(3.9.6)の伝達関数をデシベル表記の A [dB] で表すと

$$\begin{aligned}A&=20\log_{10}|T(jf)|\\&=20\log_{10}\frac{1}{\sqrt{1+\left(\dfrac{f}{f_C}\right)^2}}\\&=-20\log_{10}\sqrt{1+\left(\frac{f}{f_C}\right)^2}\quad[\mathrm{dB}]\end{aligned} \qquad (3.9.8)$$

となる．したがって，振幅特性は

(1)　$(f/f_C)^2\ll 1$（つまり $f\ll f_C$）のとき：

$$A\approx 0\ \mathrm{dB} \qquad (3.9.9)$$

(2)　$(f/f_C)^2=1$（つまり $f=f_C$）のとき：

$$A=-20\log_{10}\sqrt{2}=-\frac{1}{2}(20\log_{10}2)\approx -3\ \mathrm{dB} \qquad (3.9.10)$$

(3)　$(f/f_C)^2\gg 1$（つまり $f\gg f_C$）のとき：

$$A\approx -20\log_{10}\left(\frac{f}{f_C}\right)\quad[\mathrm{dB}] \qquad (3.9.11)$$

と近似できる．また，位相特性は

(1)　$(f/f_C)\ll 1/10$（つまり $f\ll 0.1f_C$）のとき：

$$\phi\approx -\tan^{-1}0=0\ \mathrm{deg} \qquad (3.9.12)$$

(1′)　$(f/f_C)=1/10$（つまり $f=0.1f_C$）のとき：

$$\phi=-\tan^{-1}0.1\approx -5.71\ \mathrm{deg} \qquad (3.9.13)$$

(2)　$(f/f_C)=1$（つまり $f=f_C$）のとき：

$$\phi=-\tan^{-1}1\approx -45\ \mathrm{deg} \qquad (3.9.14)$$

(3′)　$(f/f_C)=10$（つまり $f=10f_C$）のとき：

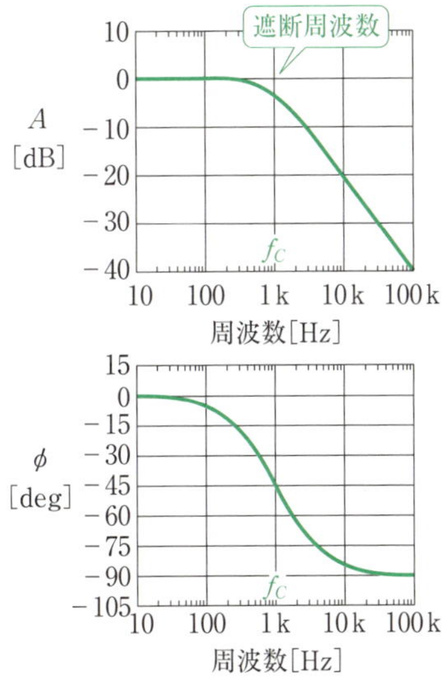

図 3.9.2 *RC* 回路のボード線図

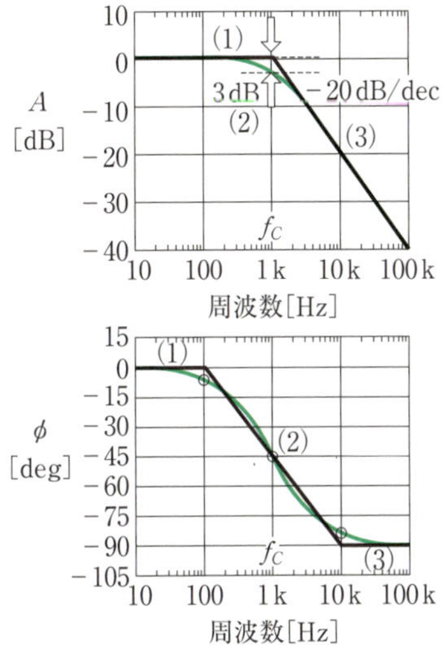

図 3.9.3 折れ線近似による *RC* 回路のボード線図

$$\phi = -\tan^{-1} 10 \approx -84.29 \text{ deg} \qquad (3.9.15)$$

(3) $(f/f_C) \gg 10$（つまり $f \gg 10f_C$）のとき：

$$\phi \approx -\tan^{-1} \infty = -90 \text{ deg} \qquad (3.9.16)$$

と近似できる.

今, $R = 1\,\text{k}\Omega$, $C = 0.159\,\mu\text{F}$ のとき, つまり $f_C = 1/(2\pi CR) = 1\,\text{kHz}$ として, ボード線図を描くと, 図 3.9.2 となる.

次に, 式(3.9.9)～(3.9.11)より, 振幅特性は周波数 f が遮断周波数 f_C より低い領域(1)では 0 dB の直線で近似でき, f_C より高い領域(3)では周波数が 10 倍ごとに 20 dB 減少（−20 dB/decade または −20 dB/dec と明示, あるいは, 周波数が 2 倍ごとに 6 dB 減少することから −6 dB/octave または −6 dB/oct と明示）する直線で近似できる. また, (2)の $f = f_C$ のときは, 実際には −3 dB となるが, 折れ線近似では 0 dB となるため, 誤差が 3 dB あることを明示する. 位相特性では, 周波数 f が f_C の 0.1 倍より低い領域(1)では, 0 deg（または, 度）の直線で近似でき, f が f_C の 10 倍より高い領域(3)では −90 deg となる. さらに, (2)の $f = f_C$ のときは, −45 deg となるため, $f = 0.1f_C$ の 0 deg と $f = 10f_C$ の −90 deg の 3 点を通る直線で近似する. このようにして描いた折れ線近似によるボード線図を図 3.9.3 に示す. 太線が折れ線近似を示している. なお, この *RC* 回路は低域の信号を通過させ, 高域の信号を減衰させるため, **低域通過フィルタ**（ローパスフィルタ

コラム　電圧比, 電流比のデシベル値

$A[\text{dB}] = 20 \log_{10}|T|$ を求めるにあたり, 以下を覚えておくと, 暗算可能で便利である.

$\lvert T\rvert$ [倍]	A [dB]
10 倍増加	+20 増加
100	40
10	20
3	9.5
2	6
$\sqrt{2} = 2^{1/2}$	3
1	0
$1/\sqrt{2}$	−3
1/2	−6
1/3	−9.5
0.1	−20
0.01	−40
1/10 倍増加	−20 増加（20 減少）

なお, log の性質とこの表より 5 倍は以下のように求められる.

$$\begin{aligned} 20 \log_{10} 5 &= 20 \log_{10} \frac{10}{2} \\ &= 20 \log_{10} 10 - 20 \log_{10} 2 \\ &= 20 - 6 \\ &= 14 \text{ dB} \end{aligned}$$

low pass filter：LPF と略される）ともよばれる．さらに，式(3.9.1)の伝達関数は角周波数 ω（周波数 f）に対して次数（乗数）が 1 となっているので，一次（の）低域通過フィルタともよばれる．電子回路では，周波数特性を図 3.9.3 に示す折れ線近似により概要を把握することが重要である．

例題 3-9-1

図 3.9.4 に示す回路のボード線図を折れ線近似で示せ．ただし，$R = 1\,\mathrm{k\Omega}$，$C = 0.159\,\mu\mathrm{F}$ とする．

この回路の伝達関数 $T(jf)$ は

$$T(jf) = \frac{v_2}{v_1} = \frac{1}{1+\dfrac{1}{j2\pi fCR}}$$

より，このデシベル値 A［dB］は

$$A = 20\log_{10}|T(jf)| = 20\log_{10}\frac{1}{\sqrt{1+\left(\dfrac{1}{2\pi fCR}\right)^2}}$$

となる．また，位相 ϕ［deg］は

$$\phi = \angle T(jf) = \tan^{-1}\left(\frac{1}{2\pi fCR}\right)$$

となる．ここで，遮断周波数を $f_C = 1/(2\pi CR)$ とおくと

$$A = 20\log_{10}|T(jf)| = 20\log_{10}\frac{1}{\sqrt{1+\left(\dfrac{f_C}{f}\right)^2}}$$

$$\phi = \angle T(jf) = \tan^{-1}\left(\frac{f_C}{f}\right)$$

となる．数値を代入すると $f_C = 1/(2\pi CR) = 1\,\mathrm{kHz}$ となる．

先の例と同様に，$f < f_C$，$f = f_C$，$f > f_C$ の領域に分けて振幅特性と位相特性を近似すると，図 3.9.5 のボード線図が得られる．黒線が折れ線近似であり，緑線は実際の特性である．振幅特性は，図 3.9.3 と比較すると，遮断周波数を中心とした線対称の特性となっていることがわかり，$f < f_C$ では，周波数が 10 倍ごとに利得が 20 dB ずつ増加している．この回路は，高域通過フィルタ（ハイパスフィルタ，high pass filter：HPF と略される）となっていることもわかる．また，位相特性は，$f \ll f_C$ では 90 deg から始まり，$f = f_C$ で 45 deg となり $f \gg f_C$ となる高い周波数では 0 deg に漸近する．

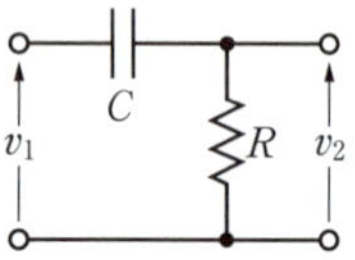

図 3.9.4　CR 回路

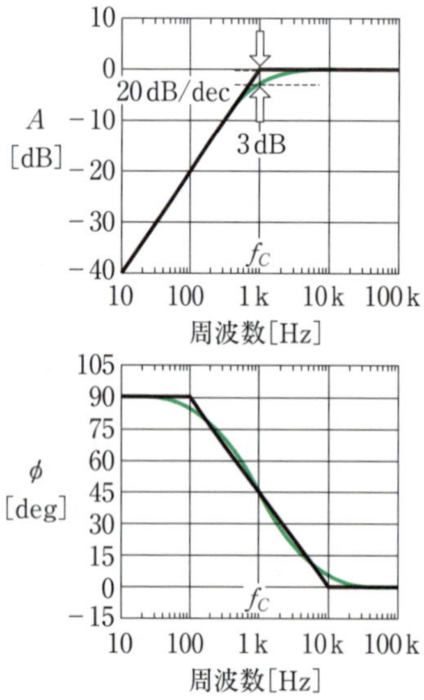

図 3.9.5　折れ線近似による CR 回路のボード線図

3.9.2　高次の伝達関数とボード線図

RC 回路や増幅回路が複数接続されている場合，全体の伝達関数は，一般に

$$T(j\omega) = T_1(j\omega)\cdot T_2(j\omega)\cdot T_3(j\omega)\cdots T_n(j\omega) \tag{3.9.17}$$

のように複数の伝達関数の積で表すことができる．それぞれの伝達関数 $T_i(j\omega)$（ここで，$i = 1 \sim n$）は，前出の低域通過フィルタや高域通過フィルタの伝達関数，もしくは定数倍や，$1+j\omega CR$ といった伝達関数となる．この伝達関数をデシベルで表すと

$$\begin{aligned} A &= 20\log_{10}|T(j\omega)| \\ &= 20\log_{10}|T_1(j\omega)\cdot T_2(j\omega)\cdot T_3(j\omega)\cdots T_n(j\omega)| \\ &= A_1 + A_2 + A_3 + \cdots + A_n \quad [\mathrm{dB}] \end{aligned} \tag{3.9.18}$$

ここで，$A_i = 20\log_{10}|T_i(j\omega)|$［dB］（$i = 1 \sim n$）である．このように全体のデシベル値 A［dB］はそれぞれの伝達関数のデシベル値を加算したものとなり，取扱いが容易となる．

また，位相 ϕ［rad または deg］は，定義（2.10 節参照）より

$$\begin{aligned} \phi &= \angle T(j\omega) \\ &= \angle T_1(j\omega) + \angle T_2(j\omega) + \angle T_3(j\omega) + \cdots + \angle T_n(j\omega) \end{aligned}$$

となるため，全体の位相も各位相を加算したものとなる．

例題 3-9-2

伝達関数が，$T(jf) = T_1(jf)\cdot T_2(jf)\cdot T_3(jf)$ で示される回路がある．ここで，

$$T_1(jf) = \frac{1}{1+j\dfrac{f}{10}},$$

$$T_2(jf) = 1000,$$

$$T_3(jf) = \frac{1}{1+j\dfrac{f}{10\,000}},$$

であるとき，このボード線図を折れ線近似で描け．

$T_1(jf)$ の直流利得は 0 dB で遮断周波数 $f_{c1} = 10$ Hz，$T_2(jf)$ の利得は 60 dB で一定，$T_3(jf)$ の直流利得は 0 dB で遮断周波数 $f_{c3} = 10$ kHz である．振幅特性ならびに位相特性は，それぞれ各周波数特性を加算すればよいので，ボード線図は図 3.9.6 となる．点線はそれぞれの伝達関数の折れ線近似による特性である．

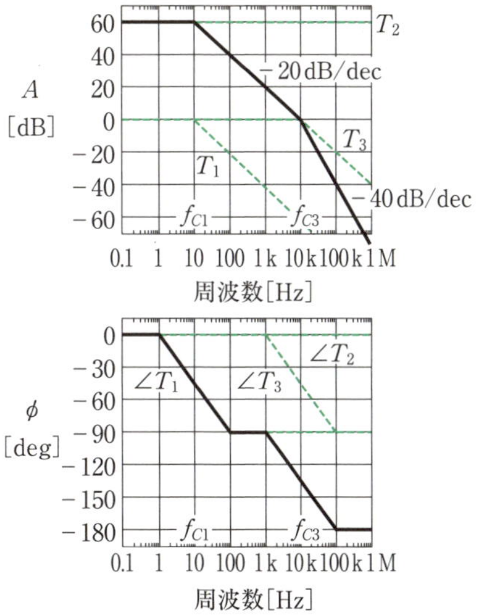

図 3.9.6 折れ線近似による $T(jf)$ のボード線図

3.9 節のまとめ

- **回路の周波数特性は，伝達関数を導出し，ボード線図を描くことで把握できる．**
- **利得の周波数特性（振幅特性）と位相特性は，伝達関数から導出できる．**
- **一次（の）低域通過フィルタの伝達関数は，直流利得 1 倍，遮断周波数を f_C とすると**

$$T(jf) = \frac{1}{1+j\dfrac{f}{f_C}}$$

となる．

このとき，振幅特性は

$$|T(jf)| = \frac{1}{\sqrt{1+\left(\dfrac{f}{f_C}\right)^2}} \quad \text{[倍]}$$

で，位相特性は

$$\phi = -\tan^{-1}\left(\frac{f}{f_C}\right) \quad \text{[deg または rad]}$$

となる．

- **一次（の）高域通過フィルタの伝達関数は，無限大の周波数における利得を 1 倍，遮断周波数を f_C とすると**

$$T(jf) = \frac{1}{1+\dfrac{f_C}{jf}}$$

となる．

このとき，振幅特性は

$$|T(jf)| = \frac{1}{\sqrt{1+(f_C/f)^2}} \quad \text{[倍]}$$

で，位相特性は

$$\phi = \tan^{-1}\left(\frac{f_C}{f}\right) \quad [\text{deg または rad}]$$

となる．

- **ボード線図は，折れ線近似を用いることで直感的に理解できる．**
- **デシベルの計算は log の計算なので**

$$\log_{10}(a \times b) = \log_{10} a + \log_{10} b$$

$$\log_{10}\left(\frac{a}{b}\right) = \log_{10} a - \log_{10} b$$

$$\log_{10} a^b = b \log_{10} a$$

を用いることで計算できる．したがって，$20\log_{10} 2 = 6\,\text{dB}$ を覚えておくことで，ほとんどの値が計算機を用いることなく計算できる．

- **高次の伝達関数は，一般に複数の伝達関数の積で表すことができる．各伝達関数の振幅特性をデシベルで表記した場合は，全体の振幅特性は各振幅特性の和で示すことができる．また，全体の位相特性も各位相特性の和で表すことができる．**

3.10 トランジスタの高周波特性と，高周波特性を考慮したモデル

前節までは，トランジスタや MOS FET のような能動素子は周波数によらず一定の特性をもつものとして扱ってきた．しかし，実際のトランジスタや MOS FET は pn 接合に付随する空乏層容量や端子間の寄生容量，さらにはキャリアの拡散時間などにより，周波数が高くなるに従い電流増幅率などの諸特性が劣化する．本節では，トランジスタや MOS FET の高周波特性と，高周波特性を考慮したモデルについて述べる．

3.10.1 トランジスタの高周波特性とモデル

トランジスタのベース接地時の電流増幅率 α やエミッタ接地時の電流増幅率 β は，実際にはそれぞれ図 3.10.1 に示すような周波数特性をもっている．ここで，α，β はそれぞれ以下で表すことができる．

$$\alpha(jf) = \frac{\alpha_0}{1 + j\left(\dfrac{f}{f_\alpha}\right)} \tag{3.10.1}$$

$$\beta(jf) = \frac{\alpha(jf)}{1 - \alpha(jf)} = \frac{\alpha_0}{1 - \alpha_0 + j\left(\dfrac{f}{f_\alpha}\right)} = \frac{\beta_0}{1 + j\left(\dfrac{f}{f_\beta}\right)} \tag{3.10.2}$$

$$\beta_0 = \frac{\alpha_0}{1 - \alpha_0} \tag{3.10.3}$$

$$f_\beta = (1 - \alpha_0) f_\alpha \tag{3.10.4}$$

ここで，α_0，β_0 はそれぞれ直流時の α，β である．さらに，f_α と f_β はそれぞれ $|\alpha| = \alpha_0/\sqrt{2}$，$|\beta| = \beta_0/\sqrt{2}$ となる周波数で，それぞれ α-遮断周波数，β-遮断周波数とよばれる．図 3.10.1 に示されるように，α と β は周波数の増加とともに減少するため，トランジスタを用いた増幅回路の利得も減少する．なお，$|\beta| = 1$ となる周波数を**遷移周波数** f_T（**トランジション周波数：transition frequency**）といい，トランジスタの増幅限界を表す．ここで $\alpha_0 \approx 1$ のとき，$f_T \approx f_\alpha$ と

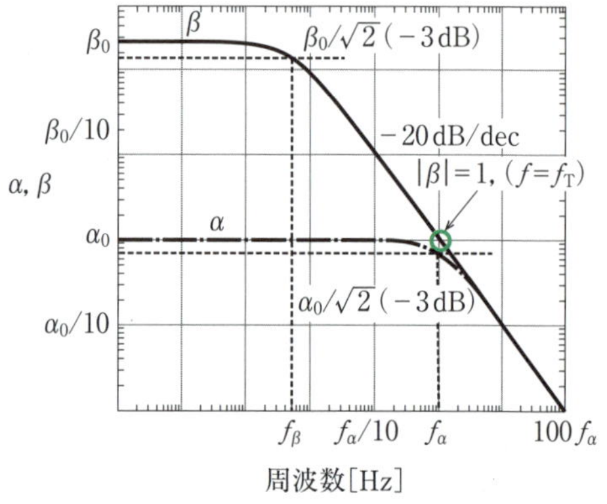

図 3.10.1　α，β の周波数特性

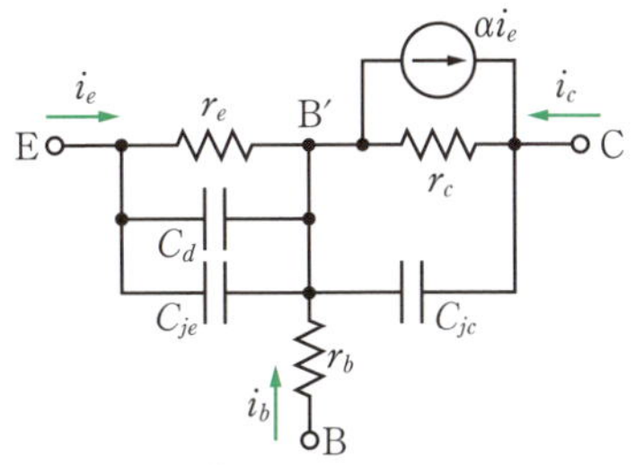

図 3.10.2　ベース接地高周波 T 形モデル

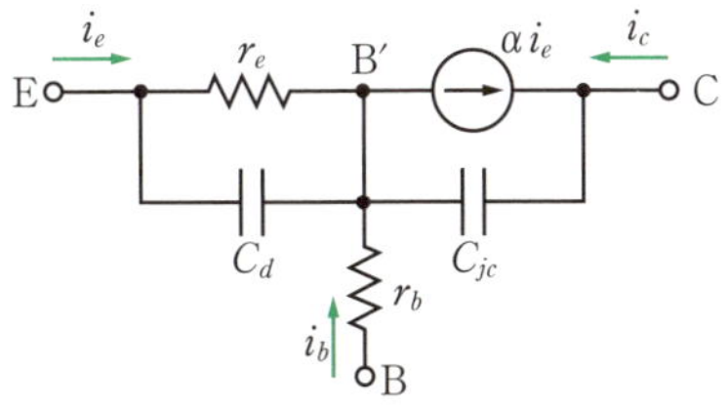

図 3.10.3　ベース接地高周波 T 形（簡易）モデル

なる．

3.10.2　トランジスタの高周波モデル

図 3.10.2 にトランジスタの高周波モデルの一つであるベース接地高周波 T 形モデルを示す．このモデル中，C_d は拡散容量とよばれ，$C_d = 1/(2\pi f_\alpha r_e)$ であり，C_{je}，C_{jc} はそれぞれ，ベース・エミッタ間の接合容量，ベース・コレクタ間の接合容量である．また，α は式(3.10.1)で表される．その他の素子値は，3.6.2 項の図 3.6.2 の T 形モデルと同様である．なお，一般に $C_d \gg C_{je}$ であり，高周波領域では $r_c \gg 1/\omega C_{jc}$ が成立するため，C_{je} と r_c を除いた図 3.10.3 のモデルが一般的に用いられる．

図 3.10.2，図 3.10.3 のモデルは，α が一定値でなく，周波数に依存した特性となっているため，実際に回路に用いたときに見通しが悪いという問題がある．今，図 3.10.3 を図 3.10.4 と変形することで，図 3.10.5 のエミッタ接地高周波ハイブリッド π 形モデル（たんに，高周波 π 形モデルとよばれることも多い）が得られる．ここで，図 3.10.3 の素子と図 3.10.5 の素子の間には

$$r_\pi = \frac{r_e}{1-\alpha_0}, \qquad C_\pi = C_d$$

$$C_c = C_{jc}, \qquad g_m = \frac{\alpha_0}{r_e} \tag{3.10.5}$$

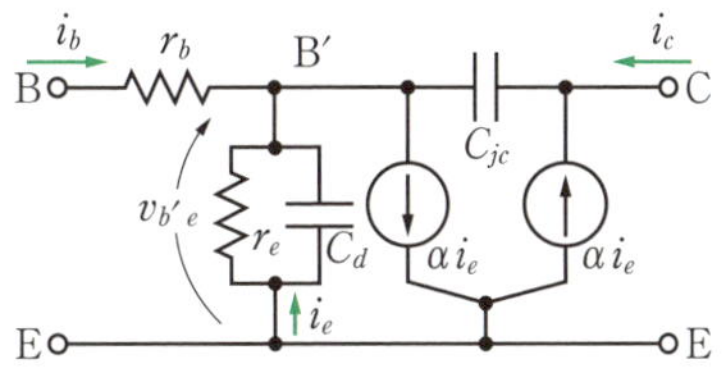

図 3.10.4　T 形（簡易）モデルから π 形モデルへの変形

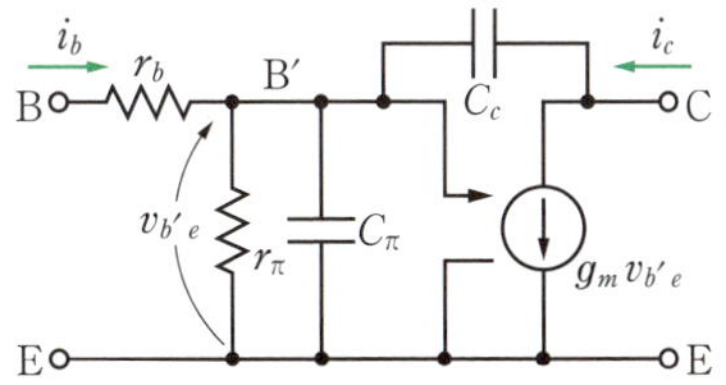

図 3.10.5　エミッタ接地高周波ハイブリッド π 形モデル

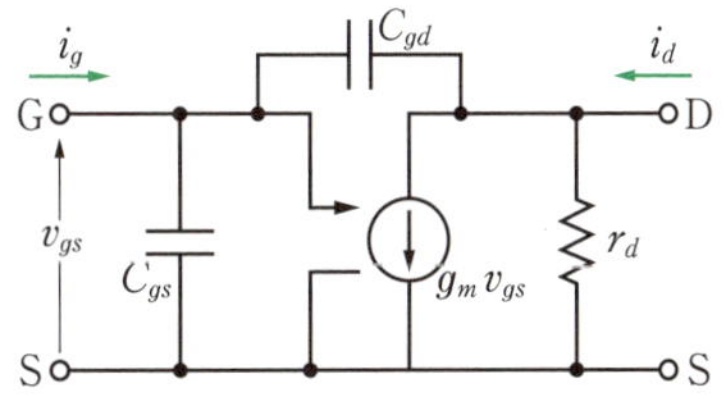

図 3.10.6　MOS FET の高周波ハイブリッド π 形モデル

の関係がある．さらに，図 3.10.5 では，伝達コンダクタンス g_m は周波数に依存しない量であることがわかる．このため，この高周波 π 形モデルは，高周波 T 形（簡易）モデルよりもよく利用されている．

3.10.3　MOS FET の高周波モデル

3.6.4 項の MOS FET の低周波モデル（図 3.6.6(a)）を高周波数領域でも利用できるように拡張した高周波ハイブリッド π 形モデルを図 3.10.6 に示す．ここで，C_{gs} はゲート・ソース間の容量で，ゲートとその下にある絶縁体と反転層および基板（サブストレート）によって形成される容量である．C_{gd} は，ゲート・ドレイン間の容量で，製造上，ゲート領域がドレイン領域に少しだけ重なってしまうために生じるオーバーラップ容量である．なお，ドレインとソース間にも寄生の容量 C_{ds} があるが，値が小さく，考慮すべき高周波帯において一般に $1/\omega C_{ds} \gg r_d$ となるため省略されることが多い．

3.10 節のまとめ

- トランジスタや MOS FET のような能動素子は，寄生容量やキャリアの拡散時間などのため，高周波領域では特性が劣化する．
- α の大きさ（絶対値）が直流値（α_0）の $1/\sqrt{2}$ 倍となる周波数を α-遮断周波数という．
- β の大きさ（絶対値）が直流値（β_0）の $1/\sqrt{2}$ 倍となる周波数を β-遮断周波数という．
- $|\beta| = 1$ となる周波数を遷移周波数 f_{T}（トランジション周波数：transition frequency）といい，トランジスタの増幅限界を表す．
- 高周波数領域を考慮したトランジスタの諸特性は，エミッタ接地高周波ハイブリッド π 形モデルを用いることで得られる．
- 高周波数領域を考慮した MOS FET の諸特性は，低周波での π 形モデルにゲート・ソース間容量，ゲート・ドレイン間容量を接続した高周波ハイブリッド π 形モデルを用いることで得られる．

3.11　基本増幅回路の周波数特性

3.7 節で学んだ基本増幅回路では，容量は値が十分大きく，検討する周波数においては短絡無視ができるものとし，さらに，トランジスタのモデルは容量を含まないものとしていた．しかし，実際の増幅回路は，利得などが周波数に依存する．

本節では，基本増幅回路としてエミッタ接地増幅回路を取り上げ，容量やトランジスタの高周波特性が無視できない場合について検討する．

3.11.1　エミッタ接地増幅回路とその小信号等価回路

本節では，3.7 節で学んだエミッタ接地増幅回路（図 3.7.2）を取り上げる．ただし，ここでは図 3.7.2 の R_L を R_C に置き換え，出力端子に負荷抵抗 R_L を接続した図 3.11.1 の回路の周波数特性について検討する．

直流バイアスについては，3.7 節とまったく同様となるのでここでは省略し，小信号での諸特性のみ解析する．ここではトランジスタの小信号モデルは，図 3.10.5 のエミッタ接地高周波ハイブリッド π 形モデルを使用する．すべての容量を無視せず考慮した小信号等価回路は図 3.11.2 となる．このとき，すべての容量を考慮して伝達関数を計算すると，非常に複雑で見通しが悪い．したがって，各容量が影響を及ぼす周波数帯について個別に考えることで，理解が容易となる．さらに，電子回路では細かな部分を考える前に，大枠となる概要をつかむことが重要であることを 3.9 節などでも述べているが，ここでは特に重要となる．次に，各容量の働きを個別にみていく．

(1)　容量 C_1　　直流バイアス（V_B）が信号源 v_0 で短絡されるのを防ぐ役目がある．このため，直流に近い低域周波数で影響し，周波数が高くなるに従い，短絡にみえる．この容量は段間容量（カップリング容量）ともよばれ，比較的大きい値（一般に 0.1 μF～数十 μF 程度）が用いられる．

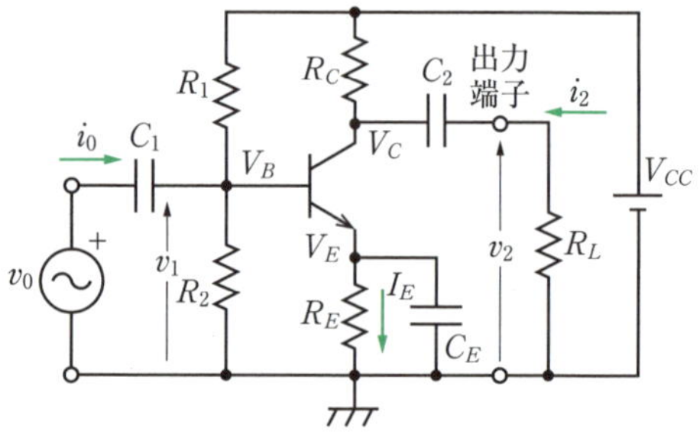

図 3.11.1　エミッタ接地増幅回路

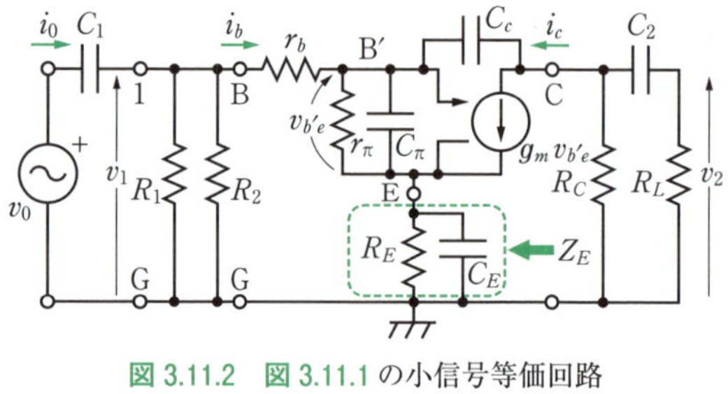

図 3.11.2　図 3.11.1 の小信号等価回路

(2)　容量 C_2　　直流バイアス（V_C）が負荷抵抗 R_L に影響されるのを防止する役目がある．このため(1)と同様に，直流に近い低域周波数で影響し，周波数が高くなるに従い，短絡にみえる．この容量も段間容量（カップリング容量）とよばれ，比較的大きい値（一般に 0.1 μF～数十 μF 程度）が用いられる．

(3)　容量 C_E　　注目する周波数で抵抗 R_E の影響を防止し小信号をグラウンドへバイパスする役目がある．このため，この容量はバイパス容量（バイパスキャパシタ）または，デカップリング容量とよばれ，非常に大きい値（一般に 100 μF 以上）が用いられる．

(4)　容量 C_π　　今までの(1)～(3)と異なり，高い周波数で影響する．この容量 C_π は高い周波数で短絡にみえるため，高周波では $v_{b'e}=0$ とみなせる．したがって，高い周波数では $g_m v_{b'e}=0$ となるため，高い周波数において利得を減少させることになる．なお，この容量は，数 pF 程度以下と小さな値である．

(5)　容量 C_c　　低い周波数では開放とみなせ，(4)と同様に高い周波数で影響する．なお，この容量も，数 pF 程度以下と小さな値である．

以上，(1)～(5)で検討したように，各容量には影響する（「効く」ともいう）周波数領域があることがわかる．つまり，(1)～(3)の容量は低周波領域で，(4)，(5)の容量は高周波領域で影響する．このため，(1)～(3)の容量が影響する領域を低域周波数領域（または低周波領域），容量が影響しない領域を中域周波数領域，(4)，(5)の容量が影響する領域を高域周波数領域（または高周波領域）とよび，図 3.11.3 にこの区分を示す．

図 3.11.3 は概念図であるため，この後は，各容量が実際にどのあたりの周波数で，どのように影響するのかを伝達関数を用いて解析する．

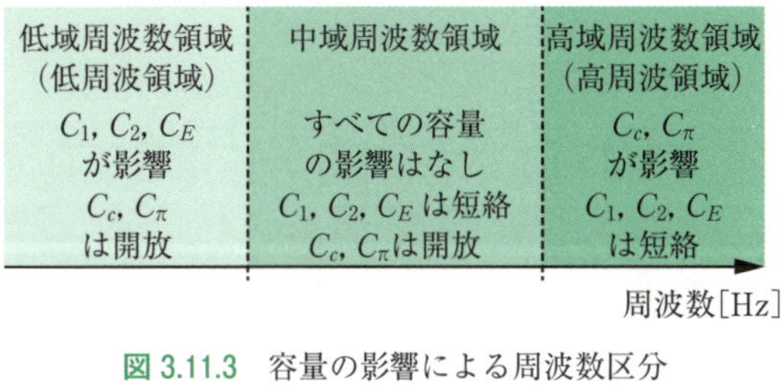

図 3.11.3　容量の影響による周波数区分

3.11.2　エミッタ接地増幅回路の周波数特性

a. 低域周波数領域

低域周波数領域では，C_c，C_π のインピーダンスは非常に大きくなるため開放として無視できるが，C_1，C_2，C_E は無視できない．しかし，一般に C_E の値は非常に大きな値に設定（3.11.3 項を参照）し，その影響は C_1，C_2 に比べより低い周波数で生じるようにするため，ここでは C_E は短絡として無視する．このとき，$Z_E = R_E /\!/ (1/j\omega C_E) \approx 0$ となるため，等価回路は図 3.11.4 となる．したがって，入力側の伝達関数 $G_{L1}(j\omega)$ は

$$G_{L1}(j\omega) = \frac{v_{b'e}}{v_0} = \frac{v_1}{v_0}\cdot\frac{v_{b'e}}{v_1} = \left(\frac{1}{1+\dfrac{1}{j\omega C_1 Z_{iL}}}\right)\frac{r_\pi}{r_b+r_\pi} = \frac{r_\pi}{r_b+r_\pi}\left(\frac{1}{1+\dfrac{\omega_{l1}}{j\omega}}\right) \tag{3.11.1}$$

となる．ここで，$Z_{iL} = R_1 /\!/ R_2 /\!/ (r_b + r_\pi)$ であり

$$\omega_{l1} = \frac{1}{C_1 Z_{iL}} \tag{3.11.2}$$

とした．

また，出力側の伝達関数 $G_{L2}(j\omega)$ は

$$G_{L2}(j\omega) = \frac{v_2}{v_{b'e}} = -g_m\left(\frac{R_C R_L}{R_C+R_L}\right)\left(\frac{1}{1+\dfrac{1}{j\omega C_2(R_C+R_L)}}\right) = -g_m R_o\left(\frac{1}{1+\dfrac{\omega_{l2}}{j\omega}}\right) \tag{3.11.3}$$

となる．ここで，$R_o = R_C /\!/ R_L$ であり

$$\omega_{l2} = \frac{1}{C_2(R_C+R_L)} \tag{3.11.4}$$

とした．したがって，このときの全体利得 $G_L(j\omega)$ は

$$G_L(j\omega) = \frac{v_2}{v_0} = \frac{v_{b'e}}{v_0}\cdot\frac{v_2}{v_{b'e}}$$

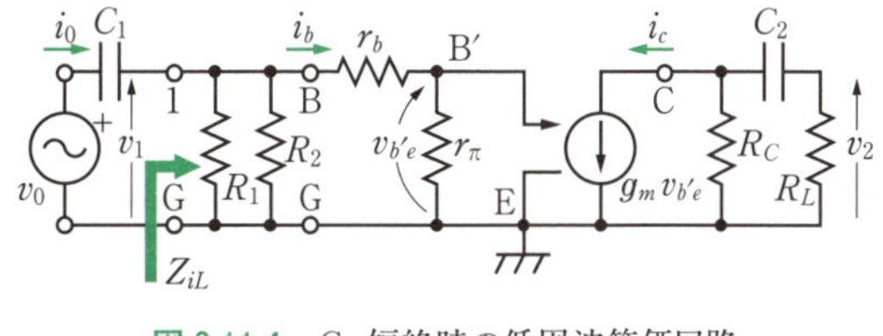

図 3.11.4　C_E 短絡時の低周波等価回路

$$= -g_m R_o \frac{r_\pi}{r_b + r_\pi}\left(\frac{1}{1+\dfrac{\omega_{l1}}{j\omega}}\right)\left(\frac{1}{1+\dfrac{\omega_{l2}}{j\omega}}\right)$$

$$= G_M\left(\frac{1}{1+\dfrac{\omega_{l1}}{j\omega}}\right)\left(\frac{1}{1+\dfrac{\omega_{l2}}{j\omega}}\right) \qquad (3.11.5)$$

となる．ここで，$G_M = -g_m R_o[r_\pi/(r_b + r_\pi)]$ とした．

一般に ω_{l1} と ω_{l2} の大きい方を低域遮断角周波数という．例えば $\omega_{l1} \gg \omega_{l2}$ として $A_L = 20\log_{10}|G_L(j\omega)|$ ［dB］の周波数特性の概略を描くと，図 3.11.5 となる．

b．中域周波数領域

中域周波数領域では，C_1，C_2，C_E のインピーダンスは小さいため短絡とみなせ，また，C_c，C_π のインピーダンスは大きいため開放として無視できる．このため等価回路は図 3.11.6 となる．

したがって，中域での利得 $G_M(j\omega)$ は

$$G_M(j\omega) = \frac{v_2}{v_0} = -g_m R_o \frac{r_\pi}{r_b + r_\pi} = G_M \qquad (3.11.6)$$

となる．

c．高域周波数領域

高域周波数領域では，C_1，C_2，C_E のインピーダンスは非常に小さいため短絡とみなせ，無視できるが，C_c，C_π のインピーダンスは無視できない．このため，等価回路は図 3.11.7 となる．

この等価回路より，高域での利得 $G_H(j\omega)$ は

$$G_H(j\omega) = \frac{v_2}{v_0} = -\frac{r_\pi}{r_b + r_\pi}\left\{\frac{(g_m - j\omega C_c)R_o}{(j\omega)^2 a + j\omega b + 1}\right\} \qquad (3.11.7)$$

となる．ここで

$$a = C_c C_\pi R_o r_{b\pi}$$

$$b = [C_\pi + (1 + g_m R_o)C_c]r_{b\pi} + C_c R_o$$

$$r_{b\pi} = r_b /\!/ r_\pi$$

である．なお，次数が高い場合には，$s = j\omega$ として，s 領域にて，極と零点を求めるのが一般的である．このとき式(3.11.7)は

$$G_H(s) = -\frac{r_\pi}{r_b + r_\pi}\left\{\frac{(g_m - sC_c)R_o}{as^2 + bs + 1}\right\} \qquad (3.11.8)$$

となる．この式は，分母が s の二次関数であるため，極を二つ（重根を含む）もち，分子から零点を一つもつことがわかる．今，二つの極をそれぞれ，ω_{p1}，ω_{p2} とすると，分母 $D(s)$ は

$$D(s) = as^2 + bs + 1 = \left(\frac{s}{\omega_{p1}} + 1\right)\left(\frac{s}{\omega_{p2}} + 1\right)$$

となる．ここで，$\omega_{p2} \gg \omega_{p1}$ とすると

$$\frac{1}{\omega_{p1}} \cdot \frac{1}{\omega_{p2}} = a$$

$$\frac{1}{\omega_{p1}} + \frac{1}{\omega_{p2}} \approx \frac{1}{\omega_{p1}} = b \quad \left(\because \quad \frac{1}{\omega_{p1}} \gg \frac{1}{\omega_{p2}}\right)$$

これより

$$\omega_{p1} = \frac{1}{b} = \frac{1}{[C_\pi + (1 + g_m R_o)C_c]r_{b\pi} + C_c R_o}$$

$$\approx \frac{1}{[C_\pi + (1 + g_m R_o)C_c]r_{b\pi}}$$

$$(\because \quad [C_\pi + (1 + g_m R_o)C_c]r_{b\pi} \gg C_c R_o)$$

$$\omega_{p2} = \frac{1}{a\omega_{p1}} \approx \frac{[C_\pi + (1 + g_m R_o)C_c]r_{b\pi}}{C_c C_\pi R_o r_{b\pi}}$$

$$= \frac{C_\pi + (1 + g_m R_o)C_c}{C_c C_\pi R_o}$$

$$\approx \frac{(1 + g_m R_o)}{C_\pi R_o} \quad (\because \quad (1 + g_m R_o)C_c \gg C_\pi)$$

$$\approx \frac{g_m}{C_\pi} \quad (\because \quad g_m R_o \gg 1)$$

さらに，零点 ω_z は $\omega_z = |-g_m/C_c|$ となる．一般に，$\omega_z \gg \omega_{p2} \gg \omega_{p1}$ となるため，ω_{p1} のみを考慮すればよい．しかし，この式(3.11.7)，(3.11.8)は複雑であるた

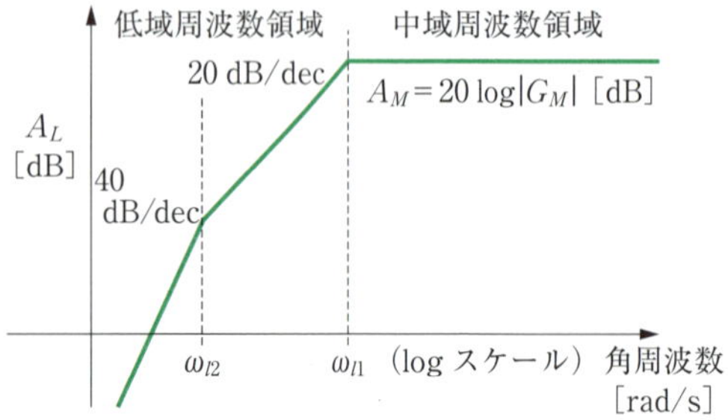

図 3.11.5　低域での利得の周波数特性

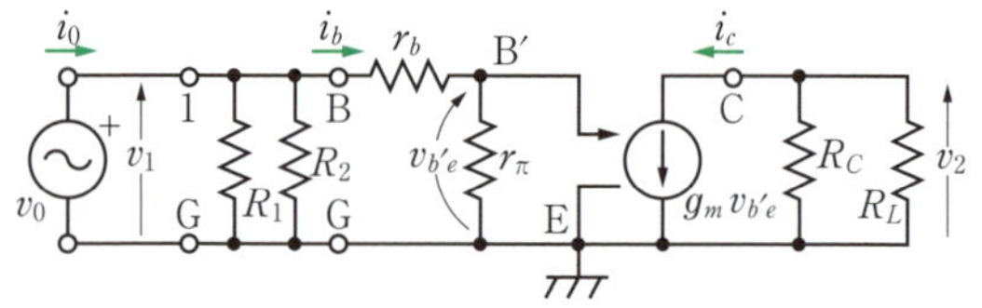

図 3.11.6　中域周波数での等価回路

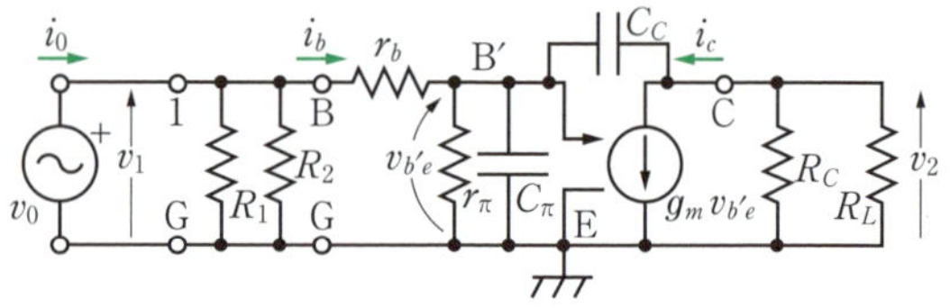

図 3.11.7　高域周波数での等価回路

め見通しが悪く，手計算や概略をつかむのには適さない．そこで，以下のミラー効果を用いる．

(i) ミラー効果

今，図 3.11.8 (a) のように反転増幅回路（利得：$-A$ 倍，入力インピーダンス：無限大，出力インピーダンス：0）の入力端子と出力端子に帰還容量 C が接続されている回路を考える．この回路の等価回路は図 3.11.8 (b) となる．

入力電流 i_1 は，すべて容量 C に流れることより，$i_1 = j\omega C(v_1 - v_2)$ となる．また，$v_2 = -Av_1$ であることより

$$i_1 = j\omega C(1+A)v_1$$

となる．したがって，入力インピーダンス Z_1 は

$$Z_1 = \frac{v_1}{i_1} = \frac{1}{j\omega(1+A)C} = \frac{1}{j\omega C_M} \qquad (3.11.9)$$

となる．ここで，$C_M = (1+A)C$ である．式 (3.11.9) より，入力側では容量 C が $(1+A)$ 倍の容量 C_M にみえることがわかる．これを**ミラー効果（Miller effect）**とよび，C_M をミラー容量という．ミラー効果を考慮した等価回路を図 3.11.9 に示す．反転増幅回路の利得の大きさ（絶対値）A が大きくなると，容量 C が小さくても入力容量となる C_M が大きな値となるので，注意が必要である．

(ii) ミラー効果を考慮した増幅器の周波数特性

図 3.11.7 のエミッタ接地増幅回路の高周波等価回路においてミラー効果を適用する．今，出力側の電流源と抵抗（$R_o = R_C /\!/ R_L$）からなる回路を電圧源と抵抗（R_o）からなる回路に変換すると図 3.11.10 が得られる．ここで，$R_B = R_1 /\!/ R_2$ としている．B′-E 端子間から右側をみるとこの回路は反転増幅回路であることがわかる．さらに，$1/\omega C_c \gg R_o$ とすると，R_o での電圧降下を無視することができるため，ミラー効果を用いると，図 3.11.11 が得られる．ここでは C_c がミラー効果により B′-E 間の入力容量 $C_M = (1+g_m R_o)C_c$ に変換されている．これより，高域での利得 $G_H(j\omega)$ は

$$G_H(j\omega) = \frac{v_2}{v_0} = -g_m R_o \frac{r_\pi}{r_b + r_\pi}\left(\frac{1}{1 + j\omega C_t\left(\dfrac{r_b r_\pi}{r_b + r_\pi}\right)}\right)$$

$$= G_M\left(\frac{1}{1 + j\dfrac{\omega}{\omega_h}}\right) \qquad (3.11.10)$$

となる．ここで，$C_t = C_\pi + C_M$ である．また，$\omega_h = 1/[C_t r_b r_\pi/(r_b + r_\pi)]$ とした．式 (3.11.10) より，高域周波数領域では，遮断角周波数が ω_h [rad/s] であり，これ以降では周波数が 10 倍大きくなるごとに 20 dB ずつ減少する特性をもつことがわかる．

d. 全帯域での周波数特性

a.～c. の解析結果から，図 3.11.1 のエミッタ接地増幅回路の（C_E が短絡とみなせる）全周波数帯域にわたる利得特性 $G(j\omega)$ は

$$G(j\omega) = \frac{v_2}{v_0} = G_M\left(\frac{1}{1 + \dfrac{\omega_{l1}}{j\omega}}\right)\left(\frac{1}{1 + \dfrac{\omega_{l2}}{j\omega}}\right)\left(\frac{1}{1 + j\dfrac{\omega}{\omega_h}}\right) \qquad (3.11.11)$$

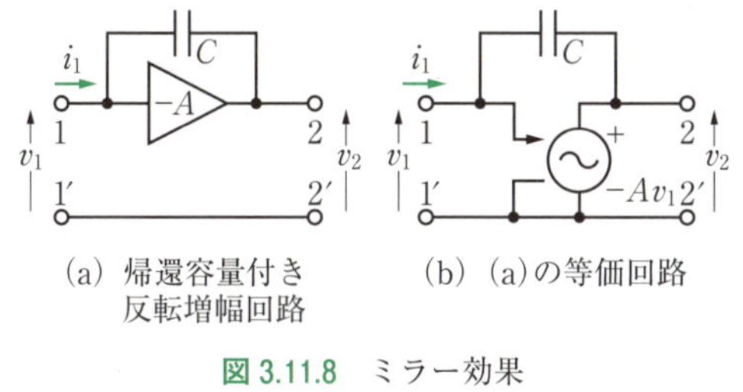

図 3.11.8 ミラー効果

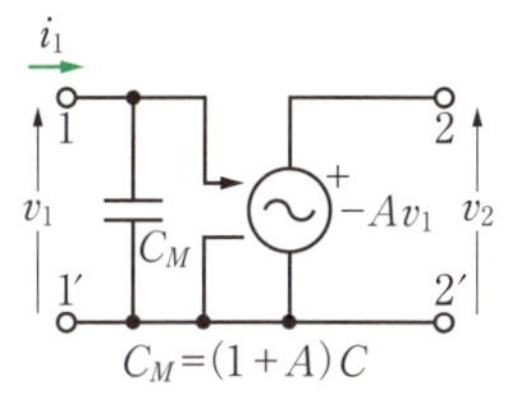

図 3.11.9 ミラー効果を考慮した等価回路

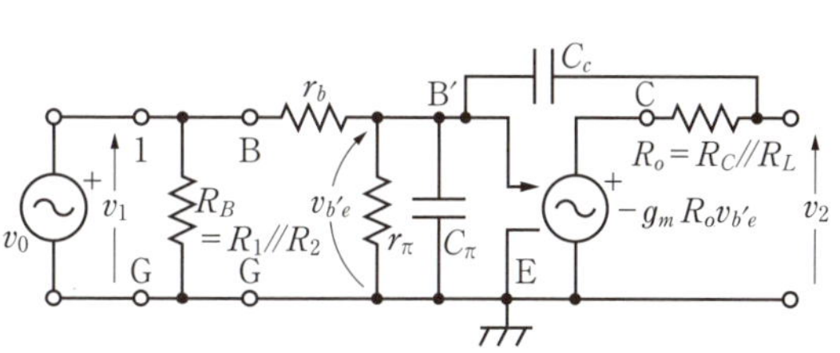

図 3.11.10 電圧制御電圧源に変換した高周波等価回路

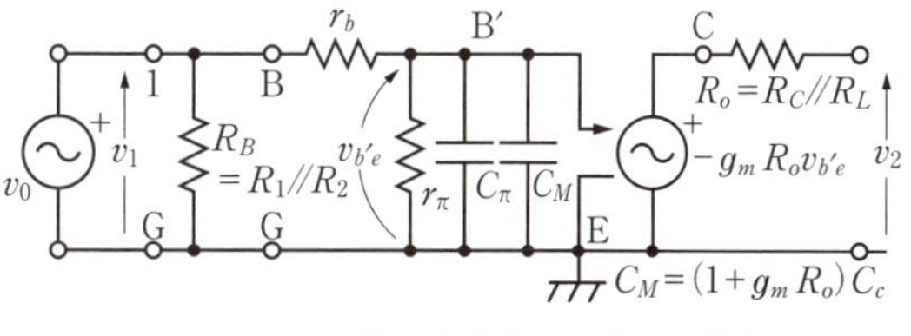

図 3.11.11 ミラー効果を考慮した高周波等価回路

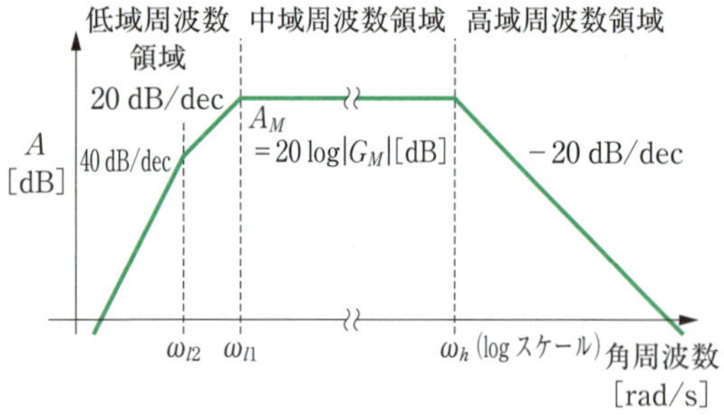

図 3.11.12　利得の周波数特性

で表すことができる．ここで，$\omega_h \gg \omega_{l1} \gg \omega_{l2}$ とすると，利得 $A(\omega) = 20\log|G(j\omega)|$ [dB] の周波数特性の概略は図 3.11.12 となる．

例題 3-11-1

図 3.11.1 および図 3.11.2 において
$R_1 = 83\ \text{k}\Omega$，$R_2 = 17\ \text{k}\Omega$，$R_E = 1\ \text{k}\Omega$，$R_C = 5\ \text{k}\Omega$，
$R_L = 20\ \text{k}\Omega$，$C_1 = 0.1\ \mu\text{F}$，$C_2 = 0.1\ \mu\text{F}$，
$C_E = 1000\ \mu\text{F}$，$r_b = 100\ \Omega$，$r_\pi = 2.6\ \text{k}\Omega$，
$g_m = 40\ \text{mS}$，$C_c = 1\ \text{pF}$，$C_\pi = 10\ \text{pF}$
とするとき，中域での利得 G_M [倍] および ω_{l1}，ω_{l2}，ω_h [rad/s]，さらにそれぞれの角周波数に対応する周波数 f_{l1}，f_{l2}，f_h [Hz] を求めよ．

中域での利得 G_M は，式(3.11.6)より

$$G_M = -40\times10^{-3}\times4\times10^3\times\frac{26}{27} \approx -154\ 倍$$

となる．また

$$\omega_{l1} = \frac{1}{C_1 Z_{iL}} = \frac{1}{0.10\times10^{-6}\times2.3\times10^3} = 4.4\ \text{krad/s}$$

ただし，$Z_{iL} = R_1 /\!/ R_2 /\!/ (r_b + r_\pi) = 2.3\ \text{k}\Omega$

$$\omega_{l2} = \frac{1}{C_2(R_C+R_L)} = \frac{1}{0.10\times10^{-6}\times(5+20)\times10^3} = 0.4\ \text{krad/s}$$

$$\omega_h = \frac{1}{C_t\left(\dfrac{r_b r_\pi}{r_b+r_\pi}\right)} = \frac{1}{171\times10^{-12}\times96.3} = 61\ \text{Mrad/s}$$

ただし，

$$C_t = C_\pi + (1+g_m R_o)C_c = 10\times10^{-12} + (1+160)\times10^{-12} = 171\ [\text{pF}]$$

となる．したがって

$$f_{l1} = \frac{\omega_{l1}}{2\pi} = \frac{4.4\ \text{k}}{2\pi} = 0.70\ \text{kHz}$$

$$f_{l2} = \frac{\omega_{l2}}{2\pi} = \frac{400}{2\pi} = 64\ \text{Hz}$$

$$f_h = \frac{\omega_h}{2\pi} = \frac{61\ \text{M}}{2\pi} = 9.7\ \text{MHz}$$

となる．

3.11.3　容量 C_E の影響

今までは，容量 C_E のインピーダンスが十分小さいものとして短絡除去した．しかし，ここでは C_E の影響について詳細に検討し，C_E の設定方法について述べる．ここでは，C_E 以外の容量を無視することで，C_E の影響のみについて調べる．等価回路を図 3.11.13 に示す．このときの利得特性 $G_E(j\omega)$ は

$$G_E(j\omega) = \frac{v_2}{v_0} = G_M\left(\frac{r_b+r_\pi}{R_{ib}}\right)\left[\frac{1+j\omega C_E R_E}{1+j\omega C_E R_E\left(\dfrac{r_b+r_\pi}{R_{ib}}\right)}\right] \tag{3.11.12}$$

となる．ここで，$R_{ib} = (r_b+r_\pi)+(1+g_m r_\pi)R_E$ である．ここで，零点の角周波数 ω_{Ez} と極の角周波数 ω_{Ep} はそれぞれ

$$\omega_{Ez} = \frac{1}{C_E R_E} \tag{3.11.13}$$

$$\omega_{Ep} = \frac{1}{C_E R_E\left(\dfrac{r_b+r_\pi}{R_{ib}}\right)} \tag{3.11.14}$$

となる．ここで，式(3.10.5)より，

$$r_\pi = \frac{r_e}{1-\alpha_0} = (1+\beta_0)r_e,$$

$$g_m r_\pi = \frac{\alpha_0}{r_e}(1+\beta_0)r_e = \beta_0$$

となるため

$$R_{ib} = (r_b+r_\pi)+(1+g_m r_\pi)R_E = r_b+(1+\beta_0)(r_e+R_E)$$

となる．さらに

$$R_E \gg r_e,\ (1+\beta_0)R_E \gg (1+\beta_0)r_e \gg r_b$$

とすると

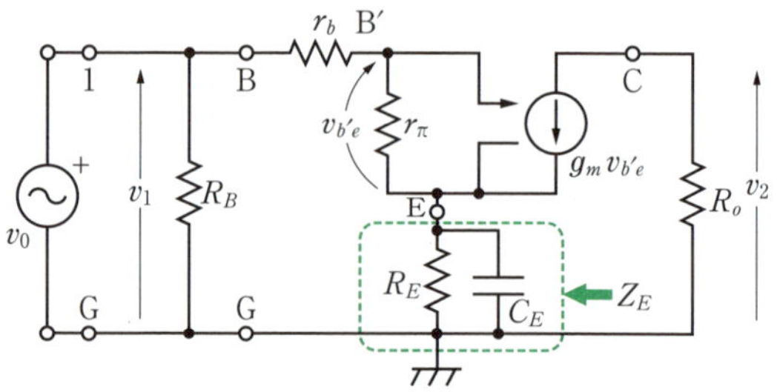

図 3.11.13　C_E の影響を検討するための等価回路

$$\left(\frac{r_b+r_\pi}{R_{ib}}\right)=\frac{r_b+(1+\beta_0)r_e}{r_b+(1+\beta_0)(r_e+R_E)}\approx\frac{r_e}{R_E}$$

より，式(3.11.14)は

$$\omega_{Ep}=\frac{1}{C_E R_E\left(\dfrac{r_b+r_\pi}{R_{ib}}\right)}\approx\frac{1}{C_E r_e}$$

となる．したがって，$\omega_{Ep}\gg\omega_{Ez}$ となることから，$\omega\gg\omega_{Ep}$ では，$G_E(j\omega)\approx G_M$ となり，$\omega\ll\omega_{Ez}$ では

$$G_E(j\omega)=G_M\left(\frac{r_b+r_\pi}{R_{ib}}\right)\approx G_M\left(\frac{r_e}{R_E}\right)\approx-\alpha_0\frac{R_o}{R_E}$$

となるため，利得 $A_E(\omega)=20\log|G_E(j\omega)|$ [dB] の周波数特性は図 3.11.14 となる．このように ω_{Ep} 以下の周波数では C_E が短絡とみなせなくなるため利得が低下し，ω_{Ez} 以下で C_E が開放とみなせるため利得は一定となる．

したがって，低域遮断周波数が，C_1 または C_2 により決まるためには，ω_{l1} または ω_{l2} のうちの小さいものより，ω_{Ep} が小さい必要がある．したがって $\omega_{Ep}\ll\min(\omega_{l1},\omega_{l2})$ が成立すればよい．ここで，関数 min(·) は括弧内の変数の中で一番小さい値を示す．したがって式(3.11.14)より，C_E は

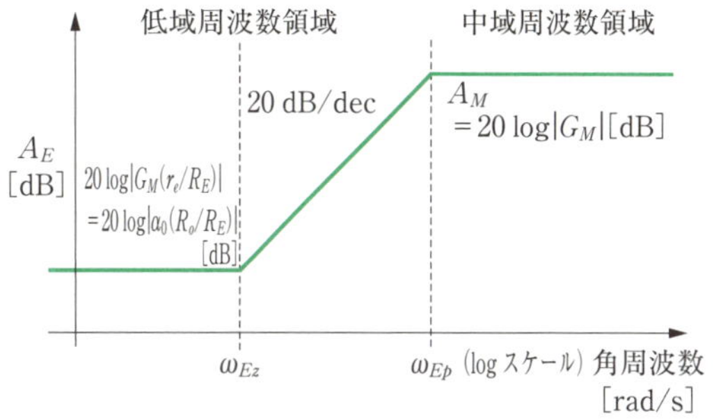

図 3.11.14 C_E による利得の周波数特性

$$C_E\gg\max\left(\frac{1}{\omega_{l1}R_E\left(\dfrac{r_b+r_\pi}{R_{ib}}\right)},\ \frac{1}{\omega_{l2}R_E\left(\dfrac{r_b+r_\pi}{R_{ib}}\right)}\right)$$

とすればよい．ここで，関数 max(·) は括弧内の変数の中で一番大きい値を示す．

3.11 節のまとめ

- **増幅回路などの周波数特性は，伝達関数を求め，ボード線図を描くことにより把握できる．**
- **回路中のそれぞれの容量を開放もしくは短絡することで，直流近辺と無限大の周波数での振る舞いが把握できる．**
- **低域，中域，高域における周波数特性を求める場合，能動素子のモデルはその周波数帯に対応しているモデルを用いる．**
- **電子回路においては，大は小を兼ねない．つまり，複雑なモデル（大）を用いると伝達関数も複雑となるため，影響する素子を見極め省略（小）することが重要である．**
- **目的の周波数帯で影響する素子のみとした等価回路を描き，伝達関数を解くことで周波数特性の把握が容易となる．**
- **高域での周波数特性を求める場合は，ミラー効果が利用できるかを検討する．**
- **ミラー効果は，反転増幅回路（利得 $-A$ 倍）の入力端子と出力端子間に容量 C が接続されているとき，その回路の入力容量が $(1+A)C$ となる効果である．C が小さくても A が大きい場合には，大きな値となるので注意が必要である．容量を増大する手法として（位相補償などで）積極的に利用される場合もある．**

3.12 帰還増幅回路

3.12.1 帰還増幅回路

図 3.12.1 のような一般的な増幅回路では，入力電圧 $V_{\rm in}$ に対して，A 倍された出力電圧 $V_{\rm out}$ が出力される．

$$V_{\rm out}=A\cdot V_{\rm in} \tag{3.12.1}$$

それに対して，出力の一部，または全部を入力に戻す回路を帰還増幅回路とよぶ．

図 3.12.2 のような帰還増幅回路を考える．A は増幅率 A の増幅回路，F は増幅率 F の**帰還回路**とする．

A への入力を v_{in} とすると，出力 v_2 は

$$v_2 = Av_{\mathrm{in}} \tag{3.12.2}$$

となる．ここで，帰還回路として増幅率 F の回路による帰還をかけると

$$v_{\mathrm{in}} = v_1 + v_2 F \tag{3.12.3}$$

となる．このことから，帰還増幅回路の増幅率 G は

$$G = \frac{v_2}{v_1} = \frac{A}{1-AF} \tag{3.12.4}$$

となる．

3.12.2　正帰還と負帰還

次に，G について考える．分母の $|1-AF|$ が

$$|1-AF| < 1 \tag{3.12.5}$$

のとき，$|G| > |A|$ となり，元の増幅回路の増幅率より大きくなる．このことを正帰還とよぶ．

この場合は，出力が不安定な回路になるため，増幅回路としては利用できないが，3.13 節で解説する発振回路では利用されている．

次に，$|1-AF|$ が

$$|1-AF| > 1 \tag{3.12.6}$$

のとき，$|G| < |A|$ となり，利得は元の回路より小さくなる．これを負帰還とよぶ．

3.12.3　負帰還増幅回路の特徴

利得が小さくなる負帰還増幅回路であるが，以下のような特徴があるため，電子回路の構成にはよく利用される．

a. 利得の変動を抑える

電子回路で問題になるのは，作成した回路が素子の性能のばらつきや温度変化などの影響を受けることで，当初予定した性能を出せないことがある．負帰還増幅回路を利用すると，この変動を抑えることができる．

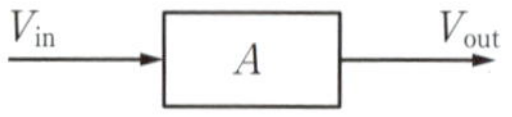

図 3.12.1　増幅回路の概略図

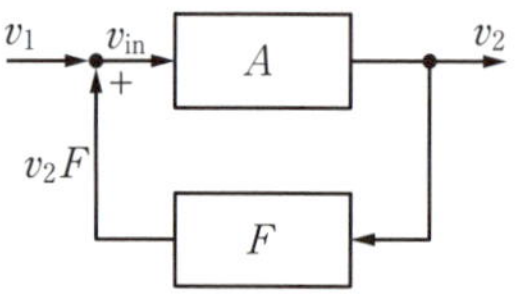

図 3.12.2　帰還増幅回路の概略図

ある増幅回路用の素子が増幅率 A から少し値のずれた $A+\delta A$ となっていたとき，図 3.12.2 の負帰還増幅回路の増幅率の変化量を δG とすると，δG と δA の関係は以下のようになる．

$$\frac{\delta G}{\delta A} = \frac{1}{(1-AF)^2} = \frac{G}{A(1-AF)} \tag{3.12.7}$$

ここで，さらに式を変形すると

$$\frac{\delta G}{G} = \frac{1}{(1-AF)}\frac{\delta A}{A} \tag{3.12.8}$$

となる．負帰還の場合

$$|1-AF| > 1 \tag{3.12.9}$$

$$\frac{1}{(1-AF)} < 1 \tag{3.12.10}$$

となるので，元の増幅回路での増幅率の変化より，負帰還増幅回路の増幅率の変化の方が小さいことがわかる．

例えば

$$\left|\frac{1}{(1-AF)}\right| = 0.1 \tag{3.12.11}$$

とし

$$\frac{\delta A}{A} = 0.1 \tag{3.12.12}$$

とすると

$$\frac{\delta G}{G} = 0.01 \tag{3.12.13}$$

となり，利得の変動を 1/10 に抑えることができるとわかる．

b. 利得の周波数特性を改善する

次に，負帰還増幅回路の周波数特性について考える．増幅器 A の増幅率 A の周波数特性は，入力信号が直流の場合の増幅率を A_0 とすると，以下のようになる．

$$A = \frac{A_0}{1+\dfrac{j\omega}{\omega_a}} \tag{3.12.14}$$

ここで，ω_a は，増幅率が A_0 の $1/\sqrt{2}$ 倍になる角周波数である．このことから，負帰還増幅回路の増幅率は，次のようになる．

$$G = \frac{A_0}{(1-A_0F)}\frac{1}{\left(1+\dfrac{j\omega}{(\omega_a(1-A_0F))}\right)} = \frac{G_0}{1+\dfrac{j\omega}{\omega_g}} \tag{3.12.15}$$

ここで，ω_g と G_0 は次の式とする．

$$\omega_g = \omega_a(1-A_0F) \tag{3.12.16}$$

$$G_0 = \frac{A_0}{1-A_0F} \tag{3.12.17}$$

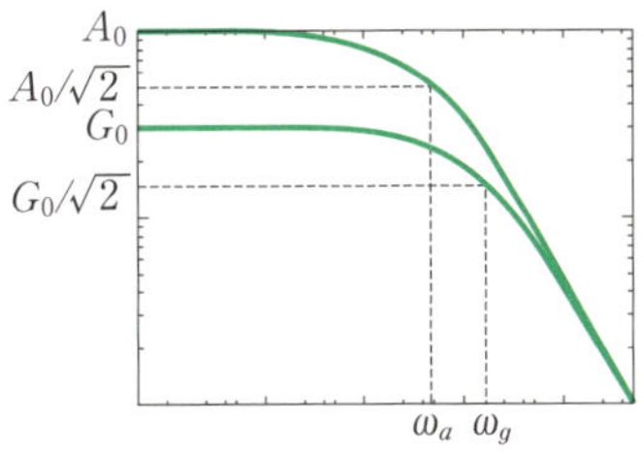

図 3.12.3 周波数特性の改善

このとき，元の遮断（カットオフ）周波数と増幅率に比べて，それぞれ以下のような関係になる．

$$\omega_g > \omega_a \tag{3.12.18}$$

$$G_0 < A_0 \tag{3.12.19}$$

これらの式から，**遮断周波数は大きくなり，増幅率は小さくなる**ことがわかる（図 3.12.3）．

ここで，**GB（gain-bandwidth）積**とよばれる，増幅器の性能を表す指標について考える．これは，増幅率と遮断周波数を掛けたもので，増幅回路では一定になる．そのため，帰還回路を付けた場合も，GB 積は，元の増幅回路と同じになる．その結果，帰還による周波数特性の向上と利得の低下はトレードオフの関係にあることになる．

c. 入出力インピーダンスを改善する

回路の入出力インピーダンスは，信号処理回路などを作成するときに重要な検討課題になる．

理想的な増幅回路は

・高入力インピーダンス
・低出力インピーダンス

となっている．このような特性をもつ増幅回路は負帰還を用いることで実現できる．

負帰還増幅回路の構成には，帰還のさせ方によって，次の四つのパターンが考えられる．

① 入力側電圧・出力側電圧
② 入力側電圧・出力側電流
③ 入力側電流・出力側電圧
④ 入力側電流・出力側電流

この①～④は，それぞれ，図 3.12.4 の (a)～(d) に対応する．回路の特徴としては，入力側については，電圧が帰還される場合は直列に，電流が帰還される場合は並列に増幅回路と帰還回路が接続される．出力側については，電圧を帰還する場合は並列に，電流を帰還する場合は直列に接続するようになっている．

理想的な入出力インピーダンスになるのは，この中では (a) の回路になる．等価回路を用いて入出力インピーダンスを計算してみる．

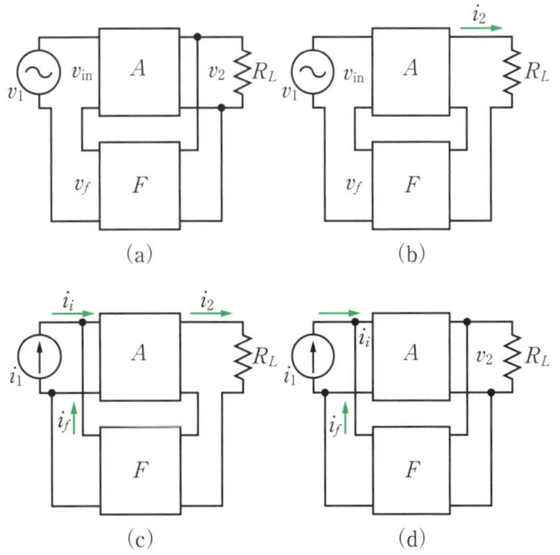

図 3.12.4 帰還回路の種類

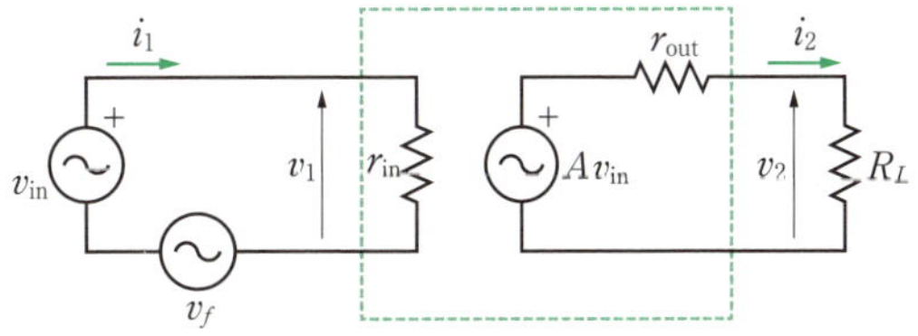

図 3.12.5 入力インピーダンスの求め方

元の電圧増幅器の増幅率を A，入力インピーダンスを r_{in}，出力インピーダンスを r_{out} とすると，等価回路は図 3.12.5 のようになる．増幅回路に入力される電圧 v_{in} は

$$v_{in} = v_1 + v_f \tag{3.12.20}$$

となる．ここで，v_1 は入力信号電圧で，v_f は帰還された電圧である．また，v_f は

$$v_f = Fv_2 \tag{3.12.21}$$

となる．さらに v_2 は

$$v_2 = \frac{Av_{in}}{r_{out} + R_L} R_L \tag{3.12.22}$$

となる．ここで，$R_L \gg r_{out}$ とすると

$$v_2 = Av_{in} \tag{3.12.23}$$

となり

$$v_{in} = v_1 + FAv_{in} \tag{3.12.24}$$

から

$$v_1 = (1 - FA)v_{in} \tag{3.12.25}$$

となる．このことから，負帰還増幅回路の入力インピーダンス Z_{in} は

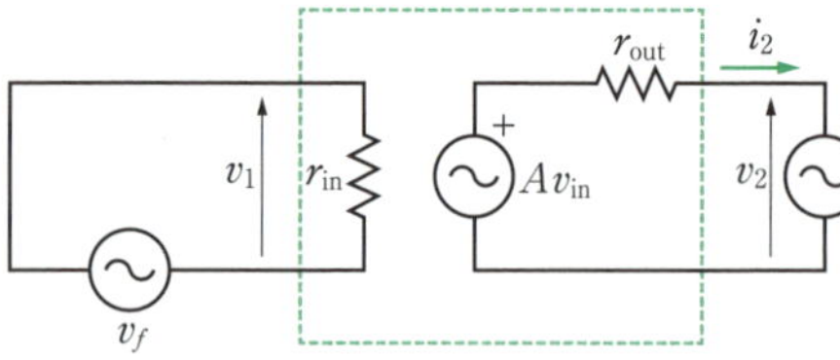

図 3.12.6　出力インピーダンスの求め方

$$Z_{in} = \frac{v_1}{i_1} = \frac{(1-FA)v_{in}}{i_1} = (1-FA)r_{in} \quad (3.12.26)$$

となる.

次に，出力インピーダンスを求めるために，図 3.12.5 の回路で，入力信号を短絡し，出力負荷 R_L の代わりに v_2 を接続した回路を考える（図 3.12.6）.

回路から

$$i_2 = \frac{Av_{in} - v_2}{r_{out}} \quad (3.12.27)$$

となり，さらに

$$v_{in} = v_f = Fv_2 \quad (3.12.28)$$

となる．求める出力インピーダンス Z_{out} は

$$Z_{out} = -\frac{v_2}{i_2} = \frac{r_{out}}{1-FA} \quad (3.12.29)$$

となる.

この結果，帰還増幅回路の入出力インピーダンスは

$$Z_{in} = (1-FA)r_{in} \quad (3.12.30)$$

$$Z_{out} = \frac{r_{out}}{1-FA} \quad (3.12.31)$$

となり，**入力インピーダンスは (1−FA) 倍**，**出力インピーダンスは 1/(1−FA) 倍**，変化することがわかる.

3.12 節のまとめ

- **帰還回路の特徴**　帰還回路の増幅率 F によって，正帰還回路または負帰還回路になる.
- **帰還増幅回路の特徴**　正帰還の場合，出力が不安定になる．負帰還の場合，出力が安定する.

3.13　発振回路

発振回路とは，増幅回路に特定の周波数で正帰還がかかるようにすることにより，特定の周期で繰り返す信号を生成する回路である．この発振回路は，ラジオやテレビなどに用いられる電波やディジタル回路のクロック信号など，さまざまな用途に用いられている.

本節では，発振の原理を解説し，低周波用途の RC 発振回路，高周波用途の LC 発振回路，安定な発振周波数を実現できる水晶発振回路について学ぶ.

3.13.1　発振の原理

図 3.13.1 は，電圧増幅率 A，電圧帰還率 H の**正帰還回路**を示している．この回路の電圧利得は

$$G = \frac{v_{out}}{v_{in}} = \frac{A}{1-AH} \quad (3.13.1)$$

で与えられる．ここで $AH = 1$ のとき，すなわちこの回路の**一巡利得** AH が 1 のときには，$G \to \infty$ となり，$v_{in} \to 0$ でも v_{out} は 0 にはならない．すなわち，入力がなくても一定の出力が得られることになり，回路が定常発振している状態を表している.

一般に発振回路では，発振が開始した当初は $AH > 1$ の状態にあり，発振出力が次第に増大していく．出力が増大すると増幅器が飽和し，$AH = 1$ となり，一定出力の定常発振状態となる．以上から，発振回路の**発振条件**は

$$AH \geq 1 \quad (3.13.2)$$

で与えられる．通常，回路にはリアクタンス成分が含まれているので，A と H はともに複素数となり，一巡利得 AH も複素数となる．したがって，式(3.13.2) で与えられる発振条件は実部と虚部に分けることができ，それぞれ

$$\mathrm{Re}(AH) \geq 1 \quad (3.13.3)$$

$$\mathrm{Im}(AH) = 0 \quad (3.13.4)$$

とおくことができる．式(3.13.3)から増幅器の必要利得が決まるので，これを**電力条件**とよぶ．また，式

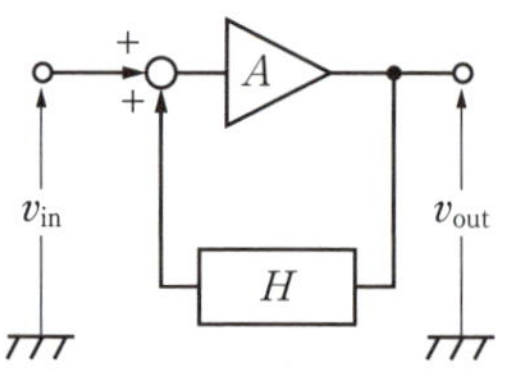

図 3.13.1　正帰還回路の構成

(3.13.4)から正帰還がかかる周波数，すなわち**発振周波数**が決まるので，これを**周波数条件**とよぶ．

発振回路は，帰還回路をどのように構成するかによって大きく二つに分類することができる．帰還回路を抵抗 R とキャパシタンス C で構成した発振回路を RC 発振回路とよび，おおよそ 100 kHz くらいまでの低周波用途に用いられる．これは，インダクタンス L とキャパシタンス C で構成した帰還回路で低周波を得ようとすると，一般に大きな L と C が必要となり，回路が大きくなってしまうためである．一方，帰還回路を L と C で構成した発振回路は LC 発振回路とよび，高周波では特性のよいインダクタンスを実現でき，RC 発振回路より周波数選択性がよいので，高周波用途に用いられる．水晶発振回路も，LC 発振回路の一種である．

3.13.2 RC 発振回路

低周波用途の **RC 発振回路**は，**ブリッジ型**と**移相型**に大きく分けることができる．本項では，それぞれの型の発振回路を紹介し，これらの発振条件を求める．

a. ウィーンブリッジ発振回路

図 3.13.2 に，**ウィーンブリッジ発振回路**を示す．この発振回路は，2 個のキャパシタンス C_1，C_2 と 4 個の抵抗 R_1，R_2，R_3，R_4 からなるウィーンブリッジ回路と，演算増幅器を組み合わせた構成をしている．構成部品が比較的単純であり，生成された正弦波信号の波形ひずみが小さく，周波数の可変範囲も広いという特徴がある．

増幅器の電圧増幅率を A，正帰還回路の電圧帰還率を H とする．**図 3.13.2** の中に矢印で示した点，すなわち増幅器の正相入力端子のところで回路を切り離してこの回路の一巡利得 AH を求めると，次式で与えられる．

$$AH = \frac{1+\dfrac{R_3}{R_4}}{1+\dfrac{R_2}{R_1}+\dfrac{C_1}{C_2}+j\left(\omega C_1 R_2-\dfrac{1}{\omega C_2 R_1}\right)} \tag{3.13.5}$$

ここで分子は，演算増幅器からなる正相増幅回路の電圧利得を示している．式(3.13.5)を式(3.13.4)に代入すると，周波数条件，すなわち回路の発振周波数 f は

$$f = \frac{\omega}{2\pi} = \frac{1}{2\pi\sqrt{C_1 C_2 R_1 R_2}} \tag{3.13.6}$$

となる．また，式(3.13.5)を式(3.13.3)に代入すると，電力条件，すなわち演算増幅器からなる正相増幅器の必要利得は

$$1+\frac{R_3}{R_4} \geq 1+\frac{R_2}{R_1}+\frac{C_1}{C_2} \tag{3.13.7}$$

となる．特に，$R_1 = R_2 = R$，および $C_1 = C_2 = C$ のときには，周波数条件と電力条件はそれぞれ

$$f = \frac{\omega}{2\pi} = \frac{1}{2\pi CR} \tag{3.13.8}$$

$$\frac{R_3}{R_4} \geq 2 \tag{3.13.9}$$

となり，回路の必要利得は変わることなく，キャパシタンス C または抵抗 R の値を変えることにより，可変周波数の発振回路を実現できる．

b. 移相型発振回路

図 3.13.3 に，**移相型発振回路**を示す．この発振回路は，3 段の RC 回路からなる帰還回路と逆相増幅器を組み合わせた構成をしている．動作原理は，帰還回路で 180° の位相回転が得られる周波数成分が，逆相増幅器での位相反転と合わせて結果的に正帰還となり，電力条件を満たせばその周波数で発振するという

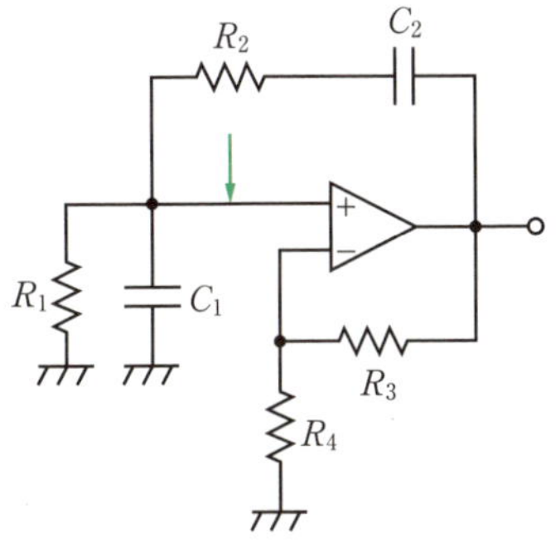

図 3.13.2　ウィーンブリッジ発振回路

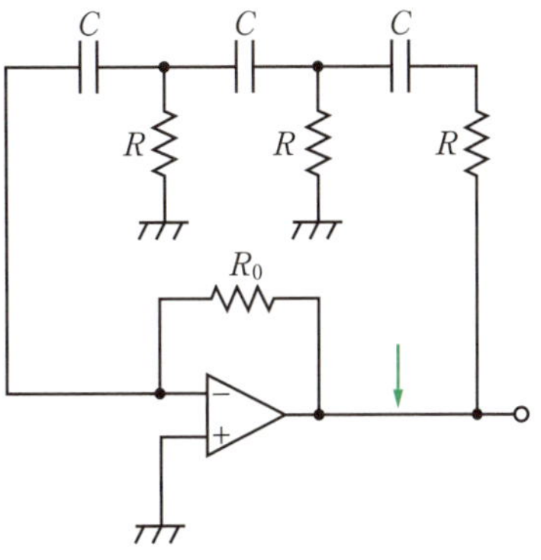

図 3.13.3　移相型発振回路

ものである．

図 3.13.3 の中の矢印で示したところで回路を切り離し，この回路の一巡利得 AH を求めると，次式が得られる．

$$AH = \frac{1}{-\dfrac{R}{R_0}+\dfrac{5}{\omega^2C^2RR_0}+j\left(\dfrac{6}{\omega CR_0}-\dfrac{1}{\omega^3C^3R^2R_0}\right)} \tag{3.13.10}$$

式(3.13.10)を式(3.13.4)と式(3.13.3)に代入すると，移相型発振回路の周波数条件と電力条件はそれぞれ

$$f = \frac{\omega}{2\pi} = \frac{1}{2\pi\sqrt{6}CR} \tag{3.13.11}$$

$$\frac{R_0}{R} \geq 29 \tag{3.13.12}$$

となる．

3.13.3　*LC* 発振回路

高周波用途の ***LC* 発振回路**は，**バルクハウゼン型**と**同調型**に大きく分けることができる．バルクハウゼン型の発振回路は，リアクタンスの違いにより，さらにコルピッツ発振回路とハートレー発振回路に分けられ，水晶振動子を用いた水晶発振回路もこの型に含まれる．本項では，これらの発振回路を紹介し，それぞれの発振条件を求める．

a. コルピッツ発振回路

図 3.13.4(a)に，電界効果トランジスタを用いたバルクハウゼン型の発振回路の原理回路を示す．ここでは，バイアスの部分は省略されており，三つのインピーダンスは純粋なリアクタンス jX_1，jX_2，jX_3 成分のみであるものとする．図 3.13.4(b)は，その等価回路である．**コルピッツ発振回路**は，図 3.13.5 に示すようにリアクタンス X_1 と X_3 にキャパシタンス C_1 と C_3 を，リアクタンス X_2 にインダクタンス L_2 を用いたものである．

図 3.13.4(b)の中の矢印で示したところで回路を切り離し，回路の一巡利得 AH を求めると，次式が得られる．

$$AH = \frac{g_m r_d X_1 X_3}{-X_1(X_2+X_3)+jr_d(X_1+X_2+X_3)} \tag{3.13.13}$$

式(3.13.13)を式(3.13.4)に代入すると，バルクハウゼン型の発振回路の周波数条件は

$$X_1+X_2+X_3 = 0 \tag{3.13.14}$$

となる．この式から，リアクタンス jX_1，jX_2，jX_3 の作るループの合成インピーダンスが 0 の周波数で発振することがわかる．また，式(3.13.13)を式(3.13.3)に代入し，式(3.13.14)より $X_2+X_3=-X_1$ を用いると，電力条件は

$$g_m r_d \geq \frac{X_1}{X_3} \tag{3.13.15}$$

となる．

図 3.13.5 のコルピッツ発振回路の場合は

$$X_1 = -\frac{1}{\omega C_1} \tag{3.13.16}$$

$$X_2 = \omega L_2 \tag{3.13.17}$$

$$X_3 = -\frac{1}{\omega C_3} \tag{3.13.18}$$

である．これらの式を式(3.13.14)と式(3.13.15)に代入すると，コルピッツ発振回路の周波数条件と電力条件はそれぞれ

$$f = \frac{\omega}{2\pi} = \frac{1}{2\pi}\sqrt{\frac{C_1+C_3}{L_2C_1C_3}} \tag{3.13.19}$$

$$g_m r_d \geq \frac{C_3}{C_1} \tag{3.13.20}$$

となる．

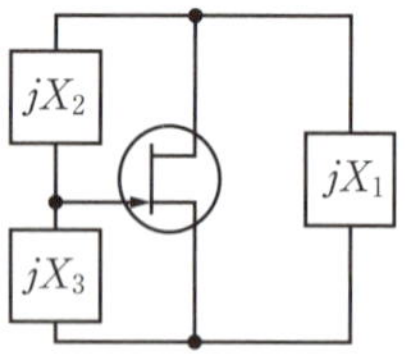

(a) 原理回路

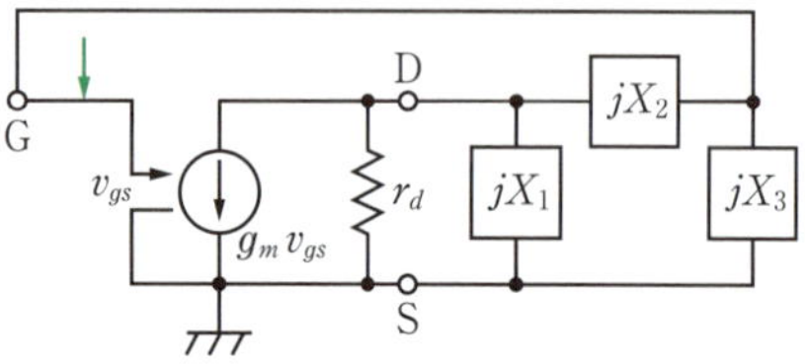

(b) 等価回路

図 3.13.4　バルクハウゼン型発振回路

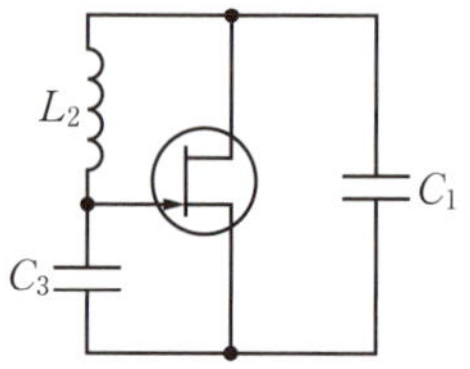

図 3.13.5　コルピッツ発振回路

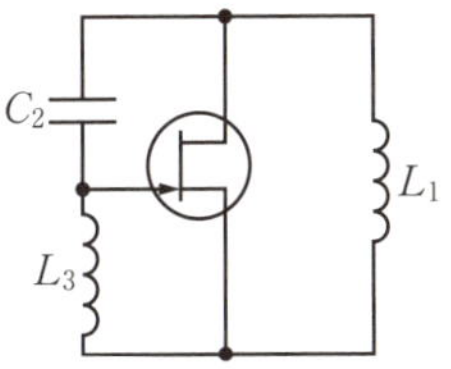

図 3.13.6 ハートレー発振回路

b. ハートレー発振回路

ハートレー発振回路は，図 3.13.6 に示すように，図 3.13.4 のバルクハウゼン型発振回路のリアクタンス X_1 と X_3 にインダクタンス L_1 と L_3 を，リアクタンス X_2 にキャパシタンス C_2 を用いたものである．

したがって，ハートレー発振回路の場合は

$$X_1 = \omega L_1 \tag{3.13.21}$$

$$X_2 = -\frac{1}{\omega C_2} \tag{3.13.22}$$

$$X_3 = \omega L_3 \tag{3.13.23}$$

である．これらの式を式(3.13.14)と式(3.13.15)に代入すると，ハートレー発振回路の周波数条件と電力条件はそれぞれ

$$f = \frac{\omega}{2\pi} = \frac{1}{2\pi\sqrt{(L_1+L_3)C_2}} \tag{3.13.24}$$

$$g_m r_d \geq \frac{L_1}{L_3} \tag{3.13.25}$$

となる．

c. 水晶発振回路

安定な発振周波数を実現するためには，**水晶振動子**を用いた**水晶発振回路**が用いられる．上述のインダクタンスとキャパシタンスを用いた LC 発振回路では，発振周波数が回路の L や C の値によって決まることになるが，これらの値は回路の温度や浮遊容量などによっても変動する．

図 3.13.7 に，水晶振動子の回路記号とそのモデルを示す．ここで，L_s は直列インダクタンス，C_s は直列キャパシタンス，C_p は並列キャパシタンスを表している．水晶振動子は，ほぼ純粋なリアクタンス素子とみなすことができ，その合成リアクタンス jX は次式で与えられる．

$$jX = -j\frac{1-\omega^2 L_s C_s}{\omega(C_p+C_s-\omega^2 L_s C_p C_s)} \tag{3.13.26}$$

図 3.13.8 に，式(3.13.26)の周波数依存性を示す．水晶振動子は，周波数の値によって，$X>0$ すなわち

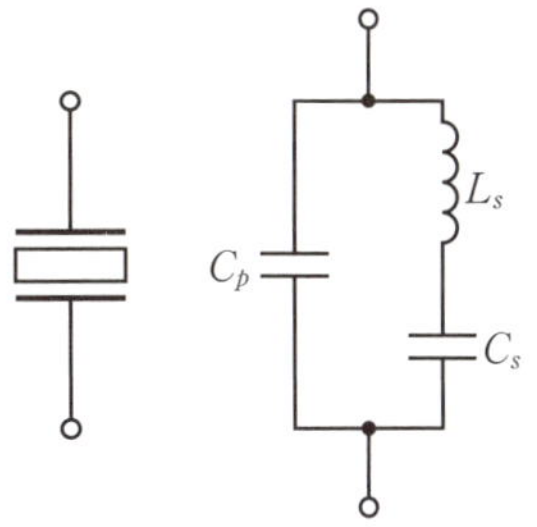

図 3.13.7 水晶振動子の回路記号とモデル

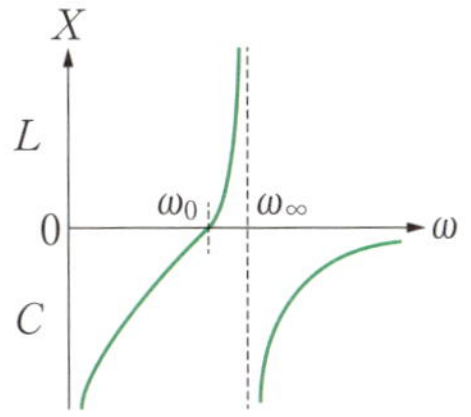

図 3.13.8 水晶振動子の周波数依存性

誘導性（L 性）を示したり，$X<0$ すなわち容量性（C 性）を示したりすることがわかる．ここで，f_0 は L_s と C_s の**直列共振周波数**であり，次式で与えられる．

$$f_0 = \frac{\omega_0}{2\pi} = \frac{1}{2\pi\sqrt{L_s C_s}} \tag{3.13.27}$$

また f_∞ は，全体の**並列共振周波数**であり，次式で与えられる．

$$f_\infty = \frac{\omega_\infty}{2\pi} = \frac{1}{2\pi\sqrt{L_s\frac{C_p C_s}{C_p+C_s}}} \tag{3.13.28}$$

これらの直列共振周波数 f_0 と並列共振周波数 f_∞ は非常に接近しているため，水晶振動子は非常に狭い周波数範囲でのみ誘導性（L 性）となる．

水晶発振回路は，コルピッツ発振回路の場合にはインダクタンス L_2 の部分を，ハートレー発振回路の場合にはインダクタンス L_1 または L_3 の部分を水晶振動子に置き換えることにより実現できる．これらの回路は，水晶振動子が誘導性（L 性）となる非常に狭い周波数範囲でのみ発振が可能となる．すなわち，発振周波数は水晶振動子が誘導性（L 性）となる周波数となるので，その他の素子の値に影響されることなく安定な発振周波数を高い精度で実現できる．一方，発振周波数は水晶振動子自身のもつ定数の値には依存することに注意が必要である．

3.13 節のまとめ

- **発振原理と発振条件，RC 発振回路，LC 発振回路，水晶発振回路について学んだ．**

3.14 電力増幅回路

スピーカを駆動したりアンテナから電波を放射したりする場合などは，大きな電力が必要となる．このように，負荷に大きな電力を供給するための増幅回路が，**電力増幅回路**である．電力増幅回路では大振幅の信号を扱うので，これまで学んできた小信号等価回路を用いた手法を用いることができず，**図式解法**とよばれる手法が用いられる．

本節では，増幅回路の級とその特徴を整理し，A 級電力増幅回路，B 級プッシュプル電力増幅回路，AB 級プッシュプル電力増幅回路について学ぶ．

3.14.1 増幅回路の級

増幅の級は主に A 級と B 級である．A 級増幅とは，最大の信号振幅より直流バイアス成分を大きくして，全幅増幅すなわち正負すべての入力信号を増幅できるようにしたものである．例えば，バイポーラトランジスタを用いたエミッタ接地増幅回路などはこれにあたる．この方式は，入力信号をトランジスタの特性の直線性のよい部分を使って全周期にわたって出力するので，増幅された出力信号の波形ひずみは小さいが，電力効率はよくないのが特徴である．

一方 B 級増幅とは，信号の正または負の半周期だけを増幅するようにしたものである．これには通常プッシュプル回路とよばれる構成が用いられ，電力効率は A 級よりかなり改善されるが，0 付近の微弱な信号が入力されるとトランジスタが動作せず，増幅された信号に波形ひずみが生じてしまう．

このように，純粋な B 級増幅を実現することは難しく，実際には小さな直流バイアスをかけた AB 級増幅とよばれる方式が用いられる．このような方式は，例えば演算増幅器の出力段などに用いられている．これにより，信号の波形ひずみを抑えつつ，電力効率を大きくすることができる．増幅の級には，これらのほかに C 級増幅や D 級増幅，E 級増幅，F 級増幅がある．

3.14.2 A 級電力増幅回路

図 3.14.1 に **A 級シングル電力増幅回路**を示す．入力信号を加えると，回路の動作点は，図 3.14.2 に示す傾き $-1/R_L$ の負荷直線上を移動することになる．波形ひずみのない最大振幅の出力信号を得るためには，回路の直流バイアス点をこの負荷直線上の中央に設定すればよい．

この A 級シングル電力増幅回路に正弦波信号を入力し，波形ひずみのない最大振幅の出力信号が得られたとする．このとき，負荷 R_L へ送られる出力信号電流の振幅は，$I_{C\max}/2$ となる．したがって，負荷 R_L へ送られる最大の出力電力 P_{out} は

$$P_{\text{out}} = \left(\frac{1}{\sqrt{2}} \cdot \frac{I_{C\max}}{2}\right)^2 R_L = \frac{1}{8} I_{C\max}{}^2 R_L$$

$$= \frac{1}{8}\left(\frac{V_0}{R_L}\right)^2 R_L = \frac{V_0{}^2}{8R_L} \qquad (3.14.1)$$

となる．一方，電源から供給される直流電力 P_{DC} は

$$P_{\text{DC}} = \left(\frac{I_{C\max}}{2}\right) V_0 = \left(\frac{V_0}{2R_L}\right) V_0 = \frac{V_0{}^2}{2R_L} \qquad (3.14.2)$$

となる．したがって，このときの A 級シングル電力増幅回路の**電力効率** η は

$$\eta = \frac{P_{\text{out}}}{P_{\text{DC}}} = \frac{1}{4} = 0.25 \qquad (3.14.3)$$

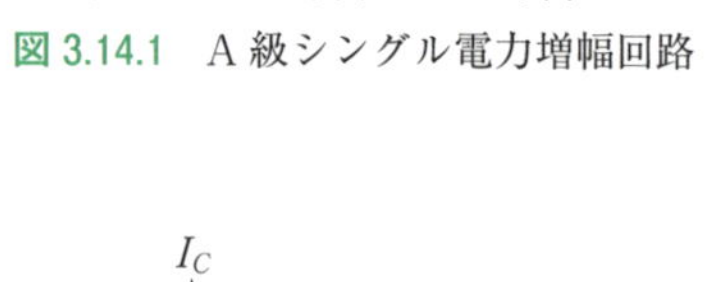

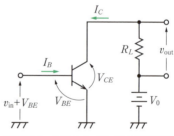

図 3.14.1　A 級シングル電力増幅回路

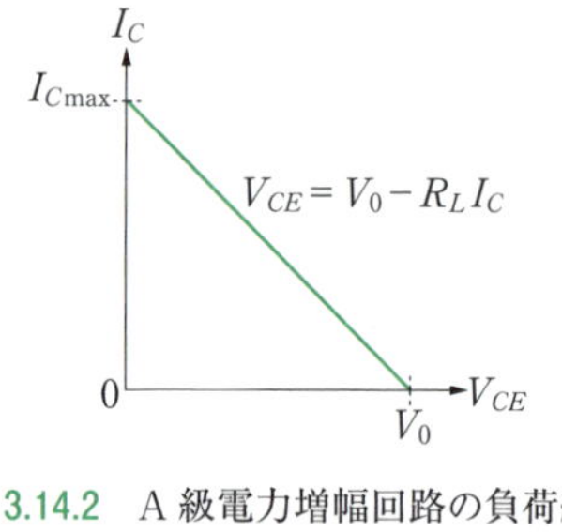

図 3.14.2　A 級電力増幅回路の負荷線

となる．

以上より，このA級電力増幅回路の電力効率は，25%とよくない．電源から供給される直流電力の残りは，負荷 R_L で消費される直流電力とトランジスタのコレクタで熱となって消費されるコレクタ損となる．

3.14.3 B級プッシュプル電力増幅回路

図 3.14.3 に **B級プッシュプル電力増幅回路**を示す．ここで，二つのトランジスタ Tr_1 と Tr_2 は，それぞれ npn 型と pnp 型であり，極性が逆であるが，特性はそろっている必要がある．正負の同じ大きさの直流電源電圧 V_0 と $-V_0$ を用いているのは，正負等しい最大振幅の出力信号が得られるようにするためである．入力信号がない場合には，トランジスタ Tr_1 と Tr_2 のベース・エミッタ間電圧はともに0であるから，電流が流れない．このように，B級プッシュプル電力増幅回路は，無信号時には電流が流れず，入力信号の大きさに応じて正負二つの直流電源から供給される電力も変化するようにして，電力効率を高めている．

このB級プッシュプル電力増幅回路に正弦波信号が入力されると，正の半周期はトランジスタ Tr_1 のみが導通し，負の半周期はトランジスタ Tr_2 のみが導通する．これを**プッシュプル動作**とよぶ．このように，正負の半周期分をそれぞれトランジスタ Tr_1 と Tr_2 で分担して増幅し，増幅された出力信号は負荷 R_L で合成される．結果的に，全周期にわたって負荷 R_L に増幅された信号電力が供給されることになる．

入力信号が加わると，回路の動作点は，**図 3.14.4** に示す傾き $-1/R_L$ の負荷直線上を移動することになる．正弦波信号を入力し，最大振幅の出力信号が得られたとする．このとき負荷 R_L へ送られる出力信号電流の振幅は，$I_{C\max}$ となる．したがって，負荷 R_L へ送られる最大の出力電力 P_{out} は

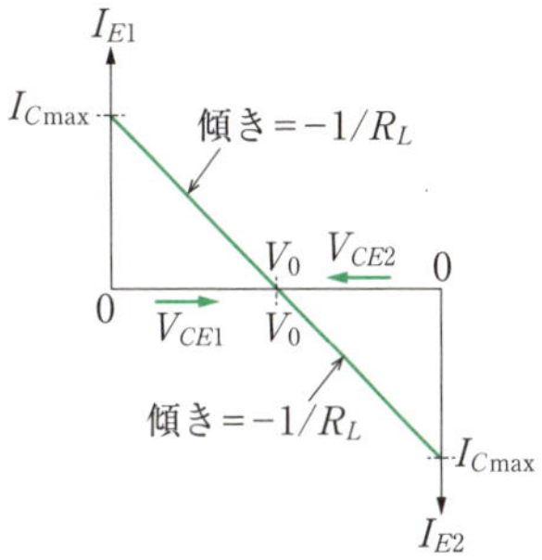

図 3.14.4 B級電力増幅回路の負荷線

$$P_{\mathrm{out}} = \left(\frac{I_{C\max}}{\sqrt{2}}\right)^2 R_L = \frac{1}{2} {I_{C\max}}^2 R_L$$
$$= \frac{1}{2}\left(\frac{V_0}{R_L}\right)^2 R_L = \frac{{V_0}^2}{2R_L} \qquad (3.14.4)$$

となる．一方，電源から供給される直流電力 P_{DC} は，直流電源電圧 V_0 と $-V_0$ からそれぞれ半周期ごとに等しい電力が供給されるので

$$P_{\mathrm{DC}} = 2\left(\frac{1}{2\pi}\int_0^{\pi} I_{C\max}\sin\theta\, d\theta\right)V_0$$
$$= \frac{1}{\pi}\left(\frac{V_0}{R_L}\right)V_0\int_0^{\pi}\sin\theta\, d\theta = \frac{2{V_0}^2}{\pi R_L} \qquad (3.14.5)$$

となる．したがって，このときのB級プッシュプル電力増幅回路の電力効率 η は

$$\eta = \frac{P_{\mathrm{out}}}{P_{\mathrm{DC}}} = \frac{\pi}{4} \approx 0.785 \qquad (3.14.6)$$

となる．

以上より，B級プッシュプル電力増幅回路の電力効率は，おおよそ78.5%とA級電力増幅回路に比べてかなり改善されている．しかしながら，トランジスタはベース・エミッタ間にある程度の電圧（おおよそ0.6 V程度）がかからなければ動作せず，エミッタ電流が流れない．したがって，このB級プッシュプル電力増幅回路に正弦波信号を入力したときの出力信号波形は，厳密には**図 3.14.5** に示すようなひずんだ波

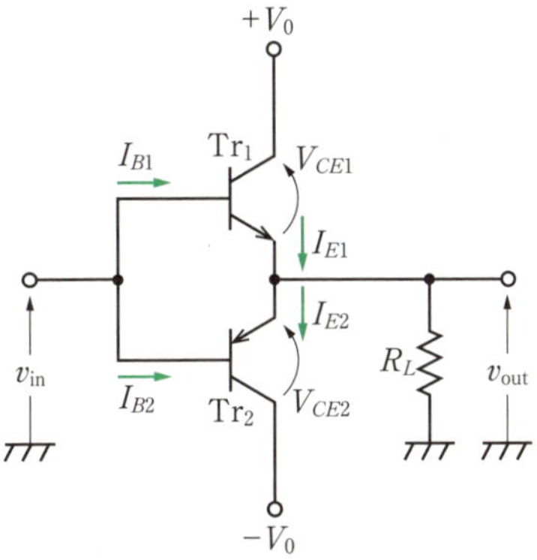

図 3.14.3 B級プッシュプル電力増幅回路

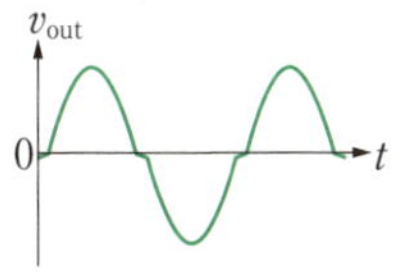

図 3.14.5 クロスオーバひずみ

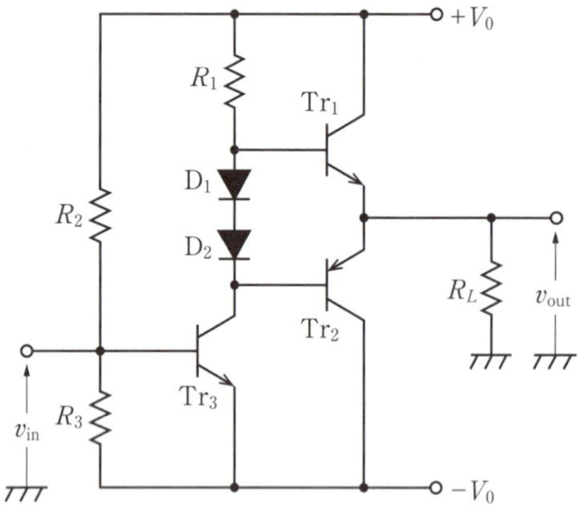

図 3.14.6　AB 級プッシュプル電力増幅回路

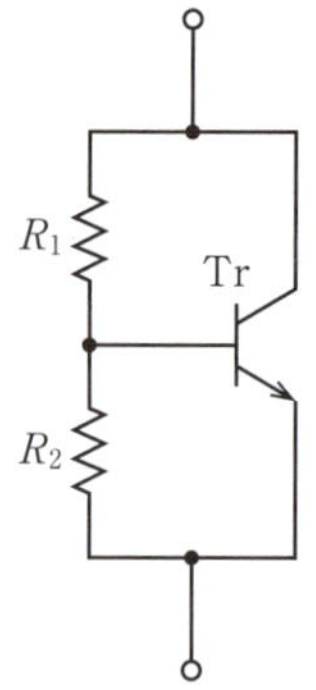

図 3.14.7　レベルシフト回路

形となる．これを**クロスオーバひずみ**とよび，実用では低減する必要がある．

3.14.4　AB 級プッシュプル電力増幅回路

B 級プッシュプル電力増幅回路において生じるクロスオーバひずみを防ぐためには，トランジスタ Tr_1 と Tr_2 のベース・エミッタ間にあらかじめこれらのトランジスタを動作させておくための微小な電圧を与え，バイアスをかけておけばよい．このような小さな直流バイアスをかけることによりクロスオーバひずみを除く方式は，AB 級増幅とよばれる．図 3.14.6 は，電圧シフタとしてレベルシフトダイオード D_1 と D_2 を用いることによりトランジスタ Tr_1 と Tr_2 に微小電圧を与えた **AB 級プッシュプル電力増幅回路**である．このほかにも，図 3.14.7 に示すようなトランジスタと抵抗によって構成されたレベルシフト回路を用いることにより微小バイアスをかけた AB 級プッシュプル電力増幅回路などもある．

3.14 節のまとめ

- **増幅回路の級と特徴，および A 級，B 級，AB 級電力増幅回路について学んだ．**

3.15　直流電源回路

電子回路を動作させるためには，**直流電源**が必要である．電池を用いることにより簡単に安定な直流電源を実現できる．しかしながら，電池は小型の携帯用端末などには多く用いられているが，汎用性に乏しい．通常の直流電源は，ダイオードやトランジスタなどの能動素子と受動素子を用いた電子回路によって構成されており，商用の交流電源から交流を直流に変換している．

本節では，直流電源回路の構成とその特性を評価するための諸量について解説し，その構成要素である整流回路，平滑回路，および安定化回路について学ぶ．

3.15.1　直流電源回路の構成と特性指標

図 3.15.1 に，整流回路，平滑回路，安定化回路からなる直流電源回路の構成を示す．整流回路は，交流を直流に変換する回路であり，用途に応じていくつかの方式がある．整流回路で整流した波形には通常は脈動分が含まれているので，平滑回路は，整流波形を平坦にして理想的な直流波形に近付ける働きをする．平滑回路には，コンデンサを用いる方式とインダクタン

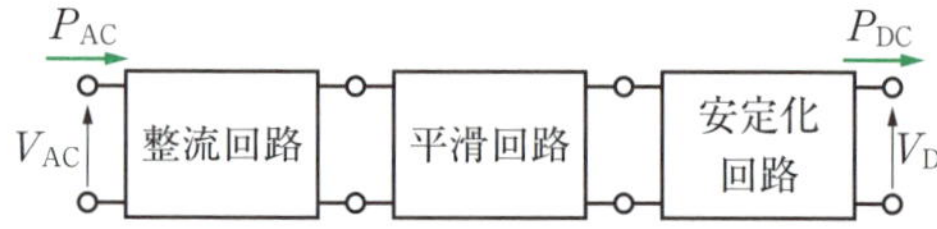

図 3.15.1　直流電源回路の構成

スを用いる方式がある．安定化回路は，交流電源や負荷の変動に対して，負荷に供給する直流電圧や直流電流の変動を小さくするための回路である．安定化回路には，定電圧回路や定電流回路がある．

直流電源回路の性能は，**整流効率**，**リプル**，**ラインレギュレーション**，**ロードレギュレーション**といった諸量によって評価される．交流電源から供給される電力を P_{AC}，直流電源回路から負荷へ供給される電力を P_{DC} とすると，整流効率 η は，回路の電力変換効率を表すものとして

$$\eta = \frac{P_{\mathrm{DC}}}{P_{\mathrm{AC}}} \qquad (3.15.1)$$

で定義される．回路からの出力には必ず脈動分が含まれる．リプルは，出力された電圧波形に含まれる脈流成分，すなわち出力電圧の変動幅を表し，小さい方がよい．ラインレギュレーションは，電源から供給される入力電圧の変動に対する出力電圧の変動の割合を表す．一方，ロードレギュレーションは負荷の変動すなわち負荷電流の変動に対する出力電圧の変動の割合を表す．ラインレギュレーションとロードレギュレーションから直流電源回路の安定度を評価できる．

3.15.2 整流回路

整流回路では，変成器を介して交流電源から供給された電圧の値を変換した後，交流電圧を直流電圧に変換する．変成器は，交流電源電圧を所望の電圧値に変換するために挿入される．通常は，商用の 100 V 交流電源電圧が供給され，必要な電圧はこれよりも小さい値であるため，変圧器により降圧される．また変成器は，交流電源と負荷とを絶縁する働きももつ．整流回路は，半波整流回路と全波整流回路に大きく分けることができる．

a. 半波整流回路

図 3.15.2 に，**半波整流回路**を示す．変成器と一つの整流用ダイオード D で構成される．供給される交流電源電圧 V_{AC1} を変成器の一次側に入力すると，巻き線比に応じた交流電圧 V_{AC2} が二次側に得られる．ここで，V_{AC2} の波形を

$$V_{\mathrm{AC2}}(\omega t) = V_M \sin(\omega t) \qquad (3.15.2)$$

とする．

回路構成から明らかなように，このダイオードは，$V_{\mathrm{AC2}} > 0$ のとき順方向電圧がかかるため導通し，負荷 R_L に電流が流れる．一方，このダイオードは，$V_{\mathrm{AC2}} < 0$ のときには導通せず，電流は流れない．したがって，この回路の動作は半波整流となり，負荷 R_L に供給される直流電圧 V_{DC} の波形は，図 3.15.3 に示すような波形となる．

順方向におけるダイオードの微分抵抗を r_D とおくと，$V_{\mathrm{AC2}} > 0$ のとき負荷 R_L に流れる電流 I_{DC} の波形は

$$I_{\mathrm{DC}}(\omega t) = \frac{V_M}{r_D + R_L}\cdot\sin(\omega t) \qquad (3.15.3)$$

となり，$V_{\mathrm{AC2}} < 0$ のときには I_{DC} は 0 となる．また，その平均値 $\langle I_{\mathrm{DC}}\rangle$ は

$$\begin{aligned}\langle I_{\mathrm{DC}}\rangle &= \frac{1}{2\pi}\int_0^{\pi} I_{\mathrm{DC}}(\omega t)d(\omega t)\\ &= \frac{1}{2\pi}\cdot\frac{V_M}{r_D+R_L}\int_0^{\pi}\sin(\omega t)d(\omega t)\\ &= \frac{1}{\pi}\cdot\frac{V_M}{r_D+R_L} \qquad (3.15.4)\end{aligned}$$

で与えられる．このとき，供給される交流電力 P_{AC} は，I_{DC} が $V_{\mathrm{AC2}} > 0$ のときだけ流れるので

$$\begin{aligned}P_{\mathrm{AC}} &= \frac{1}{2\pi}\int_0^{\pi} V_{\mathrm{AC2}}(\omega t)I_{\mathrm{DC}}(\omega t)d(\omega t)\\ &= \frac{1}{2\pi}\cdot\frac{V_M{}^2}{r_D+R_L}\int_0^{\pi}\sin^2(\omega t)d(\omega t)\\ &= \frac{1}{4}\cdot\frac{V_M{}^2}{r_D+R_L} \qquad (3.15.5)\end{aligned}$$

である．また負荷 R_L に供給される直流電力 P_{DC} は

$$P_{\mathrm{DC}} = \langle I_{\mathrm{DC}}\rangle^2 R_L = \frac{1}{\pi^2}\left(\frac{V_M}{r_D+R_L}\right)^2 R_L \qquad (3.15.6)$$

となる．したがって，半波整流回路の整流効率 η は

$$\eta = \frac{P_{\mathrm{DC}}}{P_{\mathrm{AC}}} = \frac{4}{\pi^2}\cdot\frac{R_L}{r_D+R_L} \approx \frac{4}{\pi^2} \approx 0.4053 \qquad (3.15.7)$$

となる．ここで，$r_D \ll R_L$ を用いた．このように，整流効率はおおよそ 40.5% と低く，半波整流回路は数十 W 程度以下の小電源用に用いられる．

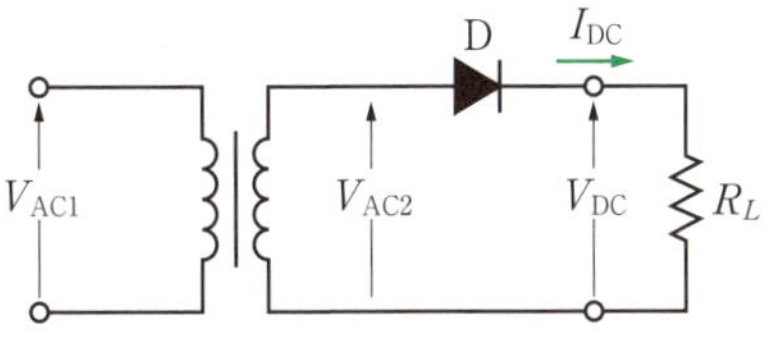

図 3.15.2 半波整流回路

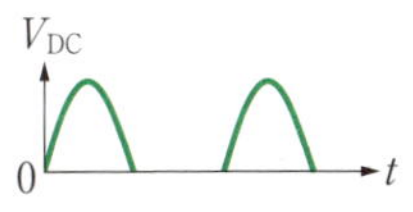

図 3.15.3 半波整流波形

b. 全波整流回路

図 3.15.4 に，ブリッジ型**全波整流回路**を示す．変成器とブリッジ型の四つの整流用ダイオード D_1, D_2, D_3, D_4 によって構成される．変成器の二次側の交流電圧 V_{AC2} の波形は，式(3.15.2)で与えられるものとする．

回路構成から，ダイオードのペア D_1 と D_3 は，$V_{AC2} > 0$ のとき順方向電圧がかかるため導通して負荷 R_L に電流を流す．このときには，ダイオードのペア D_2 と D_4 には逆方向電圧がかかっているので，導通しない．逆に，ダイオードのペア D_2 と D_4 は，$V_{AC2} < 0$ のとき順方向電圧がかかるため導通して，負荷 R_L に電流を流す．このときには，ダイオードのペア D_1 と D_3 には逆方向電圧がかかっているので，導通しない．したがって，この回路の動作は，交流電圧 V_{AC2} の正負の半周期ごとに D_1 と D_3 および D_2 と D_4 のダイオードのペアが交互に導通するので，全波整流となり，負荷 R_L に供給される直流電圧 V_{DC} の波形は，図 3.15.5 に示すような波形となる．

したがって，順方向における四つのダイオード D_1, D_2, D_3, D_4 の微分抵抗を等しく r_D とおくと，$V_{AC2} > 0$ の半周期の間に負荷 R_L に流れる電流 I_{DC} の波形は

$$I_{DC}(\omega t) = \frac{V_M}{2r_D + R_L} \cdot \sin(\omega t) \tag{3.15.8}$$

で与えられる．一方，負荷電流 I_{DC} の平均値 $\langle I_{DC} \rangle$ は

$$\begin{aligned}\langle I_{DC} \rangle &= \frac{1}{\pi}\int_0^{\pi} I_{DC}(\omega t) d(\omega t) \\ &= \frac{1}{\pi} \cdot \frac{V_M}{2r_D + R_L}\int_0^{\pi} \sin(\omega t) d(\omega t) \\ &= \frac{2}{\pi} \cdot \frac{V_M}{2r_D + R_L}\end{aligned} \tag{3.15.9}$$

となる．変成器の二次側から供給される交流電流の波形は全周期にわたって式(3.15.8)で与えられるので，供給される交流電力 P_{AC} は

$$\begin{aligned}P_{AC} &= \frac{1}{\pi}\int_0^{\pi} V_{AC2}(\omega t) I_{DC}(\omega t) d(\omega t) \\ &= \frac{1}{\pi} \cdot \frac{V_M{}^2}{2r_D + R_L}\int_0^{\pi} \sin^2(\omega t) d(\omega t) \\ &= \frac{1}{2} \cdot \frac{V_M{}^2}{2r_D + R_L}\end{aligned} \tag{3.15.10}$$

となる．一方，負荷 R_L に供給される直流電力 P_{DC} は

$$P_{DC} = \langle I_{DC} \rangle^2 R_L = \frac{4}{\pi^2}\left(\frac{V_M}{2r_D + R_L}\right)^2 R_L \tag{3.15.11}$$

となる．したがって，全波整流回路の整流効率 η は

$$\eta = \frac{P_{DC}}{P_{AC}} = \frac{8}{\pi^2} \cdot \frac{R_L}{2r_D + R_L} \approx \frac{8}{\pi^2} \approx 0.8106 \tag{3.15.12}$$

である．ここでも，$2r_D \ll R_L$ を用いた．このように，整流効率はおおよそ 81.1% と，半波整流回路の場合の 2 倍となる．一方，ダイオードの数は四つとなり，整流時のダイオードの電圧降下は半波整流回路の場合の 2 倍となる．全波整流回路は，数百 W 程度以下の直流電源に用いられる．

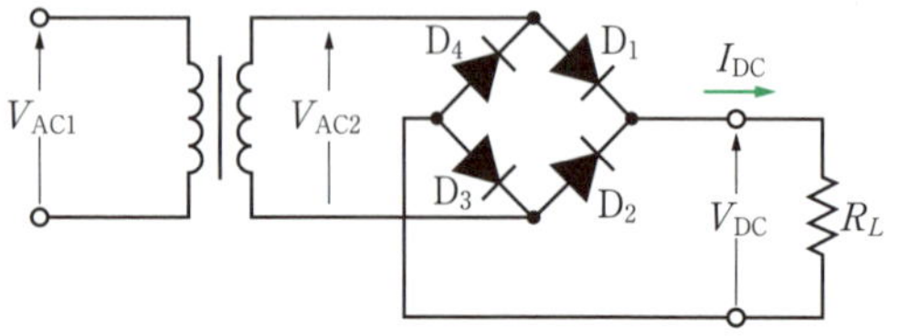

図 3.15.4　ブリッジ型全波整流回路

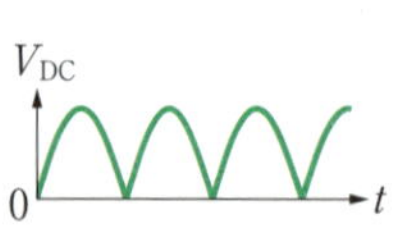

図 3.15.5　全波整流波形

3.15.3 平滑回路

理想的な直流電源は，一定値の直流出力が安定して得られるものである．しかしながら，整流回路の出力には脈動分が含まれているので，そのまま直流電源として用いることはできない．**平滑回路**は，この脈動分を抑え，理想的な直流に近付けるために挿入するフィルタである．

図 3.15.6 は，**コンデンサフィルタ**を用いた平滑回路を示している．コンデンサのインピーダンスは $1/j\omega C$ であるから，周波数が高くなるほど小さくなり，また直流に対しては無限大となる．コンデンサ平滑回路は，低域通過フィルタとしての性質を利用することにより，出力の平滑化を図っている．

図 3.15.7 に示すように，コンデンサ平滑回路を半波整流回路と負荷 R_L の間に挿入すると，ダイオード D に順方向電圧がかかるまで V_{AC2} が上昇すると，ダイオード D が導通して平滑コンデンサ C が充電されると同時に負荷 R_L にも電流が流れる．逆に，V_{AC2} が下降して順方向電圧がかからなくなると，ダイオード D の導通はなくなるが，このときには平滑コンデンサ C の放電が起こり，時定数 $1/CR_L$ で負荷 R_L に電流を流す．このように，ダイオード D のオン・オフに応じて平滑コンデンサ C の充放電が繰り返されることにより，負荷 R_L に電流を流し続けることがで

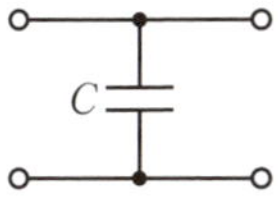

図 3.15.6 コンデンサフィルタ

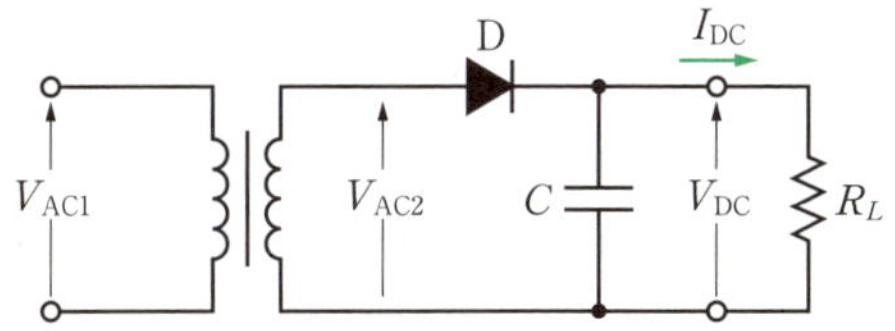

図 3.15.7 平滑回路を備えた半波整流回路

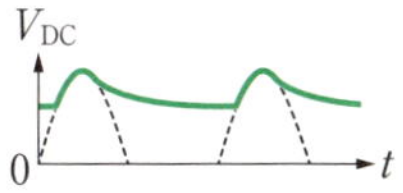

図 3.15.8 平滑化された半波整流波形

きる．これらの作用により，結果として**図 3.15.8** のような平滑化された出力電圧が得られる．出力電圧波形の最大値と最小値の差がリプル電圧であり，**図 3.15.3** に示したコンデンサ平滑回路を挿入しない場合と比較して小さくなることがわかる．

図 3.15.9 は，**図 3.15.6** のコンデンサ平滑回路を**図 3.15.4** のブリッジ型全波整流回路と負荷 R_L の間に挿入した回路である．このときの出力の電圧波形を，**図 3.15.10** に示す．同様の動作原理で，ダイオードのペア D_1 と D_3 または D_2 と D_4 のオン・オフに応じて平滑コンデンサ C の充放電が繰り返されることにより，出力電圧が平滑化され，このときのリプル電圧は半波整流回路の場合と比較して小さくなる．

図 3.15.11 は，**インダクタンスフィルタ**を用いた平滑回路を示している．インダクタンスのインピーダンスは $j\omega L$ であるから，周波数が高くなるほど大きくなり，また直流に対しては 0 である．この平滑回路は，インダクタンス L の電流の変化を妨げる性質を利用することにより，整流回路の出力に含まれる脈動分を減少させて平滑化を図っている．一方で，インダクタンス平滑回路は，回路の電流が遮断されると，原理的にはインダクタンス L に大きな逆起電力が生じる．したがって，整流回路や負荷を破損する可能性もあることに注意が必要である．

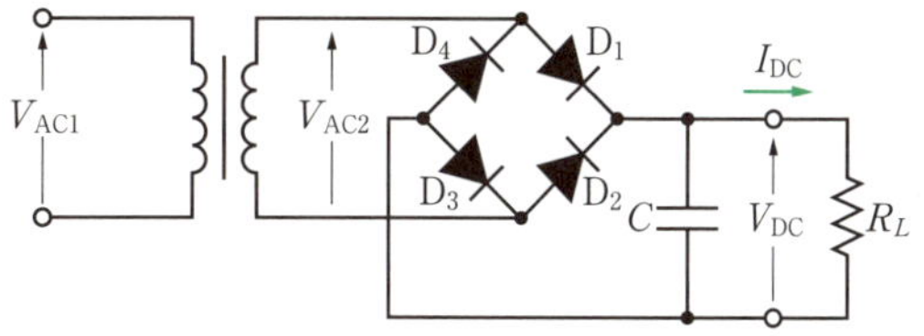

図 3.15.9 平滑回路を備えた全波整流回路

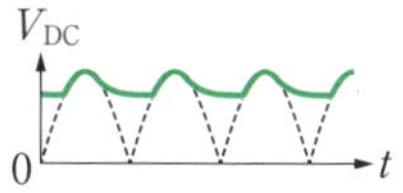

図 3.15.10 平滑化された全波整流波形

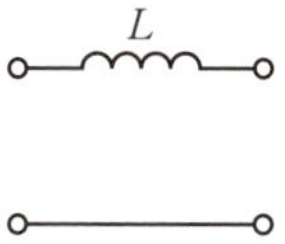

図 3.15.11 インダクタンスフィルタ

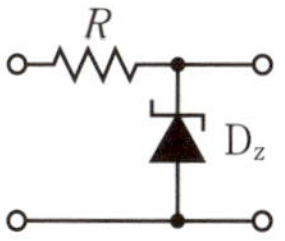

図 3.15.12 安定化回路

3.15.4 安定化回路

整流回路に平滑回路を付けると，出力の脈動分は低減できる．しかしながら，交流電源や負荷の変動に対しては負荷に供給する直流電圧や直流電流の変動が起こる．**安定化回路**は，このような変動を小さくするための回路である．

図 3.15.12 にツェナーダイオード D_z を用いた安定化回路を示す．ダイオードは，逆方向電圧を印加して次第に大きくしていくと，ある電圧値で急激に電流が流れ始め，その後は電流が増加しても電圧は一定に保たれる性質がある．ツェナーダイオードは，この性質を積極的に利用する目的で作られた半導体素子である．**図 3.15.12** の回路において，ツェナーダイオード D_z に常に電流が流れている状態で使用すれば，ツェナーダイオードの電圧 V_z の値，すなわち出力電圧は一定に保たれ，安定化を実現できる．なお，この電圧はツェナー電圧とよばれる．

3.15 節のまとめ

- 直流電源回路の基本と，その構成要素である整流回路，平滑回路，および安定化回路について学んだ．

参 考 文 献

[1] 井上高宏，常田明夫，江口啓，例題で学ぶアナログ電子回路，森北出版，(2009)
[2] 関根慶太郎，電子回路（電子情報通信レクチャーシリーズ），コロナ社，(2010)
[3] 高木茂孝，MOS アナログ電子回路，朝倉書店，(2014)
[4] 藤井信生，アナログ電子回路—集積回路化時代の—，オーム社，(2014)
[5] 藤井信生，関根慶太郎，高木茂孝，兵庫明（編），電子回路ハンドブック，朝倉書店，(2006)
[6] A.S. Sedra, Kenneth C. Smith, Microelectronic Circuits (Fourth Edition), Oxford University Press, (1997)
[7] Paul R. Gray, Paul J. Hurst, Stephen H. Lewis, Robert G. Meyer, Analysis and Design of Analog Integrated Circuits (Fourth Edition), Wiley, (2001)
[8] P.R. グレイ，S.H. レビス，P.J. フルスト，R.G. メイヤー（共著），浅田 邦博，永田 穣（監訳），システム LSI のためのアナログ集積回路設計技術〈上・下〉，培風館，(2003)

索　引

す

せ

そ

た

ち

て

執筆者一覧

杉山 睦（すぎやま むつみ）

[1.1 節，1.2 節]

2004 年 筑波大学工学研究科博士課程修了．博士（工学）．同年 東京理科大学理工学部電気電子情報工学科助手，講師，准教授を経て，2018 年より同大教授．

藤代 博記（ふじしろ ひろき）

[1.3 節]

1984 年 東京理科大学理工学研究科修士課程修了．博士（工学）．沖電気工業株式会社半導体技術研究所主任研究員・グループリーダーを経て，2001 年 東京理科大学基礎工学部電子応用工学科助教授，2008 年より同学科教授．2013 年から 2017 年まで東京理科大学基礎工学部長・基礎工学研究科長，2018 年より同大副学長．

山本 隆彦（やまもと たかひこ）

[1.4 節]

2009 年 東京理科大学大学院理工学研究科博士後期課程修了．博士（工学）．日本学術振興会特別研究員（DC2，PD），東京理科大学理工学部電気電子情報工学科助教を経て，2014 年より同大講師．この間，2014 年 8 月～2015 年 3 月までアーヘン工科大学ヘルムホルツ研究所（ドイツ）客員研究員．

植田 譲（うえだ ゆずる）

[1.5 節]

1995 年 信州大学理学部物理学科卒業．同年 アプライド マテリアルズ ジャパン株式会社入社．2004 年 東京農工大学大学院工学府入学，2007 年 修了．博士（工学）．同年以降，東京農工大学特任助教，産業技術総合研究所特別研究員，東京工業大学助教を経て，2014 年より東京理科大学工学部電気工学科講師．2017 年より同大准教授．

安藤 靜敏（あんどう しずとし）

[1.6 節]

1993 年 東京理科大学大学院工学研究科博士後期課程修了．博士（工学）．同年 電気通信大学電子物性工学科助手．1995 年 東京理科大学理学部応用物理学科嘱託助手．2000 年 同大学工学部第二部電気工学科専任講師，准教授を経て 2010 年より同大教授．

楳田 洋太郎（うめだ ようたろう）

[2.1～2.3 節]

1984 年 東京大学大学院理学系研究科修士課程修了．博士（工学）．同年 日本電信電話公社（現 日本電信電話株式会社）入社．2006 年より東京理科大学理工学部電気電子情報工学科教授．

永田 肇（ながた はじめ）

[2.4 節，2.6 節，2.7.1 項]

2001 年 東京理科大学大学院理工学研究科博士後期課程修了．博士（工学）．ペンシルバニア州立大学（PD），東京理科大学理工学部電気電子情報工学科助教，講師，准教授を経て，2017 年より同大教授．

柴 建次（しば けんじ）

[2.7.2～2.7.4 項]

2000 年 東京理科大学大学院理工学研究科博士課程修了．博士（工学）．日本学術振興会特別研究員（PD），東京大学大学院新領域創成科学研究科助手，広島大学大学院工学研究科准教授を経て，2010 年より東京理科大学基礎工学部電子応用工学科准教授．

小泉 裕孝（こいずみ ひろたか）

[2.8 節]

2001 年 慶應義塾大学大学院理工学研究科博士課程修了．博士（工学）．同年 東京農工大学工学部助手，2007 年 東京理科大学工学部第一部電気工学科講師，准教授を経て，2014 年より同大教授．

西川 英一（にしかわ えいいち）

[2.9 節]

1989 年 東京理科大学大学院工学研究科博士課程修了．工学博士．東京理科大学工学部第二部助手，講師，准教授を経て，2009 年より同大教授．

星 伸一（ほし のぶかず）

[2.10 節]

1997 年 横浜国立大学大学院工学研究科電子情報工学専攻博士課程後期修了．博士（工学）．同年，茨城大学工学部助手，講師，2008 年 東京理科大学理工学部電気電子情報工学科准教授を経て，2014 年より同大教授．

兵庫 明（ひょうご あきら）

[3.1 節，3.2 節，3.9～3.11 節]

1989 年 東京理科大学大学院理工学研究科博士後期課程修了．工学博士．1989 年 同大学助手，講師，助教授を経て，2005 年より同大理工学部電気電子情報工学科教授．2015 年 4 月より同大理工学部副学部長，2016 年 12 月より同大理事．この間，1996 年 9 月より 1997 年 8 月までオハイオ州立大学（米国）在外研究員．

増田 信之（ますだ のぶゆき）

[3.3 節，3.8 節]

1998 年 東京大学大学院総合文化研究科博士課程修了．博士（学術）．同年 群馬大学 SVBL 非常勤研究員．2000 年 群馬大学工学部電気電子工学科助手．2004 年 千葉大学工学部メディカルシステム工学科助手．2007 年 千葉大学大学院工学研究科助教．2013 年 長岡技術科学大学電気系特任准教授．2014 年 東京理科大学基礎工学部電子応用工学科准教授を経て，2018 年より同大学教授．

河原 尊之（かわはら たかゆき）

[3.4～3.7 節]

1985 年 九州大学理学研究科修士課程修了．博士（工学）．同年 日立製作所中央研究所に入所．同所主管研究員を経て，2014 年より東京理科大学工学部電気工学科教授．この間，1997～1998 年 スイス連邦工科大学ローザンヌ校（EPFL）客員研究員．IEEE フェロー．

福地 裕（ふくち ゆたか）

[3.13～3.15 節]

2003 年 東京大学大学院工学系研究科博士課程修了．博士（工学）．同年 東京理科大学工学部電気工学科助手，2006 年 同大講師，2009 年 同大准教授，現在に至る．この間，2003～2005 年 東京大学先端科学技術研究センター協力研究員，2013～2014 年 デンマーク工科大学光工学科客員研究員．

理工系の基礎　電気・電子工学
—電磁気学から電子回路まで—

平成30年6月30日　発　行

著作者　兵庫　明・杉山　睦・藤代　博記
山本　隆彦・植田　譲・安藤　静敏
楳田洋太郎・永田　肇・柴　建次
小泉　裕孝・西川　英一・星　伸一
増田　信之・河原　尊之・福地　裕

発行者　池　田　和　博

発行所　丸善出版株式会社
〒101-0051 東京都千代田区神田神保町二丁目17番
編集：電話(03)3512-3261／FAX(03)3512-3272
営業：電話(03)3512-3256／FAX(03)3512-3270
https://www.maruzen-publishing.co.jp

組版印刷・製本／三美印刷株式会社

ISBN 978-4-621-30299-6　C 3054　Printed in Japan